普通高等教育农业农村部“十三五”规划教材

全国高等农林院校“十三五”规划教材

有机化学

第三版

王 春 陈燕勤 主编

中国农业出版社

北 京

内容简介

本书是普通高等教育农业农村部“十三五”规划教材、全国高等农林院校“十三五”规划教材。

本书除绪论外，包括有机化合物的母体——烃、烃的衍生物、天然有机化合物和有机化合物的波谱知识等四部分内容。全书以培养学生科学思维能力和创新能力为目标，着重介绍了与农林科学密切相关的有机化学的基本理论、基本知识，以现代价键理论和电子效应为主线，阐明了各类有机化合物结构和性质的相互关系，反映了本学科发展的新知识、新成果和新应用。

除习题外，各章附有阶段自测题和自测题答案，以及相关知识的动画视频，读者可通过扫描书中二维码获得相关学习内容。

本书可作为高等农林院校农、林、水及其他相关专业本专科生的教材，也可作为学生考研及农、林、水科技工作者的参考用书。

第三版编审人员名单

主　编　王　春　陈燕勤

副主编　刘卉闵　杨旭哲　李　锋　李　锐

　　　　　周　欣　黄长干　李　君

参　编（按姓氏笔画排序）

　　　　　王建华　刘　洋　刘伟华　李尚洋

　　　　　杨秀敏　张永坡　赵　影　高书涛

　　　　　唐然肖　崔朋雷　商宁昭　臧晓欢

主　审　李贵深

第二版编审人员名单

主　编　李贵深　李宗澧

副主编（按姓氏笔画排序）

叶　舟　李　华　张英群　董新荣

参　编（按姓氏笔画排序）

王　春　刘卉闵　刘勇洲　苏金为

苏学素　李咏玲　杨旭哲　杨建奎

张凤秀　岳　俊　黄长干　董宪武

主　审　胡　槐

第一版编审人员名单

主　编　李贵深　李宗澧

副主编　叶　舟　董新荣　张英群　李　华

参　编（按姓氏笔画排序）

王　春　刘卉闵　刘勇洲　苏金为

苏学素　张凤秀　陈鸿兵　罗华云

黄长干　董宪武

主　审　胡　槐

第三版前言

《有机化学》（第三版）是普通高等教育农业农村部“十三五”规划教材、全国高等农林院校“十三五”规划教材。第二版为农业部“全国高等农林院校‘十一五’规划教材”，该教材 2005 年获“全国高等农业院校优秀教材奖”。

《有机化学》（第三版）是在《有机化学》（第二版）基础上修订而成。与第二版相比，本版教材的主要特色如下：

1. 以二维码形式引进相关知识的动画资源，便于读者对相关基本理论、基本知识的理解。

2. 为拓宽视野，激发学生学习兴趣，增加了“科学家小传”和“拓展阅读”内容，将课程思政有机融入教材，培养学生科学人文精神和创新思维。

3. 各章以二维码形式增加阶段自测题和自测题答案，以突出重点、突破难点，读者可通过扫描书中二维码获得相关学习内容。

本教材教学时数为 60～70 学时，各校可根据具体情况适当取舍。本教材中小字体的内容供学有余力的学生选读。

本书由河北农业大学、新疆农业大学、山西农业大学、江西农业大学合作编写。书中动画资源由南京农业大学理学院制作，本书的编写和出版得到中国农业出版社、各院校领导和教研室同志们的大力支持与帮助，在此一并表示衷心的感谢。同时诚挚感谢李贵深、李宗澧、叶舟、李华、张英群、董新荣、刘勇洲、李咏玲、苏学素、苏金为、杨建奎、张凤秀、岳俊、董宪武老师为本书第二版编写所付出的辛勤劳动。

限于编者水平，书中不妥之处，恳请读者批评指正。

编　者

2020 年 8 月

第一版前言

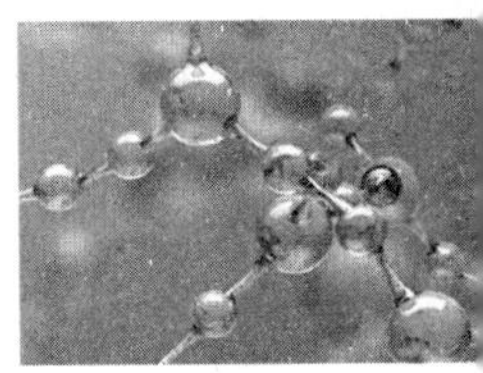

本书是全国高等农业院校“十五”规划教材，是以21世纪对本科生的培养目标，即培养和造就一批“厚基础、强能力、高素质、广适应”的创造性专门人才为指导思想，广泛收集并借鉴国内外同类教材的优点，结合编者的教学经验编写的。本书可作为高等农林院校农、林、水及其他生物类学科各专业本、专科生教学用书，也可作为函授生、农业科技工作者参考用书。

有机化学是高等农业院校重要的基础课，内容十分丰富，在有限的教学时数内，既要考虑本学科的系统性、规律性，又要兼顾生物类各专业对有机化学的不同要求。因此，本书在教材内容选择和编排体系上都有较大改革，主要有如下几个方面：

(1) 改变教材创作思路，把培养学生综合能力，加速适应素质教育的需要放于编写的首位，自始至终作为课程体系改革、教材内容更新的宗旨。

(2) 除绪论一章外，本教材主要包括有机化合物的母体——烃、烃的衍生物、天然有机化合物和有机化合物的波谱等四部分内容，着重介绍了有机化学的基本理论和基本知识，特别注意了内容的更新。反映了近现代有机化学发展的新知识、新成果和新技术，突出了能力培养，适应了素质教育的需要。

(3) 以现代价键理论和电子效应为主线，阐明了各类有机化合物的结构和性质的相关性，在讨论各类化合物性质之前，都从化合物的结构、化学键的断裂和形成的角度，分析各类化合物可能发生的有机反应，引导读者用理解的方法和分析问题的方法来学习、掌握有机反应。

(4) 尽早引进了有机分子的立体概念。主要反应历程不设单节讨论，而是穿插结合于各类有机反应中加以介绍，这样既可分散难点，又可加深读者对有机反应的理解，避免了死记硬背，便于学习。

(5) 突出学生应用有机化学的研究方法和能力的培养。在介绍各类有机化合物性质时，以典型、简单的有机化学反应为例，讲清有机反应的规律，并以生物体内存在的典型物质为例，运用所学的理论知识，认识生物体中的化学反应，有利于提高学生学习有机化学的兴趣，有助于提高学生解决实际问题的能力。

（6）为助于加深理解和增强可读性，本教材在文字叙述上力求精练，表达严谨，层次分明，由浅入深，循序渐进，通俗易懂。在叙述中插有一定分量和难度的问题与思考题，每章后附有本章小结，便于学生复习、巩固、提高。

本书适应了21世纪我国高等农林院校培养高素质人才，为他们打好应有的有机化学基本理论和基本知识的需要，适应了我国社会主义市场经济新形势下对学生创新精神和适应能力培养的需要。无疑，本教材将对高等农林院校有机化学的教学改革起到积极的促进作用。

本教材教学时数为60～70学时，各校可根据具体情况适当取舍。教材中有*号的内容供学有余力的学生选读。

本书由河北农业大学、西南农业大学、福建农林大学、湖南农业大学、新疆农业大学、江西农业大学、山西农业大学、北华大学等8所院校联合编写。初稿完成后，由李贵深教授、李宗澧副教授通读、统稿。经主编、副主编、主审组成的审稿会审查，主编根据审稿会代表提出的宝贵意见和建议进行了认真的修改，并由胡槐教授主审后定稿。本书的编写和出版得到各院校领导和教研室同志们的大力支持与帮助，在此表示衷心的感谢。

限于编者水平，书中不妥甚至错误之处，恳请批评指正。

编　者

2003年8月

目 录

第二部分　烃的衍生物

第四部分　有机化合物的波谱知识

绪　论

第一节　有机化学和有机化合物

一、有机化学的研究对象

有机化学是化学学科的一个重要分支，它诞生于19世纪初期，已成为与人类生活有着密切关系的一门学科。有机化学的研究对象是有机化合物。有机化合物大量存在于自然界，如粮、油、棉、麻、毛、丝、木材、糖、蛋白质、农药、塑料、染料、香料、医药、石油等大多数都是有机化合物。

早在2000多年前，人们就知道利用和加工这些由自然界取得的有机物。例如，我国古代就有关于酿酒、制醋、制糖及造纸术等的记载。但是，当时人们并不认识这些过程的实质，对有机化合物的认识是随着生产实践的发展、科学技术的进步而不断深化。

17世纪中叶，人们把自然界的物质依其来源分为动物、植物和矿物质三大类。随后，又将来自动、植物体，且具有生命现象的物质称为有机物；把来自矿物质，且不具有生命现象的物质称为无机物。当时，由于宗教思想的束缚和科学水平的限制，人们对生命现象的本质没有认识，认为有机物不能用人工方法合成，必须在“生命力”的作用下才能生成。一段时间内，“生命力”学说限制了人们对有机物的深入研究，阻碍了生产力的进一步发展。

1828年，德国化学家伍勒（F. wöhler）在研究氰酸盐的过程中，意外地发现了有机物尿素的生成。

$$AgOCN + NH_4Cl \longrightarrow NH_4OCN + AgCl$$

$$NH_4OCN \xrightarrow{\triangle} H_2N-\overset{\overset{\displaystyle O}{\|}}{C}-NH_2$$

这是世界上第一次在实验室的玻璃器皿中从无机物制得有机物。无疑，这一事实是对“生命力”学说的有力冲击。伍勒的发现开辟了人工合成有机物的新纪元，此后，许多天然有机物被合成出来，许多自然界不存在的有机物也被制造出来。这样，“生命力”学说被彻底否定了，有机物的含义也发生了根本变化。

有机合成的迅速发展，使人们清楚地知道，在有机物和无机物之间并没有一个明显的界限，但在组成和性质上，它们之间确实存在着某些不同之处。从组成上讲，元素周期表中大部分元素都能互相结合形成无机物；而在有机物中，绝大多数都含有碳、氢两种元素，有些还含有氧、硫、氮、磷、卤素等其他元素。所以，现在人们认为，有机化合物就是碳氢化合物及其衍生物，有机化学就是研究碳氢化合物及其衍生物的化学。在化学上，通常把含有碳氢两种元素的化合物称为烃。因此，有机化合物就是烃及其衍生物，有机化学也就是研究烃及其衍生物的化学。

科学家小传：伍勒

弗里德里希·伍勒（Friedrich Wöhler，1800—1882），德国化学家。他一生发表过化学论文 270 多篇，获得世界各国授予的荣誉达 317 种，在化学的多个领域开疆拓土，贡献卓著。

1824 年，伍勒打算制备氰酸铵。他在氰酸中倒入氨水后，用火慢慢加热，想把溶液蒸干，得到氰酸铵结晶。临睡前他停止了加热，清晨醒来一看得到的是针状晶体——和以前他制备的氰酸铵晶体完全不一样！1828 年，他终于证实这个实验的产物是尿素。随后他在《物理学和化学年鉴》第 12 卷上发表了著名论文“论尿素的人工合成”。他把这个重要的发现告诉了他的老师——“生命力”学说的代表人物贝采里乌斯：“我应当告诉您，我制出了尿素，而且不求助于肾或动物——无论人或犬。”这个重要的发现并未马上得到贝采里乌斯及其他化学家的认可，直到更多的有机物被合成，如 1845 年柯尔柏（H. Kolbe）合成了醋酸；1854 年柏赛罗（M. Berthelot）合成了油脂等，生命力学说才彻底被否定，有机化学进入了合成的时代。

问题与思考 0－1 下列化合物中，哪些是有机化合物？哪些是无机化合物？

C_5H_{12}，NH_4HCO_3，H_2NCONH_2，CO_2，C_6H_5Cl，NH_4OCN，淀粉

二、有机化学与农业科学的关系

自从有机化学以其研究生命的产物为特征从化学学科中独立出来以后，有机化学与农业科学始终保持着密切关系。长期以来，人们一直向自然界索取原料，并不断改进加工手段，使生活水平随之得到提高。自然界不但为人们提供了生活资源，而且给有机化学提出了许多研究新课题和新领域。农业科学的发展促进了有机化学的发展，同样，有机化学的发展也促进了农业科学的进步和更深入的发展。农业科学是生命科学的一个重要组成部分。现代生命科学正在向分子水平上发展，也就是说，要从分子水平上认识生命过程并研究生命现象。要使生命科学的研究及其应用得到迅速发展，化学的理论、观点和方法在整个生命科学中起着不可缺少的作用。当今，许多有机化学工作者都在生物学方面进行工作；同样，生物学工作者也一定要具备较多的有机化学知识。毫无疑问，一个不具备有机化学知识的人去研究现代生命科学是根本不可能的。

另外，大量天然的和合成的有机化合物正在越来越广泛地应用于农业生产。各种农药，包括杀虫剂、杀菌剂、除锈剂、除草剂、昆虫引诱剂和不孕剂、灭鼠剂等，可以用于保护农作物的生长；有机肥料、植物生长调节剂、土壤改良剂、催熟剂等，可以用于促进农作物的增产和增收；各种兽药、饲料添加剂，可以用于家畜、禽类的防疫、治病与饲养；防腐保鲜剂、色素、香精等各种食品添加剂，可以用于农、畜产品的贮藏与加工；农用塑料薄膜、柴油、润滑剂等，也都是农业生产中不可缺少的重要物质。此外，棉、毛、丝、麻、合成纤维、合成橡胶、油脂、淀粉、

蛋白质、医药等也与人们的日常生活息息相关。为了正确地、有效地使用和应用这些有机化合物，了解它们的组成、结构、理化性质及生理功能等无疑是十分必要的。

由此可见，有机化学既是学习农业科学的基础，又是进行农业科学研究的工具。因此，只有掌握有机化学的基本理论、基本知识和基本操作技能，才能更好地学习农业科学技术和从事农业科学研究。

三、有机化合物的特性

有机化学作为一门独立的学科，其研究的对象是有机化合物，与无机化合物在性质上存在着一定的差异。有机化合物一般具有如下特性。

1. 易燃烧　除少数例外，一般有机化合物都含有碳和氢两种元素，因此容易燃烧，生成二氧化碳和水，同时放出大量的热量。大多数无机化合物，如酸、碱、盐、氧化物等都不能燃烧。因而，有时可采用灼烧试验区别有机物和无机物。

2. 熔、沸点低　室温下，绝大多数无机化合物都是高熔点的固体，而有机化合物通常为气体、液体或低熔点的固体。例如，氯化钠和丙酮的相对分子质量相当，但二者的熔、沸点相差很大。

	NaCl（氯化钠）	CH_3COCH_3（丙酮）
相对分子质量	58.44	58.08
熔点/℃	801	−95.35
沸点/℃	1 413	56.2

这是因为无机化合物，如酸、碱、盐等都是离子型化合物，正、负离子之间静电吸引力很强，要破坏这种引力需要较高的能量，因此无机化合物的熔、沸点较高。而有机化合物通常以分子状态存在，分子间的吸引力主要是微弱的范德华（Van der Waals）力，要把分子分开需要能量较小，所以有机化合物的熔、沸点较低。

大多数有机化合物的熔点一般在400 ℃以下，它们的熔、沸点随着相对分子质量的增大而逐渐升高。一般来说，纯粹的有机化合物都有固定的熔点和沸点，因此，熔点和沸点是有机化合物的重要物理常数，人们常利用熔点和沸点的测定来鉴定有机化合物。

3. 难溶于水、易溶于有机溶剂　水是一种强极性物质，所以以离子键结合的无机化合物大多易溶于水，不易溶于有机溶剂。而有机化合物一般都是共价型化合物，极性很小或无极性，所以大多数有机化合物在水中的溶解度很小，易溶于极性小的或非极性的有机溶剂（如乙醚、苯、烃、丙酮等），这就是“相似相溶”的经验规律。正因为如此，有机反应常在有机溶剂中进行。

4. 反应速度慢　无机反应是离子型反应，一般反应速度都很快。如 H^+ 与 OH^- 的反应，Ag^+ 与 Cl^- 的反应等都是在瞬间完成的。

有机反应大部分是分子间的反应，反应过程中包括共价键的断裂和形成，所以反应速度比较慢，一般需要几小时，甚至几十小时才能完成。为了加速有机反应的进行，常采用加热、光照、搅拌或加催化剂等措施。随着新合成方法的出现，改善反应条件，促使有机反应速度加快也是很有希望的。

5. 副反应多，产物复杂　有机化合物的分子大多是由多个原子结合而成的复杂分子，所以在有机反应中，反应中心往往不局限于分子的某一固定部位，常常可以在不同部位同时发生反应，得到多种产物。反应生成的初级产物还可继续发生反应，得到进一步的产物。因此在有机反应中，除了生成主要产物以外，还常常有副产物生成。

为了提高主产物的收率，控制好反应条件是十分必要的。由于得到的产物是混合物，故需要经分离、提纯的步骤，以获得较纯净的物质。

由于有机反应产物复杂，所以我们在书写有机反应方程式时常采用箭头，而不用等号，一般只写出主要反应及其产物，有的还需要在箭头上标明反应的必要条件。反应方程式一般不需要配平，只是在需要计算理论产率时，有机反应才要求配平。

6. 同分异构现象普遍存在 同分异构现象是有机化学中极为普遍而又很重要的问题，也是造成有机化合物数目繁多的主要原因之一。所谓同分异构现象，是指具有相同分子式，但结构不同，从而性质各异的现象。例如，乙醇和甲醚，分子式均为 C_2H_6O，但它们的结构不同，因而物理和化学性质也不相同。乙醇和甲醚互为同分异构体。

```
     H  H                    H       H
     |  |                    |       |
  H—C—C—O—H              H—C—O—C—H
     |  |                    |       |
     H  H                    H       H
```

乙醇 b. p. 78.5 ℃　　　　甲醚 b. p. −25 ℃

由于在有机化学中普遍存在同分异构现象，故在有机化学中不能只用分子式来表示某一有机化合物，必须使用构造式或构型式。

问题与思考 0－2 下列化合物中，哪些能溶于水？哪些能溶于乙醚？

CH_3CH_2OH，CCl_4，CH_3COOH，CH_3COONa，$CH_3CH_2CH_3$，CH_3COOCH_3

问题与思考 0－3 下列化合物中，哪些是同分异构体？

$CH_3CH_2CH_2OH$，$CH_3CH_2CH_2CH_3$，CH_3CH_2COOH，$CH_3OCH_2CH_3$，$HCOOCH_2CH_3$，$CH_3CH(CH_3)CH_3$

四、研究有机化合物的程序和方法

研究一种新的有机化合物，一般要经过下列程序和方法。

1. 分离提纯 天然有机化合物和合成的有机化合物往往混有某些杂质，要想达到一定的纯度，首先要进行分离提纯。分离提纯的方法很多，常用的有重结晶法、蒸馏法、升华法、萃取法、色谱分离法、电泳法和离子交换法等。高效液相制备色谱法是分离效果好、速度快的现代技术方法。

2. 纯度的鉴定 纯的有机化合物都有固定的物理常数，例如熔点、沸点、相对密度、折射率和比旋光度等。测定有机化合物的物理常数可以鉴定其纯度。纯的有机化合物的熔程、沸程都很短，一般在 0.5～1.0 ℃范围内。不纯的有机化合物的熔程、沸程都较宽，熔点、沸点下降。

3. 实验式和分子式的确定 提纯后的有机化合物就可以进行元素定性分析，确定其元素组成。然后再进行元素定量分析，求出各元素的质量比，通过计算就能得出它的实验式（实验式是表示化合物分子中各元素原子的相对数目的最简式)。最后，进一步用质谱仪测定有机化合物的相对分子质量便可确定其分子式。

4. 结构式的确定 对于一种化合物，只确定它的分子式还远远不够。因为在有机化合物中，普遍存在着同分异构现象，具有同一分子式的有机化合物不止一种。因此，还必须根据化合物的化学性质及应用现代物理分析方法，如X射线分析、电子衍射法、紫外吸收光谱(UV)、红外吸收光谱(IR)、核磁共振光谱(NMR)和质谱(MS)等，来确定有机化合物的结构。现代物理分析方法能够准确、快速地确定有机化合物的结构，因此在近二三十年来得到了广泛的应用。

问题与思考0-4 某化合物含碳49.3%、氢9.6%、氮19.2%，测得相对分子质量为146，计算求出此化合物的分子式。

第二节 共价键的一般概念

化合物分子中，将原子结合起来的作用力称为化学键。化学键有多种形式，常见的有两种基本类型，即离子键和共价键。离子键是通过原子间的电子转移，分别形成带正电荷和负电荷的离子而形成的。大部分无机化合物是以离子键结合的。共价键则是通过原子间共用电子对而形成的。有机化合物分子中的原子主要是靠共价键相结合。因此，要讨论有机化合物的结构和性质，必须要了解共价键的一般概念。

一、共价键理论

对共价键理论的解释，有价键理论、分子轨道理论和杂化轨道理论。

1. 价键理论 价键法是量子化学中处理化学键问题的一种近似方法，它与分子轨道法是互相补充的。

价键理论认为，共价键的形成可以看作是原子轨道的重叠或电子配对的结果。原子轨道重叠后，在两个原子核间电子云密度较大，因而降低了两核之间的正电排斥，增加了两核对负电的吸引，使整个体系的能量降低，形成稳定的共价键。成键的电子定域在两个成键原子之间。

如果两个原子各有一个未成对电子，并且自旋方向相反，其原子轨道就可重叠形成一个共价键。例如，两个氢原子的1s轨道互相重叠生成氢分子(图0-1)。

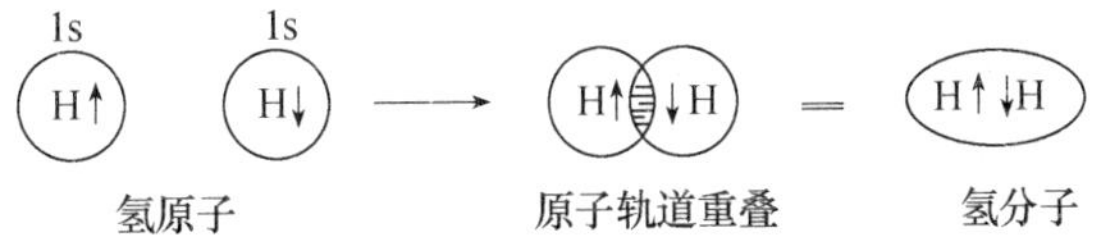

图0-1 氢分子的形成

由一对电子形成的共价键叫作单键，用一条短线表示。如果两个原子各有两个或三个未成对电子，构成的共价键为双键或叁键。例如：

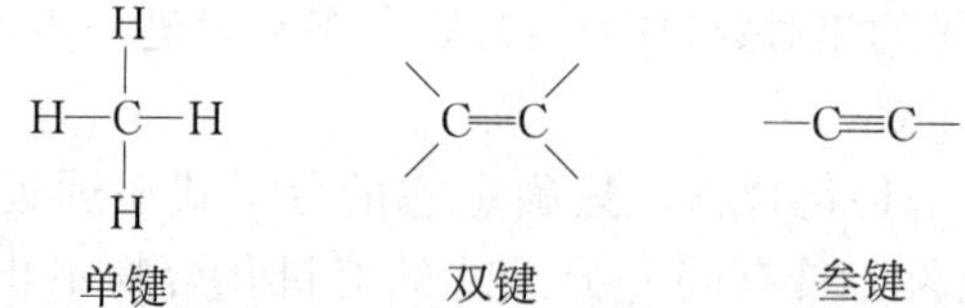

一般情况下，原子的未成对电子数就是原子的价数。在形成共价键时，一个原子有几个未成对电子，它就可以和几个自旋方向相反的电子配对成键，不再与更多的未成对电子配对。例如，在形成 HCl 分子时，氢原子的一个未成对电子与氯原子的一个未成对电子已经配对成键，就不可能再与第二个未成对电子配对，这就是共价键的饱和性。

在原子轨道重叠时，重叠的程度越大，所形成的共价键越牢固。因此，在形成稳定的共价键时，原子轨道只能沿键轴方向进行重叠才能达到最大程度的重叠，这就是共价键的方向性。例如，氢原子的 1s 轨道与氯原子的 $2p_x$ 轨道重叠形成 HCl 时，只有在 x 轴方向有最大的重叠（图 0－2）。

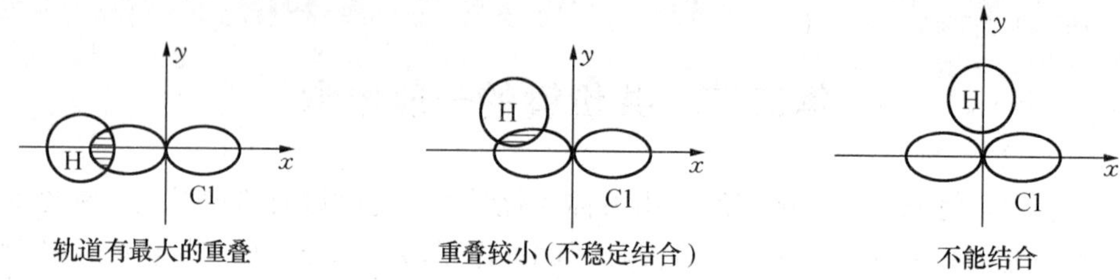

图 0－2　1s 轨道与 2p 轨道的重叠

鲍林（Pauling）提出的杂化轨道理论是对价键理论的发展，将在后面单独讨论。

2. 分子轨道理论　分子轨道理论是在 1932 年提出的，它是从分子整体出发来研究分子中每一个电子的运动状态。根据这一理论，分子中的成键电子不是定域在两个成键原子之间，而是在整个分子中运动。通过薛定谔方程的解，可以求出描述分子中电子运动状态的波函数 ψ，ψ 称为分子轨道。

求解分子轨道 ψ 很困难，一般采用近似解法。其中最常用的是原子轨道线性组合法，即将分子轨道看成是原子轨道函数的相加或相减。一个分子的分子轨道数目等于组成该分子的原子轨道数目的总和。例如，两个原子轨道可以线性组成两个分子轨道。

$$\psi_1 = C_1\psi_A + C_2\psi_B \qquad (1)$$

$$\psi_2 = C_1\psi_A - C_2\psi_B \qquad (2)$$

ψ_1 和 ψ_2 为两个分子轨道的波函数，ψ_A 和 ψ_B 分别为原子 A 和 B 的原子轨道的波函数，C_1 和 C_2 为两个原子轨道的特定函数。在式（1）中，ψ_A 和 ψ_B 的符号相同，即两个函数的位相相同。它们叠加的结果使两个波函数值增大，电子概率密度增大（图 0－3），从而形成稳定的共价键。这样的分子轨道（ψ_1）能量低于原来的原子轨道，叫作成键轨道。在式（2）中，ψ_A 和 ψ_B 的符号相反，即两个函数的位相不同。它们叠加的结果使两个波函数值减小（或抵消），电子概率密度减小（或出现节点）（图 0－4），两核之间产生斥力，因而不能形成共价键。这样的分子轨道（ψ_2）能量高于原

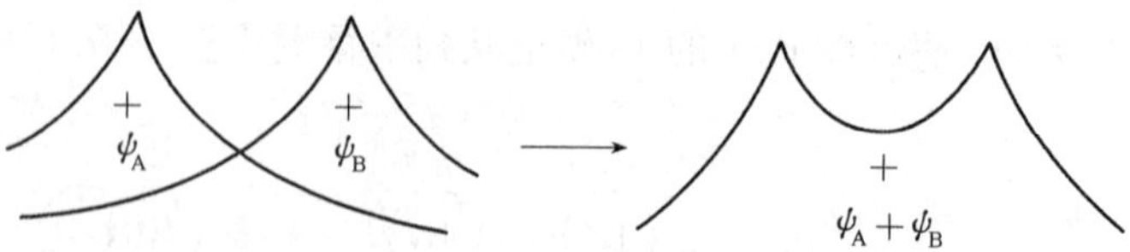

图 0－3　两个位相相同的波函数间的相互叠加

来的原子轨道，叫作反键轨道。

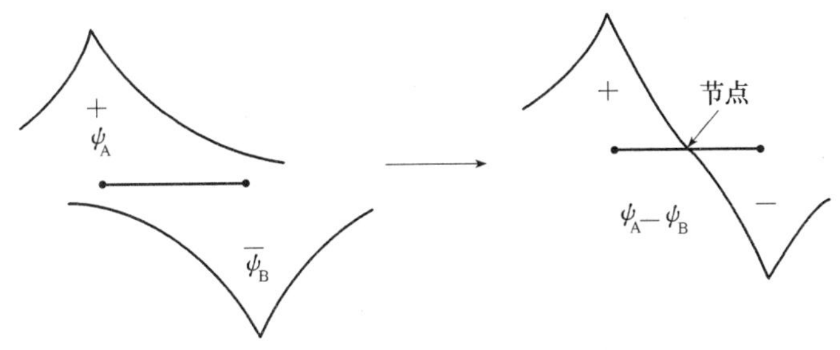

图 0-4　两个位相不同的波函数间的相互叠加

与价键理论相似，每一个分子轨道最多只能容纳两个自旋方向相反的电子，从最低能级的分子轨道开始，逐个地填充电子。例如，两个氢原子形成氢分子时（图 0-5），一对自旋相反的电子进入能量低的成键轨道（ψ_1）中，电子云主要集中于两个原子核之间，从而使氢分子处于稳定的状态。反键轨道的电子云主要分布于原子核的外侧，有利于核的分离而不利于原子的结合。所以，当电子进入反键轨道时，反键轨道的能量高于原子轨道，则体系不稳定，氢分子自动解离为两个氢原子。

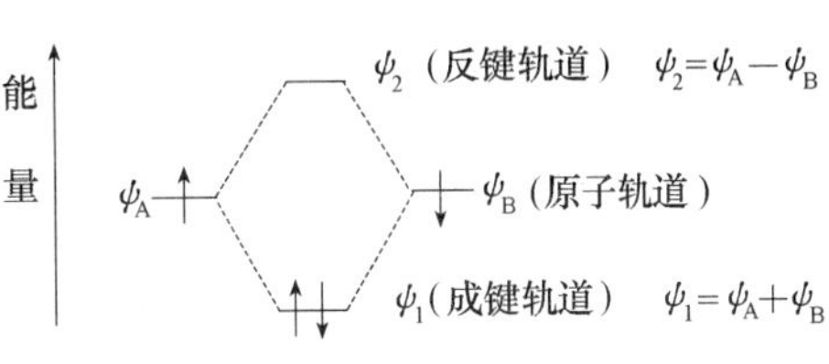

图 0-5　氢分子轨道能级图

分子轨道是由原子轨道线性组合而成的，并不是任何原子轨道都可以构成分子轨道。原子轨道组成分子轨道必须具备轨道对称性匹配、原子轨道最大重叠以及能量相近三个条件。

（1）轨道对称性匹配　原子轨道的位相（或符号）必须相同才能匹配组成分子轨道。

（2）原子轨道最大重叠　原子轨道重叠程度越大，形成的共价键越稳定。

（3）能量相近　成键的原子轨道能量相近，能量差越小，才能最有效地组成分子轨道，形成的共价键才越稳定。

3. 碳原子的价键特点和杂化轨道

（1）碳原子的价键特点　在元素周期表中，碳原子是第二周期第四主族元素。基态时，核外电子排布为：$1s^2 2s^2 2p_x^1 2p_y^1$。碳在周期表中的位置决定了它既不容易得到四个电子形成 C^{4-} 型化合物，也不容易失去四个电子形成 C^{4+} 型化合物。因此，碳原子之间相互结合或与其他原子结合时，都是通过共用电子对结合成共价键。

C—C 键键能约为 350 $kJ \cdot mol^{-1}$，比其他元素原子间形成的共价键键能大。这意味着碳原子间有较强的结合能力，能够彼此相连成链或环。

碳原子是四价的，它可以与其他原子或自身形成单键，也可以形成双键或叁键。

（2）碳原子轨道的杂化　碳原子在基态时，只有两个未成对电子。根据价键理论和分子轨道理论，碳原子应是两价的。但大量事实证实，在有机化合物中，碳原子都是四价的，而且在饱和化合物中，碳的四个价键都是等同的。为了解决这类矛盾，1931 年鲍林提出了原子杂化轨道理论。

杂化轨道理论认为：碳原子在成键的过程中，首先要吸收一定的能量，使 2s 轨道的一个电子跃迁到 2p 的空轨道中，形成碳原子的激发态。激发态的碳原子具有四个单电子，因此碳原子为四价的。

2s	2p	2p	2p		2s	2p	2p	2p
↑↓	↑	↑		跃迁 →	↑	↑	↑	↑
基态					激发态			

电子跃迁时需要能量，2s 电子跃迁到 2p 轨道大约需要 402 kJ · mol^{-1}的能量。成键是释放能量的，形成一个C—H键大约释放 410 kJ · mol^{-1}的能量。电子跃迁后，由于可以形成四个共价键，以C—H键计，释放的能量除补偿跃迁所需的能量外，还可以使体系的能量降低1 238 kJ · mol^{-1}。

碳原子的 2s 电子跃迁后，得到的四个原子轨道处在不同的能级中，一个在 2s 轨道，三个在 2p 轨道。如果按照这种状态成键，碳原子的四个价键不可能是等同的。事实上，在饱和烃中，碳原子的四个价键是等同的。为了解决这个矛盾，杂化轨道又认为：碳原子在成键时，四个原子轨道可以“混合起来”进行“重新组合”，形成四个能量等同的新轨道，称为杂化轨道。杂化轨道的能量稍高于 2s 轨道的能量，稍低于 2p 轨道的能量。这种由不同类型的轨道混合起来，重新组合成新轨道的过程，叫作“轨道的杂化”。杂化轨道的数目等于参加组合的原子轨道的数目。

碳原子轨道的杂化有三种形式：

sp^3 杂化　由一个 2s 轨道和三个 2p 轨道重新组合形成四个能量相等的新轨道，叫作 sp^3 杂化轨道，这种杂化方式叫作 sp^3 杂化。如：

能量 ↑

2s	2p	2p	2p		sp^3	sp^3	sp^3	sp^3
↑	↑	↑	↑	sp^3杂化 →	↑	↑	↑	↑

sp^3 杂化轨道的形状及能量既不同于 2s 轨道，也不同于 2p 轨道，它含有 1/4 的 s 成分和 3/4 的 p 成分。sp^3 杂化轨道是有方向性的，即在对称轴的一个方向上集中，四个 sp^3 杂化轨道呈四面体分布，轨道对称轴间的夹角均为 109°28′（图 0－6）。

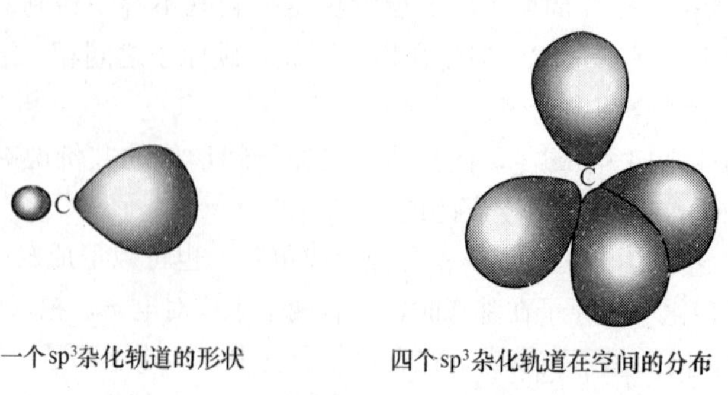

图 0－6　碳原子的 sp^3 杂化轨道示意图

sp^2 杂化　由一个 2s 轨道和两个 2p 轨道重新组合形成三个能量相等的新轨道，叫作 sp^2 杂化轨道，这种杂化方式叫作 sp^2 杂化。如：

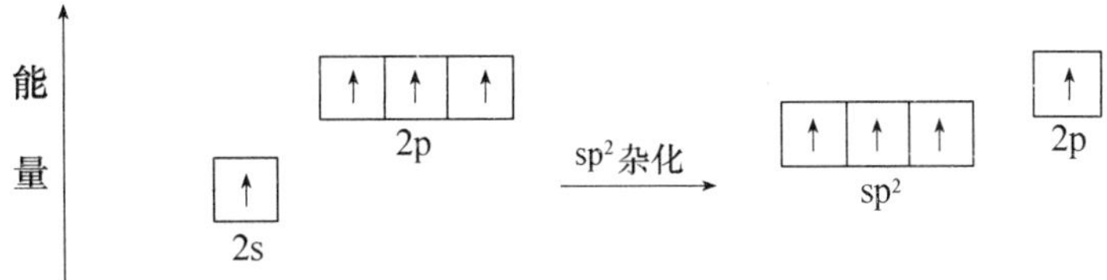

sp^2 杂化轨道的形状与 sp^3 杂化轨道相似，sp^2 杂化轨道含有 1/3 的 s 成分和 2/3 的 p 成分。三个 sp^2 杂化轨道在同一平面，以碳原子核为中心，分别指向正三角形的三个顶点，轨道对称轴间的夹角均为 120°。碳原子还余下一个未参与杂化的 2p 轨道，这个 2p 轨道仍保持原来的形状，其对称轴垂直于三个 sp^2 杂化轨道所在的平面（图 0－7）。

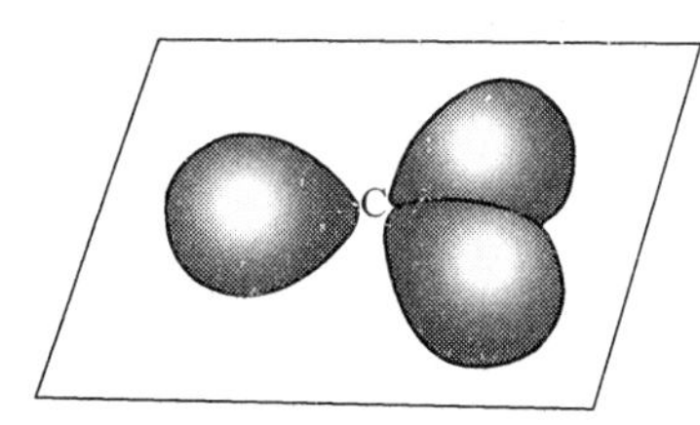

三个在同一平面内的sp²杂化轨道

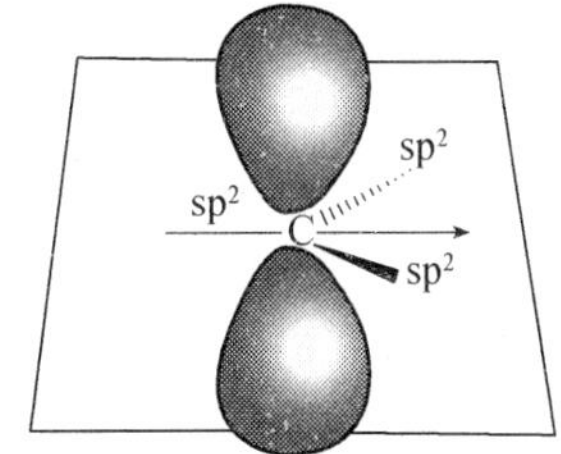

p轨道垂直于三个sp²杂化轨道所在的平面

图 0－7　碳原子的 sp^2 杂化轨道示意图

sp 杂化　由一个 2s 轨道和一个 2p 轨道重新组合形成两个能量相等的新轨道，叫作 sp 杂化轨道，这种杂化方式叫作 sp 杂化。如：

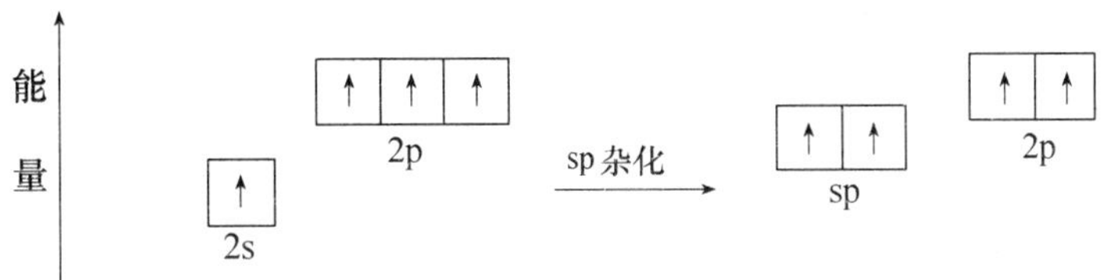

sp 杂化轨道的形状与 sp^3、sp^2 杂化轨道的相似，sp 杂化轨道含有 1/2 的 s 成分和 1/2 的 p 成分，两个 sp 杂化轨道伸向碳原子核的两边，它们的对称轴在一条直线上，互呈 180°夹角。碳原子还余下两个未参与杂化的 2p 轨道，这两个 2p 轨道仍保持原来的形状，其对称轴不仅互相垂直，而且都垂直于 sp 杂化轨道所在的直线。为方便起见，将 sp 杂化轨道只看作一条直线，则两个 2p 轨道垂直于这条直线（图 0－8）。

问题与思考 0－5　指出下列化合物中各碳原子的杂化状态：

$CH_3—CH═CH_2$　　　　$CH_3—CH═CH—C≡CH$

（3）σ 键和 π 键　原子轨道成键方式不同，可以形成两种共价键，即 σ 键和 π 键。

原子轨道以“头碰头”的方式重叠，原子轨道的对称轴与键轴相重合，这种共价键称为 σ 键（图 0－9）。

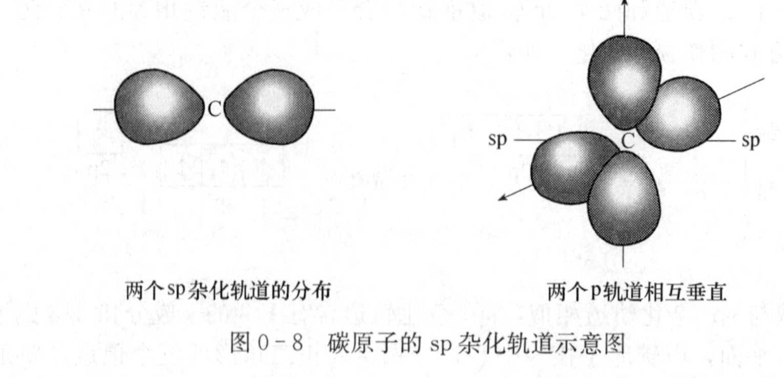

图 0-8　碳原子的 sp 杂化轨道示意图

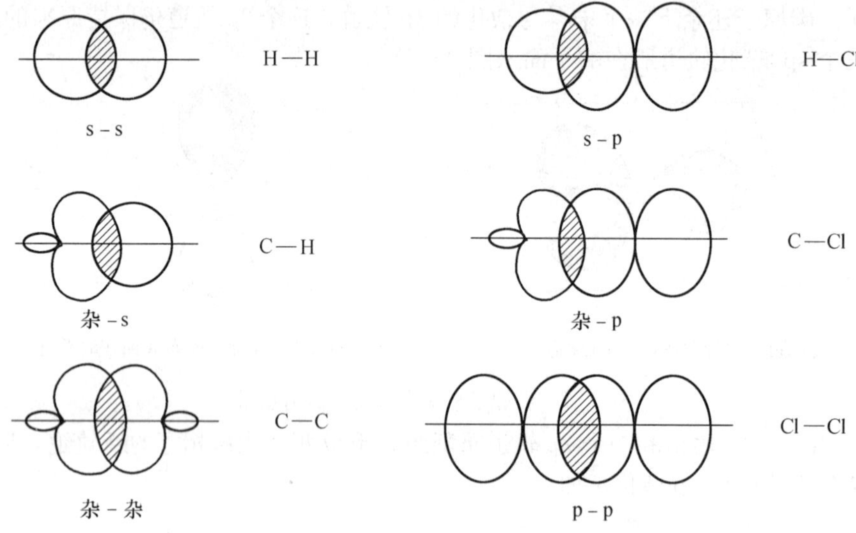

图 0-9　各种 σ 键示意图

两个原子间只能形成一个 σ 键。σ 键的电子云重叠程度大，键能较大。电子云沿键轴对称分布，呈圆柱形，所以 σ 键绕键轴旋转不影响电子云的重叠程度。σ 键的电子云较集中，离核较近，受核的约束较大，在外界条件影响下不易极化。

如果两个 p 轨道的对称轴互相平行，那么这两个 p 轨道就可以从侧面“肩并肩”地重叠成键，这种共价键称为 π 键（图 0-10）。

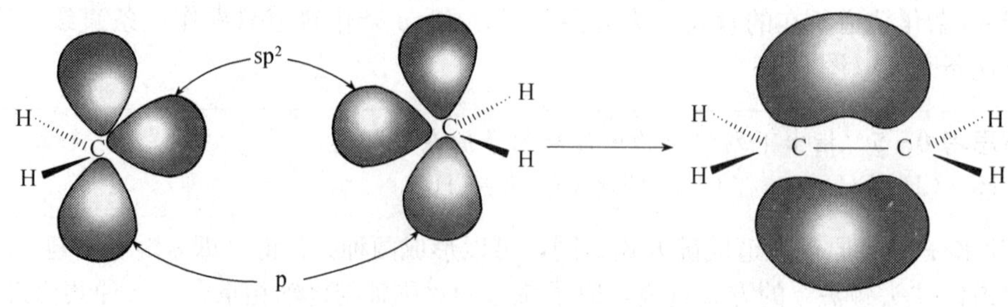

图 0-10　π 键形成示意图

π键不能单独存在，必须与σ键共存，但π键的存在限制了σ键的自由旋转。π键电子云重叠程度较小，键能较小，发生化学反应时π键易断裂。π键电子云分散暴露在两核连线的上下两方，呈平面对称，离原子核较远，受核的约束较小。因此，π键电子云具有较大的流动性，易受外界影响发生极化，具有较强的化学活性。

问题与思考 0－6 比较σ键和π键的性质有何不同。

二、共价键的属性

为了研究有机分子的性质，还必须研究共价键的属性，即键长、键角、键能、键的极性。这些物理量总称为共价键的“键参数”。

1. 键长 形成共价键的两个原子核之间的平均距离称为键长。键长的单位为 nm（10^{-9} m）。不同原子形成共价键的键长是不同的，而同一类型共价键的键长在不同的化合物中可能稍有差异，因为构成共价键的原子在分子中不是孤立的，而是相互影响的。例如，C—C键在丙烷中为0.154 nm，而在环己烷中为0.153 nm。

一般说来，形成的共价键越短，键越强，越牢固。一些常见共价键的键长见表0－1。

表 0－1 常见共价键的键长与键能

键	键长/nm	键能/(kJ·mol^{-1})	键	键长/nm	键能/(kJ·mol^{-1})
C—H	0.109	413.8	C=C	0.134	610.0
C—N	0.147	304.6	C≡C	0.120	836.8
C—O	0.143	357.7	C=O	0.123	736.0（醛）
C—S	0.181	272.0			748.0（酮）
C—F	0.141	484.9	C=N	0.127	748.9
C—Cl	0.177	338.6	C≡N	0.115	880.2
C—Br	0.194	284.5	O—H	0.096	462.8
C—I	0.213	217.6	N—H	0.104	390.8
C—C	0.154	345.6	S—H	0.135	347.3

2. 键角 两价以上的原子与其他原子成键时，两个共价键之间的夹角称为键角。例如，甲烷分子中∠HCH为109°28′。在其他烷烃分子中，由于碳原子连接的情况不尽相同，相互影响的结果，键角也稍有差异。例如，丙烷分子中的∠C—CH_2—C 不是109°28′，而是112°。

3. 键能 键能表示共价键的牢固程度。当A和B两个原子（气态）结合生成A—B分子（气态）时，放出的能量称为键能。

$$\text{A（气态）} + \text{B（气态）} \longrightarrow \text{A—B（气态）}$$

要使1 mol A—B双原子分子（气态）离解为原子（气态）时，所需要的能量叫作A—B键的离解能，以符号 $D_{(A—B)}$ 表示。对于双原子分子，A—B键的离解能就是它的键能。键的离解能和键能的单位为 kJ·mol^{-1}。

共价键断裂时必须吸收热量，ΔH 为正值；原子结合成分子时要放出热量，ΔH 为负值。

$$Cl:Cl \longrightarrow Cl\cdot + Cl\cdot \qquad \Delta H = +242\ kJ\cdot mol^{-1}$$

$$Cl\cdot + Cl\cdot \longrightarrow Cl_2 \qquad \Delta H = -242\ kJ\cdot mol^{-1}$$

对于多原子分子，键能一般指同一类共价键的离解能的平均值。例如，甲烷有四个 C—H 键，它们的离解能是不同的。

$$CH_4 \longrightarrow \cdot CH_3 + H\cdot \qquad D = 434.7\ kJ\cdot mol^{-1}$$

$$\cdot CH_3 \longrightarrow \cdot \dot{C}H_2 + H\cdot \qquad D = 443.1\ kJ\cdot mol^{-1}$$

$$\cdot \dot{C}H_2 \longrightarrow \cdot \dot{C}H + H\cdot \qquad D = 443.1\ kJ\cdot mol^{-1}$$

$$\cdot \dot{C}H \longrightarrow \cdot \dot{C}\cdot + H\cdot \qquad D = 338.6\ kJ\cdot mol^{-1}$$

甲烷C—H键的离解能总和是 1 659.5 $kJ\cdot mol^{-1}$，平均键能为 1 659.5/4=414.9 $kJ\cdot mol^{-1}$。键能越大，说明两个原子结合得越牢固。一些常见共价键的键能见表 0－1。

4. 键的极性、分子的极性和分子间力

（1）键的极性　键的极性是由于成键的两个原子间的电负性差异引起的。当两个相同的原子形成共价键时，电子云均匀地分布在两个原子核之间，电子在键的中心位置出现的概率最大。由于两个原子核正、负电荷重心恰好重合，这种键是没有极性的，叫作非极性共价键。例如，氯分子中的 Cl—Cl 键，乙烷分子中的 C—C 键。当两个不同的原子形成共价键时，由于电负性的差异，电子云偏向电负性较大的原子一方，使正、负电荷重心不能重合，电负性较大的原子带微弱的负电荷（用 δ^- 表示），电负性较小的原子带微弱的正电荷（用 δ^+ 表示）。这种键叫作极性共价键。例如，一氯甲烷中的C—Cl 键，电子云偏向氯原子，使之带微弱的负电荷，电负性较小的碳原子带微弱的正电荷。

$$\overset{\delta^+}{C}H_3 \longrightarrow \overset{\delta^-}{Cl}$$

共价键的极性大小可用偶极矩（键矩）$\boldsymbol{\mu}$ 表示：

$$\boldsymbol{\mu} = q \cdot R$$

式中，q 为正、负电荷中心所带的电荷值（库仑，C）；R 为正、负电荷间的距离（米，m）。偶极矩是矢量，有方向性，其方向由正到负，用 $+\!\!\longrightarrow$ 表示。过去偶极矩 $\boldsymbol{\mu}$ 用德拜（D）为单位，现在 $\boldsymbol{\mu}$ 的法定单位为 C・m（库仑・米），1 D=3.335 64×10^{-30} C・m。表 0－2 中列出了一些常见共价键的偶极矩。

表 0－2　一些常见共价键的偶极矩

键	偶极矩/(×3.335 64×10^{-30} C・m)	键	偶极矩/(×3.335 64×10^{-30} C・m)
C—H	0.40	C—Cl	1.56
N—H	1.31	C—Br	1.48
O—H	1.53	C—I	1.29
S—H	0.68	C—O	0.86
Cl—H	1.03	C═O	2.30
Br—H	0.78	C—S	0.90
I—H	0.38	C—N	0.40

（2）分子的极性　在双原子分子中，共价键的极性就是分子的极性。对多原子分子来说，分

子的极性取决于分子的组成和结构。多原子分子的偶极矩是各键偶极矩的矢量和。例如，甲烷和四氯化碳是对称分子，各键偶极矩的矢量和为零，为非极性分子。三氯甲烷分子中，各个键的偶极矩未被完全抵消，为极性分子。

$\mu=0$　　　　　　$\mu=0$　　　　　　$\mu=3.63\times10^{-30}$ C·m

甲烷　　　　　　**四氯化碳**　　　　　　**三氯甲烷**

键的极性和分子的极性对物质的熔点、沸点和溶解度都有很大的影响，键的极性也能决定发生在这个键上的反应类型，甚至还能影响到附近键的反应活性。

问题与思考 0－7　下列化合物哪些是极性分子？哪些是非极性分子？

（1）CH_3CH_2OH　（2）$CH_3CH_2OCH_2CH_3$　（3）$CHCl_3$　（4）CH_3CH_3

（5）HBr　（6）CO_2

（3）分子间力　原子间通过共价键结合成有机分子，千千万万的有机分子聚集在一起构成有机物质。这些分子之所以能聚集在一起，是由于彼此之间存在着一定的作用力，这种作用力称为分子间力。分子间的作用力较弱，比键能小一两个数量级，但它对有机化合物的物理性质（如沸点、熔点、溶解度等）影响较大。对生物体来说，分子间力与细胞功能有密切的联系。

分子间力主要有下列几种：

① 偶极-偶极作用力：这种作用力产生在极性分子之间。例如 CH_3Cl 分子中，氯原子电负性大，带有部分负电荷；相反，碳原子电负性小，带有部分正电荷，分别以 δ^-、δ^+ 表示。这样，一个偶极分子的负端如果取向合适，就可以吸引另一个偶极分子的正端，使分子定向排列。所以，这种分子间力也称为定向力。

$$\overset{\delta^+}{CH_3}-\overset{\delta^-}{Cl}\cdots\cdots\overset{\delta^+}{CH_3}-\overset{\delta^-}{Cl}\cdots\cdots\overset{\delta^+}{CH_3}-\overset{\delta^-}{Cl}$$

② 范德华力：非极性分子虽然没有极性，但分子中电荷的分配并不总是均匀的，在运动中可以产生瞬间偶极。由这种瞬间偶极所产生的相互作用力称为范德华（Van der Waals）力（也称色散力）。这种作用力作用范围很小，只有在分子靠得很近时才起作用，其作用力大小与分子的可极化性及分子的接触面积有关。范德华力不仅存在于非极性分子中，也可存在于极性分子中。范德华力比共价键作用力弱得多，为 $1\sim2$ kJ·mol^{-1}。

③ 氢键：当氢原子与电负性很大、原子半径很小的氟、氧、氮原子相连时，由于这些原子吸引电子的能力很强，使氢原子带部分正电荷，因而氢原子可以与另一分子的氟、氧、氮原子的未共用电子对以静电引力结合。这种分子间的作用力称为氢键。氢键以虚线表示，如：

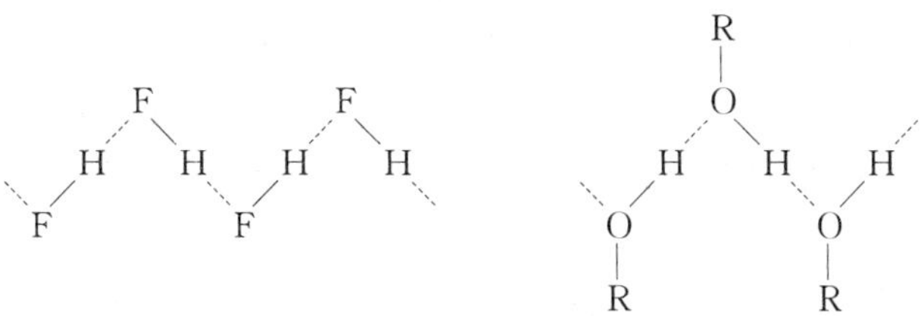

氢键有方向性和饱和性，其强度介于范德华力和共价键力之间，为 10～30 kJ · mol^{-1}。氢键存在于许多分子中，分子间以氢键结合在一起成为缔合体。氢键不仅对物质的物理性质有很大影响，而且对蛋白质、糖等许多生物高分子化合物的分子形状、生理功能等都有极为重要的作用。

问题与思考 0－8 乙醇（CH_3CH_2OH）和甲醚（CH_3OCH_3）相对分子质量相同，你预计哪一种化合物具有较高的沸点？

三、共价键的断裂方式和有机反应类型

有机分子之间发生反应，其本质是这些分子中某些共价键的断裂和新共价键的形成。

1. 共价键的断裂 共价键的断裂有两种方式。一种方式是共价键断裂时，成键的一对电子平均分给两个原子或原子团。

$$C \cdot\!\!|\!\!\cdot Y \xrightarrow{\text{均裂}} C\cdot + Y\cdot$$

这种断裂方式称为均裂。均裂生成的带单电子的原子或原子团称为自由基或游离基。如 $CH_3\cdot$ 叫甲基自由基。自由基通常用 R· 表示。均裂反应一般要在光照或高温加热下进行。

共价键断裂的另一种方式是异裂。共价键异裂时，成键的一对电子保留在一个原子上。异裂有两种情况：

$$C \,\vdots\!:\, Y \xrightarrow{\text{异裂}} \underset{\text{碳正离子}}{C^+} + :Y^-$$

或

$$C :\!\vdots\, Y \xrightarrow{\text{异裂}} \underset{\text{碳负离子}}{:C^-} + Y^+$$

共价键异裂产生的是离子。异裂一般需要酸、碱催化或在极性物质存在下进行。

在有机反应中，共价键断裂所产生的游离基、正离子、负离子活性都很高，不能稳定存在，往往在生成的一瞬间就参加化学反应，所以无法将它们分离出来。这些寿命很短的游离基或离子被称为活性中间体。用特殊的化学或物理手段，可以证明活性中间体的存在，这对于了解有机反应历程（也称有机反应机理）是很重要的。

有机反应历程是从反应物到生成物所经历的过程。有机反应一般不是从反应物直接到生成物，中间可能经历若干步骤，每一步都有可能生成一些不稳定的活性中间体。如能窥探到这些中间体，就可以推断反应机理。研究有机反应的机理，目的是从本质上认识和把握有机反应，以便确定最佳反应路线和反应条件，控制反应按所需方向进行。另外，还可帮助我们了解有机反应的内在联系，以便归纳、总结、记忆大量有机反应。

2. 有机反应类型 根据共价键的断裂方式，有机反应分为两大类：游离基反应和离子型反应。由共价键均裂生成游离基而引发的反应称为游离基反应，由共价键异裂生成离子而引发的反应称为离子型反应。

根据反应实际类型的不同，离子型反应又可分为亲电反应和亲核反应。在反应过程中，能接

受电子（这些电子属于另一反应物分子）的试剂称为亲电试剂。例如金属离子和氢质子都是亲电试剂，它们是缺少电子的，容易进攻反应物上带负电荷的原子或基团，由这些试剂进攻而发生的反应称为亲电反应。反之，另一类试剂，如氢氧根负离子能供给电子，进攻反应物中带部分正电荷的原子而发生反应，这种试剂称为亲核试剂，由亲核试剂进攻而发生的反应叫作亲核反应。

亲电反应又可再分为亲电加成反应和亲电取代反应，亲核反应也可再分为亲核加成反应和亲核取代反应。这将在以后的章节中详加讨论。

问题与思考 0-9　下列化合物或离子哪些是亲电试剂？哪些是亲核试剂？

OH^-　Ag^+　H^+　RO^-　$H\ddot{O}H$　$\ddot{N}H_3$　$R\ddot{O}H$　Br^+

第三节　有机化合物的分子结构

有机化合物是共价键化合物，共价键具有饱和性和方向性，且组成有机化合物的碳原子是四价的，碳原子可以互相连接成链或环，也可以与其他元素的原子连接成链或环；碳原子可以单键、双键或叁键互相连接或与其他元素的原子连接。下面介绍有机化合物分子结构式的常见书写方法。

价键式　在价键式中，每一元素符号代表该元素的一个原子，原子之间的每一价键都用一短线表示。例如：

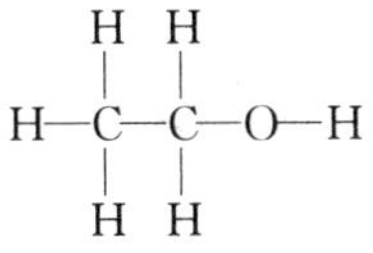

$$\begin{array}{c} \text{H}\ \ \text{H} \\ |\ \ \ | \\ \text{H—C—C—O—H} \\ |\ \ \ | \\ \text{H}\ \ \text{H} \end{array} \qquad \begin{array}{c} \text{H}\quad\ \ \text{H} \\ \diagdown\ \ \diagup \\ \text{C=C} \\ \diagup\ \ \diagdown \\ \text{H}\quad\ \ \text{H} \end{array} \qquad \text{H—C≡C—H} \qquad \begin{array}{c} \text{H} \\ | \\ \text{C} \\ \diagup\ \ \diagdown\!\!\diagdown \\ \text{H—C}\qquad\text{C—H} \\ \|\qquad\ \ | \\ \text{H—C}\qquad\text{C—H} \\ \diagdown\ \ \diagup\!\!\diagup \\ \text{C} \\ | \\ \text{H} \end{array}$$

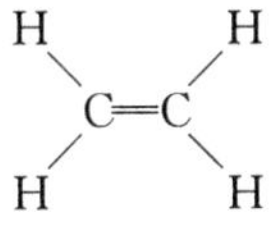

乙醇　　乙烯　　乙炔　　苯

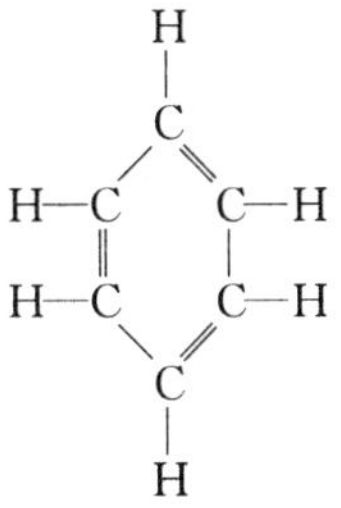

该书写方法的优点是分子中各原子间的结合关系清楚，缺点是书写烦琐。

结构简式　在价键式的基础上，将单键省去（环状化合物中，环上的单键不能省），有相同原子时，把它们合在一起，其数目用阿拉伯数字表示，并把它们写在该原子的元素符号右下角。例如：

CH_3CH_2OH　　$H_2C{=}CH_2$　　$HC{\equiv}CH$　　（苯环）

乙醇　　乙烯　　乙炔　　苯

研究一个有机分子不能仅局限在结构式上，还要进一步了解分子的空间几何形态。为了表示有机分子的立体形态，很早就有多种立体模型出现，其中最常见的是凯库勒（Kekulé）模型（球棍模型）或斯陶特（Stuart）模型（比例模型）。凯库勒模型是用不同颜色的小球代表不同的

原子，以小棍表示原子间的共价键，这种模型可以清楚地表示出分子中各个原子的连接顺序和共价键的方向与键角，对初学者了解简单分子的立体形态是很有帮助的。斯陶特模型是按照原子半径和键长的比例制成的，它能够比较正确地反映出分子中各原子的连接情况，立体感更真实，但它表示的价键分布却不如凯库勒模型明显。图 0－11 分别用这两种模型表示了甲烷分子的立体结构。

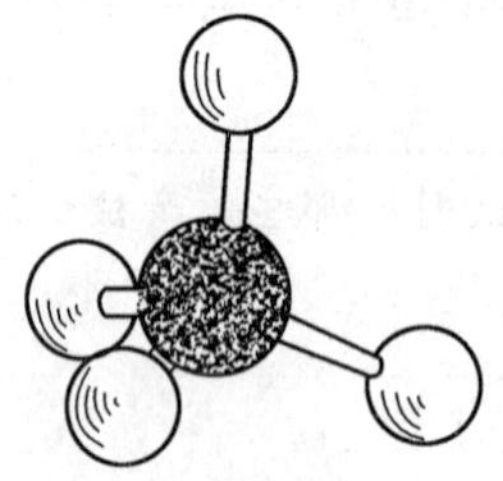
凯库勒模型（球棍模型）

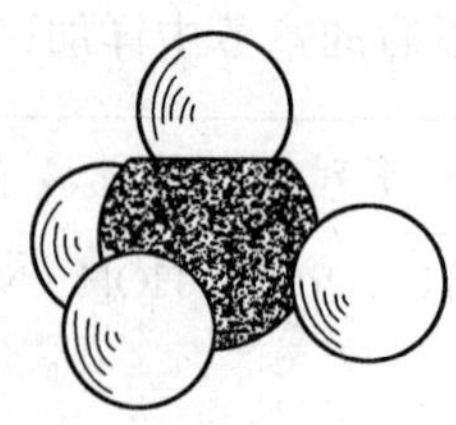
斯陶特模型（比例模型）

图 0－11　甲烷的分子模型

由于上述模型的图画起来非常麻烦，所以，要在纸平面上表示有机分子的立体形态，通常采用透视式或费歇尔（Fischer）投影式。透视式的写法是，碳原子所连接的四个原子或基团，用实线表示在纸的平面上，实楔线表示伸向纸平面前方，虚楔线表示伸向纸平面后方。因人面对模型的位置和角度不同，因此可以画出不同的透视式。下面是 $CH_3CH(Br)C_2H_5$ 分子的几种透视式：

CH_3　C　H　C_2H_5　Br　　CH_3　H　C　Br　C_2H_5　　CH_3　Br　C　H　C_2H_5　　CH_3　Br　C　H　C_2H_5

费歇尔投影式的书写规则将在第五章第二节中介绍。

问题与思考 0－10　写出下列化合物的结构简式：

丙烷，丙醇，丙烯，丙炔，一氯甲烷，三氯甲烷，四氯化碳

问题与思考 0－11　写出下列化合物的透视式：

丙酸 CH_3CH_2COOH，二氯甲烷 CH_2Cl_2，乙醇 CH_3CH_2OH，

2-氯丁烷 $CH_3CH_2CH(Cl)CH_3$

第四节　有机化学中的酸碱理论

有机化学中的酸碱理论是理解有机反应的最基本的概念之一，目前广泛应用于有机化学的是布朗斯特（J. N. Brönsted）酸碱质子理论和路易斯（G. N. Lewis）酸碱电子理论。

一、布朗斯特酸碱质子理论

布朗斯特认为，凡是能给出质子的分子或离子都是酸；凡是能与质子结合的分子或离子都是碱。酸失去质子，剩余的基团就是它的共轭碱；碱得到质子，生成的物质就是它的共轭酸。例如，醋酸溶于水的反应可表示如下：

$$CH_3COOH + H_2O \rightleftharpoons CH_3COO^- + H_3O^+$$

在正反应中，CH_3COOH 是酸，CH_3COO^- 是它的共轭碱，H_2O 是碱，H_3O^+ 是它的共轭酸。对逆反应来说，H_3O^+ 是酸，H_2O 是它的共轭碱，CH_3COO^- 是碱，CH_3COOH 是它的共轭酸。

在共轭酸碱中，一种酸的酸性愈强，其共轭碱的碱性就愈弱。因此，酸碱的概念是相对的，某一物质在一个反应中是酸，在另一反应中可以是碱。例如，H_2O 对 CH_3COO^- 来说是酸，而 H_2O 对 NH_4^+ 则是碱：

$$\underset{(酸)}{H_2O} + \underset{(碱)}{CH_3COO^-} \rightleftharpoons \underset{(共轭酸)}{CH_3COOH} + \underset{(共轭碱)}{OH^-}$$

$$\underset{(碱)}{H_2O} + \underset{(酸)}{NH_4^+} \rightleftharpoons \underset{(共轭碱)}{NH_3} + \underset{(共轭酸)}{H_3O^+}$$

酸的强度用离解平衡常数 K_a 或 pK_a 表示，碱的强度用 K_b 或 pK_b 表示。在水溶液中，酸的 pK_a 与共轭碱的 pK_b 之和为 14。即

$$pK_b = 14 - pK_a$$

一些共轭酸碱对的强度见表 0-3。

表 0-3　共轭酸碱对强度序列表

酸	共轭碱	pK_a	酸	共轭碱	pK_a
$HClO_4$	ClO_4^-	−20	HF	F^-	3.45
H_2SO_4	HSO_4^-		$HCOOH$	$HCOO^-$	3.77
HI	I^-	−10	$ArCOOH$	$ArCOO^-$	4.20
HBr	Br^-	−9	$ArNH_3^+$	$ArNH_2$	4.60
$ArCOOH_2^+$	$ArCOOH$	−7.6	CH_3COOH	CH_3COO^-	4.76
HCl	Cl^-	−7	H_2CO_3	HCO_3^-	6.35
$ArOH_2^+$	$ArOH$	−6.7	NH_4^+	NH_3	9.24
$CH_3COOH_2^+$	CH_3COOH	−6.2	$ArOH$	ArO^-	9.95
R_2OH^+	ROR	−2～−4	HCO_3^-	CO_3^{2-}	10.33
ROH_2^+	ROH	−2～−3	RNH_3^+	RNH_2	10～11
H_3O^+	H_2O	−1.74	H_2O	OH^-	15.7
HNO_3	NO_3^-	−1.4	ROH	RO^-	17～20
HIO_3	IO_3^-	0.77	NH_3	NH_2^-	34
H_3PO_4	$H_2PO_4^-$	2.12	CH_4	CH_3^-	39
HNO_2	NO_2^-	3.29			

在酸碱反应中，总是较强的酸把质子传递给较强的碱。例如：

$$\underset{(较强碱)}{RONa} + \underset{(较强酸)}{H_2O} \rightleftharpoons \underset{(较弱酸)}{ROH} + \underset{(较弱碱)}{NaOH}$$

二、路易斯酸碱电子理论

布朗斯特酸碱质子理论仅限于得失质子，而路易斯酸碱电子理论着眼于电子对，认为酸是能接受电子对的电子接受体，碱是能给出电子对的电子给予体。因此，酸和碱的反应可用下式表示：

$$A + :B \rightleftharpoons A:B$$

上式中，A 是路易斯酸，它至少有一个原子具有空轨道，具有接受电子对的能力，在有机反应中称为亲电试剂；B 是路易斯碱，它至少含有一对未共用电子对，具有给予电子对的能力，在有机反应中称为亲核试剂。酸和碱反应生成的 AB 叫作酸碱加合物。

常见的路易斯酸有下列几种类型：可以接受电子对的分子如 BF_3，$AlCl_3$，$SnCl_2$，$ZnCl_2$，$FeCl_3$ 等；金属离子如 Li^+，Ag^+，Cu^{2+} 等；正离子如 R^+，RCO^+，Br^+，NO_2^+，H^+ 等。常见的路易斯碱有下列几种类型：具有未共用电子对的化合物如 $H_2\ddot{O}:$，$\ddot{N}H_3$，$R\ddot{N}H_2$，$R\underset{..}{\ddot{O}}H$，$R\underset{..}{\ddot{O}}R'$，$R\underset{..}{\ddot{S}}H$ 等；负离子如 X^-，OH^-，RO^-，SH^-，R^- 等；烯或芳香化合物等。

路易斯碱与布朗斯特碱没有多大区别，但路易斯酸要比布朗斯特酸概念广泛得多。例如，在 $AlCl_3$ 分子中，Al 的外层电子只有六个，它可以接受另一对电子。

$$AlCl_3 + Cl^- \rightleftharpoons AlCl_4^-$$

$AlCl_3$ 是路易斯酸，Cl^- 是路易斯碱，而 $AlCl_4^-$ 是酸碱加合物。从路易斯酸碱电子理论出发，所有的金属离子都是路易斯酸，而与金属离子结合的负离子或中性分子都是路易斯碱。因此，无机物的酸、碱、盐都是酸碱加合物。对有机物来说，也可以看成是酸碱加合物。例如，甲烷 CH_4 可以看成酸 H^+ 和碱 CH_3^- 的加合物；乙醇 CH_3CH_2OH 可以看成酸 H^+ 和碱 $CH_3CH_2O^-$ 的加合物。大部分无机反应和有机反应，都可以设想为一种路易斯酸碱反应。

问题与思考 0－12 下列各组化合物中，哪一种是较强的酸？

(1) H_3O^+ 和 H_2O　(2) NH_4^+ 和 NH_3　(3) 碳酸（H_2CO_3）和苯酚（ArOH）

问题与思考 0－13 试写出 NH_3 和 BF_3 结合的反应方程式。指出哪一个是路易斯酸，哪一个是路易斯碱，哪一个是酸碱加合物。

第五节　有机化合物的分类

有机化合物的分类，一种是按碳架不同分类，一种是按官能团分类。

一、根据碳架不同分类

1. 开链化合物　在开链化合物中，碳原子互相结合形成链状。因为这类化合物最初是从脂肪中得到的，所以又称脂肪族化合物。如：

$CH_3CH_2CH_3$	$CH_3CH=CH_2$	$CH_2=CH-CH=CH_2$	CH_3CH_2OH	$CH_3CH_2OCH_2CH_3$
丙烷	丙烯	1,3-丁二烯	乙醇	乙醚

2. 环状化合物　环状化合物分子中，含有由碳原子或碳原子与其他原子组成的环。它们又可分为三类：

(1) 脂环化合物　它们的化学性质与脂肪族化合物相似，因此称脂环族化合物。如：

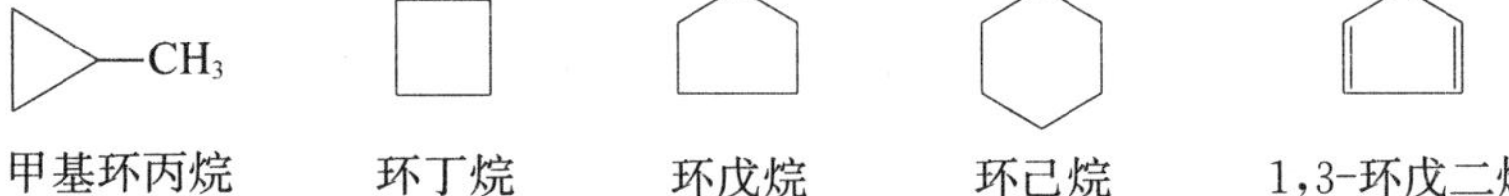

甲基环丙烷　环丁烷　环戊烷　环己烷　1,3-环戊二烯

(2) 芳香族化合物　这类化合物大多数都含有芳环，它们具有与开链化合物和脂环化合物不同的化学特性。如：

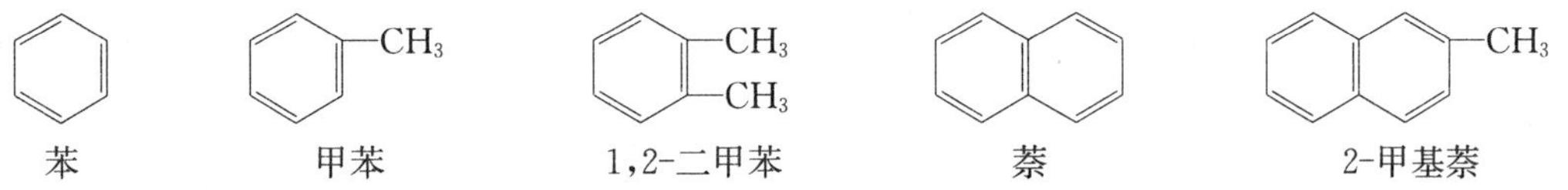

苯　甲苯　1,2-二甲苯　萘　2-甲基萘

(3) 杂环化合物　在这类化合物分子中，组成环的元素除碳原子以外，还有其他元素的原子（如氧、硫、氮），这些原子通常称为杂原子。如：

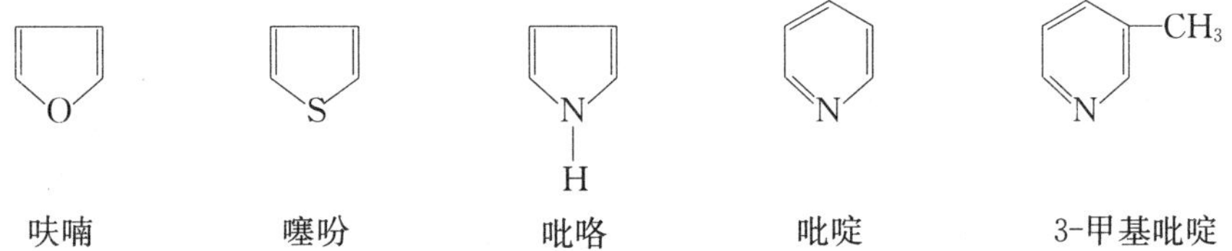

呋喃　噻吩　吡咯　吡啶　3-甲基吡啶

二、根据官能团不同分类

官能团是分子中比较活泼而又易起化学反应的原子或基团，它决定化合物的主要化学性质。含有相同官能团的化合物在化学性质上基本是相同的，因此，只要研究一个或几个该类化合物的性质后，即可了解该类其他化合物的性质。常见的官能团及其代表化合物见表0-4。

表0-4　常见的官能团及其代表化合物

化合物类别	官能团结构	官能团名称	实　例	
烯烃	$>C=C<$	双键	$H_2C=CH_2$	（乙烯）
炔烃	$-C\equiv C-$	叁键	$HC\equiv CH$	（乙炔）
卤代烃	$-X$	卤素	CH_3CH_2-X	（卤乙烷）
醇	$-OH$	羟基	CH_3CH_2OH	（乙醇）
酚	$-OH$	羟基	C_6H_5-OH	（苯酚）
醚	$(C)-O-(C)$	醚键	$C_2H_5-O-C_2H_5$	（乙醚）

（续）

化合物类别	官能团结构	官能团名称	实　例	
醛	—CH=O	醛基	$CH_3—CH=O$	（乙醛）
酮	>C=O	酮基	CH_3COCH_3	（丙酮）
羧酸	—COOH	羧基	CH_3COOH	（乙酸）
胺	$—NH_2$	氨基	$CH_3CH_2—NH_2$	（乙胺）
硝基化合物	$—NO_2$	硝基	$C_6H_5—NO_2$	（硝基苯）
腈	—CN	氰基	CH_3CN	（乙腈）
硫醇	—SH	巯基	$CH_3CH_2—SH$	（乙硫醇）
硫酚	—SH	巯基	$C_6H_5—SH$	（苯硫酚）
磺酸	$—SO_3H$	磺酸基	$C_6H_5—SO_3H$	（苯磺酸）

按碳架或官能团分类，各有其优缺点。本书是将这两种分类方式结合起来使用，先按碳架分类讨论各类烃的化合物，再将碳架与官能团分类结合起来讨论烃的衍生物。

问题与思考 0－14 从烃基和官能团两方面考虑，指出下列化合物的类别。

（1）CH_3COOH　（2）CH_3CH_2OH　（3）CH_3CH_2I　（4）CH_3CHO

（5）$CH_3CH_2NH_2$　（6）CH_3OCH_3　（7）$C_6H_5—OH$

（8）$C_6H_5—SO_3H$　（9）$C_6H_5—NH_2$　（10）$C_6H_5—CHO$

拓展阅读

有机化学之美：超有趣的化合物！

提起有机化学，大家都觉得是特别严肃正经的学科。其实，我们的化学大神们有时候也会用独特的方法给自己找些乐子！

当化学家们合成出新的有机分子时，就像对待新生婴儿一样，需要给它命名。这个名字有时候会根据命名规则来，有时候会根据原料或者制作方法来，有时候是根据长相随便起的。今天就给大家介绍几种很有趣的化合物，让你们体会一下化学家们的专属幽默。

1. 企鹅酮　企鹅酮（penguinone）的化学式为 $C_{10}H_{14}O$，因为结构式类似企鹅，因此被命名为企鹅酮。该有机物分子中含有两个碳碳双键、一个羰基，可被酸性高锰酸钾溶液氧化，并且这些键均可与氢气加成，即 1 mol 企鹅酮能与 3 mol 氢气反应。

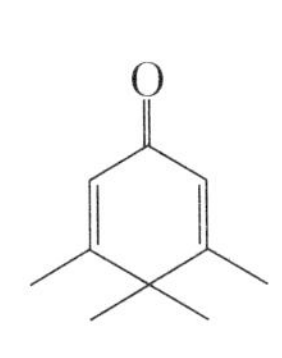

2. 王冠醚　王冠醚是一种白色结晶或结晶块状物，因为结构式类似王冠而得名。主要用作相转移催化剂、配位剂和萃取剂。在化学分析中可用于离子的富集、分离和掩蔽，还可用于医药、生物化学领域，以及电子工业中用作离子导电材料、液晶显示元件制作材料。

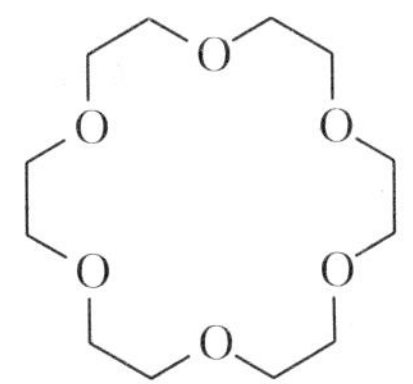

3. 释迦牟尼分子　释迦牟尼分子，属于芳香烃。由美国康奈尔大学的 C. Wilcox 合成。因为所有原子都在同一个平面，看起来很像释迦牟尼，所以就有了这个很佛性的名字。

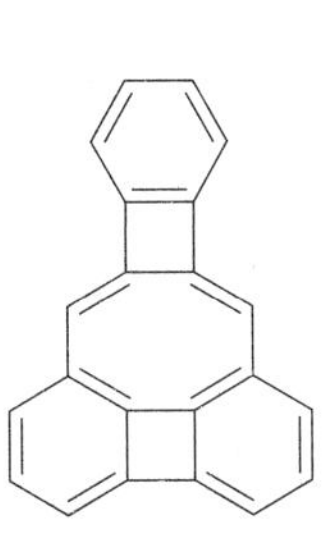

4. 始祖鸟烯　始祖鸟烯（pterodactyladiene），因为结构式像始祖鸟而得名。你觉得这些分子“与我无关”？那可错了！我要敲黑板啦——始祖鸟烯已经出现在我国高考化学题库里啦！

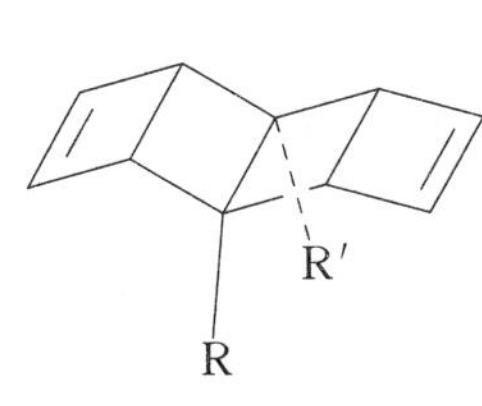

(2013•广东模拟)

始祖鸟烯(pterodactyladiene)形状宛如一只展翅飞翔的鸟，其键线式结构表示如图，其中R、R′为烷烃基，则下列有关始祖鸟烯的说法中正确的是(　　)。

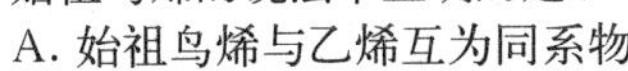

A. 始祖鸟烯与乙烯互为同系物

B. 若R=R′=甲基，则其化学式为$C_{12}H_{16}$

C. 若R=R′=甲基，则始祖鸟烯的一氯代物有3种

D. 始祖鸟烯既能使酸性高锰酸钾溶液褪色，也能使溴水褪色，则两反应的反应类型是相同的

本章小结

有机化学研究的对象是有机化合物，即“碳氢化合物及其衍生物”。有机化学与农业科学有着密切关系。

有机化合物与无机化合物在性质上有较大差异。有机化合物一般具有易燃烧；熔、沸点低；难溶于水，易溶于有机溶剂；同分异构现象普遍存在；反应速度慢；副反应多，产物复杂等特点。

研究有机化合物的程序和方法是：先将含有杂质的有机物进行分离提纯，然后通过元素定性和定量分析、质谱分析等确定其分子式，最后再应用近代物理分析方法确定有机物的分子结构。

有机分子大部分是共价键化合物，即组成分子的各原子间大都以共价键相连。价键理论和分子轨道理论描述了共价键的形成。共价键有 σ 键和 π 键。两个原子轨道“头碰头”重叠形成 σ 键，因此 σ 键比较牢固，可以围绕键轴自由旋转；两个 p 轨道“肩并肩”重叠形成 π 键，π 键重叠程度较小，离核较远，易极化，所以 π 键比较活泼。π 键不能单独存在，必须与 σ 键共存，且不能自由旋转。

共价键具有饱和性和方向性，因此有机分子具有一定的立体形状。通常用 Kekulé 模型和 Stuart 模型表示有机分子的结构。书写时用透视式或投影式表示有机分子的立体形态。

有机反应可以看成是共价键的断裂和新键的形成过程。共价键的断裂有均裂和异裂两种方式。前者一般要在光照或高温加热下进行。均裂产生游离基，因此这类反应称为游离基反应；后者一般要在酸、碱催化或极性条件下进行。易裂产生离子，因此这类反应称为离子型反应。

有机化学中的酸、碱理论是理解有机反应本质的基本理论之一。应用较为广泛的是布朗斯特酸碱质子理论和路易斯酸碱电子理论。在反应中，凡是能给出质子的分子或离子都是布朗斯特酸，凡是能与质子结合的分子或离子都是布朗斯特碱，所谓布朗斯特酸碱反应就是质子由酸到碱的转移；路易斯酸是能接受电子对的电子接受体，路易斯碱则是能给出电子对的电子给予体，大部分有机反应可以看成是路易斯酸碱反应。

有机化合物可按碳骨架分为开链、碳环和杂环化合物三大类，又可按官能团进行分类。一般是将两种分类方法结合起来使用。

习 题

1. 下列各式哪些是实验式？哪些是分子式？哪些是结构式？

   (1) C_2H_6　(2) C_6H_6　(3) CH_3　(4) $CH_2=CH_2$　(5) CH_4O　(6) CH_2O　(7) CH_3COOH

2. 写出符合下列条件且分子式为 C_3H_6O 的化合物的结构式：

   (1) 含有醛基　(2) 含有酮基　(3) 含有环和羟基　(4) 醚　(5) 环醚

   (6) 含有双键和羟基（双键和羟基不在同一碳上）

3. 指出下列化合物中带“*”号碳原子的杂化轨道类型：

   $\overset{*}{C}H_3CH_3$　　$H\overset{*}{C}\equiv CH$　　$H_2\overset{*}{C}=CH_2$　　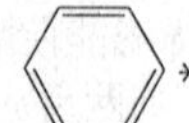

4. 下列化合物哪些是极性分子？哪些是非极性分子？

(1) CH_4　(2) CH_2Cl_2　(3) CH_3CH_2OH　(4) CH_3OCH_3　(5) CCl_4　(6) CH_3CHO

(7) HCOOH

5. 下列化合物中各含一主要官能团，试指出该官能团的名称及所属化合物的类别：

(1) CH_3CH_2Cl　(2) CH_3OCH_3　(3) CH_3CH_2OH　(4) CH_3CHO　(5) $CH_3CH{=}CH_2$

(6) $CH_3CH_2NH_2$　(7) $C_6H_5{-}CHO$　(8) $C_6H_5{-}OH$　(9) $C_6H_5{-}COOH$

(10) $C_6H_5{-}NH_2$

6. σ 键和 π 键是怎样形成的？它们各有哪些特点？

7. 下列化合物哪些易溶于水？哪些易溶于有机溶剂？

(1) CH_3CH_2OH　(2) CCl_4　(3) $C_6H_5{-}NH_2$　(4) CH_3CHO　(5) HCOOH　(6) NaCl

8. 某化合物 3.26 mg，燃烧分析得 4.74 mg CO_2 和 1.92 mg H_2O。相对分子质量为 60，求该化合物的实验式和分子式。

9. 下列反应中何者是布朗斯特酸？何者是布朗斯特碱？

(1) $CH_3\underset{\underset{O}{\|}}{C}CH_3 + H_2SO_4 \rightleftharpoons CH_3\underset{\underset{{}^+OH}{\|}}{C}CH_3 + HSO_4^-$

(2) $CH_3\underset{\underset{O}{\|}}{C}CH_3 + CH_3O^- \rightleftharpoons CH_3\underset{\underset{O}{\|}}{\overset{-}{C}}CH_2 + CH_3OH$

10. 下列分子或离子哪些是路易斯酸？哪些是路易斯碱？

(1) H_2O　(2) $AlCl_3$　(3) CN^-　(4) SO_3　(5) CH_3OCH_3　(6) CH_3^+　(7) CH_3O^-

(8) $CH_3CH_2NH_2$　(9) H^+　(10) Ag^+　(11) $SnCl_2$　(12) Cu^{2+}

11. 比较下列各化合物酸性强弱（借助表 0-3）：

(1) H_2O　(2) CH_3COOH　(3) CH_3CH_2OH　(4) CH_4　(5) C_6H_5OH　(6) H_2CO_3

(7) HCl　(8) NH_3

自测题　　自测题答案

第一部分

有机化合物的母体——烃

分子中只含有碳和氢两种元素的有机化合物称为碳氢化合物，简称烃。其他有机化合物可以看成是烃的衍生物。所以一般认为烃是有机化合物的母体。

烃的种类很多，根据烃分子中碳原子的连接方式，可大体分类如下：

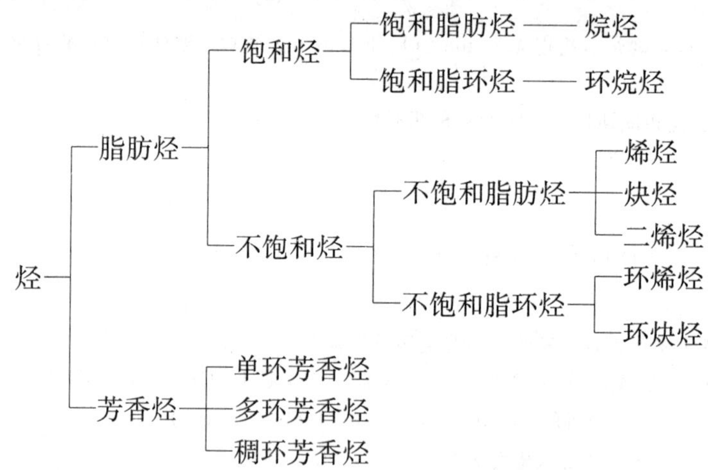

饱和脂肪烃分子中只含有C—C σ 键和C—H σ 键，由于碳和氢的电负性相近，C—H键极性很小。σ 键轨道重叠程度大，键比较牢固，键能较大，一般不易断裂。因此，除个别化合物外，饱和脂肪烃的化学性质都比较稳定。

不饱和脂肪烃分子中含有碳碳双键和碳碳叁键，由于 π 键的存在，π 电子云具有较大的流动性，易受外界影响被极化，故不饱和脂肪烃具有较活泼的化学性质。

芳香烃分子中具有苯环，碳碳化学键无单双键之分，呈闭合的大 π 键，结构很稳定，不易发生加成，也不易被氧化，而容易发生取代反应。

第一章　饱 和 烃

饱和烃分子中的碳原子都是以单键相连，碳原子的其余价键完全被氢原子所饱和。

饱和烃分子中的碳原子以开链连接成直链或分叉链的称为烷烃。碳原子相互连接成环状结构的称为环烷烃。

第一节　烷　　烃

一、烷烃的通式、同系列和同分异构现象

最简单的烷烃是甲烷，分子式是CH_4，然后依次是乙烷C_2H_6，丙烷C_3H_8，丁烷C_4H_{10}，戊烷C_5H_{12}……可以用一个通式C_nH_{2n+2}来表示烷烃，其中n为碳原子数目。从理论上讲，n可以很大，目前已知的烷烃中，n已大于100。从烷烃的例子可以看出，任何两个烷烃的分子间都相差一个或几个CH_2基团。这些具有同一通式、结构和性质相似、相互间相差一个或几个CH_2基团的一系列化合物称为同系列。同系列中的各个化合物互为同系物。相邻同系物之间的差CH_2叫作同系差。同系列是有机化学中的普遍现象，同系列中各个同系物（特别是高级同系物）具有相似的结构和性质，在每一同系列里只要研究几个代表物就可以推知其他同系物的性质，为我们学习研究有机物的结构和性质提供了方便。同系物虽有共性，但每个具体化合物也可能有个性，尤其是同系列中头一个化合物往往有突出的个性。因此除要了解同系物的共性外，也要了解具体化合物的个性。

在烷烃的同系列中，甲烷分子中的四个氢原子是等同的，所以用一个甲基取代任何一个氢原子，都得到唯一的产物乙烷；乙烷分子中的六个氢原子也是等同的，所以用甲基取代任何一个氢原子也得到唯一的产物丙烷。丙烷分子中有两类氢原子，一类是连在两端碳原子上的六个氢原子，其中任意一个氢原子用甲基取代时，都得到四个碳原子成一直链的正丁烷；另一类是连接在中间碳原子上的两个氢原子，其中任一个氢原子用甲基取代时，都得到含有支链的异丁烷。

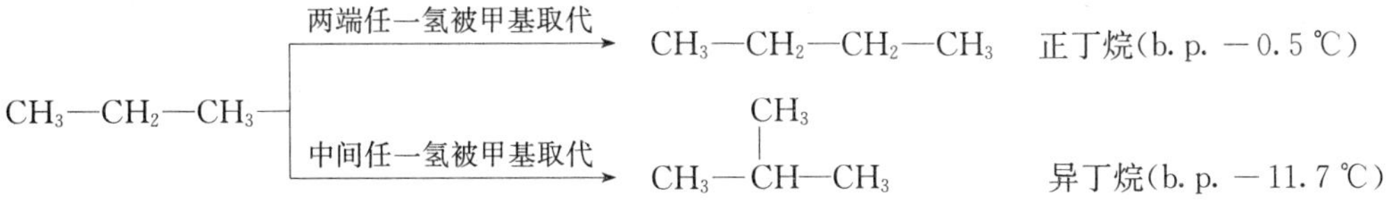

$$CH_3—CH_2—CH_3 \xrightarrow{\text{两端任一氢被甲基取代}} CH_3—CH_2—CH_2—CH_3 \quad \text{正丁烷(b. p. −0.5 ℃)}$$

$$CH_3—CH_2—CH_3 \xrightarrow{\text{中间任一氢被甲基取代}} CH_3—\underset{\displaystyle CH_3}{\overset{|}{CH}}—CH_3 \quad \text{异丁烷(b. p. −11.7 ℃)}$$

很明显，这两种丁烷结构上的差异是由于分子中碳原子连接方式不同而产生的，我们把分子式相同而构造式不同的异构体叫作构造异构体；这种由于碳链的构造式不同而产生的同分异构体又称碳链异构体。

同理，由丁烷的两种同分异构体可以衍生出三种戊烷：

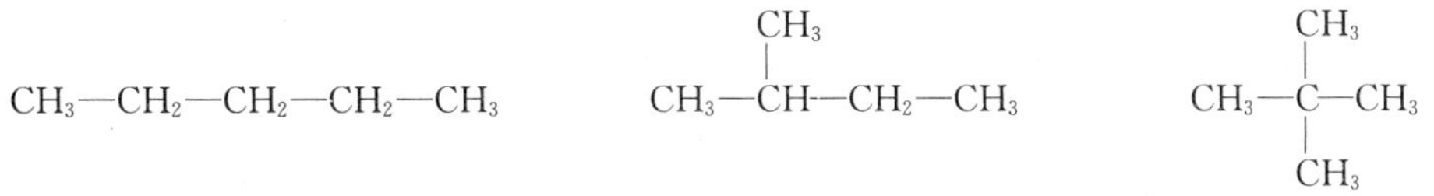

$$CH_3—CH_2—CH_2—CH_2—CH_3 \qquad CH_3—\overset{\displaystyle CH_3}{\overset{|}{CH}}—CH_2—CH_3 \qquad CH_3—\underset{\displaystyle CH_3}{\underset{|}{\overset{\displaystyle CH_3}{\overset{|}{C}}}}—CH_3$$

正戊烷(b. p. 36.1 ℃)　　异戊烷(b. p. 27.9 ℃)　　新戊烷(b. p. 9.5 ℃)

随着分子中碳原子数的增加，碳原子间就有更多的连接方式，异构体的数目明显增加，已烷有5个同分异构体，庚烷有9个，辛烷有18个，而癸烷有75个，二十烷有366 319个。

分析下面烷烃分子中碳原子和氢原子的连接情况：

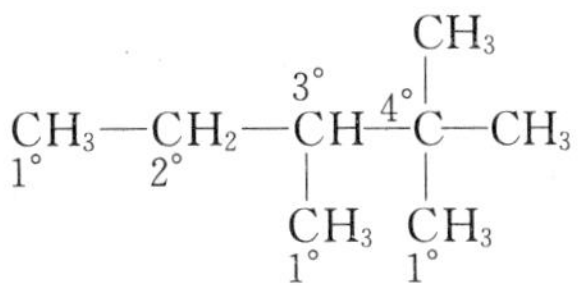

$$\underset{1°}{CH_3}—\underset{2°}{CH_2}—\underset{\displaystyle \underset{1°}{CH_3}}{\underset{|}{\overset{3°}{CH}}}\overset{4°}{—}\underset{\displaystyle \underset{1°}{CH_3}}{\underset{|}{\overset{\displaystyle CH_3}{\overset{|}{C}}}}—CH_3$$

其中有的碳只与一个碳原子相连，叫作一级碳原子，或叫第一（伯）碳原子，可用1°表示；直接与两个碳原子相连的，叫作二级碳原子，或叫第二（仲）碳原子，可用2°表示；直接与三个碳原子相连的，叫作三级碳原子，或叫第三（叔）碳原子，可用3°表示；直接与四个碳原子相连的，叫作四级碳原子，或叫第四（季）碳原子，用4°表示。

氢原子则按其与一级、二级或三级碳原子相连而分别称为第一、第二、第三氢原子或称为伯、仲、叔氢原子。不同类型的氢原子的活泼性不同。

问题与思考1-1 写出己烷所有同分异构体的构造式，并标出各异构体的1°、2°、3°、4°碳原子。

二、烷烃的命名

有机化合物种类繁多，数目庞大，结构复杂，为了识别它们，需要有合理统一的命名法命名。根据命名法，我们看到化合物名称即可写出它的结构式，反之亦然。因此学习、认识每一类化合物的命名法是有机化学的一项重要内容。烷烃的命名法是有机化合物命名法的基础，所以应当很好地掌握。

烷烃常用的命名法有普通命名法和系统命名法两种。

1. 普通命名法（习惯命名法） 一般只适用于简单、含碳较少的烷烃，基本原则是：

（1）根据分子中碳原子的数目称“某烷”。碳原子数在十以内时，用天干字甲、乙、丙、丁、戊、己、庚、辛、壬、癸表示；碳原子数在十个以上时，则以十一、十二、十三……表示。例如：

$CH_3CH_2CH_2CH_2CH_3$　戊烷　　$CH_3(CH_2)_{10}CH_3$　十二烷

（2）为了区别异构体，直链烷烃称“正”某烷；在链端第二个碳原子上连有一个甲基且无其他支链的烷烃，称“异”某烷；在链端第二个碳原子上连有两个甲基且无其他支链的烷烃，称“新”某烷。例如，戊烷的三种异构体，分别称为正戊烷、异戊烷、新戊烷。

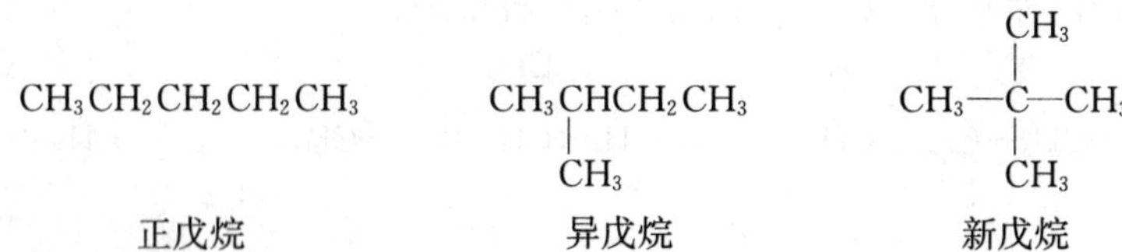

2. 烷基的命名 烷烃分子中去掉一个氢原子形成的一价基团叫烷基。烷基的名称由相应的烷烃命名。常见烷基如下：

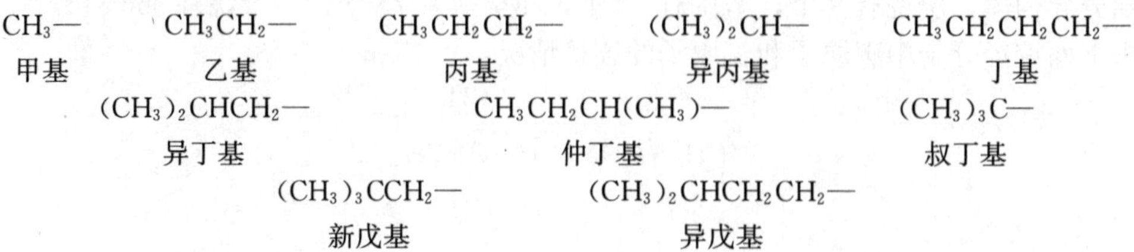

烷基通式为 C_nH_{2n+1}，常用R— 表示，所以烷烃也可用 RH 表示。

对于结构比较复杂的烷烃，应使用系统命名法命名。

3. 系统命名法　我国现在使用的有机化学命名法是参考国际纯粹与应用化学联合会（International Union of Pure and Applied Chemistry，IUPAC）命名原则，并结合我国的文字特点于1960 年制定，1980 年由中国化学会加以增减修订的《有机化学命名原则》。

直链烷烃的系统命名法与普通命名法相同，只是把“正”字取消。对于结构复杂的烷烃，则按以下原则命名。

（1）在分子中选择一个最长的碳链作主链，根据主链所含的碳原子数叫作某烷。主链以外的其他烷基看作主链上的取代基，同一分子中若有两条以上等长的主链，则应选取分支最多的碳链作主链。例如：

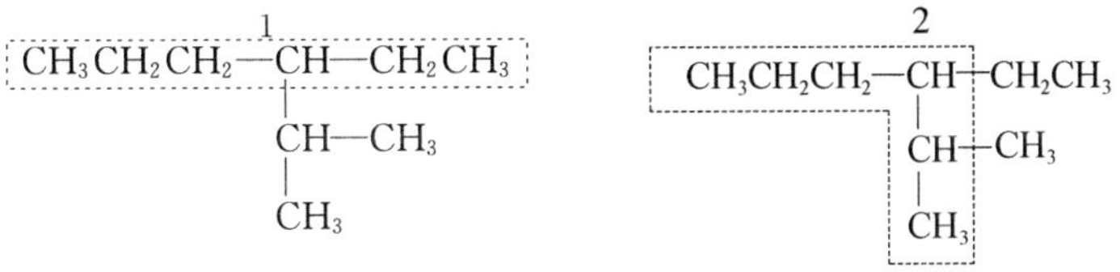

1

$$\begin{array}{llll}
CH_3CH_2CH_2 & - & CH & -CH_2CH_3\\
 & & | & \\
 & & CH & -CH_3\\
 & & | & \\
 & & CH_3 &
\end{array}$$

2

$$\begin{array}{llll}
CH_3CH_2CH_2 & - & CH & -CH_2CH_3\\
 & & | & \\
 & & CH & -CH_3\\
 & & | & \\
 & & CH_3 &
\end{array}$$

正确的选择是 2，不是 1

（2）由距离支链最近的一端开始，将主链上的碳原子用阿拉伯数字编号。将支链的位置和名称写在母体名称的前面，阿拉伯数字和汉字之间必须加一半字线隔开。例如：

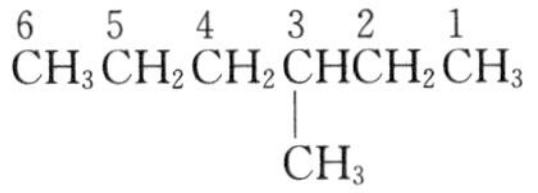

$$\begin{array}{cccccc}
6 & 5 & 4 & 3 & 2 & 1\\
CH_3 & CH_2 & CH_2 & CH & CH_2 & CH_3\\
 & & & | & & \\
 & & & CH_3 & &
\end{array}$$

3-甲基己烷

（3）如果含有几个相同的取代基，要把它们合并起来。取代基的数目用二、三、四……表示，写在取代基的前面，其位次必须逐个注明，位次的数字之间要用逗号隔开。例如：

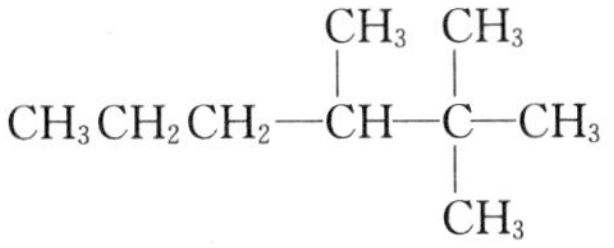

$$\begin{array}{llllll}
 & & CH_3 & & CH_3 & \\
 & & | & & | & \\
CH_3CH_2CH_2 & - & CH & - & C & -CH_3\\
 & & & & | & \\
 & & & & CH_3 &
\end{array}$$

2,2,3-三甲基己烷

（4）如果含有几个不同取代基，取代基排列的顺序，是将“次序规则”（见第二章第一节）所规定的“较优”基团列在后面。几种烃基的优先次序为 $(CH_3)_3C— > (CH_3)_2CH— > CH_3CH_2CH_2— > CH_3CH_2— > CH_3—$（“>”表示优先于）。例如：甲基与乙基相比，则乙基为较优基团，因此乙基应排在甲基之后；丙基与异丙基相比，异丙基为较优基团，应排在丙基之后。

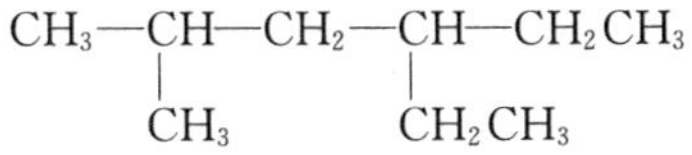

$$\begin{array}{lllllll}
CH_3 & - & CH & - & CH_2 & - & CH-CH_2CH_3\\
 & & | & & & & | \\
 & & CH_3 & & & & CH_2CH_3
\end{array}$$

2-甲基-4-乙基己烷

$$\begin{array}{lllllll}
CH_3CH_2CH_2 & - & CH & -CH_2- & CH & - & CH_2CH_2CH_2CH_3\\
 & & | & & | & & \\
 & CH_3- & CH & & CH_2 & & \\
 & & | & & | & & \\
 & & CH_3 & & CH_2 & & \\
 & & & & | & & \\
 & & & & CH_3 & &
\end{array}$$

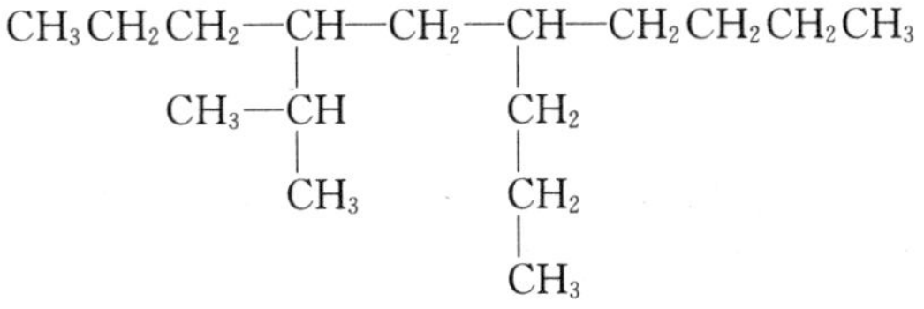

6-丙基-4-异丙基癸烷

（5）当主链上有几个取代基，并有几种编号的可能时，应选取代基具有“最低系列”的那种编号。所谓“最低系列”指的是碳链以不同方向编号，得到两种或两种以上的不同编号的系列，则逐次比较各系列的不同位次，最先遇到的位次最小者，定为“最低系列”。例如：

```
                                   CH3
 6       5       4       3        |2     1
CH3—CH— CH2—CH—C— CH3
(1)   (2)|     (3)   (4)|  (5)|    (6)
          CH3             CH3   CH3
```

2,2,3,5-四甲基己烷

上述化合物有两种编号方法，从右向左编号，取代基的位次为2,2,3,5；从左向右编号，取代基的位次为2,4,5,5。逐个比较每个取代基的位次，第一个均为2，第二个取代基编号分别为2和4，因此应该从右向左编号。又如：

```
                                CH3
11      10     9      8     7|    6     5     4       3      2      1
CH3—CH—CH2—CH—C—CH2CH2CH2—CH—CH—CH3
         |               |     |                   |      |
         CH3            CH3  CH3                CH3   CH3
```

2,3,7,7,8,10-六甲基十一烷(而不是2,4,5,5,9,10-六甲基十一烷)

问题与思考 1-2 用系统命名法命名下列化合物：

（1）$(CH_3)_2CH(CH_2)_4CH(CH_3)CH_2C(CH_3)_3$ （2）

```
CH3CH2CH—CH—CH—CH2CH2CH3
        |     |     |
       CH3  C2H5  CH2CH2CH3
```

问题与思考 1-3 用普通命名法命名下列化合物：

```
                                                        CH3
                                                         |
(1)  CH3—CH—CH2—CH2—CH3        (2)  CH3—C—CH2—CH3
           |                                             |
          CH3                                           CH3
```

问题与思考 1-4 写出下列化合物的构造式：

（1）3,3-二甲基戊烷　　　（2）2,2,3-三甲基丁烷

三、烷烃的分子结构

1. 甲烷和乙烷的分子结构 甲烷的结构式一般写成CH_4，这只能说明分子中有四个氢原子与碳原子相连，而没有表示出氢原子与碳原子在空间的相对位置，即不能说明甲烷分子的立体形状。近代物理方法测定，甲烷分子为一正四面体结构，sp^3杂化的碳原子位于正四面体中心，四个氢原子位于正四面体的四个顶点。四个碳氢键的键长都为0.109 nm，键能为414.9 kJ·mol^{-1}，所有H—C—H的键角都是109.5°。甲烷分子的正四面体结构见图1-1。

从碳原子的杂化轨道理论也可以理解甲烷分子的正四面体结构。在形成甲烷分子时，四个氢原子的轨道沿着碳原子的四个杂化轨道的对称轴方向接近，实现最大程度的重叠，形成四个等同的C—H σ键，如图1-2所示。

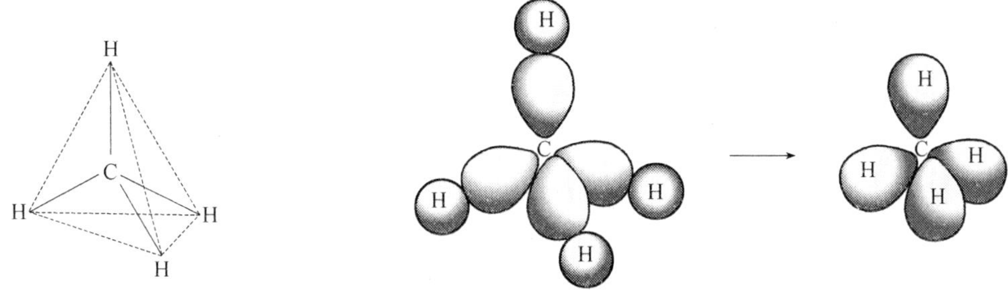

图 1-1　甲烷分子四面体结构示意图　　　　图 1-2　甲烷分子形成示意图

乙烷分子中的碳原子也是以 sp^3 杂化的。两个碳原子各以一个 sp^3 轨道重叠形成 C—C σ 键，两个碳原子又各以三个 sp^3 杂化轨道分别与氢原子的 1s 轨道重叠形成六个等同的 C—H σ 键，如图 1-3 所示。

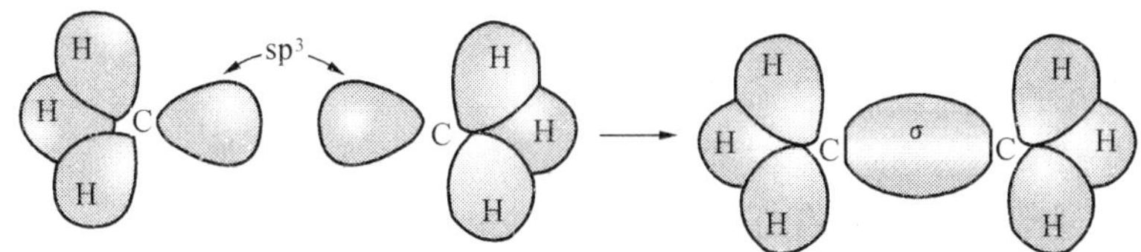

图 1-3　乙烷分子形成示意图

从乙烷分子形成示意图可以看出，C—H 或 C—C 键中成键原子的电子云是沿着它们的轴向重叠的，只有这样才能达到最大程度重叠。成键原子绕键轴相对旋转时，并不影响电子云的重叠程度，不会破坏 σ 键，单键可以自由旋转。

由于碳的价键分布呈四面体形，而且碳碳单键可以自由旋转，所以三个碳以上烷烃分子中的碳链不是像构造式那样表示的直线形，而是以如下锯齿形或其他可能的形式存在。所以所谓“直链”烷烃是指分子中无支链。碳碳单键的键长是 0.154 nm，键能为 345.6 kJ · mol^{-1}，键角为 109.5°左右。

丙烷　　　　丁烷　　　　戊烷

2. 乙烷及其同系物的构象　在常温下，乙烷分子中的两个甲基并不是固定在一定位置上，而是可以绕 C—C σ 键自由旋转，在旋转中形成许多不同的空间排列形式。这种由于绕单键旋转而产生的分子中的原子或基团在空间的不同排列方式，叫作构象（conformation），同一分子的不同构象称为构象异构体。

乙烷分子可以有无数种构象，但从能量的观点看只有两种极限式构象：交叉式构象和重叠式构象。交叉式构象如图 1-4（a）所示，两个碳原子上的氢原子距离最远，相互间斥力最小，因而内能最低，稳定性也最大，这种构象称为优势构象。在重叠式构象图 1-4（b）中，两个碳原子上的氢原子两两相对，相互间斥力最大，内能最高，也最不稳定。其他构象的内能介于二者之间。

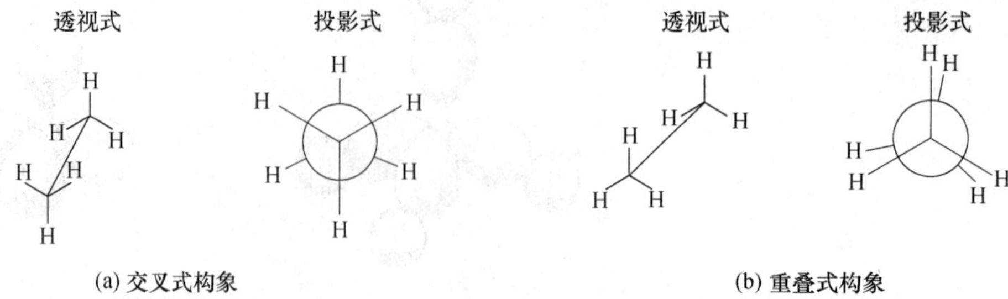

图 1-4　乙烷分子的交叉式和重叠式构象

表示构象可以用透视式或纽曼（Newman）投影式。透视式比较直观，所有的原子和键都能看见，但较难画好；纽曼投影式则是在C—C键的延长线上观察，圆心表示距观察者较近的一个碳原子，圆圈表示距观察者较远的另一个碳原子，每个碳原子上所连接的三个氢原子再分别表示出来（图 1-4）。

交叉式与重叠式的构象虽然内能不同，但差别较小，约为 12.6 $kJ \cdot mol^{-1}$。在接近 0K 的低温时，分子主要以交叉式存在。而在室温时，分子间的碰撞能产生 83.7 $kJ \cdot mol^{-1}$的能量，足以使两种构象之间以极快的速度转变。因此，在室温时可以把乙烷看作交叉式与重叠式以及介于二者之间的无数种构象异构体的平衡混合物。每种构象存在的时间虽不相同，但都很短暂，不过受能量的制约，乙烷的构象趋向处于能量最低的交叉式构象。由于在室温下各种构象能迅速转化，因而不能分离出乙烷的某一构象异构体。

由于不同的构象内能不同，构象异构体之间的转化需要克服一定能垒才能完成。由此可见，所谓单键的自由旋转并不是完全自由的。乙烷分子中碳碳单键相对旋转时，分子内能的变化如图 1-5 所示。

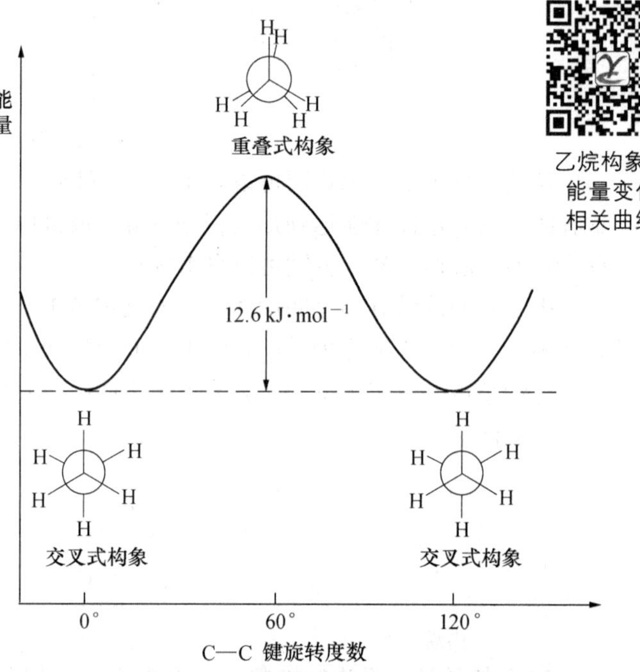

图 1-5　乙烷各种构象的内能变化

乙烷构象与能量变化相关曲线

丁烷可以看作是乙烷分子中的两个碳原子各有一个氢原子被一个甲基取代后的产物，当绕 $C_2—C_3$ σ 键旋转 360°时，每旋转 60°可以得到一种有代表性的构象，如图 1-6 所示。

在上述六种构象中，Ⅱ与Ⅵ相同，Ⅲ与Ⅴ相同，所以实际上有代表性的构象为Ⅰ、Ⅱ、Ⅲ、Ⅳ四种构象。它们分别叫作全重叠式、邻位交叉式、部分重叠式、对位交叉式。丁烷几种构象的内能高低顺序为：全重叠式＞部分重叠式＞邻位交叉式＞对位交叉式。对位交叉式的两个较大基团甲基相距最远，相互排斥力最小，是优势构象式。全重叠式两个较大基团甲基相距最近，相互

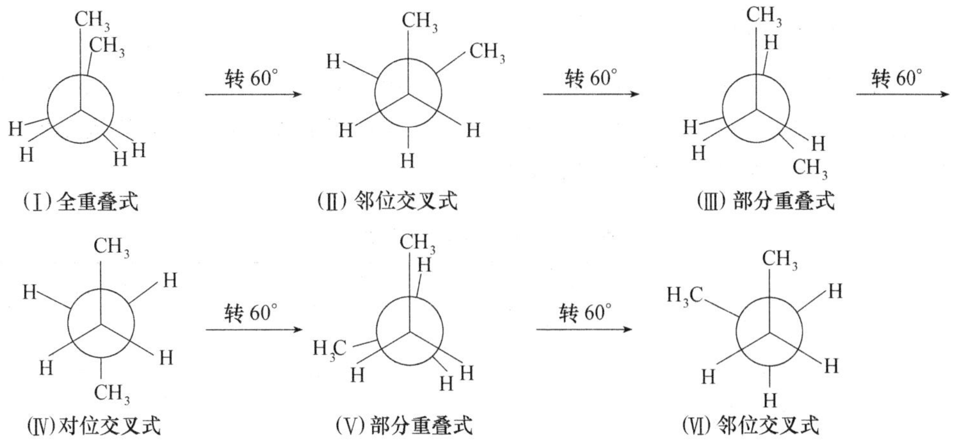

转 60°　转 60°　转 60°

(Ⅰ)全重叠式　(Ⅱ)邻位交叉式　(Ⅲ)部分重叠式

转 60°　转 60°

(Ⅳ)对位交叉式　(Ⅴ)部分重叠式　(Ⅵ)邻位交叉式

图 1－6　丁烷的四种构象式

排斥作用最强，是最不稳定构象。丁烷的各种构象之间的能量差别也不大，在室温下仍可通过 σ 键的旋转相互转变，形成以优势构象为主的各构象平衡混合物，因而室温下不能分离出各构象异构体。丁烷各异构体内能变化的曲线如图 1－7 所示。

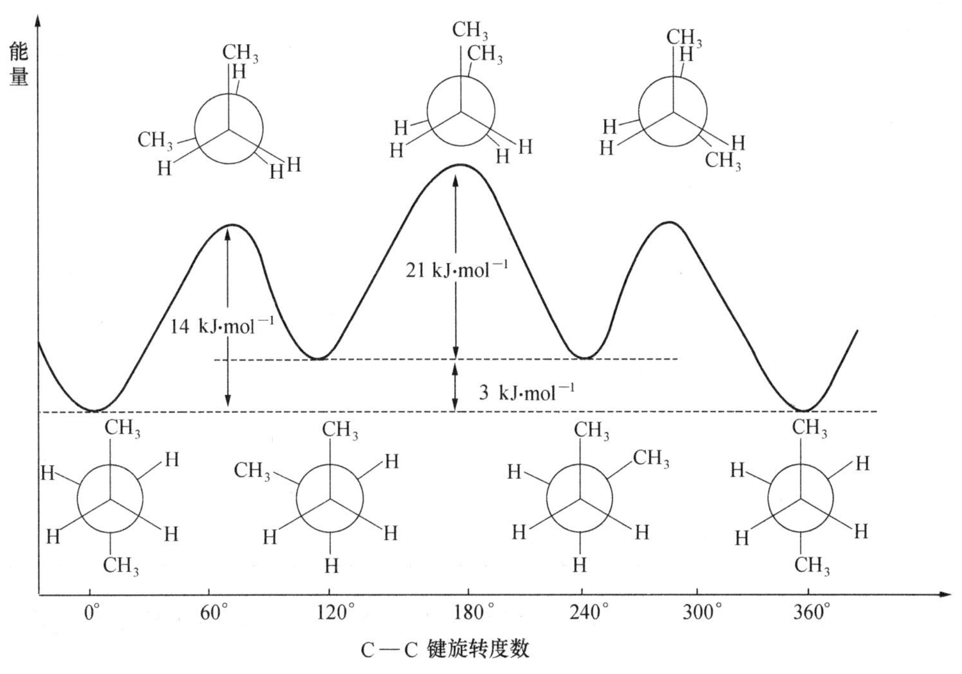

图 1－7　丁烷各种构象内能变化

问题与思考 1－5　写出 1,2－二溴乙烷的对位交叉式构象。

问题与思考 1－6　画出丁烷以 C_1—C_2 为轴旋转时的极限构象，指出哪种为优势构象。

四、烷烃的物理性质

有机化合物的物理性质通常包括物质的存在状态、相对密度、沸点、熔点、折射率和溶解度等。对于一种纯净有机化合物来说，在一定条件下，这些物理常数是固定的，因此是鉴定未知化合物的常用数据。现将部分正烷烃的物理常数列于表 1-1 中。

表 1-1　烷烃的物理常数

名称	结构式	熔点/℃	沸点/℃	相对密度 d_4^{20}
甲烷	CH_4	−182.6	−164	0.554 7^{0}
乙烷	CH_3CH_3	−183.3	−88.6	0.572 7$^{-1.8}$
丙烷	$CH_3CH_2CH_3$	−189.7	−42.2	0.500 5
丁烷	$CH_3CH_2CH_2CH_3$	−138.4	−0.5	0.578 8
戊烷	$CH_3(CH_2)_3CH_3$	−129.7	36.1	0.626 2
己烷	$CH_3(CH_2)_4CH_3$	−95.0	69.0	0.660 3
庚烷	$CH_3(CH_2)_5CH_3$	−90.6	98.4	0.683 7
辛烷	$CH_3(CH_2)_6CH_3$	−56.8	125.7	0.702 5
壬烷	$CH_3(CH_2)_7CH_3$	−51.0	150.8	0.717 6
癸烷	$CH_3(CH_2)_8CH_3$	−29.7	174.1	0.730 0
十一烷	$CH_3(CH_2)_9CH_3$	−25.6	195.9	0.740 1
十二烷	$CH_3(CH_2)_{10}CH_3$	−9.6	216.3	0.748 7
十三烷	$CH_3(CH_2)_{11}CH_3$	−5.5	235.4	0.756 4
十四烷	$CH_3(CH_2)_{12}CH_3$	5.9	253.7	0.762 8
十五烷	$CH_3(CH_2)_{13}CH_3$	10.0	270.6	0.768 5
十六烷	$CH_3(CH_2)_{14}CH_3$	18.2	287.0	0.773 3
十七烷	$CH_3(CH_2)_{15}CH_3$	22.0	301.8	0.778 0
十八烷	$CH_3(CH_2)_{16}CH_3$	28.2	316.1	0.776 8
十九烷	$CH_3(CH_2)_{17}CH_3$	32.1	329.7	0.777 4
二十烷	$CH_3(CH_2)_{18}CH_3$	36.8	343.0	0.788 6

从表 1-1 列出的烷烃的物理常数中，我们可清楚地看出，它们的物理性质是随分子质量的增加而呈规律性的变化。

1. 物质状态　在室温和 101.325 kPa 大气压下，C_1～C_4 的直链烷烃是气体，C_5～C_{16} 的直链烷烃是液体，C_{17} 以上的直链烷烃是固体。

2. 沸点　直链烷烃的沸点随分子质量的增加而有规律地升高（表 1-1）。碳链的分支对沸点有显著影响。在同数碳原子的烷烃异构体中，直链异构体的沸点最高，支链越多，沸点越低，如正戊烷的沸点为 36.1 ℃，而异戊烷的沸点为 27.9 ℃，新戊烷的沸点为 9.5 ℃。

烷烃分子中只有C—C键和C—H键，由于碳和氢的电负性相近，C—H键的极性很小，而且碳的四价在空间对称分布，所以烷烃是非极性分子。在非极性分子中，分子之间的吸引力主要是由范德华力产生的。范德华力的大小又与分子中原子的数目和大小成正比，分子质量大者分子间的接触面也大。所以，烷烃分子中碳原子数越多，范德华力也越大。直链烷烃的沸点随分子质量的增加而有规律地升高，但范德华力只有在近距离内才能有效地作用，随距离的增加范德华力很快减弱。在支链烷烃中，由于支链的阻碍，分子间不能像直链烷烃那样靠得很近，因此它们之间的范德华力较直链烷烃弱，沸点也较直链烷烃低。

3. 熔点　烷烃的熔点基本上也是随分子质量增加而升高。不过含奇数碳原子的烷烃和含偶数碳原子的烷烃分别构成两条熔点曲线，一般对称性大的烷烃熔点要高些。随着分子质量的增加，两条曲线逐渐趋于一致，如图1-8所示。

烷烃的熔点也是由范德华力所决定的。分子质量越大，分子排列越紧密，范德华力作用越强。偶数碳原子的烷烃分子对称性好，因此它们在晶格中排列越紧密，分子间的范德华力作用也越强，故熔点要高一些。

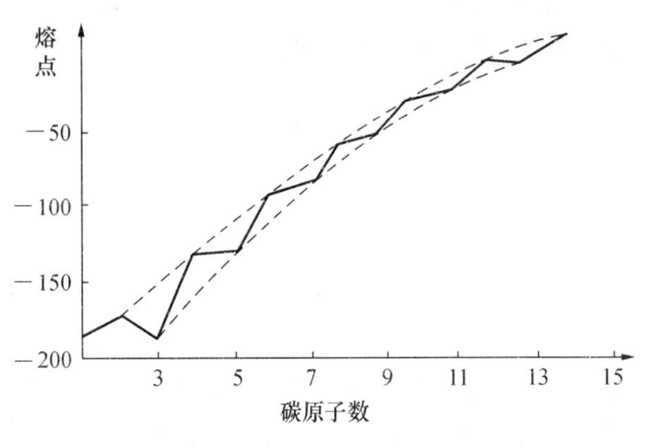

图1-8　烷烃的熔点曲线

4. 溶解度　烷烃是非极性分子，根据“相似相溶”经验规律，烷烃不溶于水，而易溶于有机溶剂（如四氯化碳、乙醚等）。

5. 相对密度　烷烃相对密度的大小也与分子间的作用力有关，分子质量越大，作用力也越大，因此相对密度随分子质量增加而逐渐增大，但都小于1。

问题与思考1-7　己烷的所有异构体中，哪一个异构体的沸点最低，哪一个异构体的沸点最高？

五、烷烃的化学性质

烷烃的化学性质很不活泼。在常温下，烷烃与强酸、强碱、强氧化剂、强还原剂等都不易起反应，所以烷烃在有机反应中常用来作溶剂。烷烃的化学性质稳定，首先是由于分子中C—C和C—H σ键比较牢固。其次，碳原子和氢原子电负性差别很小，因而烷烃σ键的电子不易偏向某一原子，在整个分子中，电子分布是均匀的，键不易极化。所以在一般条件不易被试剂进攻，致使烷烃化学性质稳定。但烷烃的稳定性也是相对的。在一定条件下，如在适当温度、压力或催化剂存在下，烷烃也可以和一些试剂发生反应。

1. 氧化与燃烧　烷烃在空气中完全燃烧时，生成二氧化碳和水，并放出大量的热。

$$CH_4 + 2O_2 \longrightarrow CO_2 + 2H_2O + 890\ kJ \cdot mol^{-1}$$

$$C_nH_{2n+2}+\frac{3n+1}{2}O_2 \longrightarrow nCO_2+(n+1)H_2O+\text{热能}$$

如果控制反应条件，在金属氧化物或金属盐催化下进行氧化，则可得到部分氧化产物，如醇、醛、酸等。高级烷烃氧化得高级脂肪酸。高级脂肪酸可代替动物油脂制造肥皂。

$$RCH_2CH_2R'+O_2 \xrightarrow[120\sim150\ ^\circ C]{\text{锰盐}} RCOOH+R'COOH$$

氧化还原反应在无机反应中是以电子得失来体现的，而有机化合物多为共价键，在有机反应中无明显的电子得失，故在有机化学中的氧化反应一般是指分子中得到氧或失去氢的反应；还原反应一般是指分子中得到氢或失去氧的反应。

2. 热裂反应 烷烃在隔绝空气的条件下进行的分解叫热裂反应。

烷烃的热裂是一个复杂的反应。烷烃热裂可生成小分子烃，也可脱氢转变为烯烃和氢。

$$CH_3CH_2CH_2CH_3 \xrightarrow{\text{热裂}} \begin{cases} CH_2{=}CHCH_2CH_3+CH_3CH{=}CHCH_3+H_2 \\ CH_2{=}CHCH_3+CH_4 \\ CH_2{=}CH_2+CH_3CH_3 \end{cases}$$

热裂反应主要用于生产燃料，近年来热裂已为催化裂化所代替。工业上利用催化裂化把高沸点的重油转变为低沸点的汽油，从而提高石油的利用率，增加汽油的产量，提高汽油的质量。

3. 卤代反应及游离基取代反应机理

(1) 卤代反应 烷烃中的氢原子被其他元素的原子或基团所替代的反应称取代反应。被卤素取代的反应称为卤代反应。

烷烃与氯气在光照或加热条件下，可剧烈反应，生成氯代烷烃及氯化氢。

$$CH_4+Cl_2 \xrightarrow[\text{或}\triangle]{\text{光}} CH_3Cl+HCl$$

甲烷氯代反应较难停留在一取代阶段。一氯甲烷可继续氯代生成二氯甲烷、三氯甲烷、四氯化碳。因此所得产物是氯代烷的混合物。

$$CH_4 \xrightarrow[\text{光或}\triangle]{Cl_2} CH_3Cl \xrightarrow[\text{光或}\triangle]{Cl_2} CH_2Cl_2 \xrightarrow[\text{光或}\triangle]{Cl_2} CHCl_3 \xrightarrow[\text{光或}\triangle]{Cl_2} CCl_4$$

但反应条件对反应产物的组成影响很大，控制反应条件可以使主要产物为某一种氯代烷。若反应温度控制在 400～500 ℃，甲烷与氯气之比为 10：1，则主要产物为一氯甲烷；若控制甲烷与氯气之比为 0.263：1，则主要产物为四氯化碳。

甲烷的氯代在强光直射下极为激烈，以致发生爆炸产生碳和氯化氢。

(2) 游离基取代反应机理 反应历程是研究反应所经历的过程，反应历程又称反应机理，它是有机化学理论的主要组成部分。

反应机理是在综合大量实验事实的基础上提出的一种理论假设。如果这种假设能圆满地解释实验事实和所观察到的现象，并且根据这种假设所做的推论又能被新的实验事实所证实，那么这种理论假设就是该反应的反应机理。

氯气与甲烷反应有如下实验事实：

① 甲烷和氯气混合物在室温下及黑暗处长期放置并不发生化学反应。

② 将氯气用光照射后，在黑暗处放置一段时间再与甲烷混合，反应不能进行；若将氯气用

光照射，迅速在黑暗处与甲烷混合，反应立即发生，且放出大量的热量。

③ 将甲烷用光照射后，在黑暗处迅速与氯气混合，也不发生化学反应。

从上述实验事实可以看出，甲烷氯代反应的进行与光对氯气的照射有关。首先，在光照射下氯气分子吸收能量，其共价键发生均裂，产生两个活泼氯原子（氯游离基）。

$$Cl:Cl \xrightarrow{光} 2Cl\cdot \quad 链引发$$

氯游离基非常活泼，它夺取甲烷分子中的一个氢原子，生成甲基游离基和氯化氢。

$$CH_4 + Cl\cdot \longrightarrow CH_3\cdot + HCl$$

甲基游离基与氯游离基一样活泼，它与氯气分子作用，生成一氯甲烷，同时产生新的氯游离基。

$$CH_3\cdot + Cl:Cl \longrightarrow CH_3Cl + Cl\cdot$$

新的氯游离基不但可以夺取甲烷分子中的氢，也可以夺取氯甲烷分子中的氢，生成氯甲基游离基。如此循环，可以使反应连续进行，生成一氯甲烷、二氯甲烷、三氯甲烷、四氯化碳等。这种由游离基引起的、连续循环进行的反应称游离基取代反应，又称链锁反应。

$$\left.\begin{array}{l} CH_3Cl + Cl\cdot \longrightarrow \cdot CH_2Cl + HCl \\ \cdot CH_2Cl + Cl:Cl \longrightarrow CH_2Cl_2 + Cl\cdot \\ Cl\cdot + CH_2Cl_2 \longrightarrow \cdot CHCl_2 + HCl \\ \cdot CHCl_2 + Cl:Cl \longrightarrow CHCl_3 + Cl\cdot \\ Cl\cdot + CHCl_3 \longrightarrow \cdot CCl_3 + HCl \\ \cdot CCl_3 + Cl:Cl \longrightarrow CCl_4 + Cl\cdot \end{array}\right\} 链增长$$

甲烷自由基取代反应

在游离基反应中，虽然只有少数游离基就可以引起一系列反应，但反应不能无限制地进行下去。因为随着反应的进行，氯气和甲烷的含量不断降低，游离基的含量相对增加，游离基之间的碰撞机会增加，产生游离基之间的结合，导致反应终止。

$$\left.\begin{array}{l} Cl\cdot + Cl\cdot \longrightarrow Cl:Cl \\ CH_3\cdot + CH_3\cdot \longrightarrow CH_3CH_3 \\ CH_3\cdot + Cl\cdot \longrightarrow CH_3Cl \\ \cdots\cdots \end{array}\right\} 链终止$$

由此可见，反应的最终产物是多种卤代烃的混合物。

从上述反应的全过程可以看出，游离基反应通常包括三个阶段：链的引发即吸收能量开始产生游离基的过程；链的增长即反应连续进行的阶段，其特点是生成产物和新的游离基；链的终止即游离基相互结合，使反应终止。

甲烷的氯代反应还可以从能量变化上加以说明。从键的离解能数值，我们可以计算出它的能量变化：

$$\underset{434.7}{CH_3\text{—}H} + \underset{242.4}{Cl\text{—}Cl} \longrightarrow \underset{351.1}{CH_3\text{—}Cl} + \underset{430.5}{H\text{—}Cl}$$

反应热 $\Delta H = (434.7 + 242.4) - (351.1 + 430.5) = -104.5\ kJ\cdot mol^{-1}$。式中负号（－）表示反应是放热的，正号（＋）表示反应是吸热的。各步反应的 ΔH 可计算如下：

(1) $Cl—Cl \longrightarrow 2Cl\cdot$　　　　　　　　$\Delta H_1 = +242.4\ kJ \cdot mol^{-1}$

242.4

(2) $Cl\cdot + CH_3—H \longrightarrow CH_3\cdot + HCl$　　$\Delta H_2 = 434.7 - 430.5 = +4.2\ kJ \cdot mol^{-1}$

434.7　　430.5

(3) $CH_3\cdot + Cl—Cl \longrightarrow CH_3—Cl + Cl\cdot$　　$\Delta H_3 = 242.4 - 351.1 = -108.7\ kJ \cdot mol^{-1}$

242.4　　351.1

从上述数据可以算出，反应的第一、二步是吸热反应，所以链的引发需要光照或高温加热来提供能量。但总的反应是放热反应，因此，链锁反应一旦引发，反应即可迅速进行。甲烷和氯游离基反应生成一氯甲烷的能量变化见图 1-9。

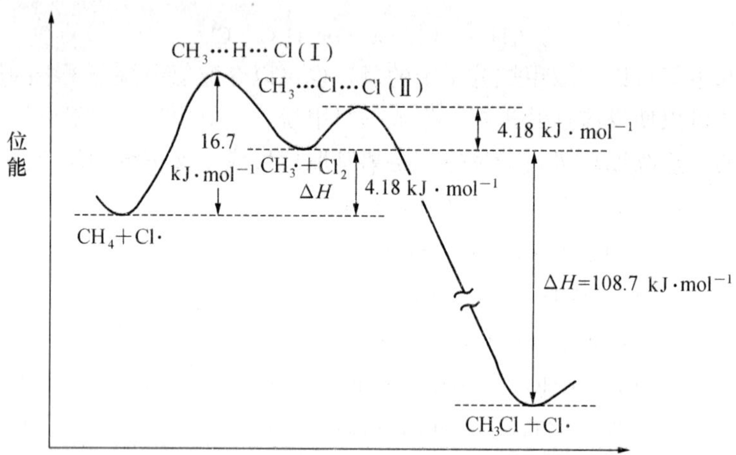

图 1-9　甲烷与氯游离基生成一氯甲烷的能量变化曲线图

根据分子运动论，要使两种分子（或离子）之间发生反应，分子间一定要发生碰撞，只有足够能量和适当取向的分子的碰撞才能有效地发生反应，这种分子叫作活化分子。活化分子所具有的能量与反应物分子平均能量的差值称为活化能。如图 1-9 中，$E_{(1)} = 16.7\ kJ \cdot mol^{-1}$ 为过渡态Ⅰ（反应物过渡到产物的中间状态）与反应物的内能差。

从图 1-9 中可以看出，氯游离基和甲烷作用只需较小的活化能（$16.7\ kJ \cdot mol^{-1}$）即可形成过渡态Ⅰ，由过渡态Ⅰ产生甲基游离基。甲基游离基与氯作用只需 $4.18\ kJ \cdot mol^{-1}$ 的能量即可形成过渡态Ⅱ，生成一氯甲烷，释放出 $108.7\ kJ \cdot mol^{-1}$ 的热量。逆反应不能自发进行。尽管此反应是放热反应，但链引发需要较高的活化能，因此反应只有在光照或高温加热时才能进行。

其他烷烃的氯代反应与甲烷的氯代反应一样，均为游离基反应机理。但对不同的烷烃，由于结构的差异，产物较甲烷复杂。例如氯与丙烷的反应，由于丙烷分子中存在伯氢和仲氢，因此得到两种不同的氯代产物 1-氯丙烷和 2-氯丙烷，其产物比例如下：

$$CH_3CH_2CH_3 + Cl_2 \xrightarrow[\text{或}\triangle]{\text{光}} \underset{\substack{\text{1-氯丙烷} \\ 45\%}}{CH_3CH_2CH_2Cl} + \underset{\substack{| \\ Cl \\ \text{2-氯丙烷} \\ 55\%}}{CH_3CHCH_3}$$

丙烷分子中有六个伯氢和两个仲氢，氯游离基与伯氢相遇的机会为仲氢的三倍，但一氯代产物中 2-氯丙烷的收率反而比 1-氯丙烷高，说明仲氢比伯氢活性大，更容易被取代。伯氢与仲氢的相对活性为：

$$\frac{伯氢}{仲氢}=\frac{45/6}{55/2}=1:3.8$$

氯与异丁烷的反应也生成两种产物，产物比例如下：

$$\underset{异丁烷}{CH_3-\overset{\overset{\large CH_3}{|}}{\underset{\underset{\large CH_3}{|}}{C}}-H} + Cl_2 \xrightarrow[或\triangle]{光} \underset{\substack{2-甲基-1-氯丙烷\\63\%}}{CH_3-\overset{\overset{\large CH_3}{|}}{\underset{\underset{\large CH_2Cl}{|}}{C}}-H} + \underset{\substack{2-甲基-2-氯丙烷\\37\%}}{CH_3-\overset{\overset{\large CH_3}{|}}{\underset{\underset{\large CH_3}{|}}{C}}-Cl}$$

伯氢与叔氢的相对活性为：　$\frac{伯氢}{叔氢}=\frac{63/9}{37/1}=1:5$

实验结果表明：仲氢活性是伯氢的 3.8 倍，叔氢活性是伯氢的 5 倍。烷烃中各种氢的活性顺序为：叔（3°）氢>仲（2°）氢>伯（1°）氢。

上述结论可由键的离解能或游离基的稳定性加以解释。不同类型氢的离解能不同，3°氢的离解能最小，故反应时这个键最容易断裂。所以三级氢在反应中活性最高。

$$CH_3-H \longrightarrow \cdot CH_3 + H\cdot \qquad 434.7\ kJ\cdot mol^{-1}$$

$$CH_3-\underset{\underset{\large H}{|}}{CH}-CH_3 \longrightarrow CH_3\dot{C}HCH_3 + H\cdot \qquad 397\ kJ\cdot mol^{-1}$$

$$CH_3-\overset{\overset{\large CH_3}{|}}{\underset{\underset{\large CH_3}{|}}{C}}-H \longrightarrow CH_3-\overset{\overset{\large CH_3}{|}}{\underset{\underset{\large CH_3}{|}}{C}}\cdot + H\cdot \qquad 380.4\ kJ\cdot mol^{-1}$$

从游离基的稳定性来说，稳定性次序为：3°R·>2°R·>1°R·>CH_3·。一般来讲，游离基越稳定，越容易生成，其反应速度越快。由于大多数游离基只在反应的瞬间存在，寿命很短，所以稳定性是相对的。

问题与思考 1-8　丁烷氯代可得 1-氯丁烷和 2-氯丁烷，根据产率计算伯氢和仲氢的相对反应活性。

$$CH_3CH_2CH_2CH_3 + Cl_2 \xrightarrow{光} \underset{1-氯丁烷(28\%)}{CH_3CH_2CH_2CH_2Cl} + \underset{2-氯丁烷(72\%)}{CH_3CH_2\underset{\underset{\large Cl}{|}}{C}HCH_3}$$

六、烷烃的来源和用途

烷烃广泛存在于自然界中，它的主要来源是天然气和石油。天然气和沼气的主要成分是甲烷；石油的成分很复杂，是各种烷烃的混合物，还有一些环烷烃及芳香烃。

某些动植物体中也有少量烷烃存在，如烟草叶上的蜡中含有二十七烷和三十一烷，白菜叶上的蜡含有二十九烷，苹果皮上的蜡含二十七烷和二十九烷。此外，某些昆虫的外激素就是烷烃。所谓“昆虫外激素”，是同种昆虫之间借以传递信息而分泌的化学物质。例如有一种蚁，它们通过分泌一种有气味的物质来传递警戒信息，经分析，这种物质含有正十一烷和正十三烷。又如雌虎蛾引诱雄虎蛾的性外激素是 2-甲基十七烷，这样人们就可合成这种昆虫性外激素并利用它将雄虎蛾引至捕集器中将它们杀死。昆虫激素的作用往往是专一的，所以可利用它只杀死某一种昆虫而不伤害其他昆虫，这便是近年来发展起来的第三代农药。

科学家小传：肖莱马

德国有机化学家肖莱马（Carl Schorlemmer，1834—1892），1834 年 9 月 30 日生于达姆施塔特的一个木匠家庭。1859 年考入吉森大学化学系，只念了一个学期就因贫困被迫辍学。同年秋天，到英国曼彻斯特担任欧文斯学院罗斯科教授的私人助手。1861 年成为化学实验室助教，开始了独立科学研究。1871 年破格当选为英国皇家学会会员，1874 年成为欧文斯学院第一任有机化学教授。

肖莱马以重要而又基本的有机化合物脂肪烃为研究对象，首次从石油中分离出戊烷、己烷、庚烷和辛烷，测定了它们的沸点、元素组成和分子质量，发现直链烷烃比其异构体沸点高，揭示了结构与性质的关系。他还制得了许多烃的衍生物，合成了四甲基乙烷和正丙醇。

主要著作有《有机化学教程》《化学教程大全》《有机化学的产生和发展》《化学通史》等。

第二节 环 烷 烃

分子中具有碳环结构的烷烃称为环烷烃，单环烷烃的通式为 C_nH_{2n}，与单烯烃互为同分异构体。

一、环烷烃的分类、异构和命名

环烷烃可按分子中碳环的数目大致分为单环烷烃和多环烷烃两大类型。

1. 单环烷烃 只有一个碳环的烷烃属于单环烷烃。在单环烷烃体系中，又可按环的大小分为：小环（三、四元环）、普通环（五至七元环）、中环（八至十二元环）、大环（十二元环以上）。已知最大的环是三十环，自然界普遍存在的是五元环和六元环。

最简单的环烷烃是环丙烷，从含四个碳的环烷烃开始，除具有相应的烯烃同分异构体外，还有碳环异构体，如分子式为 C_5H_{10} 的环烷烃具有五种碳环异构体。

```
        CH2                  CH2—CH2                    CH2
      /     \                |    |                    /   \
    CH2     CH2              CH2—CH—CH3             CH2 —— CH—CH2CH3
    |        |
    CH2 ——— CH2
```

环戊烷　　甲基环丁烷　　乙基环丙烷

1,2-二甲基环丙烷　　1,1-二甲基环丙烷

为了书写方便，上述结构式可分别简化为：

当环上有两个以上取代基时，还有立体异构。

单环烷烃的命名与烷烃基本相同，只是在“某烷”前加一“环”字，环烷烃若有多个取代基，按次序规则从连有较小基团的成环碳原子处开始编号，仍遵循最低系列原则。只有一个取代基时“1”字可省略；有两个或两个以上取代基时，编号由较小的取代基所在的碳原子开始。

1,4-二甲基环己烷　　1-甲基-2-异丙基环戊烷　　1-甲基-2-乙基-5-异丙基环己烷

当简单的环上连有较长的碳链时，可将环当作取代基。如：

3-甲基-1-环丙基戊烷

2. 多环烷烃　含有两个或多个碳环的环烷烃属于多环烷烃。多环烷烃又按环的结构、位置分为桥环、螺环等。

（1）桥环　脂环烃分子中两个或两个以上碳环共用两个或两个以上碳原子的称为桥环烃，共用的碳原子称为“桥头碳原子”，从一个桥头到另一个桥头的碳链称为“桥”。

桥环烷烃命名时，从一个桥头开始，沿最长的桥编号到另一个桥头，再沿次长的桥编回到起始桥头，最短的桥最后编号。命名时以二环、三环作词头，然后根据母体烃中碳原子总数称为某烷。在词头“环”字后面的方括号中，由多到少写出各桥所含碳原子数（桥头碳原子不计入），同时各数字间用下角圆点隔开，有取代基时，应使取代基编号较小。例如：

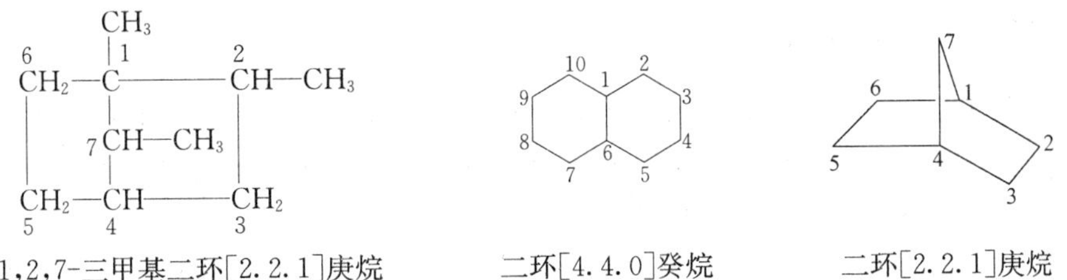

1,2,7-三甲基二环[2.2.1]庚烷　　二环[4.4.0]癸烷　　二环[2.2.1]庚烷

（2）螺环　两个碳环共用一个碳原子的脂环烃称为螺环烃，共用的碳原子称为螺原子。

螺环烷烃命名时，根据成环的碳原子总数称为螺某烷，编号时从小环距螺原子最近的碳原子

开始，经过螺原子编至大环，在“螺”字之后的方括号中，注明各螺环所含的碳原子数（螺原子除外），先小环再大环，数字间用下角圆点隔开。有取代基时要使取代基编号较小。例如：

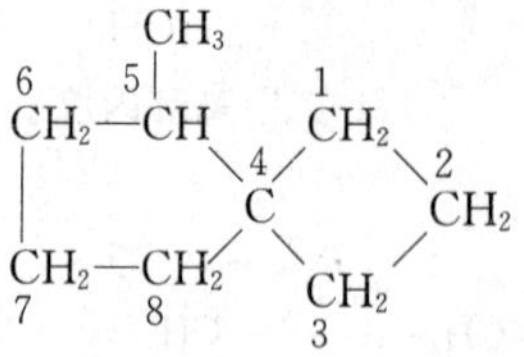

5-甲基螺[3.4]辛烷

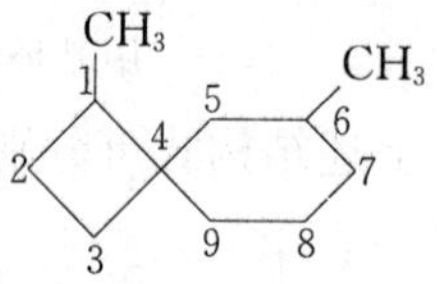

1,6-二甲基螺[3.5]壬烷

问题与思考 1-9 写出含六个碳原子的环烷烃的所有异构体，并命名。

问题与思考 1-10 命名下列化合物：

(1) (2) 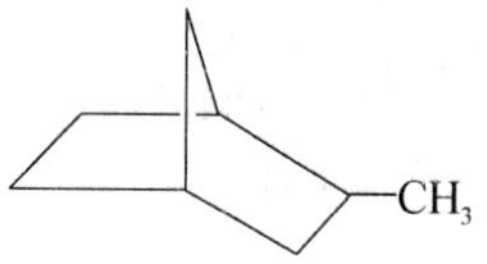 (3)

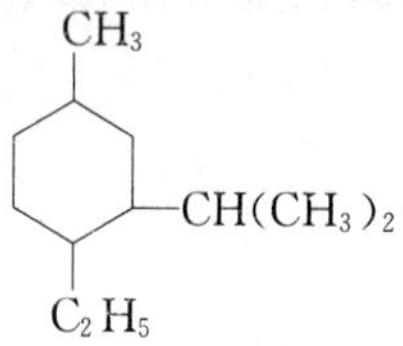

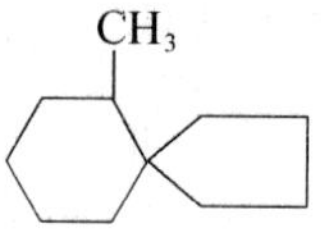

二、环烷烃的物理性质

在常温常压下，环丙烷与环丁烷为气体，环戊烷、环己烷为液体。

环烷烃不溶于水，易溶于有机溶剂，比水轻。环烷烃的沸点、熔点、相对密度都比同碳数的烷烃高（表 1-2）。

表 1-2 一些单环烷烃的物理性质

名称	结构式	熔点/℃	沸点/℃	相对密度 d_4^{20}	折射率 n_D^{20}
环丙烷	$(CH_2)_3$	−127.6	−32.7	0.720(−70 ℃)	$1.379\ 9^{-42}$
环丁烷	$(CH_2)_4$	−50	12	0.720_4^5	1.426 0
环戊烷	$(CH_2)_5$	−93.9	49.2	0.745 7	1.406 5
环己烷	$(CH_2)_6$	6.5	80.7	0.778 6	1.426 6
环庚烷	$(CH_2)_7$	−12	118.5	0.809 8	1.443 6
环辛烷	$(CH_2)_8$	14.3	148.5	0.834 9	1.458 6

三、环烷烃的化学性质

环烷烃的化学性质与烷烃类似，可发生取代和氧化反应，但由于碳环的存在还具有一些与烷烃不同的特性。如三元和四元环烷烃由于分子中存在张力，故化学性质比较活泼，它们与烯烃相似，可以发生开环加成反应生成链状化合物。

1. 开环反应 环烷烃中环丙烷和环丁烷能与氢气、溴、卤化氢等试剂发生开环反应，而环戊烷和环己烷却不易发生或不能发生类似的开环反应。

(1) 催化加氢 小环烷烃的性质与烯烃类似，在催化剂存在下能发生加氢反应，生成烷烃。

$$\triangle + H_2 \xrightarrow[80\ ℃]{Ni} CH_3CH_2CH_3$$

$$\square + H_2 \xrightarrow[200\ ℃]{Ni} CH_3CH_2CH_2CH_3$$

环戊烷需要用活性高的铂为催化剂在300℃以上才能加成。环己烷、环庚烷在此条件下不发生加氢反应。

$$\text{环戊烷} + H_2 \xrightarrow[300\ ℃]{Pt} CH_3CH_2CH_2CH_2CH_3$$

(2) 加溴　环丙烷在室温下与溴发生加成反应生成1,3-二溴丙烷。

$$\triangle + Br_2 \xrightarrow{CCl_4} \underset{Br}{CH_2}CH_2\underset{Br}{CH_2}$$

在加热条件下环丁烷与溴发生加成反应，生成1,4-二溴丁烷。

$$\square + Br_2 \xrightarrow{\triangle} \underset{Br}{CH_2}CH_2CH_2\underset{Br}{CH_2}$$

(3) 加卤化氢　环丙烷、环丁烷与卤化氢发生加成反应生成卤代烷。环戊烷、环己烷不易发生反应。

$$\triangle + HBr \longrightarrow CH_3CH_2CH_2Br$$

$$\square + HBr \longrightarrow CH_3CH_2CH_2CH_2Br$$

2. 取代反应　环戊烷、环己烷等在光或热的作用下可发生取代反应。

$$\text{环戊烷} + Br_2 \xrightarrow[\text{或 }300\ ℃]{\text{紫外光}} \text{环戊基}—Br$$

$$\text{环己烷} + Br_2 \xrightarrow{\text{紫外光}} \text{环己基}—Br$$

环丙烷与溴在光照下反应，除生成少量取代产物外，主要得到的是加成产物。

$$\triangle + Br_2 \xrightarrow{\text{紫外光}} \underset{\substack{Br\\(\text{主要})}}{CH_2}CH_2\underset{Br}{CH_2} + \triangle—Br$$

3. 氧化反应　常温下环烷烃与一般氧化剂不起作用，即使环丙烷也不起反应，因此可用高锰酸钾鉴别环烷烃和烯烃。当加热或在催化剂作用下，用空气中的氧气或硝酸等强氧化剂氧化环己烷等，则发生环的破裂生成二元酸。

$$\text{环己烷} + O_2 \xrightarrow[100\ ℃,\ 1.0\times10^6\ Pa,\ \text{醋酸}]{\text{钴}} \begin{array}{l} CH_2CH_2COOH \\ | \\ CH_2CH_2COOH \end{array}$$

己二酸

己二酸是合成尼龙的单体。

问题与思考 1-11 用简单的化学方法区别下列化合物：丙烷、环丙烷。

四、环烷烃的分子结构

从环烷烃的化学性质可以看出，环的稳定性与组成环的碳原子数密切相关，环的稳定性的大小反映了分子内能的不同，内能越大，环越不稳定。

根据热力学试验得知，各种环烷烃在燃烧时由于环的大小不同，燃烧热不同，表 1-3 给出了一些环烷烃的燃烧热数值。

表 1-3 环烷烃的燃烧热

名 称	分子燃烧热 $kJ \cdot mol^{-1}$	每个 CH_2 燃烧热 $kJ \cdot mol^{-1}$	名 称	分子燃烧热 $kJ \cdot mol^{-1}$	每个 CH_2 燃烧热 $kJ \cdot mol^{-1}$
环丙烷	2 091	697.0	环癸烷	6 635.0	663.5
环丁烷	2 744.8	686.2	环十一烷	7 289.7	662.7
环戊烷	3 320.0	664.0	环十二烷	7 912.8	659.4
环己烷	3 951.0	658.5	环十三烷	8 582.6	660.2
环庚烷	4 636.1	662.3	环十四烷	9 219.0	658.5
环辛烷	5 308.0	663.5	环十五烷	9 883.5	658.9
环壬烷	5 979.6	664.4	环十六烷	10 523.2	657.7

从环烷烃的燃烧热数值可以看出，由环丙烷到环戊烷，随着环增大，每个 CH_2 的燃烧热依次减低，这说明环越小能量越高，所以不稳定。由环己烷开始，每个 CH_2 的燃烧热趋于恒定，而且和烷烃分子每个 CH_2 的燃烧热（658.6 $kJ \cdot mol^{-1}$）相当接近，所以较稳定。

近代电子理论认为，烷烃分子中每个碳原子都采取 sp^3 杂化，且它们都沿着轨道对称轴相互重叠，形成稳定的C—Cσ键，两个C—Cσ键间的夹角约为 109.5°。而在环烷烃中，每个碳原子也采取 sp^3 杂化，形成C—Cσ键的情况要比烷烃复杂得多。

据测定，环丙烷分子中 C—C—C 键角为 105.5°，H—C—H 键角为 114°。可见，相邻碳原子的 sp^3 杂化轨道为形成环丙烷必须将正常键角压缩成 105.5°，这就使分子本身产生一种恢复正常键角的角张力。角张力的存在是环丙烷不稳定的重要原因。此外，轨道重叠程度越大，形成的键越牢固。显然在形成 105.5°键角时，其轨道重叠不及正常的 109.5°大，实际上呈弯曲状，所以人们常把这种键称为弯曲键或香蕉键，见图 1-10。

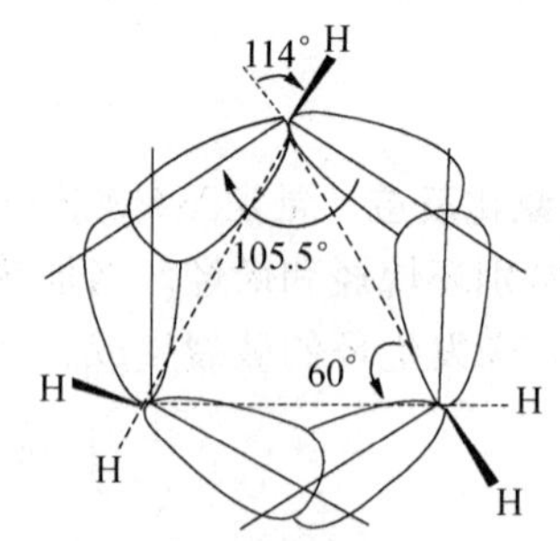

图 1-10 环丙烷中 sp^3 杂化轨道示意图

环丁烷与环丙烷类似，分子内也存在角张力，但比环丙烷小些。为降低扭转张力（由于C—C间有从重叠式构象向交叉式构象转变的倾向所引起的张力），环丁烷通常呈折叠状构象，这种非平面结构可减少C—H键的重叠，其稳定性比环丙烷大一些。

环戊烷、环己烷分子中的碳原子不在一个平面上，碳碳σ键的夹角接近或保持109.5°，分子中既无角张力，又无扭转张力，所以都比较稳定。

五、环烷烃的立体化学

1. 环烷烃的顺反异构　环烷烃中环的存在限制了C—Cσ键的自由旋转，当有两个或两个以上的环碳原子连有取代基时，就会得到不同构型，产生顺反异构。例如1,2-二甲基环丙烷就有两种异构体。取代基在环平面同侧的称为顺式，在异侧的称为反式。

问题与思考 1-12　写出下列化合物的构型式：

（1）顺-1-甲基-2-溴环戊烷　（2）反-1-甲基-3-叔丁基环己烷

---

2. 环己烷及其衍生物的构象

（1）船式构象和椅式构象　在环己烷分子中，碳原子以sp^3杂化，六个碳原子不在同一个平面上，可以有如下两种典型的构象：

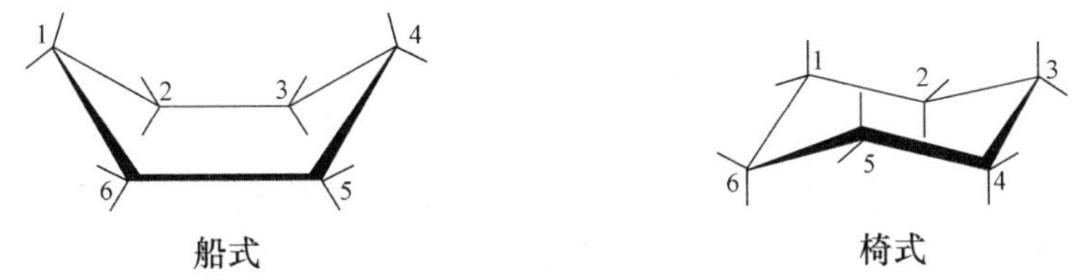

在第一种构象中，C_2、C_3、C_5、C_6在同一个平面上，C_1、C_4在平面的同侧，整个分子像一条小船，C_1、C_4为船头，所以叫船式构象。在第二种构象中，C_1、C_3、C_5在一个平面上，C_2、C_4、C_6在另一个平面上，这两个平面相互平行，相距0.05 nm，整个分子像一把椅子，所以叫椅式构象。

比较环己烷的船式构象和椅式构象可以看出，船式构象中两个船头碳原子C_1和C_4上的氢原子相距很近，只间隔0.183 nm，比它们的范德华半径之和0.25 nm小得多，因此相互之间斥力较大，且C_2—C_3和C_5—C_6上的C—H是全重叠式，因而具有扭转张力。而椅式构象中，相邻的两个碳原子上的氢都处于邻位交叉式。所以船式构象不如椅式构象稳定。环己烷及其衍生物在一般情况下都以椅式构象存在，椅式构象为环己烷的优势构象。见图 1 - 11。

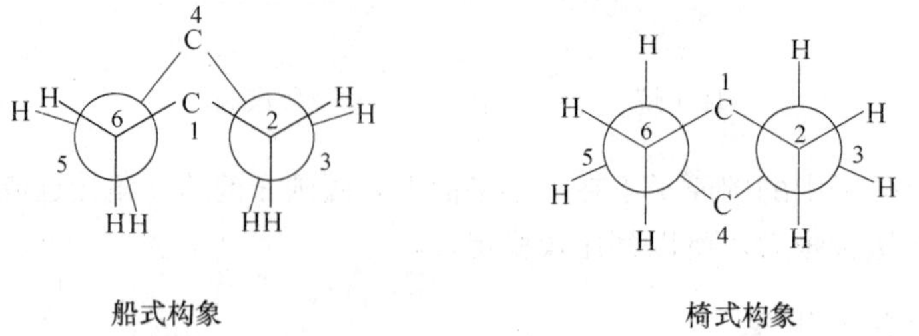

船式构象　　椅式构象

图 1 - 11　环己烷的船式和椅式构象的纽曼投影式

环己烷的船式构象和椅式构象之间能相互转换，通常环己烷就处于这两种构象的转换平衡中。由于船式构象远没有椅式构象稳定，环己烷几乎都是以椅式构象存在，因此在讨论环己烷结构时通常只考虑椅式构象。

(2) 平伏键和直立键　环己烷椅式构象中的十二个C—H键可分为两类：与分子对称轴平行的六个C—H键称为直立键或 a 键（axial），其中三个朝上三个朝下；另外六个与对称轴成 109.5°的键称为平伏键或 e 键（equatorial）。见图 1 - 12。

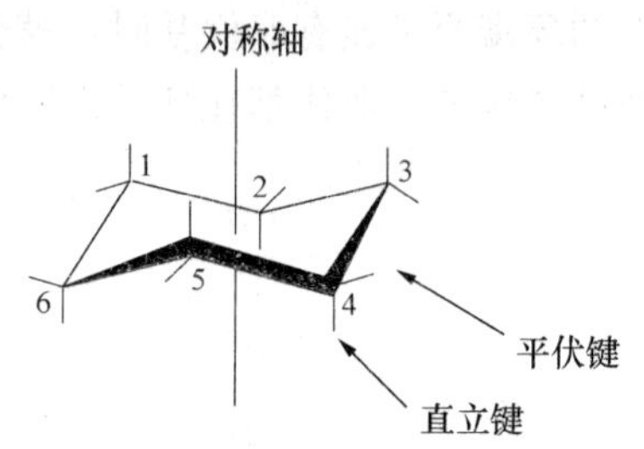

图 1 - 12　环己烷椅式构象中的直立键和平伏键

(3) 椅式构象环的翻转　椅式构象也有两种，由于分子的热运动，在常温下，通过C—C键的不断扭转，环己烷的一种椅式构象可以转变到另一种椅式构象，而且这种翻转进行得非常快。翻转以后原来的 e 键转变为 a 键，a 键转变为 e 键。

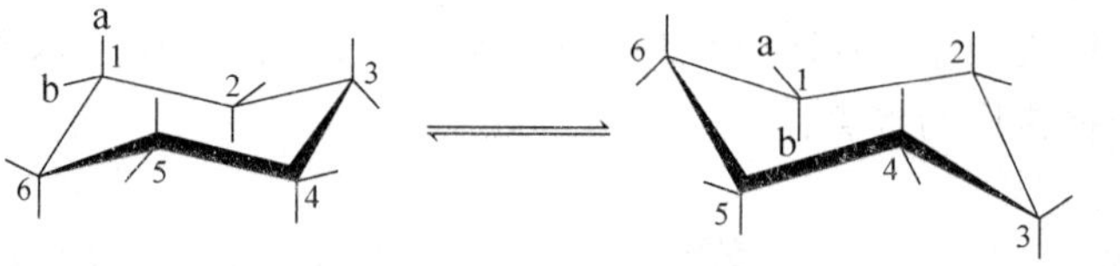

(4) 取代环己烷的构象　由于所有以 a 键相连的氢原子之间的距离要比以 e 键相连的氢原子之间的距离近得多，因此取代环己烷以取代基在 e 键上的椅式构象为优势构象。一元取代环己烷中，取代基处于 e 键上的构象较稳定，如甲基环己烷的甲基应以 e 键与环相连。但取代基以 a 键或 e 键与环相连的两种椅式构象间的能量差别不大，同时由于环的翻转，a 键与 e 键可以互换，所以甲基环己烷为两种椅式构象的平衡体系。但在室温下，以 e 键相连的椅式构象占多数，为优势构象。

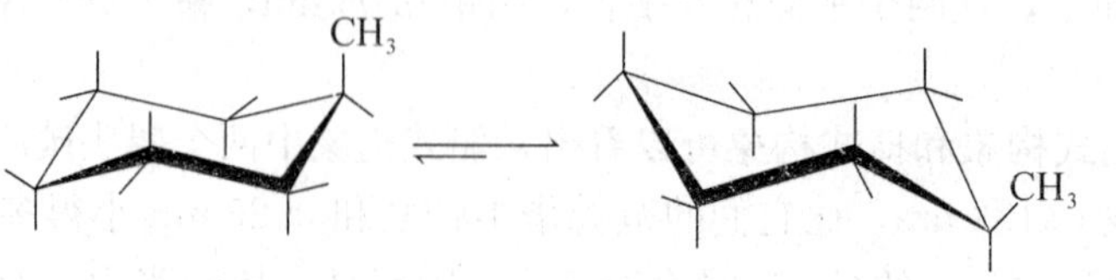

对于多元取代环己烷，一般说来最稳定的构象应是取代基在 e 键上最多的椅式构象，尤其是大的取代基处于 e 键上更为稳定。例如 1,2-二甲基环己烷有顺反两种异构体，顺式异构体中，两个甲基一个在 a 键上，另一个在 e 键上，这种构象叫作 ae 型构象；而在反式异构体中，两个甲基可以都处在 a 键上，也可以都处在 e 键上，分别叫作 aa 型构象或 ee 型构象，而 ee 型构象为优势构象。所以，1,2-二甲基环己烷的反式异构体比顺式异构体稳定。

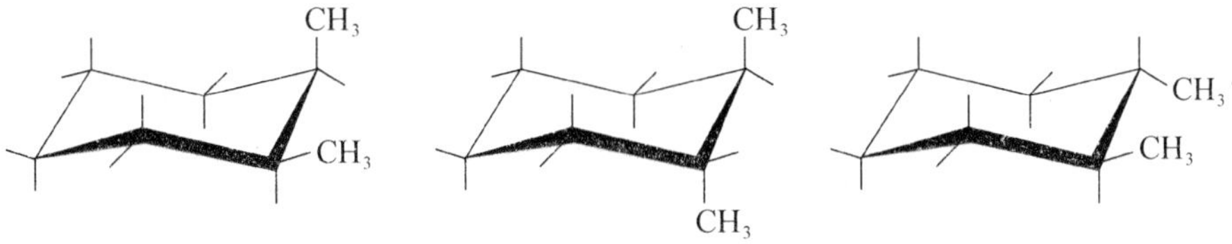

顺式 (ae)　　反式 (aa) (不稳定)　　反式 (ee)

同样的原因，1,3-二甲基环己烷的顺式异构体比反式异构体稳定。

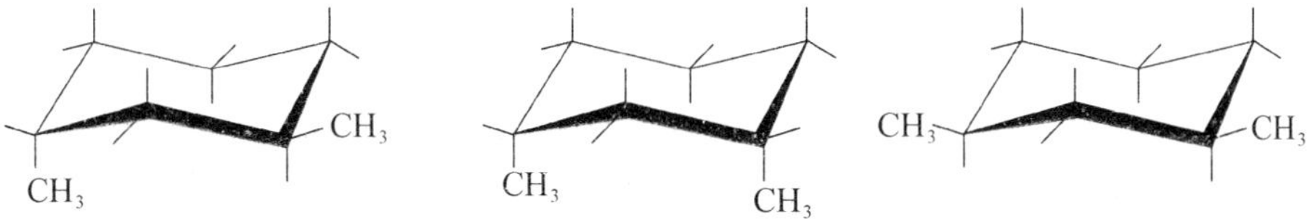

反式 (ae)　　顺式 (aa) (不稳定)　　顺式 (ee)

又如顺-1-甲基-4-叔丁基环己烷的两种椅式构象中，叔丁基处在 e 键的构象要比处在 a 键上的构象稳定得多。

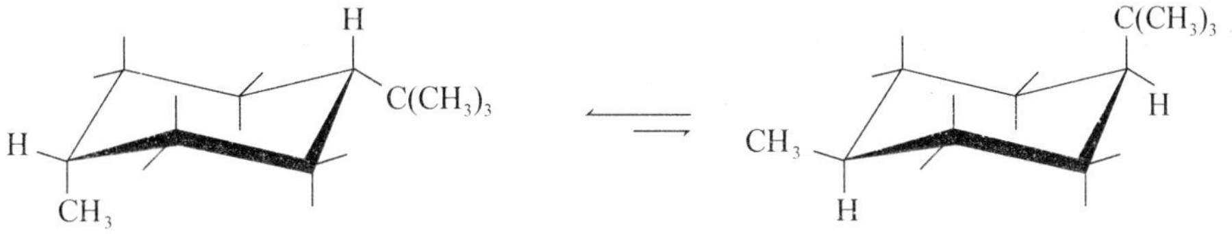

问题与思考 1-13　写出乙基环己烷和顺-1-甲基-4-异丙基环己烷的优势构象式。

拓展阅读

可燃烧的“冰”

可燃冰，又叫天然气水合物，英文名 natural gas hydrate，是由甲烷和水在高压低温的条件下形成的一种类冰状的结晶物质，甲烷占 80%～90%，化学式 $CH_4 \cdot 8H_2O$，像冰但可燃烧，故称“可燃冰”。可燃冰广泛分布在一些陆地永久冻土中、岛屿的斜坡地带、深海地带，以及一些内陆湖的深水环境中。其是在低温、高压条件下，通过范德华力相互作用，形成的结晶状笼形固体配合物，其中水分子借助氢键形成结晶网格，网格中的孔穴内充满轻烃、重烃或非烃分子，主要是甲烷分子。水合物形成的固体笼形配合物具有极强的储载气体能力，1 m^3 可燃冰可转化为 164 m^3

天然气和 8 m^3 水。

可燃冰高效清洁，是未来的能源之星；燃烧热高，燃烧后只产生二氧化碳和水，无污染。

可燃冰首次于 1810 年在实验室中发现，之后 1960 年在西伯利亚发现世界第一个可燃冰气藏，1965 年苏联在西西伯利亚发现了天然气水合物矿藏。2012 年，美国在阿拉斯加北坡开展 CO_2 置换可燃冰试验成功。2013 年，日本成功采出 12 万 m^3 甲烷气体，这是全球首次海底可燃冰成功开采；2018 年，完善开采技术，实现全面商业化生产。2017 年 5 月我国在南海神狐海域，“蓝鲸一号”海上钻井平台天然气水合物首次试采成功。

可燃冰形成有三个基本条件：温度、压力和原材料。首先是低温，可燃冰在 0～10 ℃时生成，超过 20 ℃便会分解，海底温度一般保持在 2～4 ℃。其次是高压，可燃冰在 0 ℃时，只需 3 MPa（30 个大气压）即可生成，而以海洋的深度，3 MPa 的气压很容易保证，并且气压越大，水合物就越不容易分解。最后是充足的气源，海底的有机物沉淀，其中丰富的碳经过生物转化，可产生充足的气源。海底的地层是多孔介质，在温度、压力、气源三者都具备的条件下，可燃冰晶体就会在介质的空隙中生成。

据估计，全世界石油总储量在 2 700 亿～6 500 亿 t，按照目前的消耗速度，再有 50～60 年全世界的石油资源将消耗殆尽。可燃冰分布的范围约为 4 000 万 km^2，占海洋总面积的 10%，随着研究和勘测调查的深入，世界海洋中发现的可燃冰逐渐增加，可燃冰的发现，让人类又看到了希望。

但人类要开采埋藏于深海、冻土中的可燃冰，面临着许多新问题：天然可燃冰呈固态，在从海底（冻土）到海面的运送过程中，随温度升高、气压减小，固体甲烷变成气体挥发。甲烷是一种强温室气体，对大气辐射平衡的影响仅次于 CO_2，矿藏哪怕受到极小的破坏，都足以导致甲烷气体的大量泄漏，导致全球气候变暖。可燃冰经常作为沉积物的胶结物存在，它对沉积物的强度起着关键的作用。它的形成和分解能够影响沉积物的强度，陆缘海边的可燃冰开采起来十分困难，一旦出了井喷事故，就会造成海啸、海底滑坡、海水毒化等灾害。

可燃冰作为能源的未来之星，开采之路漫漫，待人类继续探索！

本 章 小 结

由碳氢两种元素组成的化合物称为烃。烷烃的通式为 C_nH_{2n+2}，通过烷烃了解同系列、同系物、同系差的含义。烷烃分子中去掉一个氢原子，剩余的基团叫烷基（R—）。烷烃通常用普通命名法和系统命名法来命名。

同分异构现象是有机化合物中普遍存在的现象，从丁烷起，烷烃有碳链异构，碳原子数越多，异构体的数目越多。在烷烃分子中，根据碳原子直接连接的碳原子数量，可将碳原子分为一级、二级、三级、四级碳原子，与相应碳原子相连的氢原子分别称为一级、二级、三级氢原子。

烷烃的物理性质（沸点、熔点、溶解度和密度等）随着分子质量的增加而呈现规律性变化。

烷烃分子中碳原子以 sp^3 杂化轨道成键，sp^3 杂化轨道的键角为 109.5°，碳原子四个价键指向以碳原子为中心的四面体的四个顶点。烷烃分子中都是 σ 键，因此烷烃的化学性质比较稳定。但在一定条件下可以发生卤代反应等。烷烃的卤代反应是游离基取代反应。游离基反应多属于链锁反应，通常包括链的引发、链的增长和链的终止三个阶段。

构象是由于单键的自由旋转而产生的分子中各原子或基团不同的空间排布。乙烷的构象式中，交叉式最稳定，重叠式最不稳定；丁烷的构象式中，对位交叉式最稳定，完全重叠式最不稳定，最稳定的构象称为优势构象。

脂环烃分为单环和多环两大类，多环又按共用碳原子数不同分为螺环和桥环。单环烷烃通式为 C_nH_{2n}，与单烯烃互为同分异构体。单环烷烃的命名原则与相应的烷烃类似，只是在某烷前冠以“环”字，环上有取代基时尽可能取小的编号；环烷烃除碳链异构外还有顺反异构。

环烷烃中小环存在很大张力，不稳定，易发生开环反应，性质与烯烃相似。环戊烷与环己烷分子中不存在张力，环非常稳定，在光照和加热的条件下可发生卤代反应，与开链烃的性质相似。常温下环丙烷不与高锰酸钾等氧化剂反应，常用来区别烯烃与环丙烷。

环己烷有船式和椅式两种典型构象，椅式构象为优势构象。椅式构象中C—H键分为a键和e键，较大基团处在e键上为优势构象，取代基处于e键上越多构象越稳定。

习　　题

1. 用系统命名法命名下列化合物：

(1) $(CH_3)_2CHCH_2CH_2CH_3$　　(2) $(CH_3CH_2)_2CHCH_3$

(3) $(CH_3)_2CHCH(C_2H_5)C(CH_3)_3$　　(4) $(CH_3)_2CHCH_2CHCH(CH_3)_2$（CH 上连 C_2H_5）

(5) 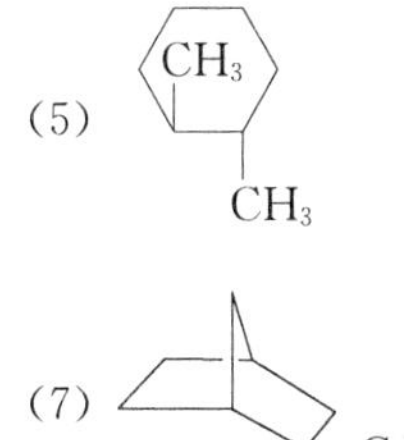

(6) 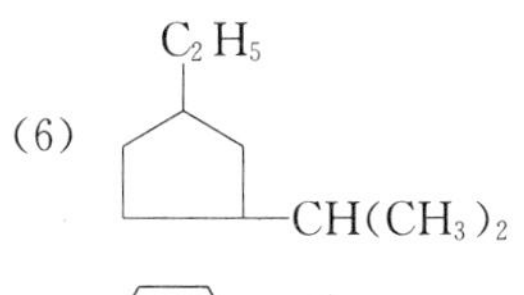

(7) C_2H_5

(8) CH_3

2. 写出下列化合物的结构式：

(1) 异己烷　　(2) 新戊烷

(3) 3-甲基-4-乙基壬烷　　(4) 2,3,4-三甲基-3-乙基戊烷

(5) 顺-1-甲基-4-叔丁基环己烷　　(6) 反-1-甲基-2-溴环戊烷

(7) 反-1,2-二甲基环丙烷　　(8) 二环［3.1.1］庚烷

3. 写出分子式为 C_6H_{14} 烷烃的各种异构体，并正确命名。

4. 写出下列烷烃的可能结构式：

(1) 由一个乙基和一个仲丁基组成

(2) 由一个异丙基和一个叔丁基组成

(3) 含有四个甲基且相对分子质量为86的烷烃

(4) 相对分子质量为100，且同时含有1°、3°、4°碳原子的烷烃

5. 不查手册，将下列各组化合物沸点按从高到低排列：

(1) 3,3-二甲基戊烷、2-甲基庚烷、正庚烷、正戊烷、2-甲基己烷

(2) 辛烷、己烷、2,2,3,3-四甲基丁烷、3-甲基庚烷、2,3-二甲基戊烷、2-甲基己烷

6. 将下列游离基稳定性由大到小排列：

(1) $CH_3CH(CH_3)CH_2CH_2\cdot$　(2) $CH_3\dot{C}(CH_3)CH_2CH_3$　(3) $CH_3\dot{C}HCH(CH_3)CH_3$　(4) $CH_3\cdot$

7. 画出2,3-二甲基丁烷的几个极端构象式，并指出哪个是优势构象式。

8. 画出顺-1-甲基-2-叔丁基环己烷和反-1-甲基-2-异丙基环己烷的优势构象式。

9. 完成下列反应方程式，如不反应用“×”表示之。

(1) △ $+Br_2 \xrightarrow{\text{室温}}$　(2) ⬠ $+Br_2 \xrightarrow{\text{室温}}$

(3) ⬠ $+Cl_2 \xrightarrow[\text{或 500 ℃}]{\text{光}}$　(4) △ $+HBr \longrightarrow$

(5) $(CH_3)_3C—C(CH_3)_3 + Cl_2 \xrightarrow{\text{光照}}$　(6) 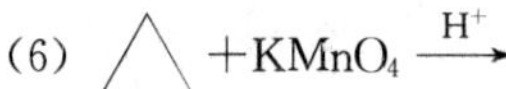 △ $+KMnO_4 \xrightarrow{H^+}$

自测题

自测题答案

第二章　不饱和烃

不饱和烃是指分子中含有碳碳重键（碳碳双键或碳碳叁键）的碳氢化合物。分子中含有碳碳双键的烃称为烯烃，根据所含双键的数目又可分为单烯烃、二烯烃和多烯烃；分子中含有碳碳叁键的烃称为炔烃。碳碳双键和碳碳叁键分别是烯烃和炔烃的官能团。

第一节　单烯烃和炔烃

只含一个碳碳双键的单烯烃比相应的烷烃少两个氢原子，通式为 C_nH_{2n}。含有相同碳原子数目的单烯烃与单环烷烃是同分异构体。

炔烃比相应的单烯烃少两个氢原子，通式为 C_nH_{2n-2}。

本节中只讨论含一个碳碳双键的单烯烃和炔烃。

一、单烯烃和炔烃的结构

乙烯和乙炔分别是最简单的烯烃和炔烃，现以乙烯和乙炔为例讨论烯烃和炔烃的结构。

1. 乙烯的结构　乙烯的分子式为 C_2H_4，构造式为 $H_2C{=}CH_2$。根据杂化轨道理论，乙烯分子中的碳原子以 sp^2 杂化方式参与成键，这三个杂化轨道同处在一个平面上。两个碳原子各用一个 sp^2 轨道相互结合，形成一个 sp^2-sp^2 C—Cσ键，每个碳原子的其余两个 sp^2 轨道分别与两个氢原子的1s轨道重叠形成四个 sp^2-s　C—Hσ 键，这样形成的五个σ键都在同一个平面上。两个碳原子各有一个未参与杂化的2p轨道垂直于五个σ键所在的平面，两个p轨道彼此“肩并肩”重叠形成π键，π键电子云对称分布在分子平面的上方和下方。如图2－1所示。

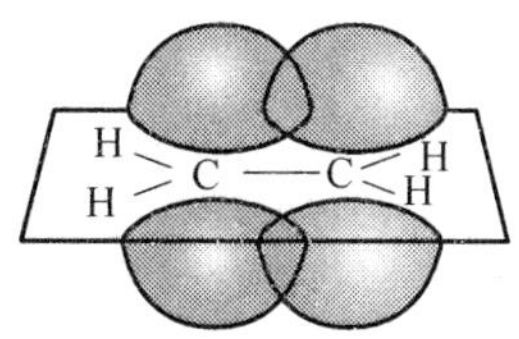

图2－1　乙烯分子中的σ键和π键

其他烯烃的双键，也都是由一个σ键和一个π键组成的。

由于π键的形成，以双键相连的两个碳原子之间不能再以C—Cσ键为轴“自由旋转”，否则π键将断裂。两个碳原子之间增加了一个π键，所以双键碳原子核比单键碳原子核更为靠近，其键长比乙烷的C—Cσ键的键长0.154 nm要短，为0.134 nm。碳碳双键的键能为610 kJ·mol^{-1}，不是碳碳单键键能345.6 kJ·mol^{-1}的两倍，所以π键不如C—Cσ 键稳定，比较容易断裂。

为了书写方便，双键一般用两条短线表示，但是必须理解这两条短线的含义不同，一条代表

σ键，另一条代表π键。乙烯的立体模型如图 2-2 所示。

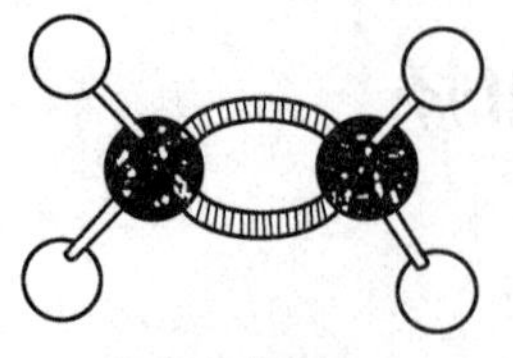

Kekulé 模型

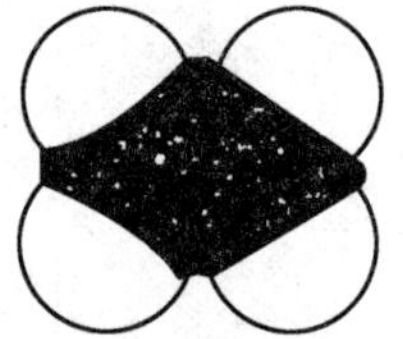

Stuart 模型

图 2-2 乙烯的立体模型示意图

2. 乙炔的结构 乙炔的分子式为C_2H_2，构造式为HC≡CH。根据杂化轨道理论，乙炔分子中的碳原子以 sp 杂化方式参与成键，两个碳原子各以一个 sp 轨道互相重叠形成一个C—Cσ键，每个碳原子又各以一个 sp 杂化轨道与一个氢原子的 1s 轨道重叠，各形成一个C—Hσ键。此外，两个碳原子还各有两个相互垂直的未杂化的 2p 轨道，其对称轴彼此平行，相互“肩并肩”重叠形成两个相互垂直的π键，从而构成了碳碳叁键。两个π键电子云对称地分布在C—Cσ键周围，呈圆筒形。如图 2-3 所示。

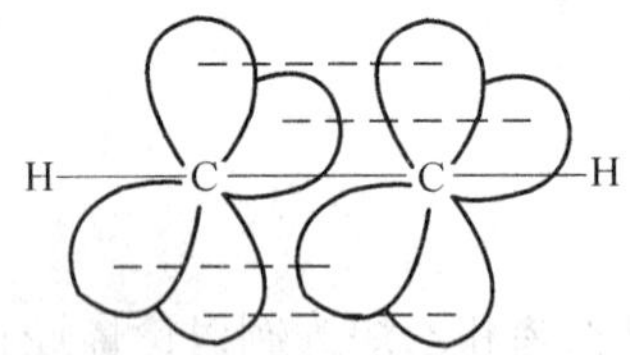

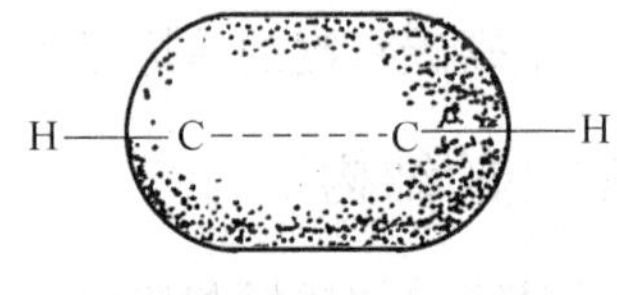

图 2-3 乙炔分子中π键的形成及电子云分布

其他炔烃中的叁键，也都是由一个σ键和两个π键组成的。

现代物理方法证明，乙炔分子中所有原子都在一条直线上，碳碳叁键的键长为 0.12 nm，比碳碳双键的键长短，这是由于两个碳原子核之间的电子云密度较大，使两个碳原子核较乙烯更为靠近。但叁键的键能只有 836.8 $kJ \cdot mol^{-1}$，比三个C—Cσ键的键能之和（345.6 $kJ \cdot mol^{-1} \times 3$）小，这主要是因为 p 轨道是侧面重叠，重叠程度较小。

乙炔分子的立体模型如图 2-4 所示。

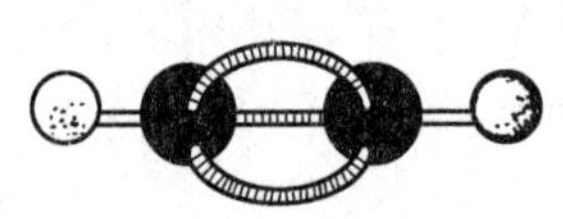

Kekulé 模型

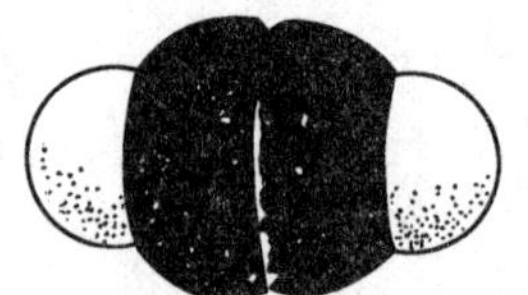

Stuart 模型

图 2-4 乙炔的立体模型示意图

二、单烯烃和炔烃的异构现象

1. 烯烃和炔烃的构造异构 烯烃和炔烃都具有官能团（双键或叁键），所以它们的异构现象比烷烃要复杂。除了碳链异构以外，还可能因官能团的位置不同而产生异构，称为官能团位置异构。例如：

$CH_2{=}CHCH_2CH_3$　　$CH_3CH{=}CHCH_3$　　$CH_2{=}C(CH_3)CH_3$

1-丁烯　　2-丁烯　　异丁烯

$CH{\equiv}CCH_2CH_3$　　$CH_3C{\equiv}CCH_3$

1-丁炔　　2-丁炔

1-丁烯与2-丁烯、1-丁炔与2-丁炔为官能团位置异构，异丁烯与1-丁烯为碳链异构。碳链异构和官能团位置异构都是由分子中原子之间的连接方式不同而产生的，属于构造异构。

另外，含相同碳原子数目的单烯烃和单环烷烃也互为同分异构体，例如丙烯与环丙烷，丁烯与环丁烷、甲基环丙烷等，它们也属于构造异构。

2. 烯烃的顺反异构　烯烃除了具有构造异构外，某些烯烃还具有顺反异构。由于双键不能自由旋转，所以当两个双键碳原子上各连有两个不同的原子或基团时，会产生两种不同的空间排列方式。例如：

$$\begin{matrix} CH_3 & & CH_3 \\ & C{=}C & \\ H & & H \end{matrix} \qquad \begin{matrix} CH_3 & & H \\ & C{=}C & \\ H & & CH_3 \end{matrix}$$

（Ⅰ）顺-2-丁烯　　（Ⅱ）反-2-丁烯

（沸点3.7 ℃）　　（沸点0.88 ℃）

显然，Ⅰ和Ⅱ虽然分子式相同，构造式亦相同，但它们是两种不同的化合物。这种异构现象产生的原因是双键中的π键限制了σ键的自由旋转，使两个甲基和两个氢原子在空间有两种不同的排列方式。两个相同基团（如Ⅰ和Ⅱ中的两个甲基或两个氢原子）在双键同一侧的称为顺式，在异侧的称为反式。烯烃这种由于分子中的原子或基团在空间的排布方式不同而产生的同分异构现象，称为顺反异构，也称几何异构。顺反异构属于构型异构，是立体异构的一种。

需要指出的是，并不是所有的烯烃都有顺反异构现象。产生顺反异构现象的条件，除了σ键的旋转受阻外，还要求两个双键碳原子上分别连接有不同的原子或基团。也就是说，当双键的任何一个碳原子上连接的两个原子或基团相同时，就不存在顺反异构现象。例如，下列化合物就没有顺反异构体：

$$\begin{matrix} a & & a \\ & C{=}C & \\ a & & b \end{matrix} \qquad \begin{matrix} a & & b \\ & C{=}C & \\ a & & c \end{matrix}$$

由于炔烃叁键的几何形状为直线形，叁键碳原子上只可能连有一个取代基，因此炔烃不存在顺反异构现象，其异构体的数目比含相同碳原子数目的烯烃少。

三、单烯烃和炔烃的命名

烯烃和炔烃的命名多采用系统命名法，个别简单的烯烃也可以用普通命名法命名：

$CH_2{=}C(CH_3)CH_3$

异丁烯

对于有顺反异构体的烯烃还需用顺、反或 Z、E 标记构型。

1. 烯烃和炔烃的系统命名法 烯烃和炔烃的系统命名法基本上与烷烃相似，其要点是：

（1）选择含双键或叁键的最长碳链作为主链，按主链中所含碳原子的数目称为“某烯”或“某炔”。主链碳原子数在十以内时用天干表示，如丙烯、丙炔；主链碳原子在十以上时用中文字十一、十二……表示，并在烯或炔之前加上碳字，如十二碳烯、十二碳炔。

（2）从距离双键或叁键最近的一端开始给主链编号，侧链视为取代基，双键或叁键的位次用两个双键或叁键碳原子中位次较小的一个表示，放在烯烃或炔烃名称前面。

（3）其他规则同烷烃的命名规则。

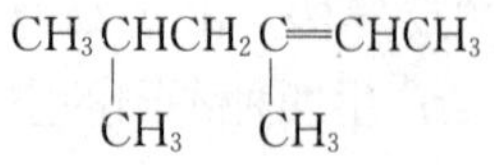

$CH_3CH(CH_3)CH_2C(CH_3)=CHCH_3$　3,5-二甲基-2-己烯

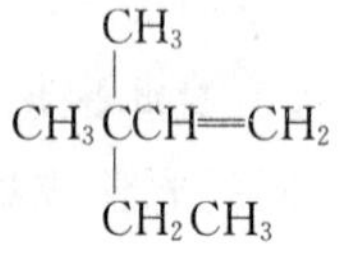

$CH_3C(CH_3)(CH_2CH_3)CH=CH_2$　3,3-二甲基-1-戊烯

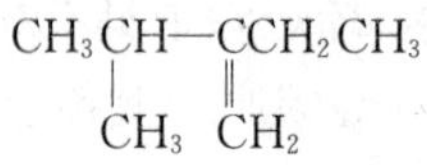

$CH_3CH(CH_3)-C(=CH_2)CH_2CH_3$　3-甲基-2-乙基-1-丁烯

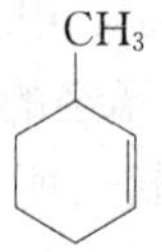

（环己烯环上带 CH_3）　3-甲基环己烯

$CH_3C\equiv CCH_3$　2-丁炔

$(CH_3)_2CHC\equiv CH$　3-甲基-1-丁炔

此外，分子中同时含有双键和叁键的化合物，称为烯炔类化合物。命名时，选择含双键和叁键在内的碳链为主链，编号时应遵循最低系列原则，书写时先烯后炔。例如：

$CH_3-CH=CH-C\equiv CH$　3-戊烯-1-炔

$CH_2=CH-CH_2-CH_2-C\equiv CCH_3$　1-庚烯-5-炔

双键和叁键处在相同的位次时，应使双键的编号最小。

$CH\equiv C-CH_2-CH=CH_2$

1-戊烯-4-炔（不叫4-戊烯-1-炔）

烯烃和炔烃去掉一个氢原子后剩下的一价基团称为“某烯基”和“某炔基”，烯基和炔基的编号自去掉氢原子的碳原子开始。如：

$CH_2=CH-$	$CH_3CH=CH-$	$CH_2=CHCH_2-$
乙烯基	1-丙烯基（丙烯基）	2-丙烯基（烯丙基）
$CH\equiv C-$	$CH_3C\equiv C-$	$CH\equiv CCH_2-$
乙炔基	1-丙炔基（丙炔基）	2-丙炔基（炔丙基）

问题与思考 2-1

（1）写出分子式为 C_6H_{12} 的烯烃的各种构造异构体，并命名。

（2）写出戊炔的所有异构体并命名。

---

2. 烯烃顺反异构体的命名 烯烃的顺反异构体中，与双键相连的两个相同原子或基团处于双键同一侧的，称为顺式，反之称为反式。书写时分别冠以顺或反，并用半字线与烯烃名称隔开。例如：

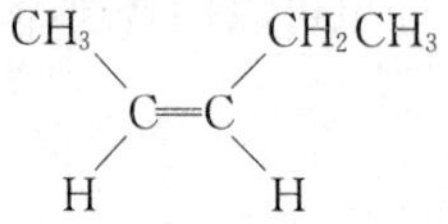

$$\begin{matrix} CH_3 & & CH_2CH_3 \\ & C=C & \\ H & & H \end{matrix}$$

顺-2-戊烯

$$\begin{matrix} CH_3 & & H \\ & C=C & \\ H & & CH_2CH_3 \end{matrix}$$

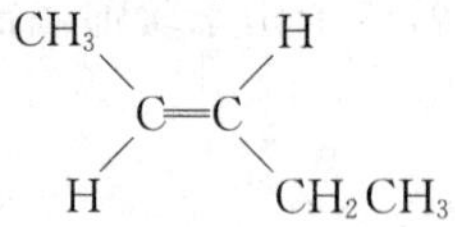

反-2-戊烯

当与两个双键碳原子连接的四个原子或基团均不相同时，则不能用顺反命名法命名，而应采用 Z,E-命名法。例如：

$(Cl)(H)C{=}C(CH_3)(Br)$　　　　$(Cl)(H)C{=}C(CH_2CH_3)(CH_3)$

（Ⅲ）(E)-1-氯-2-溴丙烯　　　　（Ⅳ）(Z)-2-甲基-1-氯-1-丁烯

用 Z,E-命名法时，先根据“次序规则”将每个双键碳原子上连接的两个原子或基团排出大小，大者称为“较优”基团。当两个较优基团位于双键的同侧时，称为 Z 式（德文 Zusammen，同侧之意），当两个较优基团位于双键的异侧时，称为 E 式（德文 Entgegen，相反之意）。书写时将 Z 或 E 加括号放在烯烃名称之前，并用半字线与烯烃名称隔开。

“次序规则”的要点是：

（1）将与双键碳原子直接相连的原子按原子序数大小排列，原子序数大者为“较优”基团；若为同位素，则质量高者为“较优”基团。例如：

$$I > Br > Cl > S > P > F > O > N > C > D > H$$

对于Ⅲ式，因为 Cl>H，Br>C，两个“较优”基团（Cl 和 Br）位于双键的异侧，所以为 E式。

（2）如果与双键碳原子直接相连的原子的原子序数相同，则用外推法看与该原子相连的其他原子的原子序数。比较时，按原子序数由大到小排列，先比较最大的，如相同，再顺序比较居中的、最小的；如仍相同，再依次外推，直至比较出较优基团为止。

对于Ⅳ式，与其中一个双键碳原子相连的—CH_3 和—CH_2CH_3 的第一个原子都是碳原子，但在—CH_3 中与该碳相连的是 H、H、H，而在—CH_2CH_3 中与该碳相连的是 C、H、H，因此—CH_2CH_3 为较优基团，两个较优基团（Cl 和—CH_2CH_3）位于双键的同侧，所以为 Z 式。

几种烃基的优先次序为：

$$(CH_3)_3C— > CH_3CH_2CH(CH_3)— > (CH_3)_2CH— > CH_3CH(CH_3)CH_2—$$
$$> CH_3CH_2CH_2CH_2— > CH_3CH_2CH_2— > CH_3CH_2— > CH_3—$$

（3）当基团含有重键时，可以把与双键或叁键相连的原子看作是以单键与两个或三个原子相连。例如：

基团：　—$CH{=}CH_2$　　—$C(H){=}O$　　—$C({=}O)$—OH　　—$C{\equiv}CH$　　—$C{\equiv}N$

可分别看作：　—$CH(CH_2)(C)$　　—$C(H)(O)$—O　　—$C(O)(O)$—OH　　—$C(C)(C)$—CH　　—$C(N)(N)$—N

$(H)(CH_3)C{=}C(CH{=}CH_2)(CH_2CH_3)$　　　　$(CH_3)(H)C{=}C(CH{=}CH_2)(CH_2CH_3)$

(E)-3-乙基-1,3-戊二烯　　　　(Z)-3-乙基-1,3-戊二烯

Z,E-命名法适用于所有烯烃的顺反异构体命名，它和顺反命名法所依据的规则不同，彼此

之间没有必然的联系。顺可以是 Z，也可以是 E，反之亦然。例如：

CH_3 CH_2CH_3
C═C
H H
顺-2-戊烯
(Z)-2-戊烯

CH_3 CH_3
C═C
H CH_2CH_3
顺-3-甲基-2-戊烯
(E)-3-甲基-2-戊烯

问题与思考 2-2 试判断下列化合物有无顺反异构，如果有则写出其构型和名称。

（1）异丁烯 （2）4-甲基-3-庚烯 （3）2-己烯

问题与思考 2-3 命名下列化合物：

（1） F Cl
C═C
H_3C CH_2CH_3

（2） Br H
C═C
Cl CH_2CH_3

（3） H_3C $CH_2CH_2CH_3$
C═C
H $CH(CH_3)_2$

（4） H CH_2Cl
C═C
Cl CH_3

四、单烯烃和炔烃的物理性质

1. 烯烃的物理性质 在常温下，含 2～4 个碳原子的烯烃为气体，含 5～18 个碳原子的为液体，19 个碳原子以上的为固体。它们的沸点、熔点和相对密度都随分子质量的增加而递升，但相对密度都小于 1，都是无色物质，不溶于水，易溶于非极性和弱极性的有机溶剂，如石油醚、乙醚、四氯化碳等。含相同数目碳原子的直链烯烃的沸点比支链的高。顺式异构体的沸点比反式的高，熔点比反式的低。一些烯烃的物理常数见表 2-1。

表 2-1 一些烯烃的物理常数

名 称	熔点/℃	沸点/℃	相对密度 d_4^{20}	折射率 n_D^{20}
乙烯	−169.2	−103.7	0.3840^{-10}	1.3630^{100}
丙烯	−185.2	−47.4	0.5193	1.3567^{-70}
1-丁烯	−185.4	−6.3	0.5951	1.3962
顺-2-丁烯	−138.9	3.7	0.6213	1.3931^{-25}
反-2-丁烯	−105.6	0.88	0.6042	1.3848^{-25}
异丁烯	−140.4	−6.9	0.5902	1.3926^{-25}
1-戊烯	−165.2	30.0	0.6405	1.3715
1-己烯	−139.8	63.4	0.6731	1.3837
1-庚烯	−119.0	93.6	0.6970	1.3998

2. 炔烃的物理性质　简单炔烃的沸点、熔点以及相对密度，一般比碳原子数相同的烷烃和烯烃高一些。这是由于炔烃分子较短小、细长，在液态和固态中，分子可以彼此靠得很近，分子间的范德华作用力很强。炔烃分子的极性比烯烃略强，不易溶于水，易溶于石油醚、乙醚、苯和四氯化碳等有机溶剂中。一些单炔烃的物理常数见表2-2。

表2-2　一些单炔烃的物理常数

名　称	熔点/℃	沸点/℃	相对密度 d_4^{20}	折射率 n_D^{20}
乙炔	−80.8	−84.0	0.6208^{-82}	1.0005^{0}
丙炔	−101.5	−23.2	0.7062^{-50}	1.3863^{-40}
1-丁炔	−125.7	8.1	0.6784^{0}	1.3962
2-丁炔	−32.3	27.0	0.6910	1.3921
1-戊炔	−90.0	40.2	0.6901	1.3852
2-戊炔	−101	56.1	0.7107	1.4039
3-甲基-1-丁炔	−89.7	29.4	0.6660	1.3723
1-己炔	−131.9	71.3	0.7155	1.3989
1-庚炔	−81.0	99.7	0.7328	1.4087

五、单烯烃和炔烃的化学性质

烯烃和炔烃的化学性质与烷烃不同，它们很活泼，主要原因是碳碳双键或碳碳叁键的π键是由碳原子的p轨道“肩并肩”重叠而成的，原子轨道的重叠程度较小，π电子云分布在成键原子的上方和下方，原子核对π电子的束缚较弱，π电子易受外界影响发生极化，π键的强度比σ键低得多，因而烯烃和炔烃的π键容易断裂发生加成、氧化、聚合等反应。

炔烃中的π键和烯烃中的π键在强度上有差异，造成两者在化学性质上有差别，即炔烃的亲电加成反应活泼性不如烯烃，且炔烃叁键碳上的氢显示一定的酸性。

受碳碳双键的影响，与双键碳相邻的碳原子上的氢（称为双键的α-氢原子）亦表现出一定的活泼性。

烯烃的主要化学反应如下：

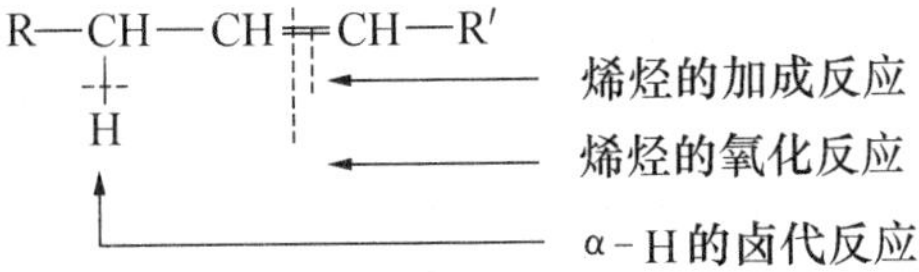

炔烃的主要化学反应如下：

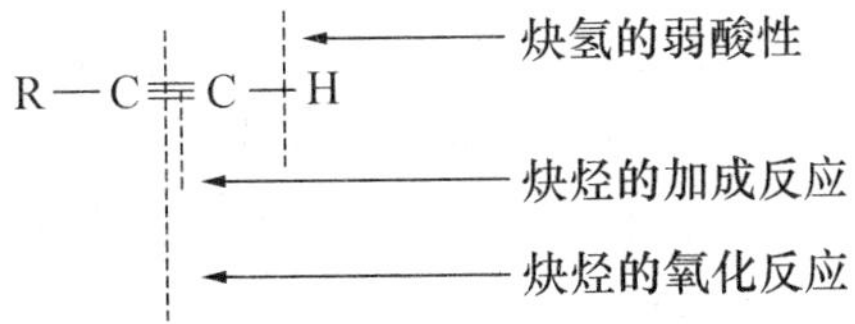

1. 加成反应 烯烃和炔烃在同其他试剂发生反应时，π 键断开，反应试剂的两个原子或基团分别加到两个双键或叁键碳原子上，这类反应称为加成反应。

$$\gt C=C\lt + X-Y \longrightarrow \gt \underset{X}{C}-\underset{Y}{C}\lt$$

（1）催化加氢 常温常压下，烯烃和炔烃很难同氢气发生反应，但是在催化剂（如铂、钯、镍等）存在下，烯烃和炔烃与氢发生加成反应，生成相应的烷烃。这是因为催化剂可以降低加氢反应的活化能，使反应容易进行。

$$R-CH=CH_2 + H_2 \xrightarrow{催化剂} R-CH_2CH_3$$

$$R-C\equiv C-R' \xrightarrow[Pd]{H_2} R-CH=CH-R' \xrightarrow[Pd]{H_2} R-CH_2CH_2-R'$$

由于催化加氢反应是定量进行的，所以可以通过测量所吸收氢气体积的方法，确定分子中所含碳碳不饱和键的数目。

氢化反应是放热反应，1 mol 不饱和化合物氢化时放出的热量称为氢化热。每个双键的氢化热大约为 125 $kJ \cdot mol^{-1}$，可以通过测定不同烯烃的氢化热，比较烯烃的相对稳定性。氢化热越小的烯烃越稳定。例如，顺-2-丁烯和反-2-丁烯氢化的产物都是丁烷，反式比顺式少放出 4.2 $kJ \cdot mol^{-1}$的热量，意味着反式的内能比顺式少 4.2 $kJ \cdot mol^{-1}$，所以反-2-丁烯更稳定。

烯烃的催化加氢在工业上和研究工作中都具有重要意义，如油脂氢化制硬化油、人造奶油等；为除去粗汽油中的少量烯烃杂质，可进行催化氢化反应，将少量烯烃还原为烷烃，从而提高油品的质量。

炔烃的催化氢化是逐步实现的，首先生成烯烃，然后继续加氢，生成烷烃。

如果只希望得到烯烃，可使用活性较低的催化剂。常用的是林德拉（Lindlar）催化剂（钯附着于碳酸钙上，加少量醋酸铅和喹啉使之部分毒化，从而降低催化剂的活性），在其催化下，炔烃的氢化可以停留在烯烃阶段，且为顺式烯烃。在液氨中用钠或锂还原炔烃，主要得到反式烯烃。这表明，催化剂的活性对催化加氢的产物有决定性的影响。部分氢化炔烃的方法在合成上有广泛的用途。

$$R-C\equiv C-R' + H_2 \xrightarrow{\text{Lindlar 催化剂}} \begin{matrix} H & & H \\ & C=C & \\ R & & R' \end{matrix}$$

$$R-C\equiv C-R' + Na \xrightarrow{NH_3（液）} \begin{matrix} H & & R' \\ & C=C & \\ R & & H \end{matrix}$$

烯烃亲电加成反应

（2）亲电加成反应 由于烯烃和炔烃 π 键的形状及其电子云分布的特点，烯烃和炔烃的 π 键容易给出电子，因而易受到带正电荷或带部分正电荷的缺电子试剂（称为亲电试剂）进攻而发生反应。这种由亲电试剂进攻而引起的加成反应称为亲电加成反应。常用的亲电加成试剂主要有卤素（Br_2，Cl_2）、卤化氢、硫酸和水等。

① 与卤素加成：烯烃很容易与卤素发生加成反应，生成相应的多卤代烃。例如，将烯烃气体通入溴的四氯化碳溶液后，溴的红棕色马上消失，表明发生了加成反应。在实验室中，常利用这个反应来检验烯烃的存在。

$$CH_3—CH═CH_2 + Br_2 \xrightarrow{CCl_4} CH_3—\underset{Br}{\underset{|}{CH}}—\underset{Br}{\underset{|}{CH_2}}$$

相同的烯烃和不同的卤素进行加成时，卤素的活性顺序为：氟>氯>溴>碘。氟与烯烃的反应太剧烈，往往使碳链断裂，碘与烯烃难于发生加成反应，所以一般所谓烯烃与卤素的加成，实际上是指加溴或加氯。

为了弄清烯烃和卤素加成的反应历程，人们做了如下两个实验：

实验1：把干燥的乙烯通入溴的四氯化碳溶液（置于玻璃容器）中不易发生反应；若在玻璃容器上涂上一层石蜡，则反应更难进行；但当加入少量水后，反应立即发生，使溴水褪色。由此说明这个反应是受极性物质如水、玻璃（弱碱性）影响的。

实验2：将乙烯通入溴的氯化钠水溶液中时，发现产物中除了1,2-二溴乙烷外，还有1-氯-2-溴乙烷和2-溴乙醇存在，但产物中没有1,2-二氯乙烷。

$$CH_2═CH_2 + Br_2 \xrightarrow{NaCl,\ H_2O} BrCH_2CH_2Br + BrCH_2CH_2Cl + BrCH_2CH_2OH$$

以上实验说明，烯烃与溴的加成不是简单地把溴分子的两个原子同时加到两个双键碳原子上，而是分两步进行的。若是一步反应，两个溴原子应同时加到双键上，产物仅为1,2-二溴乙烷，而不可能有1-氯-2-溴乙烷和2-溴乙醇。由于三种产物中都含有溴原子，所以Cl^-和OH^-不可能参加第一步反应，可以断定Cl^-和OH^-是在反应的第二步才加上去的。

实际上乙烯双键受极性物质的影响，使π电子云发生极化。同样，溴分子在接近双键时也会发生极化，使靠近双键的溴原子相对显正性，而另一溴原子则相对显负性。

$$\overset{\delta^+}{Br} — \overset{\delta^-}{Br}$$

由于带微正电荷的溴原子较带微负电荷的溴原子更不稳定，所以，第一步反应是被极化的溴分子中带微正电荷的溴原子（Br^{δ^+}）首先向乙烯中的π键进攻，形成环状溴鎓离子中间体。由于π键的断裂和溴分子中σ键的断裂都需要一定的能量，因此反应速度较慢，是决定反应速度的一步。

$$Br—Br + CH_2═CH_2 \xrightarrow{慢} \underset{\overset{+}{Br}}{CH_2—CH_2} + Br^-$$

溴鎓离子

第二步是溴负离子或氯负离子、水分子进攻溴鎓离子生成产物，这一步反应是离子之间的反应，反应速度较快。

$$\underset{\overset{+}{Br}}{CH_2—CH_2} \begin{cases} \xrightarrow[快]{Br^-} \underset{Br}{\underset{|}{CH_2}}—\overset{Br}{\overset{|}{CH_2}} \\ \xrightarrow[快]{Cl^-} \underset{Br}{\underset{|}{CH_2}}—\overset{Cl}{\overset{|}{CH_2}} \\ \xrightarrow[快]{H\ddot{O}H} \underset{Br}{\underset{|}{CH_2}}—\overset{^+OH_2}{\overset{|}{CH_2}} \xrightarrow{-H^+} \underset{Br}{\underset{|}{CH_2}}—\overset{OH}{\overset{|}{CH_2}} \end{cases}$$

上面的加成反应实质上是亲电试剂 Br^+ 对 π 键进攻引起的，所以叫作亲电加成反应。由于加成是由溴分子发生异裂生成的离子进行的，故这类加成又称为离子型亲电加成反应。

与烯烃一样，炔烃与卤素的加成反应也属于亲电加成反应。不过，炔烃加卤素的反应是分步进行的，先加一分子卤素生成二卤代烯烃，然后继续加成得到四卤代烷烃。

$$CH_3-C\equiv CH \xrightarrow{Br_2/CCl_4} \underset{1,2\text{-二溴丙烯}}{CH_3-C(Br)=CH(Br)} \xrightarrow{Br_2/CCl_4} \underset{1,1,2,2\text{-四溴丙烷}}{CH_3-CBr_2-CHBr_2}$$

同样，炔烃与红棕色的溴溶液反应生成无色的溴代烃，所以此反应也可用作炔烃的定性鉴定。

炔烃与卤素的亲电加成反应活性比烯烃小，反应速度慢。例如，烯烃可使溴的四氯化碳溶液立刻褪色，炔烃却需要几分钟才能使之褪色，乙炔甚至需在光或三氯化铁催化下才能加溴。所以当分子中同时存在双键和叁键时，首先进行加成的是双键。例如在低温、缓慢地加入溴的条件下，叁键可以不参与反应：

$$CH_2=CH-CH_2-C\equiv CH + Br_2 \longrightarrow \underset{4,5\text{-二溴-1-戊炔}}{CH_2(Br)-CH(Br)-CH_2-C\equiv CH}$$

炔烃亲电加成反应不如烯烃活泼是由不饱和碳原子的杂化状态不同造成的。叁键中的碳原子为 sp 杂化，与 sp^2 和 sp^3 杂化相比，含有较多的 s 成分，成键电子更靠近原子核，原子核对成键电子的约束力较大，所以叁键的 π 电子比双键的 π 电子难以极化。换言之，sp 杂化的碳原子电负性较强，不容易给出电子与亲电试剂结合，因而叁键的亲电加成反应比双键的加成反应慢。

不同杂化碳原子的电负性大小顺序为：$sp>sp^2>sp^3$。

② 与卤化氢加成：烯烃与卤化氢气体或浓的氢卤酸溶液反应，生成相应的卤代烷烃。例如：

$$CH_2=CH_2 + HX \longrightarrow CH_3CH_2X$$

不同卤化氢与相同的烯烃进行加成时，反应活性顺序为：HI>HBr>HCl，氟化氢一般不与烯烃加成。

烯烃与卤化氢的加成反应机理和烯烃与卤素的加成相似，也是离子型亲电加成反应。不同的是第一步由亲电试剂 H^+ 进攻 π 键，但不生成卤鎓离子，而是生成碳正离子中间体，然后 X^- 进攻碳正离子生成产物。

$$>C=C< + H-X \xrightarrow{慢} -\underset{H}{\overset{|}{C}}-\overset{|}{\underset{+}{C}}- + X^-$$

$$-\underset{H}{\overset{|}{C}}-\overset{|}{\underset{+}{C}}- + X^- \xrightarrow{快} -\underset{H}{\overset{|}{C}}-\underset{X}{\overset{|}{C}}-$$

乙烯是对称分子，不论氢离子或卤离子加到哪一个双键碳原子上，得到的产物都是一样的。但是丙烯等不对称烯烃与卤化氢加成时，可能得到两种不同的产物。

$$CH_3-CH=CH_2 + HX \rightarrow \begin{cases} CH_3-\underset{\displaystyle X}{\underset{|}{CH}}-CH_3 & \text{2-卤代丙烷} \\ CH_3-CH_2-\underset{\displaystyle X}{\underset{|}{CH_2}} & \text{1-卤代丙烷} \end{cases}$$

实验证明，丙烯与卤化氢加成的主要产物是2-卤代丙烷。1868年俄国化学家马尔科夫尼科夫（Markovnikov）在总结了大量实验事实的基础上，提出了一条重要的经验规则：不对称烯烃与卤化氢发生加成反应时，氢原子总是加到含氢较多的双键碳原子上，卤原子加在含氢较少的双键碳原子上。这个规则称为马尔科夫尼科夫规则，简称马氏规则。应用马氏规则可以预测不对称烯烃与不对称试剂加成的主要产物。例如：

$$CH_3CH_2CH=CH_2 + HBr \xrightarrow{\text{醋酸}} \underset{80\%}{CH_3CH_2\underset{\displaystyle Br}{\underset{|}{C}}HCH_3}$$

$$\text{1-甲基环戊烯} + HX \longrightarrow \text{1-甲基-1-卤代环戊烷 (环上同一碳原子连 X 和 } CH_3\text{)}$$

马氏规则是由实验总结出来的，它的理论解释可以从结构和反应历程两方面来理解。

在多原子分子中，当两个直接相连的原子的电负性不同时，由于电负性较大的原子吸引电子的能力较强，两个原子间的共用电子对偏向于电负性较大的原子，使之带有部分负电荷（用δ^-表示），另一原子则带有部分正电荷（用δ^+表示）。在静电引力作用下，这种影响能沿着分子链诱导传递，使分子中成键电子云向某一方向偏移。例如，在1-氯丙烷分子中：

$$\underset{3}{\overset{\delta\delta\delta^+}{CH_3}} \longrightarrow \underset{2}{\overset{\delta\delta^+}{CH_2}} \longrightarrow \underset{1}{\overset{\delta^+}{CH_2}} \longrightarrow \overset{\delta^-}{Cl}$$

由于氯的电负性比碳大，因此C—Cl键的共用电子对向氯原子偏移，使氯原子带部分负电荷，碳原子带部分正电荷（用δ^+表示）。在静电引力作用下，相邻C—C键本来对称共用的电子对也向氯原子方向偏移，使得C_2上也带有很少的正电荷（用$\delta\delta^+$表示），同样影响的结果，C_3上也多少带有部分正电荷（用$\delta\delta\delta^+$表示）。图中箭头所指的方向是电子偏移的方向。

像1-氯丙烷这样，当不同原子间形成共价键时，由于成键原子的电负性不同，共用电子对会偏向于电负性大的原子，使共价键产生极性，而且这个键的极性可以通过静电作用力沿着碳链在分子内传递，使分子中成键电子云向某一方向发生偏移，这种效应称为诱导效应，用符号I表示。

诱导效应是一种静电诱导作用，其影响随距离的增加而迅速减弱或消失。诱导效应在一个σ体系传递时，一般认为每经过一个原子，即降低为原来的1/3，经过三个原子以后，影响就极弱了，超过五个原子后便没有了。诱导效应具有叠加性，当几个基团或原子同时对某一键产生诱导效应时，方向相同，效应相加；方向相反，效应相减。此外，诱导效应沿单键传递时，只涉及电子云密度分布的改变，共用电子对并不完全转移到另一原子上。

诱导效应的强度由原子或基团的电负性决定，一般以氢原子作为比较基准。比氢原子电负性大的原子或基团表现出吸电性，称为吸电子基，具有吸电诱导效应，一般用$-I$表示；比氢原子电负性小的原子或基团表现出供电性，称为供电子基，具有供电诱导效应，一般用＋I表示。常见原子或基团的诱导效应强弱次序为：

吸电诱导效应（－I）：

$$-NO_2 > -COOH > -F > -Cl > -Br > -I > -OH > RC{\equiv}C- > C_6H_5- > R'CH{=}CR-$$ 。

供电诱导效应（＋I）：$(CH_3)_3C- > (CH_3)_2CH- > CH_3CH_2- > CH_3-$ 。

上面所讲的是在静态分子中所表现出来的诱导效应，称为静态诱导效应，它是分子在静止状态的固有性质，没有外界电场影响时也存在。

在化学反应中，分子受外电场的影响或在反应时受极性试剂进攻的影响而引起的电子云分布的改变，称为动态诱导效应。

根据诱导效应就不难理解马氏规则。例如当丙烯与HBr加成时，丙烯分子中的甲基是一个供电子基，甲基表现出向双键供电子，结果使双键上的π电子云发生极化，这样，含氢原子较少的双键碳原子带部分正电荷，含氢原子较多的双键碳原子则带部分负电荷。加成时，HBr分子中带正电荷的H^+首先加到带负电荷的（即含氢较多的）双键碳原子上，然后，Br^-才加到另一个双键碳上，反应符合马氏规则。

$$CH_3 \longrightarrow \overset{\delta^+}{C}H{=}\overset{\delta^-}{C}H_2 + \overset{\delta^+}{H}-\overset{\delta^-}{Br} \longrightarrow [CH_3-\overset{+}{C}H-CH_3] \xrightarrow{Br^-} CH_3\underset{\displaystyle Br}{\underset{|}{C}}HCH_3$$

马氏规则也可以由反应历程中生成的活性中间体碳正离子的稳定性来解释。例如，丙烯和HBr加成，第一步反应生成的碳正离子中间体有两种可能：

$$CH_3-CH{=}CH_2 + HBr \xrightarrow{-Br^-} \begin{cases} [CH_3-\overset{+}{C}H-CH_3] & (\text{I}) \\ [CH_3-CH_2-\overset{+}{C}H_2] & (\text{II}) \end{cases}$$

究竟生成哪一种碳正离子，这取决于碳正离子的相对稳定性。根据物理学规律，一个带电体系的稳定性取决于所带电荷的分散程度，电荷越分散，体系越稳定。丙烯分子中的甲基是一个供电子基，表现出供电子诱导效应，甲基的成键电子云向缺电子的碳正离子方向移动，使碳正离子的正电荷减少一部分，因而使其正电荷得到分散，体系趋于稳定。因此，带正电荷的碳上连接的烷基越多，供电子诱导效应越大，碳正离子的稳定性越高。一般烷基碳正离子的稳定性次序为：叔＞仲＞伯＞甲基正离子，即$3° > 2° > 1° > CH_3^+$。

根据碳正离子的稳定性次序，碳正离子（Ⅰ）比（Ⅱ）稳定，所以碳正离子（Ⅰ）为该加成反应的主要中间体。（Ⅰ）一旦生成，很快与Br^-结合，生成2-溴丙烷，符合马氏规则。

但在过氧化物存在下，溴化氢与不对称烯烃的加成是反马氏规则的。例如，在过氧化物存在下，丙烯与溴化氢加成，生成的主要产物是1-溴丙烷，而不是2-溴丙烷。

$$CH_3-CH{=}CH_2 + HBr \xrightarrow{\text{过氧化物}} CH_3CH_2CH_2Br$$

这种由于过氧化物的存在而引起烯烃加成取向改变的效应，称为过氧化物效应。该反应的反应历程是自由基加成反应历程，不是亲电加成反应历程。

过氧化物效应，对于不对称烯烃与HCl和HI的加成反应方式没有影响。

炔烃与烯烃一样，可与卤化氢进行亲电加成反应，加成服从马氏规则。反应是分两步进行的，控制试剂的用量可生成卤代烯烃。例如：

$$CH{\equiv}CH \xrightarrow{HI} \underset{\text{碘乙烯}}{CH_2{=}CHI} \xrightarrow{HI} \underset{\text{1,1-二碘乙烷}}{CH_3{-}CHI_2}$$

$$CH_3CH_2C{\equiv}CH \xrightarrow{HBr} \underset{\text{2-溴-1-丁烯}}{CH_3CH_2C(Br){=}CH_2} \xrightarrow{HBr} \underset{\text{2,2-二溴丁烷}}{CH_3CH_2CBr_2{-}CH_3}$$

乙炔和氯化氢的加成要在氯化汞催化下才能顺利进行。例如：

$$CH{\equiv}CH \xrightarrow[HgCl_2]{HCl} \underset{\text{氯乙烯}}{CH_2{=}CHCl} \xrightarrow[HgCl_2]{HCl} \underset{\text{1,1-二氯乙烷}}{CH_3{-}CHCl_2}$$

氯乙烯是合成聚氯乙烯塑料的单体。

③ 与水加成：在酸（常用硫酸或磷酸）催化下，烯烃与水直接加成生成醇。不对称烯烃与水的加成反应服从马氏规则。例如：

$$CH_2{=}CH_2 + HOH \xrightarrow[300\ ℃,\ 7\ MPa]{H_3PO_4/\text{硅藻土}} CH_3CH_2OH$$

$$CH_3{-}CH{=}CH_2 + HOH \xrightarrow[200\ ℃,\ 2\ MPa]{H_3PO_4/\text{硅藻土}} \underset{\text{异丙醇}}{CH_3CH(OH)CH_3}$$

这也是醇的工业制法之一，称为直接水合法。此法简单、便宜，但对设备要求较高。

在稀硫酸水溶液中，用汞盐作催化剂，炔烃可以和水发生加成反应。例如，乙炔在10%硫酸和5%硫酸汞水溶液中发生加成反应，生成乙醛，这是工业上生产乙醛的方法之一。

$$CH{\equiv}CH + HOH \xrightarrow[H_2SO_4]{HgSO_4} \underset{\text{乙烯醇}}{[CH_2{=}CH{-}OH]} \xrightarrow{\text{重排}} \underset{\text{乙醛}}{CH_3{-}CHO}$$

反应时，首先是叁键与一分子水加成，生成羟基与双键碳原子直接相连的产物，称为烯醇。具有这种结构的化合物很不稳定，容易发生重排，形成稳定的羰基化合物。

不对称炔烃与水的加成服从马氏规则，因此除乙炔得到乙醛外，其他炔烃与水加成均得到酮。

$$RC{\equiv}CH + HOH \xrightarrow[H_2SO_4]{HgSO_4} \left[RC(OH){=}CH_2\right] \xrightarrow{\text{重排}} R{-}\overset{O}{\overset{\|}{C}}{-}CH_3$$

由于汞盐有剧毒，因此很早就开始非汞催化剂的研究，并已取得很大进展。

④ 与硫酸加成：烯烃与冷的浓硫酸混合，反应生成硫酸氢酯，硫酸氢酯水解生成相应的醇。不对称烯烃与硫酸的加成反应也遵循马氏规则。例如：

$$CH_2{=}CH_2 + HOSO_3H \longrightarrow \underset{\text{硫酸氢乙酯}}{CH_3CH_2OSO_3H} \xrightarrow[\triangle]{H_2O} CH_3CH_2OH + H_2SO_4$$

$$CH_3{-}CH{=}CH_2 + HOSO_3H \longrightarrow \underset{\text{硫酸氢异丙酯}}{CH_3CH(OSO_3H)CH_3} \xrightarrow[\triangle]{H_2O} \underset{\text{异丙醇}}{CH_3CH(OH)CH_3} + H_2SO_4$$

这是工业上制备醇的方法之一，其优点是对烯烃的原料纯度要求不高，技术成熟，转化率高，但反应需使用大量的酸，易腐蚀设备，且后处理困难。由于硫酸氢酯能溶于浓硫酸，因此可用来提纯某些化合物。例如，烷烃一般不与浓硫酸反应，也不溶于硫酸，用冷的浓硫酸洗涤烷烃和烯烃的混合物，可以除去烷烃中的烯烃。

炔烃不能与浓硫酸发生加成反应。

(3) 乙炔的亲核加成反应　乙炔可与 HCN、RCOOH 等含有活泼氢的化合物发生加成反应，反应的结果可以看作是这些试剂中的氢原子被乙烯基（$CH_2{=}CH{-}$）取代，因此这类反应通称为乙烯基化反应。其反应机理不是亲电加成，而是亲核加成。烯烃不能与这些化合物发生加成反应。

$$CH{\equiv}CH + HCN \xrightarrow{Cu_2Cl_2} \underset{\text{丙烯腈}}{CH_2{=}CH{-}CN}$$

丙烯腈是工业上合成腈纶和丁腈橡胶的重要单体。

科学家小传：马尔科夫尼科夫

马尔科夫尼科夫（Markovnikov Vladimir Vasilevich，1837—1904），俄国化学家。

马尔科夫尼科夫最早攻读经济学，1860 年毕业于喀山大学。毕业后成为俄国化学家布特列洛夫的助理。之后他前往德国，向赫尔曼·科尔贝和埃米尔·埃伦迈尔学习化学。回国后接替布特列洛夫，担任喀山大学的化学教授。之后分别于敖德萨梅契尼可夫国立大学和莫斯科大学任职。

马尔科夫尼科夫最著名的成就是他于 1869 年提出的关于氢卤酸与烯烃亲电加成反应的马氏规则，在预测烯烃加成反应产物方面十分重要。他对凯库勒的有机分子结构学也很感兴趣，并使之有了重大发展。他于 1879 年、1889 年分别合成了四元碳环和七元碳环，推翻了碳原子只能形成六碳环的说法，为有机化学的发展做出了卓越贡献。

问题与思考 2-4　完成下列反应式：

(1) 1-甲基环戊烯（环戊烯环，双键碳上连 CH_3） $+ H_2O \xrightarrow{H_2SO_4}$

(2) $CH_3\overset{CH_3}{\overset{|}{C}}{=}CH_2 + HBr \longrightarrow$

(3) $CH_3\overset{CH_3}{\overset{|}{C}}{=}CHCH_3 + HBr \xrightarrow{\text{过氧化物}}$

(4) $CH_3CH_2C{\equiv}CH + HOH \xrightarrow[H_2SO_4]{HgSO_4}$

(5) $CH_3CH_2C{\equiv}CH + HBr \longrightarrow$

(6) $CH_3C{\equiv}CCH_3 + H_2 \xrightarrow{\text{Lindlar 催化剂}}$

问题与思考 2-5　写出丙烯与溴的氯化钠水溶液反应的方程式及反应历程。

2. 聚合反应　聚合是烯烃的重要化学反应，这种反应是在催化剂或引发剂的作用下，使烯烃双键打开，并按一定方式把相当数量的烯烃分子连接成长链大分子，生成的产物称为聚合物，亦称为高分子化合物，反应中的烯烃分子称为单体。现代有机合成工业中，常用的重要烯烃单体有乙烯、丙烯、异丁烯、氯乙烯、苯乙烯等。例如，在 Ziegler－Natta 催化剂［$TiCl_4-Al(C_2H_5)_3$］的作用下，乙烯、丙烯可以聚合为聚乙烯、聚丙烯。

$$nCH_2{=}CH_2 \xrightarrow{TiCl_4-Al(C_2H_5)_3} {+}CH_2{-}CH_2{+}_n$$

聚乙烯

$$nCH_3{-}CH{=}CH_2 \xrightarrow{TiCl_4-Al(C_2H_5)_3} {+}\underset{}{\overset{CH_3}{\overset{|}{C}H}}{-}CH_2{+}_n$$

聚丙烯

很多高分子聚合物均有广泛的用途，如聚乙烯是一种电绝缘性能好、用途广泛的塑料；聚氯乙烯用作管材、板材等；聚 1－丁烯用作工程塑料；聚四氟乙烯称为塑料王，广泛用于电绝缘材料、耐腐蚀材料和耐高温材料等。

随着塑料消费量的不断增长，废弃塑料量也与日俱增。有关数据表明，塑料总量中有 70%～80%为通用塑料，这些塑料中的 80%将在 10 年内转化为废塑料。自 20 世纪 90 年代以来，我国塑料废弃物污染问题日趋严重，特别是塑料地膜、垃圾袋、购物袋、餐具、食品包装、杂品和工业品包装材料等一次性塑料废弃物，可污染农田、旅游胜地及海岸港口。以我国农用地膜为例，1990 年地膜覆盖面积为 328.7 万 hm^2，1995 年增加到 420.0 万 hm^2。地膜回收率极低，大量废弃地膜对土壤和作物生长造成严重危害。由于塑料包装物大多呈白色，因此造成的污染被称为“白色污染”。白色污染会对人体、环境、动物和农作物造成危害。一些专家已把“白色污染”列为继水污染、大气污染后的第三大社会公害污染。如何减少“白色污染”的危害，已引起人们的密切关注。

乙炔在催化剂作用下，也可以发生聚合反应，与烯烃不同，它一般不聚合成高聚物。例如，在氯化亚铜和氯化铵的作用下，乙炔可以发生二聚或三聚作用。这种聚合反应可以看作是乙炔的自身加成反应。

$$CH{\equiv}CH+CH{\equiv}CH \xrightarrow[NH_4Cl]{Cu_2Cl_2} CH_2{=}CH{-}C{\equiv}CH \xrightarrow[NH_4Cl]{Cu_2Cl_2} CH_2{=}CH{-}C{\equiv}C{-}CH{=}CH_2$$

乙烯基乙炔　　　　二乙烯基乙炔

3. 氧化反应　烯烃和炔烃较烷烃易氧化，在较温和的条件下仅 π 键断裂，条件剧烈时 σ 键也随之断裂，氧化产物与烯烃和炔烃的结构、氧化剂和氧化条件等有关。

（1）高锰酸钾氧化　用稀的碱性或中性高锰酸钾溶液，在较低温度下氧化烯烃时，在双键上引入两个羟基，生成邻二醇。反应过程中，高锰酸钾溶液的紫色褪去，并有棕褐色的二氧化锰沉淀生成。

$$3R{-}CH{=}CH_2+2KMnO_4+4H_2O \xrightarrow[\text{或中性}]{\text{稀 }OH^-} 3R{-}\underset{OH}{\underset{|}{C}H}{-}\underset{OH}{\underset{|}{C}H_2}+2MnO_2\downarrow+2KOH$$

若用酸性高锰酸钾溶液氧化烯烃和炔烃，碳碳双键和碳碳叁键完全断裂。不同结构的烯烃和炔烃其氧化产物不同。

$$R{-}CH{=}CH_2 \xrightarrow[H_2SO_4]{KMnO_4} R{-}\overset{OH}{\overset{|}{C}}{=}O + O{=}\overset{OH}{\overset{|}{C}}{-}OH \longrightarrow CO_2\uparrow+H_2O$$

羧酸

$$\begin{matrix}R \\ \quad\diagdown \\ \quad C{=}CH{-}R \\ \quad\diagup \\ R\end{matrix} \xrightarrow[H_2SO_4]{KMnO_4} \begin{matrix}R \\ \quad\diagdown \\ \quad C{=}O \\ \quad\diagup \\ R\end{matrix} + \begin{matrix}OH \\ | \\ O{=}C{-}R\end{matrix}$$

酮　　　　羧酸

$$RC{\equiv}CH \xrightarrow[H^+]{KMnO_4} R{-}\overset{\overset{\displaystyle O}{\|}}{C}{-}OH + CO_2\uparrow + H_2O$$

羧酸

$$RC{\equiv}CR' \xrightarrow[H^+]{KMnO_4} R{-}\overset{\overset{\displaystyle O}{\|}}{C}{-}OH + R'{-}\overset{\overset{\displaystyle O}{\|}}{C}{-}OH$$

羧酸

反应后高锰酸钾溶液的紫色消失，因此这个反应可用来检验分子中是否存在不饱和键。根据高锰酸钾氧化产物的不同，可以推测原来烯烃或炔烃的结构。

（2）臭氧氧化　将含有6%～8%臭氧的氧气通入烯烃的非水溶液中，能迅速生成糊状的臭氧化合物，后者不稳定易爆炸，因此反应过程中不必把它从溶液中分离出来，可以直接在溶液中水解生成醛、酮和过氧化氢。为防止生成的醛被过氧化氢氧化，水解时通常加入还原剂（如 H_2/Pt，锌粉）。

$$\begin{matrix}R \\ \quad\diagdown \\ \quad C{=}CH{-}R'' \\ \quad\diagup \\ R'\end{matrix} \xrightarrow{O_3} \begin{matrix}R \quad O \quad R'' \\ C \qquad C \\ R' \; O{-}O \; H\end{matrix} \xrightarrow{Zn/H_2O} \begin{matrix}R \\ \quad\diagdown \\ \quad C{=}O \\ \quad\diagup \\ R'\end{matrix} + \begin{matrix}H \\ | \\ O{=}C{-}R''\end{matrix}$$

臭氧化物　　　　酮　　　　醛

$$CH_3{-}\underset{\underset{\displaystyle CH_3}{|}}{C}{=}CH_2 \xrightarrow[\text{② } Zn/H_2O]{\text{① } O_3} CH_3{-}\underset{\underset{\displaystyle CH_3}{|}}{C}{=}O + H\overset{\overset{\displaystyle O}{\|}}{C}H$$

丙酮　　　　甲醛

炔烃也能臭氧化，水解后得到羧酸。

根据臭氧氧化的产物，可以推测原来烯烃或炔烃的结构。

问题与思考2-6　完成下列反应式：

（1）1-甲基环戊烯 $\xrightarrow{O_3}$? $\xrightarrow{Zn-H_2O}$　　　　（2）环己烯 $\xrightarrow[H^+]{KMnO_4}$

（3）$CH_3C{\equiv}CCH_2CH_3 \xrightarrow[H^+]{KMnO_4}$

问题与思考2-7　某化合物A，经臭氧化、锌还原水解或用酸性 $KMnO_4$ 溶液氧化都得到相同的产物，A的分子式为 C_7H_{14}，推测其结构式。

（3）乙烯的催化氧化　将乙烯与空气或氧气混合，在银催化下，乙烯被氧化生成环氧乙烷，这是工业上生产环氧乙烷的主要方法。

$$2CH_2{=}CH_2 + O_2 \xrightarrow[250\ ℃]{Ag} 2\underset{\diagdown\ O\ \diagup}{CH_2{-}CH_2}$$

环氧乙烷是重要的有机合成中间体，用它可以制造乙二醇、合成洗涤剂、乳化剂、抗冻剂、塑料等。

乙烯用氯化铜和氯化钯催化氧化，可以得到乙醛。

$$CH_2{=}CH_2 + \frac{1}{2}O_2 \xrightarrow[130\ ℃]{PdCl_2-CuCl_2} CH_3CHO$$

4. 烯烃α-氢原子的卤代反应　烯烃与卤素在室温下可发生双键的亲电加成反应，但在高温（500～600 ℃）时，则主要发生α-H原子被卤原子取代的反应。例如，丙烯与氯气在约500 ℃主要发生α-H取代反应，生成3-氯-1-丙烯。

$$CH_3{-}CH{=}CH_2 + Cl_2 \xrightarrow{500\ ℃} ClCH_2{-}CH{=}CH_2 + HCl$$

这是工业上生产3-氯-1-丙烯的方法。它主要用于制备甘油、环氧氯丙烷和树脂等。

与烷烃的卤代反应相似，烯烃的α-氢原子的卤代反应也是受光、高温、过氧化物（如过氧化苯甲酸）引发进行的自由基取代反应。

如果用*N*-溴代丁二酰亚胺（*N*-bromo succinimide，简称NBS）为溴化剂，在光或过氧化物作用下，则α-溴代可以在较低温度下进行。

$$CH_3{-}CH{=}CH_2 + \begin{array}{l}CH_2{-}C(=O)\\ \ |\qquad\quad \diagdown NBr\\ CH_2{-}C(=O)\diagup\end{array} \xrightarrow[CCl_4]{光} BrCH_2{-}CH{=}CH_2 + \begin{array}{l}CH_2{-}C(=O)\\ \ |\qquad\quad \diagdown NH\\ CH_2{-}C(=O)\diagup\end{array}$$

问题与思考2-8　完成下列反应式：

（1）$CH_3CH{=}CHCH_3 \xrightarrow[高温]{Cl_2}$　　（2）1-甲基环己烯（环上带 $-CH_3$）$\xrightarrow{NBS}$

---

5. 金属炔化物的生成　由于sp杂化碳原子的电负性较强，因此叁键碳原子上的氢原子具有微弱酸性，可以被某些金属离子取代生成金属炔化物。例如，将乙炔通入银氨溶液或亚铜氨溶液中，则分别析出白色和红棕色的炔化物沉淀：

$$CH{\equiv}CH + 2Ag(NH_3)_2NO_3 \longrightarrow \underset{乙炔银(白色)}{AgC{\equiv}CAg\downarrow} + 2NH_4NO_3 + 2NH_3$$

$$CH{\equiv}CH + 2Cu(NH_3)_2Cl \longrightarrow \underset{乙炔亚铜(红棕色)}{CuC{\equiv}CCu\downarrow} + 2NH_4Cl + 2NH_3$$

不仅乙炔，凡是具有RC≡CH结构的炔烃（末端炔烃）都可进行此反应，而烷烃、烯烃和R—C≡C—R′类型的炔烃均无此反应。由于此反应非常灵敏，现象明显，可用来鉴别乙炔和末端炔烃。

干燥的炔化银和炔化亚铜不稳定，受热或撞击易发生爆炸。所以，试验完毕后应立即加入稀硝酸使其分解。

问题与思考 2－9 用化学方法鉴别下列化合物：

乙烷、乙烯、乙炔

问题与思考 2－10 完成下列反应方程式：

$CH_3C\equiv CH + Ag(NH_3)_2NO_3 \longrightarrow$

六、个别化合物——乙烯和乙炔

乙烯是一种稍带甜味的无色气体，沸点－103.7 ℃，微溶于水，与空气能形成爆炸性混合物，其爆炸范围是3%～29%。

乙烯是重要的有机合成原料，可以用来大规模生产许多产物和中间体，例如塑料、橡胶、树脂、涂料、溶剂等，所以乙烯的产量被认为是衡量一个国家石油化学工业发展水平的标志。

乙烯是植物的内源激素之一，许多植物器官中都含有微量的乙烯，它能抑制细胞的生长，促进果实成熟和促进叶片、花瓣、果实等器官脱落，所以乙烯可用作水果的催熟剂，当需要的时候，可以用乙烯人工加速果实成熟。而在运输和贮存期间，则希望果实减缓成熟，可以使用一些能够吸收或氧化乙烯的药剂来延长贮存期，保持果实的鲜度。

乙炔是最重要的炔烃，它不仅是重要的有机合成原料，而且又大量地用作高温氧炔焰的燃料。工业上可用煤、石油或天然气作为原料生产乙炔。

纯的乙炔是具有麻醉作用并带有乙醚气味的无色气体。与乙烯、乙烷不同，乙炔在水中具有一定的溶解度，易溶于丙酮。乙炔是一种不稳定的化合物，液化乙炔经碰撞、加热可发生剧烈爆炸，乙炔与空气混合，当它的含量达到3%～70%时，会剧烈爆炸。为避免爆炸危险，一般可用浸有丙酮的多孔物质（如石棉、活性炭）吸收乙炔后一起贮存在钢瓶中，这样可便于运输和使用。乙炔和氧气混合燃烧，可产生2 800 ℃的高温，用以焊接或切割钢铁及其他金属。

第二节　二 烯 烃

分子中含有两个或两个以上双键的碳氢化合物称为多烯烃。其中含有两个双键的称为二烯烃或双烯烃，通式为 C_nH_{2n-2}，与碳原子数目相同的单炔烃是同分异构体。

一、二烯烃的分类和命名

根据二烯烃分子中两个双键的相对位置不同，可将二烯烃分为三种类型。

两个双键连在同一个碳原子上，即具有 $-C=C=C-$ 结构的二烯烃称为累积二烯烃。例如丙二烯：

$$CH_2=C=CH_2$$

两个双键被两个或两个以上单键隔开，即具有 $-C=CH(CH_2)_nCH=C-$（$n\geq 1$）结构的二烯烃称为隔离二烯烃，它们的性质与一般烯烃相似。例如1,4－戊二烯：

$$CH_2=CH-CH_2-CH=CH_2$$

两个双键被一个单键隔开，即具有 —C═CH—CH═C— 结构的二烯烃称为共轭二烯烃。由于两个双键的相互影响，它们有一些独特的物理性质和化学性质，在理论研究和生产上都具有重要价值。例如 1,3 -丁二烯：

$$CH_2═CH—CH═CH_2$$

多烯烃的系统命名法与单烯烃相似。命名时，取含双键最多的最长碳链为主链，称为“某几烯”，主链碳原子的编号从距离双键最近的一端开始，在主链名称前注明多个双键的位置。

$CH_2═C(CH_3)—CH═CH_2$　　　　$CH_2═CH—CH═CH—CH═CH_2$

2-甲基-1,3-丁二烯（异戊二烯）　　　　1,3,5-己三烯

与单烯烃一样，多烯烃的双键两端连接的原子或基团各不相同时，也存在顺反异构现象。命名时要逐个标明其构型。例如，3 -甲基- 2,4 -庚二烯有四种构型式：

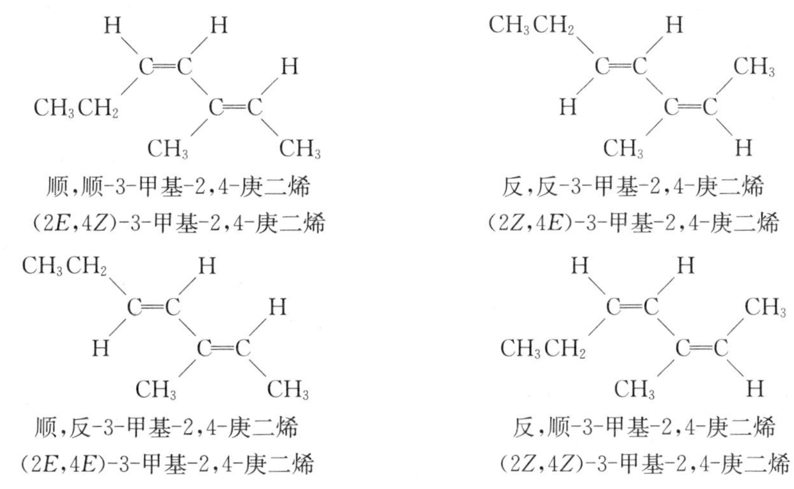

问题与思考 2 - 11　试判断下列化合物有无顺反异构体，如果有则写出其构型并命名。

（1）1,3 -戊二烯　　　（2）1,3,5 -庚三烯

二、1,3 -丁二烯的结构

共轭二烯烃在结构和性质上都表现出一系列的特性。1,3 -丁二烯是最简单的共轭二烯烃，下面以它为例来说明共轭二烯烃的结构特点。

价键理论认为，在 1,3 -丁二烯分子中，四个碳原子都是 sp^2 杂化的，相邻碳原子之间以 sp^2 杂化轨道相互轴向重叠形成三个 C—C σ 键，其余的 sp^2 杂化轨道分别与氢原子的 1s 轨道重叠形成六个 C—H σ 键。这些 σ 键都处在同一平面上，即 1,3 -丁二烯的四个碳原子和六个氢原子都在同一个平面上。

此外，每个碳原子还有一个未参与杂化的 p 轨道，这些 p 轨道垂直于分子平面且彼此间相互平行。因此，不仅 C_1 与 C_2、C_3 与 C_4 的 p 轨道发生侧面重叠，而且 C_2 与 C_3 的 p 轨道也发生一定程度的重叠（但比 $C_1—C_2$ 或 $C_3—C_4$ 之间的重叠要弱一些），形成包含四个碳原子的四个 π 电子

的大π键。见图2-5。

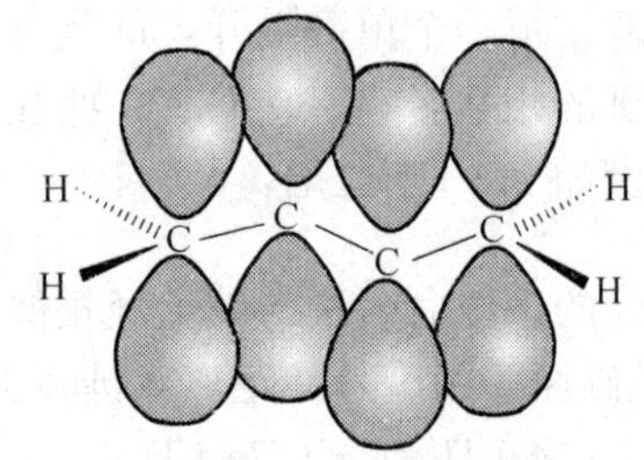

图2-5 1,3-丁二烯分子中p轨道重叠示意图

与乙烯不同的是，乙烯分子中的π电子是在两个碳原子间运动，称为π电子定域，而在1,3-丁二烯分子中，π电子云并不是“定域”在C_1—C_2和C_3—C_4之间，而是扩展（或称离域）到整个共轭双键的四个碳原子周围，即发生了π电子的离域。

按照分子轨道理论的概念，1,3-丁二烯分子中四个碳原子的四个未杂化的p轨道线性组合形成四个分子轨道：两个成键轨道ψ_1和ψ_2和两个反键轨道ψ_3和ψ_4，如图2-6所示。图形中的虚线表示垂直于分子平面的节面。

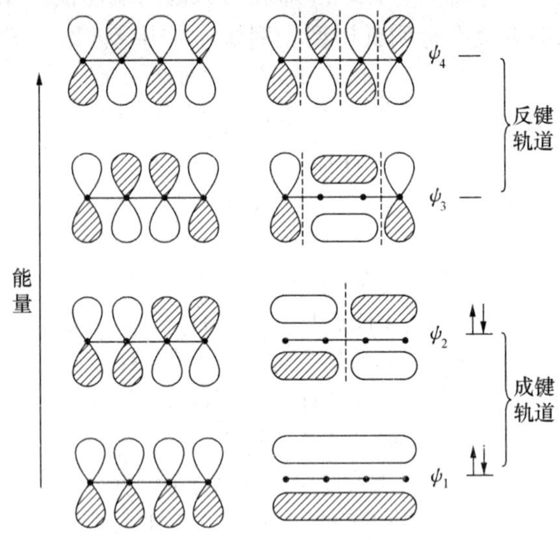

图2-6 1,3-丁二烯的分子轨道

从图2-6可以看出，ψ_1分子轨道在垂直于C—C σ键轴方向没有节面，ψ_2、ψ_3和ψ_4轨道分别有一个、两个和三个节面。节面上电子云密度等于零，节面数目越多轨道能量越高。ψ_1能量最低，ψ_2能量稍高，它们的能量均比原来的原子轨道的能量低，都是成键轨道。ψ_3和ψ_4的能量依次增高，它们的能量均比原来的原子轨道的能量高，都是反键轨道。

基态时，1,3-丁二烯分子中的四个π电子占有能量较低的ψ_1和ψ_2成键轨道，能量较高的反键轨道ψ_3和ψ_4中没有电子。成键π电子的运动范围不再局限于构成双键的两个碳原子之间，而是扩展到整个分子的四个碳原子之间的π分子轨道中。π分子轨道ψ_1和ψ_2的叠加，不但使C_1与C_2、C_3与C_4之间的电子云密度增大，也部分地增大了C_2与C_3之间的电子云密度，使之与一般的C—C σ键不同，具有了部分双键的性质。

π电子的离域，使得共轭烯烃中单、双键的键长趋于平均化。例如，1,3-丁二烯分子中C_1—C_2、C_3—C_4的键长为0.133 7 nm，与乙烯的双键键长0.134 nm相近；而C_2—C_3的键长为0.146 nm，比乙烷分子中的C—C单键键长0.154 nm短，显示C_2—C_3键具有了某些“双键”的性质。

同样由于电子离域的结果，共轭烯烃的能量显著降低，稳定性明显增加。这可以从氢化热的数据中看出。例如，1,3-戊二烯（共轭烯烃）和1,4-戊二烯（非共轭烯烃）分别加氢时，它们的氢化热明显不同：

$$CH_2{=}CH{-}CH{=}CH{-}CH_3 + 2H_2 \longrightarrow CH_3CH_2CH_2CH_2CH_3 \quad 氢化热\ 226\ kJ\cdot mol^{-1}$$

$$CH_2{=}CH{-}CH_2{-}CH{=}CH_2 + 2H_2 \longrightarrow CH_3CH_2CH_2CH_2CH_3 \quad 氢化热\ 254\ kJ\cdot mol^{-1}$$

两个反应产物相同，1,3-戊二烯的氢化热比1,4-戊二烯的低28 kJ·mol^{-1}，说明1,3-戊二烯的能量比 1,4 -戊二烯的低。这种能量差值是由共轭烯烃分子内电子离域引起的，故称为离域能或共轭能。共轭体系越长，离域能越大，体系的能量越低，化合物越稳定。

三、共轭体系和共轭效应

共轭体系是指分子中发生原子轨道重叠、电子离域的部分，可以是分子的一部分或是整个分子。根据形成共轭体系的轨道不同，共轭体系可分为以下几种类型：

1. π-π 共轭体系　由两个以上 π 键的 p 轨道相互重叠而形成的体系。凡含有双键与单键交替连接的结构都属此类型。例如：

$CH_3CH{=}CH{-}CH{=}CH_2$	$CH_2{=}CH{-}CH{=}CH{-}CH{=}CH_2$	$CH_2{=}CH{-}CN$
1,3-戊二烯	1,3,5-己三烯	丙烯腈

2. p-π 共轭体系　由 p 轨道与 π 键的 p 轨道相互重叠而形成的体系。根据 p 轨道上容纳的电子数不同，p-π 共轭可分为以下几种情况：

（1）缺电子 p-π 共轭体系　烯丙基碳正离子 $CH_2{=}CH{-}\overset{+}{C}H_2$，该体系中的 3 个碳原子均为 sp^2 杂化，带正电荷的碳原子的 p 轨道中无电子。该 p 轨道与 π 键发生侧面重叠，形成以 3 个碳原子为中心，包含 2 个 p 电子的共轭 π 键。由于成键轨道数多于成键电子数，因此这种 p-π 共轭体系称为缺电子的 p-π 共轭体系，如图 2-7（a）所示。

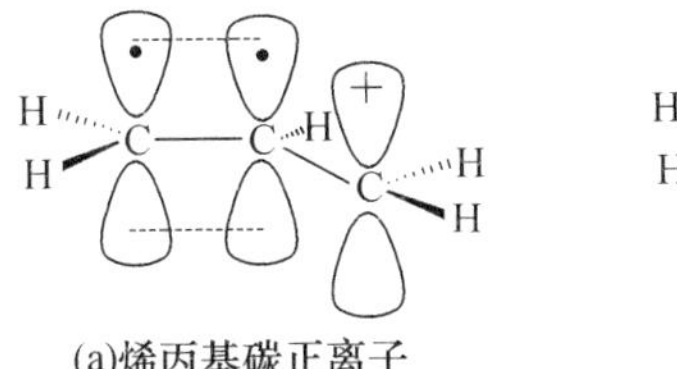

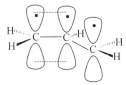

(a)烯丙基碳正离子

(b) 烯丙基自由基

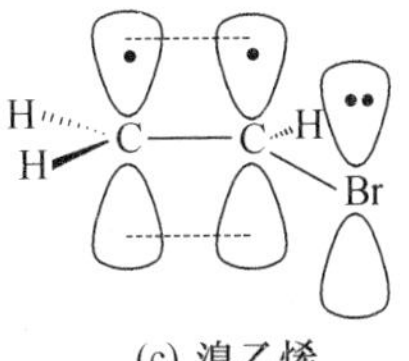

(c) 溴乙烯

图 2-7　p-π 共轭体系

（2）等电子 p-π 共轭体系　烯丙基自由基类似于烯丙基碳正离子，只是与双键相连的碳原子的 p 轨道中有一个电子。该 p 轨道与 π 键发生侧面重叠，形成以 3 个碳原子为中心，包含 3 个 p 电子的共轭 π 键。由于成键轨道数等于成键电子数，因此这种 p-π 共轭体系称为等电子的 p-π 共轭体系，如图 2-7（b）所示。

（3）多电子 p-π 共轭体系　溴乙烯 $CH_2{=}CHBr$ 分子中，溴原子以 σ 键直接和双键碳原子相连，由于溴原子具有孤对 p 电子，能与 π 键侧面重叠，形成以 C、C、Br 三原子为中心，包含 4 个 p 电子的共轭 π 键。由于成键轨道数少于成键电子数，因此这种 p-π 共轭体系称为多电子或富电子 p-π 共轭体系，如图 2-7（c）所示。

像 1,3 -丁二烯这样，由于共轭体系内原子间相互影响，键长和电子云分布平均化，体系能量降低，分子更稳定的现象称为共轭效应。共轭效应分为静态共轭效应和动态共轭效应两种。

静态共轭效应是共轭体系中电子离域使体系内能降低、键长平均化和静态极化作用，是分子内固有的效应。例如丙烯醛分子中，由于氧的吸电子性，整个分子电荷密度出现交替极化。

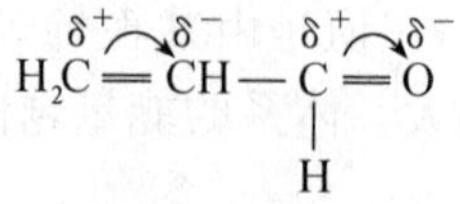

$$\overset{\delta^+}{H_2C}=\overset{\delta^-}{CH}-\overset{\delta^+}{\underset{\underset{H}{|}}{C}}=\overset{\delta^-}{O}$$

动态共轭效应是共轭体系受外界电场、试剂等作用时的极化现象。例如 1,3-丁二烯分子，当受到亲电试剂进攻时，分子发生极化，分子中电荷密度也出现交替极化。

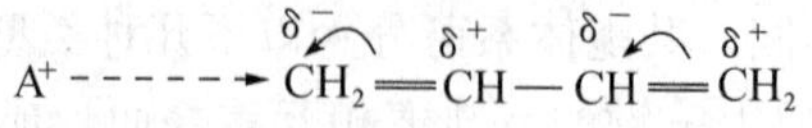

$$A^+ \dashrightarrow \overset{\delta^-}{CH_2}=\overset{\delta^+}{CH}-\overset{\delta^-}{CH}=\overset{\delta^+}{CH_2}$$

与诱导效应不同，共轭效应只存在于共轭体系中，沿共轭链传递，其强度不因共轭链的增长而减弱；当共轭体系的一端受到电场的影响时，这种影响将一直传递到共轭体系的另一端，同时在共轭链上产生电荷正负交替的现象。

3. 超共轭体系 由于C—C σ键可以绕键轴旋转，因此，α-C 上每一个 C—H σ键都可旋转至与 p 轨道或 π 键的 p 轨道部分重叠产生类似电子离域现象，这样形成的体系称为 σ-p 或 σ-π超共轭体系。超共轭效应比 π-π 和 p-π 共轭效应弱得多。

在丙烯（$CH_3CH{=}CH_2$）分子中，甲基（CH_3—）的 C—H σ键可以与—$CH{=}CH_2$ 中的 p 轨道部分重叠，形成 σ-π 超共轭体系（图 2-8）。由于超共轭效应的影响，所以双键碳原子上有较多烷基取代的烯烃更稳定。

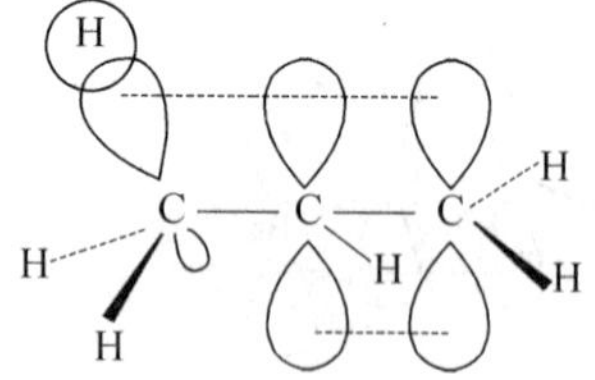

图 2-8 丙烯分子中的超共轭

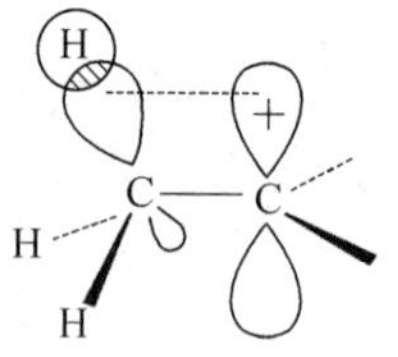

图 2-9 碳正离子的超共轭

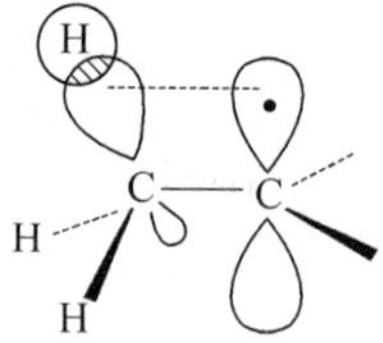

图 2-10 碳自由基的超共轭

碳正离子中带正电的碳具有三个 sp^2 杂化轨道，此外还有一个空 p 轨道，与碳正离子相连的烷基的C—H σ键可以与此空 p 轨道有一定程度的重叠，使σ电子离域并扩展到空 p 轨道上，这种 σ-p 超共轭效应的结果使碳正离子的正电荷有所分散，增加了碳正离子的稳定性（图 2-9）。和碳正离子相连的C—H键越多，能起超共轭效应的C—H σ键就越多，越有利于碳正离子上正电荷的分散，使碳正离子更趋于稳定，所以碳正离子的稳定性次序为：$3° > 2° > 1° > CH_3^+$。

同样，碳自由基中带单电子的碳也具有三个 sp^2 杂化轨道和一个含单电子的 p 轨道，与碳自由基相连的烷基的C—H σ键可以与此 p 轨道有一定程度的重叠，使σ电子离域并扩展到 p 轨道上，这种 σ-p 超共轭效应的结果使碳自由基的单电子有一定程度的配对，增加了碳自由基的稳定性（图 2-10）。和碳自由基相连的C—H键越多，能起超共轭效应的C—H σ键就越多，碳自由基越稳定，所以碳自由基的稳定性次序为：$3° > 2° > 1° > CH_3\cdot$。

超共轭效应、共轭效应和诱导效应都是分子内原子间相互影响的电子效应。它们常同时存在，利用它们可以解释有机化学中的许多问题。

四、共轭二烯烃的化学性质

共轭二烯烃除具有单烯烃的性质外，还表现出一些特殊的化学性质。

1. 共轭二烯烃的1,2-加成和1,4-加成　与烯烃相似，共轭二烯烃也容易与卤素、卤化氢等亲电试剂进行亲电加成反应，也可催化加氢，加成产物一般可得到两种：

$$CH_2{=}CH{-}CH{=}CH_2 + Br_2 \longrightarrow \underset{\text{1,2-加成产物}}{CH_2{=}CH{-}\underset{Br}{\underset{|}{CH}}{-}\underset{Br}{\underset{|}{CH_2}}} + \underset{\text{1,4-加成产物}}{\underset{Br}{\underset{|}{CH_2}}{-}CH{=}CH{-}\underset{Br}{\underset{|}{CH_2}}}$$

$$CH_2{=}CH{-}CH{=}CH_2 + HBr \longrightarrow \underset{\text{1,2-加成产物}}{CH_2{=}CH{-}\underset{Br}{\underset{|}{CH}}{-}CH_3} + \underset{\text{1,4-加成产物}}{\underset{Br}{\underset{|}{CH_2}}{-}CH{=}CH{-}CH_3}$$

共轭二烯烃与一分子亲电试剂加成时，有两种加成方式：一种是断开一个π键，试剂加到这个双键的两端，另一双键不变，称为1,2-加成；另一种是试剂加在共轭体系的两端，同时在C_2—C_3之间形成一个新的π键，称为1,4-加成。

共轭二烯烃的亲电加成反应也是分两步进行的。例如1,3-丁二烯与溴化氢的加成，第一步是亲电试剂H^+的进攻，加成可能发生在C_1或C_2上，生成两种碳正离子（Ⅰ）或（Ⅱ）：

$$CH_2{=}CH{-}CH{=}CH_2 + H^+Br^- \longrightarrow \begin{cases} CH_2{=}CH{-}\overset{+}{C}H{-}CH_3 + Br^- & (\text{Ⅰ}) \\ CH_2{=}CH{-}CH_2{-}\overset{+}{C}H_2 + Br^- & (\text{Ⅱ}) \end{cases}$$

在碳正离子（Ⅰ）中，带正电荷的碳正离子为sp^2杂化，它的空p轨道可以和相邻π键的p轨道发生重叠，形成包含三个碳原子的缺电子大π键，因为π电子离域，使正电荷得到分散，体系能量降低。

$$\overbrace{CH_2{\overset{...}{-}}CH{\overset{...}{-}}CH}^{+}{-}CH_3$$

在碳正离子（Ⅱ）中，带正电荷的碳原子的空p轨道不能和π键的p轨道发生重叠，所以正电荷得不到分散，体系能量较高。因此，碳正离子（Ⅰ）比碳正离子（Ⅱ）稳定，加成反应的第一步主要是通过形成碳正离子（Ⅰ）进行的。

由于共轭体系内存在正负极性交替，在碳正离子（Ⅰ）中的π电子云不是平均分布在这三个碳原子上，而是正电荷主要集中在C_2和C_4上，所以反应的第二步，Br^-既可以与C_2结合，也可以与C_4结合，分别得到1,2-加成产物和1,4-加成产物。

$$\overbrace{\underset{4}{CH_2}{\overset{...}{-}}\underset{3}{CH}{\overset{...}{-}}\underset{2}{CH}}^{+}{-}\underset{1}{CH_3} + Br^- \longrightarrow \begin{cases} \xrightarrow{\text{1,2-加成}} CH_2{=}CH{-}\underset{Br}{\underset{|}{CH}}{-}CH_3 \\ \xrightarrow{\text{1,4-加成}} \underset{Br}{\underset{|}{CH_2}}{-}CH{=}CH{-}CH_3 \end{cases}$$

共轭二烯烃的1,2-加成和1,4-加成是同时发生的，产物比例与反应物的结构、反应温度等有关。一般随反应温度的升高和溶剂极性的增加，1,4-加成产物的比例增加。环状共轭二烯由于空间因素的影响，与亲电试剂发生加成时，主要产物为1,4-加成产物。

2. 双烯合成　1928年，德国化学家狄尔斯（O. Diels）和阿尔德（K. Alder）发现，共轭二烯烃与含有双键或叁键的化合物能发生1,4-加成反应，生成六元环状化合物，这类反应称为Diels-Alder反应，又称双烯合成反应。

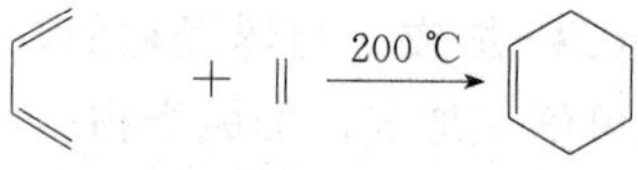

1,3-丁二烯　乙烯　$\xrightarrow{200\ ℃}$　环己烯

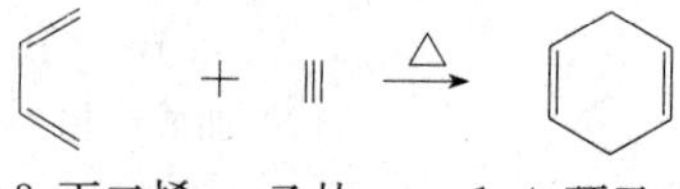

1,3-丁二烯　乙炔　$\xrightarrow{\triangle}$　1,4-环己二烯

在这类反应中，旧键的断裂与新键的生成同时进行，反应是一步完成的，没有活性中间体（碳正离子或自由基等）生成。

双烯合成反应中，通常将共轭二烯烃称为双烯体，与双烯体反应的不饱和化合物称为亲双烯体。实践证明，亲双烯体上连有吸电子取代基（如硝基、羧基、羰基等）、双烯体上连有给电子取代基时，反应容易进行。

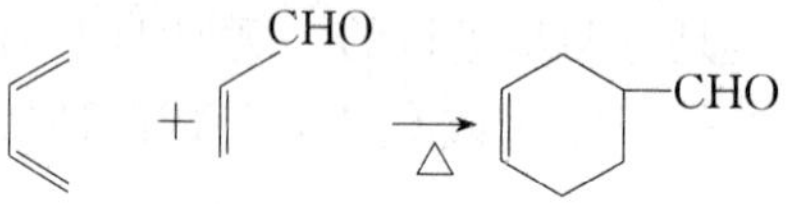

CHO　CHO

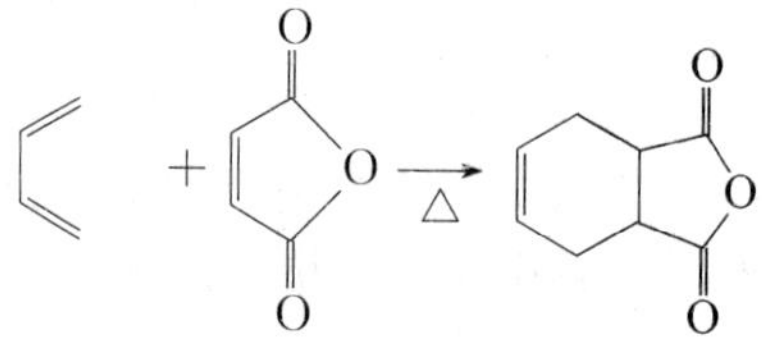

O　O　O　O　O　O

双烯合成反应是由直链化合物合成环状化合物的方法之一，应用范围广泛，在理论上和生产上都占有重要地位。

问题与思考 2－12　由乙炔和其他必要原料合成 1,3－丁二烯。

问题与思考 2－13　完成下列反应式：

（1）环戊二烯 $\xrightarrow{Br_2}$　　（2）$CH_2{=}C(CH_3){-}CH{=}CH_2 \xrightarrow{HBr}$

（3）$CH_2{=}C{-}C(CH_3){=}CH_2 + CH_2{=}CH{-}CN \longrightarrow$

第三节　萜类化合物

萜类化合物是广泛分布于植物、昆虫及微生物等生物体中的一大类天然有机化合物，例如松节油中的蒎烯、香樟中的樟脑、鱼肝油中的维生素 A 等。在生物体内其含量虽然远不及糖和蛋白质，但它们却有重要的生理作用。

一、异戊二烯规律和萜的分类

对大量萜类分子式及其结构测定表明，这类化合物在组成上的共同点是分子中的碳原子数都是 5 的整数倍，它们可以看作是由若干个异戊二烯单位以不同的方式相连而成，这种结构特点叫作萜类化合物的异戊二烯规律。

$$\underset{\text{异戊二烯}}{CH_2{=}\overset{\overset{\displaystyle CH_3}{|}}{C}{-}CH{=}CH_2} \qquad\qquad \underset{\text{异戊二烯单位}}{\overset{\text{头}}{C}{-}\overset{\overset{\displaystyle C}{|}}{C}{-}C{-}\overset{\text{尾}}{C}}$$

例如，存在于月桂油中的月桂烯可以看作是由两个异戊二烯单位构成的。

$$CH_3{-}\overset{\overset{\displaystyle CH_3}{|}}{C}{=}CH{-}CH_2{-}\vdots{-}CH_2{-}\underset{\underset{\displaystyle CH_2}{\|}}{C}{-}CH{=}CH_2$$

月桂烯

根据分子中所含异戊二烯单位的多少，可将萜类化合物分类如表 2 - 3。

表 2 - 3　萜的分类

分　类	碳原子数	异戊二烯单位数	代表化合物
单萜	10	2	柠檬烯、樟脑
倍半萜	15	3	昆虫保幼激素
二萜	20	4	维生素 A
三萜	30	6	角鲨烯
四萜	40	8	胡萝卜素

二、萜类化合物简介

萜类化合物一般结构复杂，命名时多用俗名，结构通常写简式。

1. 单萜

(1) 开链单萜　开链单萜是由两个异戊二烯单位构成的链状化合物。重要的如香叶醇和橙花醇，它们互为几何异构体，在自然界共存于多种香精油中。香叶醇具有显著的玫瑰香气，在香茅油中含量达 60%以上，在玫瑰油中约含 50%。橙花醇香气比较温和，在香料制造中更有价值。这两种醇氧化后，分别生成香叶醛和橙花醛，它们的混合物叫柠檬醛，存在于柠檬油、橘子油中，在工业上，是制造香料和合成维生素 A 的重要原料。

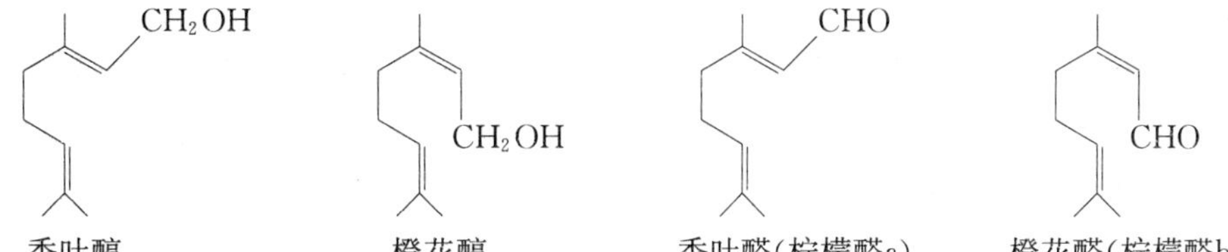

香叶醇　　橙花醇　　香叶醛(柠檬醛a)　　橙花醛(柠檬醛b)

(2) 单环单萜　单环单萜是由两个异戊二烯单位构成的具有一个六元环的化合物。柠檬烯和薄荷醇是自然界存在的最重要的单环单萜。

柠檬烯广泛存在于松节油、柠檬油、橘皮油等多种香精油中，在工业上，用于配制香料及用作溶剂和合成橡胶的原料。

薄荷醇俗称薄荷脑，是由薄荷的茎和叶所得的薄荷油的主要成分。它在薄荷油中的含量因薄荷的产地而异，最高可达 90%。薄荷醇有芳香清凉气味，又有杀菌功效，大量用于化妆品、香烟、牙膏、口香糖等中。在医药上，薄荷醇用作兴奋剂及防治皮肤病和鼻炎等的药物。

柠檬烯　　　　薄荷醇

(3) 双环单萜　双环单萜分子中，两个环的连接方式有多种，其中常见的两种分别叫蒎和莰。

蒎　　　　莰

在蒎族中，最重要的是蒎烯，有 α 和 β 两种异构体，都存在于松节油中。α-蒎烯是松节油的主要成分，也是自然界存在较多的一种萜类化合物。α-蒎烯是合成冰片和樟脑的原料。

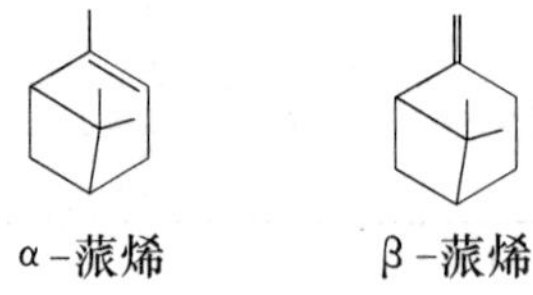

α-蒎烯　　　　β-蒎烯

在莰族中，最重要的是樟脑（2-莰酮）和龙脑（2-莰醇、冰片）。

樟脑　　　　龙脑

樟脑是我国特产，在自然界中主要存在于樟树的干、枝和叶中。它有特异的芳香味和清凉感，并有强心效能，是医药和化妆品工业的重要原料。

龙脑存在于多种植物油中，有清凉气味，并具有发汗、镇痛等作用，是人丹、冰硼散、牙疼药水等药物的主要成分。

2. 倍半萜　倍半萜是由三个异戊二烯单位构成的。如金合欢醇和昆虫保幼激素等。

金合欢醇原是从玫瑰花油中分离出来的芳香精油，在 1961 年从黄粉甲的粪便里也分离得到了它，并发现它有昆虫保幼激素活性。

OH

金合欢醇

20 世纪 60 年代从天蚕中分离出昆虫保幼激素（JH），并确证其结构如下：

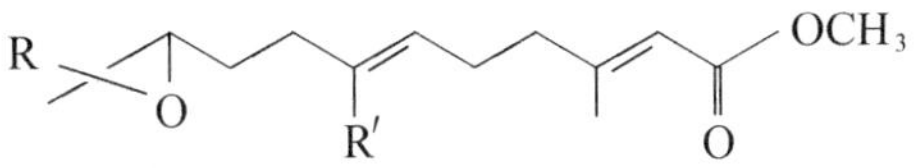

JH_1：$R=R'=CH_3CH_2$

JH_2：$R=CH_3CH_2$，$R'=CH_3$

JH_3：$R=R'=CH_3$

JH_3的碳骨架就是倍半萜，JH_1和JH_2可以看作是倍半萜的衍生物。昆虫保幼激素具有保持昆虫幼年时期特征的生理活性，如过量可使昆虫不能正常发育导致其不育或死亡，是有效的杀虫剂。现已合成了不少昆虫保幼激素类似物，活性比天然的高。

3. 二萜　二萜是由四个异戊二烯单位构成的，如维生素 A、叶绿醇等。

维生素 A 存在于动物的肝、奶油、蛋黄和鱼肝油中。它可以分为两种：维生素 A_1和维生素 A_2。结构式如下：

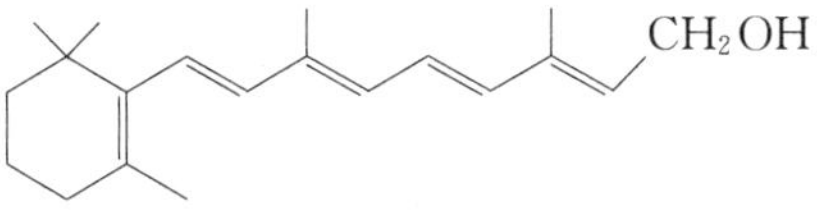

维生素A_1 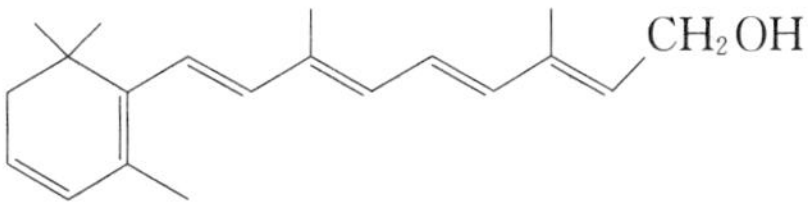　　维生素A_2

维生素 A_1可被氧化剂或酶氧化成视黄醛，视黄醛在视觉过程中起重要作用，它在体内经代谢而被消耗，需要时能及时氧化维生素 A_1得到补充。当体内缺乏维生素 A_1时，会导致眼膜和眼角膜硬化症和夜盲症。

叶绿醇（植醇）是叶绿素分子的组成部分，工业上是合成维生素 E 和维生素 K_1的原料。

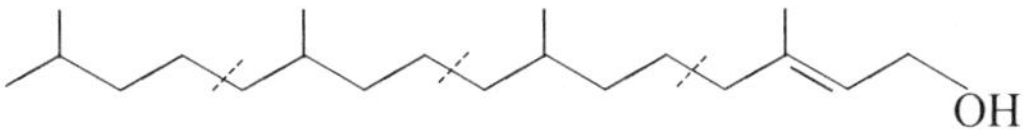

叶绿醇（植醇）

4. 三萜　角鲨烯是一种链状三萜类化合物，存在于鲨鱼肝油中，现已能人工合成与天然角鲨烯完全相同的物质。角鲨烯为具有香味的油状物，是胆甾醇生物合成的中间体，在工业上用于合成药物、表面活性剂、有机色素等。

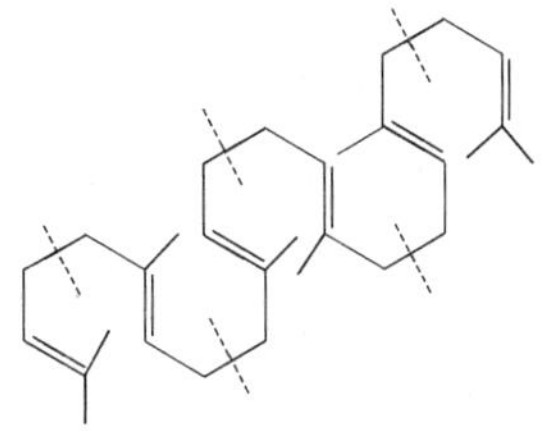

角鲨烯

5. 四萜　胡萝卜素是由八个异戊二烯单位构成的四萜类化合物，广泛存在于植物的叶、茎和果实中，最早是由胡萝卜中分离得到的。胡萝卜素有 α-、β-、γ-三种异构体，其中最主要的是 β-胡萝卜素，它在动物体内转化成维生素 A，所以它能治疗夜盲症。

胡萝卜中有 85%的 β-胡萝卜素，构型式为：

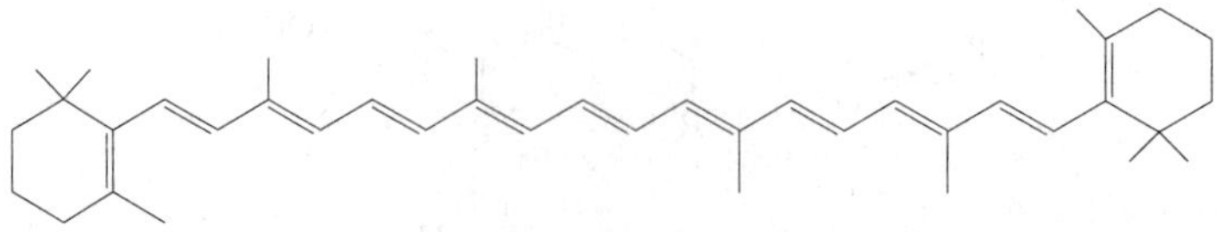

三、天然橡胶和合成橡胶

橡胶是具有高弹性的高分子化合物，用途极为广泛。20世纪初，世界上只有天然橡胶，它主要来源于野生的或人工种植的橡胶树。它的化学成分是顺式或反式1,4-聚异戊二烯。人们通常说的天然橡胶主要是指顺式1,4-聚异戊二烯，它具有优良的弹性、机械性能、抗曲挠性、气密性和绝缘性。反式橡胶的各种性能均不及顺式的。

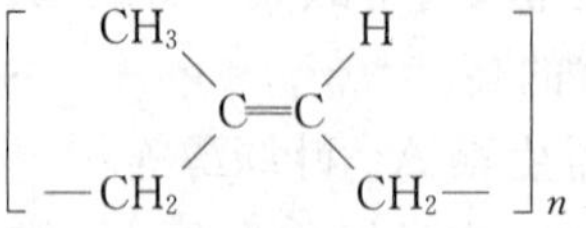

$$\left[\begin{array}{ccc} CH_3 & & H \\ & C{=}C & \\ -CH_2 & & CH_2- \end{array}\right]_n \qquad \left[\begin{array}{ccc} CH_3 & & CH_2- \\ & C{=}C & \\ -CH_2 & & H \end{array}\right]_n$$

顺-1,4-聚异戊二烯 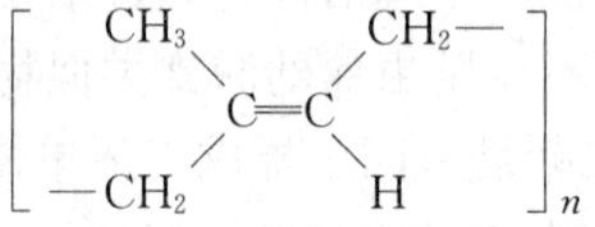　　　　反-1,4-聚异戊二烯

天然橡胶远不能满足工业上对橡胶制品的大量需要，自从1932年第一个人工合成的橡胶——丁钠橡胶投入生产以来，合成橡胶的品种越来越多，产量也远远超过天然橡胶。合成橡胶不仅在数量上弥补了天然橡胶的不足，而且由于各种具有耐磨、耐油或耐高温的特种合成橡胶的出现，满足了工业上对各种橡胶制品的不同要求。

合成橡胶主要是以1,3-丁二烯、异戊二烯或2-氯-1,3-丁二烯等为单体的聚合物，也可由丁二烯与其他双键化合物如苯乙烯等共聚而成。顺丁橡胶是由1,3-丁二烯定向聚合得到的，主要用途是做轮胎；氯丁橡胶是由单体2-氯-1,3-丁二烯用乳液聚合方法制成的，它不仅具有良好的机械性能，而且具有良好的耐油性能，在工业上用作耐油胶管、电线包皮材料、垫圈等；丁苯橡胶是由1,3-丁二烯和苯乙烯共聚而得，它有较好的综合性能，在耐腐和耐老化等方面均优于天然橡胶，适于做轮胎的外胎、胶管、防腐衬里等。

拓展阅读

聚烯烃材料

聚烯烃材料是指以由一种或几种烯烃聚合或共聚制得的聚合物为基材的材料。聚烯烃塑料是通用塑料的一种，主要包括聚乙烯（PE）、聚丙烯（PP）和聚乙烯辛烯共弹性体（POE）、乙烯-乙酸乙烯共聚物（EVA）、丙烯酸类树脂（MMA）等高级烯烃聚合物。

聚烯烃塑料即烯烃的聚合物，是一类产量最大、应用最多的高分子材料；其中以聚乙烯、聚丙烯最为重要。由于原料丰富、价格低廉、容易加工成型、综合性能优良等特点，在生活中应用最为广泛，尤其在汽车行业上的应用越来越重要，并有逐步扩大之趋势。

聚烯烃塑料具有以下特性：

1. 密度小　聚烯烃塑料的密度通常在0.83～0.96 $g\cdot cm^{-3}$，是除木材外较为轻质的材料，当将其制成泡沫时，其密度更低，可达0.010～0.050 $g\cdot cm^{-3}$，而钢的密度为7.8 $g\cdot cm^{-3}$，铝为2.7 $g\cdot cm^{-3}$，玻璃为2.6 $g\cdot cm^{-3}$，陶瓷为4.0 $g\cdot cm^{-3}$。每100 kg塑料可替代其他材料750～850 kg，在交通工具中使用塑料产品，可减轻车辆自重，增加有效载荷。

2. 物理、化学等综合性能良好　手感好，耐磨，对电、热、声都有良好的绝缘性能，透明度高、透气率高，可广泛地用来制造电绝缘材料、绝缘保温材料；耐化学腐蚀性好，对酸、碱、盐等化学物质的腐蚀均有抵抗能力。

3. 着色性好　可按需要制成各种各样的颜色，有黑、灰、白、桃木纹等。

4. 加工性能好　可通过挤出、吹塑和注射等工艺加工成管、板、薄膜及纤维，复杂的制品可一次成型，能采用各种成型法大批量生产，生产效率高，成本较低，经济效益显著，如果以单位体积计算，生产塑料制件的费用仅为有色金属的1/10。

5. 环保、节约能源　塑料制品可回收利用，是实现人类可持续发展战略所需要大力推广使用的材料。

6. 价格低廉　目前，市场上聚丙烯（PP）的价格是每吨8 000元左右，而铝合金的价格一般都在每吨两万元以上。

聚烯烃塑料也有一些缺点，如收缩率大，吸水性强，尺寸稳定性差，难以制得高精度制品，易燃，燃烧时产生大量黑烟和有毒气体，长期使用易老化、易变形等。但通过改性可降低其缺陷。

本 章 小 结

分子中含有碳碳重键（碳碳双键或碳碳叁键）的碳氢化合物，称为不饱和烃，其中含碳碳双键的称为烯烃，含碳碳叁键的称为炔烃。

单烯烃的通式为C_nH_{2n}，碳碳双键是烯烃的官能团。炔烃和具有相同碳原子数的二烯烃是同分异构体，通式均为C_nH_{2n-2}，碳碳叁键是炔烃的官能团。

烯烃和炔烃除存在碳链异构外，还存在因官能团位置不同而产生的官能团位置异构。碳链异构和官能团位置异构都是由分子中原子之间的连接方式不同而产生的，属于构造异构。由于双键不能自由旋转，当每个双键碳上连接的两个原子或基团均不相同时，烯烃还可产生顺反异构，属构型异构。顺反异构体的命名可采用两种方法：顺、反命名法和E、Z命名法。炔烃不存在顺反异构现象。

烯烃分子中双键碳原子均为sp^2杂化，双键中含一个σ键和一个π键。炔烃分子中叁键碳原子均为sp杂化，叁键中含一个σ键和两个π键。由于π键电子云受核约束力小，流动性大，易给出电子，容易被亲电试剂进攻，因此烯烃和炔烃均易发生亲电加成反应，但炔烃一般比烯烃活性小。亲电加成方向服从马氏规则。在过氧化物存在下，烯烃与HBr发生自由基加成反应，得到反马氏规则的加成产物。亲电加成反应历程分两步进行，活性中间体为碳正离子，其稳定性次序为$3^\circ > 2^\circ > 1^\circ > CH_3^+$。

除亲电加成外，烯烃和炔烃还可进行催化加氢、聚合、氧化等反应。烯烃的高锰酸钾氧化和臭氧氧化，以及炔烃的高锰酸钾氧化可用于推断烯烃和炔烃的结构。烯烃在光照或高温时可发生α-H卤代反应。分子中带有炔氢的炔烃有微弱酸性，与银氨溶液或亚铜氨溶液反应，生成白色或红棕色沉淀，用于炔氢的鉴别。

二烯烃分为累积二烯烃、隔离二烯烃和共轭二烯烃。其中共轭二烯烃最为重要，共轭二烯烃中单双键交替排列的体系称为$\pi-\pi$共轭体系。共轭体系内原子间的相互影响，引起键长和电子云分布的平均化，体系能量降低，分子更稳定的现象称为共轭效应。

共轭二烯烃除具有烯烃的一般性质外，由于共轭效应的影响还表现出一些特殊的化学性质，如发生双烯合成反应、与亲电试剂发生1,2-加成和1,4-加成反应。

萜类化合物是广泛存在于动植物体内的一类天然有机化合物，其结构可看成是若干个异戊二烯单位以头尾方式连接而成，这种结构特点称为萜类化合物的异戊二烯规律。

习 题

1. 命名下列化合物：

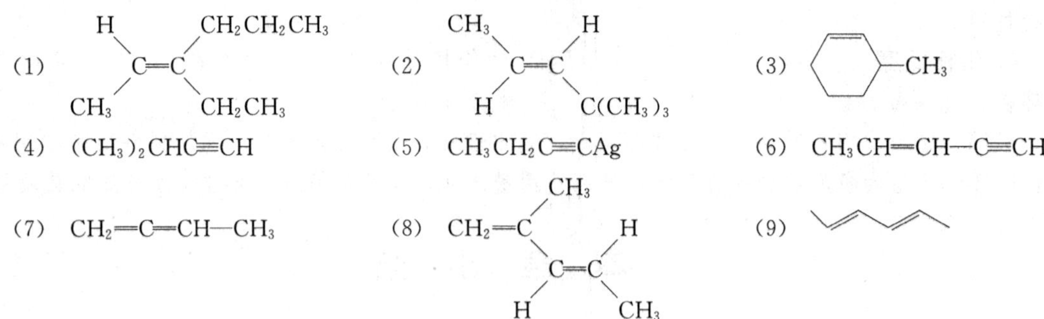

(10) CH_3—(1-甲基环己烯-4-甲基) —CH_3

2. 写出下列化合物的结构式：

(1) 1-甲基环戊烯　(2) (*Z*)-2-戊烯　(3) 异戊二烯　(4) (*E*)-3-甲基-2-戊烯

(5) 顺,反-2,4-己二烯　(6) 异丁烯　(7) 3-甲基-3-戊烯-1-炔

(8) 顺-3-正丙基-4-己烯-1-炔

3. 下列化合物哪些有顺反异构体？写出其全部异构体的构型式。

(1) $CH_3CH{=}CHCH_3$　(2) $CH_3CH_2CH{=}C(CH_3)_2$　(3) $CH_2{=}CH{-}CH{=}CHCH_3$

(4) $CH_3CH{=}CH{-}CH{=}CHCH_3$　(5) $CH_3CH{=}CCl_2$　(6) $CH_3CH{=}CH{-}C{\equiv}CH$

4. 写出异丁烯与下列试剂的反应产物：

(1) H_2/Ni　(2) Br_2　(3) HBr　(4) HBr，过氧化物　(5) H_2SO_4　(6) H_2O，H^+

(7) 冷、稀的 $KMnO_4/OH^-$　(8) 热的酸性 $KMnO_4$　(9) O_3，然后 Zn，H_2O

5. 写出 1,3-丁二烯与下列试剂的反应产物：

(1) 1 mol H_2　(2) 1 mol Br_2　(3) 1 mol HCl　(4) 热的酸性 $KMnO_4$　(5) O_3，然后 Zn，H_2O

6. 下列化合物与 HBr 发生亲电加成反应生成的活性中间体是什么？排出各活性中间体的稳定次序：

(1) $CH_2{=}CH_2$　(2) $CH_2{=}CHCH_3$　(3) $CH_2{=}C(CH_3)_2$　(4) $CH_2{=}CHCl$

7. 完成下列反应式：

(1) $CH_3\underset{\displaystyle CH_3}{\underset{|}{C}}{=}CHCH_3 + HCl \longrightarrow$

(2) $CH_3CH{=}CH_2 + Cl_2 \longrightarrow$

(3) $CH_2{=}CHCH_2CH_3 + H_2O \xrightarrow{H^+}$

(4) 1-甲基环己烯（$-CH_3$） $\xrightarrow{H_2SO_4}$? $\xrightarrow{H_2O}$

(5) $(CH_3)_2C{=}CHCH_3 \xrightarrow{稀冷\ KMnO_4/OH^-}$

(6) $CH_3CH{=}CH{-}\underset{\substack{|\\CH_3}}{C}{=}CH_2 \xrightarrow[2)\ Zn/H_2O]{1)\ O_3}$

(7) 亚甲基环己烷($\bigcirc{=}CH_2$) $+HBr \xrightarrow{过氧化物}$

(8) $CH_3CH{=}CH_2 \xrightarrow{NBS}$

(9) $CH_3C{\equiv}CCH_3 + H_2 \xrightarrow{Lindlar催化剂}$

(10) $CH_3CH_2C{\equiv}CH + H_2O \xrightarrow[H_2SO_4]{HgSO_4}$

(11) 环戊二烯 $+ CH_2{=}CH{-}CN \xrightarrow{\triangle}$

(12) 1,3-丁二烯 + 环己烯 $\xrightarrow{\triangle}$

(13) 甲基环戊二烯($-CH_3$) $+HBr \longrightarrow$

8. 用化学方法鉴别下列化合物。

(1) 丙烷，丙烯，丙炔，环丙烷　　　(2) 环戊烯，环己烷，甲基环丙烷

9. 由丙烯合成下述化合物：

(1) 2-溴丙烷　(2) 1-溴丙烷　(3) 2-丙醇　(4) 1-氯-2,3-二溴丙烷

10. 以乙炔为主要原料合成 环己烯基$-CN$。

11. 某化合物A，其分子式为C_8H_{16}，它可以使溴水褪色，也可以溶于浓硫酸，经臭氧氧化、锌还原水解只得到一种产物$CH_3CH_2\overset{\overset{O}{\|}}{C}CH_3$，写出其可能的产物。

12. 有四种化合物A、B、C、D，分子式均为C_5H_8，它们都能使溴的四氯化碳溶液褪色。A能与硝酸银的氨溶液作用生成沉淀，B、C、D则不能。当用热的酸性$KMnO_4$溶液氧化时，A得到CO_2和$CH_3CH_2CH_2COOH$，B得到乙酸和丙酸，C得到戊二酸，D得到丙二酸和CO_2。指出A、B、C、D的结构式。

13. 某化合物A，分子式为C_5H_{10}，能吸收1分子H_2，与酸性$KMnO_4$作用生成一分子C_4的酸，但经臭氧化还原水解后，得到两个不同的醛。试推测A可能的结构式，该烯烃有无顺反异构?

14. 某化合物分子式为$C_{15}H_{24}$，催化氢化可吸收4 mol氢气，得到$(CH_3)_2CH(CH_2)_3CH(CH_3)(CH_2)_3CH(CH_3)CH_2CH_3$。用臭氧处理，然后用Zn、$H_2O$处理，得到两分子甲醛，一分子丙酮，一分子$O{=}CHCH_2CH_2\overset{\overset{O}{\|}}{C}CH{=}O$，一分子$CH_3\overset{\overset{O}{\|}}{C}CH_2CH_2CH{=}O$，不考虑顺反结构，试写出该化合物的构造式。

自测题

自测题答案

第三章 芳 香 烃

芳香族化合物最初是指从树脂或香精油等天然物质中提取得到的具有芳香气味的化合物，故称为芳香族化合物。后来发现此类化合物都含有苯环，自此以后，芳香族化合物即指含有苯环的化合物。但实际上，含有苯环的化合物并不都具有芳香气味，具有芳香气味的化合物也不一定都含有苯环。所以芳香族化合物系指含有苯环的化合物这一定义便不太确切了。但由于历史原因，这一名称至今仍然沿用，不过它的含义已经不同了。如今芳香族化合物是指含有苯环结构及性质类似于苯（芳香性）的一类化合物，亦称芳香烃，简称芳烃。

芳香烃根据分子中是否含有苯环可分为含苯芳烃和非苯芳烃两大类。

含苯芳烃根据分子中所含苯环的数目和结合方式又可分为三类：

1. 单环芳烃 指分子中仅含一个苯环的芳烃，包括苯、苯的同系物和苯基取代的不饱和烃。例如：

$-CH_3$ $-CH_2CH_3$ $-CH=CH_2$

苯 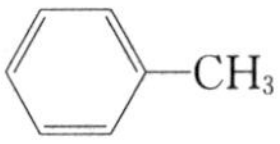 甲苯 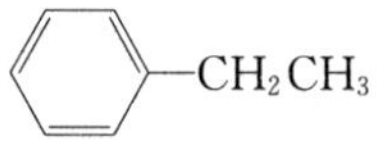 乙苯 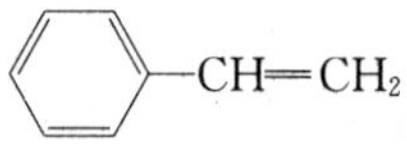 苯乙烯

2. 稠环芳烃 指分子中含两个或两个以上苯环，且苯环之间共用两个相邻的碳原子结合而成的芳烃。例如：

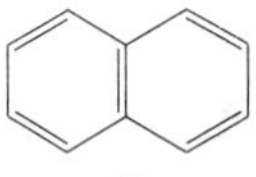

萘 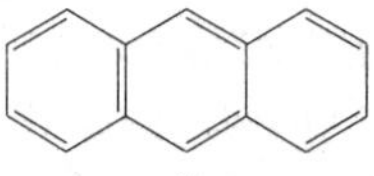 蒽 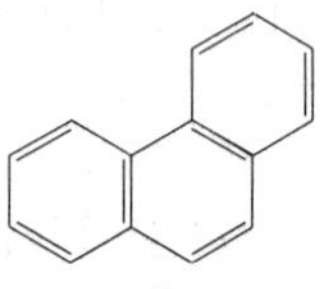 菲

3. 多环芳烃 指分子中含两个或两个以上苯环，苯环之间通过单键或碳链连接的芳烃。例如：

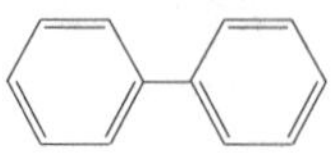

1 4 $-CH_2-$

二联苯 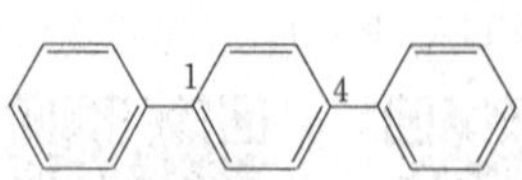 1,4-联三苯 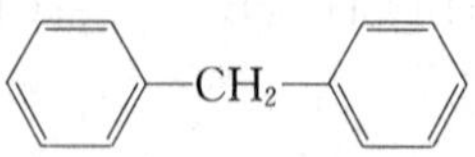 二苯甲烷

非苯芳烃是指分子中不含苯环，但结构和性质与苯环相似的环状烃。

本章重点讨论单环芳烃和稠环芳烃。

第一节　单环芳烃

一、苯的结构

苯的分子式为 C_6H_6，碳氢数目比为 1∶1，应具有高度不饱和性。事实则不然，在一般条件下，苯不能被高锰酸钾等氧化剂氧化，也不能与卤素、卤化氢等进行加成反应，但它却容易发生取代反应。并且苯环还具有较高的热稳定性，加热到 900 ℃也不分解。像苯环表现出的这种对热较稳定，在化学反应中不易发生加成、氧化反应，而易进行取代反应的特性，被称为芳香性。

苯具有的特殊性质——芳香性，必然是由它存在一个特殊结构所决定的。

1865 年，凯库勒（Kekulé）提出了苯的环状对称结构式：

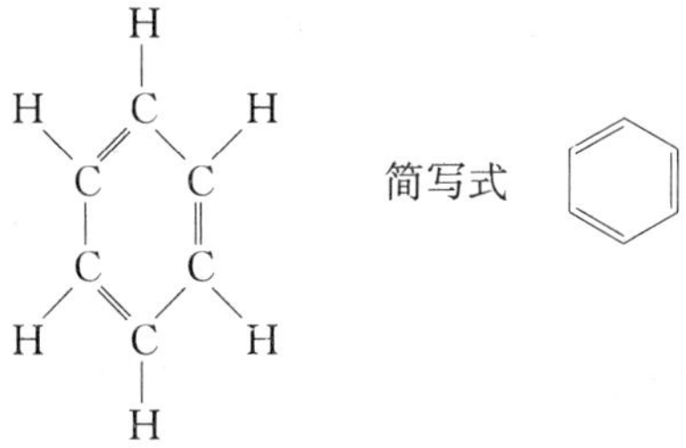

简写式

此式称为苯的凯库勒式，碳环是由三个 C═C 和三个 C—C 交替排列而成。它可以说明苯分子的组成及原子间相互连接的次序，六个氢原子的位置等同，因而可以解释苯的一元取代产物只有一种的实验事实。但是凯库勒式不能解释苯环在一般条件下不能发生类似烯烃的加成和氧化反应；也不能解释苯的邻位二元取代产物只有一种的实验事实。按凯库勒式推测苯的邻位二元取代产物，应有以下两种：

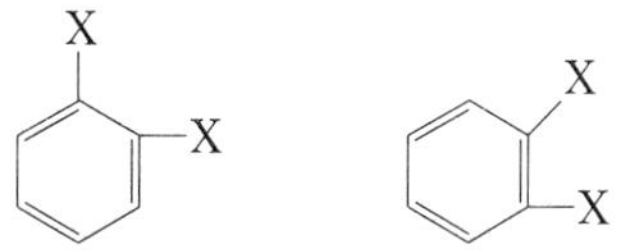

显然，凯库勒式不能表明苯的真实结构。

近代物理方法测定证明，苯分子中的六个碳原子和六个氢原子都在同一平面上，六个碳原子组成一个正六边形，C—C 键长均相等（0.139 6 nm），键角都是 120°（图 3－1）。

现代价键理论认为，苯分子中的碳原子均为 sp^2 杂化，每个碳原子的三个 sp^2 杂化轨道分别与相邻的两个碳原子的 sp^2 杂化轨道和氢原子的 s 轨道重叠形成三个 σ 键。由于三个 sp^2 杂化轨道都处在同一平面内，所以苯分子中的所有碳原子和氢原子必然都在同一平面内，六个碳原子形成一个正六边形，键角均为 120°。另外，每个碳原子上还有一个未参加杂化的 p 轨道，这些 p 轨道的对称轴互相平行，且垂直于苯环所在的平面［图 3－2（a）］。p 轨道之间彼此重叠形成一个闭合共轭大 π 键，闭合共轭大 π 键电子云呈轮

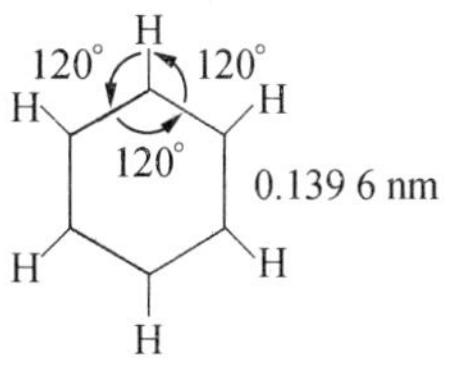

图 3－1　苯分子的结构

胎状，对称分布在苯环平面的上方和下方［图 3-2（b)］。因此 J. Thiele 建议用 ⌬ 来表示苯的结构。

苯环电子云

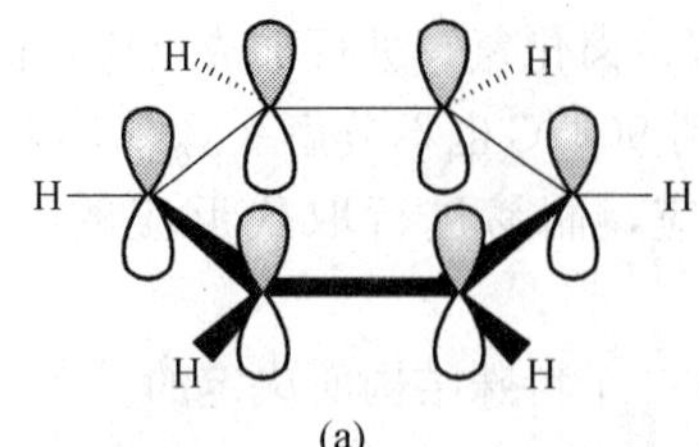

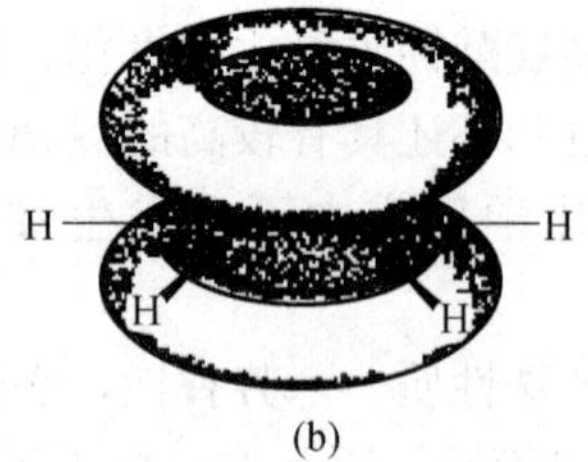

图 3-2　苯分子中的 p 轨道及 p 轨道重叠形成的闭合共轭大 π 键示意图

由于六个碳原子完全等同，所以大 π 键电子云在六个碳原子之间均匀分布，因此C—C键长完全相等，不存在单双键之分。由于苯环共轭大 π 键的高度离域，分子能量大大降低，因此苯环具有高度的稳定性。

苯分子的稳定性可用热化学常数——氢化热来证明。例如，环己烯的氢化热为 119.5 kJ·mol^{-1}

$$\text{环己烯} + H_2 \longrightarrow \text{环己烷} + 119.5\ \text{kJ}\cdot\text{mol}^{-1}$$

如果把苯的结构看成是凯库勒式所表示的环己三烯，它的氢化热应是环己烯的 3 倍，即为 358.5 kJ·mol^{-1}，而实际测得苯的氢化热仅为 208 kJ·mol^{-1}，比 358.5 kJ·mol^{-1} 低 150.5 kJ·mol^{-1}。这充分说明苯分子不是环己三烯的结构。把苯和环己三烯氢化热的差值 150.5 kJ·mol^{-1} 称为苯的离域能或共轭能。正是由于苯具有离域能，使苯比环己三烯稳定得多。事实上，环己三烯的结构是根本不可能稳定存在的。

分子轨道理论认为，苯分子中碳原子上未参与杂化的六个 p 轨道线性组合成六个 π 分子轨道，分别以 ψ_1、ψ_2、ψ_3、ψ_4、ψ_5、ψ_6 表示。其中 ψ_1、ψ_2、ψ_3 为成键轨道，ψ_4、ψ_5、ψ_6 为反键轨道。根据电子填充原则，基态时，苯分子中的六个 p 电子都填充在三个成键轨道上（图 3-3）。三个成键轨道叠加在一起，其形状似两个轮胎对称地分布在苯环平面的两侧。成键分子轨道的 π 电子云高度离域，使分子能量最低，因此苯的结构非常稳定。

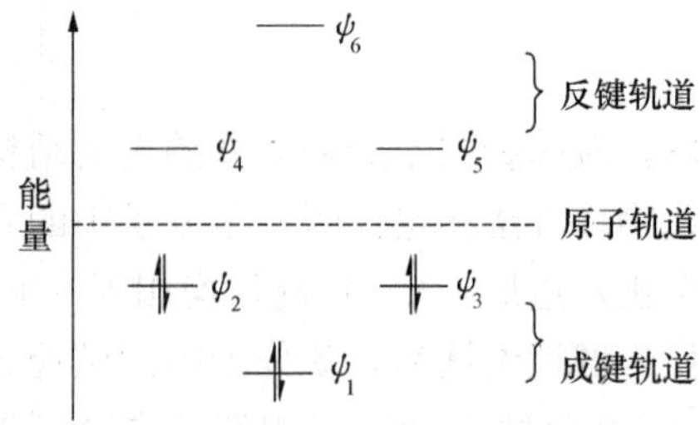

图 3-3　苯的 π 分子轨道和能级

问题与思考 3-1　凯库勒式能否表示苯的真实结构？它不能解释哪些实验事实？

二、单环芳烃的异构和命名

苯是最简单的单环芳烃。单环芳烃包括苯、苯的同系物和苯基取代的不饱和烃。

1. 一元烷基苯　一元烷基苯中，当烷基碳链含有三个或三个以上碳原子时，由于碳链的不同会产生同分异构体。烷基苯的命名，一般是以苯作母体，烷基作取代基，称为“某基苯”，基字可省略。例如：

$C_6H_5CH_3$　甲(基)苯　　$C_6H_5CH_2CH_3$　乙(基)苯　　$C_6H_5CH_2CH_2CH_3$　正丙(基)苯　　$C_6H_5CH(CH_3)_2$　异丙(基)苯

2. 二元烷基苯　二元烷基苯中，由于两个烷基在苯环上的位置不同，产生三种同分异构体。命名时，两个烷基的相对位置既可用“邻”“间”“对”表示，也可用数字表示。例如：

1,2-二甲苯　邻二甲苯或*o*-二甲苯　　1,3-二甲苯　间二甲苯或*m*-二甲苯　　1,4-二甲苯　对二甲苯或*p*-二甲苯

若烷基不同，一般较简单的烷基所在位置编号为1。例如：

2-乙基甲苯　邻乙基甲苯　　3-叔丁基乙苯　间叔丁基乙苯

3. 多元烷基苯　多元烷基苯中，由于烷基的位置不同也产生多种同分异构体。如三个烷基相同的三元烷基苯有三种同分异构体，命名时，三个烷基的相对位置除可用数字表示外，还可用“连”“均”“偏”来表示。例如：

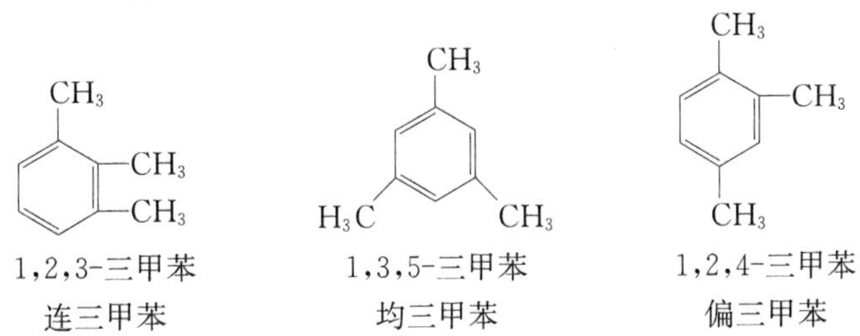

1,2,3-三甲苯　连三甲苯　　1,3,5-三甲苯　均三甲苯　　1,2,4-三甲苯　偏三甲苯

4. 不饱和烃基苯和复杂烷基苯　当苯环上连有不饱和烃基或复杂烷基时，一般把苯作取代基来命名。例如：

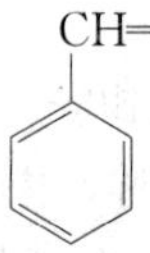

苯乙烯 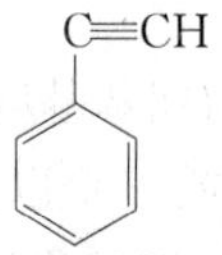　苯乙炔 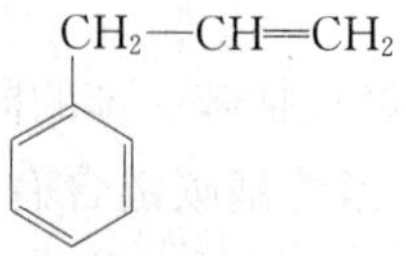　3-苯基丙烯 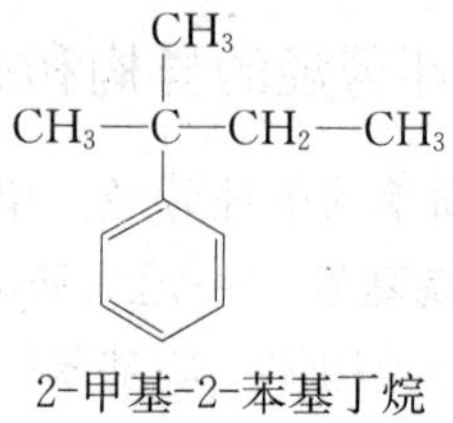　2-甲基-2-苯基丁烷

芳烃分子中去掉一个氢原子后剩余的基团叫作芳基，以 Ar— 表示。苯分子失去一个氢原子后剩余的基团叫作苯基，以 ⌬— 、C_6H_5— 或 Ph— 表示。甲苯分子中的甲基去掉一个氢原子后剩余的基团叫作苄基或苯甲基，以 ⌬—CH_2— 、$C_6H_5CH_2$— 或 $PhCH_2$— 表示。

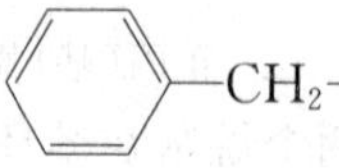

问题与思考 3-2　写出分子式为 C_9H_{12} 的单环芳烃的所有异构体，并给予命名。

问题与思考 3-3　命名下列化合物：

(1) 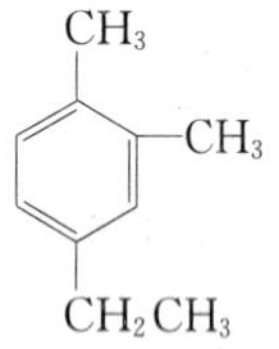　(2) 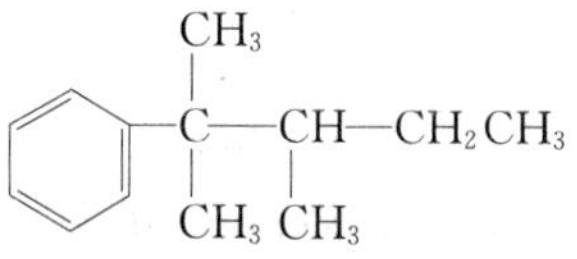　(3)

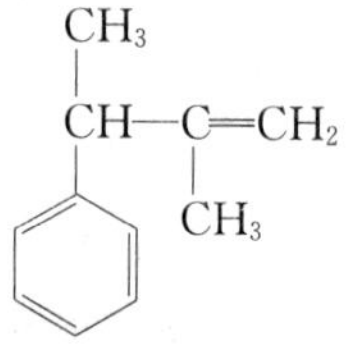

三、单环芳烃的物理性质

单环芳烃大多为无色液体，具有特殊气味，相对密度在 0.86～0.93，不溶于水，易溶于乙醚、石油醚、乙醇等多种有机溶剂。同时它们本身也是良好的有机溶剂。液体单环芳烃与皮肤长期接触，会因脱水或脱脂而引起皮炎，使用时要避免与皮肤接触。单环芳烃具有一定的毒性，长期吸入其蒸气，能损坏造血器官及神经系统，大量使用时应注意防毒。一些常见单环芳烃的物理常数列于表 3-1 中。

表 3-1　一些常见单环芳烃的物理常数

名　称	熔点/℃	沸点/℃	相对密度 d_4^{20}	折射率 n_D^{20}
苯	5.5	80.1	0.878 6	1.501 1
甲苯	−95.0	110.6	0.866 9	1.496 1
乙苯	−95.0	136.2	0.867 0	1.495 9
正丙苯	−99.5	159.2	0.862 0	1.492 0
异丙苯	−96.0	152.4	0.861 8	1.491 5
邻二甲苯	−25.2	144.4	0.880 2	1.505 5

（续）

名　　称	熔点/℃	沸点/℃	相对密度 d_4^{20}	折射率 n_D^{20}
间二甲苯	−47.9	139.1	0.864 2	1.497 2
对二甲苯	13.3	138.4	0.861 1	1.495 8
连三甲苯	−25.4	176.1	0.894 4	1.513 9
均三甲苯	−44.7	164.7	0.865 2	1.499 4
偏三甲苯	−43.8	169.4	0.875 8	1.504 8
苯乙烯	−30.6	145.2	0.906 0	1.546 8
苯乙炔	−44.8	144.0	0.928 1	1.548 5

四、单环芳烃的化学性质

由于苯环上闭合大π键电子云的高度离域，所以苯环非常稳定，在一般条件下，大π键难以断裂进行加成和氧化反应；苯环上大π键电子云分布在苯环平面的两侧，流动性大，易引起亲电试剂的进攻发生取代反应。

苯环虽难以被氧化，但苯环上的烃基侧链由于受苯环上大π键的影响，α-氢原子变得很活泼，易发生氧化反应。同时，α-氢原子也易发生卤代反应。

苯环上的闭合共轭大π键虽然很稳定，但它仍然具有一定的不饱和性。因此，在强烈的条件下，也可发生某些加成反应。

1. 亲电取代反应　苯环上的氢原子可以被多种基团取代，其中以卤代、硝化、磺化和傅氏反应较为重要。

（1）卤代反应　苯与氯、溴在铁或三卤化铁等催化剂存在下，苯环上的氢原子被卤原子取代，生成卤代苯。

$$C_6H_6 + Br_2 \xrightarrow[55\sim60\ ℃]{Fe\ 或\ FeBr_3} C_6H_5Br + HBr$$

溴苯

卤代仅限于氯代和溴代，卤素的反应活性为：$Cl_2>Br_2$。

卤代反应历程大致可分为三步，现以溴代反应为例说明。

① 首先溴分子和三溴化铁作用，生成溴正离子和四溴化铁配离子：

$$Fe+Br_2 \longrightarrow FeBr_3$$
$$Br—Br + FeBr_3 \rightleftharpoons Br^+ + [FeBr_4]^-$$

② 溴正离子是一个亲电试剂，易进攻富电子的苯环，生成一个不稳定的芳基正离子中间体（也称为σ-配合物）：

$$C_6H_6 + Br^+ \underset{}{\overset{慢}{\rightleftharpoons}} \left[C_6H_6Br^+\right]$$

σ-配合物

这步反应很慢，是决定整个取代反应速度的步骤。在芳基正离子中间体中，原来苯环上的两

个 π 电子与 Br^+ 生成了 C—Br 键，余下的四个 π 电子分布在五个碳原子组成的缺电子共轭体系中。

③ 芳基正离子非常不稳定，在四溴化铁配离子的作用下，迅速脱去一个质子生成溴苯，恢复到稳定的苯环结构。

$$C_6H_6^+(H)(Br) + [FeBr_4]^- \xrightarrow{快} C_6H_5Br + FeBr_3 + HBr$$

上述反应是由亲电试剂（Br^+）进攻富电子的苯环引起的，因此这种苯环上的取代反应属于亲电取代反应。

（2）硝化反应　苯与浓硝酸和浓硫酸的混合物共热，苯环上的氢原子被硝基（$—NO_2$）取代生成硝基苯。

$$C_6H_6 + HNO_3 \xrightarrow[50\sim60\ ℃]{浓\ H_2SO_4} C_6H_5NO_2 + H_2O$$

硝基苯

硝基苯为浅黄色油状液体，有苦杏仁味，其蒸气有毒。

在硝化反应中，浓硫酸不仅是脱水剂，而且它与硝酸作用产生硝基正离子（NO_2^+）。硝基正离子是一个亲电试剂，进攻苯环发生亲电取代反应。硝化反应历程如下：

① $HONO_2 + 2H_2SO_4 \rightleftharpoons NO_2^+ + H_3O^+ + 2HSO_4^-$

② $C_6H_6 + NO_2^+ \overset{慢}{\rightleftharpoons} [C_6H_6^+(H)(NO_2)]$

③ $C_6H_6^+(H)(NO_2) + HSO_4^- \xrightarrow{快} C_6H_5NO_2 + H_2SO_4$

（3）磺化反应　苯与98%的浓硫酸共热，或与发烟硫酸在室温下作用，苯环上的氢原子被磺酸基（$—SO_3H$）取代生成苯磺酸。

$$C_6H_6 + H_2SO_4 \rightleftharpoons C_6H_5SO_3H + H_2O$$

苯磺酸

苯磺酸是一种强酸，易溶于水难溶于有机溶剂。有机化合物分子中引入磺酸基后可增加其水溶性，此性质在合成染料、药物或洗涤剂时经常应用。

磺化反应是可逆反应，苯磺酸通过热的水蒸气，可以水解脱去磺酸基。

磺化反应历程一般认为是由三氧化硫中带部分正电荷的硫原子进攻苯环而发生的亲电取代反应。反应历程如下：

① $2H_2SO_4 \rightleftharpoons H_3O^+ + HSO_4^- + SO_3$

② $C_6H_6 + SO_3 \overset{慢}{\rightleftharpoons} [C_6H_6^+(H)(SO_3^-)]$

③ $C_6H_6^+(H)(SO_3^-) + HSO_4^- \xrightarrow{快} C_6H_5SO_3^- + H_2SO_4$

④ $C_6H_5SO_3^- + H_3O^+ \rightleftharpoons C_6H_5SO_3H + H_2O$

(4) 傅瑞德尔-克拉夫茨（Friedel-Crafts）反应（简称傅氏反应）　在无水三氯化铝催化下，苯环上的氢原子被烷基或酰基（$R—\overset{O}{\overset{\|}{C}}—$）取代的反应，叫作傅氏反应。傅氏反应包括烷基化和酰基化反应。

傅氏烷基化反应中，常用的烷基化试剂为卤代烷，有时也用醇、烯烃等。常用的催化剂是无水三氯化铝，有时还用三氯化铁、三氟化硼等。

$$C_6H_6 + CH_3CH_2Cl \xrightarrow[0\sim25\ ℃]{无水\ AlCl_3} C_6H_5CH_2CH_3 + HCl$$

傅氏烷基化反应的历程是，无水三氯化铝等路易斯酸与卤代烷作用生成烷基正离子，然后烷基正离子作为亲电试剂进攻苯环发生亲电取代反应。

$$R—Cl + AlCl_3 \longrightarrow R^+ + [AlCl_4]^-$$

$$C_6H_6 + R^+ \longrightarrow [C_6H_6^+(H)(R)] \xrightarrow{[AlCl_4]^-} C_6H_5R + AlCl_3 + HCl$$

三个碳以上的卤代烷进行烷基化反应时，常伴有异构化（重排）现象发生：

$$C_6H_6 + CH_3CH_2CH_2Cl \xrightarrow{无水\ AlCl_3} C_6H_5CH(CH_3)_2 + C_6H_5CH_2CH_2CH_3$$

异丙苯(65％～69％)　　正丙苯(35％～31％)

这是由于生成的一级烷基碳正离子易重排成更稳定的二级烷基碳正离子。

$$CH_3CH\overset{+}{C}H_2 \xrightarrow{重排} CH_3\overset{+}{C}HCH_3$$

因此，发生取代反应时，异构化产物就会多于非异构化产物。更高级的卤代烷在苯环上进行烷基化反应时，将会存在更为复杂的异构化现象。

傅氏烷基化反应通常难以停留在一元取代阶段。要想得到一元烷基苯，必须使用过量的芳烃。

傅氏酰基化反应常用的酰基化试剂为酰氯或酸酐。

$$C_6H_6 + CH_3—\overset{O}{\overset{\|}{C}}—Cl \xrightarrow{无水\ AlCl_3} C_6H_5—\overset{O}{\overset{\|}{C}}—CH_3 + HCl$$

苯乙酮

$$C_6H_6 + (CH_3CO)_2O \xrightarrow{\text{无水 } AlCl_3} C_6H_5-\overset{O}{\overset{\|}{C}}-CH_3 + CH_3COOH$$

傅氏酰基化反应的历程是，无水三氯化铝等路易斯酸与酰卤作用生成酰基正离子，然后酰基正离子作为亲电试剂进攻苯环发生亲电取代反应。

$$CH_3-\overset{O}{\overset{\|}{C}}-Cl + AlCl_3 \rightleftharpoons CH_3-\overset{O}{\overset{\|}{C^+}} + [AlCl_4]^-$$

$$C_6H_6 + CH_3-\overset{O}{\overset{\|}{C^+}} \underset{}{\overset{\text{慢}}{\rightleftharpoons}} \left[C_6H_6^+(H)-\underset{O}{\underset{\|}{C}}-CH_3 \right]$$

$$C_6H_6^+(H)-\underset{O}{\underset{\|}{C}}-CH_3 + [AlCl_4]^- \xrightarrow{\text{快}} C_6H_5-\overset{O}{\overset{\|}{C}}-CH_3 + AlCl_3 + HCl$$

酰基化反应不发生异构化，也不会发生多元取代。

烷基化反应和酰基化反应都使用相同的催化剂，反应历程相似，当苯环上连有强吸电子基如硝基、羰基时，苯环上的电子云密度大大降低，不发生傅氏反应。

2. 苯同系物侧链的卤代反应 在紫外光照射或高温条件下，苯环侧链上的氢易被卤素（氯或溴）取代。侧链为两个或两个碳以上的烷基时，卤代反应主要发生在α-碳原子上。

$$C_6H_5CH_3 + Cl_2 \xrightarrow[\text{或高温}]{\text{光照}} \underset{\text{氯化苄}}{C_6H_5CH_2Cl} \xrightarrow[\text{光照或高温}]{Cl_2} \underset{\text{苯二氯甲烷}}{C_6H_5CHCl_2} \xrightarrow[\text{光照或高温}]{Cl_2} \underset{\text{苯三氯甲烷}}{C_6H_5CCl_3}$$

$$C_6H_5CH_2CH_3 + Cl_2 \xrightarrow[\text{或高温}]{\text{光照}} \underset{\substack{\alpha\text{-氯代乙苯} \\ 91\%}}{C_6H_5-CHClCH_3} + \underset{\substack{\beta\text{-氯代乙苯} \\ 9\%}}{C_6H_5CH_2CH_2Cl}$$

苯环侧链的卤代反应与烷烃的卤代反应一样，属于游离基反应。

若苯的同系物与卤素在铁或三卤化铁存在下作用，则卤代反应发生在苯环上（属于亲电取代反应），且反应主要发生在侧链的邻位和对位。

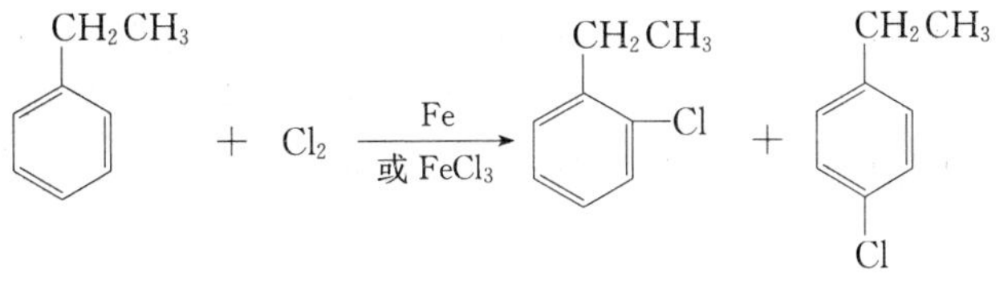

$$C_6H_5CH_2CH_3 + Cl_2 \xrightarrow[\text{或 }FeCl_3]{Fe} o\text{-}ClC_6H_4CH_2CH_3 + p\text{-}ClC_6H_4CH_2CH_3$$

邻氯乙苯　　对氯乙苯

问题与思考 3-4　写出下列反应的主要产物：

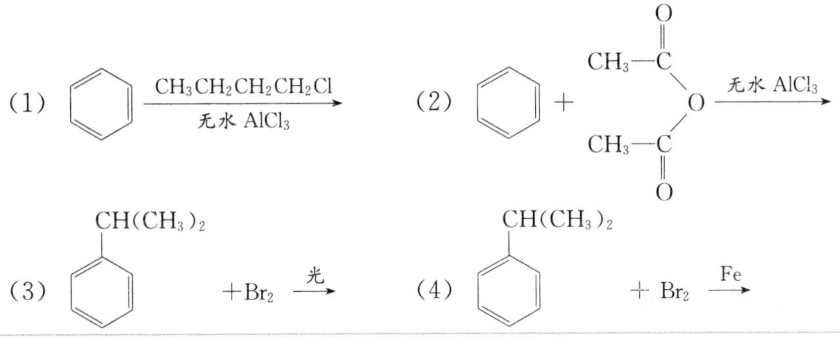

（1）$C_6H_6 \xrightarrow[\text{无水 }AlCl_3]{CH_3CH_2CH_2CH_2Cl}$　　（2）$C_6H_6 + (CH_3CO)_2O \xrightarrow{\text{无水 }AlCl_3}$

（3）$C_6H_5CH(CH_3)_2 + Br_2 \xrightarrow{\text{光}}$　　（4）$C_6H_5CH(CH_3)_2 + Br_2 \xrightarrow{Fe}$

3. 氧化反应　苯环不易被氧化，而苯环上的侧链却易被氧化。常用的氧化剂有高锰酸钾、重铬酸钾、稀硝酸等。不论侧链长短，氧化反应总是发生在α-碳原子上，α-碳原子被氧化成羧基。

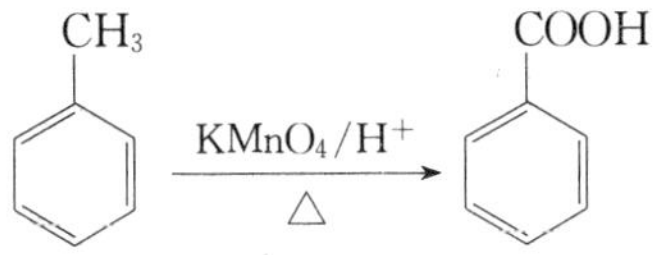

$$C_6H_5CH_3 \xrightarrow[\triangle]{KMnO_4/H^+} C_6H_5COOH$$

苯甲酸

$$m\text{-}CH_3C_6H_4CH_2CH_3 \xrightarrow[\triangle]{KMnO_4/H^+} m\text{-}C_6H_4(COOH)_2$$

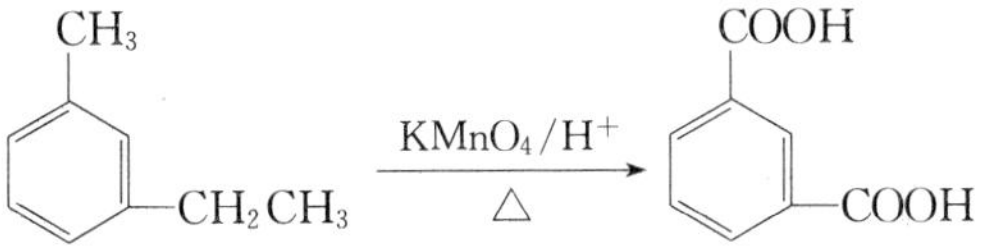

间苯二甲酸

但是，若侧链的α-碳原子上无氢原子，则侧链不能被氧化。

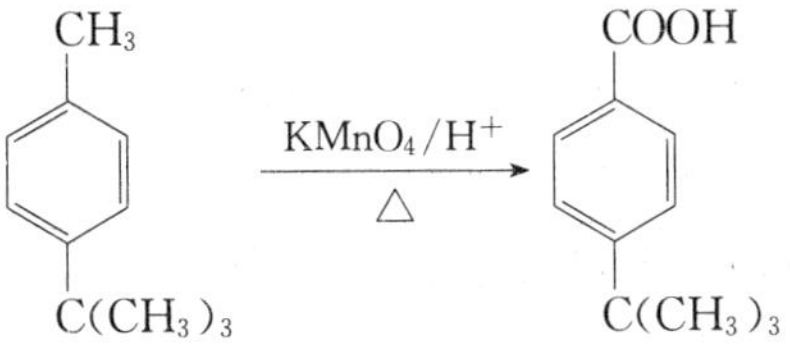

$$p\text{-}CH_3C_6H_4C(CH_3)_3 \xrightarrow[\triangle]{KMnO_4/H^+} p\text{-}HOOCC_6H_4C(CH_3)_3$$

在剧烈的条件下，苯环可被氧化生成顺丁烯二酸酐。

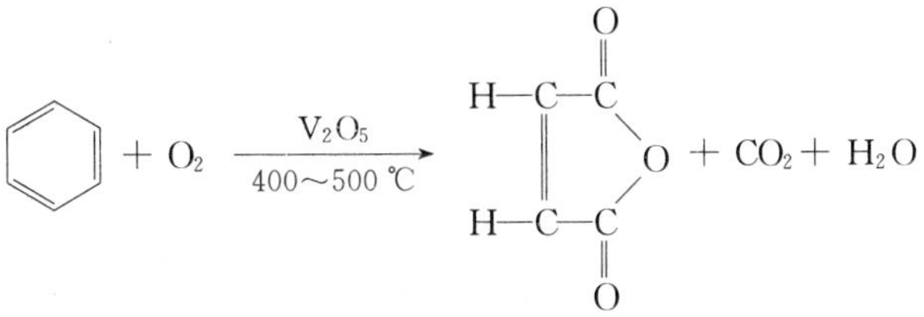

$$C_6H_6 + O_2 \xrightarrow[400\sim500\ ℃]{V_2O_5} \text{顺丁烯二酸酐（HC=CH 与两个 C=O 经 O 成环）} + CO_2 + H_2O$$

顺丁烯二酸酐

4. 加成反应 苯环虽然比较稳定，但在特定条件下，如催化剂、高温、高压或光照，也可发生某些加成反应，如加氢、加卤素等，表现出一定的不饱和性。但苯环的加成不会停留在环己二烯或环己烯的阶段，说明苯比环己二烯和环己烯都稳定。

$$C_6H_6 + 3\ H_2 \xrightarrow[180\sim250\ ℃]{Ni，加压} C_6H_{12}$$

环己烷

$$C_6H_6 + 3\ Cl_2 \xrightarrow[或紫外线]{光} C_6H_6Cl_6$$

1,2,3,4,5,6-六氯环己烷(六六六)

苯环上加氢、加卤素属于游离基型的加成反应。

问题与思考 3－5 完成下列反应式：

（1）1-甲基-3-异丙基[$CH(CH_3)_2$]-5-叔丁基[$C(CH_3)_3$]苯（H_3C—）$\xrightarrow[\triangle]{KMnO_4/H^+}$

（2）对乙基（CH_2CH_3）苯乙炔（$C\equiv CH$）$\xrightarrow[\triangle]{KMnO_4/H^+}$

（3）甲苯（CH_3）$+3\ H_2 \xrightarrow[加热，加压]{Ni}$

五、苯环上亲电取代反应的定位规律

1. 定位规律 当苯环上有一个取代基时，再进行取代反应，理论上得到邻、间、对三种二元取代物的比例应为 2∶2∶1（因为有两个邻位、两个间位、一个对位）。但实验事实并非如此，得到的二元取代物往往仅有一种或两种的比例较高，为主要产物。例如甲苯进行硝化反应时，硝基主要进入甲基的邻位或对位，并且反应比苯容易。

$$C_6H_5CH_3 + HNO_3 \xrightarrow[30\ ℃]{H_2SO_4} o\text{-}CH_3C_6H_4NO_2 + p\text{-}CH_3C_6H_4NO_2 + m\text{-}CH_3C_6H_4NO_2$$

邻硝基甲苯	对硝基甲苯	间硝基甲苯
63％	34％	3％

当硝基苯再进行硝化反应时，硝基主要进入原硝基的间位，并且反应比苯困难。

$$C_6H_5NO_2 + HNO_3 \xrightarrow[95\ ℃]{H_2SO_4} \text{间二硝基苯} + \text{邻二硝基苯} + \text{对二硝基苯}$$

间二硝基苯　93%　　邻二硝基苯　6.5%　　对二硝基苯　0.5%

上述实验事实说明，苯环上已有的取代基不仅影响第二个取代基进入苯环的位置，而且还影响其进入苯环的难易。我们把苯环上原有取代基的这种作用，称为取代基对苯环上亲电取代反应的定位效应，苯环上原有的取代基称为定位基。

根据大量的实验事实，将定位基分为以下两大类：

（1）邻、对位定位基　这类定位基能使第二个取代基主要进入它的邻位或对位，此外还使苯环活化（卤素除外），即发生取代反应比苯更容易。常见的邻、对位定位基（定位能力由强到弱排列）有：

$-O^-$、$-\ddot{N}(CH_3)_2$、$-\ddot{N}H_2$、$-\ddot{O}H$、$-\ddot{O}CH_3$、$-\ddot{N}HCOCH_3$、$-\ddot{O}COCH_3$、

$-CH_3(-R)$、$-\ddot{X}$(Cl、Br) 等

邻、对位定位基的结构特点是，与苯环直接相连的原子带有负电荷，或带有未共用电子对，或是饱和原子（$-CCl_3$ 和 $-CF_3$ 除外）。

（2）间位定位基　这类定位基能使第二个取代基主要进入它的间位，此外还使苯环钝化，即发生取代反应比苯更困难。常见的间位定位基（定位能力由强到弱排列）有：

$-\overset{+}{N}H_3$、$-\overset{+}{N}(CH_3)_3$、$-NO_2$、$-C\equiv N$、$-SO_3H$、$-CHO$、$-COR$、$-COOH$、$-CONH_2$ 等

间位定位基的结构特点是，与苯环直接相连的原子带正电荷，或以重键与电负性较强的原子相连接。

2. 定位规律的解释　在苯分子中，苯环闭合大 π 键电子云是均匀分布的。当苯环上有一取代基后，取代基可以通过诱导效应或共轭效应使苯环上电子云密度升高或降低，同时影响到苯环上电子云密度的分布，使各碳原子上电子云密度发生变化。因此，进行亲电取代反应的难易程度以及取代基进入苯环的主要位置，会随已有取代基的不同而不同。下面以几个典型的定位基为例做简要解释。

（1）邻、对位定位基　一般来说它们是供电子基（卤素除外），为致活基团，可以通过 p－π 共轭效应或＋Ⅰ效应向苯环提供电子，使苯环上电子云密度增加，尤其在邻、对位上增加较多。因此取代基主要进入邻、对位。

① 甲基：甲苯中的甲基碳原子为 sp^3 杂化，苯环中碳原子为 sp^2 杂化，sp^3 杂化的碳原子的电负性弱于 sp^2 杂化的碳原子，因此甲基可通过＋Ⅰ效应向苯环提供电子。同时甲基的三个 C—H σ 键与苯环的 π 键有很小程度的重叠，形成 σ－π 超共轭体系，其结果使 C—H 键 σ 电子云向苯环转移。显然，甲基的＋Ⅰ效应和 σ－π 超共轭效应均使苯环上电子云密度增加，由于电子

共轭传递的结果，使甲基的邻、对位上增加得更多。所以，甲苯的亲电取代反应不仅比苯容易，而且主要发生在甲基的邻位或对位。

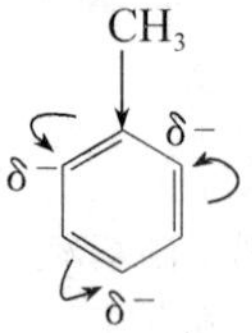

诱导效应(+Ⅰ) 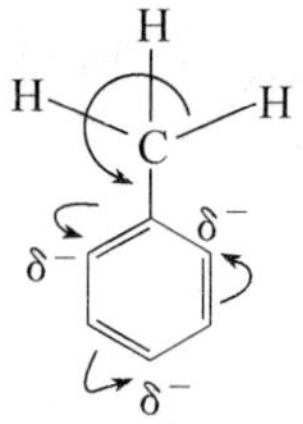　　超共轭效应

② 羟基：羟基是一个较强的邻、对位定位基。由于羟基中氧的电负性比碳的电负性强，对苯环表现出吸电子诱导效应（－Ⅰ），使苯环电子云密度降低。但又由于羟基氧原子上 p 轨道上的未共用电子对可以与苯环上的 π 电子云形成 p－π 共轭体系，使氧原子上的电子云向苯环转移。由于给电子的共轭效应（＋C）大于吸电子的诱导效应（－Ⅰ），所以总的结果是羟基使苯环电子云密度增加，尤其是邻、对位增加更多，所以苯酚发生亲电取代比苯更容易，而且取代基主要进入羟基的邻位和对位。

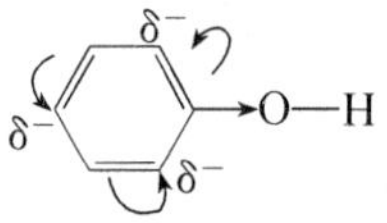

其他与苯环相连的带有未共用电子对的基团，如$-\ddot{N}H_2$、$-\ddot{N}(CH_3)_2$、$-\ddot{O}CH_3$等对苯环的电子效应与羟基类似。

③ 卤素：卤素对苯环具有吸电子诱导效应（－Ⅰ）和供电子 p－π 共轭效应（＋C），由于－Ⅰ强于＋C，总的结果使苯环电子云密度降低，所以卤素对苯环上亲电取代反应有致钝作用，为致钝基团，亲电取代比苯困难。但当亲电试剂进攻苯环时，动态共轭效应起主导作用，供电子的共轭效应（＋C）又使卤素的邻位和对位电子云密度高于间位，因此邻、对位产物为主要产物。

（2）间位定位基　间位定位基均是吸电子基，为致钝基团，它们通过吸电子诱导效应和吸电子共轭效应使苯环电子云密度降低，尤其是邻、对位降低得更多，所以亲电取代主要发生在电子云密度相对较高的间位，而且发生取代反应比苯困难。

硝基是一个间位定位基，它与苯环相连时，因氮原子的电负性比碳大，所以对苯环具有吸电子诱导效应（－Ⅰ）；同时硝基中的氮氧双键与苯环的大 π 键形成 π－π 共轭体系，使苯环上的电子云向着电负性大的氮原子和氧原子方向流动（－C）。两种电子效应作用方向一致，均使苯环上电子云密度降低，尤其是硝基的邻、对位降低得更多。因此，硝基不仅使苯环钝化，亲电取代反应比苯困难，而且主要得到间位产物。

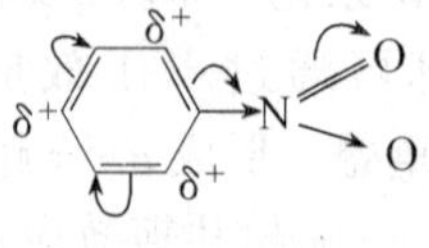

其他间位定位基，如氰基、羧基、羰基、磺酸基等对苯环也具有类似硝基的电子效应。

问题与思考 3-6　将下列化合物按硝化反应的活性由强到弱次序排列：

3. 定位规律的应用　学习定位规律的目的，在于应用此规律来指导有机合成和生产实践。在生产实践中，定位规律的应用主要有以下两个方面：

（1）预测反应的主要产物　根据定位基的种类，可以预测取代基进入的主要位置，从而得知生成的主要产物是什么。例如，应用定位规律，我们就可以判断出下列化合物进行亲电取代反应时，取代基主要进入箭头所示的位置。

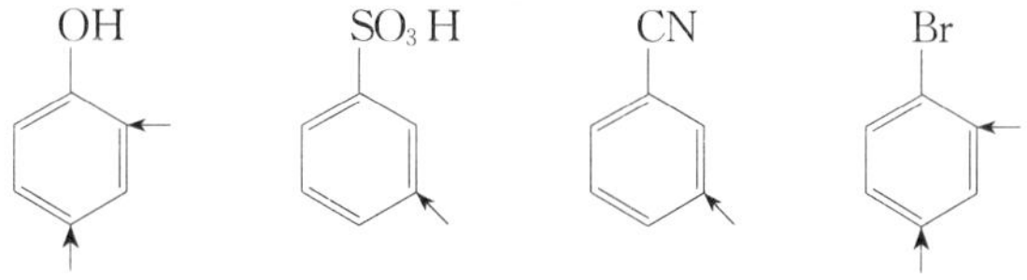

（2）选择合理的合成路线　例如，以苯为原料合成间硝基氯苯，合理的合成路线应是先硝化，后氯代。

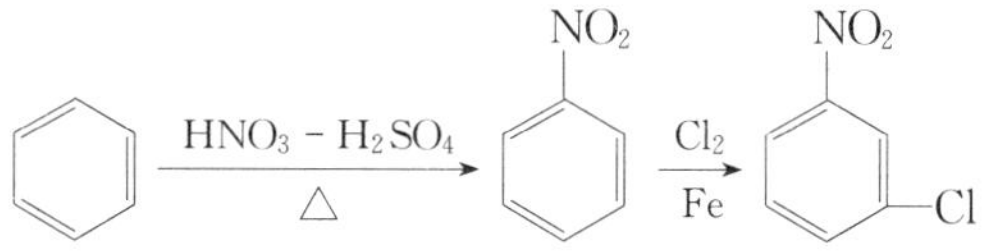

$$\text{C}_6\text{H}_6 \xrightarrow[\triangle]{HNO_3-H_2SO_4} \text{C}_6\text{H}_5NO_2 \xrightarrow[Fe]{Cl_2} m\text{-}ClC_6H_4NO_2$$

又例如，以甲苯为原料合成间溴苯甲酸，合理的合成路线应是先氧化，后溴代。

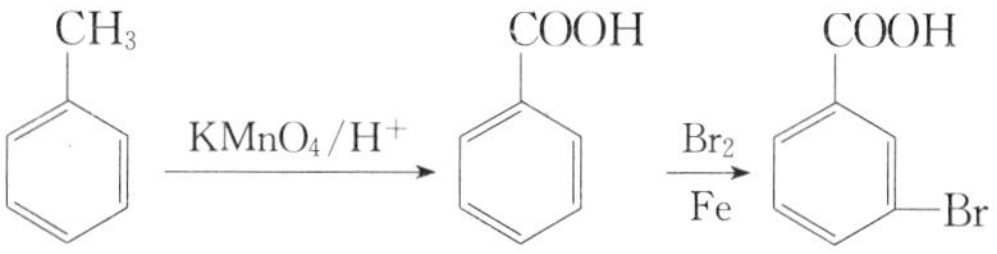

$$\text{C}_6\text{H}_5CH_3 \xrightarrow{KMnO_4/H^+} \text{C}_6\text{H}_5COOH \xrightarrow[Fe]{Br_2} m\text{-}BrC_6H_4COOH$$

如果苯环上已有两个取代基，再进行亲电取代反应时，第三个取代基进入的主要位置服从以下定位规则：

如果原有的两个取代基定位位置一致，取代基便可按照定位规则进入指定的位置。如：

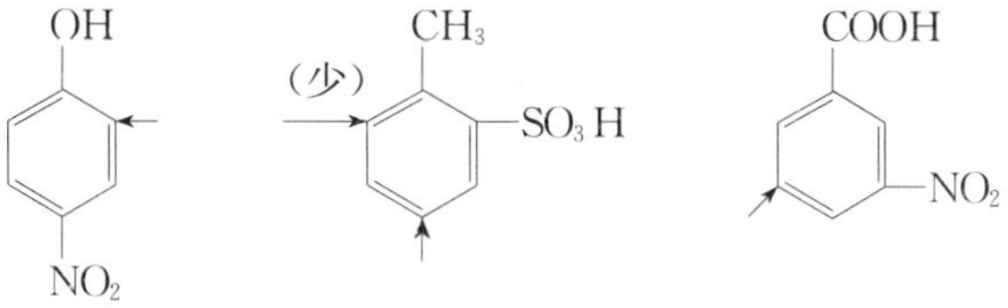

（少）

当原有的两个取代基的定位位置发生矛盾时，若原有的两个取代基为同一类（同是邻、对位定位基，或同是间位定位基），第三个取代基进入的主要位置由定位能力强的决定（前面列出的两类定位基，次序排在前的定位能力强）。若原有的两个取代基为不同类，第三个取代基进入的主要位置由邻、对位定位基来决定。例如：

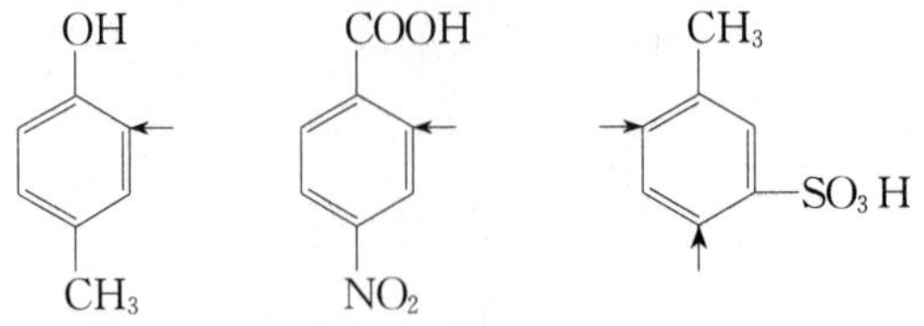

OH　COOH　CH_3
SO_3H
CH_3　NO_2

定位能力：—OH＞—CH_3　　—NO_2＞—COOH

需要指出的是，用定位规则预测取代基进入的主要位置时，有时还要考虑空间位阻的作用。如上述间甲基苯磺酸进行亲电取代反应时，由于空间位阻作用，与甲基和磺酸基同处于邻位的碳原子上发生亲电取代的概率大大降低。

问题与思考 3－7　用箭头标出下列化合物进行磺化反应时，磺酸基进入苯环的主要位置：

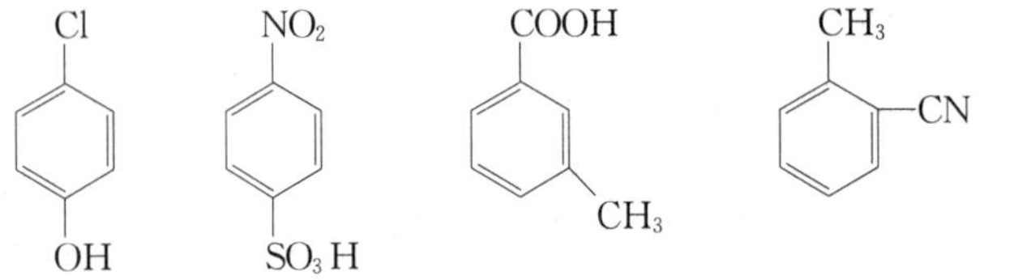

Cl　NO_2　COOH　CH_3
CN
CH_3
OH　SO_3H

问题与思考 3－8　以苯为原料合成下列化合物：

（1）间溴苯磺酸　（2）对硝基苯甲酸

第二节　稠环芳烃

一、萘

萘是有光亮的白色片状晶体，熔点 80.6 ℃，沸点 218.0 ℃，相对密度（d_4^{20}）1.025 3，不溶于水，易溶于乙醇、乙醚和苯等有机溶剂。燃烧时光亮弱、烟多。萘挥发性大，易升华，有特殊气味，具有驱虫防蛀作用，过去曾用于制作“卫生球”。近年来研究发现，萘可能有致癌作用，现使用樟脑取代萘制造卫生球。萘在工业上主要用于合成染料、农药等。萘的来源主要是煤焦油和石油。

1. 萘的结构和萘的衍生物的命名　萘的分子式为 $C_{10}H_8$，是由两个苯环共用两个相邻的碳原子稠合而成，两个苯环处于同一平面上。萘分子中，每个碳原子均以 sp^2 杂化轨道与相邻的碳原子形成C—C σ 键，每个碳原子的 p 轨道互相平行，侧面重叠形成一个闭合共轭大 π 键，因此萘具有芳香性。但萘和苯的结构不完全相同，萘分子中两个共用碳上的 p 轨道除了彼此重叠外，还分别与相邻的另外两个碳上的 p 轨道重叠，因此闭合大 π 键电子云在萘环上不是均匀分布的，导致C—C 键长不完全等同，所以萘的芳香性比苯差。

萘分子中C—C 键长数据如下：

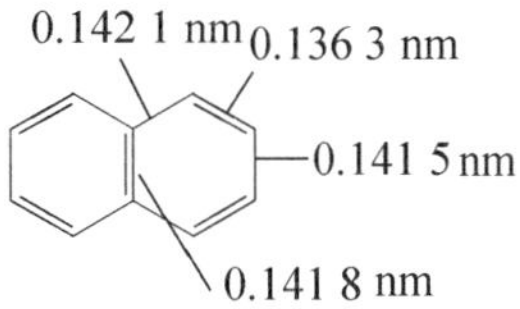

萘的芳香性不如苯还可通过离域能数据看出。苯的离域能为 150.5 kJ・mol^{-1}，如果萘的芳香性和苯一样，萘的离域能应为苯的离域能的 2 倍，而事实上萘的离域能仅是 250 kJ・mol^{-1}。

由于萘环上各碳原子的位置并不完全等同，因此萘的衍生物命名时，无论萘环上有几个取代基，取代基的位置都要注明。萘环的编号方法如下：

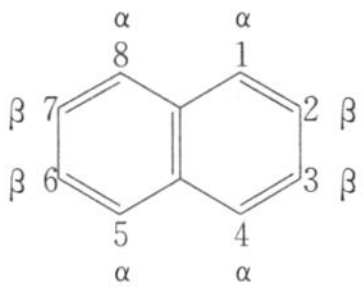

其中，1、4、5、8 位置相同，称作 α-位；2、3、6、7 位置相同，称作 β-位。

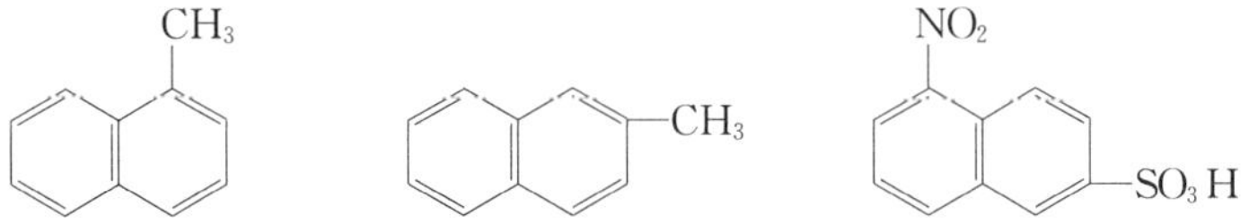

1-甲基萘　α-甲基萘　　2-甲基萘　β-甲基萘　　5-硝基-2-萘磺酸

2. 萘的化学性质　萘的芳香性不如苯，但比苯活泼，其亲电取代、加成及氧化反应都比苯容易进行。

（1）亲电取代反应　根据测定，萘环的 α-位电子云密度比 β-位高，因此亲电取代主要发生在 α-位。

在三氯化铁催化下，将氯气通入萘的苯溶液中，主要生成 α-氯代萘。

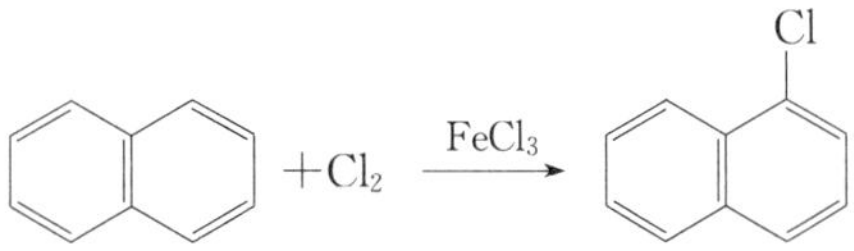

α-氯代萘(95%)

萘用混酸进行硝化，主要生成 α-硝基萘。α-硝基萘是合成染料和农药的中间体。

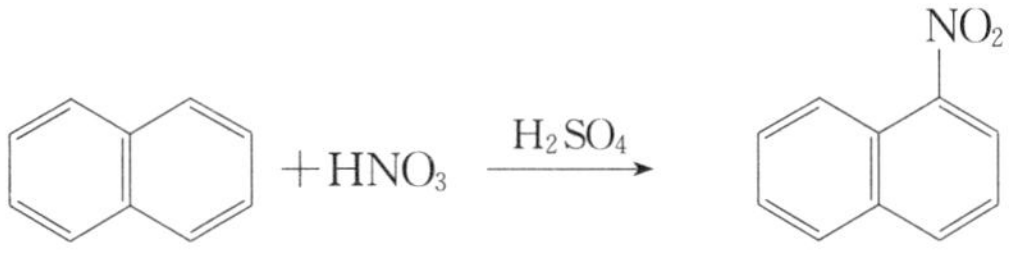

α-硝基萘(90%～95%)

萘在较低的温度下磺化，主要生成 α-萘磺酸。在较高温度下磺化，主要生成 β-萘磺酸。因磺化反应是可逆的，温度升高使最初生成的 α-萘磺酸转化为对热更为稳定的 β-萘磺酸。

$$\text{萘} + H_2SO_4 \xrightarrow{60\ ℃} \alpha\text{-萘磺酸}\ (SO_3H) \xrightarrow{160\ ℃} \beta\text{-萘磺酸}$$

$$\text{萘} + H_2SO_4 \xrightarrow{160\ ℃} \beta\text{-萘磺酸}\ (-SO_3H)$$

萘环上亲电取代反应的定位规律：萘环上有一供电子定位基时，主要发生同环取代（即取代发生在定位基所在的苯环上）；若定位基位于α-位，取代基主要进入同环的另一α-位；若定位基位于β-位，取代基主要进入与定位基相邻的α-位。当萘环上有一吸电子定位基时，主要发生异环取代，取代基主要进入异环的两个α-位。例如：

CH_3　　OCH_3　　NO_2　　或　　NO_2

（2）氧化反应　萘在不同的条件下氧化，可以得到不同的氧化产物。

$$\text{萘} + O_2 \xrightarrow[450\ ℃]{V_2O_5} \text{邻苯二甲酸酐}$$

$$\text{萘} \xrightarrow[10\sim15\ ℃]{CrO_3,\ CH_3COOH} \text{1,4-萘醌}$$

一般来说，萘氧化的产物为苯的衍生物，仍保留一个苯环，表明苯比萘稳定。

（3）加成反应　萘的芳香性比苯差，在加氢反应中可充分体现出来。不使用催化剂，用新生态氢就可使萘发生加氢反应，生成1,4-二氢化萘或四氢化萘。

$$\text{萘} \xrightarrow[78\ ℃]{Na+C_2H_5OH} \text{1,4-二氢化萘} \xrightarrow[152\ ℃]{Na+C_2H_5OH} \text{四氢化萘}$$

四氢化萘有一苯环，若进一步加氢，便与苯的加氢条件一样了。

$$\text{四氢化萘} \xrightarrow[1.2\times10^6\sim1.5\times10^6\ Pa]{H_2/Ni} \text{十氢化萘}$$

四氢化萘沸点 207.2 ℃，十氢化萘沸点 191.7 ℃，它们都是无色液体，是两种良好的高沸点溶剂。

问题与思考 3-9　命名下列化合物：

（1）（2）（3）

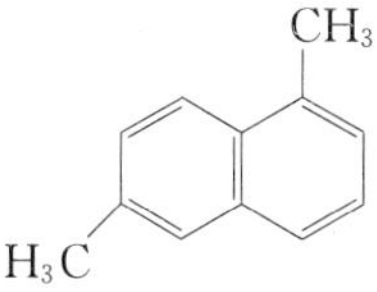

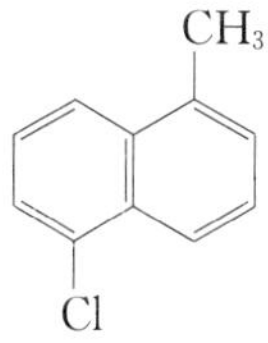

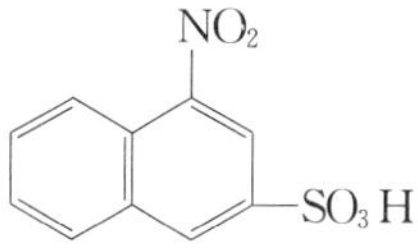

二、其他稠环芳烃

蒽和菲的分子式都是 $C_{14}H_{10}$，互为同分异构体。它们都是由三个苯环稠合而成的，并且三个苯环都处在同一平面上。不同的是，蒽的三个苯环的中心在一条直线上，而菲的三个苯环的中心不在一条直线上。

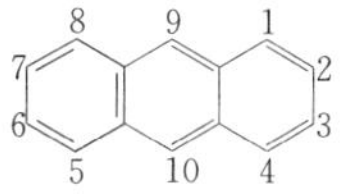

蒽的结构式 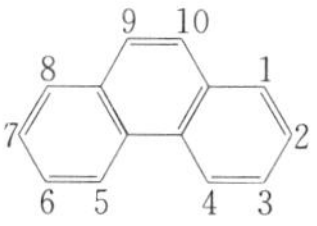　　菲的结构式

蒽、菲分子中的碳原子均为 sp^2 杂化，每个碳原子上的 p 轨道互相平行，从侧面重叠形成闭合大 π 键，因此它们都具有芳香性。但各个 p 轨道重叠的程度不完全等同，环上电子云密度分布比萘环更加不均匀，所以蒽、菲的芳香性比萘差。

在蒽环和菲环上，9,10 位（也称 γ-位）的电子云密度最高，使得 9,10 位最活泼，大部分反应发生在这两个位置上。

蒽为无色片状晶体，有蓝紫色荧光，熔点 216.2 ℃，沸点 340.0 ℃，不溶于水，难溶于乙醇、乙醚等，易溶于热苯。

蒽的化学性质比萘更加活泼，容易发生氧化、加成及亲电取代反应。

用氧化剂氧化蒽，生成 9,10-蒽醌。9,10-蒽醌是生产阴丹士林系列染料的原料。

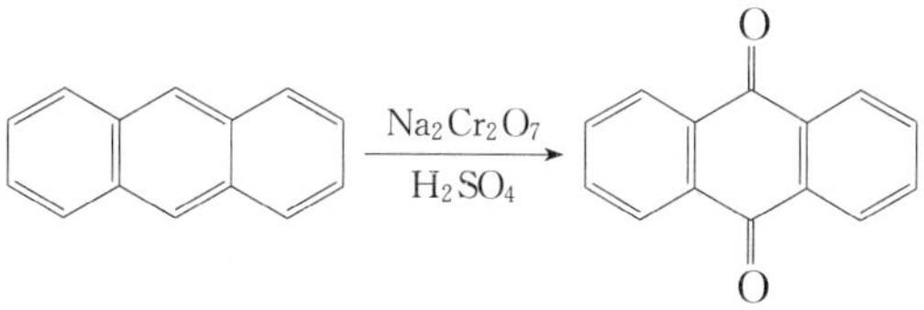

$$\xrightarrow[H_2SO_4]{Na_2Cr_2O_7}$$

9,10-蒽醌

菲为带光泽的白色片状晶体，溶液发蓝色荧光。熔点 101.0 ℃，沸点 340.0 ℃，不溶于水，能溶于乙醚、乙醇、氯仿和冰醋酸等。可用于制造农药和塑料，也用作高效低毒农药和无烟火药的稳定剂。

菲的结构在生化方面具有重要的意义，许多天然化合物如甾醇、胆酸、性激素等的分子结构中都含有氢化菲的碳环结构。

菲的氧化产物 9,10-菲醌，是治疗小麦锈病和甘薯黑斑病的农药，并可用作小麦、棉花的拌种剂。

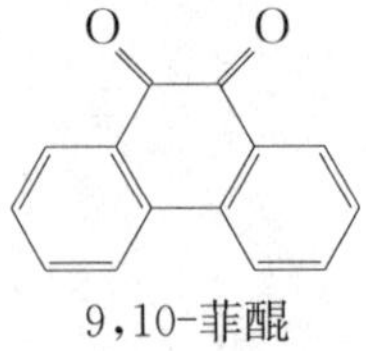

9,10-菲醌

除萘、蒽、菲外，煤焦油中还含有一些其他稠环芳烃。例如：

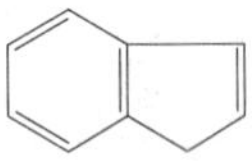

茚 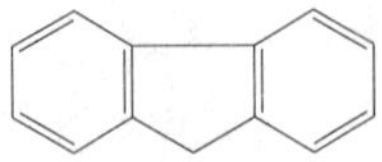　　芴 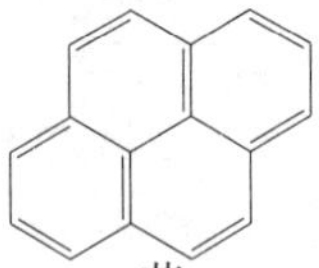　　芘 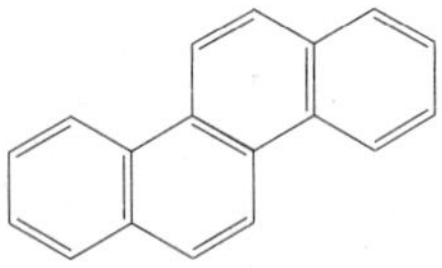　　䓛

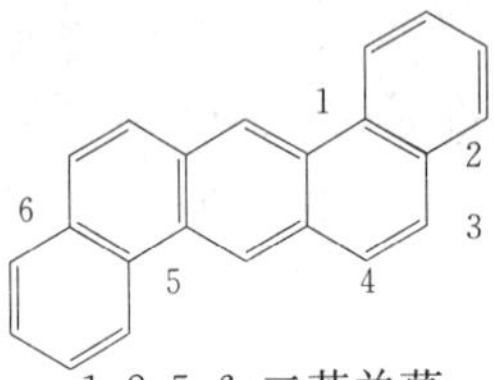

1,2,5,6-二苯并蒽 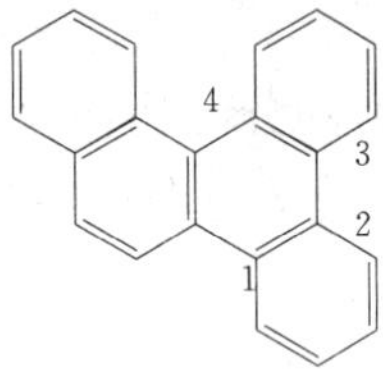　　1,2,3,4-二苯并菲 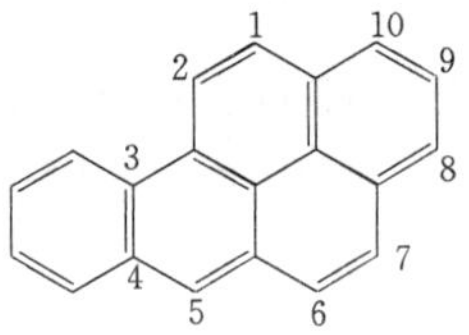　　3,4-苯并芘

煤、烟草、木材等不完全燃烧也会产生较多的稠环芳烃，其中某些稠环芳烃具有致癌作用，如苯并芘类稠环芳烃，特别是 3,4-苯并芘有强烈的致癌作用。3,4-苯并芘为浅黄色晶体，1933 年从煤焦油中分离得来。煤的干馏、煤和石油等的燃烧焦化时，都可产生 3,4-苯并芘，在煤烟和汽车尾气污染的空气以及吸烟产生的烟雾中都可检测出 3,4-苯并芘，这是环境化学值得注意的严重问题。测定空气中 3,4-苯并芘的含量，是环境监测项目的重要指标之一。

第三节　休克尔规则与非苯芳烃

一、休克尔规则

以上讨论的芳香烃都含有苯环结构，它们都具有不同程度的芳香性。那么是否意味着具有芳香性的化合物一定都要含有苯环呢?

后来相继合成了一些单环多烯烃，它们虽不含苯环结构，但却有类似于苯环的芳香性。为了解释这一现象，1936 年，德国物理学家休克尔（E. Hückel）根据大量的实验结果，应用分子轨道法计算了单环多烯 π 电子的能级，提出了一个判别芳香体系的规则，称为休克尔规则。其要点是：组成环的碳原子均为 sp^2 杂化且都处在同一平面上（此时每个碳原子上的 p 轨道可彼此重叠形成闭合大 π 键），π 电子数符合 $4n+2$ 的体系（$n=0$，1，2，3…），具有与稀有气体相类似的闭壳层结构，因而能显示出芳香性。多年来，休克尔规则在解释大量实验事实和预言新的芳香体系方面是非常成功的。

苯分子是一平面形结构，π 电子数为 6，符合休克尔规则（$n=1$），所以具有芳香性。

环丁二烯和环辛四烯分别具有 4 个和 8 个 π 电子，均不符合休克尔规则，因此它们都无芳香性。环丁二烯非常不稳定，一旦生成很快又会分解。环辛四烯并不是平面形的，而是含有交替单、双键的“马鞍形”，因此不能形成芳香体系特有的闭合共轭大 π 键，π 电子云是定域的，其 C—C 单键和 C═C 双键的键长分别为 0.147 nm 和 0.134 nm，具有烯烃的典型性质。

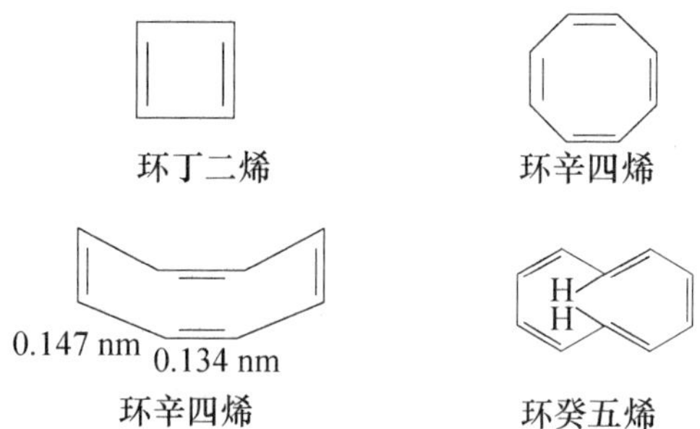

环癸五烯（［10］-轮烯）有 10 个 π 电子，π 电子数虽然符合 $4n+2$ 规则（$n=2$），但由于轮内两个跨环氢原子相距较近，具有强烈的排斥作用，使环上碳原子不能处于同一平面内，故不能形成闭合大 π 键，所以无芳香性。

二、非苯芳烃

一些虽不含苯环结构，但符合休克尔规则，显示一定芳香性的环状烃，称为非苯芳烃。

环丙烯正离子为平面结构，碳原子均为 sp^2 杂化，π 电子数为 2，符合休克尔规则（$n=0$），具有芳香性。它的一个空的 p 轨道和两个含单电子的 p 轨道彼此重叠形成一个闭合大 π 键，两个 π 电子均匀地分布在三个碳原子上，因此环丙烯正离子是稳定的。

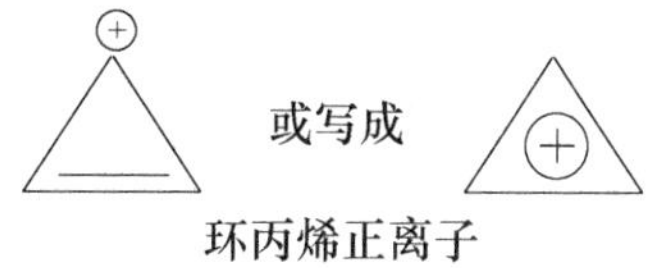

环丙烯正离子

环丙烯正离子是最小的芳香环系，环上可以发生取代反应。现已合成了许多含取代基的环丙烯正离子的化合物。例如：

环戊二烯负离子是最早认识的一个芳香负离子。在苯中用钾处理环戊二烯，可以很方便地制得环戊二烯负离子的钾盐。环戊二烯负离子为平面结构，存在一个闭合大 π 键，π 电子数为 6，符合休克尔规则（$n=1$），所以具有芳香性。它的 6 个 π 电子平均分布在 5 个碳原子上，是最稳定的一个负离子，能同许多亲电试剂发生取代反应。

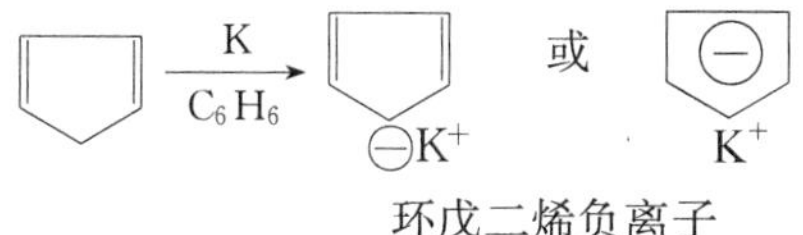

环戊二烯负离子

[18]-轮烯的所有碳原子均在同一平面上，有一闭合大 π 键，π 电子数为 18，符合休克尔规则（$n=4$），具有芳香性。X 射线衍射证明，它的 C—C 单键和 C═C 双键的键长几乎相等，表明大 π 键电子云是高度离域的，因此 [18]轮烯可以稳定存在，把它加热到 230 ℃仍不分解，是一个典型的大环非苯芳烃。

[18] 轮烯

休克尔规则所预言的许多芳香化合物的母体及其衍生物都已陆续合成出来。此外，芳香性的规律不仅适用于单环多烯，而且已推广到稠环共轭体系，并扩展到多环非交替烃体系，均取得了有意义的成果。

科学家小传：休克尔

休克尔（Erich Armand Arthur Joseph Hückel，1896—1980），德国著名物理学家和物理化学家。

休克尔 1914 年进入哥廷根大学攻读物理学，1921 年在荷兰物理化学家德拜的指导下获博士学位；他在哥廷根大学工作 2 年，曾任物理学家玻恩（Max Born）的助手；1922 年在苏黎世工业大学再度与德拜合作，任讲师；1930 年在斯图加特高等技术学院任教；1937 年任马尔堡大学理论物理学教授，直到 1960 年，他被任命为正教授，成为国际量子分子科学院院士。

休克尔最著名的成就是于 1931 年提出了休克尔规则（Hückel's law）。休克尔规则是一个经验规则，用以判断具有共轭烯烃结构的环状有机化合物是否具有芳香性。同时可以解释苯、茂基负离子、环丙烯正离子、环庚三烯正离子等有机物的芳香性，以及为何环丁二烯、环辛四烯不具有芳香性。这一理论为有机化学的发展做出了卓越的贡献。

问题与思考 3-10 利用休克尔规则判断下列化合物有无芳香性：

 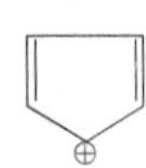  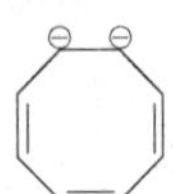 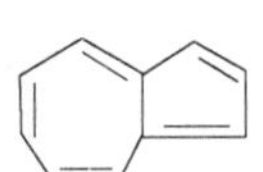

三、富勒烯

富勒烯是一类碳原子族球体化合物，分子中只含有碳原子。富勒烯的代表性化合物之一是 C_{60}，由于其形状似足球，亦称足球分子、足球烯、碳笼等。C_{60} 由 60 个碳原子组成，整个分子呈笼网状球体，每个碳原子处于笼网的结点，构成了一个 32 个面的中空球体，其中 12 个面为五边形，20 个面为六边形，如图 3-4 所示。每个碳原子都是 sp^2 杂化，每个 sp^2 杂化碳原子的 3 个 σ 键分别参与构成 1 个五边形和 2 个六边形，碳原子的 3 个 σ 键不完全共平面。每个碳原子未杂化的 p 轨道不是完全相互平行，它们彼此重叠形成包括 60 个碳原子的大 π 键。整个分子是高度对称的，因而在球形体内和体外都围绕着 π 电子云，π 电子有最大程度的离域，因此 C_{60} 非常稳定，在 C_{60} 上不能直接进行取代反应，但可以进行加成和氧化反应，可由此向 C_{60} 上引入其他基团，从而对 C_{60} 的表面结构进行修饰。这就使 C_{60} 等富勒烯在材料科学、生命科学及医学等重要的研究领域中，显示出其理论价值和广阔的应用前景。

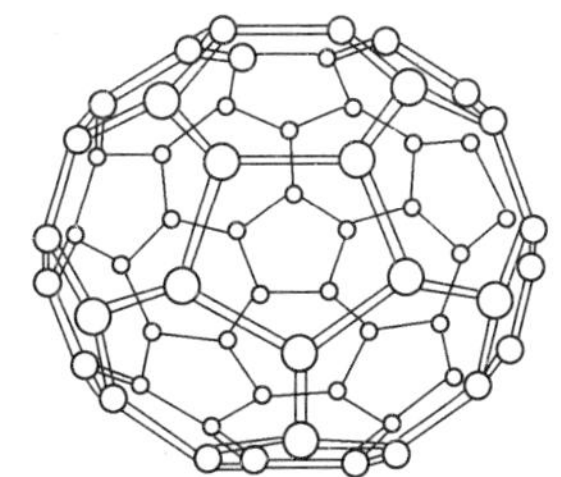
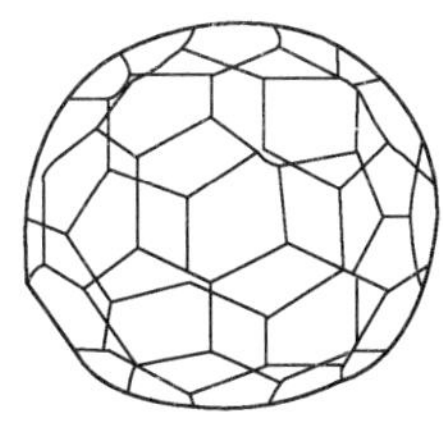

图 3-4　C_{60} 的立体结构

C_{60} 是纳米级材料，可用作记忆元件、超级耐高温润滑剂，可制造高能蓄电池、燃料、太空火箭推进剂等。由于 C_{60} 结构的特殊性，表现出很强的非线性光学性质，在光学计算机和光纤通信中有特殊价值。纯的 C_{60} 是绝缘体，但嵌入钾的 K_3C_{60} 具有超导体性质。C_{60} 与某些磷脂的复合物能与某些癌细胞结合，从而为摧毁和杀灭癌细胞提供了条件。人们已经发现，星际物质的吸收光谱中有些谱带能与 C_{60} 的吸收谱带相关联，因此富勒烯的研究还可以促进天文物理学的发展。

拓展阅读

苯　并　芘

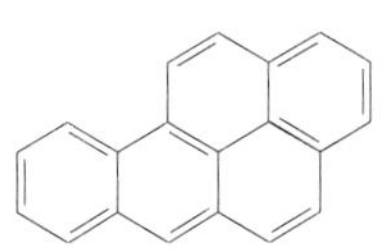

3,4-苯并芘，又名苯并 [*a*] 芘，化学式为 $C_{20}H_{12}$，是具有五个环的多环芳香烃，结晶为黄色固体。该物质是由有机物及矿物燃料在 300～600 ℃的不完全燃烧而产生的。苯并芘为一种突变原和致癌物质，18 世纪以来，便发现其与许多癌症有关。但苯并芘本身无致癌活性，而是由于其在体内经混合功能氧化酶代谢活化后，形成二氢二醇环氧化物、反式二羟环氧苯并芘等代谢物而出现致癌作用。例如，终致癌物二羟环氧苯并芘具有亲电性，可以与 DNA 的亲核位点鸟嘌呤的外环氨基端共价结合，形成的代谢产物会使细胞内 DNA 等大分子受损伤，在复制过程中发生突变，最终导致癌变。

日常生活中，苯并芘来源于汽车尾气（尤其是柴油引擎）等环境污染、经熏烤后导致脂肪焦化的食物、燃烧烟草或焚烧木材所产生的烟等。经调查，每燃烧一支卷烟所形成的烟草烟雾中，含有的致癌物苯并芘高达 180 ng。这在一个 30 m^3 的居室内就会形成 6 $ng \cdot m^{-3}$ 浓度，超过卫生标准（1 $ng \cdot m^{-3}$）6 倍。

那么如何防控苯并芘对人体的危害呢？

首先要减少吸烟摄入苯并芘。吸烟的人肺部会因烟草中的煤焦油粘在肺泡表面而呈黑色，且烟雾中尼古丁、苯并芘等化学物质还会逐渐破坏气道纤毛，导致黏液分泌增加，造成肺部反复感染引发支气管炎等慢性疾病。因此，长期吸烟的人比不吸烟的人更容易出现肺部问题。其次，要减少食用脂肪含量丰富的熏烤食品。例如，肉制品受热过程中不仅可以吸收熏烟中的香气成分，而且能发生复杂的化学反应产生挥发性的特殊风味物质，但是一些不可避免的有害成分也随之产生，肉中油脂在 200～250 ℃下发生热解，产生苯并芘，更易使人患上胃癌。

因此，应从每个人做起，杜绝吸烟，避免青少年模仿；拒绝烧烤，减少熏烤食品摄入，从根源防控苯并芘对人体的危害，尽享绿色、健康生活！

本 章 小 结

根据分子中苯环的数目和结合方式不同，芳香烃分为单环芳烃、多环芳烃和稠环芳烃。

单环芳烃命名时，若苯环上连有简单烷基，以苯为母体；若连有烯基、炔基或复杂烷基，以烯烃、炔烃和烷烃为母体，苯作为取代基。

稠环芳烃的命名原则与单环芳烃基本相似，仅编号有特殊的规定。

芳香烃的结构特点是均含有苯环，苯环具有闭合大 π 键，大 π 键电子云密度分布完全平均化，因此苯环非常稳定，一般条件下不易进行加成、氧化反应，而易发生取代反应。此性质称作“芳香性”。

苯及其同系物容易发生卤代、硝化、磺化、傅氏烷基化和酰基化等亲电取代反应；在光照条件下，芳烃侧链的 α-H 易被卤素取代；含 α-H 的侧链易被氧化，α-碳原子被氧化成羧基；苯环只有在剧烈的氧化条件下才能被氧化；在特殊条件时，苯环可发生某些加成反应（如加氢、加卤素等）。

一元取代苯进行亲电取代反应时，第二个取代基进入苯环的位置，由苯环上原有取代基的性质决定，与第二个取代基的性质无关。苯环上原有的取代基叫作“定位基”。

根据大量的实验事实将定位基分为邻、对位定位基和间位定位基。邻、对位定位基使第二个取代基主要进入其邻位或对位，并对苯环有致活作用（卤素除外）；间位定位基使第二个取代基主要进入其间位，并对苯环有致钝作用。

二元取代苯进行亲电取代反应时，若原有的两个取代基为同一类，第三个取代基进入苯环的位置由定位能力强的定位基决定；若原有的两个取代基为不同类，第三个取代基进入苯环的位置由邻、对位定位基决定；在应用定位规则的同时，还要考虑空间位阻的影响。

萘、蒽、菲是常见的稠环芳烃，都具有芳香性，但芳香性均比苯差。萘的加成、氧化及亲电取代反应均比苯容易，萘的亲电取代反应主要发生在电子云密度高的 α-位。

休克尔规则是指均由 sp^2 杂化碳原子组成的平面单环多烯体系中，π 电子数符合 $4n+2$ 规则时，分子便具有芳香性。

符合休克尔规则的环状烃均具有一定的芳香性。不含苯环结构而具有芳香性的环状烃称作非苯芳烃。

习　　题

1. 命名下列化合物：

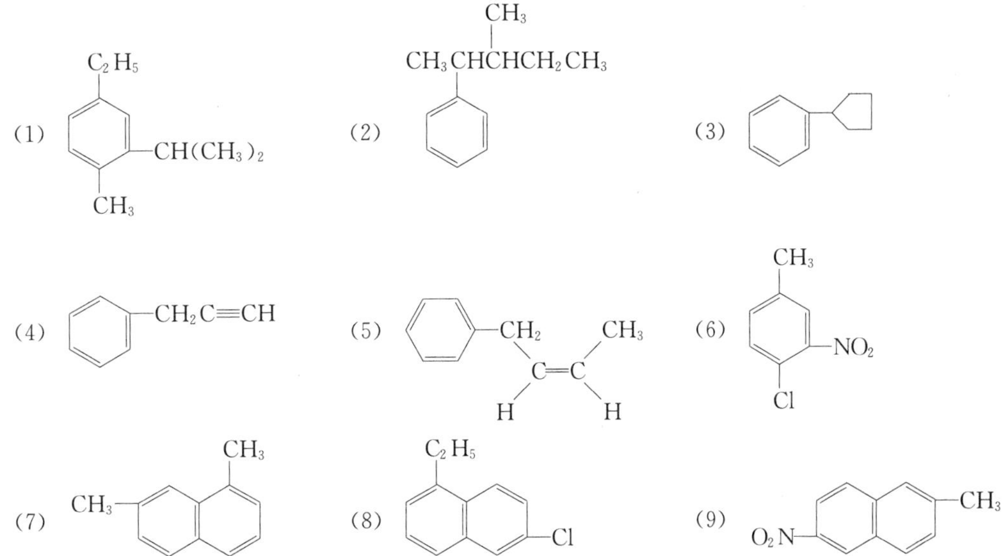

2. 写出下列化合物或基的结构式：

(1) 2-甲基-3-苯基-1-丁烯　(2) 2-乙基-4-溴甲苯　(3) 2,3-二硝基-4-氯苯甲酸

(4) 对氯苯磺酸　(5) 2-甲基-6-溴化萘　(6) 3-甲基-8-硝基-2-萘磺酸

(7) 苄基（苯甲基）　(8) 对甲苯基　(9) 邻甲苯基

3. 将下列各组化合物按亲电取代反应的活性由强到弱次序排列：

(1) 苯、甲苯、二甲苯、溴苯

(2) 苯酚、苯磺酸、甲苯、硝基苯

(3) 苯甲酸、对苯二甲酸、对甲基苯甲酸、对二甲苯

4. 用箭头标出下列化合物进行亲电取代反应时，取代基进入苯环的主要位置：

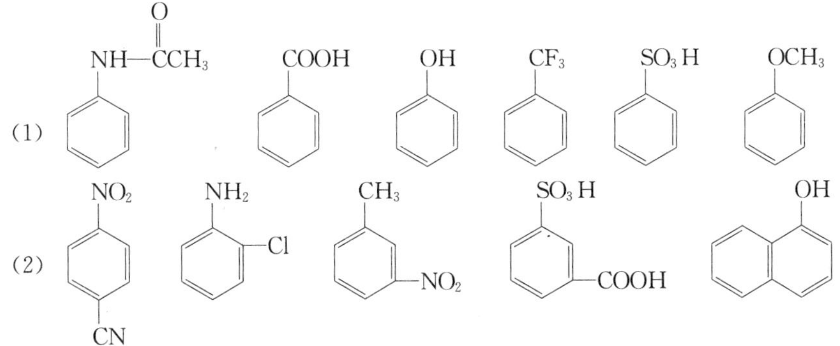

5. 完成下列反应式：

(1) 乙苯 $\xrightarrow{?}$ 对硝基乙苯 $\xrightarrow{?}$ 2-氯-4-硝基乙苯 $\xrightarrow[\triangle]{KMnO_4/H^+}$?

(2) $C_6H_5-CH_2-CH=CH_2 \xrightarrow[CCl_4]{Br_2}$? $\xrightarrow[Fe]{Br_2}$?

(3) 环丙烷 $\xrightarrow{HBr}$? $\xrightarrow[\text{无水 }AlCl_3]{\text{苯}}$? $\xrightarrow[\text{光}]{Cl_2}$?

(4) 苯 + $CH_3\overset{O}{\overset{\|}{C}}-Cl \xrightarrow{\text{无水 }AlCl_3}$? $\xrightarrow[\text{浓 }H_2SO_4]{\text{浓 }HNO_3}$?

(5) 对叔丁基乙苯（CH_2CH_3、$C(CH_3)_3$）$+KMnO_4 \xrightarrow{H^+}$? $\xrightarrow{\text{浓 }H_2SO_4}$?

(6) 苯 $+O_2 \xrightarrow[450\ ℃]{V_2O_5}$? $\xrightarrow{1,3\text{-丁二烯}}$?

(7) 萘 $+O_2 \xrightarrow[450\ ℃]{V_2O_5}$? $\xrightarrow[\text{无水 }AlCl_3]{\text{苯}}$?

(8) 萘 $\xrightarrow[\text{浓 }H_2SO_4]{\text{浓 }HNO_3}$? $\xrightarrow[Fe]{Br_2}$?

6. 用简便的化学方法鉴别下列各组化合物：

(1) 苯、乙苯、苯乙烯

(2) 苯、环丙烷、环戊烯

7. 用指定的原料合成下列化合物（无机试剂可任选）：

(1) 以苯为主要原料合成 间溴硝基苯（Br、NO_2）

(2) 以苯为主要原料合成 3,4-二氯硝基苯（Cl、Cl、NO_2）

(3) 以苯和乙烯为原料合成 O_2N-（苯环，Cl）-CH_2CH_3（2-氯-4-硝基乙苯）

（4）以甲苯为主要原料合成 H_3C-⬡$-CH_2-$⬡$-NO_2$

（5）以苯为主要原料合成 O_2N-⬡$-COOH$

8. 根据休克尔规则判断下列各化合物是否具有芳香性：

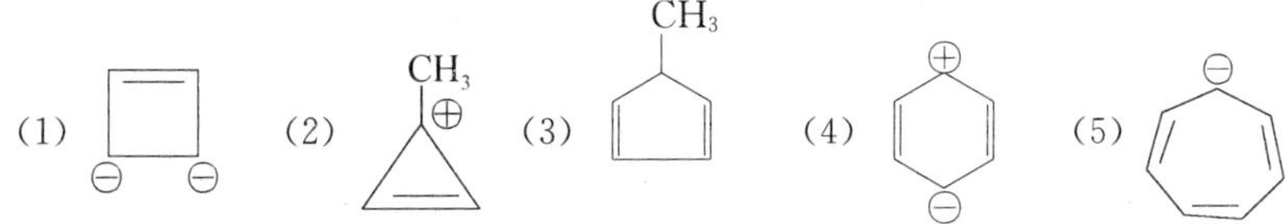

9. 某烃 A 的分子式为 C_9H_8，能与 $AgNO_3$ 的氨溶液反应生成白色沉淀。A 与 2 mol 氢加成生成 B，B 被酸性高锰酸钾氧化生成 C($C_8H_6O_4$)。在铁粉存在下 C 与 1 mol 氯反应，得到的一氯代产物只有一种。试推测 A、B、C 的结构式。

10. 化合物 A 分子式为 C_8H_{10}，在三溴化铁催化下，与 1 mol 溴作用只生成一种产物 B；B 在光照下与 1 mol 氯反应，生成两种产物 C 和 D。试推测 A、B、C、D 的结构式。

11. 三种芳烃分子式均为 C_9H_{12}，氧化时 A 得到一元酸，B 得到二元酸，C 得到三元酸；进行硝化反应时，A 主要得到两种一硝基化合物，B 只得到两种一硝基化合物，而 C 只得到一种一硝基化合物。试推测 A、B、C 的结构式。

自测题

自测题答案

第二部分

烃的衍生物

烃的衍生物是指烃分子中的氢原子被其他原子或基团取代的化合物，主要有烃的卤素衍生物、含氧和含硫衍生物、含氮和含磷衍生物等。

烃的卤素衍生物称为卤代烃，其官能团为卤原子。烃的含氧衍生物根据含氧官能团的不同，分为含羟基（—OH）的醇和酚；含醚键（—O—）的醚；含羰基（>C═O）的醛、酮、醌；含羧基（—COOH）的羧酸及其衍生物等，它们在有机化学中占有极为重要的地位。烃的含氮衍生物中最重要的是胺类和硝基化合物，官能团为氨（胺）基（$—NH_2$、—NHR、$—NR_2$）和硝基（$—NO_2$）。许多含氮衍生物在各种生命活动中起着重要的作用。

本部分着重讨论各类烃的衍生物的分类、命名、结构及性质，并对个别重要化合物做简单介绍。

第四章　卤代烃

卤代烃指烃分子中的氢原子被卤原子取代后的化合物。卤原子是卤代烃的官能团，通常为氯原子、溴原子和碘原子。本章主要介绍这三类卤代烃。按照分子中烃基的类型，卤代烃可分为卤代烷烃、卤代烯烃、卤代炔烃和卤代芳烃。

卤代烃在自然界中存在极少，绝大多数是人工合成的。这些卤代烃被广泛用作农药、麻醉剂、灭火剂、溶剂等。由于碳卤键（C—X）是极性的，卤代烃的性质比较活泼，能发生多种化学反应生成各种重要的有机化合物，如医药、农药、农膜、防腐剂等，因而卤代烃在有机合成中起着桥梁作用。需要指出的是，一些作为杀虫剂的卤代烃在自然条件下难以降解或转化，往往对自然环境造成污染，对生态平衡构成危害，因此必须限制使用。

第一节　卤代烷烃

一、卤代烷烃的分类和命名

根据分子中与卤原子相连的碳原子的类型，卤代烷可分为伯卤代烷（一级卤代烷，RCH_2X）、仲卤代烷（二级卤代烷，R_2CHX）和叔卤代烷（三级卤代烷，R_3CX）。例如：

$CH_3CH_2CH_2CH_2—Cl$　　$CH_3CH_2CHCH_3$（Cl 连于第二个碳）　　$CH_3C(CH_3)_2—Cl$

伯卤代烷（一级卤代烷）　仲卤代烷（二级卤代烷）　叔卤代烷（三级卤代烷）

简单卤代烷可用普通命名法命名，即根据卤原子连接的烷基，称为“卤某烷”。例如：

CH_3Cl	CH_3CH_2Br	$C(CH_3)_3Cl$	环己基—Br
氯甲烷	溴乙烷	氯代叔丁烷	溴代环己烷

复杂卤代烷可用系统命名法命名，其原则和烷烃的命名相似，即选择连有卤原子的最长碳链作为主链，称为“某烷”，从靠近支链（烃基或卤原子）的一端给主链编号，把支链的位次和名称写在母体名称前，并按次序规则将较优基团排列在后。例如：

$CH_3CH_2CH(CH_2Cl)CH_2CH_3$　2-乙基-1-氯丁烷

$CH_3CH(CH_3)CH_2CH(Cl)CH_3$　2-甲基-4-氯戊烷

$CH_3CH_2CH(Cl)CH(Br)CH_3$　3-氯-2-溴戊烷

Br—环己基—Cl（1,4-位）　1-氯-4-溴环己烷

某些多卤代烷常用俗名或商品名称。例如：

$CHCl_3$	CHI_3	CCl_2F_2	$C_6H_6Cl_6$（环己烷六个碳上各连一个 Cl）
氯仿	碘仿	氟利昂-1,2	六六六（林丹）

问题与思考 4-1　写出分子式为 C_4H_9Cl 的所有异构体的结构式，命名并指出其中的伯、仲、叔卤代烷。

二、卤代烷烃的物理性质

常温常压下，氯甲烷、氯乙烷和溴甲烷是气体，其他卤代烷为液体，C_{15} 以上的卤代烷为固体。一卤代烷的沸点随碳原子数的增加而升高。烷基相同而卤原子不同时，以碘代烷沸点最高，其次是溴代烷与氯代烷。在卤代烷的同分异构体中，直链异构体的沸点最高，支链越多，沸点越低。

一氯代烷相对密度小于 1，一溴代烷、一碘代烷及多卤代烷相对密度均大于 1。在同系列中，相对密度随碳原子数的增加而降低，这是由于卤素在分子中所占的比例逐渐减少。

卤代烷不溶于水，易溶于乙醇、乙醚等有机溶剂。某些卤代烷如 $CHCl_3$、CCl_4 等本身就是良好的溶剂。纯净的卤代烷是无色的，碘代烷因易受光、热的作用而分解，产生游离碘而逐渐变

为红棕色。卤代烷在铜丝上燃烧时能产生绿色火焰，可以作为鉴定有机化合物中是否含有卤素的定性分析方法（氟代烃例外）。常见卤代烷的一些物理常数见表 4-1。

表 4-1　常见卤代烷的物理常数

卤代烷	氯代烷		溴代烷		碘代烷	
	沸点/℃	相对密度 d_4^{20}	沸点/℃	相对密度 d_4^{20}	沸点/℃	相对密度 d_4^{20}
CH_3X	−24.2	0.915 9	3.6	1.675 5	42.4	2.279 0
CH_3CH_2X	12.3	0.897 8	38.4	1.460 4	72.3	1.935 8
$CH_3CH_2CH_2X$	46.6	0.890 9	71.0	1.353 7	102.5	1.748 9
$(CH_3)_2CHX$	35.7	0.861 7	59.4	1.314 0	89.5	1.703 3
$CH_3CH_2CH_2CH_2X$	78.4	0.886 2	101.6	1.275 8	130.5	1.615 4
$CH_3CH_2CHXCH_3$	68.3	0.873 2	91.2	1.258 5	120.0	1.592 0
$(CH_3)_3CX$	52.0	0.842 0	73.3	1.220 9	100（分解）	1.544 5
$CH_3(CH_2)_3CH_2X$	107.8	0.881 3	129.6	1.218 2	157.0	1.516 0
CH_2X_2	40.0	1.326 6	97.0	2.497 0	182.0	3.325 4
CHX_3	61.7	1.483 2	149.5	2.889 9	升华	4.008 0
CX_4	76.5	1.594 0	189.0	3.273 0	升华	4.230 0

三、卤代烷烃的化学性质

卤原子具有较大的电负性，卤代烷分子中的卤原子带部分负电荷，卤原子的 α-C 原子带部分正电荷，C—X 键是极性共价键，因此卤代烷易发生 C—X 键断裂。当亲核试剂（带孤电子对或负电荷的试剂）进攻 α-C 原子时，卤素带着一对电子离去，进攻试剂与 α-C 原子结合，从而发生亲核取代反应。另外，由于受卤原子吸电子诱导效应的影响，卤代烷 β-位上碳氢键的极性增大，即 β-H 的酸性增强，在强碱性试剂作用下易脱去 β-H 和卤原子，发生消除反应。

综上所述，卤代烷的化学性质可归纳如下：

$$\text{R}-\underset{\text{H}}{\underset{|}{\text{CH}}}-\underset{\text{X}^{\delta^-}}{\underset{|}{\overset{\delta^+}{\text{CH}_2}}}$$

C—X 键断裂 ← 取代反应；H 与 X 同时脱去 ← 消除反应

1. 亲核取代反应　负离子（HO^-、RO^-、CN^-、NO_3^- 等）或带孤电子对的分子（NH_3、NH_2R、NHR_2、NR_3 等）有较高的电子云密度，具有较强的亲核性，称为亲核试剂。亲核试剂能提供一对电子与带部分正电荷的 α-C 原子形成新的共价键，发生亲核取代反应，用符号 S_N（nucleophilic substitution）表示。卤代烷的亲核取代反应可用下列通式表示：

$$\underset{\text{亲核试剂}}{\text{Nu}:^-} + \underset{\text{卤代烷}}{\text{R}-\overset{\delta^+}{\text{CH}_2}-\overset{\delta^-}{\text{X}}} \longrightarrow \underset{\text{取代产物}}{\text{R}-\text{CH}_2-\text{Nu}} + \underset{\text{离去基团}}{\text{X}:^-}$$

（1）被羟基取代　卤代烷与氢氧化钠或氢氧化钾的水溶液共热，卤原子被羟基取代生成醇。此反应也称为卤代烷的水解。

$$R—X + NaOH \xrightarrow[\triangle]{H_2O} R—OH + NaX$$

（2）被烷氧基取代　卤代烷与醇钠的醇溶液作用，卤原子被烷氧基取代生成醚。此反应也称为卤代烷的醇解。

$$R—X + NaOR' \xrightarrow{ROH} R—OR' + NaX$$

卤代烷的醇解是合成混合醚的重要方法，称为 Williamson 合成法。

（3）被氨基取代　卤代烷与氨（胺）的水溶液或醇溶液作用，卤原子被氨（胺）基取代生成胺。此反应也称为卤代烷的氨（胺）解。

$$R—X + NH_3 \xrightarrow{ROH} R—NH_2 + HX$$

由于产物具有亲核性，除非使用过量的氨（胺），否则反应很难停留在一取代阶段。如果卤代烷过量，产物是各种取代的胺以及季铵盐。

$$RNH_2 \xrightarrow[ROH]{RX} R_2NH \xrightarrow[ROH]{RX} R_3N \xrightarrow[ROH]{RX} R_4N^+X^-$$

（4）被氰基取代　卤代烷与氰化钠或氰化钾的醇溶液共热，卤原子被氰基取代生成腈。腈可发生水解反应生成羧酸。

$$R—X + NaCN \xrightarrow[\triangle]{ROH} R—CN + NaX$$

$$R—CN + H_2O \xrightarrow[\triangle]{H^+} RCOOH$$

由于产物比反应物多一个碳原子，因此该反应是有机合成中增长碳链的方法。

（5）被硝酸根取代　卤代烷与硝酸银的醇溶液作用，卤原子被硝酸根取代生成硝酸酯，同时产生卤化银沉淀。此反应可用于卤代烷的定性鉴定。

$$R—X + AgNO_3 \xrightarrow{ROH} R—ONO_2 + AgX\downarrow$$

问题与思考 4-2　完成下列反应：

$$CH_3—\underset{\displaystyle CH_3}{\underset{|}{CH}}—CH_2Br + \begin{cases} NaOH \xrightarrow{H_2O} \\ CH_3NH_2 \xrightarrow{ROH} \\ CH_3ONa \xrightarrow{ROH} \\ AgNO_3 \xrightarrow{ROH} \end{cases}$$

卤代烷的亲核取代反应按两种反应历程进行，即单分子亲核取代（S_N1）和双分子亲核取代（S_N2）反应历程。

叔丁基溴在氢氧化钠水溶液中的水解反应是按 S_N1 历程进行的，反应速度仅与叔丁基溴的浓度成正比，与亲核试剂 OH^- 的浓度无关，在动力学上属于一级反应。

$$v=k\ [(CH_3)_3CBr]$$

S_N1 反应分两步完成，第一步是 C—Br 键断裂生成碳正离子和溴负离子，第二步是碳正离子和 OH^- 结合生成醇。

单分子亲核取代反应

$$CH_3-\underset{CH_3}{\overset{CH_3}{C}}-Br \xrightarrow{\text{慢}} \left[CH_3-\underset{CH_3}{\overset{CH_3}{\overset{\delta^+}{C}}}\cdots\cdots\overset{\delta^-}{Br}\right] \longrightarrow CH_3-\underset{CH_3}{\overset{CH_3}{C^+}} + Br^-$$

过渡态Ⅰ　　　碳正离子

$$CH_3-\underset{CH_3}{\overset{CH_3}{C^+}} + {}^-OH \xrightarrow{\text{快}} \left[CH_3-\underset{CH_3}{\overset{CH_3}{\overset{\delta^+}{C}}}\cdots\cdots\overset{\delta^-}{OH}\right] \longrightarrow CH_3-\underset{CH_3}{\overset{CH_3}{C}}-OH$$

过渡态Ⅱ

第一步，叔丁基溴在极性溶剂作用下，C—Br 键逐渐伸长到达过渡态Ⅰ，然后发生异裂形成碳正离子中间体。这一步活化能 ΔE_1 较高，反应较慢。第二步，碳正离子中间体立即与亲核试剂 OH^- 结合，经过渡态Ⅱ形成醇。这一步活化能 ΔE_2 较低，反应较快。因为整个反应速度由第一步决定，所以反应速度仅与叔丁基溴的浓度成正比，与亲核试剂 OH^- 的浓度无关，称为 S_N1 反应。反应的能量变化如图 4－1 所示。

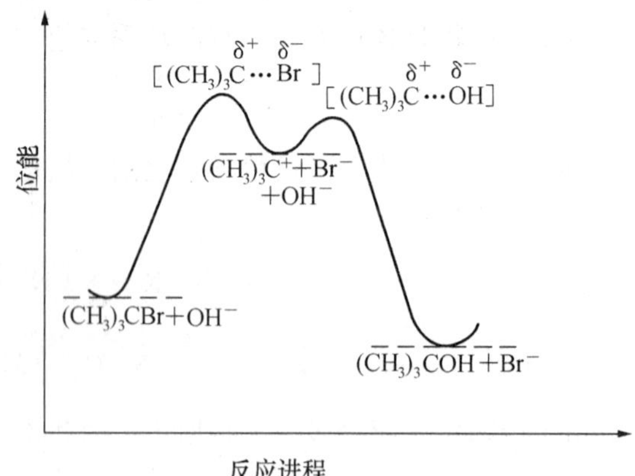

图 4－1　S_N1 反应历程中的能量变化

既然 S_N1 反应速度由第一步决定，因此这步中生成的碳正离子中间体越稳定，反应越容易进行，反应速度越快。所以不同类型卤代烷按 S_N1 历程反应的活性次序为：

$$R_3C-X > R_2CH-X > RCH_2-X > CH_3-X$$

溴甲烷在氢氧化钠水溶液中的水解反应是按 S_N2 历程进行的，反应速度既与溴甲烷的浓度成正比，也与亲核试剂 OH^- 的浓度成正比，在动力学上属于二级反应。

$$v=k\,[CH_3Br]\,[OH^-]$$

S_N2 反应是通过形成过渡态一步完成的。

双分子亲核取代反应

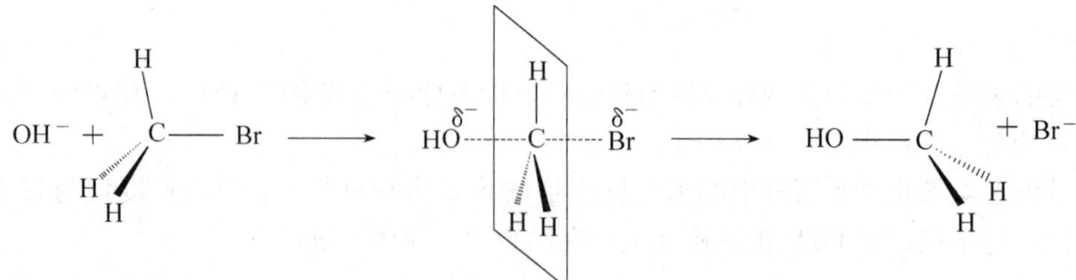

亲核试剂 OH^- 因受电负性大的溴原子排斥，只能从溴原子背面进攻 α－C 原子。到达过渡态时，OH^- 与 α－C 原子之间部分成键，C—Br 键部分断裂，三个氢原子与碳原子在一个平面上，进攻试剂和离去基团分别处在该平面的两侧。同时，α－C 原子由 sp^3 杂化转变为 sp^2 杂化。当 OH^- 进一步接近 α－C 原子并最终形成 O—C 键时，三个氢原子也向溴原子一方翻转，C—Br 键进一步拉长并彻底断裂，Br^- 离去，碳原子又转变为 sp^3 杂化。整个过程是连续的，旧键的断裂和新键的形成是同时进行和同时完成的，所以反应速度与卤代烷和亲核试剂的浓度都有关，称为 S_N2 取代。反应的能量变化如图 4－2 所示。

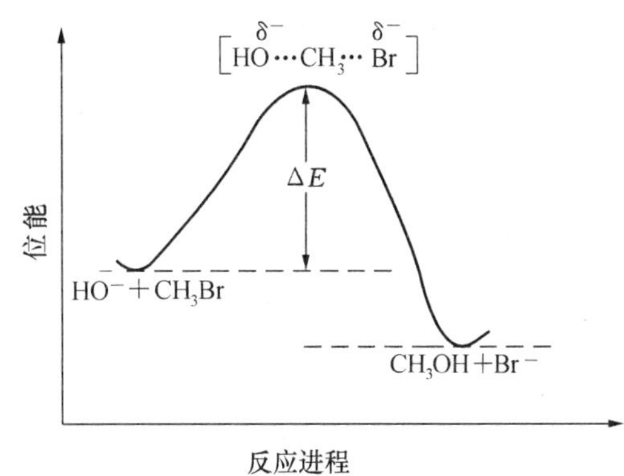

图 4－2　S_N2 反应历程中的能量变化

在 S_N2 反应中，亲核试剂从卤原子的背面进攻，α－C 原子周围的空间阻碍将影响亲核试剂的进攻。所以 α－C 原子上的烃基越多，进攻的空间阻碍越大，反应速度越慢。另一方面，烷基具有斥电子性，α－C 原子上的烷基越多，该碳原子上的电子云密度也越大，越不利于亲核试剂的进攻。所以不同类型卤代烷按 S_N2 历程反应的活性次序为：

$$CH_3—X > RCH_2—X > R_2CH—X > R_3C—X$$

卤代烷进行亲核取代反应时，S_N1 和 S_N2 历程同时并存，相互竞争，究竟以哪种历程为主与卤代烷的结构有关。从空间效应看，α－C 原子上烷基数目越多，体积越大，对亲核试剂进攻的空间阻碍作用越大，越不利于反应按 S_N2 历程进行。同时，α－C 原子上烷基增多，基团之间拥挤程度以及相互斥力增大，促使卤素以 X^- 形式离去，反应易按 S_N1 历程进行。从电子效应看，α－C 原子上烷基越多，其上的电子云密度越高，形成的碳正离子也越稳定，越有利于反应按 S_N1 历程进行。相反，α－C 原子上烷基越少，其上的电子密云度越低，越易于亲核试剂进攻 α－C 原子，因此有利于反应按 S_N2 历程进行。所以一般叔卤代烷主要按 S_N1 历程进行，伯卤代烷主要按 S_N2 历程进行，仲卤代烷既可按 S_N1 历程又可按 S_N2 历程进行。

另外，卤原子对亲核取代反应速度也有影响。当卤代烷分子中的烷基相同而卤原子不同时，其反应活性次序为：

$$R—I > R—Br > R—Cl$$

因为无论反应按 S_N1 还是 S_N2 历程进行，都必须断裂 C—X 键。卤原子的半径大小次序为 I>Br>Cl，原子半径越大，可极化度越大，C—X 键键能越小，反应活性越大。因此，C—I 键最容易断裂，C—Br 键其次，C—Cl 键较难断裂。

问题与思考 4－3　C_2H_5Cl 在含水乙醇中进行碱性水解反应时，如增加水的含量，则反应速度下降。而 $(CH_3)_3CCl$ 在含水乙醇中进行碱性水解反应时，增加水的含量反而使反应速度上升，为什么？

---

2. 消除反应　卤代烷在 KOH 或 NaOH 等强碱的醇溶液中加热，分子中脱去一分子卤化氢生成烯烃。这种由分子中脱去一个简单分子（如 H_2O、HX、NH_3 等）的反应叫作消除反应。用

符号 E(elimination) 表示。

$$\underset{\boxed{\text{H}\quad\text{X}}}{\text{RCH—CH}_2} + \text{KOH} \xrightarrow[\triangle]{C_2H_5OH} \text{RCH═CH}_2 + \text{KX} + H_2O$$

当含两个以上β-碳原子的卤代烷发生消除反应时，将按不同方式脱去卤化氢，生成不同的产物，但主要产物是脱去含氢较少的β-C原子上的氢，生成双键碳原子上连有较多烃基的烯烃。这个规律称为查依采夫（A. M. Saytzeff）规律。例如：

$$CH_3\overset{\beta}{\underset{|}{C}}H\text{—}\overset{\alpha}{C}H\text{—}\overset{\beta}{C}H_2 \xrightarrow[\triangle]{NaOH-C_2H_5OH} \underset{81\%}{CH_3CH═CHCH_3} + \underset{19\%}{CH_3CH_2CH═CH_2}$$
$$\quad\text{H}\qquad\text{Br}\qquad\text{H}$$

卤原子是和β-C原子上的氢形成HX脱去的，这种形式的消除反应称β-消除反应。消除反应也有单分子消除（E1）和双分子消除（E2）两种反应历程。

（1）单分子消除反应历程　与S_N1反应一样，E1反应也是分两步进行的。

单分子消除反应

$$(CH_3)_3CBr \xrightarrow{慢} (CH_3)_3C^+ + Br^-$$

$$CH_3\text{—}\overset{CH_3}{\underset{CH_2\text{—}H}{C^+}} + OH^- \xrightarrow{快} CH_2═C(CH_3)_2 + H_2O$$

$$v=k\,[(CH_3)_3CBr]$$

整个反应的速度取决于第一步中叔丁基溴的浓度，与试剂OH^-的浓度无关，故称为单分子消除反应历程，用E1表示。

与S_N1反应历程不同，E1历程的第二步中，OH^-不是进攻碳正离子生成醇，而是夺取β-H生成烯烃。显然，E1和S_N1两种反应历程相互竞争，相互伴随发生。例如，在25 ℃时，叔丁基溴在乙醇溶液中反应得到81%的取代产物和19%的消除产物：

$$(CH_3)_3CBr + C_2H_5OH \xrightarrow{25\ ℃} \underset{81\%}{(CH_3)_3C\text{—}OC_2H_5} + \underset{19\%}{(CH_3)_2C═CH_2}$$

从E1反应历程可以看出，不同卤代烷的反应活性次序和S_N1相同，即

$$R_3C\text{—}X > R_2CH\text{—}X > RCH_2\text{—}X$$

（2）双分子消除反应历程　E2和S_N2也很相似，旧键的断裂和新键的形成同时进行，整个反应经过一个过渡态。

双分子消除反应

$$OH^- + CH_3\text{—}\overset{H}{\underset{H}{C}}\text{—}CH_2\text{—}Br \longrightarrow \left[CH_3\text{—}\overset{\overset{\delta^-}{HO}\cdots H}{\underset{H}{C}}\text{┄}CH_2\cdots\overset{\delta^-}{Br}\right] \longrightarrow CH_3\text{—}CH═CH_2 + Br^- + H_2O$$

$$v=k\,[CH_3CH_2CH_2Br]\,[OH^-]$$

反应速度既与卤代烷的浓度成正比，也与碱的浓度成正比，故称为双分子消除反应历程，用E2表示。

与S_N2反应历程不同，E2历程中OH^-不是进攻α－C原子生成醇，而是夺取β－H原子生成烯烃。显然，E2与S_N2两种反应历程也是相互竞争、相互伴随发生的。例如：

$$(CH_3)_2CHCH_2Br \xrightarrow{RO^-} \underset{60\%}{(CH_3)_2C{=}CH_2} + \underset{40\%}{ROCH_2CH(CH_3)_2}$$

当α－C原子上的烷基数目增加时，意味着空间位阻加大和β－H原子增多，因此不利于亲核试剂进攻α－C原子，而有利于碱进攻β－H原子，因而有利于E2反应。所以在E2反应中，不同卤代烷的反应活性次序和E1相同，即

$$R_3C{-}X > R_2CH{-}X > R{-}CH_2{-}X$$

(3) 取代反应与消除反应的竞争　由于亲核试剂（如OH^-、RO^-、CN^-等）本身也是碱，所以卤代烷发生亲核取代反应的同时也可能发生消除反应，且每种反应都可能按单分子历程和双分子历程进行。因此卤代烷与亲核试剂作用时可能有四种反应历程，即S_N1、S_N2、E1、E2。究竟哪种历程占优势，主要由卤代烷的结构、亲核试剂的性质（亲核性、碱性）、溶剂的极性以及反应的温度等因素决定。

一般来说，叔卤代烷易发生消除反应，伯卤代烷易发生取代反应，而仲卤代烷则介于二者之间。试剂的亲核性强（如CN^-）有利于取代反应，试剂的碱性强而亲核性弱（如叔丁醇钾）有利于消除反应。溶剂的极性强有利于取代反应，反应的温度升高有利于消除反应。

从这里可看出，有机化学反应比较复杂，受到许多因素影响。在进行某种类型的反应时，往往还伴随有其他反应发生；在得到一种主要产物的同时，还有副产物生成。为了使主要反应顺利进行，应仔细分析反应特点及各种因素对反应的影响，严格控制反应条件。

问题与思考4－4　写出下列反应的主要产物：

$$CH_3CH_2C(CH_3)_2Br \begin{cases} \xrightarrow[\triangle]{NaOH(H_2O)} \\ \xrightarrow[\triangle]{NaOH(ROH)} \end{cases}$$

---

3. 与金属反应　卤代烷能与多种金属反应生成有机金属化合物，有机金属化合物是重要的有机合成试剂，使用较多的是格林纳（Grignard）试剂，简称格氏试剂。格氏试剂可通过一卤代烷在无水乙醚中与金属镁作用制得。

$$R{-}X + Mg \xrightarrow{\text{无水乙醚}} R{-}Mg{-}X$$

格氏试剂中的C—Mg键极性很强，化学性质非常活泼，能和多种化合物作用生成烃、醇、醛、酮、羧酸等物质。例如，格氏试剂与CO_2作用，经水解后可制得羧酸：

$$RMgX + CO_2 \xrightarrow{\text{无水乙醚}} RC(=O)—OMgX \xrightarrow[H^+]{H_2O} RC(=O)—OH + Mg(X)(OH)$$

格氏试剂能与许多含活泼氢的物质作用生成相应的烷烃，因此在制备格氏试剂时必须避免与水、醇、酸、氨等物质接触。

$$RMgX + HY \longrightarrow RH + Mg(X)(Y)$$

（Y=—OH、—OR、—X、—NH_2、—C≡CR等）

科学家小传：维克多·格林纳

维克多·格林纳（Francois Auguste Victor Grignard，1871—1935），法国化学家。格林纳在里昂大学读博士期间，在老师巴比尔教授指导之下，发现了金属镁可与卤代烃的醚溶液反应，生成一类有机合成的中间体——烃基卤化镁（被后人称为格氏试剂），利用它可以合成许多有机中间体，如醇、醛、酮、酸和烃类，尤其是各种醇类。如果选择合适的起始反应物，格氏试剂可以被用来合成很多不同的化合物。鉴于格林纳发明了格氏试剂，对当时有机化学的发展产生了重要影响，1912年瑞典皇家科学院决定授予他诺贝尔化学奖。格林纳曾上书瑞典皇家科学院诺贝尔基金委员会，诚恳地请求把诺贝尔化学奖授予他的老师巴比尔教授。格林纳不仅是一位勤奋好学、成果累累的学者，更是一位道德高尚的人。

四、个别化合物

1. 溴甲烷 溴甲烷常温下为无色稍带香甜气味的气体，沸点3.6℃，难溶于水，易溶于有机溶剂，加压后可贮存在耐压容器中。溴甲烷具有强烈的神经毒性，是常用的熏蒸杀虫剂，特别能熏蒸棉籽消灭红铃虫，并能防治多种害虫（如豌豆象虫、蚕豆象虫、米象虫、马铃薯块茎蛾和介壳虫等）。可用于熏杀谷仓、种子、温室及土壤害虫，但对人、畜毒性很大，须谨慎使用。

2. 三氯甲烷 三氯甲烷又称氯仿，是无色有香甜味的液体，沸点61.7℃，不能燃烧，也不溶于水，是常用的有机溶剂，能溶解油脂、蜡、有机玻璃和橡胶等。纯净的氯仿可用作牲畜外科手术的麻醉剂。

氯仿在光照下能被空气缓慢氧化生成剧毒的光气，所以氯仿要保存在棕色瓶中。使用前可用硝酸银溶液检验是否有光气生成，如有，可加入1%的乙醇破坏之。

$$2CHCl_3 + O_2 \xrightarrow{\text{日光}} 2Cl—\underset{\text{光气}}{C(=O)}—Cl + 2HCl$$

$$Cl-\overset{\overset{\displaystyle O}{\|}}{C}-Cl + 2C_2H_5OH \longrightarrow CH_3CH_2O-\overset{\overset{\displaystyle O}{\|}}{C}-OCH_2CH_3 + 2HCl$$

碳酸二乙酯(无毒)

3. 四氯化碳　四氯化碳在常温下为无色液体，有毒，具有致癌作用，沸点 76.5 ℃，不溶于水，能溶解脂肪、树脂、橡胶等多种有机物，是实验室和工业上常用的有机溶剂和萃取剂。四氯化碳易挥发，不燃烧，是常用的灭火剂。在灭火时，四氯化碳和水蒸气作用可产生光气，所以要注意通风。四氯化碳在农业上可用作熏蒸杀虫剂。

$$CCl_4 + H_2O \xrightarrow{>500\ ℃} Cl-\overset{\overset{\displaystyle O}{\|}}{C}-Cl + 2HCl$$

4. 林丹　有机氯杀虫剂，分子式为 $C_6H_6Cl_6$，构造式为：

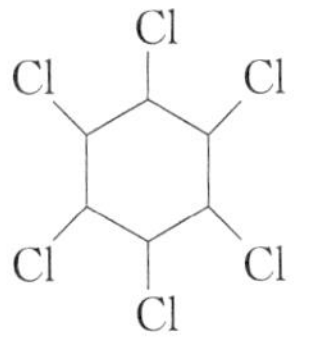

(六个 Cl 分别连在环己烷环的六个碳上)

1,2,3,4,5,6-六氯环己烷(六六六)

六六六有多种异构体，根据被发现的顺序以 α、β、γ……来标记。商品名叫林丹（Lindane）的异构体是 γ-异构体，其杀虫能力最强。一般使用的六六六含林丹 12%～14%。

纯净的林丹为白色晶体，熔点 112.5～113.0 ℃，不溶于水，易溶于苯、甲苯、乙醇、丙酮、氯代烃等有机溶剂，对光、热、空气以及酸都稳定，但在碱性条件下易发生消除氯化氢的反应。林丹是中等毒性的杀虫剂，具有胃毒、触杀、熏蒸等杀虫活性，对昆虫体内的胆碱酯酶有抑制作用，还可与昆虫的神经膜作用使其动作失调、产生痉挛、麻痹以至死亡。在触杀浓度下对作物无药害。

虽然林丹毒性不大，但在自然条件下难以降解，具有较高的残毒，并可通过生物链富集而对人、畜的健康造成危害，给生态环境和生态平衡带来一系列问题，现已禁止使用。

5. 氟利昂　二氟二氯甲烷 CCl_2F_2 的商品名为氟利昂-1,2，是无色、无臭、无毒、无腐蚀性、不燃烧、化学性质稳定的气体，沸点 −29.8 ℃。易被压缩成液体，解除压力后迅速汽化，同时吸收大量热使环境温度降低，可用作制冷剂。

氟利昂（freon）是 CCl_2F_2、CCl_3F、$CHClF_2$、$CHCl_2F$、$CClF_3$ 等化合物的总称。氟利昂用作制冷剂已有近百年历史，1985 年发现它们能破坏大气臭氧层，对地球生物造成极大的危害。1987 年在加拿大蒙特利尔召开的国际会议上，与会者呼吁各国控制氟利昂的生产和使用。

第二节　卤代烯烃和卤代芳烃

一、分类和命名

1. 分类　根据卤原子和不饱和碳原子的相对位置，卤代烯烃和卤代芳烃可分为三种类型。

(1) 乙烯型和芳基型卤代烃，即卤原子和不饱和碳原子直接相连的卤代烃。例如：

（2）烯丙型和苄基型卤代烃，即卤原子和不饱和碳原子之间相隔一个饱和碳原子的卤代烃。例如：

$CH_2{=}CHCH_2{-}X$　　　　（苯环）$-CH_2{-}X$

（3）隔离型卤代烯烃和卤代芳烃，即卤原子和不饱和碳原子之间相隔两个或两个以上饱和碳原子的卤代烃。例如：

$CH_2{=}CH(CH_2)_n{-}X$　　　　（苯环）$-(CH_2)_n{-}X$　　　　$(n \geqslant 2)$

2. 命名　卤代烯烃通常采用系统命名法命名，即以烯烃为母体，卤原子为取代基，编号时使双键位置最小。例如：

$CH_2{=}CHCH_2Cl$	$CH_3CH(Br)CH{=}C(CH_3)CH_3$	（环己烯）$-Cl$
3-氯丙烯	2-甲基-4-溴-2-戊烯	3-氯环己烯

卤代芳烃的命名有两种方法。一是卤原子连在芳环上时，把芳环当作母体，卤原子作为取代基；二是卤原子连在侧链上时，把侧链当作母体，卤原子和芳环均作为取代基。例如：

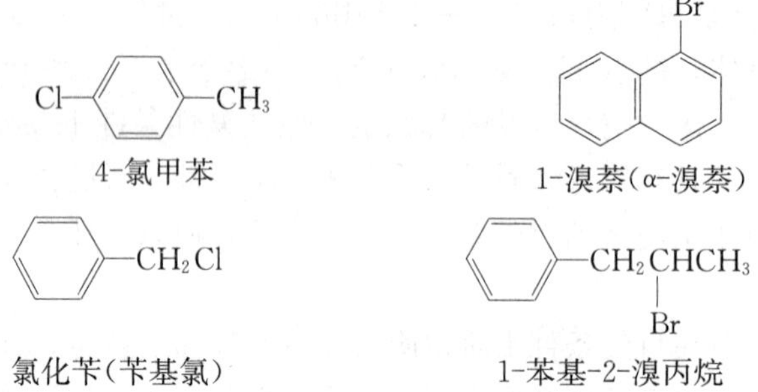

4-氯甲苯　　1-溴萘（α-溴萘）

氯化苄（苄基氯）　　1-苯基-2-溴丙烷

二、化学性质

三种类型的卤代烯烃和卤代芳烃分子中都具有两个官能团，除具有烯烃或芳烃的通性外，由于卤原子对双键或芳环的影响，又表现出各自的反应活性。

1. 乙烯型和芳基型卤代烃　这类卤代烃的结构特点是卤原子直接与不饱和碳原子相连，分子中存在 p－π 共轭体系。例如氯乙烯和氯苯分子中存在以下 p－π 共轭体系：

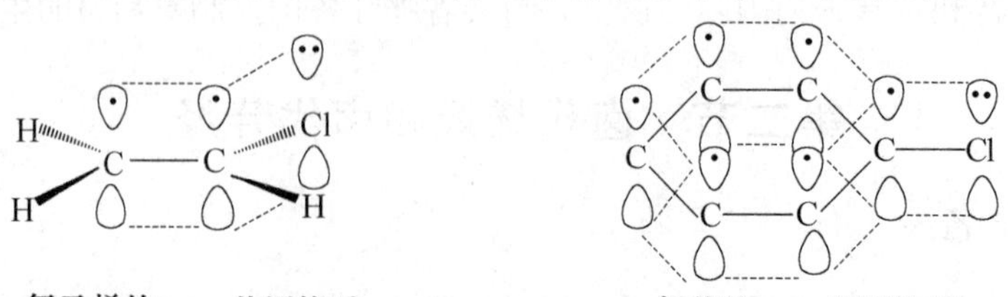

氯乙烯的 p－π 共轭体系　　**氯苯的 p－π 共轭体系**

共轭效应使 C—Cl 键键长缩短，键能增大，C—Cl 键难以断裂，卤原子的反应活性显著降低，活性比相应的卤代烷弱，在通常情况下不与 NaOH、C_2H_5ONa、NaCN 等亲核试剂发生取代反应，甚至与硝酸银的醇溶液共热也不生成卤化银沉淀。

在乙烯型卤代烃分子中，由于卤原子的诱导效应较强，C═C 双键电子云密度有所下降，进行亲电加成反应时，速度较乙烯慢。

2. 烯丙型和苄基型卤代烃　这类卤代烃的结构特点是卤原子与不饱和碳原子之间相隔一个饱和碳原子，无论是按 S_N1 还是按 S_N2 历程进行取代反应，由于共轭效应使 S_N1 的碳正离子中间体或 S_N2 的过渡态势能降低而稳定，使反应易于进行，所以烯丙型和苄基型卤代烃的卤原子反应活性比相应的卤代烷高，室温下即能与硝酸银的醇溶液作用生成卤化银沉淀。

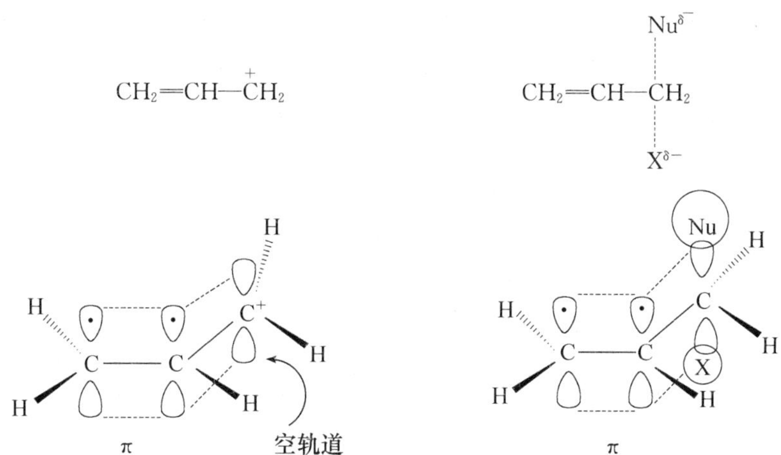

烯丙基碳正离子的 p－π 共轭体系　　　烯丙基卤代烃的 S_N2 反应过滤态

3. 隔离型卤代烯烃和卤代芳烃　隔离型卤代烯烃和卤代芳烃分子中的卤原子与碳碳双键或芳环相隔较远，彼此影响很小，化学性质与相应的烯烃或卤代烷相似，加热条件下可与硝酸银的醇溶液作用产生卤化银沉淀。

综上所述，三类不饱和卤代烃的亲核取代反应活性次序可归纳如下：

烯丙型卤代烃 ＞ 隔离型卤代烯烃 ＞ 乙烯型卤代烃

苄基型卤代烃 ＞ 隔离型卤代芳烃 ＞ 芳基型卤代烃

问题与思考 4－5　用化学方法鉴别下列各组化合物：

（1）　H_3C—　—Cl　　H_3C—　—Cl　　H_3C—　—Cl

（2）3－溴丙烯、2－溴丙烯、2－甲基－2－溴丙烷

三、个别化合物

1. 氯乙烯　氯乙烯是无色气体，稍有麻醉性，不溶于水，易溶于乙醇、乙醚、丙酮等有机溶剂。可用下述方法制备：

$$CH_2{=}CH_2 \xrightarrow{Cl_2} \underset{\underset{\displaystyle Cl}{|}}{CH_2}{-}\underset{\underset{\displaystyle Cl}{|}}{CH_2} \xrightarrow{NaOH} CH_2{=}CH{-}Cl$$

氯乙烯的主要用途是制备聚氯乙烯。

$$n\,CH_2{=}\underset{\underset{\displaystyle Cl}{|}}{CH} \xrightarrow{\text{过氧化物}} \left[CH_2{-}\underset{\underset{\displaystyle Cl}{|}}{CH}\right]_n \quad (n=800\sim1\,400)$$

聚氯乙烯

聚氯乙烯具有极好的耐化学腐蚀性，不燃烧，电绝缘性好，在工农业生产和日常生活中具有广泛的用途，可用于制造塑料、涂料、合成纤维等。根据加入增塑剂的量，可分别制得软质聚氯乙烯塑料和硬质聚氯乙烯塑料。软质聚氯乙烯塑料可用于制作塑料薄膜、人造革、电线套管等。硬质聚氯乙烯塑料可用于制作板材、管道、阀门、塑料棒等。但聚氯乙烯制品的耐热性、耐光性较差。

2. 氯化苄 氯化苄为无色液体，有强刺激性气味，沸点 179.3℃，不溶于水，可溶于乙醇、乙醚、氯仿等有机溶剂。其蒸气能刺激黏膜，具有强烈的催泪作用，对皮肤和呼吸道也有一定的刺激性。其催泪作用是烯丙基型和苄基型卤代烃的共有生理性质，这类卤代烃的卤原子相当活泼，易和多种亲核试剂作用，生物体内存在许多具有生理活性的含氮、硫的化合物，它们作为亲核试剂和卤代烃作用失去生理功能，卤代烃的这种破坏作用使黏膜感受到刺激性，流泪正是为了排除有刺激性的卤代物的一种反应，不过这种刺激作用很快就会消失，因为烯丙基型和苄基型卤代烃易被水解。

3. 甲乙涕 一些有机氯杀虫剂，如 DDT 和六六六残毒严重，目前世界各国已禁止使用。但甲乙涕却具有低毒高效的杀虫能力，而且在环境中迅速分解无残留，有些国家已生产试用。DDT 和甲乙涕的结构式如下：

$$(p\text{-}Cl{-}C_6H_4)_2CH{-}CCl_3$$

2,2-双(对氯苯基)-1,1,1-三氯乙烷

商品名:DDT,滴滴涕

$$(p\text{-}CH_3{-}C_6H_4)(p\text{-}CH_3CH_2O{-}C_6H_4)CH{-}CCl_3$$

2-(对甲苯基)-2-(对乙氧基苯基)-1,1,1-三氯乙烷

商品名:甲乙涕

拓展阅读

氟化学品和含氟新材料

目前，在世界范围内销售和使用的含氟化学品和含氟新材料已有几千个品种。含氟新材料主要是指有机高分子化合物的主链或侧链中与碳原子直接以共价键相连的氢原子全部或者部分被氟原子取代后形成的高分子聚合物。常见的含氟产品和新材料有：

1. 聚四氟乙烯（PTFE） 被人们称作“塑料王”的 PTFE 具有优异的化学稳定性、耐高低温性、不粘性、润滑性、电绝缘性、耐老化性、抗辐射性等特点，被广泛应用于核工业、核能工

程、航空、航天、舰艇、石油、机械、电子电器、建筑、医学、防腐、涂覆等诸多领域。

2. 含氟弹性体　具有优异的耐高温、耐化学品性，良好的机械性能和电绝缘性能，是综合性能最佳的“橡胶王”。含氟弹性体主要用作各种密封器件，如汽车、飞机、航天发动机引擎周围的密封材料，油气井、炼油、化工使用的各种密封环、密封圈、密封件等。

3. 含氟聚氨酯　广泛用于工业设备、家用电器、家具、汽车、飞机的表面涂料和医学、织物、皮革等产品生产及表面处理，如通过对皮革表面的涂饰可以提高皮革的耐油耐水性、表面光滑性和美观性；用作玻璃制品（如镜子、镜片、光学组件）的防雾涂层等。

4. 含氟抗癌类药　用于治疗直肠癌的口服5-FU前体药物，如氟铁龙、加洛他滨、乙嘧替氟、替加氟、氟胞嘧啶等。

5. 麻醉剂　1,1,1,3,3,3-六氟异丙基单氟甲基醚[$(CF_3)_2CHOCH_2F$]和1,2,2,2-四氟乙基二氟甲基醚（$CF_3CHFOCHF_2$），是应用比较广泛的两种麻醉剂。

6. 卤代烷（**哈龙**）**系列灭火剂**　卤代烷系列灭火剂的主要成分是氟溴碳化合物。

7. 1,1,1,2-四氟乙烷（CF_3CH_2F，也叫HFC-134a）　氟利昂替代品，是目前市场上的新一代主导制冷剂。

8. 全氟十萘（$C_{10}F_{18}$）　是人造血液的原料，由三氟化钴与氟四氢萘合成。

9. 全氟烃（油）　具有高化学惰性和高热稳定性（在纯氧中也不会燃烧和爆炸），被广泛应用于工业仪表和航空航天等领域的润滑油，在核工业中也被用于分离提纯六氟化铀同位素。

10. 全氟辛酸　作为一种高效表面活性剂，被广泛用于纺织品、纸张和皮革的表面处理，以达到防油、防水和去污的作用。全氟辛酸衍生物也被用作高效灭火剂。

其他含氟化学品和含氟新材料还有冰晶石、聚偏氟乙烯（PVDF）、聚全氟乙丙烯（FEP）、聚氟乙烯（PVF）、含氟丙烯酸酯聚合物、全氟离子交换树脂和全氟离子交换膜、含氟聚醚油和二烷氨基氟化硫等。随着我国氟化工、含氟材料在技术上的不断突破，含氟化学品和含氟新材料的应用领域将不断扩大。

本章小结

卤代烷烃可分为伯卤代烷（一级卤代烷，RCH_2X）、仲卤代烷（二级卤代烷，R_2CHX）和叔卤代烷（三级卤代烷，R_3CX）。

卤代烯烃和卤代芳烃可分为乙烯型和芳基型卤代烃、烯丙型和苄基型卤代烃、隔离型卤代烯烃和卤代芳烃。

C—X键是极性共价键，因此卤代烷易发生C—X键断裂。当亲核试剂（OH^-、OR^-、CN^-、NH_3、NO_3^-等）进攻α-碳原子时，卤素带着一对电子离去，进攻试剂与α-碳原子结合，从而发生亲核取代反应。另外，由于受卤原子吸电子诱导效应的影响，卤代烷β-位上碳氢键的极性增大，即β-H的酸性增强，在强碱性试剂作用下，易脱去β-H和卤原子，发生消除反应。卤代烷还可与金属镁反应生成格氏试剂。

S_N1反应分两步完成，第一步是碳卤键断裂生成碳正离子和卤素负离子，第二步是碳正离子和亲核试剂结合。反应速度由第一步决定，这步中生成的碳正离子越稳定，反应越容易进行。不

同卤代烷按 S_N1 历程反应的活性次序为：

$$R_3C—X > R_2CH—X > RCH_2—X > CH_3—X$$

S_N2 反应是通过形成过渡态一步完成的。亲核试剂从卤原子背面进攻 α-C 原子，该碳原子上烃基越多，空间阻碍越大，其上的电子云密度也越大，越不利于亲核试剂的进攻。不同卤代烷按 S_N2 历程反应的活性次序为：

$$CH_3—X > RCH_2—X > R_2CH—X > R_3C—X$$

一般叔卤代烷取代时主要按 S_N1 历程进行，伯卤代烷主要按 S_N2 历程进行，而仲卤代烷则既可按 S_N1 历程又可按 S_N2 历程进行。

乙烯型和芳基型卤代烃分子中存在 p-π 共轭体系，共轭效应使碳卤键键长缩短，键能增大，键难以断裂，卤原子的活性比相应的卤代烷弱，通常情况下不与 NaOH、C_2H_5ONa、NaCN 等试剂发生取代反应，甚至与硝酸银的醇溶液共热也不生成卤化银沉淀。

烯丙型和苄基型卤代烃由于共轭效应使 S_N1 的碳正离子中间体或 S_N2 的过渡态势能降低而稳定，使反应易于进行，卤原子的反应活性比相应的卤代烷高，室温下即能与硝酸银的醇溶液作用生成卤化银沉淀。

隔离型卤代烯烃和卤代芳烃的化学性质与相应的烯烃或卤代烷相似，加热条件下可与硝酸银的醇溶液作用产生卤化银沉淀。三类不饱和卤代烃的亲核取代反应活性次序可归纳如下：

烯丙型卤代烃 > 隔离型卤代烯烃 > 乙烯型卤代烃

苄基型卤代烃 > 隔离型卤代芳烃 > 芳基型卤代烃

烷基相同卤原子不同的卤代烷烃，亲核取代反应活性次序为：

$$R—I > R—Br > R—Cl$$

有多种 β-H 的卤代烷发生消除反应时，主要产物是脱去含氢较少的 β-C 原子上的氢，生成双键碳原子上连有较多烷基的烯烃。这个规律称为查依采夫（A. M. Saytzeff）规律。

E1 反应也是分两步完成的，与 S_N1 反应不同的是，E1 反应的第二步中亲核试剂（碱）不是进攻碳正离子，而是夺取 β-H 生成烯烃。不同卤代烷按 E1 历程反应的活性次序和 S_N1 相同：

$$R_3C—X > R_2CH—X > RCH_2—X$$

E2 反应也是一步完成的，与 S_N2 反应不同的是，E2 反应中亲核试剂（碱）不是进攻 α-C 原子，而是夺取 β-H 生成烯烃。不同卤代烷按 E2 历程反应的活性次序和 E1 相同：

$$R_3C—X > R_2CH—X > RCH_2—X$$

卤代烷发生亲核取代反应的同时也可能发生消除反应，哪种反应历程占优势，主要由卤代烃的结构、亲核试剂的性质（亲核性、碱性）、溶剂的极性以及反应的温度等因素决定。一般来说，叔卤代烷易发生消除反应，伯卤代烷易发生取代反应，仲卤代烷则介于二者之间；试剂的亲核性强有利于取代反应，试剂的碱性强而亲核性弱有利于消除反应；溶剂的极性强有利于取代反应；反应的温度升高有利于消除反应。

习 题

1. 写出分子式为 C_3H_5Br 的所有同分异构体，并用系统命名法命名。

2. 写出乙苯的各种一氯取代物的结构式，用系统命名法命名，并说明它们在化学活性上相当于哪一类卤代芳烃。

3. 命名下列化合物：

(1) $CH_3CH(CH_2CH_3)CHClCH_3$

(2) $CH_3CH(CH_2Br)CH_2CH(CHClCH_3)CH_2CH_2CH_3$

(3) $CH_2{=}C(CH_3)CHClCH_2CH_3$

(4) $(CH_3CH_2)(CH_3)C{=}C(H)(Cl)$

(5) $Br-C_6H_4-C(CH_3)_3$

(6) $C_6H_5-CH(CH_3)CHClCH_2CH_3$

(7) $C_6H_5-CH{=}CBrCH_2CH_3$

(8) Cl, NO_2, H_3C 取代的苯环

(9) Cl—(环)—CH_2Cl

(10) Cl—(环己烷)—CH_3，Br

4. 完成下列反应式：

(1) $CH_3CH_2CH{=}CH_2 + HBr \longrightarrow ? \xrightarrow{NaCN} ? \xrightarrow[H^+]{H_2O} ?$

(2) $CH_3CHBrCH_2CH_3 + KOH \xrightarrow{ROH} ? \xrightarrow{Br_2} ? \xrightarrow[ROH]{KOH} ?$

(3) 环戊二烯 $+ Br_2 \longrightarrow ? \xrightarrow[H_2O]{NaOH} ?$

(4) $C_6H_5CH_3 \xrightarrow{?} p\text{-}ClC_6H_4CH_3 \xrightarrow{?} p\text{-}ClC_6H_4CH_2Cl \xrightarrow{?} p\text{-}ClC_6H_4CH_2OH$

(5) $CH_3CH{=}CH_2 + HBr \xrightarrow{过氧化物} ? \xrightarrow{(CH_3)_2CHONa} ?$

(6) $C_6H_{11}Br + Mg \xrightarrow{无水乙醚} ? \xrightarrow[②\ H_3O^+]{①\ CO_2} ?$

5. 完成下列转化：

(1) $CH_3CH_2CH_2CH_2Br \longrightarrow CH_3CH{=}CHCH_3$

(2) $CH_2{=}CH_2 \longrightarrow HOOCCH_2CH_2COOH$

(3) $C_6H_6 \longrightarrow C_6H_5-CH_2COOH$

(4) $CH_3CH_2CH_2Cl \longrightarrow$ $\underset{\text{OH}}{CH_2}-\underset{\text{Cl}}{CH}-\underset{\text{Cl}}{CH_2}$

6. 判断下列各反应的活性次序：

(1) 1-溴丁烷、1-氯丁烷、1-碘丁烷与 $AgNO_3$ 乙醇溶液反应

(2) 2-甲基-2-溴丁烷、2-甲基-3-溴丁烷、2-甲基-1-溴丁烷进行 S_N1 反应

(3) 5-氯-2-戊烯、4-氯-2-戊烯、3-氯-2-戊烯与 $AgNO_3$ 乙醇溶液反应

7. 用化学方法鉴别下列各组化合物：

(1) 1-溴环戊烯、3-溴环戊烯、4-溴环戊烯

(2) 氯化苄、对氯甲苯、1-苯基-2-氯乙烷

8. 预测 1-溴丁烷与下列试剂反应的主要产物：

(1) NaOH 水溶液

(2) NaOH 乙醇溶液

(3) Mg，无水乙醚

(4) 苯，无水 $AlCl_3$

(5) $CH_3CH_2NH_2$

(6) NaCN 乙醇溶液

(7) CH_3CH_2OK

(8) $AgNO_3$ 乙醇溶液

9. 某烃 A 的分子式为 C_5H_{10}，不与高锰酸钾作用，在紫外光照射下与溴作用只得到一种一溴取代物 B(C_5H_9Br)。将化合物 B 与 KOH 的醇溶液作用得到 C(C_5H_8)。C 经臭氧化并在 Zn 粉存在下水解得到戊二醛($OCHCH_2CH_2CH_2CHO$)。写出化合物 A 的结构式及各步反应方程式。

10. 某化合物 A 与溴作用生成含有三个卤原子的化合物 B。在低温下，A 能使碱性稀高锰酸钾水溶液褪色，并生成含有一个溴原子的邻二元醇。A 很容易与氢氧化钾水溶液作用生成化合物 C，C 氢化后生成饱和一元醇 D。D 分子内脱水后可生成两种异构化合物 E 和 F，这些脱水产物都能被还原成正丁烷。试推测 A、B、C、D、E 和 F 的结构式。

自测题

自测题答案

第五章　旋光异构

有机化合物的同分异构现象是很普遍的，包括构造异构和立体异构两大类型。构造异构是指分子中原子或官能团的连接顺序或方式不同而产生的异构，包括碳链异构、官能团异构、官能团位置异构和互变异构。立体异构是指分子中原子或官能团的连接顺序或方式相同，但在空间的排列方式不同而产生的异构，包括构象异构、顺反异构和旋光异构（也称对映异构），其中顺反异构和旋光异构又叫作构型异构，它与构象异构的主要区别在于：构型异构体之间的相互转化需要断裂价键；而构象异构体之间的相互转化是通过碳碳单键的旋转来完成的，不必断裂价键，室温下不能分离构象异构体。

本章主要介绍旋光异构现象。两种具有相同分子式和构造式的化合物，由于其空间构型不同，互相呈实物和镜像的对映关系，这种异构现象称为旋光异构现象，这两种化合物称为对映异构体。在本章中，我们将学习旋光异构体的判断、它们的构型表示和标记，以及旋光异构体的性质和分离，最后简单地介绍有关动态立体化学的知识。

第一节　物质的旋光性

一、平面偏振光和旋光性

光是一种电磁波，光振动的方向与它前进的方向垂直。由普通光发出的光可以在与其前进方向垂直的各个平面上振动。当普通光通过一个由方解石制成的尼科尔（Nicol）棱镜时，只有振动方向和棱镜晶轴平行的光才能通过，这种只在一个平面上振动的光称为平面偏振光，简称偏振光或偏光（图 5 - 1）。

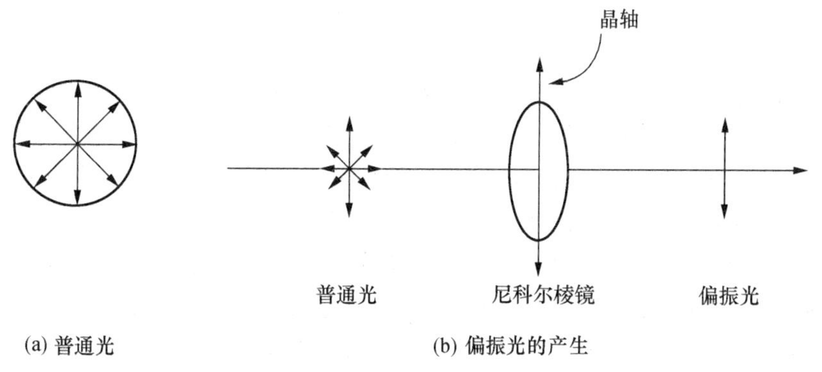

图 5 - 1　普通光和偏振光

当偏振光通过不同物质（液体或溶液）时，它所受到的影响是不同的。有些物质（如水、酒精等）对偏振光不发生影响，光线仍然在原平面上振动；但有些物质（如乳酸、葡萄糖水溶液等）能使通过它的偏振光的振动平面旋转一定的角度。物质的这种能使偏振光振动平面旋转的性质称为旋光性，具有旋光性的物质称为旋光活性或光学活性物质。能使偏振光振动平面向左旋转的物质称为左旋体，能使偏振光振动平面向右旋转的物质称为右旋体。

物质使偏振光振动平面旋转的角度称为旋光度，用“α”表示。每一种旋光活性物质在一定的条件下都具有一定的旋光度（图 5－2）。

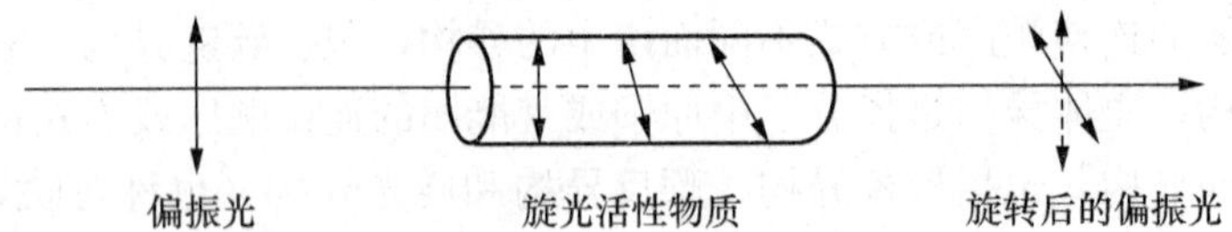

图 5－2 旋光性物质能使偏振光振动平面旋转

二、旋光仪和比旋光度

1. 旋光仪 旋光度的大小可以用旋光仪来测定，旋光仪的构造及其工作原理如图 5－3 所示。光源发出的光经过起偏镜使入射光变为偏振光，再通过盛液管到达检偏镜，检偏镜和刻度盘固定在一起，可以旋转，用来测量偏振光振动平面旋转的角度。

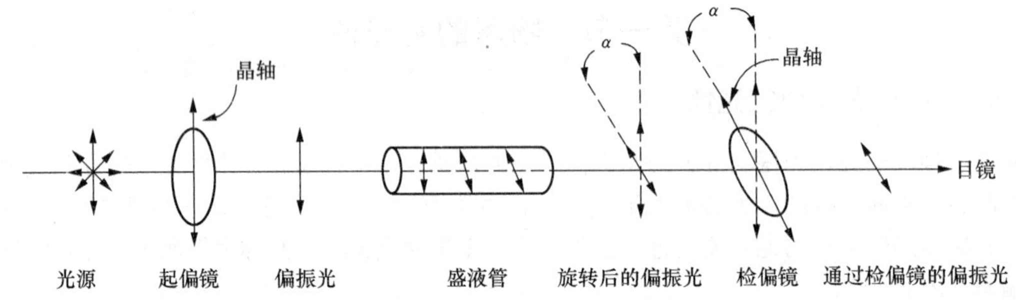

图 5－3 旋光仪的构造及其工作原理

当两个尼科尔棱镜的晶轴相互平行，且盛液管空着或装有非旋光性物质时，通过起偏镜产生的偏振光便可以完全通过检偏镜，此时由目镜能看到最大的光亮，刻度盘指在零度。当盛液管中装入旋光性物质后，由于旋光性物质使偏振光的振动平面向左或右旋转了某一角度，偏振光的振动平面不再与检偏镜的晶轴平行，因而偏振光不能完全通过检偏镜，此时由目镜看到的光亮度减弱。为了重新看到最大光亮，只有旋转检偏镜，使其晶轴与旋转后的偏振光的振动平面再度平行，偏振光才能通过，此时即为测定的终点。由于检偏镜和刻度盘是固定在一起的，因此偏振光振动平面旋转的角度就等于刻度盘旋转的角度，其数值可以从刻度盘上读出。

偏振光振动平面旋转的方向也是根据刻度盘旋转的方向确定的，若刻度盘以逆时针方向旋转，表明被测物质是左旋体，用“－”或“l”表示，若刻度盘以顺时针方向旋转，表明被测物质是右旋体，用“+”或“d”表示（IUPAC 于 1979 年建议取消用“l”和“d”来表示旋光方向）。例如，从肌肉组织中提取出来的乳酸是右旋体，称为右旋乳酸、(+)-乳酸或 d-乳酸，从杂醇油中提取出来的 2-甲基-1-丁醇是左旋体，称为左旋 2-甲基-1-丁醇、(−)-2-甲基-1-丁醇或 l-2-甲基-1-丁醇。

2. 比旋光度　物质旋光度的大小除取决于物质本身的特性外，还与溶液的浓度、盛液管的长度、测定时的温度、所用光源的波长以及溶剂的性质等因素有关。所以，在比较不同物质的旋光性时，必须限定在相同的条件下，当修正了各种因素的影响后，旋光度才是每种旋光性化合物的特性。通常规定溶液的浓度为 1 g・mL^{-1}，盛液管的长度为 1 dm，在此条件下测得的旋光度称为比旋光度，用 $[\alpha]_\lambda^t$ 表示，它与旋光度之间有如下关系：

$$[\alpha]_\lambda^t = \frac{\alpha}{C \times L}$$

式中，t 为测定时的温度（一般为 20 ℃）；λ 为所用光源的波长（常用钠光，波长 589 nm，标记为 D）；α 为测得的旋光度（°）；C 为被测溶液的浓度（g・mL^{-1}）；L 为盛液管的长度（dm）。若被测物质是纯液体，可用该液体的密度替换上式中的浓度来计算其比旋光度。

问题与思考 5-1　5.654 g 蔗糖溶解在 20 mL 水中，在 20 ℃时用 10 cm 长的盛液管测得其旋光度为+18.8°。(1) 计算蔗糖的比旋光度。(2) 用 5 cm 长的盛液管测定同样的溶液，其旋光度会是多少？(3) 把 10 mL 此溶液稀释到 20 mL，再用 10 cm 长的盛液管测定，其旋光度又会是多少？

在表示比旋光度时，不仅要注明所用光源的波长及测定时的温度，还要注明所用的溶剂。例如，用钠光灯作光源，在 20 ℃时测定葡萄糖水溶液的比旋光度为+52.5°，应记作：

$$[\alpha]_D^{20} = +52.5°\text{（水）}$$

比旋光度同熔点、沸点一样，是旋光性物质的物理常数之一。测定旋光性物质的比旋光度，是常用的定性和定量分析手段之一。通过测定某一未知物的比旋光度，可初步推测该未知物为何种物质（但不能确定，因为比旋光度相同的物质可能有若干种）。通过测定某一已知物的比旋光度，还可计算该已知物的纯度（旋光纯度）。对于已知比旋光度的纯物质，测得其溶液的旋光度后，可利用关系式 $[\alpha]_\lambda^t = \frac{\alpha}{C \times L}$ 求出溶液的浓度。在制糖工业中就常利用测定糖溶液的旋光度来计算溶液中蔗糖的含量，此种测定方法称为旋光法。旋光法还常用于食品分析中，如商品葡萄糖的测定以及谷类食品中淀粉的测定等。

3. 旋光度的大小与方向的确定　在旋光仪上测出的旋光度，是偏振光经过 1 dm 长的旋光性物质溶液后，其振动平面旋转的结果。刻度盘上读出 $\alpha = +30°$，可能是偏振光向右旋转了 30°，也可能是向右旋转了 210°、390°，或许是向左旋转了 150°、330°等，即可能是旋转了 $30° \pm n \times 180°$的结果。

怎样确定旋光度究竟是多少呢？一般采用改变盛液管长度的方法，即每次用两支长度不同的盛液管进行测定。旋光仪一般配有长度分别为 1 dm、2 dm 和 2.2 dm 的三支盛液管，用长

管测定的 α 一定为短管的 2.2 倍。所以，在两次测定后，按照 2.2 倍的比例就可以找出真实的 α 数据。

问题与思考 5-2 用旋光仪测得某纯物质的旋光度为 +45°，怎样才能证明确实是 +45°，而不是 −315°？

三、分子的手性与物质的旋光性

为什么有些物质（如水、乙醇、氯仿）没有旋光性，而有些物质却具有旋光性呢？这与物质的分子结构密切相关。

旋光性与分子结构究竟有什么关系呢？或者说，具有怎样结构的化合物会有旋光性？长期对物质旋光性的研究发现，具有旋光性的物质，其晶体或分子结构是不对称的。

1. 手性 人的左右手似乎没有区别，但是将右手的手套戴到左手上是不合适的。如果把右手伸在平面镜前，其镜像恰好与左手相同。因此左右手的关系可以看成是"实物"与"镜像"的关系——相像，但不能重合。物体与其镜像不能重合的特性就称为手性（图 5-4）。

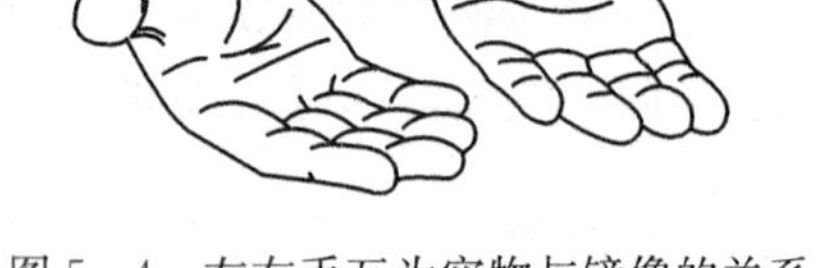

图 5-4 左右手互为实物与镜像的关系，但二者不能完全重合

问题与思考 5-3 判断下列各物体是否具有手性：

（1）脚 （2）耳朵 （3）螺丝钉 （4）剪刀 （5）试管 （6）烧杯 （7）滴瓶 （8）蛇形冷凝管

凡是与自己的镜像不能重合的分子叫作具有手性的分子或手性分子，分子具有手性就具有旋光活性。

2. 对称性与对称性因素 那么，怎样判断分子是否具有手性呢？最直观和最可靠的方法，是制作该分子的实物和镜像两个模型，观察它们是否能够完全重叠。但这种方法不太方便，特别是当分子很大很复杂时更是如此。常用的方法是研究分子的对称性，根据分子的对称性来判断其是否具有手性。

在有机化学中，一般采用对称面和对称中心这两个对称因素来考察分子的对称性。如果分子中存在对称面或对称中心，这样的分子就没有手性，也不具有旋光性。如果分子中既无对称面，又无对称中心，这样的分子就是手性的，也就具有旋光性。

所谓分子的对称面，就是能将分子分成互为实物与镜像关系两部分的一个平面。例如，在 1,1-二溴乙烷分子中，通过 $H—C_1—C_2$ 三个原子所构成的平面能将分子分成互为实物与镜像关系的两部分，因此该平面就是它的对称面［图 5-5（a）］。又如，(E)-1-氯-2-溴乙烯分子是一个平面结构的分子，分子所在的这个平面也能将分子分成互为实物与镜像关系的两"片"，所以该平面也是它的对称面［图 5-5（b）］。

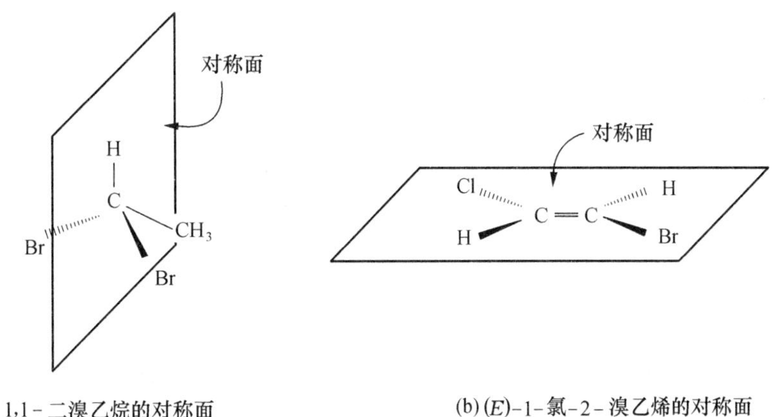

(a) 1,1-二溴乙烷的对称面　　(b) (*E*)-1-氯-2-溴乙烯的对称面

图 5-5　分子的对称面

由于1,1-二溴乙烷和（*E*）-1-氯-2-溴乙烯的分子中都存在对称面，所以它们都是非手性分子，都没有旋光性。

所谓分子的对称中心，就是假设分子中存在一个点，过该点作任一条直线，若在该点等距离的两端有相同的原子或基团，则该点就是分子的对称中心（图 5-6）。

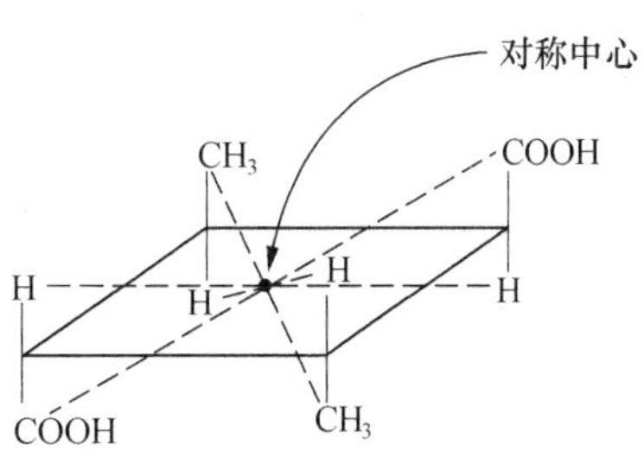

图 5-6　分子的对称中心

由于上述分子中存在对称中心，所以它是非手性分子，没有旋光性。

问题与思考 5-4　下列分子中哪些有对称因素？哪些是手性分子？

（1）$CHCl_3$

（2）（楔形式：C 上连 Cl、H、F、Cl）

（3）

（4）

（5）间二甲苯（H_3C—苯环—CH_3）

（6）（Br)(H)C═C(Br)(H)

在绝大多数情况下，分子有无手性往往与分子中是否含有手性碳原子有关。所谓手性碳原子，是指和四个不同的原子或基团连接的碳原子，常用“*”号予以标注，例如：

$$CH_3\overset{*}{C}H(Cl)CH_2CH_3 \qquad HOOC-\overset{*}{C}H(OH)-\overset{*}{C}H(OH)-COOH$$

一般来说，含有一个手性碳原子的分子是手性的，不含手性碳原子的分子往往是非手性的。

需要指出的是，手性碳原子是引起分子具有手性的普遍因素，但不是唯一的因素。含有手性碳原子的分子不一定都具有手性，而不含手性碳原子的分子不一定没有手性。

问题与思考 5-5 下列各化合物中有手性碳原子吗？若有，用 * 号标出：

（1） 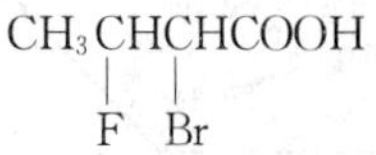 $CH_3CHCHCOOH$（F 连于第二个碳，Br 连于第三个碳） （2） 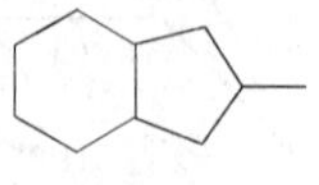 （3） 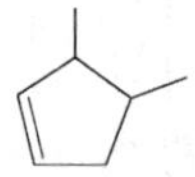 （4） 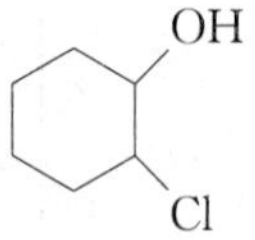 OH Cl

第二节 含手性碳原子化合物的旋光异构

一、含一个手性碳原子化合物的旋光异构

1. 对映体和外消旋体 含有一个手性碳原子的化合物 C_{abcd}，分子内不存在任何对称面和对称中心，分子内的原子或基团在空间有两种不同的排列方式，即有两种不同的构型，它们互为实物和镜像的关系，不能完全重叠，代表两个不同的异构体。这种互为实物和镜像关系的异构体叫作对映异构体，简称对映体。这两个对映体都有旋光性，它们的比旋光度大小相等，方向相反，一个为右旋体，另一个为左旋体，分别用“+”“-”或“*d*”“*l*”表示。

例如，2-氯丁烷分子中含一个手性碳原子，有一对对映体（图 5-7）。使偏振光的振动平面向左旋转的为左旋体，记作（-）-2-氯丁烷或 *l*-2-氯丁烷，使偏振光的振动平面向右旋转的为右旋体，记作（+）-2-氯丁烷或 *d*-2-氯丁烷。

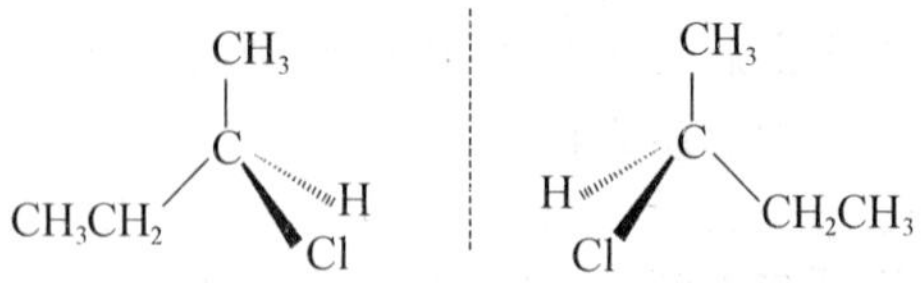

CH_3 C H CH_3CH_2 Cl | CH_3 C H CH_2CH_3 Cl

图 5-7 2-氯丁烷的一对对映体

当把等量的（-）-2-氯丁烷和（+）-2-氯丁烷混合后，混合物使偏振光的旋转相互抵消，不显示出旋光性。这种由等量对映体组成的混合物叫作外消旋体，用“±”或“*dl*”表示，如外消旋2-氯丁烷可记作（±）-2-氯丁烷或 *dl*-2-氯丁烷。

由上可知，含一个手性碳原子化合物的分子具有手性，因而具有旋光性。它有两个旋光异构体，一个为左旋体，另一个为右旋体，它们的等量混合物可组成一个外消旋体。

问题与思考 5-6 已知旋光纯的（+）-1-氯-2-甲基丁烷的比旋光度为+1.64°。如果一个1-氯-2-甲基丁烷样品（不含其他物质）的比旋光度为+0.82°，（1）这个样品的旋光纯度是多少？（2）这个样品中左旋体和右旋体的百分比是多少？

2. 构型的表示方法 如何在纸平面上表示出具有两种不同空间构型的对映体呢？常用的有透视式和费歇尔（E. Fischer）投影式。以乳酸为例：

（1）透视式

手性分子对映异构

手性碳原子位于四面体的中心，但不写出“C”。以实线相连的两个基团位于纸平面上，虚线表示位于纸平面的后方，楔形线位于纸平面的前方。这种表示式比较直观，富于立体感，但书写不大便利。

（2）费歇尔投影式　费歇尔投影式的投影规则如下：

① 将碳链竖起来，把氧化态较高的碳原子或命名时编号最小的碳原子放在最上端。

② 与手性碳原子相连的两个横键伸向前方，两个竖键伸向后方。

③ 横线与竖线的交点代表手性碳原子。

按此投影规则，乳酸的一对对映体的费歇尔投影式见图 5－8。

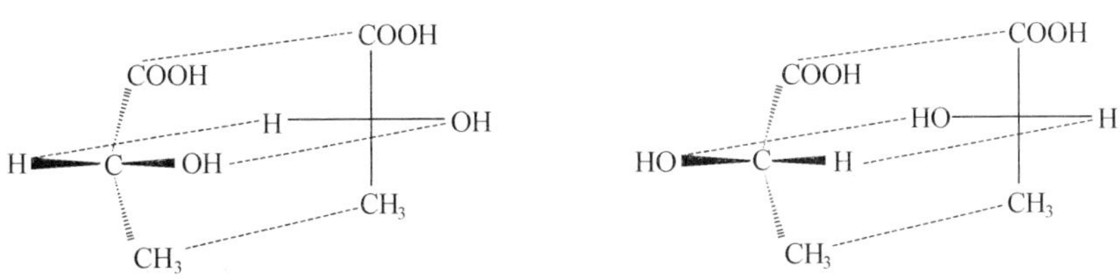

图 5－8　乳酸一对对映体的费歇尔投影式

费歇尔投影式是用平面式来表示分子的立体结构，看费歇尔投影式时必须注意“横前竖后”，即与手性碳原子相连的两个横键是伸向纸前方的，两个竖键是伸向纸后方的。表示某一化合物的费歇尔投影式只能在纸平面上平移，也能在纸平面上旋转 180°或其整数倍，但不能在纸平面上旋转 90°或其奇数倍，也不能离开纸平面翻转，否则得到的费歇尔投影式就代表其对映体的构型。

问题与思考 5－7　将乳酸的一个费歇尔投影式离开纸平面翻转过来，按照费歇尔投影式的投影规则，它与翻转前的投影式是什么关系？若在纸平面上旋转 90°，它与旋转前的投影式又是什么关系？

问题与思考 5－8　判断投影式（1）与其他投影式的关系。

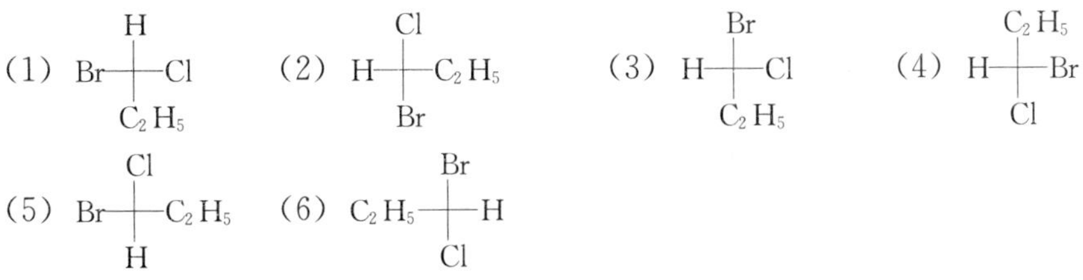

3. 构型的标记方法　含有一个手性碳原子的化合物存在两种构型，一种是左旋体，一种是右旋体，为了区别这些不同的构型，可以采取 D/L 和 R/S 两种方法进行标记。

（1）D/L 标记法　2-氯丁烷、乳酸等化合物的两个旋光异构体中，哪种构型是左旋体？哪种构型是右旋体呢？

在早期还没有方法测定时，为避免混淆和研究的需要，人为选用甘油醛作为参照物，规定在费歇尔投影式中，手性碳原子上的羟基在碳链右侧的为右旋甘油醛，定为 D-构型（dexter，拉丁文，右），它的对映体是左旋的，定为 L-构型（laevus，拉丁文，左）。

$$\begin{array}{c} CHO \\ H\!-\!\!\!+\!\!\!-\!OH \\ CH_2OH \end{array} \qquad\qquad \begin{array}{c} CHO \\ HO\!-\!\!\!+\!\!\!-\!H \\ CH_2OH \end{array}$$

D-(＋)-甘油醛　　　　L-(－)-甘油醛

规定了甘油醛的构型后，其他旋光性物质的构型就可通过一定的化学转化与甘油醛联系起来。凡可由 L-甘油醛转化而成的或是可转化成为 L-甘油醛的化合物，其构型必定是 L-构型的，凡可由 D-甘油醛转化而成的或是可转化成为 D-甘油醛的化合物，其构型必定是 D-构型的。需要注意的是，在转化的过程中不能涉及手性碳原子上键的断裂，否则就必须知道转化反应的历程。例如，右旋甘油醛通过下列步骤可转化成为左旋甘油酸和左旋乳酸，因为反应过程中并未涉及手性碳原子上键的断裂，所以生成的左旋甘油酸和左旋乳酸都应是 D-构型的。

$$\begin{array}{c} CHO \\ H\!-\!\!\!+\!\!\!-\!OH \\ CH_2OH \end{array} \xrightarrow{[O]} \begin{array}{c} COOH \\ H\!-\!\!\!+\!\!\!-\!OH \\ CH_2OH \end{array} \xrightarrow{[H]} \begin{array}{c} COOH \\ H\!-\!\!\!+\!\!\!-\!OH \\ CH_3 \end{array}$$

D-(＋)-甘油醛　　D-(－)-甘油酸　　D-(－)-乳酸

其他与甘油醛结构类似的化合物可同甘油醛对照，在费歇尔投影式中，手性碳原子上的两个横键原子或基团中较优先的一个在碳链左侧的为 L-构型，在右侧的为 D-构型。例如：

$$\begin{array}{c} CHO \\ Cl\!-\!\!\!+\!\!\!-\!H \\ CH_3 \end{array} \qquad \begin{array}{c} CHO \\ H\!-\!\!\!+\!\!\!-\!Cl \\ CH_3 \end{array} \qquad \begin{array}{c} COOH \\ H_2N\!-\!\!\!+\!\!\!-\!H \\ CH_3 \end{array} \qquad \begin{array}{c} COOH \\ H\!-\!\!\!+\!\!\!-\!NH_2 \\ CH_3 \end{array}$$

L-2-氯丙醛　　D-2-氯丙醛　　L-2-氨基丙酸　　D-2-氨基丙酸

由于 D/L 标记法是相对于人为规定的标准物而言的，所以这样标记的构型又叫作相对构型。1951 年毕育特（J. M. Bijvoetetal）等人用 X 射线衍射法测定了右旋酒石酸铷钾的真实构型（也称绝对构型），发现其真实构型与其相对构型恰好相同。这意味着人为假定的甘油醛的相对构型就是其绝对构型，同时也表明用甘油醛作为参比物确定的其他旋光性物质的相对构型也就是其绝对构型。

问题与思考 5-9　用 D/L 标记法标记下列化合物的构型：

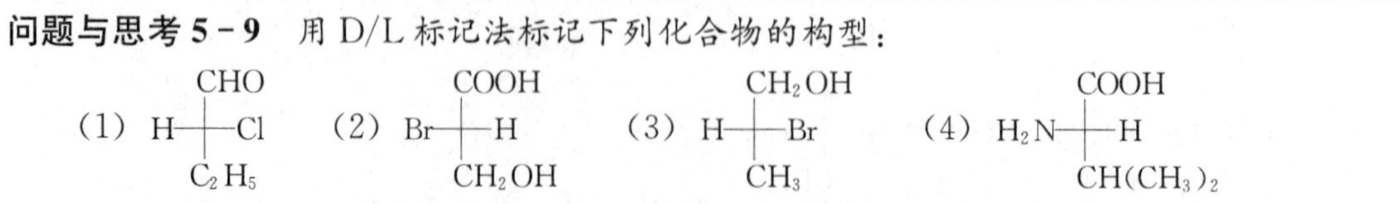

D/L 标记法一般适用于含一个手性碳原子的化合物，对于含多个手性碳原子的化合物很不方便，且选择的手性碳原子不同，得到的结果可能不同，容易引起混乱。由于 D/L 标记法是以

甘油醛作为参照物的，被标记的化合物必须与甘油醛有一定的联系，或者与甘油醛的结构类似才行。另外，有时一个化合物可以从两个不同构型的化合物转化而来，此时只好任意选定 D-或 L-构型。所以 D/L 标记法有很大的局限性。鉴于此，IUPAC 于 1970 年建议采用 *R*/*S* 标记法。但在标记氨基酸和糖类化合物的构型时，仍普遍采用 D/L 标记法。

（2）*R*/*S* 标记法　*R*/*S* 标记法是根据手性碳原子上的四个原子或基团在空间的真实排列来标记的，因此用这种方法标记的构型是真实的构型，叫作绝对构型。*R*/*S* 标记法的规则如下：

① 按照次序规则，将手性碳原子上的四个原子或基团按先后次序排列，较优的原子或基团排在前面。

② 将排在最后的原子或基团放在离眼睛最远的位置，其余三个原子或基团放在离眼睛最近的平面上。

③ 按先后次序观察其余三个原子或基团的排列走向，若为顺时针排列，叫作 *R*-构型（Rectus，拉丁文，右），若为逆时针排列，叫作（*S*)-构型（Sinister，拉丁文，左）。

例如，2-氯丁烷分子中手性碳原子上四个基团的先后次序为：$—Cl>—C_2H_5>—CH_3>—H$。将排在最后的—H 放在离眼睛最远的位置，其余的—Cl、$—C_2H_5$、$—CH_3$ 放在离眼睛最近的平面上，按先后次序观察 $—Cl\rightarrow—C_2H_5\rightarrow—CH_3$ 的排列走向，顺时针排列的叫作（*R*)-2-氯丁烷，逆时针排列的叫作（*S*)-2-氯丁烷。

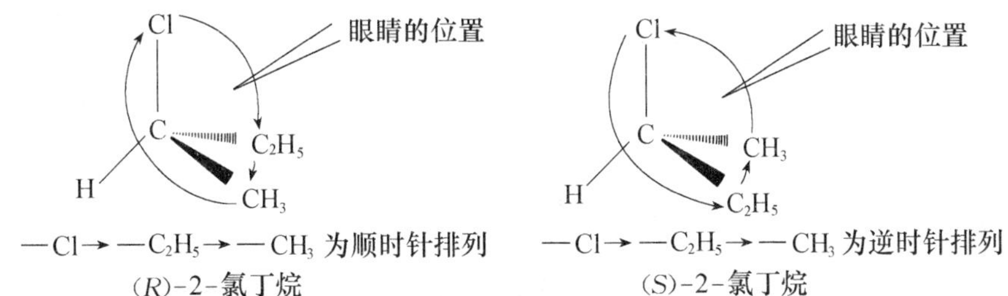

$—Cl\rightarrow—C_2H_5\rightarrow—CH_3$ 为顺时针排列
（*R*)-2-氯丁烷

$—Cl\rightarrow—C_2H_5\rightarrow—CH_3$ 为逆时针排列
（*S*)-2-氯丁烷

R/*S* 标记法也可以直接应用于费歇尔投影式的构型标记，关键是要注意“横前竖后”，即与手性碳原子相连的两个横键是伸向纸前方的，两个竖键是伸向纸后方的。观察时，将排在最后的原子或基团放在离眼睛最远的位置。例如：

COOH（上），H（左），OH（右），CH_3（下）——从右后方观察

$—OH\rightarrow—COOH\rightarrow—CH_3$ 为顺时针排列

（*R*)-乳酸

COOH（上），HO（左），H（右），CH_3（下）——从左后方观察

$—OH\rightarrow—COOH\rightarrow—CH_3$ 为逆时针排列

（*S*)-乳酸

C_2H_5（上），H_3C（左），Cl（右），H（下）——从前上方观察

$—Cl\rightarrow—C_2H_5\rightarrow—CH_3\rightarrow—H$ 为逆时针排列

（*S*)-2-氯丁烷

H（上），H_3C（左），Cl（右），C_2H_5（下）——从前下方观察

$—Cl\rightarrow—C_2H_5\rightarrow—CH_3\rightarrow—H$ 为顺时针排列

（*R*)-2-氯丁烷

因为一对对映体分子中的两个手性碳原子互为镜像，即手性碳原子的构型是相反的，所以 2-氯丁烷或乳酸的一对对映体的构型分别是 *R*-构型和 *S*-构型。

值得注意的是，旋光性化合物的构型（*R*/*S* 或 D/L）和其旋光方向（+、－或 *d*、*l*）没有必然的联系。旋光方向是旋光性化合物固有的性质，是用旋光仪实际测定的结果，而旋光性化合物的构型是用人为规定的方法确定的。根据化合物的构型能够做出这个化合物的空间模型，但不经测量不能判断这个化合物的旋光方向。但有一点可以肯定，一对对映体中的一个是左旋的，另一个必然是右旋的，一个是 *R*-构型，另一个必然是 *S*-构型。

还应强调指出，D/L 和 *R*/*S* 是两种不同的构型标记方法，它们之间也没有必然的联系。*R*/*S* 标记法是由分子的几何形状按次序规则确定的，它只与分子的手性碳原子上的原子和基团有关，而 D/L 标记法则是由分子与参照物相联系而确定的。D-构型或 L-构型的化合物若用 *R*/*S* 标记法来标记，可能是 *R*-构型的，也可能是 *S*-构型的。

另外，*R*/*S* 标记法有不易出错的优点，但它不能反映出立体异构体之间的构型联系，尤其是在研究糖类化合物和氨基酸的构型时。

问题与思考 5-10 用 *R*/*S* 标记法标记下列化合物的构型，并命名：

(1) CH_3；Cl—┼—H；H—┼—H；C_2H_5

(2) CH_3；C；Br；I；H

(3) CH_3；Br—┼—H；$CH{=}CH_2$

(4) C_2H_5；H；H；H；I；Br

二、含两个手性碳原子化合物的旋光异构

1. 含两个不同手性碳原子化合物的旋光异构 如果两个手性碳原子上连接的四个基团不同或不完全相同，则这两个手性碳是不同手性碳；两个手性碳原子上连接的四个基团完全相同，则这两个手性碳是相同手性碳。2,3-二氯戊烷分子中含有两个不同的手性碳原子，因此 2,3-二氯戊烷有四个旋光异构体：

Ⅰ	Ⅱ	Ⅲ	Ⅳ
CH_3	CH_3	CH_3	CH_3
H—┼—Cl	Cl—┼—H	H—┼—Cl	Cl—┼—H
H—┼—Cl	Cl—┼—H	Cl—┼—H	H—┼—Cl
C_2H_5	C_2H_5	C_2H_5	C_2H_5
2*S*,3*R*	2*R*,3*S*	2*S*,3*S*	2*R*,3*R*

其中化合物Ⅰ和Ⅱ是一对对映体，化合物Ⅲ和Ⅳ也是一对对映体，两对对映体可分别组成两个外消旋体。化合物Ⅰ或Ⅱ与化合物Ⅲ或Ⅳ不是实物与镜像的关系。这种不为实物与镜像关系的异构体叫作非对映体。

用 *R*/*S* 标记法确定含两个或两个以上手性碳原子的化合物的构型时，过程与确定含一个手性碳原子的化合物的构型时一样，只是需要分别标出每一个手性碳原子的构型。例如，化合物Ⅰ中 C_2 上的四个基团的先后次序为 $—Cl > —CHClC_2H_5 > —CH_3 > —H$，将—H 放在离眼睛最

远的位置，观察从—Cl→—$CHClC_2H_5$→—CH_3 的走向，因为是逆时针排列，所以是 S-构型，因为标记的是 C_2，所以用 2S 表示。同样，C_3上的四个基团的先后次序为—Cl＞—$CHClCH_3$＞—C_2H_5＞—H，将—H 放在离眼睛最远的位置，观察从—Cl→—$CHClCH_3$→—C_2H_5 的走向，因为是顺时针排列，所以是 R-构型，因为标记的是 C_3，所以用 3R 表示。即化合物Ⅰ的构型是 2S,3R。当两个手性碳原子在碳链中占有相等的位置时，可以不用在 R 和 S 前标明数字。

因为化合物Ⅰ和Ⅱ是一对对映体，分子中的两个手性碳原子互为镜像，即手性碳原子的构型是相反的，所以化合物Ⅱ的构型是 2R,3S。而化合物Ⅰ或Ⅱ和Ⅲ或Ⅳ是非对映体，分子中的两个手性碳原子的构型一个相同，另一个相反，所以化合物Ⅲ和Ⅳ的构型分别为 2S,3S 和 2R,3R。

随着分子中手性碳原子数目的增加，旋光异构体的数目也会增多。其规律是，含一个手性碳原子的化合物有 $2^1=2$ 个旋光异构体，可组成 $2^{1-1}=1$ 个外消旋体，含两个不同手性碳原子的化合物有 $2^2=4$ 个旋光异构体，可组成 $2^{2-1}=2$ 个外消旋体，含 n 个不同手性碳原子的化合物有 2^n 个旋光异构体，可组成 2^{n-1} 个外消旋体。

问题与思考 5-11　在具有 R—C(a,b)—C(a,c)—R′ 或 R—C(a,b)—A—C(a,c)—R′ 结构的有机化合物中，当两个相同的原子或基团（a，a）在费歇尔投影式的同侧时，这种构型叫作“赤型”或“赤式”，在异侧时叫作“苏型”或“苏式”。据此指定前面四个化合物的构型。

问题与思考 5-12　药物氯霉素的分子式如下：

$$Cl_2CH-\overset{\overset{\large O}{\|}}{C}-NH-\overset{\overset{\large CH_2OH}{|}}{CH}-\underset{\underset{\large OH}{|}}{CH}-C_6H_4-NO_2$$

（1）标出分子中的手性碳原子。

（2）氯霉素有几个旋光异构体？它们之间的关系怎样？

（3）用 Fischer 投影式画出它们的构型，并用 R/S 分别标出手性碳原子的构型。

---

2. 含两个相同手性碳原子化合物的旋光异构　酒石酸（2,3-二羟基丁二酸）分子中含有两个相同的手性碳原子，按理也应该有四个旋光异构体：

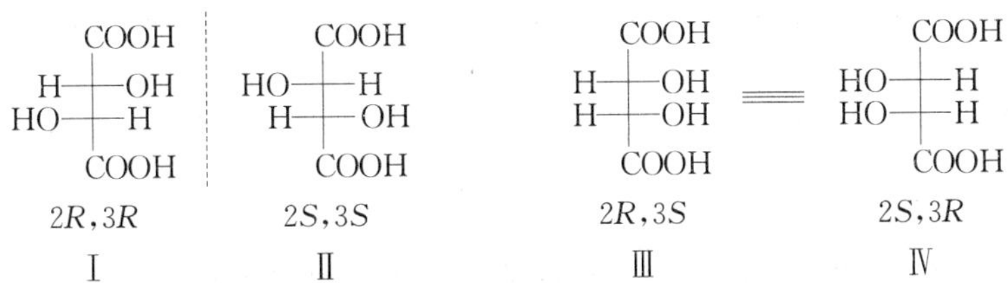

化合物Ⅰ和Ⅱ是一对对映体，可组成一个外消旋体。化合物Ⅲ和Ⅳ也互为实物和镜像的关系，似乎也是一对对映体，但将Ⅳ沿纸面旋转 180°即可与Ⅲ完全重叠，所以它们实际上是同一

构型的分子。由于在化合物Ⅲ或Ⅳ的分子中存在一个对称面，可以将分子分成互为实物和镜像关系的两部分，这两部分的旋光能力相同，但旋光方向相反，旋光性在分子内被完全抵消，因此分子不具有旋光性。

COOH
H—|—OH
H—|—OH
COOH

这种分子中虽然含有手性碳原子，但由于分子中存在对称因素，是非手性分子，不具有旋光性，这样的化合物叫作内消旋体，常用 *i* -或 *meso* -标记。

由上可见，含两个相同手性碳原子的化合物有三个旋光异构体，一个为左旋体，一个为右旋体，一个为内消旋体。显然，含两个相同手性碳原子的化合物，其旋光异构体的数目要小于 2^n，外消旋体的数目也要小于 2^{n-1}。

三、环状化合物的立体异构

环状手性分子对映异构

环状化合物的立体异构现象比开链化合物复杂，往往具有顺反异构的同时还具有旋光异构。如 1,4 -环己烷二甲酸具有顺反异构，但由于两种异构体分子中都存在对称面，因而无手性，也无旋光异构。

H H / HOOC COOH
顺式

H COOH / HOOC H
反式

而 1,2 -环丙烷二甲酸的反式异构体分子中没有对称因素，因此既具有顺反异构又具有旋光异构。

H H / HOOC COOH
顺式
Ⅰ

H COOH / HOOC H
Ⅱ

HOOC H / H COOH
Ⅲ

反式

由于 1,2 -环丙烷二甲酸分子中含有两个手性碳原子，因此有三种旋光异构体。Ⅰ为内消旋体，无旋光性，Ⅱ和Ⅲ互为对映体，Ⅰ和Ⅱ或Ⅲ是非对映体又是顺反异构体。

问题与思考 5 - 13 写出分子式为 C_5H_{10} 的环状化合物的所有同分异构体。

第三节 不含手性碳原子化合物的旋光异构

物质的旋光性是由分子的手性引起的，分子的手性往往又是由分子中含有手性碳原子造成的。但含有手性碳原子的分子不一定都具有手性，而具有手性的分子不一定都含有手性碳原子。判断一个化合物是否具有手性，关键是看其分子是否具有对称因素。下面介绍两类不含手性碳原子的手性化合物。

一、丙二烯型化合物

在丙二烯型分子中，中间的双键碳原子是 sp 杂化的，两端的双键碳原子是 sp^2 杂化的。中间的双键碳原子分别以两个相互垂直的 p 轨道，与两端的双键碳原子的 p 轨道重叠形成两个相互垂直的 π 键。两端的双键碳原子上各连接的两个原子或基团，分别处在相互垂直的平面上。当两端的双键碳原子上各连有不同的原子或基团时，则分子中既无对称面也无对称中心，分子具有手性，也就具有旋光性。例如，1,3 -二溴丙二烯分子就有一对对映体存在。

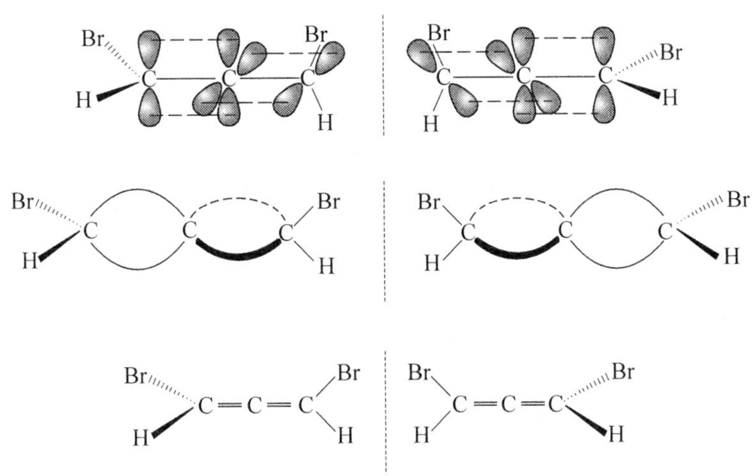

二、单键旋转受阻碍的联苯型化合物

在联苯型分子中，两个苯环通过碳碳单键相连。当两个苯环的邻位上都连有体积较大的基团时，基团将阻碍两个苯环绕碳碳单键的自由旋转，使得两个苯环不能在同一平面上。当每一苯环上各连有不同的基团时，则分子中既无对称面又无对称中心，分子具有手性，也就具有旋光性。例如，2,2′-二羧基- 6,6′-二硝基联苯分子就有一对对映体。

COOH
O_2N
HOOC
NO_2

HOOC
NO_2
COOH
O_2N

问题与思考 5-14 下列说法是否正确?

(1) 手性分子都含有手性碳原子，因此手性分子都有旋光性。

(2) 含手性碳原子的分子必然有手性，因此含手性碳原子的分子都有旋光性。

问题与思考 5-15 下列化合物是否具有旋光性，为什么?

(1) HOOC, HOOC, NO_2

(2) Cl, Cl, C=C=C, Br, Cl

问题与思考 5-16 下列化合物属于季铵盐类。判断其是否具有手性?

$[N(CH_2CH=CH_2)(CH_3)(CH_2C_6H_5)(C_6H_5)]^+ I^-$

第四节 旋光异构体的性质和生理功能

一对对映体中，每个异构体的分子完全相似，各种键长完全相同，分子间的相互作用也完全相同，所以除旋光方向相反外，其他物理性质，如比旋光度、熔点、沸点、密度、折射率和溶解度（在非手性溶剂中）等都完全相同。对映体与非手性试剂反应时，因为每种异构体的势能完全相同，且反应的过渡态互为镜像，所以反应的活化能完全相同，反应的速率也完全相同。与手性试剂反应时，虽然每种异构体的势能完全相同，但反应的过渡态不再互为镜像（它们是非对映体），所以反应的活化能不同，反应的速率也不相同，有时某个异构体完全不反应。

非对映体的物理性质不同，化学性质基本相同，但反应速率不同。非对映体中，每种异构体的分子构型不同，分子间的相互作用也不同，所以它们的旋光能力（即旋光度大小）以及其他物理性质，如熔点、沸点、密度、折射率和溶解度等都不相同。因为物理性质不同，当非对映体混在一起时，理论上可以用一般的物理方法，如分馏、重结晶、层析法等将它们分开。非对映体属于同一类化合物，当然应该有相似的化学性质。当非对映体和同一试剂反应时，因为每种异构体的势能不同，且反应的过渡态不互为镜像，所以反应的活化能都不同，反应的速率也不相同。

外消旋体不仅无旋光性，而且物理性质也与单纯的左旋体或右旋体不同。它不同于一般意义上的混合物，它有固定的物理常数，如熔点、沸点、密度、折射率和溶解度等。外消旋体可以拆分成左旋体和右旋体，但因为一对对映体的大多数物理性质相同，所以不能用一般的物理方法，如分馏、重结晶（在非手性溶剂中）、层析法（使用非手性吸附剂）等将它们分开，通常采用化学法和生物法。外消旋体的化学性质和相应的左旋体或右旋体基本相同。

内消旋体和外消旋体虽然都无旋光性，但二者本质上完全不同，前者为化合物，后者为混合物，前者是一个分子，后者可以拆分成两个分子。

酒石酸各种旋光异构体的一些物理常数例于表 5－1。

表 5－1　酒石酸的物理常数

酒石酸	比旋光度 $[\alpha]_D^{20}$	熔点/℃	相对密度 d_4^{20}	溶解度（100 g 水中）/g（15 ℃）
左旋体	－11.98	171	1.760	139.0
右旋体	＋11.98	171	1.760	139.0
外消旋体	0	206	1.687	20.6
内消旋体	0	146	1.666	125.0

旋光异构体除在理化性质方面存在差异外，最重要的差异是生理活性不同，生物体往往只能选用某一构型的旋光异构体。例如，人体所需要的氨基酸都是 L－型的，所需的糖都是 D－型的，D－型氨基酸和 L－型糖在人体内都不参与生理代谢。微生物在生长过程中只能利用 L－丙氨酸，青霉素在（±）-酒石酸的培养液中生长时，也仅消耗（＋）-酒石酸。在兔子皮下注射（±）-苹果酸盐溶液后，仅（－）-苹果酸盐被利用，（＋）-苹果酸盐则从尿液中排出。氯霉素的四个旋光异构体中，只有 D-(－)-苏型氯霉素有抗菌作用。麻黄碱有两个旋光异构体，有药效的仅是（－）-麻黄碱。

生物体之所以只能选择利用某一构型的旋光异构体，是因为生化反应的催化剂——酶本身就是手性的，它要求手性物质必须符合一定的立体构型才能参与生化反应。同时，通过生化反应产生的物质也是某一特定构型的手性物质，所以单一的旋光异构体往往从生物体内直接获得，如（＋）-乳酸可从肌肉中分离得到，（－）-苹果酸可从苹果汁中分离得到。而用化学方法合成时，得到的一般是一对对映体的混合物，常常需要进行拆分。

第五节　动态立体化学简介

研究物质分子立体结构及其对理化性质影响的化学，叫作立体化学。立体化学又有静态立体化学和动态立体化学之分。动态立体化学是研究化学反应过程中分子的立体结构将如何变化，而静态立体化学则是研究分子未涉及反应过程时的立体结构及其对性质的影响。如前面已讨论的构型、构象等都属于静态立体化学的范畴。研究动态立体化学对于反应历程的探讨和理解都是十分重要的。

一、烯烃与溴的亲电加成反应的立体化学

例如顺- 2 -丁烯与 Br_2 进行加成反应时，如果是顺式加成，两个溴离子从分子平面的同侧加到两个双键碳原子上，应该得到内消旋的 2,3 -二溴丁烷：

烯烃亲电
加成反应

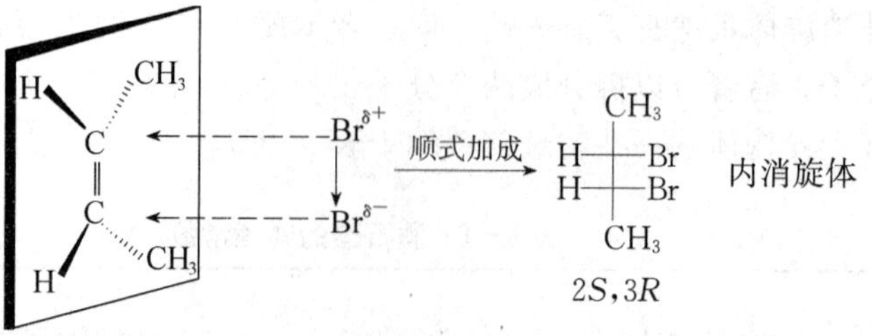

但实验事实证明，加成得到的是外消旋的 2,3 -二溴丁烷，即产物为一对对映体。这表明反应不是顺式加成，而是反式加成的，两个溴离子分别从分子平面的两侧加到两个双键碳原子上：

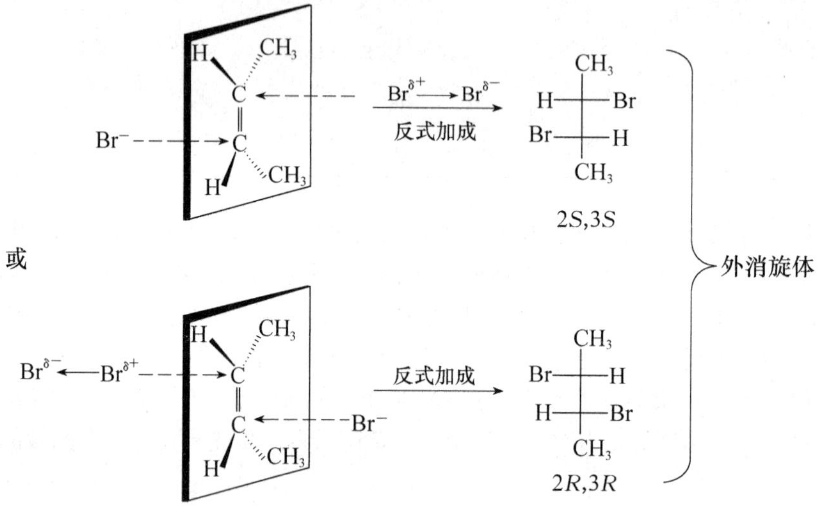

如果加成的第一步是 Br^+ 先加到双键碳原子上，形成一个碳正离子中间体Ⅰ，该碳正离子可以围绕C—C单键旋转变为碳正离子Ⅱ，即碳正离子Ⅰ和Ⅱ会同时存在。第二步 Br^- 再从远离溴原子的一面加到碳正离子Ⅰ上生成（2*S*,3*S*)- 2,3 -二溴丁烷，或加到碳正离子Ⅱ上生成（2*S*,3*R*)- 2,3 -二溴丁烷：

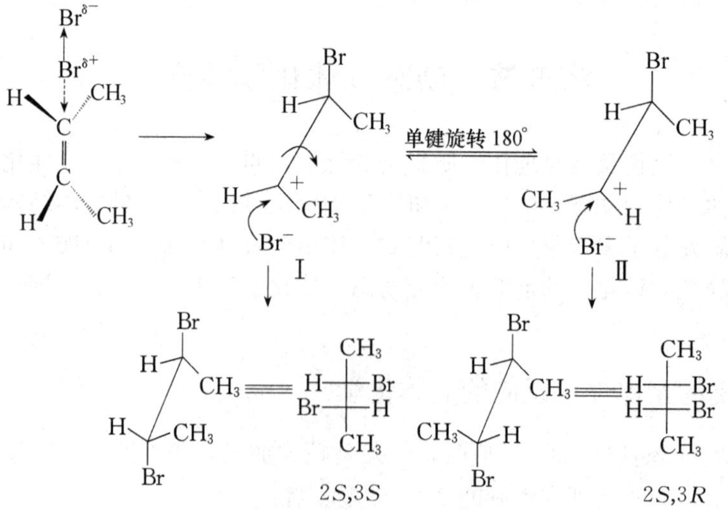

这显然与生成一对对映体的事实不相符，也就是说，加成的过程中不可能存在一个碳正离子中间体。

比较合理的解释为：$Br^{\delta+}$ 首先进攻顺-2-丁烯的 π 键生成一个溴鎓离子（即环状溴正离子）中间体（Br^+ 的 p 轨道与顺-2-丁烯的 π 轨道重叠形成三元环状结构，正电荷分布在三个成环的原子上）：

由于溴鎓离子环中的C—C单键不能任意旋转，Br^- 只能从环状溴正离子的反面进攻，且对两个成环碳原子的进攻机会相等，因此得到一对对映体产物：

从反应产物的结构以及动态立体化学分析得知，烯烃与溴的亲电加成反应是通过一个溴鎓离子中间体，而不是碳正离子中间体完成的，且加成的方式为反式加成。

二、卤代烷亲核取代反应的立体化学

卤代烷进行亲核取代反应时，可按 S_N1 和 S_N2 两种历程进行，究竟反应是按 S_N1 历程还是按 S_N2 历程进行的，除可用动力学的方法确定外，还可用立体化学的方法来确定。

1. S_N2 反应的立体化学　在化合物的手性碳原子上发生亲核取代反应时，若按 S_N2 历程进行，手性碳原子的构型会发生转化，即产物手性碳原子的构型与反应物的相反。例如（*S*）-2-碘庚烷用 KOH 溶液处理时，反应按 S_N2 历程进行，生成（*R*）-2-庚醇，其手性碳原子的构型就发生了转化。

$$HO^- + (S)\text{-2-碘庚烷} \longrightarrow (R)\text{-2-庚醇} + I^-$$

（*S*）-2-碘庚烷　（*R*）-2-庚醇

亲核试剂从离去基团的背面进攻，离去基团从远离亲核试剂的一方逐渐离开，α-碳原子上的其他三个基团逐渐朝着离去基团的方向偏移。当α-碳原子从 sp^3 杂化转变为 sp^2 杂化时，其上的三个基团处于垂直于亲核试剂和离去基团连线的平面内。当亲核试剂与α-碳原子形成共价键时，离去基团与α-碳原子间的共价键断裂，此时α-碳原子又转变为 sp^3 杂化状态，另外三个基团翻转到离去基团的一方。整个过程就像大风将雨伞从里向外吹翻一样，这种构型的翻转叫作瓦尔登转化（Walden inversion）。

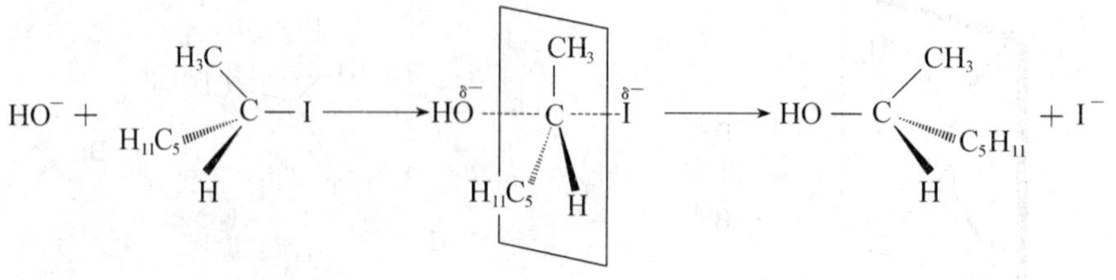

(*S*)-2-碘庚烷　　过渡态　　(*R*)-2-庚醇

瓦尔登转化是 S_N2 反应的重要特征和标志，如果已知某化合物发生了 S_N2 反应，其产物的构型就可以根据反应物的构型预测出来。

需要指出的是，瓦尔登转化是指分子的构型像风吹雨伞一样进行了翻转，而不是指反应前后构型一定由 *R* 变为 *S* 或由 *S* 变为 *R*，产物的构型需要重新确定。例如，(*S*)-2-氯-2-碘庚烷和 CH_3ONa 按 S_N2 反应时，虽发生了瓦尔登转化，但产物仍为 *S*-构型。

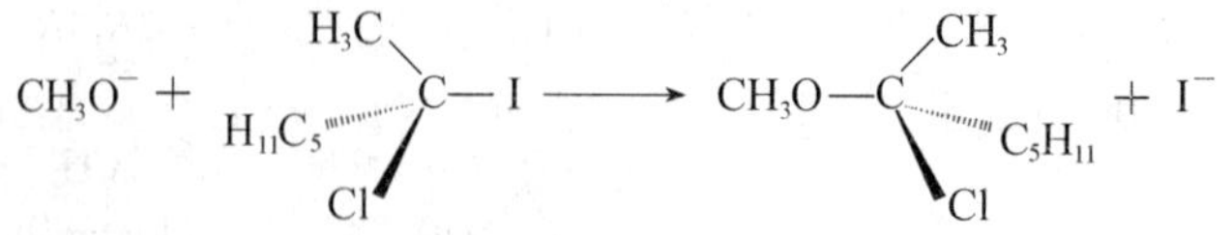

S-构型　　*S*-构型

2. S_N1 反应的立体化学　在化合物的手性碳原子上发生亲核取代反应时，若按 S_N1 历程进行，产物总是外消旋化的，即一部分产物的构型和反应物的相同，叫构型保持产物，另一部分产物的构型和反应物的相反，叫构型转化产物。

S_N1 反应发生外消旋化的原因是，离去基团离去后，生成的碳正离子中间体为一平面结构，亲核试剂能从平面的两侧进攻，因此产物既有构型保持产物，也有构型转化产物。

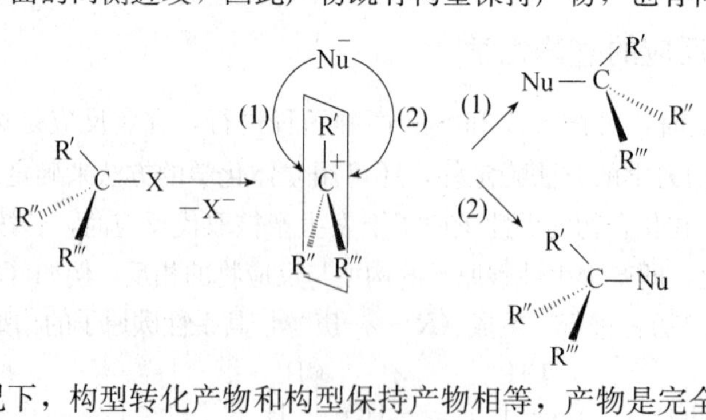

构型转化产物

构型保持产物

在某些情况下，构型转化产物和构型保持产物相等，产物是完全外消旋化的；但在某些情况下，二者不完全相等，往往构型转化产物多一些，产物只是部分外消旋化。这是由于亲核试剂对碳正离子的进攻发生在离去基团尚未完全远离时，此时由于离去基团的阻碍作用，亲核试剂从远离离去基团一侧的进攻机会增多，所以构型转化产物占多数。

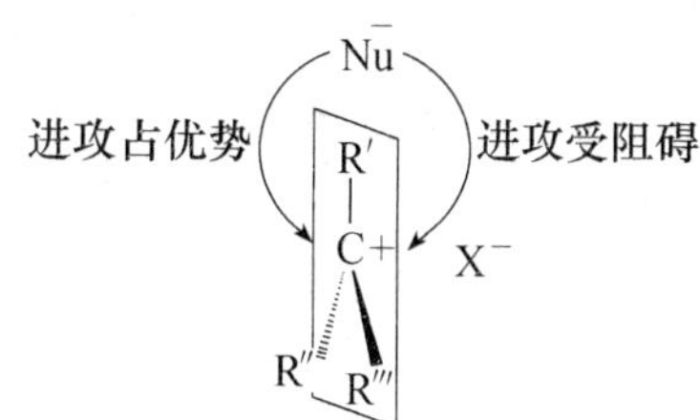

外消旋化是 S_N1 反应的重要特征，但不是 S_N1 反应的标志，因为其他一些反应也会发生外消旋化。

拓展阅读

手性与人类健康："反应停"的悲剧

"反应停事件"也称"沙利度胺事件"，1957 年 10 月，沙利度胺（thalidomide）以商品名"反应停"正式投放市场。仅基于简单的动物实验，制药公司就展开了铺天盖地的夸大宣传，特别是宣扬沙利度胺能有效减轻孕妇的恶心、呕吐、紧张和失眠等症状。作为一种"没有任何副作用的抗妊娠反应药物"，成为"孕妇的理想选择"（当时的广告语）。不到一年的时间，沙利度胺就风靡全球 46 个国家，并成为非处方药物，其销量甚至可以与阿司匹林媲美。到 1960 年，人们注意到世界各地前所未有地出生了大量四肢缺损的先天性"海豹肢症"婴儿。进一步的研究发现，"海豹儿"的产生与孕妇们服用"反应停"有关。"反应停事件"是药物史上的悲剧，据保守估计，因服用"反应停"而导致的畸形婴儿大约有 8 000 人，还导致 5 000～7 000 名婴儿在出生前就已经因畸形而死亡。

后来的研究发现，合成的沙利度胺实际上是外消旋化合物，其中（*S*)-(－)-沙利度胺的二酰亚胺可以酶促水解，生成邻苯二甲酰谷氨酸，后者可渗入胎盘，干扰胎儿的谷氨酸转变为叶酸的生化反应，从而干扰胎儿的发育，造成畸胎。而（*R*)-(＋)-沙利度胺不与代谢水解的酶结合，不会产生相同的代谢产物，因而并不致畸。研究人员进一步研究发现，*R*-构型和 *S*-构型沙利度胺在体内会发生消旋化，即无论服用哪一种光学纯化合物，在血清中都发现是消旋的。也就是说即使服用有效的 *R*-构型沙利度胺，依然无法保证其没有毒性。这也加强了人们对手性或者消旋化合物作为药物的认识。

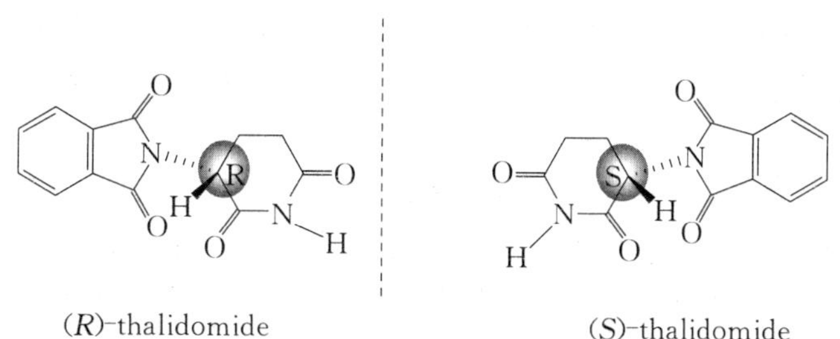

(*R*)-thalidomide　　(*S*)-thalidomide

因为"反应停事件"，美国公众要求国会加强立法。1962 年 10 月 10 日，美国国会通过了

《科夫沃-哈里斯修正案》，该法案明确规定，所有上市药品必须提供药品安全性和有效性证据。美国食品药品监督管理局（FDA）由此也逐渐成为世界食品药品检验最权威的机构。1992 年 FDA 规定，新的手性药物上市之前必须分别对左旋体和右旋体进行药效和毒性试验，否则不允许上市。2006 年 1 月，我国国家食品药品监督管理总局（SFDA）也出台了相应的政策法规。

目前，对于手性药物的认识及检测已经不是太困难的事，特别是色谱拆分技术可以满足各种条件下左、右旋化合物测定的要求，这种方法不仅能够进行简便快速的定性定量分析，也能进行工业规模的生产。

本 章 小 结

有机化合物的同分异构现象非常普遍，主要的同分异构总结如下：

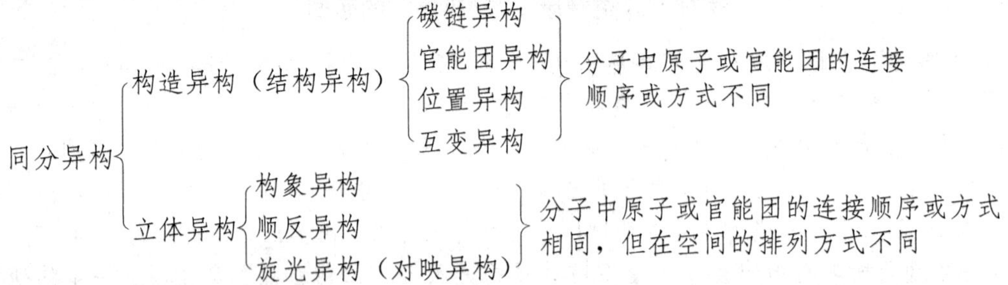

能使偏振光振动平面旋转的物质称为旋光性物质，旋转的角度称为旋光度，用“α”表示。使偏振光振动平面向左旋转的物质称为左旋体，用“－”或“l”表示；向右旋转的物质称为右旋体，用“＋”或“d”表示。

旋光度是变量，若规定溶液的浓度为 1 g · mL^{-1}，旋光管的长度为 1 dm，此时测得的旋光度称为比旋光度，它是一个常数，用 $[\alpha]_\lambda^t$ 表示，与旋光度之间有如下关系：

$$[\alpha]_\lambda^t = \frac{\alpha}{C \times L}$$

物质的旋光性是由分子的手性引起的，如果分子不能与其镜影重叠，这种分子就具有手性，也就具有旋光性。通常用对称面和对称中心这两个对称因素来判断分子是否具有手性。存在对称面或对称中心的分子没有手性，也没有旋光性；既无对称面又无对称中心的分子具有手性，也具有旋光性。

与四个不同的原子或基团连接的碳原子称为手性碳原子，多数旋光性物质的分子中都存在手性碳原子，但含手性碳原子的分子不一定具有手性，不含手性碳原子的分子不一定不具有手性。

分子的立体结构常用透视式或费歇尔投影式表示。透视式表示比较直观，但书写麻烦；费歇尔投影式以平面式表示分子的立体形象，因此只能在纸平面上平移，也能在纸平面上旋转 180°或其整数倍，但不能在纸平面上旋转 90°或其奇数倍，也不能离开纸平面翻转。看费歇尔投影式时，要注意“横前竖后”。

分子的构型可用 D/L 标记法或 R/S 标记法确定。用 D/L 标记法确定分子的构型时，以甘油醛作参照物，将费歇尔投影式中手性碳原子上的羟基在左侧的叫作L-构型，在右侧的叫作D-构型，这种构型也称为相对构型。用R/S标记法确定分子的构型时，按次序规则将手性碳原子上的四个原子或基团排序，将排在最后的原子或基团放在离眼睛最远的位置，按先后次序观察其余三个原子或基团的排列走向，顺时针排列的叫作R-构型，逆时针排列的叫作S-构型，这种构型也称为绝对构型。

互为实物和镜像关系的异构体叫作对映体，其中一个是左旋体，另一个是右旋体。对映体除旋光方向相反外，其他物理性质完全相同。对映体与非手性试剂的反应完全相同，但与手性试剂的反应速率不同。

不为实物和镜像关系的异构体叫作非对映体。非对映体的物理性质不同，化学性质基本相同，但反应速率不同。

等量的左旋体和右旋体组成的混合物叫作外消旋体，用“±”或“*dl*”表示。外消旋体不仅无旋光性，物理性质也与单纯的左旋体或右旋体不同。外消旋体的化学性质和相应的左旋体或右旋体基本相同。

分子中虽然含有手性碳原子，但由于分子中存在对称因素，从而不显示旋光性的化合物叫作内消旋体。内消旋体是纯化合物，旋光度为零。

含n个不同手性碳原子的化合物有2^n个旋光异构体，可组成2^{n-1}个外消旋体。含两个相同手性碳原子的化合物的旋光异构体的数目小于2^n，外消旋体的数目也小于2^{n-1}。

习　题

1. 下列各化合物可能有几个旋光异构体？若有手性碳原子，用“*”号标出。

(1) $CH_3CH(OH)CH_2CH_3$（$CH_3\underset{|}{C}HCH_2CH_3$，OH 连在第二个碳上）　　(2) $CH_3CH=CHCH_3$

(3) 1,2-环己二醇（环己烷相邻两碳上各连 OH）　　(4) 2,2′-二氯-6,6′-二碘联苯（Cl I / I Cl）

(5) 2-甲基四氢呋喃（O 与 CH_3）　　(6) 1-甲基-4-异丙烯基环己烯

2. 写出下列各化合物的所有对映体的费歇尔投影式，指出哪些是对映体，哪些是非对映体，哪个是内消旋体，并用R/S标记法确定手性碳原子的构型。

(1) 2-甲基-3-戊醇　　(2) 3-苯基-3-氯丙烯

(3) 2,3-二氯戊烷　　(4) 2,3-二氯丁烷

3. 写出下列各化合物的费歇尔投影式：

(1) (S)-2-溴丁烷　　(2) (R)-2-氯-1-丙醇

(3) (S)-2-氨基-3-羟基丙酸　　(4) ($2S,3R$)-2,3,4-三羟基丁醛

(5) ($2R,3R$)-2,3-二羟基丁二酸　　(6) ($3S$)-2-甲基-3-苯基丁烷

4. 指出下列各组化合物是对映体，非对映体，还是相同分子。

(1) COOH, H_3C—H, C_2H_5；H, H_3C—COOH, C_2H_5

(2) COOH, C, CH_3, C_2H_5, CH_2OH；COOH, C, C_2H_5, CH_2OH, CH_3

(3) CH_3, CH_3, COOH, H, C_2H_5, H；C_2H_5, H, CH_3, H_3C, H, COOH

(4) COOH, H, OH, H, CH_3, OH；H, OH, COOH, HO, H, CH_3

(5) CH_3, H—$NHCH_3$, HO—H, C_6H_5；H, OH, C_6H_5, H_3C, H, $NHCH_3$

(6) CH_3, H—OH, C_2H_5；OH, H_3C, H, H, CH_3, H

(7) CH_3, H, OH, HO, H, CH_3；CH_3, H, OH, H, OH, CH_3

(8) COOH, C, H_3C, C_2H_5, Br；CH_3, H_3C, Br, H, H, COOH

5. 降二氢愈疮酸（NDGA）是一种从蒺藜树中分离出来的物质，可用于防止油脂的腐败，结构如下，它有几个旋光异构体？

HO, HO—⟨苯环⟩—$CH_2CHCHCH_2$—⟨苯环⟩—OH, OH, CH_3, CH_3

6. 用丙烷进行氯代反应，生成四种二氯丙烷 A、B、C 和 D，其中 D 具有旋光性。当进一步氯代生成三氯丙烷时，A 得到一种产物，B 得到两种产物，C 和 D 各得到三种产物。写出 A、B、C 和 D 的结构式。

7. 一个具有旋光性的酒石酸衍生物，如果用稀硫酸回流处理或用少量浓硫酸和甲醇与其反应，所得产物均无旋光性，试写出该酒石酸衍生物的费歇尔投影式。

8. 某旋光性化合物 C_5H_9Cl（A），催化加氢后生成无旋光性的化合物 $C_5H_{11}Cl$（B），试推测化合物 A 和 B 的结构式。

9. 某化合物 A，分子式为 C_6H_{12}，经臭氧氧化、锌还原水解后得到甲醛和化合物 B，B 具有旋光活性，给出 A 和 B 的结构式，并注明 A 有无旋光活性。

10. 已知（－）-2-溴辛烷的比旋光度为－34.6°，（＋）-2-辛醇的比旋光度为＋9.9°。

（1）如果比旋光度为－28.7°的此溴代烷按 S_N2 历程水解，产物的比旋光度是多少？

（2）如果按 S_N1 历程水解，旋光性产物的旋光纯度与反应物相比，将发生怎样的变化？

（3）如果此溴代烷为 *R*-构型，按 S_N2 历程水解的产物应具有何种构型？按 S_N1 历程水解的旋光性产物又具有何种构型？

自测题

自测题答案

第六章　醇、酚、醚

醇、酚、醚是烃的含氧衍生物之一。醇和酚的分子中均含有羟基（—OH）官能团。羟基直接与脂肪烃基相连的是醇类化合物，直接与芳基相连的是酚类化合物。例如：

CH_3CH_2OH　　（苯甲醇，$C_6H_5CH_2OH$）　　（邻苯二酚）　　（β-萘酚）

醇　　　　　　　　　　酚

醚是氧原子直接与两个烃基相连的化合物（R—O—R′、Ar—O—Ar′或R—O—Ar），通常是由醇或酚制得，是醇或酚的官能团异构体。

第一节　醇

醇是脂肪烃分子中的氢原子被羟基（—OH）取代的衍生物，也可看作是水中的氢原子被脂肪烃基取代的产物。

一、醇的分类和命名

1. 醇的分类　根据羟基所连烃基的结构，可把醇分为脂肪醇、脂环醇、芳香醇（羟基连在芳烃侧链上的醇）等。例如：

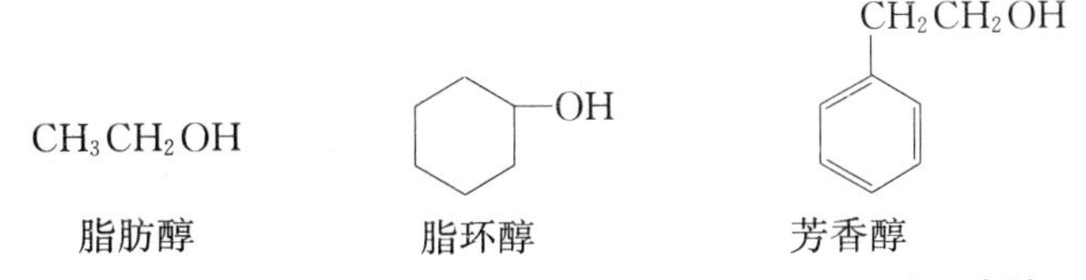

脂肪醇　　脂环醇　　芳香醇

根据羟基所连烃基的饱和程度，可把醇分为饱和醇和不饱和醇。例如：

$CH_3CH_2CH_2OH$　　饱和醇

$CH_2{=}CH{-}CH_2OH$　　不饱和醇

根据分子中羟基的数目，可把醇分为一元醇、二元醇和多元醇。饱和一元醇的通式为 $C_nH_{2n+2}O$。在二元醇中，两个羟基连在相邻碳原子上的称为邻二醇，两个羟基连在同一碳原子上的称为胞二醇（不稳定）。例如：

$CH_3CH(OH)CH_3$　　一元醇

$CH_2(OH)CH_2CH_2(OH)$　　二元醇

$CH_2(OH){-}CH_2(OH)$　　二元醇(邻二醇)

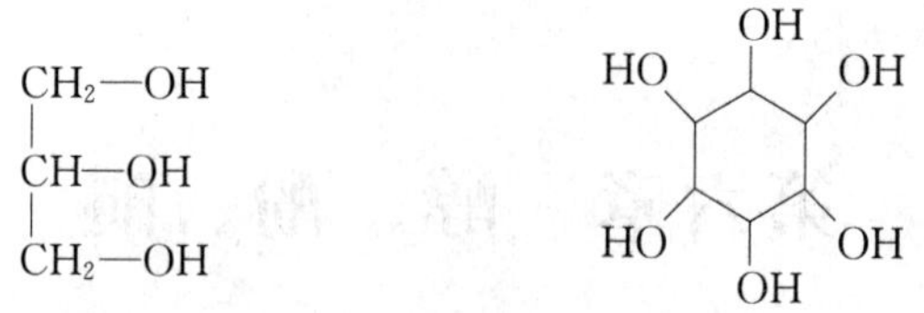

CH_2—OH
|
CH—OH
|
CH_2—OH

(环己六醇：六个碳上各连一个 OH)

多元醇

根据羟基所连碳原子的类型，可把醇分为伯醇（一级醇）、仲醇（二级醇）和叔醇（三级醇）。例如：

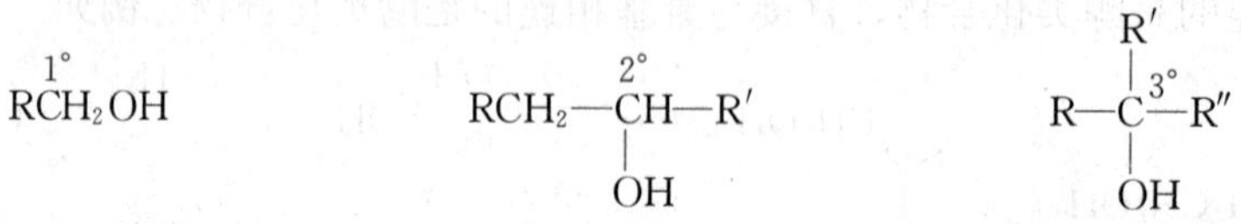

RCH_2OH（1°）　　$RCH_2—CH(OH)—R'$（2°）　　$R—C(R')(OH)—R''$（3°）

伯醇(一级醇)　　仲醇(二级醇)　　叔醇(三级醇)

2. 醇的命名　结构简单的醇可用普通命名法命名，即在“醇”字前加上烃基的名称，“基”字一般可以省去。例如：

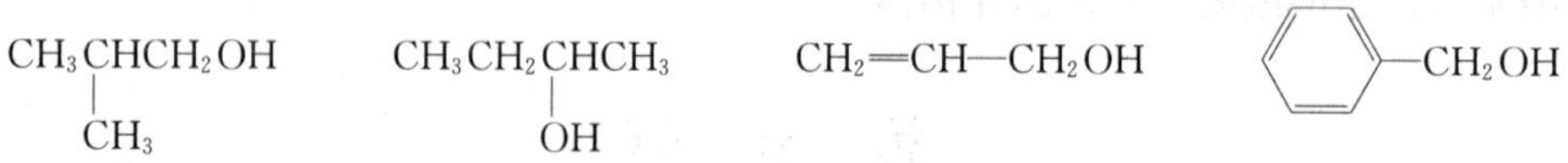

$CH_3CH(CH_3)CH_2OH$　异丁醇

$CH_3CH_2CH(OH)CH_3$　仲丁醇

$CH_2=CH—CH_2OH$　烯丙醇

$C_6H_5—CH_2OH$　苄醇

结构复杂的醇则采用系统命名法命名。首先选择连有羟基的最长碳链为主链，从距羟基最近的一端给主链编号，按主链所含碳原子的数目称为“某醇”，取代基的位次、数目、名称以及羟基的位次分别注于母体名称前。例如：

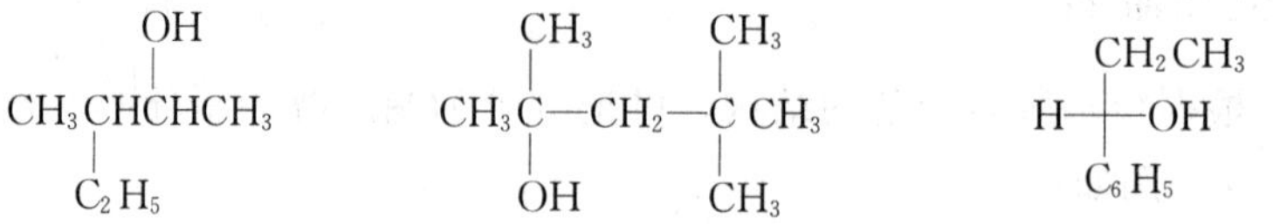

$CH_3CH(OH)CH(C_2H_5)CH_3$　3-甲基-2-戊醇

$CH_3C(CH_3)(OH)—CH_2—C(CH_3)_2CH_3$　2,4,4-三甲基-2-戊醇

H—C(CH₂CH₃)(C₆H₅)—OH（费歇尔投影式：上 CH_2CH_3，左 H，右 OH，下 C_6H_5）　(S)-1-苯基-1-丙醇

命名不饱和醇时，主链应包含羟基和不饱和键，从距羟基最近的一端给主链编号，按主链上双键的位次和所含碳原子的数目称为“某某烯醇”或“某某炔醇”，羟基的位次注于“醇”字前。例如：

$CH_2=CH—CH(CH_3)—CH_2OH$　2-甲基-3-丁烯-1-醇

$(CH_3)(CH_3CH_2)C=C(CH_3)(CH(OH)CH_3)$　(*Z*)-3,4-二甲基-3-己烯-2-醇

命名芳香醇时，将芳环看作取代基。例如：

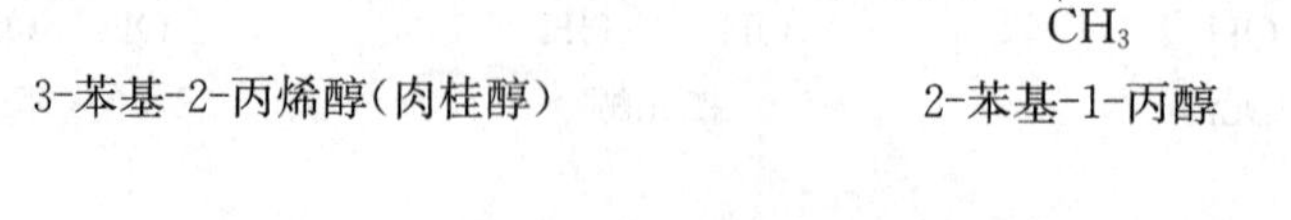

$C_6H_5—CH=CH—CH_2OH$　3-苯基-2-丙烯醇(肉桂醇)

$C_6H_5—CH(CH_3)CH_2OH$　2-苯基-1-丙醇

命名多元醇时，主链应包含尽可能多的羟基，按主链所含碳原子和羟基的数目称为“某二醇”“某三醇”等。例如：

$CH_3CH(OH)-CH(CH_3)-CH(OH)CH_3$

3-甲基-2,4-戊二醇

$CH_2(OH)-CH(OH)-CH_2-CH_2OH$

1,2,4-丁三醇

问题与思考 6-1　用系统命名法命名下列化合物，并指出伯、仲、叔醇：

(1) H H OH OH

(2) HO— —CH_3

(3) $ClCH_2$ H C═C H CH_2CHCH_3 OH

(4) CH_3 CH_3 —CH—C—CH_3 OH

(5) Cl— —CHOH CH_3

(6) OH H H H CH_3 CH_3

二、醇的物理性质

低级饱和一元醇是无色液体，具有特殊的气味，高级醇是蜡状固体。许多香精油中含有特殊香气的醇，如叶醇有极强的清香气味，苯乙醇有玫瑰香气，可用于配制香料。

H H C═C CH_3CH_2 CH_2CH_2OH

叶醇

CH_2CH_2OH

2-苯乙醇

由于含有羟基，醇分子间可以形成氢键，所以醇的沸点不但高于分子质量相近的烃，也高于分子质量相近的卤代烃。随着分子质量的增加，醇的沸点有规律地升高，每增加一个 CH_2，沸点升高 18～20 ℃。碳原子数相同的醇，支链越多沸点越低。醇分子中羟基数目增多，分子间能形成更多的氢键，沸点也就更高。

羟基能与水形成氢键，是亲水基团，而烃基是不溶于水的疏水基团，所以在分子中引入羟基能增加化合物的水溶性。C_1～C_3 的一元醇，由于羟基在分子中所占的比例较大，可与水任意混溶。C_4～C_9 的一元醇，由于疏水基团所占比例越来越大，在水中的溶解度迅速降低。C_{10} 以上的一元醇则难溶于水。一些常见醇的物理常数见表 6-1。

表 6-1　醇的物理常数

名　称	结构式	熔点/℃	沸点/℃	相对密度 d_4^{20}	溶解度（100 g 水）/g	折射率 n_D^{20}
甲　醇	CH_3OH	−93.9	65.0	0.791 4	∞	1.328 8
乙　醇	CH_3CH_2OH	−117.3	78.5	0.789 3	∞	1.361 1
正丙醇	$CH_3CH_2CH_2OH$	−126.5	97.4	0.803 5	∞	1.385 0
异丙醇	$CH_3CH(OH)CH_3$	−89.5	82.4	0.785 5	∞	1.377 6
正丁醇	$CH_3(CH_2)_3OH$	−89.5	117.2	0.809 8	微溶	1.399 3
异丁醇	$(CH_3)_2CHCH_2OH$	−108	108.1	0.801 8	微溶	1.396 8
仲丁醇（*dl*）	$CH_3CH(OH)CH_2CH_3$	−115	99.5	0.806 3	微溶	1.397 8
叔丁醇	$(CH_3)_3COH$	25.5	82.3	0.788 7	∞	1.387 8
正戊醇	$CH_3(CH_2)_4OH$	−79	137.3	0.814 4	微溶	1.410 1
正己醇	$CH_3(CH_2)_5OH$	−52	158.0	0.813 6	难溶	1.417 8
环己醇	⬡—OH	25.1	161.1	0.962 4	微溶	1.464 1
烯丙醇	$CH_2=CHCH_2OH$	−129	97.1	0.854 0	∞	1.413 5
苄　醇	C_6H_5—CH_2OH	−15.3	205.3	1.041 9（24）	微溶	1.539 6
乙二醇	$HOCH_2CH_2OH$	−11.5	198	1.108 8	∞	1.431 8
丙三醇	$HOCH_2CH(OH)CH_2OH$	18.0	290（分解）	1.261 3	∞	1.474 6

一些低级醇如甲醇、乙醇等，能和某些无机盐（$MgCl_2$、$CaCl_2$、$CuSO_4$ 等）形成结晶状的化合物，称为结晶醇，如 $MgCl_2 \cdot 6CH_3OH$、$CaCl_2 \cdot 4CH_3OH$、$CaCl_2 \cdot 4C_2H_5OH$ 等。结晶醇溶于水而不溶于有机溶剂，所以不能用无水 $CaCl_2$ 来除去甲醇、乙醇等中的水分。但利用这一性质，可将醇与其他有机物分离开。

问题与思考 6-2　将下列每组中各化合物按沸点由高到低的次序排列：

（1）甘油、1,2-丙二醇、1-丙醇

（2）1-辛醇、1-庚醇、2-甲基-1-己醇、2,3-二甲基-1-戊醇

问题与思考 6-3　比较下列化合物在水中的溶解度：

（1）$CH_3CH_2CH_2OH$　　（2）$CH_3CH_2CH_3$

（3）$CH_3OCH_2CH_3$　　（4）$CH_2OHCH_2CH_2OH$

三、醇的化学性质

化合物的性质主要是由其分子的结构决定的。羟基是醇类化合物的官能团，羟基中的氧原子为不等性 sp^3 杂化，其中两个 sp^3 杂化轨道被两对未共用电子对占据，余下的两个 sp^3 杂化轨道分别与碳原子和氢原子形成C—O键和O—H键(图6-1)。

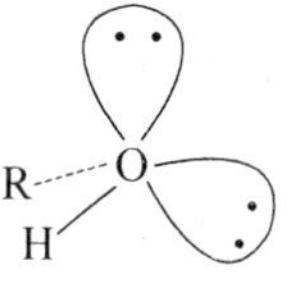

图6-1 醇分子中氧的价键及未共用电子对分布示意图

由于氧原子的电负性比碳原子和氢原子大，因此氧原子上的电子云密度偏高，易于接受质子，显弱碱性；或作为亲核试剂发生某些化学反应。醇分子中的碳氧键和氧氢键均为较强的极性键，在一定条件下易发生键的断裂，碳氧键断裂能发生亲核取代反应或消除反应，氧氢键断裂能发生酯化反应或表现出醇有弱酸性。由于羟基吸电子诱导效应的影响，增强了α-H原子和β-H原子的活性，易于发生α-H的氧化和β-H的消除反应。综上所述，可归纳出醇的主要化学性质如下：

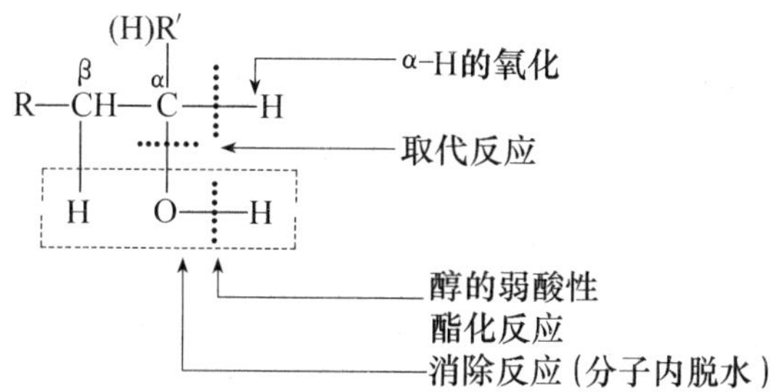

反应中，反应的部位取决于所用的试剂和反应的条件，反应活性则取决于烃基的结构。

1. 与活泼金属的反应 与水相似，醇羟基上的氢与活泼金属如Na、K、Mg、Al等反应放出氢气，表现出一定的酸性，但比与水的反应要缓和得多。

$$2H_2O+2Na \longrightarrow 2NaOH+H_2\uparrow \text{（反应激烈）}$$

$$2CH_3CH_2OH+2Na \longrightarrow \underset{\text{乙醇钠}}{2C_2H_5ONa}+H_2\uparrow \text{（反应缓和）}$$

$$6(CH_3)_2CHOH+2Al \longrightarrow \underset{\text{异丙醇铝}}{2[(CH_3)_2CHO]_3Al}+3H_2\uparrow$$

$$2CH_3CH_2CH_2OH+Mg \longrightarrow \underset{\text{丙醇镁}}{(CH_3CH_2CH_2O)_2Mg}+H_2\uparrow$$

这主要是由于醇分子中的烃基具有斥电子诱导效应（+I)，使氧氢键的极性比水弱。羟基α-C原子上的烷基增多，氧氢键的极性相应地减弱，所以不同烃基结构的醇与活泼金属反应的活性次序为：

水>甲醇>伯醇>仲醇>叔醇

由于醇的酸性比水弱，其共轭碱烷氧基（RO^-）的碱性就比 OH^- 强，所以醇盐遇水会分解为醇和金属氢氧化物：

$$RCH_2ONa+H_2O \longrightarrow RCH_2OH+NaOH$$

在有机反应中，烷氧基既可作为碱性催化剂，也可作为亲核试剂进行亲核加成或亲核取代反应。

问题与思考 6-4 比较下列化合物与金属钠反应的活性次序及产物的碱性强弱次序：

（1）H_2O （2）$CH_3CH_2CH_2OH$ （3）$CH_3\underset{\displaystyle OH}{\underset{|}{C}}HCH_3$ （4）$CH_3—\overset{\displaystyle CH_3}{\overset{|}{\underset{\displaystyle OH}{\underset{|}{C}}}}—CH_3$

2. 与氢卤酸的反应 醇与氢卤酸反应，分子中的碳氧键断裂，羟基被卤素取代生成卤代烃和水。

$$ROH + HX \longrightarrow RX + H_2O$$

这是卤代烃水解的逆反应。不同的氢卤酸与相同的醇反应，其活性次序为：HI＞HBr＞HCl。不同的醇与相同的氢卤酸反应，其活性次序为：烯丙型醇＞叔醇＞仲醇＞伯醇。

实验室常用卢卡斯（H. J. Lucas）试剂（浓盐酸与无水氯化锌配成的溶液）来鉴别六个碳原子以下的一元醇。

由于六个碳原子以下的一元醇可溶于卢卡斯试剂，生成的卤代烃不溶而出现浑浊或分层现象，根据出现浑浊或分层现象的快慢便可鉴别。烯丙型醇或叔醇与卢卡斯试剂反应立即出现浑浊，仲醇要数分钟后才出现浑浊，而伯醇须加热才出现浑浊。六个碳以上的一元醇由于不溶于卢卡斯试剂，因此无法进行鉴别。

$$R—\overset{\displaystyle R'}{\overset{|}{\underset{\displaystyle R''}{\underset{|}{C}}}}—OH + HCl(浓) \xrightarrow[20\ ℃]{无水\ ZnCl_2} R—\overset{\displaystyle R'}{\overset{|}{\underset{\displaystyle R''}{\underset{|}{C}}}}—Cl + H_2O \quad 立即出现浑浊$$

$$R—\underset{\displaystyle R'}{\underset{|}{C}}HOH + HCl(浓) \xrightarrow[20\ ℃]{无水\ ZnCl_2} R—\underset{\displaystyle R'}{\underset{|}{C}}H—Cl + H_2O \quad 数分钟后出现浑浊$$

$$RCH_2OH + HCl(浓) \xrightarrow[\triangle]{无水\ ZnCl_2} RCH_2Cl + H_2O \quad 室温下不浑浊$$

3. 与无机酰卤的反应 醇与三卤化磷、五卤化磷或亚硫酰氯（氯化亚砜）反应生成相应的卤代烃。与三卤化磷的反应常用于制备溴代烃或碘代烃，与五氯化磷或亚硫酰氯的反应常用于制备氯代烃。这些反应具有速度快，条件温和，不易发生重排，产率较高的特点，与亚硫酰氯的反应还具有易于分离纯化的优点。

$$CH_3CH_2CH_2OH + PI_3 \longrightarrow CH_3CH_2CH_2I + H_3PO_3$$

$$CH_3\underset{\displaystyle CH_3}{\underset{|}{C}}H—\underset{\displaystyle OH}{\underset{|}{C}}H—CH_3 + PBr_3 \longrightarrow CH_3\underset{\displaystyle CH_3}{\underset{|}{C}}H—\underset{\displaystyle Br}{\underset{|}{C}}HCH_3 + H_3PO_3$$

$$CH_3CH_2OH + Cl—\overset{\displaystyle O}{\overset{\|}{S}}—Cl \longrightarrow CH_3CH_2Cl + SO_2\uparrow + HCl\uparrow$$

4. 脱水反应 醇在酸性催化剂作用下，加热容易脱水，分子间脱水生成醚，分子内脱水则生成烯烃。

（1）分子间脱水 醇在较低温度下加热，常发生分子间的脱水反应，产物为醚。例如：

$$CH_3CH_2-OH + HO-CH_2CH_3 \xrightarrow[\text{或 } Al_2O_3，260\ ℃]{\text{浓 } H_2SO_4，130\sim150\ ℃} CH_3CH_2-O-CH_2CH_3 + H_2O$$

当用不同的醇进行分子间的脱水反应时，则得到三种醚的混合物，无制备意义：

$$ROH + R'OH \xrightarrow[\triangle]{H^+} R-O-R + R-O-R' + R'-O-R'$$

所以，用分子间的脱水反应制备醚时，只能使用单一的醇制备简单醚。

（2）分子内脱水　醇在较高温度下加热，发生分子内的脱水反应，产物是烯烃。不同结构的醇反应活性大小为：叔醇＞仲醇＞伯醇。

醇的分子内脱水属于消除反应，与卤代烃脱卤化氢的反应相同，反应遵循查依采夫（Saytzeff）规律，主要生成较稳定的烯烃。例如：

$$CH_3CH_2OH \xrightarrow[\text{或 } Al_2O_3，360\ ℃]{\text{浓 } H_2SO_4，160\sim180\ ℃} CH_2{=}CH_2 + H_2O$$

$$CH_3CH_2CH_2CH(OH)CH_3 \xrightarrow[87\ ℃]{62\%H_2SO_4} \underset{80\%}{CH_3CH_2CH{=}CHCH_3} + \underset{20\%}{CH_3CH_2CH_2CH{=}CH_2}$$

$$CH_3CH_2-C(CH_3)(OH)-CH_3 \xrightarrow[81\ ℃]{46\%H_2SO_4} \underset{84\%}{CH_3CH{=}C(CH_3)_2} + \underset{16\%}{CH_3CH_2C(CH_3){=}CH_2}$$

对于某些醇，分子内脱水主要生成稳定的共轭烯烃。例如：

$$C_6H_5-CH_2-CH(OH)-CH(CH_3)CH_3 \xrightarrow[\triangle]{\text{浓 } H_2SO_4} C_6H_5-CH{=}CH-CH(CH_3)-CH_3$$

$$CH_3-CH(CH_3)-CH(OH)-CH_2\overset{O}{\overset{\|}{C}}H \xrightarrow[\triangle]{\text{浓 } H_2SO_4} CH_3\underset{}{CH}(CH_3)-CH{=}CH-\overset{O}{\overset{\|}{C}}H$$

醇的消除反应一般按 E_1 历程进行。由于中间体是碳正离子，所以某些醇会发生重排，主要得到重排的烯烃。例如：

$$CH_3CH_2OH \xrightarrow{H^+} CH_3CH_2\overset{+}{O}H_2 \xrightarrow{-H_2O} CH_3\overset{+}{C}H_2 \xrightarrow{-H^+} CH_2{=}CH_2$$

$$CH_3-C(CH_3)_2-CH(OH)-CH_3 \xrightarrow{H^+} CH_3-C(CH_3)_2-CH(\overset{+}{O}H_2)-CH_3 \xrightarrow{-H_2O} CH_3-C(CH_3)_2-\overset{+}{C}H-CH_3 \xrightarrow{\text{重排}} CH_3-\overset{+}{C}(CH_3)-CH(CH_3)-CH_3$$

$$CH_3-C(CH_3)_2-\overset{+}{C}H-CH_3 \xrightarrow{-H^+} \underset{(30\%)}{CH_3-C(CH_3)_2-CH{=}CH_2}$$

$$CH_3-\overset{+}{C}(CH_3)-CH(CH_3)-CH_3 \xrightarrow{-H^+} \underset{(70\%)}{CH_3-C(CH_3){=}C(CH_3)-CH_3}$$

为避免醇脱水生成烯烃时发生重排，通常先将醇制成卤代烃，再消除 H—X 来制备烯烃。

问题与思考 6-5 下列烯烃可由哪些醇脱水形成？

(1) C_6H_5—CH═CH—CH_3 (2) CH_2═CH—CH(CH_3)—CH_3 (3) 1-甲基环己烯（环己烯环—CH_3）

(4) CH_3—CH(CH_3)—CH═CH—CHO (5) $(CH_3)_2C$═$CHCH_3$

问题与思考 6-6 按脱水由快到慢的顺序排列下列化合物：

(1) C_6H_5—$CH_2CH(OH)CH_3$ (2) C_6H_5—C(CH_3)(OH)—CH_2CH_3 (3) C_6H_5—$CH_2CH_2CH_2OH$

(4) C_6H_5—$CH_2CH_2CH(OH)CH_3$ (5) C_6H_5—CH_2C(CH_3)(OH)—CH_3

5. 酯化反应 醇与有机酸或无机含氧酸生成酯的反应，称为酯化反应。

(1) 与羧酸的酯化反应 醇和有机酸在酸性条件下，分子间脱去水生成酯。

$$RCOOH + R'OH \xrightleftharpoons{H^+} RCOOR' + H_2O$$

此反应是可逆的，为提高酯的产率，可以减小某一产物的浓度，或增加某一种反应物的用量，以促使平衡向生成酯的方向移动。

(2) 与无机含氧酸的酯化反应 常见的无机含氧酸有硫酸、硝酸、磷酸，反应生成无机酸酯。例如：

$$CH_3OH + HO—SO_2OH \xrightleftharpoons{0\ ℃} CH_3OSO_2OH$$

硫酸氢甲酯

$$2CH_3OSO_2OH \xrightarrow{减压蒸馏} CH_3OSO_2OCH_3 + H_2SO_4$$

硫酸二甲酯

$$\begin{matrix} CH_2OH \\ | \\ CHOH \\ | \\ CH_2OH \end{matrix} + 3HONO_2 \rightleftharpoons \begin{matrix} CH_2ONO_2 \\ | \\ CHONO_2 \\ | \\ CH_2ONO_2 \end{matrix} + 3H_2O$$

三硝酸甘油酯

（硝酸甘油）

磷酸的酸性较硫酸、硝酸弱，一般不易直接与醇酯化。

酯的存在和应用都非常广泛，动植物体的组织和器官内广泛存在卵磷脂、脑磷脂、油脂等。某些磷酸酯，如葡萄糖、果糖等的磷酸酯是生物体内代谢过程中的重要中间产物，有的磷酸酯则是优良的杀虫剂、除草剂。

硝酸酯大多因受热猛烈分解而爆炸，常用作炸药。有些硝酸酯，如亚硝酸异戊酯可用作心脑血管扩张剂。

硫酸二甲酯在有机合成中是非常重要的甲基化试剂。

6. 氧化反应　在醇分子中，由于受到羟基吸电子诱导效应的影响，α－H 的活性增大，容易被氧化。

（1）加氧反应　在酸性条件下，一级醇或二级醇可被高锰酸钾或重铬酸钾氧化，先生成不稳定的胞二醇，然后脱去一分子水形成醛或酮。生成的醛很容易被进一步氧化成羧酸。三级醇因无 α－H，一般不易被氧化。

$$\underset{\text{伯醇}}{CH_3CH_2OH} \xrightarrow[H_2SO_4]{K_2Cr_2O_7} [\,CH_3-\underset{\underset{OH}{|}}{CH}-OH\,] \xrightarrow{-H_2O} \underset{\text{乙醛}}{CH_3CHO} \xrightarrow[H_2SO_4]{K_2Cr_2O_7} \underset{\text{乙酸}}{CH_3COOH}$$

$$\underset{\text{仲醇}}{CH_3-\underset{\underset{CH_3}{|}}{CH}-OH} \xrightarrow[H_2SO_4]{K_2Cr_2O_7} [\,CH_3-\overset{\overset{OH}{|}}{\underset{\underset{CH_3}{|}}{C}}-OH\,] \xrightarrow{-H_2O} \underset{\text{丙酮}}{CH_3-\underset{\underset{CH_3}{|}}{C}=O}$$

醛的沸点比同级的醇低得多，如果在反应时将生成的醛立即蒸馏出来，脱离反应体系，则醛不被继续氧化，可以得到较高产率的醛。

如果使用 MnO_2 或 CrO_3/吡啶（Py）等弱氧化剂，则能将一级醇或二级醇氧化为相应的醛或酮。

$$CH_2=CHCH_2OH \xrightarrow{MnO_2} CH_2=CHCHO$$

$$CH_3CH_2CH_2CH_2OH \xrightarrow[CH_2Cl_2]{CrO_3-Py} CH_3CH_2CH_2CHO$$

（2）脱氢反应　一级醇或二级醇的蒸气在高温下通过铜催化剂，可脱氢生成醛或酮。此反应多用于有机化工生产中合成醛或酮。

$$RCH_2OH \underset{325\ ^\circ C}{\overset{Cu}{\rightleftharpoons}} RCHO+H_2$$

$$R_2CHOH \underset{325\ ^\circ C}{\overset{Cu}{\rightleftharpoons}} R_2C=O+H_2$$

叔醇因无 α-氢原子，不能发生脱氢反应。

问题与思考 6－7　完成下列反应：

（1）$CH_2=CH-COOH+CH_3OH \xrightarrow[\triangle]{H^+}$　　（2）$CH_3\underset{\underset{OH}{|}}{CH}CH_3 \xrightarrow[325\ ^\circ C]{Cu}$

（3）2-甲基环戊醇（环戊烷环上连 OH 与 $-CH_3$）$+K_2Cr_2O_7+H_2SO_4 \longrightarrow$

四、个别化合物

1. 甲醇　甲醇早期从木材干馏得到，故俗称木醇或木精，是无色易燃液体，略带刺激性气味，能和水及大多数有机溶剂互溶，本身是常用的有机溶剂。主要用于制备甲醛和甲基化试剂。

甲醇有毒，服入 10 mL 可导致双目失明，服入 30 mL 可致死。工业上常用一氧化碳和氢气制得。

$$CO+2H_2 \xrightarrow[CuO,\ ZnO,\ Cr_2O_3]{20\ MPa,\ 300\ ℃} CH_3OH$$

2. 乙醇 乙醇是食用酒的主要成分，故俗称酒精，是一种无色、易燃，有酒香气味的液体，沸点为 78.5 ℃，能与水及多种有机溶剂互溶。主要用作化工合成的原料、燃料、防腐剂和消毒剂（70%～75%乙醇溶液）。工业酒精由乙烯水合制得，食用酒精以含淀粉的农产品为原料经过发酵制取。

$$\text{谷类} \longrightarrow \text{淀粉} \xrightarrow[H_2O]{\text{淀粉酶}} \text{麦芽糖} \xrightarrow[H_2O]{\text{麦芽糖酶}} \text{葡萄糖} \xrightarrow{\text{酒化酶}} CH_3CH_2OH+CO_2$$

工业酒精是含 95.6%乙醇与 4.4%水的恒沸混合物，沸点为 78.15 ℃，用直接蒸馏不能将水完全除掉。可用生石灰除去水分，通过蒸馏可得到 99.5%的乙醇，称为无水乙醇。再用金属镁或分子筛进一步处理，可得 99.95%的高纯度乙醇，称为绝对乙醇。

3. 乙二醇 乙二醇俗称甘醇，是最简单也是最重要的二元醇，工业上由环氧乙烷水解得到。它是无色黏稠液体，有甜味，能与水混溶而不溶于乙醚，沸点 198 ℃。

乙二醇是常用的高沸点溶剂，60%（体积）的乙二醇水溶液的冰点约为－40 ℃，常用作汽车水箱的防冻剂。乙二醇也是合成树脂、合成纤维的重要原料。乙二醇甲醚、乙二醇乙醚等具有醇和醚的双重性质，能溶解极性或非极性化合物，是一种优良的溶剂，广泛用于纤维工业和油漆工业，俗称溶纤剂。

4. 丙三醇 丙三醇俗名甘油，是无色、无臭、有甜味的黏稠液体，沸点为 290 ℃（分解），熔点为 18.0 ℃，相对密度 1.261 3。丙三醇能与水混溶，不溶于有机溶剂，有较强的吸水性。在碱性条件下与氢氧化铜反应生成绛蓝色的甘油铜溶液，可用此反应鉴别丙三醇或多元醇。

$$\begin{array}{l} CH_2-OH \\ | \\ CH-OH \\ | \\ CH_2-OH \end{array} + Cu(OH)_2 \xrightarrow{OH^-} \begin{array}{l} CH_2-O \\ |\qquad\ \ \diagdown \\ CH-O-Cu \\ | \\ CH_2OH \end{array} + 2H_2O$$

甘油铜(绛蓝色)

丙三醇氧化可生成甘油醛或二羟基丙酮。

$$\begin{array}{l} CH_2OH \\ | \\ CHOH \\ | \\ CH_2OH \end{array} \xrightarrow{[O]} \begin{cases} \begin{array}{l} CH_2-CH-CHO \\ |\qquad\ \ | \\ OH\quad\ OH \end{array} & \text{甘油醛} \\ \begin{array}{l} CH_2-C-CH_2 \\ |\qquad\ \ \|\qquad | \\ OH\quad\ O\quad OH \end{array} & \text{二羟基丙酮} \end{cases}$$

甘油醛和二羟基丙酮是两种最简单的糖，它们是生物代谢过程中的重要产物。

丙三醇广泛用于纺织、化妆品、皮革、烟草、食品等领域。与硝酸反应生成三硝酸甘油酯（硝酸甘油），主要用作炸药，同时硝酸甘油具有扩张冠状动脉的作用，在医药上治疗心绞痛和心肌梗死。

5. 肌醇和植酸　肌醇又名环己六醇，主要存在于动物肌肉、心脏、肝、脑等器官中，是某些动物、微生物生长所必需的物质。它是白色结晶体，有甜味，熔点 253 ℃，相对密度 1.752 0，能溶于水而不溶于有机溶剂。可用于治疗肝病及胆固醇过高而引起的疾病。

肌醇的六磷酸酯叫作植酸。植酸的钙镁盐广泛存在于植物体内，在种子、谷物、种皮及胚芽中含量较高，米的胚芽中含量高达 5%～8%。当种子发芽时，它在酶的作用下水解，向幼芽提供生长所需要的磷酸。

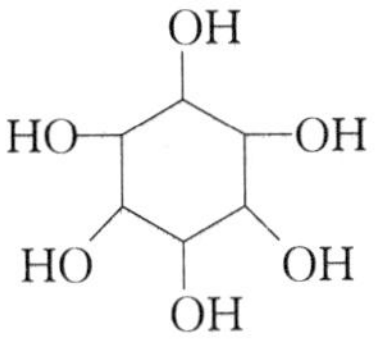

肌醇 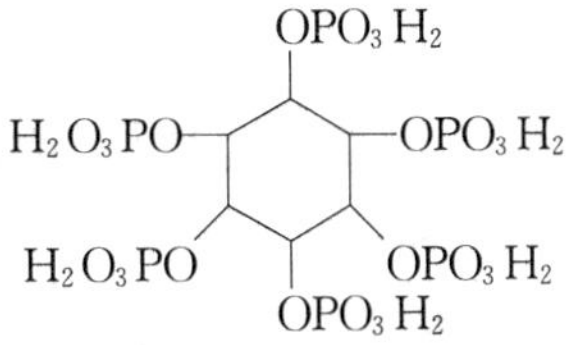　　　　植酸

6. 三十烷醇　三十烷醇又名 1-三十醇，缩写符号 TA。由某些植物蜡（如米糠蜡）和动物蜡（如蜂蜡）制得。纯三十烷醇是白色鳞片状晶体，熔点 69 ℃，不溶于水，难溶于冷乙醇和丙酮，易溶于氯仿和四氯化碳等有机溶剂。

三十烷醇能提高作物的代谢水平和光合作用强度，促进作物产量提高，改善作物品质。在生产上应用剂量低，对人畜无毒害，是一种适用性较广的新型植物生长调节剂。

第二节　酚

一、酚的分类和命名

根据羟基所连芳环的不同，酚类可分为苯酚、萘酚、蒽酚等。根据羟基的数目，酚类又可分为一元酚、二元酚和多元酚等。

酚的命名是根据羟基所连芳环的名称叫作“某酚”。例如：

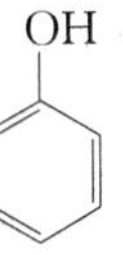

苯酚（石炭酸）　　1-萘酚（α-萘酚）　　2-萘酚（β-萘酚）

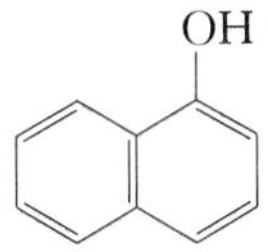

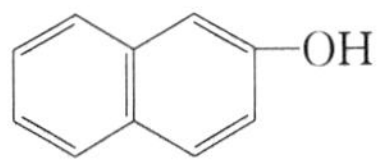

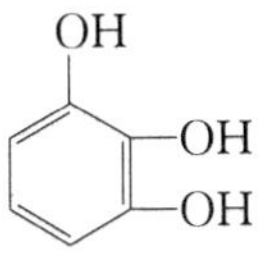

1,2,3-苯三酚（连苯三酚）　　1,2,4-苯三酚（偏苯三酚）　　1,3,5-苯三酚（均苯三酚）

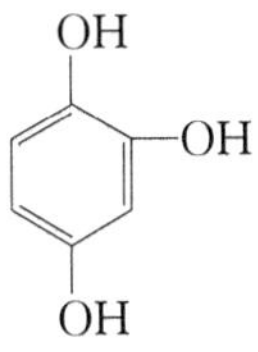

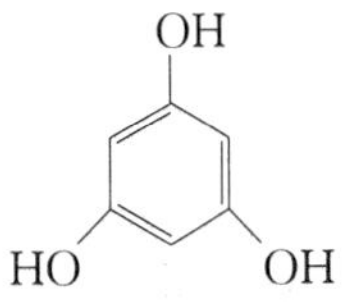

若芳环上连烃基、烷氧基、卤原子、硝基、亚硝基、羟基等，酚作母体，其他基团为取代基。例如：

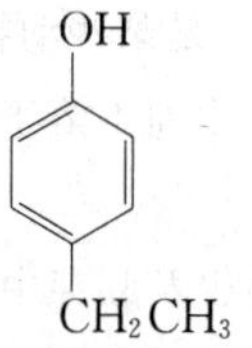

4-乙基苯酚（对乙基苯酚）　5-甲氧基-2-溴苯酚 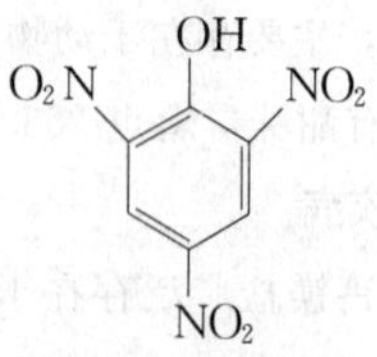　2,4,6-三硝基苯酚（苦味酸）　8-甲基-4-亚硝基-2-萘酚

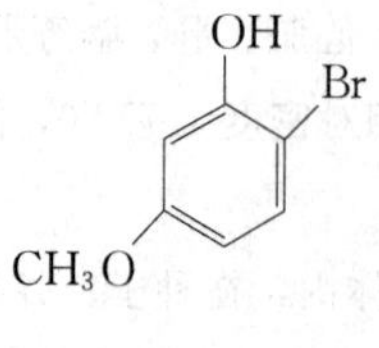

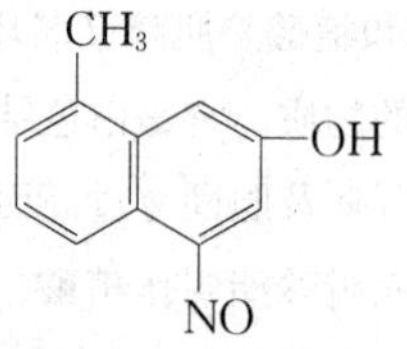

当芳环上连有氨基、羟基、羧基、磺酸基、羰基、氰基等多官能团时，按如下次序选择母体，其他官能团视为取代基：

$—COOH$ ＞ $—SO_3H$ ＞ $—COOR$ ＞ $—COX$ ＞ $CONH_2$ ＞ $—CN$ ＞ $—CHO$ ＞ $—COR$ ＞
（羧酸）（磺酸）（酯）（酰卤）（酰胺）（腈）（醛）（酮）

$—OH$ ＞ $—NH_2$ ＞ $—OR$ ＞ $—R$ ＞ $—NO_2$，$—X$
（酚）（胺）（醚）

例如：

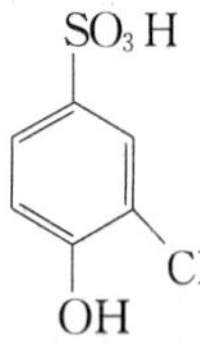

3-甲基-4-羟基苯磺酸 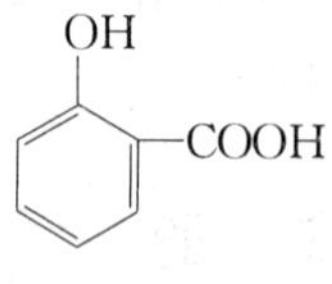　2-羟基苯甲酸（水杨酸）　2-甲基-5-氨基苯酚 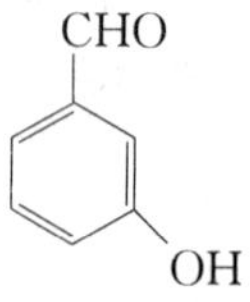　3-羟基苯甲醛

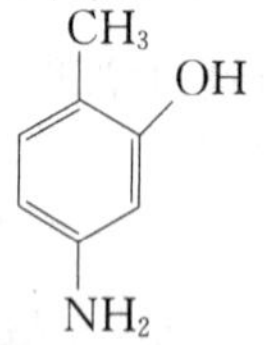

问题与思考 6-8　命名下列化合物：

(1) 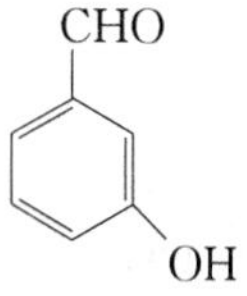　(2) 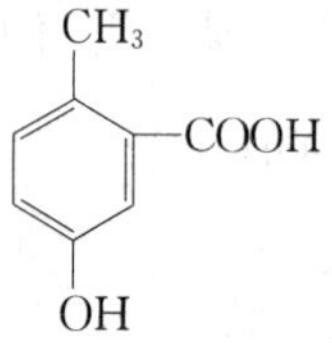　(3)

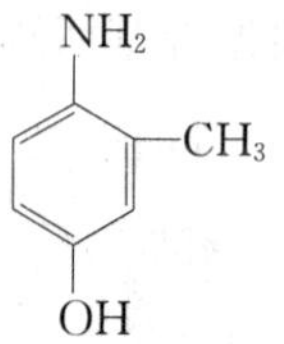

(4) 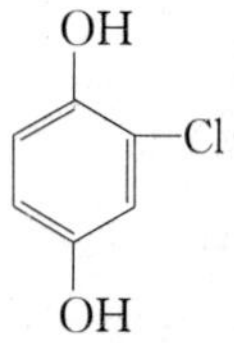　(5)

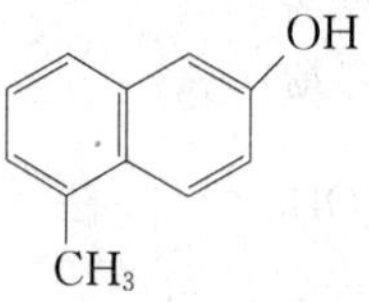

二、酚的物理性质

常温下，除了少数烷基酚为液体外，大多数酚为固体。由于分子间可以形成氢键，因此酚的沸点都很高。邻位上有氟、羟基或硝基的酚，分子内可形成氢键，但分子间不能发生缔合，它们的沸点低于其间位和对位异构体。

纯净的酚是无色固体，但因容易被空气中的氧氧化，常含有有色杂质。酚在常温下微溶于水，加热则溶解度增加。随着羟基数目增多，酚在水中的溶解度增大。酚能溶于乙醇、乙醚、苯等有机溶剂。一些常见酚的物理常数见表 6－2。

表 6－2　酚的物理常数

名　称	结　构　式	熔点/℃	沸点/℃	溶解度（100g 水）/g	pK_a	折射率 n_D^{20}
苯　酚	—OH	43	181.7	溶	9.95	1.550 8
邻甲苯酚	CH_3, —OH	30.9	191	微溶	10.2	1.536 1
间甲苯酚	H_3C, —OH	11.5	202.2	难溶	10.01	1.543 8
对甲苯酚	H_3C—, —OH	34.8	201.9	微溶	10.17	1.531 2
邻苯二酚	OH, —OH	105	245	溶	9.4	1.604 0
间苯二酚	HO, —OH	111	276.5	溶	9.4	
对苯二酚	HO—, —OH	173.4	285	溶	10.0	
1,2,3－苯三酚	OH, —OH, OH	133～134	309	易溶	7.0	1.561 0
1,2,4－苯三酚	OH, HO—, —OH	140～141	—	易溶		
1,3,5－苯三酚	HO, —OH, HO	218.9	—	微溶	7.0	

（续）

名 称	结 构 式	熔点/℃	沸点/℃	溶解度 (100g 水)/g	pK_a	折射率 n_D^{20}
α-萘酚	OH	96（升华）	288	不溶	9.3	
β-萘酚	OH	123～124	295	不溶	9.5	

三、酚的化学性质

酚和醇具有相同的官能团，但酚羟基直接与苯环相连，氧原子的 p 轨道与芳环的 π 轨道形成 p－π 共轭体系（图 6－2），导致氧原子的电子云密度降低，使得碳氧键的极性减弱而不易断裂，不能像醇羟基那样发生亲核取代反应或消除反应。同时，酚羟基中氧原子的电子云密度降低致使氧氢键的极性增加，与醇相比，酚的酸性明显增强。另外，酚羟基的给电子效应，使苯环上的电子云密度增加，芳环上的亲电取代反应更容易进行。

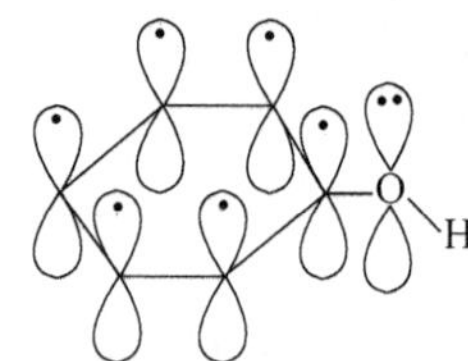

图 6－2　苯酚中 p－π 共轭示意图

综上所述，酚的主要化学性质可归纳如下：

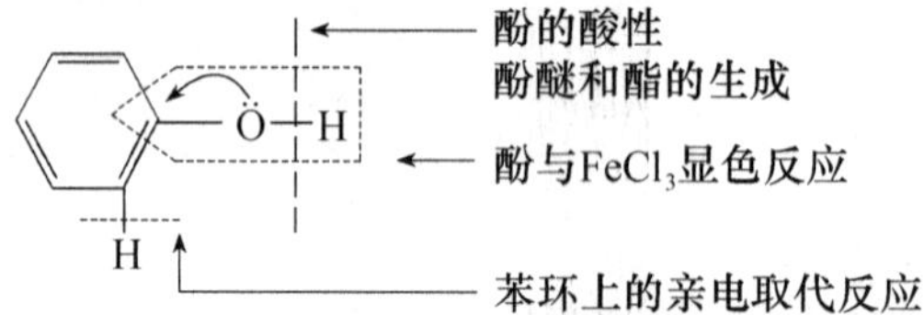

1. 酸性　酚类化合物呈酸性，大多数酚的 pK_a 都在 10 左右，酸性强于水和醇，能与强碱溶液作用生成盐。例如：

$$C_6H_5-OH \rightleftharpoons C_6H_5-O^- + H^+ \quad pK_a=9.95$$

$$C_6H_5-OH + NaOH \rightleftharpoons C_6H_5-\overset{-}{O}\overset{+}{Na} + H_2O$$

苯酚钠

苯酚的酸性比碳酸弱，能溶于碳酸钠溶液，但不能溶于碳酸氢钠溶液，在苯酚钠的溶液中通入二氧化碳能使苯酚游离出来。利用此性质可进行苯酚的分离和提纯。

$$C_6H_5-ONa + CO_2 \xrightarrow{H_2O} C_6H_5-OH + NaHCO_3$$

芳环上取代基的性质对酚的酸性影响很大。当芳环上连有供电子基时，使酚羟基的氧氢键极性减弱，释放质子的能力减弱，因而酸性减弱；当芳环上连有吸电子基时，使酚羟基的氧氢键极性增强，释放质子的能力增强，酸性增强。例如：

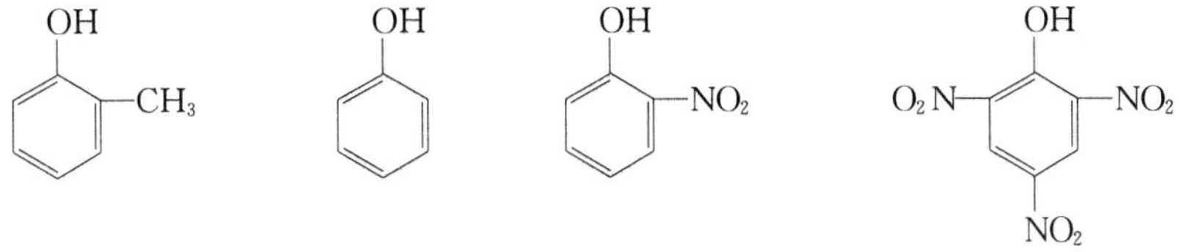

OH　　　　OH　　　　OH　　　　OH

$-CH_3$　　　　　　　$-NO_2$　　O_2N-　$-NO_2$

NO_2

pK_a　10.2　　9.95　　7.17　　0.38

问题与思考 6-9　比较下列每组中各化合物的酸性强弱：

（1）OH, $-NO_2$；OH, $-NO_2$, NO_2；OH, O_2N-, $-NO_2$, NO_2；OH

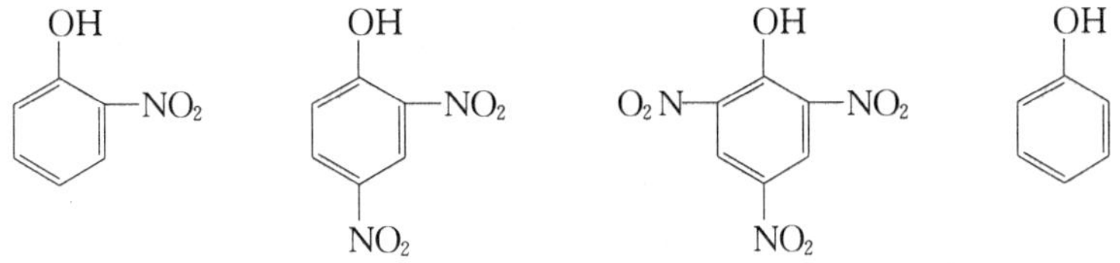

（2）OH；OH, CH_3；OH, OCH_3；OH, Cl；OH, NO_2

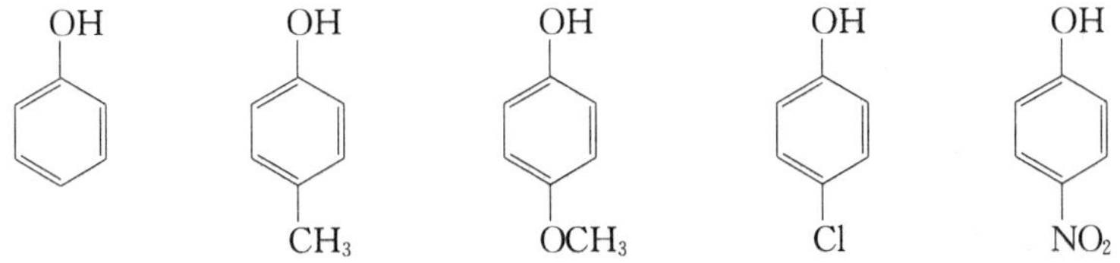

2. 与三氯化铁的显色反应　酚与三氯化铁溶液作用生成有色的配合物：

$$6C_6H_5OH + FeCl_3 \longrightarrow [Fe(C_6H_5O)_6]^{3-} + 6H^+ + 3Cl^-$$

不同的酚与三氯化铁作用产生的颜色不同（表 6-3）。除酚以外，凡具有稳定烯醇式结构的化合物都可发生此反应。例如：

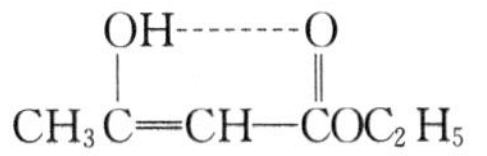

$$\begin{array}{c} OH\text{-------}O \\ | \qquad\quad \| \\ CH_3C{=}CH{-}COC_2H_5 \end{array}$$

由于分子内形成 π-π 共轭体系，且分子内以氢键连接成环，该烯醇式结构较为稳定，可与三氯化铁作用显色。因此，可利用此反应来鉴别酚类化合物和具有稳定烯醇式结构的化合物。

表 6-3　酚和三氯化铁产生的颜色

化 合 物	产生的颜色	化 合 物	产生的颜色
苯酚	紫	间苯二酚	紫
邻甲苯酚	蓝	对苯二酚	暗绿色结晶
间甲苯酚	蓝	1,2,3-苯三酚	淡棕红
对甲苯酚	蓝	1,3,5-苯三酚	紫色沉淀
邻苯二酚	绿	α-萘酚	紫色沉淀

3. 酚醚和酚酯的生成　由于酚羟基与苯环形成 p-π 共轭体系，酚不能直接进行分子间的脱

水反应生成醚，也不能直接与羧酸反应生成酯。通常是用酚盐与卤代烃反应来制备醚，用酚与活性更高的酰卤或酸酐反应来制备酯。例如：

$$C_6H_5ONa + C_2H_5I \longrightarrow C_6H_5OC_2H_5 + NaI$$

$$2,4\text{-}Cl_2C_6H_3ONa + Cl\text{-}C_6H_4\text{-}NO_2(p) \longrightarrow 2,4\text{-}Cl_2C_6H_3\text{-}O\text{-}C_6H_4\text{-}NO_2(p)$$

$$C_6H_5OH + (CH_3CO)_2O \longrightarrow C_6H_5O\text{-}\overset{O}{\overset{\|}{C}}CH_3 + CH_3COOH$$

4. 芳环上的取代反应 酚羟基对苯环既产生吸电子诱导效应（−I），又产生给电子共轭效应（+C），两者综合作用的结果使苯环上的电子云密度增加，使羟基的邻、对位活化，更容易发生芳环上的亲电取代反应。例如：

$$C_6H_5OH + 3Br_2(\text{水溶液}) \longrightarrow 2,4,6\text{-}Br_3C_6H_2OH\downarrow + 3HBr$$

2,4,6-三溴苯酚(白色)

苯酚与溴水的反应灵敏度高，一般溶液中苯酚含量达 10 mg・kg^{-1}即可检出，且反应是定量的，所以常用于苯酚的定性和定量分析及饮用水的监测。

苯酚的硝化和磺化反应一般在室温下进行。例如：

$$C_6H_5OH + HNO_3(\text{稀}) \xrightarrow{\text{室温}} o\text{-}O_2NC_6H_4OH + p\text{-}O_2NC_6H_4OH$$

$$C_6H_5OH + HNO_3(\text{浓}) \xrightarrow{H_2SO_4(\text{浓})} 2,4,6\text{-}(O_2N)_3C_6H_2OH$$

2,4,6-三硝基苯酚(苦味酸)

$$C_6H_5OH + H_2SO_4(\text{浓}) \begin{cases} \xrightarrow{\text{室温}} o\text{-}HO_3SC_6H_4OH \\ \xrightarrow{100\ ℃} p\text{-}HO_3SC_6H_4OH \end{cases}$$

5. 氧化反应　酚比醇更容易被氧化，苯酚在室温下就能被空气中的氧氧化而呈粉红色至暗红色。所以酚在进行硝化或磺化反应时，必须控制反应条件以防止酚被氧化。

苯酚用氧化剂氧化生成对苯醌：

OH　$\xrightarrow{K_2Cr_2O_7 + H_2SO_4}$　O　O

对苯醌

多元酚更容易被氧化，如邻苯二酚和对苯二酚在室温下能被弱氧化剂氧化为邻苯醌和对苯醌：

—OH —OH　$\xrightarrow{Ag_2O}$　=O =O

邻苯醌

OH OH　$\xrightarrow{Ag_2O}$　O O

对苯醌

三元酚是很强的还原剂，在碱液中能吸收氧气，常用作吸氧剂，在摄影术中用作显影剂。酚易氧化生成带有颜色的醌类物质，这是酚类物质常常带有颜色的原因。

四、个别化合物

1. 苯酚　苯酚最初从煤焦油中分馏得到，具有酸性，俗称石炭酸。纯苯酚为无色针状结晶，有刺激性气味，熔点 43 ℃，沸点 181.7 ℃。苯酚微溶于水，易溶于乙醇和乙醚，在空气中放置易被氧化而变成红色。

苯酚是合成塑料、药物、炸药和染料的重要原料。苯酚能凝固蛋白质，使蛋白质变性，具有杀菌能力，可用作消毒剂和防腐剂。

2. 甲苯酚　甲苯酚有邻、间、对三种异构体，它们的沸点很接近，难以分离，其混合物统称为甲苯酚。甲苯酚的杀菌能力比苯酚强，含 47%～53%的三种甲苯酚的肥皂水溶液在医药上用作消毒剂，叫作“煤酚皂”，俗称“来苏儿”（lysol），一般家庭消毒和畜舍消毒时，可稀释至 3%～5%后使用。

3. 苯二酚　苯二酚有邻、间、对三种异构体，它们均为无色结晶，能溶于水、乙醇、乙醚。邻苯二酚俗名儿茶酚或焦儿茶酚，其衍生物存在于植物中，例如：

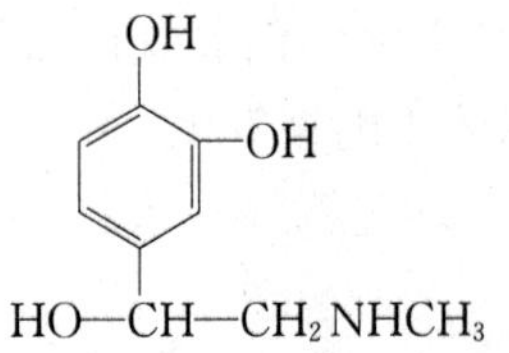

肾上腺素 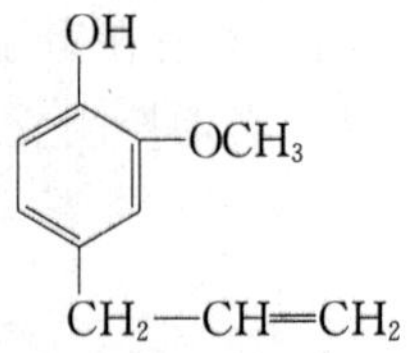　　丁香酚 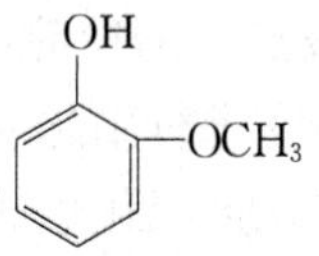　　愈疮木酚

间苯二酚常用于合成染料、树脂黏合剂等。邻和对苯二酚因易被弱氧化剂（如银氨溶液）氧化为醌，所以主要用作还原剂，如用作黑白胶片的显影剂（将胶片上感光后的卤化银还原为银）。苯二酚还常用作抗氧化剂或阻聚剂（防止高分子单体因氧化剂的存在而聚合）。如在贮藏苯乙烯时，为防止苯乙烯聚合，常加入苯二酚抑制其聚合。又如苯甲醛易被氧化生成过氧苯甲酸，在苯甲醛中加入 1/1 000 的对苯二酚可抑制其氧化。

4. 苯三酚　苯三酚有三种异构体，常见的有连苯三酚和均苯三酚。

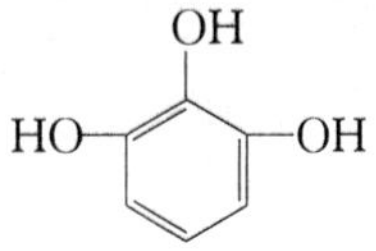

1,2,3-苯三酚(焦棓酚或焦性没食子酸) 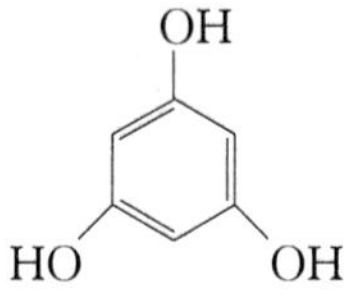　　1,3,5-苯三酚(根皮酚)

均苯三酚俗称根皮酚。连苯三酚俗称焦棓酚或焦性没食子酸，是白色粉末状晶体，熔点 133～134 ℃，易溶于水，具有很强的还原性，常被氧化为棕色化合物。可用作摄影的显影剂，是合成药物和染料的原料之一。它因易吸收空气中的氧，常用于混合气体中氧气的定量分析。

5. 维生素 E　维生素 E 又称抗不育维生素或生育酚。自然界中有 8 种物质具有维生素 E 的作用，其中 α、β、γ、δ-生育酚较为重要，α-生育酚的效价最高。一般所称维生素 E 即指 α-生育酚。

维生素 E 的基本结构为：

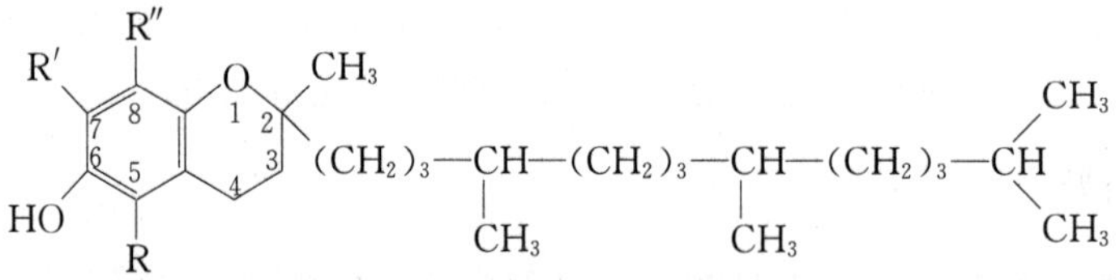

不同生育酚的差异仅在 R、R′及 R″三个基团的不同。

维生素 E 为淡黄色无臭无味油状物，不溶于水而溶于油脂。维生素 E 极易被氧化（主要在羟基及氧桥处氧化），可用作抗氧化剂，对白光相当稳定，但易被紫外光破坏。在紫外光 259 nm 处有一吸收光带。

维生素 E 广泛存在于麦胚油、玉米油、花生油中，也存在于植物的脂肪中。缺乏维生素 E 会引起雌鼠的生殖力丧失，兔及豚鼠的肌肉剧烈萎缩，小鸡的脉管异常。维生素 E 也是一种强抗氧化剂，为防止皮肤衰老，常用于化妆品中。

第三节　醚

醚是两个烃基通过氧原子相连而成的化合物，可用通式表示为：R—O—R′、R—O—Ar、Ar—O—Ar′，其中—C—O—C—称为醚键，是醚的官能团。饱和一元醚和饱和一元醇互为官能团异构体，具有相同的通式：$C_nH_{2n+2}O$。

一、醚的分类和命名

根据分子中烃基的结构，醚可分为脂肪醚和芳香醚。两个烃基相同的醚叫作简单醚，不相同的叫作混合醚。醚键是环状结构的一部分时，称为环醚。例如：

$CH_3OCH_2CH_3$　　$CH_3CH_2OCH_2CH_3$　　$CH_2—CH_2$（环氧，O 桥接）

混合醚　　简单醚　　环醚

结构简单的醚一般采用普通命名法命名，即在烃基的名称后面加上“醚”字。两个烃基相同时，烃基的“基”字可省略，例如：

CH_3OCH_3　　$CH_3CHOCHCH_3$（两个 CH 上各连 CH_3）　　$C_6H_5—O—C_6H_5$

甲醚　　异丙醚　　二苯醚

两个烃基不相同时，脂肪醚将小的烃基放在前面，芳香醚把芳基放在前面，例如：

$C_2H_5—O—CH=CH_2$　　$CH_3CH_2O—CH_2CHCH_3$（CH 上连 CH_3）

乙基乙烯基醚　　乙基异丁基醚

$C_6H_5—OCH_2CH_3$　　（萘环）$—OCH_3$　　$CH_3OCH_2CH_2OCH_3$

苯乙醚　　β-萘甲醚　　乙二醇二甲醚

结构复杂的醚可采用系统命名法命名，即选择较长的烃基为母体，有不饱和烃基时，选择不饱和度较大的烃基为母体，将较小的烃基与氧原子一起看作取代基，叫作烷氧基（RO—）。例如：

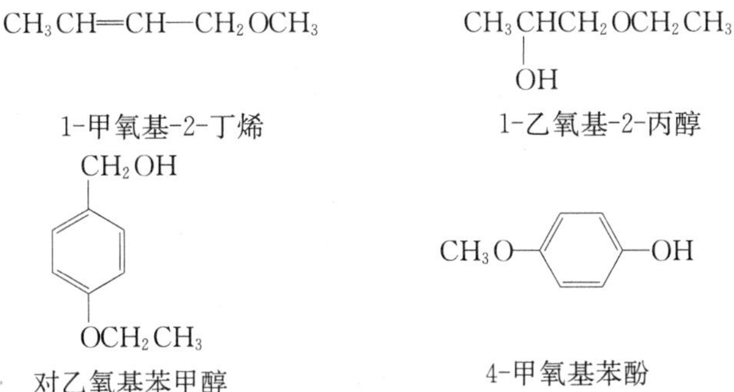

1-甲氧基-2-丁烯　　1-乙氧基-2-丙醇

对乙氧基苯甲醇　　4-甲氧基苯酚

命名三、四元环的环醚时，标出氧原子所在母体的序号，以“环氧某烷”来命名。例如：

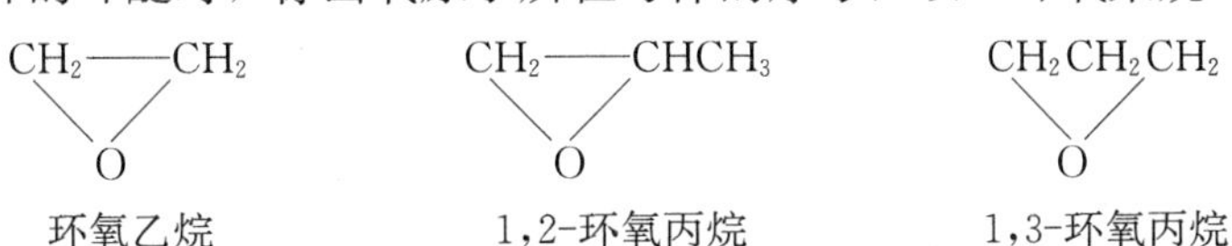

环氧乙烷　　1,2-环氧丙烷　　1,3-环氧丙烷

CH_3CH——$CHCH_3$（环氧桥 O）　　　　$CH_2CHCHCH_3$（3位 CH_3，环氧桥 O）

2,3-环氧丁烷　　　　2-甲基-1,3-环氧丁烷

更大的环醚一般按杂环化合物来命名。

1,4-环氧丁烷(四氢呋喃)　　　　1,4-二氧六环

问题与思考 6-10　命名下列化合物或写出结构式：

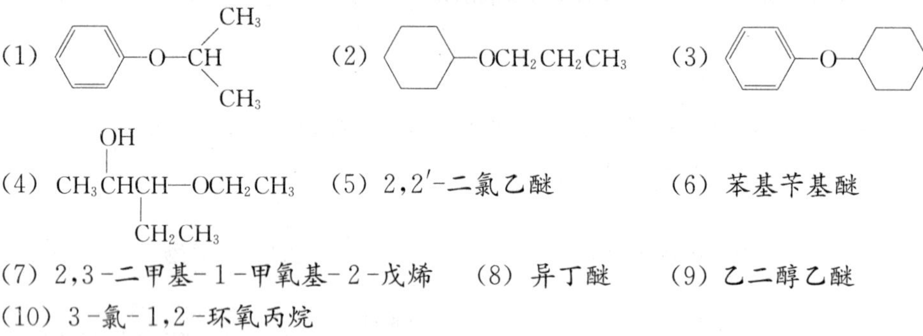

(1) C_6H_5—O—$CH(CH_3)_2$　(2) C_6H_{11}—$OCH_2CH_2CH_3$　(3) C_6H_5—O—C_6H_{11}

(4) $CH_3CH(OH)CH(CH_2CH_3)$—OCH_2CH_3　(5) 2,2′-二氯乙醚　(6) 苯基苄基醚

(7) 2,3-二甲基-1-甲氧基-2-戊烯　(8) 异丁醚　(9) 乙二醇乙醚

(10) 3-氯-1,2-环氧丙烷

二、醚的物理性质

常温下，大多数醚为易挥发、易燃烧、有香味的液体。醚分子中因无羟基而不能在分子间生成氢键，因此醚的沸点比相应的醇低得多，与分子质量相近的烷烃相当。常温下，甲醚、甲乙醚、环氧乙烷等为气体，大多数醚为液体。

醚分子中的碳氧键是极性键，氧原子采用 sp^3 杂化，其上有两对未共用电子对，两个碳氧键之间形成一定角度，故醚的偶极矩不为零，易与水形成氢键，所以醚在水中的溶解度与相应的醇相当。甲醚、1,4-二氧六环、四氢呋喃等都可与水互溶，乙醚在水中的溶解度为每 100 g 水溶解约 7 g，其他低分子质量的醚微溶于水，大多数醚不溶于水。

乙醚能溶于许多有机溶剂，本身也是一种良好的溶剂。乙醚有麻醉作用，极易着火，与空气混合到一定比例能爆炸，所以使用乙醚时要十分小心。一些醚的物理常数见表 6-4。

表 6-4　醚的物理常数

名　称	结 构 式	熔点/℃	沸点/℃	相对密度 d_4^{20}
甲　醚	CH_3—O—CH_3	−138.5	−25	
乙　醚	C_2H_5—O—C_2H_5	−116	34.5	0.713 8
正丁醚	n-C_4H_9—O—C_4H_9-n	−95.3	142	0.768 9

（续）

名　　称	结　构　式	熔点/℃	沸点/℃	相对密度 d_4^{20}
二苯醚	$C_6H_5—O—C_6H_5$	28	257.9	1.074 8
苯甲醚	$C_6H_5—O—CH_3$	−37.3	155.5	0.996 1
环氧乙烷	$CH_2—CH_2$（中间连 O，三元环）	−111	13.2	$0.882\,4_{10}^{10}$
四氢呋喃	五元环（含一个 O）	−108	67	0.889 2
1,4-二氧六环	六元环（1,4位含 O）	11.8	101	1.033 7

三、醚的化学性质

除某些环醚外，醚是一类很稳定的化合物，其化学稳定性仅次于烷烃。常温下，醚对于活泼金属、碱、氧化剂、还原剂等十分稳定。但醚仍可发生一些特殊的反应。

1. 锌盐的生成　醚分子中的氧原子在强酸性条件下，可接受一个质子生成锌盐：

$$CH_3OCH_3 + H_2SO_4(浓) \rightleftharpoons [CH_3\overset{+}{\underset{\substack{|\\H}}{O}}CH_3]HSO_4^-$$

锌盐

锌盐可溶于冷的浓强酸中，用水稀释会分解析出原来的醚。所以不溶于水的醚能溶于强酸溶液中，利用醚的这种弱碱性，可分离提纯醚类化合物，也可鉴别醚类化合物。

2. 醚键的断裂　在较高温度下，浓氢碘酸或浓氢溴酸等强酸能使醚键断裂，生成卤代烃和醇或酚。若使用过量的氢卤酸，则生成的醇将进一步与氢卤酸反应生成卤代烃。

$$R—O—R' + HI \xrightarrow{\triangle} R'I + ROH$$

$$ROH \xrightarrow{HI} RI + H_2O$$

脂肪族混合醚与氢卤酸作用时，一般是较小的烷基生成卤代烷，当氧原子上连有三级烷基时，则主要生成三级卤代烷。例如：

$$\underset{\substack{|\\CH_3}}{CH_3CH}CH_2OCH_3 \xrightarrow[\triangle]{HI} CH_3I + \underset{\substack{|\\CH_3}}{CH_3CH}CH_2OH$$

$$CH_3—\overset{\substack{CH_3\\|}}{\underset{\substack{|\\CH_3}}{C}}—O—CH_2CH_3 \xrightarrow[\triangle]{HI} CH_3—\overset{\substack{CH_3\\|}}{\underset{\substack{|\\CH_3}}{C}}—I + CH_3CH_2OH$$

芳香醚由于氧原子与芳环形成 p－π 共轭体系，碳氧键不易断裂，如果另一烃基是脂肪烃基，则生成酚和卤代烷，如果两个烃基都是芳香基，则不易发生醚键的断裂。例如：

$$C_6H_5—O—CH_3 \xrightarrow[\triangle]{HBr} CH_3Br + C_6H_5—OH$$

环醚与氢卤酸作用，醚键断裂生成双官能团化合物。例如：

$$\text{(四氢呋喃)} \xrightarrow[\triangle]{HI} HOCH_2CH_2CH_2CH_2I$$

问题与思考 6-11 完成下列反应式：

（1）$C_6H_5-O-C_3H_7 + HI \longrightarrow$ （2）（环己烷，1位 $-OCH_3$，2位 $-CH_2CH_2OCH_3$）$+HI$（过量）$\longrightarrow$

（3）$C_2H_5OC_2H_5 + HBr \longrightarrow$ （4）$CH_3CH_2CH_2CH_2OCH_3 + HI$（1 mol）$\longrightarrow$

3. 过氧化物的生成 醚类化合物虽然对氧化剂很稳定，但许多烷基醚在和空气长时间接触下，会缓慢地被氧化生成过氧化物，氧化通常在α-碳氢键上进行：

$$CH_3CH_2-O-CH_2CH_3 + O_2 \longrightarrow CH_3CH_2-O-\underset{\substack{|\\ O-OH}}{CH}CH_3$$

过氧化物不稳定，受热时容易分解而发生猛烈爆炸，因此在蒸馏或使用乙醚前必须检验醚中是否含有过氧化物。常用的检验方法是用碘化钾的淀粉溶液，或硫酸亚铁与硫氰化钾溶液，若前者呈深蓝色，或后者呈血红色，则表示有过氧化物存在。除去过氧化物的方法是向醚中加入还原剂（如 $FeSO_4$ 或 Na_2SO_3），使过氧化物分解。为了防止过氧化物生成，醚应用棕色瓶避光贮存，并可在醚中加入微量铁屑或对苯二酚阻止过氧化物生成。

四、个别化合物

1. 环氧乙烷 环氧乙烷为无色有毒气体，沸点 13.2 ℃，可与水互溶，与空气混合形成可爆炸气体。具有消毒、杀菌的作用。

环氧乙烷可由乙烯在银的催化下氧化制得：

$$CH_2{=}CH_2 + O_2 \xrightarrow[250\ ℃，加压]{Ag} \underset{\diagdown O \diagup}{CH_2-CH_2}$$

环氧乙烷是三元环醚，环的角张力和扭转张力较大，所以与一般的醚不同，其化学性质非常活泼，易与含活泼氢的试剂作用开环生成双官能团化合物：

$$\underset{\diagdown O \diagup}{CH_2-CH_2} \begin{cases} \xrightarrow{H_2O} HOCH_2CH_2OH \\ \xrightarrow{HBr} HOCH_2CH_2Br \\ \xrightarrow{NH_3} HOCH_2CH_2NH_2 \\ \xrightarrow{ROH} HOCH_2CH_2OR\text{（乙二醇醚）} \end{cases}$$

乙二醇醚具有醚和醇的双重性质，是很好的溶剂，俗称溶纤剂，广泛用于纤维工业和油漆工业中。

环氧乙烷还可与格氏试剂反应，产物经水解可得到比格氏试剂烃基多两个碳原子的伯醇，是制备伯醇的重要方法：

$$RMgX + \underset{\diagdown O \diagup}{CH_2{-}CH_2} \longrightarrow RCH_2CH_2OMgX \xrightarrow{H_3O^+} RCH_2CH_2OH$$

2. 冠醚　冠醚是一类大环多氧醚，因形状似皇冠故称为冠醚，其结构特征是分子中具有“$—OCH_2CH_2—$”的重复单位。命名以“m-冠-n”表示，m 代表环中所有原子数，n 为环中氧原子数。例如：

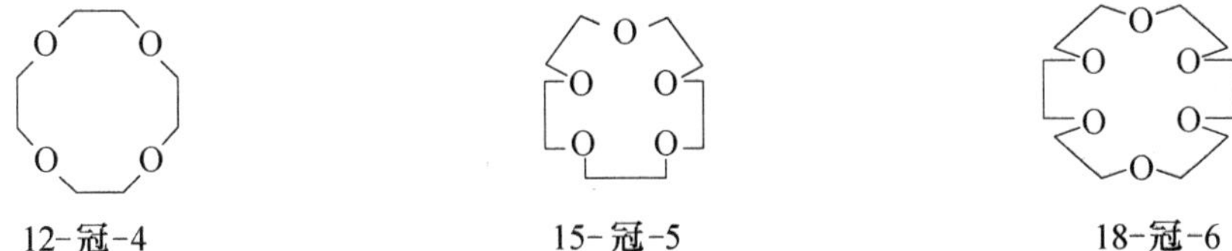

冠醚分子中的氧原子含有未共用电子对，能和金属离子形成配合物。环的大小不同，氧原子的数目不同，氧原子间的空隙大小不同，因此可选择不同大小的金属离子进行配合，例如 12-冠-4 只能和较小的 Li^+ 配合，18-冠-6 则可与 K^+ 配合。所以冠醚可用于金属离子的分离。

冠醚还可用作相转移催化剂。它能将某些非均相的反应体系转变在均相体系中进行，从而加速反应，有利于反应的顺利进行。例如卤代烃与 KCN 水溶液互不相溶，反应体系形成有机相和水相，不利于化学反应的进行，产率很低。若向反应体系中加入 18-冠-6，则 K^+ 进入 18-冠-6 的氧原子间，形成了一个被非极性基团包围的正离子。这个正离子便可以带着负离子 CN^- 一起进入有机相中，与卤代烃进行亲核取代反应。在这个过程中，冠醚将 KCN 由水相转入有机相，从而加速化学反应的进行，产率提高。冠醚的这种作用叫作相转移催化作用。

冠醚在有机合成中起着十分重要的作用，如元素有机化合物的制备、反应历程的研究、外消旋氨基酸的拆分，以及不对称合成等。

第四节　含硫化合物

硫和氧同在元素周期表的第六主族，它们的最外层都有六个电子，所以硫能形成与氧原子相对应的化合物：硫醇、硫酚、硫醚、二硫化物等。可用通式表示为：

R—S—H	Ar—S—H	R—S—R′	R—S—S—R′
硫醇	硫酚	硫醚	二硫化物

硫醇和硫酚的官能团—SH 叫作巯基，硫醚的官能团—S—叫作硫醚键，二硫化物的官能团—S—S—叫作二硫键。

硫醇、硫酚、硫醚的命名与相应的醇、酚、醚相同，只需在相应的名称前加上“硫”字。对于结构较复杂的化合物，则将巯基作为取代基。例如：

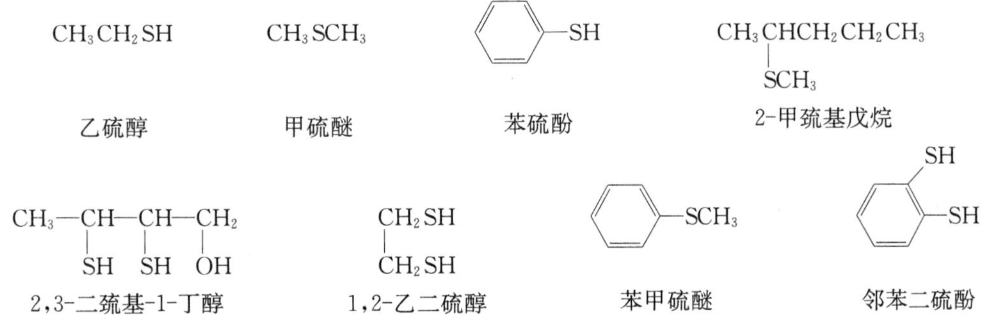

一、硫醇、硫酚、硫醚的物理性质

硫醇是具有特殊臭味的化合物，低级硫醇有毒。乙硫醇在空气中的浓度为 $5\times10^{-10}\ g\cdot L^{-1}$ 时就能为人所察觉。黄鼠狼散发出来的防护气体中就含有丁硫醇。燃气中加入极少量的三级丁硫醇，若密封不严发生泄漏，就可闻到臭味起到预警作用。随着硫醇分子质量的增大，臭味逐渐变弱。

硫原子的电负性比氧原子小，硫醇、硫酚分子间不能形成氢键，也难与水分子形成氢键，与相应的醇、酚相比，其沸点和在水中的溶解度都低得多。例如：

	甲醇	甲硫醇	乙醇	乙硫醇	苯酚	苯硫酚
沸点/℃	65.0	6.2	78.5	35	181.7	168.7

硫醚为无色、有臭味的液体，沸点与分子质量相当的硫醇相近，不溶于水。

硫醇、硫酚、硫醚都易溶于乙醇、乙醚等有机溶剂。

问题与思考 6-12 为什么醚与相应醇的沸点相差很大，而硫醚与相应硫醇的沸点相近？

问题与思考 6-13 命名下列化合物：

(1) H_3C—（苯环间位）—SH　　(2) $CH_3—\underset{\displaystyle SH}{\underset{|}{C}}HCH_2—OH$

(3) $CH_3CH_2CH_2SH$　　(4) $CH_3\underset{\displaystyle CH_3}{\underset{|}{C}}H—S—\underset{\displaystyle CH_3}{\underset{|}{C}}HCH_3$

二、硫醇、硫酚、硫醚的化学性质

1. 硫醇、硫酚的酸性 硫醇、硫酚具有明显的酸性，它们的酸性比相应的醇、酚强。例如：

	乙硫醇	乙醇	苯硫酚	苯酚
pK_a	9.5	17	7.8	9.95

醇不能与氢氧化钠溶液反应，而硫醇能溶于氢氧化钠溶液生成硫醇钠。但硫醇的酸性比碳酸弱，只能溶于碳酸钠溶液而不能溶于碳酸氢钠溶液。例如：

$$CH_3CH_2SH+NaOH \longrightarrow \underset{\text{乙硫醇钠}}{CH_3CH_2SNa}+H_2O$$

$$CH_3CH_2SNa+CO_2 \longrightarrow CH_3CH_2SH+NaHCO_3$$

苯酚能溶于碳酸钠溶液而不能溶于碳酸氢钠溶液，但苯硫酚的酸性比碳酸强，可溶于碳酸氢钠溶液生成苯硫酚钠。例如：

$$PhSH+NaHCO_3 \longrightarrow \underset{\text{苯硫酚钠}}{PhSNa}+CO_2\uparrow+H_2O$$

硫醇还能与砷、汞、铅、铜等重金属离子形成难溶于水的硫醇盐溶液。例如：

$$2RSH + (CH_3COO)_2Pb \longrightarrow (RS)_2Pb\downarrow + 2CH_3COOH$$

$$\begin{matrix} CH_2OH \\ | \\ CHSH \\ | \\ CH_2SH \end{matrix} + Hg^{2+} \longrightarrow \begin{matrix} CH_2OH & & \\ | & & \\ CH-S & & \\ | & \diagdown & \\ | & & Hg\downarrow \\ | & \diagup & \\ CH_2-S & & \end{matrix} + 2H^+$$

2,3-二巯基-1-丙醇是常用的特效解毒剂，又称为巴尔（BAL）。它能夺取体内与酶结合的重金属离子，形成稳定的盐从尿液中排出体外，恢复酶的活性。

问题与思考 6-14　按酸性由强到弱排序：

（1）苯酚　（2）水　（3）乙醇　（4）碳酸　（5）乙硫醇　（6）硫酚

---

2. 硫醇、硫酚、硫醚的氧化　硫醇、硫酚都比相应的醇、酚易于氧化，弱氧化剂如 H_2O_2、NaIO、I_2或空气中的氧等就能将它们氧化为二硫化物。

$$2RSH + I_2 \longrightarrow R-S-S-R + 2HI$$

此反应是定量进行的，可用于测定巯基化合物的含量，也可用来除去硫醇杂质。

在强氧化剂如硝酸、高锰酸钾等的作用下，硫醇、硫酚可被氧化为磺酸。

$$RSH \xrightarrow{HNO_3} RSO_3H$$

$$Ar-SH \xrightarrow{HNO_3} ArSO_3H$$

硫醚在室温下可被浓硝酸、三氧化铬或过氧化氢氧化生成亚砜。如用发烟硝酸、高锰酸钾或有机过酸，硫醚可被氧化成砜。例如：

$$CH_3S-CH_3 \xrightarrow{H_2O_2,\ 25\ ℃} CH_3-\overset{\overset{\displaystyle O}{\|}}{S}-CH_3$$

二甲亚砜(DMSO)

$$CH_3-S-CH_3 \xrightarrow{发烟\ HNO_3} CH_3-\overset{\overset{\displaystyle O}{\|}}{\underset{\underset{\displaystyle O}{\|}}{S}}-CH_3$$

二甲砜

二甲亚砜简称DMSO（dimethyl sulfoxide），是一种极性很强的无色液体，既能溶解有机物，又能溶解无机物。它不同于水、醇等质子性溶剂，不具有能形成氢键的氢，所以 DMSO 属于非质子性溶剂。二甲亚砜通过氧原子的未共用电子对使正离子溶剂化，从而溶解离子化合物，是一种良好的极性溶剂。两个甲基起着溶解非极性有机物的作用。

三、自然界中的含硫有机化合物

硫醇及其衍生物广泛存在于自然界中，多存在于生物组织和动物的排泄物中。例如动物大肠内的某些蛋白质因受细菌分解产生甲硫醇，黄鼠狼防御袭击时放出的臭气含有丁硫醇、反-2-丁烯-1-硫醇和3-甲基丁硫醇等。大蒜的特殊气味中含有多种含硫化合物，如烯丙基丙基二硫、二烯丙基二硫、蒜素等。

$$CH_2=CH-CH_2-S-S-CH_2-CH_2-CH_3$$

烯丙基丙基二硫

$$CH_2=CH-CH_2-S-S-CH_2-CH=CH_2$$

二烯丙基二硫

$$CH_2=CH-CH_2-\underset{\downarrow \atop O}{S}-S-CH_2-CH=CH_2$$

蒜素

蒜素是具有刺激性的油状液体，难溶于水，溶于乙醇和乙醚。对酸稳定，对热碱不稳定。蒜素对许多革兰氏阳性和阴性细菌以及某些真菌都有很强的抑制作用，可用于医药，也可用作农业杀虫剂和杀菌剂。人工合成的蒜素类似物乙基蒜素、氧化乙基蒜素等，具有良好的杀菌效果。

$$CH_3CH_2\underset{\downarrow \atop O}{S}-S-CH_2CH_3$$

乙基蒜素(抗菌剂401)

$$CH_3CH_2\overset{O \atop \uparrow}{\underset{\downarrow \atop O}{S}}-S-CH_2CH_3$$

氧化乙基蒜素(抗菌剂402)

拓展阅读

茶 多 酚

茶多酚（tea polyphenol，TP）是茶叶中多羟基酚类化合物的总称，也称为茶单宁或茶鞣制，在茶叶中所占质量分数可达16%～35%，是决定茶叶风味的主要物质。TP的主要成分为黄酮类（花黄素）、黄烷醇类（儿茶素类）、黄酮醇类、花青素类以及酚酸类等，其中黄烷醇类，即儿茶素类物质占到TP总量的60%～80%，分为非酯型儿茶素（表儿茶素、表没食子儿茶素）和酯型儿茶素（表儿茶素没食子酸酯、表没食子儿茶素没食子酸酯）两大类，结构通式如下：

儿茶素分子结构

TP的多酚羟基结构赋予其多种生物活性功能。在医药领域，TP可发挥抗氧化、抗病毒、杀菌、防癌抗癌、抗辐射、增强免疫机能、预防多种心血管疾病以及降低血糖血脂等多种药理作用。在食品工业领域，TP可用作食品的抗氧化剂、保鲜剂、保色剂和除臭剂等。在日用化工领域，TP作为化妆品和日用品的优良添加剂，具有防止紫外线伤害、减少皮肤胶原蛋白氧化、减少皮肤黑色素等功能。

本 章 小 结

醇羟基中的氧原子是 sp^3 不等性杂化的，两个 sp^3 杂化轨道被两对未共用电子对占据，导致醇羟基中氧原子上的电子云密度偏高，容易接受质子而表现出路易斯碱性。与水相似，羟基中的氧氢键极性较强，所以醇也具有一定的酸性，可与活泼金属反应生成盐，反应活性次序为：水>甲醇>伯醇>仲醇>叔醇。醇盐负离子 RO^- 是醇的共轭碱，其碱性比 OH^- 强。

由于氧原子的强电负性，醇中的碳氧键是极性键，在一定条件下能断裂发生亲核取代反应，如能与氢卤酸、无机酰卤反应生成卤代烃。不同烃基结构的醇与同一氢卤酸反应的活性次序为：烯丙基型醇>叔醇>仲醇>伯醇。在较高的温度下，醇能发生分子内脱水，反应一般服从查依采夫规律，生成较稳定的烯烃。在较低的温度下，醇能发生分子间脱水，产物为醚。由于醇羟基的吸电子诱导效应使 α-H 的活性增大，所以伯醇易被氧化成醛或酸，仲醇易被氧化成酮，叔醇因无 α-H 不易被氧化。常用的氧化剂是高锰酸钾、重铬酸钾和二氧化锰。

卢卡斯试剂（无水氯化锌的浓盐酸溶液）可用于鉴别不同结构的六个碳原子以下的一元醇。反应时，叔醇立即出现浑浊，仲醇数分钟内出现浑浊，伯醇室温下不浑浊。多元醇与新制的氢氧化铜作用生成绛蓝色的溶液，可用于鉴别多元醇。

酚羟基中氧原子的 p 轨道与苯环的 π 轨道形成 p-π 共轭体系，使氧原子的电子云密度降低，碳氧键极性减弱不易断裂，氧氢键极性增加表现出一定的酸性。酚能与氢氧化钠或碳酸钠溶液反应生成盐，但酚的酸性比碳酸弱，不能与碳酸氢钠溶液反应生成盐。

酚在碱性条件下与卤代烃作用可生成醚，是制备芳香族醚或混合醚的方法。酚也能与酰卤或酸酐作用生成酯。酚羟基使苯环上的电子云密度增加，使苯环进行亲电取代反应比苯容易。例如苯酚与溴水在常温下反应，生成 2,4,6-三溴苯酚的白色固体。酚比醇更易被氧化，常温下，酚能被空气中的氧气氧化生成带有颜色的物质。

酚与 $FeCl_3$ 的显色反应可用来鉴别酚类或具有稳定烯醇式结构的化合物。

醚键很稳定，所以醚对活泼金属、碱、氧化剂、还原剂等都很稳定。只有在浓 HI、浓 HBr 条件下，才可发生醚键的断裂，生成碘代烷、溴代烷和醇或酚。

醚分子中氧原子上有未共用电子对，能接受质子生成鎓盐，增加了醚在水中的溶解度，所以不溶于水的醚能溶解在浓强酸中，该反应可用于醚的分离和鉴定。

许多烷基醚在空气中会缓慢氧化生成过氧化物，其在加热时会发生剧烈爆炸，因此在使用醚之前，应检验是否有过氧化物存在，常用碘化钾的淀粉溶液进行检查。除去醚中过氧化物的方法是，加入还原剂如 $FeSO_4$ 或 Na_2SO_3。

硫醇、硫酚的酸性比相应的醇、酚强，但硫醇的酸性比碳酸弱，硫酚的酸性比碳酸强。硫醇、硫酚易被 H_2O_2、NaIO、I_2 等氧化为二硫化合物，硫醚易被氧化为亚砜或砜类化合物。

习　题

1. 命名下列化合物，对醇类化合物标出伯、仲、叔醇：

(1) $CH_3CH(C_2H_5)CH_2C(OH)(CH_3)CH_3$　(2) $CH_2=CH-CH(OH)-CH_3$　(3) $H_3C-C_6H_4-CH(CH_3)CH_2OH$（对位）

(4) 3-甲基-4-硝基苯酚结构：O_2N—苯环—OH（苯环上有 CH_3）

(5) $CH_2—CH(CH_3)—CH_2$，两端 CH_2 经 O 相连

(6) 苯环：1-OH，2,6-Br，4-$CH(CH_3)_2$

(7) $CH_3—C(CH_2OH)(H)—C_2H_5$

(8) $CH_3CH_2—CH(OC_2H_5)CH_2—CH(OH)CH_3$

(9) $(CH_3)(H)C=C(CH_3)—CH(OH)CH_3$

(10) 萘环：OH，O_2N，CH_3

(11) $C_6H_5—O—CH(CH_3)_2$

(12) $CH_2OH—CHSH—CH_2SH$

2. 写出下列化合物的结构式：

(1) 对硝基苯乙醚　　(2) 1,2-环氧丁烷　　(3) 反-1,2-环戊二醇

(4) 4-甲氧基-1-戊烯-3-醇　　(5) 2,3-二甲氧基丁烷　　(6) 邻甲氧基苯甲醇

(7) 3-环己烯醇　　(8) 对甲氧基苯酚　　(9) 季戊四醇

3. 比较题

(1) 比较下列各化合物的沸点高低：

(a) $CH_3CH_2CH_2OH$　　(b) $CH_2(OH)CH_2CH_2(OH)$　　(c) $CH_2(OH)—CH(OH)—CH_2(OH)$

(d) $CH_3OCH_2CH_2CH_3$　　(e) $CH_3CH_2CH_3$

(2) 比较下列各化合物的酸性强弱：

(a) 对甲基苯酚（OH，CH_3）　　(b) 对甲氧基苯酚（OH，OCH_3）　　(c) 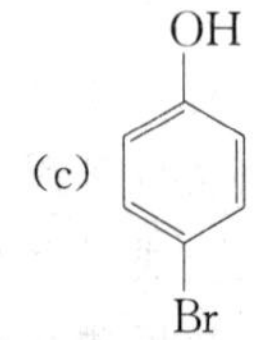 对溴苯酚（OH，Br）　　(d) 对硝基苯酚（OH，NO_2）

4. 写出下列各反应的主要产物：

(1) $CH_3CH_2C(CH_3)(OH)—C_2H_5 + HBr \longrightarrow ? \xrightarrow{NaOH/乙醇} ?$

(2) $C_6H_5—OC_2H_5 + HI \longrightarrow$

(3) $C_6H_5—CH_2OH + CH_3COOH \xrightarrow{浓 H_2SO_4}$

(4) $\underset{O}{CH_2—CH_2}$（环氧乙烷）$+ CH_3CH_2CH_2MgBr \xrightarrow{无水乙醚} ? \xrightarrow[H_2O]{H^+} ?$

(5) C_6H_5OH（苯酚） $+Br_2 \xrightarrow{\text{水溶液}}$

(6) $C_6H_5-\underset{\text{OH}}{\underset{|}{CH}}-CH_2CH_3 \xrightarrow[170\ ℃]{\text{浓}\ H_2SO_4}$

(7) $CH_3CH_2OH \xrightarrow[140\ ℃]{\text{浓}\ H_2SO_4}$

(8) $C_6H_5-CH_2\overset{\text{OH}}{\overset{|}{C}}H_2 + SOCl_2 \longrightarrow$

(9) 2-甲基四氢吡喃（$-CH_3$） +HI（过量）$\longrightarrow$

(10) 环己基$-OH + K_2Cr_2O_7 \xrightarrow{H^+}$

(11) $C_6H_5-OH + BrCH_2-C_6H_5 \xrightarrow{NaOH}$

5. 用化学方法鉴别下列各组化合物：

(1) 正丁醇、2-丁醇、2-甲基-2-丁醇

(2) 苄醇、对甲基苯酚、甲苯

(3) 2-丁醇、甘油、苯酚

6. 完成下列转化：

(1) $CH_3\overset{CH_3}{\overset{|}{C}}HBr \longrightarrow CH_3\overset{CH_3}{\overset{|}{C}}HCH_2CH_2OH$

(2) $CH_3CH_2CH{=}CH_2 \longrightarrow CH_3CH_2CH_2CH_2OH$

(3) $CH_2{=}CH_2 \longrightarrow HOCH_2CH_2OCH_2CH_2OCH_2CH_2OH$

(4) $CH_3CH_2CH_2CH_2OH \longrightarrow CH_3CH_2\overset{OH}{\overset{|}{C}}HCH_3$

(5) $HOCH_2CH{=}CHCH_2Cl \longrightarrow$ 四氢呋喃（五元环含 O）

7. 用指定原料合成下列化合物：

(1) 由 $CH_2{=}CH_2$ 合成丁酸　　(2) 由 $CH_3CH_2CH_2OH$ 合成 $CH_3CH_2CH_2COOH$

(3) $CH_3CH_2CH_2OH \longrightarrow$
- $CH_3CH_2CH_2OCH_2CH_2CH_3$
- $CH_3CH_2CH_2Br$
- $CH_3\underset{\|}{\underset{O}{C}}CH_3$

8. 有一化合物 $C_5H_{11}Br$(A)，和 NaOH 水溶液共热后生成 $C_5H_{12}O$(B)。B 具有旋光性，能和金属钠反应放出氢气，和浓 H_2SO_4 共热生成 C_5H_{10}(C)。C 经臭氧氧化并在还原剂存在下水解，生成丙酮和乙醛，试推测 A、

B、C的结构。

9. 有分子式为$C_5H_{12}O$的两种醇A和B，A与B氧化后都得到酸性产物。两种醇脱水后再催化氢化，可得到同一种烷烃。A脱水后氧化得到一个酮和CO_2，B脱水后再氧化得到一个酸和CO_2。试推导A与B的结构式，并写出有关反应方程式。

自测题

自测题答案

第七章　醛、酮、醌

醛、酮、醌分子中都含有官能团羰基$\left(-\overset{O}{\overset{\|}{C}}-\right)$，故称为羰基化合物。羰基化合物是重要的化工原料，也是生物体的组成物质。

羰基和两个烃基相连的化合物叫作酮，分子中的羰基称为酮基；至少和一个氢原子相连的化合物叫作醛（甲醛的羰基连接有两个氢原子），分子中 $H-\overset{O}{\overset{\|}{C}}-$ 称为醛基。它们可用通式表示为：

醛　$\underset{(H)}{R}-\overset{O}{\overset{\|}{C}}-H$　　$Ar-\overset{O}{\overset{\|}{C}}-H$

酮　$R-\overset{O}{\overset{\|}{C}}-R'$　　$Ar-\overset{O}{\overset{\|}{C}}-R$　　$Ar-\overset{O}{\overset{\|}{C}}-Ar'$

另一类具有不饱和环状结构的二酮化合物称为醌。例如：

醌

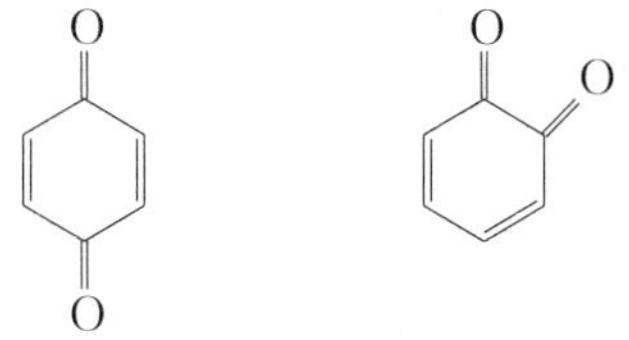

第一节　醛、酮

一、醛、酮的分类和命名

1. 醛、酮的分类　根据羰基连接的烃基结构，可分为脂肪族醛、酮和芳香族醛、酮。例如：

CH_3CHO	CHO	CHO	$CH_3\overset{O}{\overset{\|}{C}}CH_3$	$\overset{O}{\overset{\|}{C}}-CH_3$
脂肪醛	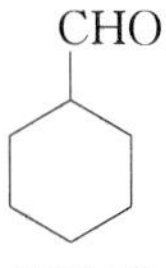 脂肪醛	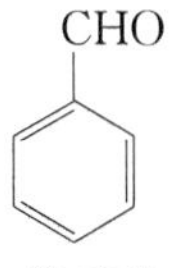 芳香醛	脂肪酮	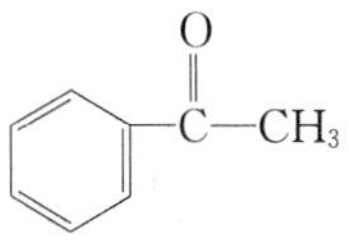 芳香酮

根据烃基的饱和程度，可分为饱和与不饱和醛、酮。例如：

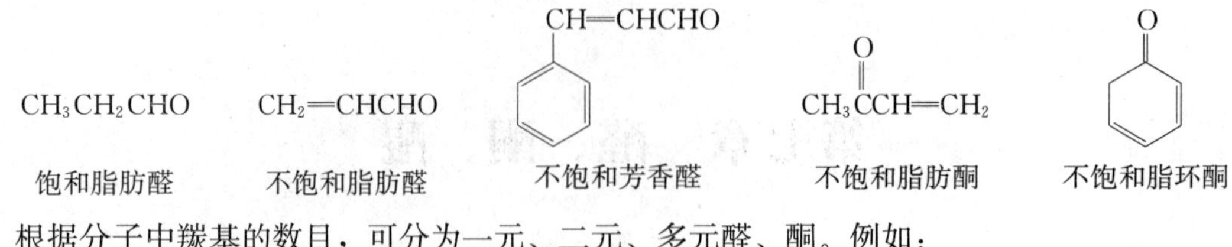

饱和脂肪醛　不饱和脂肪醛　不饱和芳香醛　不饱和脂肪酮　不饱和脂环酮

根据分子中羰基的数目，可分为一元、二元、多元醛、酮。例如：

$OHCCH_2CH_2CH_2CHO$　　$CH_3\overset{O}{\overset{\|}{C}}CH_2\overset{O}{\overset{\|}{C}}CH_3$

二元醛　二元酮　多元酮

相同碳原子数的直链饱和一元醛酮互为位置异构体，具有相同的通式 $C_nH_{2n}O$。

2. 醛、酮的命名　结构简单的醛、酮可以采用普通命名法命名，即在羰基相连接的烃基名称后加上“醛”或“酮”。例如：

$CH_3\underset{}{\overset{CH_3}{\overset{|}{C}}}HCHO$　　$CH_3CH_2\overset{O}{\overset{\|}{C}}CH_3$　　$CH_2{=}CH\overset{O}{\overset{\|}{C}}CH_3$　　$C_6H_5{-}\overset{O}{\overset{\|}{C}}{-}CH_3$

异丁醛　甲(基)乙(基)酮　甲(基)乙烯(基)酮　甲(基)苯基酮

结构较复杂的醛、酮通常采用系统命名法命名。命名时，选择含有羰基的最长碳链为主链（母体），不饱和醛、酮要选择含有不饱和键和羰基的最长碳链为主链，从距羰基最近的一端开始编号，根据主链的碳原子数称为“某醛”或“某酮”。因为醛基总是在分子的端头，命名时不用标明醛基的位次，但酮基的位次必须标明。主链上有取代基或不饱和键时，取代基或不饱和键的位次和名称要放在母体名称之前，其位次除用 2，3，4，…表示外，有时也可用 α，β，γ，…希腊字母表示。例如：

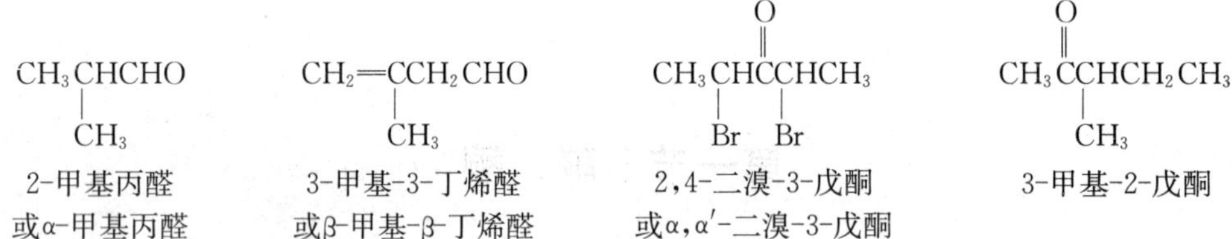

2-甲基丙醛　或α-甲基丙醛

3-甲基-3-丁烯醛　或β-甲基-β-丁烯醛

2,4-二溴-3-戊酮　或α,α′-二溴-3-戊酮

3-甲基-2-戊酮

羰基碳原子在环内的脂环酮，称为“环某酮”，从羰基碳原子开始，按最低系列原则给环编号；羰基碳原子在环外的，将环作为取代基。例如：

3-甲基环己酮　2-环戊烯酮　3-甲基环己基甲醛

命名芳香醛、酮时，把芳香环作为取代基，有些醛亦常用俗名。

苯甲醛(苦杏仁油)　　3-苯基丙烯醛(肉桂醛)　　2-羟基苯甲醛(水杨醛)

苯乙酮　　1-苯基-1-丙酮　　1-苯基-2-丙酮

二、醛、酮的物理性质

常温下，除甲醛是气体外，12 个碳原子以下的脂肪醛、酮都是液体，高级脂肪醛、酮和芳香酮都是固体。低级醛有刺鼻气味，低级酮有清爽气味，中级酮和芳香醛具有愉快的气味，中级醛具有果香味。含有 9～10 个碳原子的醛可用于配制香料。

由于羰基的偶极矩，醛、酮分子间的吸引力增加，醛、酮的沸点比分子质量相近的烷烃和醚高；但因为它们分子间不能形成氢键，故其沸点低于分子质量相近的醇。例如：

	丁烷	甲乙醚	丙醛	丙酮	丙醇
相对分子质量	58	60	58	58	60
沸点/℃	−0.5	10.8	48.8	56.2	97.4

一些醛、酮的物理常数见表 7－1。

表 7－1　一些常见醛、酮的物理常数

名称	熔点/℃	沸点/℃	相对密度 d_4^{20}	折射率 n_D^{20}	溶解度（100g 水)/g
甲醛	−92	−21	0.815 0	……	溶
乙醛	−121	20.8	0.783 0	1.363 0	溶
丙醛	−81	48.8	0.805 8	1.363 6	溶
丁醛	−99	75.7	0.817 0	1.384 3	溶
戊醛	−91.5	103	0.809 5	1.394 4	不溶
苯甲醛	−26	178.6	1.415 0	1.546 3	不溶
水杨醛	−7	197.9	1.167 4	1.574 0	不溶
丙酮	−95.35	56.2	0.789 9	1.358 8	溶
丁酮	−86.3	79.6	0.805 4	1.378 8	溶
2-戊酮	−77.8	102	0.808 9	1.389 5	不溶
3-戊酮	−39.8	101.7	0.813 8	1.392 4	不溶
环己酮	−16.4	155.6	0.947 8	1.450 7	不溶
苯乙酮	20.5	202.6	1.028 1	1.537 8	不溶

三、醛、酮的化学性质

羰基中，碳原子与氧原子以双键结合，碳原子的三个 sp^2 杂化轨道分别与氧原子和另外两个原子形成三个 σ 键，它们在同一平面上，键角接近 120°。碳原子未杂化的 p 轨道与氧原子的 p 轨道从侧面重叠形成 π 键。羰基氧原子的电负性大于碳原子，使碳氧双键的电子云偏向氧原子，所以羰基是一个极性基团。

根据羰基的结构特点，醛、酮的典型反应是羰基的亲核加成反应，又由于羰基处于氧化还原的中间价态，它们既可以被氧化，又可以被还原。对于含有 α－H 的醛、酮，由于羰基的吸电子作用，α－H 原子有变为质子的趋势，易被卤原子取代或形成碳负离子而引起一些反应。

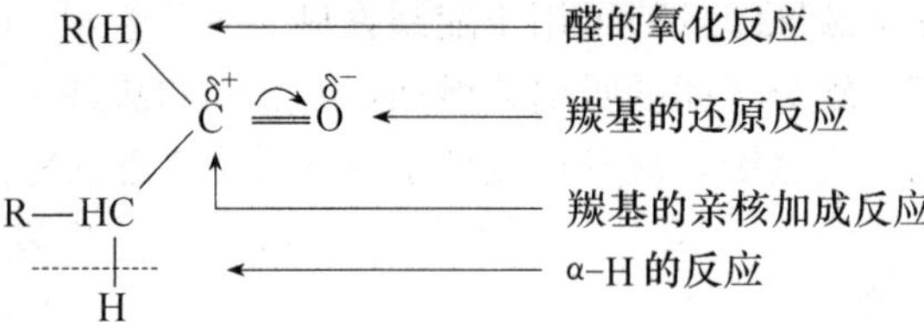

1. 羰基的亲核加成反应 碳氧双键在同一平面上，亲核试剂从羰基平面的两侧进攻，引起碳氧双键 π 键的断裂，亲核试剂带负电部分加到羰基的碳原子上，形成的正离子加到羰基的氧原子上。

如果羰基碳原子上连接有两个不相同的基团，亲核试剂从羰基平面的不同侧面进攻时，羰基碳由 sp^2 向 sp^3 转化，从而形成两个手性不同的化合物。由于两侧受进攻的概率均等，所以一般生成的产物是外消旋体。

羰基亲核加成反应

（1）与氢氰酸的加成反应 醛、酮与氢氰酸作用，生成 α－羟基腈。反应是可逆的，少量碱的存在可加速反应的进行。

$$\rangle C{=}O + HCN \rightleftharpoons \rangle C(OH){-}CN \xrightarrow[H^+]{H_2O} \rangle C(OH){-}COOH$$

α－羟基腈在酸性水溶液中进一步水解，生成 α－羟基酸。由于产物比反应物增加了一个碳原子，所以该反应是有机合成中增长碳链的方法。

实验证明，即使是微量的碱，对羰基与氢氰酸的加成反应也有极大的影响。例如，丙酮与氢氰酸的加成反应，无碱存在时，反应 3～4 h，仅有一半原料起反应；若在反应体系中加入一滴氢氧化钾溶液，则反应可在几分钟内完成；若加入大量酸，则放置几周也不起反应。实验事实说明，反应中首先进攻羰基的试剂一定是 CN^-，而不是 H^+。因为氢氰酸是弱酸，在水溶液中存在如下电离平衡：

$$HCN \rightleftharpoons H^+ + CN^-$$

加碱有利于氢氰酸的离解，提高 CN^- 的浓度；加酸使平衡向生成氢氰酸的方向移动，降低 CN^- 的浓度。碱催化下羰基与氢氰酸加成反应的历程如下：

$$\gt\overset{\delta^+}{C}=\overset{\delta^-}{O} + HCN \xrightleftharpoons{OH^-} \gt\underset{}{\overset{O^-}{\overset{|}{C}}}-CN \xrightleftharpoons{H_2O} \gt\overset{OH}{\overset{|}{C}}-CN + OH^-$$

反应的第一步是 CN^- 进攻羰基碳原子，同时 π 键一对电子转移到氧原子上，从而形成氧负离子中间体，速度较慢；反应的第二步是氧负离子夺取水分子中的质子生成 α-羟基腈，反应速度较快。整个反应的速度取决于第一步的速度，即与 CN^- 的浓度有关。由于反应是由亲核试剂 CN^- 进攻羰基碳原子引起的，因此反应是亲核加成反应。

醛、酮与氢氰酸反应的活性受电子效应和空间效应两种因素的影响。从电子效应考虑，羰基碳原子上连接的给电子基团（如烃基）越少，其电子云密度越低，越有利于亲核试剂的进攻，反应速度越快；从空间效应考虑，羰基碳原子上的空间位阻越小，越有利于亲核试剂的进攻，所以羰基碳原子上连接的基团越少、体积越小，反应越快。由此可见，电子效应和空间效应对醛、酮的反应活性影响是一致的。不同结构的醛、酮与氢氰酸的加成反应活性次序大致如下：

$$HCHO > CH_3-\overset{O}{\overset{\|}{C}}-H > R-\overset{O}{\overset{\|}{C}}-H > C_6H_5-\overset{O}{\overset{\|}{C}}-H > CH_3\overset{O}{\overset{\|}{C}}CH_3 >$$

$$\text{环己酮} > CH_3-\overset{O}{\overset{\|}{C}}-R > R-\overset{O}{\overset{\|}{C}}-R' > C_6H_5-\overset{O}{\overset{\|}{C}}-CH_3 > C_6H_5-\overset{O}{\overset{\|}{C}}-C_6H_5$$

事实上，只有醛、脂肪族甲基酮、八个碳原子以下的环酮才能与氢氰酸反应。

问题与思考 7-1　将下列化合物与 HCN 反应的活性按由大到小顺序排列：

（1）CH_3CHO　（2）$ClCH_2CHO$　（3）$CH_3\overset{O}{\overset{\|}{C}}CH_3$　（4）C_6H_5-CHO

（5）$CH_3\overset{O}{\overset{\|}{C}}CH_2CH_3$　（6）$C_6H_5-\overset{O}{\overset{\|}{C}}CH_3$

（2）与亚硫酸氢钠的加成反应　醛、酮与亚硫酸氢钠的饱和溶液作用，生成 α-羟基磺酸钠：

$$\begin{matrix}R\\ \end{matrix}\!\!\!\begin{matrix}\diagdown\\ \diagup\end{matrix}\!C{=}O + HO{-}\ddot{S}(=O){-}O^-Na^+ \rightleftharpoons \begin{matrix}R & & OH\\ & C & \\ R' & & SO_3Na\downarrow\\ (H) & & \end{matrix}$$

R' (H)

α-羟基磺酸钠不溶于饱和亚硫酸氢钠溶液中，以白色沉淀析出。与氢氰酸反应相同，只有醛、脂肪族甲基酮和8个碳原子以下的环酮才能发生该反应。产物α-羟基磺酸钠能溶于水而不溶于有机溶剂，它与稀酸或稀碱共热时，可分解成原来的醛或酮。所以该反应可用来鉴别、分离、提纯某些醛、酮。

$$R{-}\underset{SO_3Na}{\underset{|}{CH}}{-}OH \begin{cases}\xrightarrow[H_2O]{HCl} RCHO + NaCl + SO_2 + H_2O\\[2ex] \xrightarrow[H_2O]{Na_2CO_3} RCHO + Na_2SO_3 + NaHCO_3\end{cases}$$

问题与思考 7-2 如何分离丁醇与丁醛混合物?

（3）与格氏试剂的加成反应　格氏试剂是强的亲核试剂，容易与醛、酮进行加成反应，加成的产物不必分离可直接水解生成相应的醇，这是制备醇的重要方法之一。

$$>C{=}O + RMgX \xrightarrow{无水乙醚} \overset{R}{\overset{|}{C}}{-}OMgX \xrightarrow[H^+]{H_2O} \overset{R}{\overset{|}{C}}{-}OH + Mg(OH)X$$

格氏试剂与甲醛作用，可得到比格氏试剂的烃基多一个碳原子的伯醇；与其他醛作用，可得到仲醇；与酮作用，可得到叔醇。例如：

$$H_2C{=}O + RMgX \xrightarrow{无水乙醚} R{-}CH_2OMgX \xrightarrow[H^+]{H_2O} RCH_2OH$$

$$R'CHO + RMgX \xrightarrow{无水乙醚} R{-}\underset{R'}{\underset{|}{CH}}OMgX \xrightarrow[H^+]{H_2O} R{-}\underset{R'}{\underset{|}{CH}}OH$$

$$R'{-}\underset{R''}{\underset{|}{C}}{=}O + RMgX \xrightarrow{无水乙醚} R{-}\overset{R''}{\overset{|}{\underset{R'}{\underset{|}{C}}}}OMgX \xrightarrow[H^+]{H_2O} R{-}\overset{R''}{\overset{|}{\underset{R'}{\underset{|}{C}}}}{-}OH$$

由于格氏试剂易与含活泼氢的基团如—COOH、H_2O、—OH、—NH_2等以及CO_2反应。所以反应物中不能含有上述基团，同时要避免在反应体系中有水和二氧化碳，一般要在氮气保护下的无水乙醚溶液中进行反应。

该反应在有机合成中是增长碳链的重要方法。

问题与思考 7-3

（1）在醛、酮与格氏试剂反应中，有水或二氧化碳加入，产物是有否改变?

（2）由苯合成2-苯基-2-丙醇。

（4）与醇的加成反应　在干燥氯化氢的催化下，醛与醇发生加成反应，生成半缩醛。半缩醛

不稳定，与过量的醇进一步作用，脱水生成稳定的缩醛。反应是可逆的，必须加入过量的醇以促使平衡向右移动。

$$\underset{H}{\overset{R}{\ }}\!\!>C=O + R'OH \xrightleftharpoons{\text{干 HCl}} \underset{\text{半缩醛}}{R(H)C(OH)(OR')} \xrightleftharpoons[\text{干 HCl}]{R'OH} \underset{\text{缩醛}}{R(H)C(OR')(OR')}$$

醛与醇的加成反应是按下列历程进行的：

$$R(H)C=O + H^+ \rightleftharpoons \left[R(H)\overset{+}{C}-OH\right] \xrightleftharpoons{R'\ddot{O}H} \left[R(H)C(OH)(\overset{+}{\ddot{O}}R'H)\right] \xrightleftharpoons{-H^+}$$

$$\left[R(H)C(OH)(OR')\right] \xrightleftharpoons{H^+} \left[R(H)C(\overset{+}{O}H_2)(OR')\right] \xrightleftharpoons{-H_2O} \left[R(H)\overset{+}{C}-OR'\right] \xrightleftharpoons{R'\ddot{O}H}$$

$$\left[R(H)C(OR')(\overset{+}{\ddot{O}}R'H)\right] \xrightleftharpoons{-H^+} R(H)C(OR')(OR')$$

醇是弱的亲核试剂，与羰基加成的活性很低，不利于反应的进行。但在无水氯化氢催化下，羰基氧与质子结合生成质子化的醛，增大了羰基的极性，有利于弱亲核性的醇向羰基加成生成半缩醛。半缩醛在酸的作用下，又可继续与质子结合成为质子化的醇，经脱水后成为反应活性很高的碳正离子，有利于弱亲核性的醇与其作用生成缩醛。

酮一般不与一元醇加成，但在无水酸的催化下，能与乙二醇等二元醇作用生成环状缩酮。

$$R(R')C=O + HOCH_2CH_2OH \xrightarrow{\text{干 HCl}} R'(R)C\begin{matrix}O-CH_2\\|\\O-CH_2\end{matrix}$$

分子中既有羰基又有羟基的化合物，只要二者位置适当（能形成稳定的五元或六元环），常在分子内形成环状的半缩醛或半缩酮，半缩醛和半缩酮的结构在糖化学上具有重要意义。

$$\begin{matrix}H-C=O\\|\\CHOH\\|\\CHOH\\|\\CHOH\\|\\CH_2-\ddot{O}H\end{matrix} \rightleftharpoons \begin{matrix}H-C-OH\\|\\CHOH\\|\\CHOH\ \ O\\|\\CHOH\\|\\CH_2\end{matrix}\ (\text{C 与 }CH_2\text{ 经 O 成环})$$

缩醛对碱、氧化剂、还原剂等都比较稳定，但在酸溶液中易水解为原来的醛和醇。

$$\begin{matrix} R & & OR' \\ & C & \\ H & & OR' \end{matrix} + H_2O \xrightarrow{H^+} RCHO + R'OH$$

在有机合成中，常利用生成缩醛的方法来保护醛基，使活泼的醛基在反应过程中不被破坏。例如：

$$CH_2{=}CHCHO \xrightarrow[\text{干 HCl}]{ROH} CH_2{=}CHCH(OR)_2$$

$$CH_2{=}CHCH(OR)_2 \xrightarrow{H_2/Ni} CH_3CH_2CH(OR)_2 \xrightarrow[H^+]{H_2O} CH_3CH_2CHO$$

$$CH_2{=}CHCH(OR)_2 \xrightarrow[OH^-]{\text{稀、冷 } KMnO_4} \underset{OH}{CH_2}-\underset{OH}{CH}CH(OR)_2 \xrightarrow[H^+]{H_2O} \underset{OH}{CH_2}-\underset{OH}{CH}CHO$$

问题与思考 7-4 完成下列转化：

（1） $CH_3CH{=}CHCHO \longrightarrow CH_3CH_2CH_2CHO$

（2） $CH_2{=}CH-C_6H_4-CHO \longrightarrow \underset{HO}{CH_2}\underset{OH}{CH}-C_6H_4-CHO$

（5）与水的加成反应　水的亲核性比醇更弱，只有少数活泼的羰基化合物才能与水加成生成相应的水合物。

$$HCHO + HOH \rightleftharpoons \begin{matrix} H & & OH \\ & C & \\ H & & OH \end{matrix}$$

甲醛溶液中有 99.9%都是水合物，乙醛溶液中的水合物仅有 58%，而丁醛的水合物已可忽略不计。

在三氯乙醛分子中，由于三个氯原子的吸电子诱导效应，羰基的活泼性增大，易与水作用生成水合三氯乙醛。

$$Cl \leftarrow \underset{\downarrow Cl}{\overset{Cl \uparrow}{C}} \leftarrow \underset{H}{C}{=}O + HOH \rightleftharpoons Cl-\underset{Cl}{\overset{Cl}{C}}-CH(OH)_2$$

水合三氯乙醛简称水合氯醛，为白色晶体，可用作安眠药和麻醉药。

α-氨基酸分析中常用的显色剂茚三酮，由于分子中相邻的两个羰基的吸电子诱导效应，使中间的羰基易于与水生成稳定的水合茚三酮。

$$\text{茚三酮 (1,2,3-茚三酮)} + HOH \longrightarrow \text{水合茚三酮}$$

（6）与氨衍生物的加成缩合反应　氨的衍生物是含氮亲核试剂，常见的有：

$H_2N-R(Ar)$	NH_2OH	NH_2NH_2	$C_6H_5NHNH_2$	$2,4-(NO_2)_2C_6H_3NHNH_2$	$H_2N-\overset{O}{\overset{\|}{C}}-NHNH_2$
伯胺	羟胺	肼	苯肼	2,4-二硝基苯肼	氨基脲

醛、酮与氨的衍生物加成，产物容易脱水，生成含碳氮双键的化合物，所以此反应称为加成缩合反应。

$$>C=O + H_2\ddot{N}-Y \longrightarrow >\underset{OH}{\overset{|}{C}}-\underset{H}{\overset{|}{N}}Y \xrightarrow{-H_2O} >C=N-Y$$

羰基化合物与各种氨的衍生物加成缩合产物如下：

$>C=O$ +	→	产物	名称
$H_2N-R(Ar)$		$>C=N-R$	希夫（Schiff）碱
H_2N-OH		$>C=N-OH$	肟
H_2N-NH_2		$>C=NNH_2$	腙
$H_2N-NH-C_6H_5$		$>C=NNH-C_6H_5$	苯腙
$H_2N-NH-C_6H_3(NO_2)_2$		$>C=NNH-C_6H_3(NO_2)_2$	2,4 -二硝基苯腙
$H_2N-NH-\overset{O}{\overset{\|}{C}}-NH_2$		$>C=NNH\overset{O}{\overset{\|}{C}}-NH_2$	缩氨脲

羰基化合物与羟胺、苯肼、2,4 -二硝基苯肼及氨基脲的加成缩合产物大多是黄色晶体，有固定的熔点，收率高，易于提纯，在稀酸的作用下能水解为原来的醛、酮。这些性质可用来鉴别、分离、提纯羰基化合物。上述试剂也被称为羰基试剂。

生物体中，在酶的作用下也会发生类似的反应。例如：

$$CH_3-\overset{O}{\overset{\|}{C}}-COOH + NH_3 \xrightarrow{\text{酶}} CH_3-\overset{NH}{\overset{\|}{C}}-COOH \xrightarrow{\text{酶}} CH_3\overset{NH_2}{\overset{|}{C}}HCOOH$$

2. α-H的反应 醛、酮分子中，与羰基直接相连的碳原子称为α-C原子，α-C原子上的氢原子称为α-H。由于羰基的吸电子诱导效应，α-C原子的电子云密度降低，α-H活泼性增大，酸性增强。

（1）酮式与烯醇式互变异构 对于脂肪族的醛、酮来说，α-H的活性主要表现在以H^+的形式离解出来，并转移到羰基氧上，形成烯醇式异构体。不同结构的醛、酮，酮式与烯醇式的比例差别很大。例如：

$$CH_3-\overset{O}{\overset{\|}{C}}-CH_3 \rightleftharpoons CH_3-\overset{OH}{\overset{|}{C}}=CH_2$$

烯醇式(0.000 25%)

$$CH_3-\overset{O}{\overset{\|}{C}}-CH_2-\overset{O}{\overset{\|}{C}}-CH_3 \rightleftharpoons CH_3\overset{O}{\overset{\|}{C}}-CH=\overset{OH}{\overset{|}{C}}-CH_3$$

烯醇式(80%)

简单的醛、酮分子中，烯醇式含量虽然很少，但在大多数情况下，醛、酮都以烯醇式参与反应。当烯醇式与试剂作用时，平衡右移，酮式不断转变为烯醇式，直到酮式耗尽。

碱可以夺取α-H产生α-C负离子，继而形成烯醇负离子。

$$B:^- + H-CH_2-\overset{O}{\overset{\|}{C}}-CH_3 \longrightarrow {}^-CH_2-\overset{O}{\overset{\|}{C}}-CH_3 + HB$$

$${}^-CH_2-\overset{O}{\overset{\|}{C}}-CH_3 \rightleftharpoons CH_2=\overset{O^-}{\overset{|}{C}}-CH_3$$

烯醇负离子中存在p-π共轭效应，负电荷得到分散，因而烯醇负离子比较稳定。

酸也可以促使羰基化合物的烯醇化，这是因为H^+与氧结合后更增强了羰基的吸电子作用，使α-H更活泼。

$$CH_3-\overset{O}{\overset{\|}{C}}-CH_3 \xrightarrow{H^+} CH_3-\overset{OH^+}{\overset{\|}{C}}-CH_2-H \longrightarrow CH_3-\overset{OH}{\overset{|}{C}}=CH_2 + H^+$$

（2）卤代及碘仿反应 醛、酮分子中，α-H原子在酸性或中性条件下易被卤素取代，生成α-卤代醛或α-卤代酮。

$$C_6H_5-\overset{O}{\overset{\|}{C}}-CH_3 \rightleftharpoons C_6H_5-\overset{\ddot{O}-H}{\overset{|}{C}}=CH_2 \xrightarrow{\overset{\delta^+}{Br}-\overset{\delta^-}{Br}} C_6H_5-\overset{O}{\overset{\|}{C}}-CH_2Br + HBr$$

反应是通过烯醇式进行的。和简单烯烃一样，烯醇的π电子具有亲核性。在反应中，羟基作为一个电子给予体参与反应，因此，烯醇比简单的烯烃活泼。

酸可催化该反应，但通常不外加酸，因为只要反应一开始，生成的酸就起催化作用。

$$\text{环己酮} + Br_2 \longrightarrow \text{2-溴环己酮} + HBr$$

酸催化卤代反应可控制在一元、二元、三元取代阶段。控制卤素的加入量，可以使反应停留在一卤代阶段，因为卤原子的吸电子效应使羰基氧原子上的电子云密度降低，再质子化形成烯醇比未卤代前困难。

卤代反应也可被碱催化。碱催化的卤代反应很难停留在一卤代阶段，这是由于α-H被卤素取代后，卤原子的吸电子诱导效应使没有取代的α-H更活泼。如果α-碳为甲基，例如乙醛或甲基酮分子，则三个氢都可被取代，此时羰基碳的正电性加强，在碱溶液中易与碱作用，致使碳碳键断裂，生成卤仿和羧酸盐，这样的反应叫作卤仿反应。当卤素为碘时，称为碘仿反应。碘仿是黄色晶体，其水溶性小，易于析出，因而常用碘仿反应鉴定乙醛和具有甲基酮结构的化合物。

$$\underset{(H)}{R}-\overset{O}{\overset{\|}{C}}-CH_3 + X_2 \xrightarrow{NaOH} \underset{(H)}{R}-\overset{O}{\overset{\|}{C}}-CX_3$$

$$\underset{(H)}{R}-\overset{O}{\overset{\|}{C}}-CX_3 \xrightarrow[H_2O]{NaOH} \underset{(H)}{R}-\overset{O}{\overset{\|}{C}}-O^- + CHX_3$$

卤素在碱溶液中会产生次卤酸钠，它是一种氧化剂，可以将醇羟基氧化为羰基，因此具有$CH_3CH(OH)—R(H)$结构的醇也可发生卤仿反应。

$$CH_3-\underset{OH}{\underset{|}{CH}}-\underset{(H)}{R} \xrightarrow{NaOI} CH_3-\overset{O}{\overset{\|}{C}}-\underset{(H)}{R} \xrightarrow[H_2O]{NaOI} \underset{(H)}{R}-\overset{O}{\overset{\|}{C}}-O^- + CHI_3\downarrow$$

次卤酸钠不氧化双键，可用不饱和甲基酮合成相应的不饱和酸。例如：

$$C_6H_5-CH=\underset{CH_3}{\underset{|}{C}}-\overset{O}{\overset{\|}{C}}-CH_3 \xrightarrow[NaOH]{I_2} C_6H_5-CH=\underset{CH_3}{\underset{|}{C}}-COO^- + CHI_3\downarrow$$

问题与思考7-5　下列化合物哪些能发生碘仿反应？

（1）乙醇　（2）正丁醇　（3）乙醛　（4）丙醛　（5）苯乙酮

（6）3-戊酮　（7）丁酮

（3）羟醛缩合反应　在稀碱催化下，碱夺取醛的α-H形成α-C负离子，α-C负离子作为亲核试剂与另一分子醛发生分子间的亲核加成反应，形成β-羟基醛。这类反应称为羟醛缩合（aldol condensation）反应。β-羟基醛加热易失水生成α,β-不饱和醛。羟醛缩合反应为增长碳链的重要方法之一，也是合成α,β-不饱和醛的方法。例如：

$$CH_3-\overset{O}{\overset{\|}{C}}-H + HCH_2-\overset{O}{\overset{\|}{C}}-H \xrightleftharpoons{稀\ OH^-} CH_3\underset{OH}{\underset{|}{CH}}-CH_2CHO \xrightarrow{\triangle} CH_3CH=CHCHO$$

反应历程：反应起始于碱夺取醛的α-H形成碳负离子，碳负离子作为亲核试剂进攻另一分子醛的羰基碳原子，发生亲核加成反应生成β-羟基醛。

$$OH^- + H-CH_2-\overset{O}{\overset{\|}{C}}-H \rightleftharpoons \bar{C}H_2-CHO + H_2O$$

$$CH_3-\overset{O}{\overset{\|}{C}}-H + \bar{C}H_2-CHO \rightleftharpoons CH_3\underset{O^-}{\underset{|}{C}H}CH_2CHO$$

$$\underset{\large O^-}{CH_3\underset{|}{C}HCH_2CHO} + H_2O \rightleftharpoons \underset{\large OH}{CH_3\underset{|}{C}HCH_2CHO}$$

关于羟醛缩合反应的说明：

① 不含α-H的醛，如甲醛、苯甲醛、2,2-二甲基丙醛等不发生羟醛缩合反应。

② 如果使用两种含α-H的醛，可得到四种不同的羟醛缩合产物，由于物理性质相近，不易分离，无制备意义。

③ 如果用一种含α-H的醛和另一种不含α-H的醛反应，可得到收率好的单一产物，该反应称为交叉羟醛缩合反应。例如：

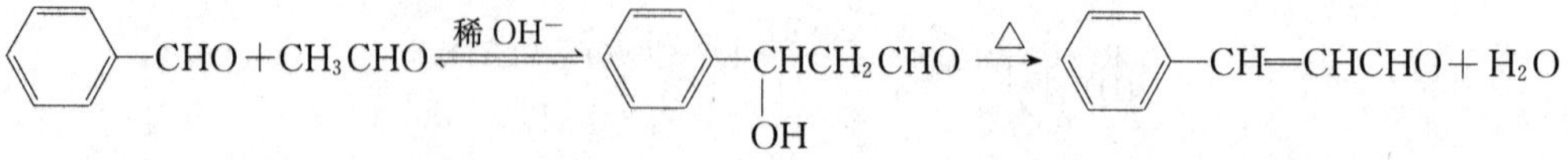

$$C_6H_5{-}CHO + CH_3CHO \xrightleftharpoons{\text{稀 }OH^-} C_6H_5{-}\underset{\large OH}{\underset{|}{C}H}CH_2CHO \xrightarrow{\triangle} C_6H_5{-}CH{=}CHCHO + H_2O$$

④ 两分子酮进行缩合反应时，由于电子效应和空间效应的影响，在同样条件下，只能得到少量的缩合产物。例如：

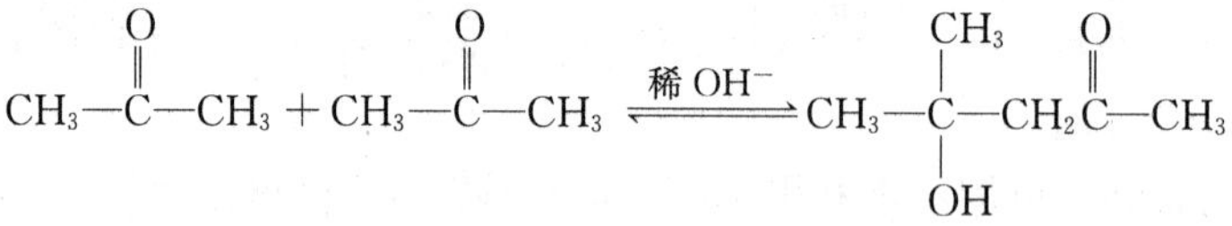

$$CH_3{-}\overset{\large O}{\overset{\|}{C}}{-}CH_3 + CH_3{-}\overset{\large O}{\overset{\|}{C}}{-}CH_3 \xrightleftharpoons{\text{稀 }OH^-} CH_3{-}\underset{\large OH}{\underset{|}{\overset{\large CH_3}{\overset{|}{C}}}}{-}CH_2\overset{\large O}{\overset{\|}{C}}{-}CH_3$$

1%

如果在两分子酮进行缩合反应时，把生成的产物及时分离出来，使平衡向右移动，也可以使酮大部分转化为β-羟基酮。

在生物体内也有类似于羟醛缩合的反应，如磷酸甘油酮与磷酸甘油醛在酶的催化下进行交叉缩合反应，生成1,6-二磷酸果糖。

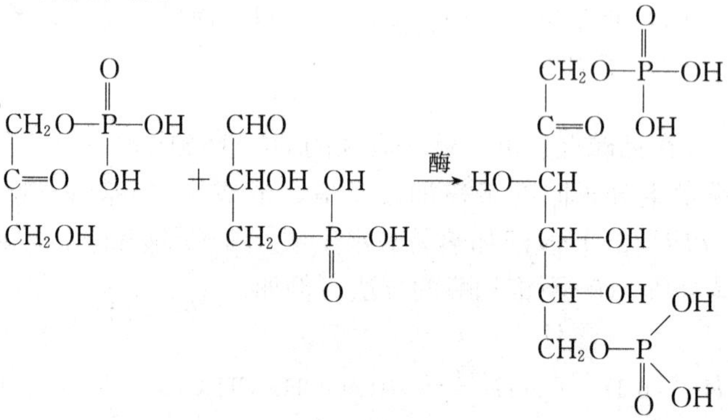

$$\begin{array}{l} CH_2O{-}\overset{\large O}{\overset{\|}{P}}{-}OH \\ | \quad\quad\ \ | \\ C{=}O \quad OH \\ | \\ CH_2OH \end{array} + \begin{array}{l} CHO \\ | \\ CHOH \quad OH \\ | \quad\quad\quad\ \ | \\ CH_2O{-}\underset{\large O}{\underset{\|}{P}}{-}OH \end{array} \xrightarrow{\text{酶}} \begin{array}{l} CH_2O{-}\overset{\large O}{\overset{\|}{P}}{-}OH \\ | \quad\quad\ \ | \\ C{=}O \quad OH \\ | \\ HO{-}CH \\ | \\ CH{-}OH \\ | \\ CH{-}OH \quad OH \\ | \quad\quad\quad\quad / \\ CH_2O{-}\underset{\large O}{\underset{\|}{P}} \\ \quad\quad\quad\quad\quad \backslash \ OH \end{array}$$

问题与思考 7-6 完成下列反应式：

(1) $CH_3CH_2CHO \xrightarrow{\text{稀 }OH^-} ? \xrightarrow{\triangle} ?$

(2) 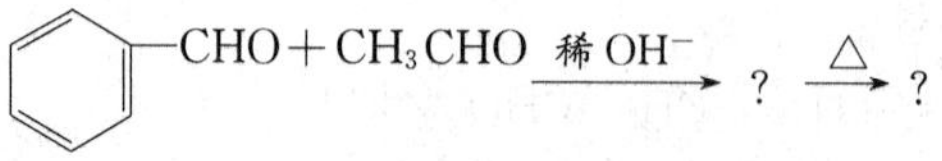 $C_6H_5{-}CHO + CH_3CHO \xrightarrow{\text{稀 }OH^-} ? \xrightarrow{\triangle} ?$

3. 氧化还原反应

(1) 氧化反应 醛基碳上连有氢原子，所以醛很容易被氧化为相应的羧酸。酮一般不被氧化，在强氧化剂存在和加热条件下，碳碳键断裂生成小分子羧酸，无制备意义。只有环酮的氧化常用来制备二元羧酸。例如：

$$\text{环己酮} \xrightarrow{\text{浓}\ HNO_3} \begin{array}{l} CH_2CH_2COOH \\ | \\ CH_2CH_2COOH \end{array}$$

若使用弱氧化剂，醛被氧化而酮不被氧化，这是实验室常用来区别醛、酮的方法。常用的弱氧化剂有以下几种：

① 托伦（Tollens）试剂：硝酸银的氨溶液。醛与托伦试剂作用，醛被氧化为羧酸，银离子被还原为金属银附着在试管壁上形成明亮的银镜，所以这个反应也称为银镜反应。

$$RCHO+2[Ag(NH_3)_2]^+ +2OH^- \longrightarrow RCOONH_4+2Ag\downarrow +3NH_3+H_2O$$

要得到银镜，试管壁必须干净，否则出现灰色或黑色悬浮的金属银。

托伦试剂既可氧化脂肪醛，又可氧化芳香醛。在同样条件下，托伦试剂不氧化酮。因此，用托伦试剂可区别醛、酮。

② 斐林（Fehling）试剂：由斐林溶液 A 和斐林溶液 B 组成，使用时等量混合两组分。A 为硫酸铜溶液，B 为酒石酸钾钠和氢氧化钠溶液。酒石酸钾钠的作用是与铜离子形成配合物而不致在碱溶液中产生氢氧化铜沉淀。

脂肪醛与斐林试剂作用，醛被氧化为羧酸，铜离子被还原为砖红色的氧化亚铜沉淀。

$$RCHO+Cu^{2+} \xrightarrow[\triangle]{OH^-} RCOO^- +Cu_2O\downarrow$$

甲醛可使斐林试剂中的铜离子还原为金属铜附着在试管壁上形成明亮的铜镜，所以这个反应也称为铜镜反应。

在同样条件下，斐林试剂不氧化酮及芳香醛。

③ 本尼地（Benedict）试剂：硫酸铜、碳酸钠和柠檬酸钠的混合液。该试剂稳定，可事先配制存放。

本尼地试剂的应用范围基本上与斐林试剂相同，在同样条件下，可氧化脂肪醛，不氧化酮、芳香醛及甲醛。

上述三种弱氧化剂不氧化碳碳双键和叁键，故不饱和醛的氧化产物为不饱和酸。例如：

$$CH_3-CH=CHCHO \begin{cases} \xrightarrow{[Ag(NH_3)_2]^+} CH_3CH=CHCOO^- \\ \xrightarrow{KMnO_4/H^+} CH_3COOH+CO_2+H_2O \end{cases}$$

问题与思考 7-7　如何区别下列各组化合物：

（1）甲醛　　乙醛　　丙酮

（2）苯甲醛　　苯乙酮　　环己酮

（2）还原反应　在不同还原条件下，醛、酮的还原产物不同。

① 羰基被还原为羟基：用催化加氢的方法，醛、酮可分别被还原为伯醇和仲醇。催化氢化的选择性不强，分子中如有其他不饱和键，也同时被还原。例如：

$$RCHO+H_2 \xrightarrow{Ni} RCH_2OH$$

$$R(R')C{=}O + H_2 \xrightarrow{Ni} R(R')CHOH$$

$$CH_3{-}CH{=}CHCHO + H_2 \xrightarrow{Ni} CH_3CH_2CH_2CH_2OH$$

如采用硼氢化钠（$NaBH_4$）、氢化铝锂（$LiAlH_4$）、异丙醇铝 $Al[OCH(CH_3)_2]_3$ 等，它们有较高的选择性，只还原羰基，不还原分子中的其他不饱和键。例如：

$$CH_3{-}CH{=}CHCHO \xrightarrow{NaBH_4} CH_3CH{=}CHCH_2OH$$

② 羰基被还原为亚甲基：用锌汞齐与盐酸可将羰基直接还原为亚甲基，这个方法称为克莱门森（Clemmensen）还原法。

$$>C{=}O \xrightarrow[\text{浓 HCl}]{Zn-Hg} >CH_2$$

该方法在浓盐酸介质中进行，分子中若有对酸敏感的其他基团，如醇羟基、碳碳不饱和键等，不宜用这种方法还原。

伍尔夫-吉日聂尔（Wolff - Kishner）还原法，也可将羰基直接还原为亚甲基。

$$>C{=}O + H_2NNH_2(\text{无水}) \longrightarrow >C{=}NNH_2 \xrightarrow[\text{加热加压}]{KOH} >CH_2 + N_2\uparrow$$

该方法需要在高温和高压下长时间（100 h 以上）反应，操作不便，毒性大。1946 年，我国化学家黄鸣龙对此方法作了改进，将水合肼、氢氧化钠和高沸点溶剂二缩乙二醇加热回流，再蒸出水和过量肼，然后升温至 200 ℃回流 3～4 h，使腙分解得到烷烃。该反应又称为伍尔夫-吉日聂尔-黄鸣龙还原法。改进后的方法缩短了反应时间，提高了产率，应用更加广泛。

$$>C{=}O + H_2NNH_2 \cdot H_2O + NaOH \xrightarrow[\text{200 ℃回流 3～4 h}]{\text{二缩乙二醇}} >CH_2 + N_2\uparrow$$

该方法在碱性介质中进行，不适用于对碱敏感的分子，可与克莱门森还原法相互补充。

克莱门森还原法或伍尔夫-吉日聂尔-黄鸣龙还原法提供了在芳环上引入直链烷基的一种间接方法。例如：

$$C_6H_6 + CH_3CH_2\overset{O}{\overset{\|}{C}}{-}Cl \xrightarrow{\text{无水 }AlCl_3} C_6H_5\overset{O}{\overset{\|}{C}}CH_2CH_3 \xrightarrow[(HOCH_2CH_2)_2O,\ \triangle]{NH_2NH_2 \cdot H_2O,\ NaOH} C_6H_5{-}CH_2CH_2CH_3$$

科学家小传：黄鸣龙

黄鸣龙（1898—1979），江苏扬州人，有机化学家，中国甾体激素药物工业奠基人。

20 世纪 30 年代，黄鸣龙在德国先灵药厂从事科学研究，他在那里工作的业绩，至今还被人们称颂。他于 1944 年去哈佛大学做研究工作。他在哈佛大学化学实验室的攻坚战中，给有机化学中的一个还原方法（Kishner-Wolff 还原法）做了一次重大的革新。原来的化学还原试验，要用昂贵的无水水合肼，还要用金属钠，这是容易发生爆炸的危险物品，试验的时间长达 4～5 d，而获得的有效成分却不多。许多科学家也曾做过种种尝试，但收效不大。有一

次黄鸣龙按老方法进行试验时，出现了异常现象，但他并不惊慌失措，而是坚持继续做下去，结果得到了出人意料的高产率。他仔细地分析了原因，又通过一系列改变条件的试验，终于达到了改良的目的。一种安全、简便、经济、产率又高的新还原方法终于被他找到了。这次革新的成果，赢得了世界化学界的赞许，被光荣地命名为“黄鸣龙还原法”，在国内外有机化学的教材中，又增添了一名中国的科学家。

他常常以“不问政治”自诩，但在每一个历史关头，他的政治态度都是鲜明的，他不习惯用表态式的语言过问政治，而是用行动，有时是不惜以毁家纾难的行动投入伟大的革命运动。他在抗日战争时期回国是如此，在全国解放后，他抛开美国的“富”与“贵”，投向祖国的怀抱亦是如此。

他在德国一家电子仪器厂工作的儿子也在他的热情鼓励下回国了，他的儿子参与了我国试制第一台电子显微镜的设计和制造工作。1958年，我国自制的电子显微镜问世。

当时的中国，有关甾体激素的研究几乎是一片空白，我国制造激素的工业则一点影子都没有。为了在我国首次制造可的松类激素药物，黄鸣龙认为必须从我国的植物中提取薯蓣皂素为原料，他跟各地的植物研究单位搞大协作，发现有十多种植物可以提取薯蓣皂素。确定了原材料的来源后，他还主动去跟制药厂联系，帮助解决工业生产中出现的一系列问题。我国在50年代末便能生产各种甾体药物，而且还可以大量出口。他的确不愧为“我国甾体激素药物工业的奠基人”——这是制药部门对黄教授的称颂。

他回国后的另一重大贡献，就是为我国的计划生育工作研制了女用口服避孕药。黄鸣龙领导研制成功的甲地孕酮，作为口服避孕药，是我国的首创。其他几种甾体口服避孕药在他的指导帮助下也很快投入了工业生产。

黄鸣龙一生为科学奉献。他所从事或领导的科研工作，大都居于当时国际同类研究的先进行列，受到国内外同行的重视。国际最有权威的有机化学杂志《四面体》(*Tetrahedron*) 曾聘请他为荣誉顾问编委。

问题与思考 7-8　在下列反应中填入适当的还原剂：

(1) $C_6H_5-\underset{\underset{O}{\|}}{C}CH_3 \xrightarrow{?} C_6H_5-CH_2CH_3$

(2) $CH_3CH_2CH{=}CHCHO \xrightarrow{?} CH_3CH_2CH{=}CHCH_2OH$

(3) $C_6H_5-CH{=}CHCHO \xrightarrow{?} C_6H_5-CH_2CH_2CH_2OH$

(3) 歧化反应　不含α-H的醛，在浓碱作用下，发生自身氧化还原反应，一分子醛被氧化成羧酸，另一分子醛被还原成醇。这种反应称为歧化反应，又称为康尼扎罗（Cannizzaro）反应。例如：

$$2HCHO \xrightarrow{\text{浓 NaOH}} HCOO^- + CH_3OH$$

两种无 α－H 的醛能发生交叉歧化反应，生成四种不同的产物，不易分离，在合成上无实际意义。但如果甲醛与另一种不含 α－H 的醛发生交叉歧化反应，由于甲醛具有较强的还原性，总是被氧化为甲醛，另一种醛被还原为醇。例如：

$$C_6H_5CHO + HCHO \xrightarrow{\text{浓 NaOH}} C_6H_5CH_2OH + HCOO^-$$

问题与思考 7－9 苯甲醛在浓碱作用下反应，反应结束后还有未反应的苯甲醛，如何分离、提纯反应混合物中的各种物质？

四、个别化合物

1. 甲醛 甲醛又名蚁醛，沸点－21 ℃，是无色具刺激性的气体。易溶于水，它的 36%～40%水溶液（通常含 6%～12%的甲醇做稳定剂）称为福尔马林。福尔马林可使蛋白质变性，对皮肤有强腐蚀性，广泛地用作消毒剂和防腐剂。

甲醛在水溶液中以水合甲醛的形式存在。甲醛气体能自动聚合为三聚甲醛。60%～65%的甲醛水溶液在少量硫酸存在下煮沸，也可聚合为三聚甲醛。三聚甲醛为无色晶体，熔点 62 ℃，在中性和碱性条件下稳定。三聚甲醛没有醛的性质，在酸性条件下加热可解聚成甲醛。

$$3HCHO \underset{\text{解聚}}{\overset{\text{聚合}}{\rightleftharpoons}} (CH_2O)_3$$

三聚甲醛

小心蒸发甲醛的水溶液，甲醛水合物分子间失水，生成固体的多聚甲醛。

$$n\,HCH(OH)_2 \xrightarrow{\triangle} HO(CH_2O)_nH + (n-1)H_2O$$

多聚甲醛

加热多聚甲醛到 200 ℃，可解聚成甲醛。多聚甲醛是贮存甲醛的最好方式。

纯甲醛以三丁胺为催化剂，可以聚合为相对分子质量高达数万至数十万的线型高分子化合物——聚甲醛。聚甲醛是一种性能优良的工程塑料，化学稳定性好，机械强度高。

甲醛是非常重要的化工原料，大量用于制造酚醛、脲醛、聚甲醛和三聚氰胺等树脂，以及各种黏接剂。甲醛还可用来生产季戊四醇、乌洛托品及其他药剂和染料。

$$6HCHO + 4NH_3 \rightleftharpoons (CH_2)_6N_4 + 6H_2O$$

环六亚甲基四胺（乌洛托品）

乌洛托品为无色晶体，熔点 263 ℃，具有甜味。主要用作酚醛塑料的固化剂、橡胶硫化的促进剂。在医药上用作利尿剂和尿道消毒剂。也可作为特殊燃料。

工业上采用甲醇空气氧化法生产甲醛。

$$CH_3OH + \frac{1}{2}O_2 \xrightarrow[600\ ℃]{Ag-浮石} HCHO + H_2O$$

2. 乙醛　乙醛是无色液体，沸点 20.8 ℃，具刺激性气味，易溶于水和乙醇等有机溶剂。乙醛对眼睛及皮肤有刺激性，厂房空气中最大允许浓度为 0.1 mg · L^{-1}。

乙醛在室温和少量硫酸存在下，可聚合为三聚乙醛。在低温时用干燥氯化氢处理，乙醛聚合为四聚乙醛。三聚、四聚乙醛都没有醛的性质，加酸蒸馏即解聚成乙醛。

乙醛是重要的有机化工原料，可生产醋酸、醋酐、醋酸乙酯、正丁醇、三氯乙醛等。

工业采用乙烯为原料，以氯化钯和氯化铜的水溶液为催化剂，用空气氧化乙烯为乙醛。

$$CH_2{=}CH_2 + \frac{1}{2}O_2 \xrightarrow[120\sim130\ ℃]{PdCl_2-CuCl_2} CH_3CHO$$

3. 丙酮　丙酮是无色、易燃、易挥发的液体，沸点 56.2 ℃。易溶于水，是常用的有机溶剂。

丙酮是重要的有机化工原料，如可生产有机玻璃单体。

$$CH_3-\overset{O}{\overset{\|}{C}}-CH_3 + HCN \rightleftharpoons (CH_3)_2C(OH)CN \xrightarrow[H_2SO_4]{CH_3OH} CH_2{=}\overset{CH_3}{\overset{|}{C}}COOCH_3$$

丙酮的工业制法有：异丙醇脱氢法、丙烯直接氧化法、异丙苯法等。

$$CH_3-\overset{OH}{\overset{|}{C}}HCH_3 + \frac{1}{2}O_2 \xrightarrow[\triangle]{Cu} CH_3\overset{O}{\overset{\|}{C}}CH_3 + H_2O$$

$$CH_3CH{=}CH_2 + \frac{1}{2}O_2 \xrightarrow[100\sim120\ ℃]{PdCl_2-CuCl_2} CH_3\overset{O}{\overset{\|}{C}}CH_3$$

$$C_6H_5-CH(CH_3)_2 \xrightarrow[100\sim120\ ℃]{O_2,\ 0.3\sim0.4\ MPa} C_6H_5-\overset{CH_3}{\underset{CH_3}{C}}-OOH \xrightarrow[60\ ℃]{H_2SO_4} CH_3\overset{O}{\overset{\|}{C}}CH_3 + C_6H_5-OH$$

氢过氧化异丙苯

4. 环己酮　环己酮是无色油状液体，有丙酮的气味，沸点 155.6 ℃。微溶于水，溶于乙醇、乙醚等有机溶剂。

环己酮既是良好的溶剂，也是合成己二酸和己内酰胺的原料。

环己酮通常以环己烷氧化得到的环己酮和环己醇混合物为原料，用氧化锌为主的催化剂，在常压、400 ℃催化脱氢制得。

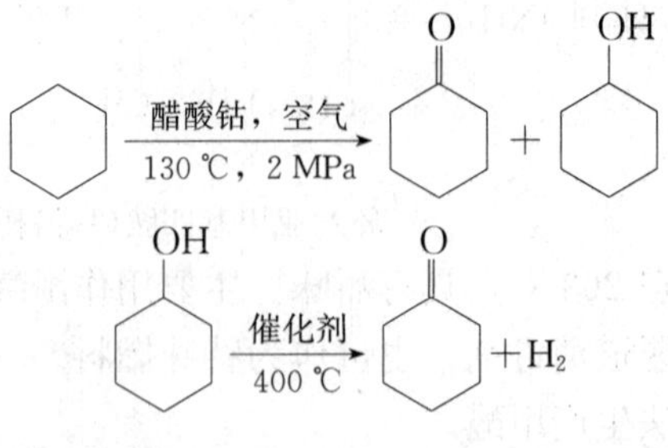

$$\text{环己烷} \xrightarrow[130\ ℃,\ 2\ \text{MPa}]{\text{醋酸钴，空气}} \text{环己酮} + \text{环己醇}$$

$$\text{环己醇} \xrightarrow[400\ ℃]{\text{催化剂}} \text{环己酮} + H_2$$

5. 苯甲醛 苯甲醛是最简单的芳香醛，俗称苦杏仁油，是无色或淡黄色液体，具有类似苦杏仁的特殊气味，沸点 178.6 ℃。微溶于水，溶于乙醇、乙醚等有机溶剂。

苯甲醛是重要的化工原料，用于合成染料及香料等。苯甲醛与糖类物质结合存在于杏、桃等的果仁中。

第二节 醌

一、醌的结构和命名

通常把具有环己二烯二酮结构的一类有机化合物称为醌。醌是一类特殊的环二酮，具有醌型结构单位：

醌的结构中虽然存在碳碳双键的 π - π 共轭体系，但不同于芳香环的环状闭合共轭体系，所以醌不属于芳香族化合物，也没有芳香性。

醌一般作为芳香烃的衍生物命名，在“醌”字前加上芳基的名称，并标出羰基的位置。

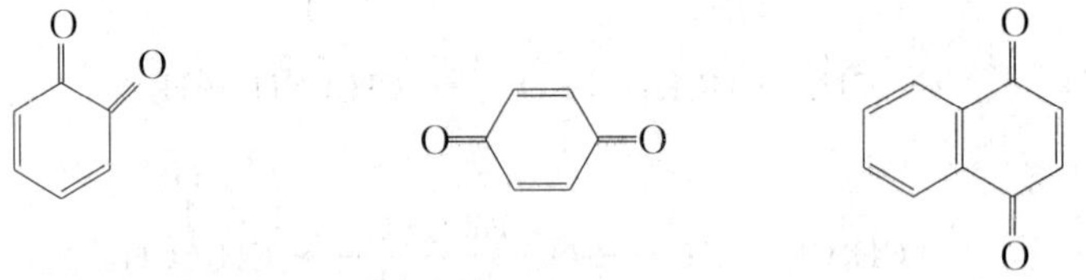

邻苯醌(1,2-苯醌)　　对苯醌(1,4-苯醌)　　1,4-萘醌

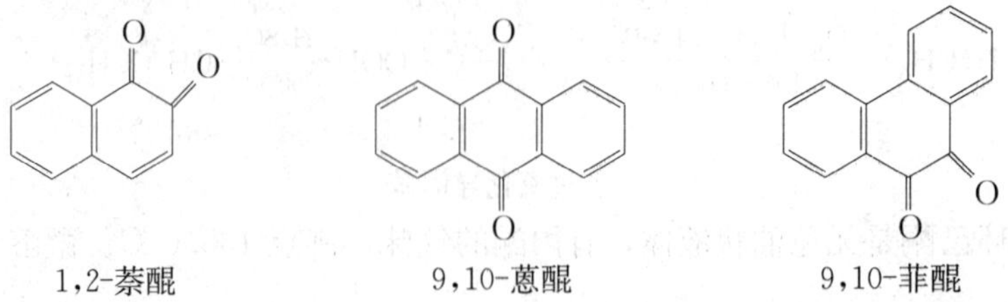

1,2-萘醌　　9,10-蒽醌　　9,10-菲醌

具有醌型结构的化合物，通常都有颜色，一般对位呈黄色，邻位呈红色或橙色。

二、醌的化学性质

醌分子中含有碳碳双键和碳氧双键的共轭体系，因此醌具有烯烃和羰基化合物的典型反应，能发生多种形式的加成反应。

1. 加成反应

(1) 羰基的加成　醌分子中的羰基能与氢氰酸、饱和亚硫酸氢钠溶液及氨的衍生物发生亲核加成反应。

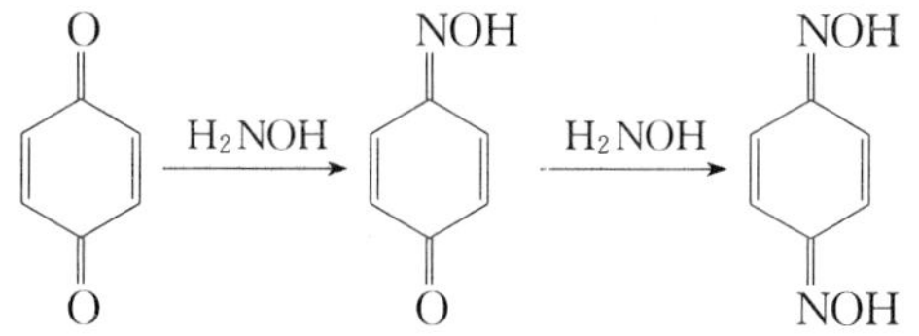

(2) 双键的加成　醌分子中的碳碳双键能与卤素、卤化氢等亲电试剂发生加成反应。

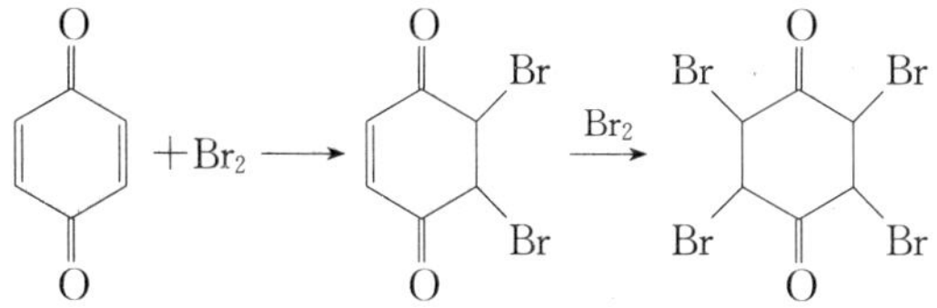

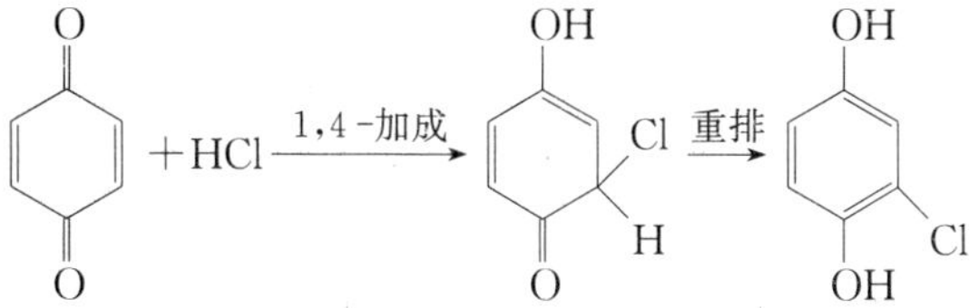

2. 还原反应　醌可由相应的二元酚氧化而来，也容易还原为相应的二元酚。

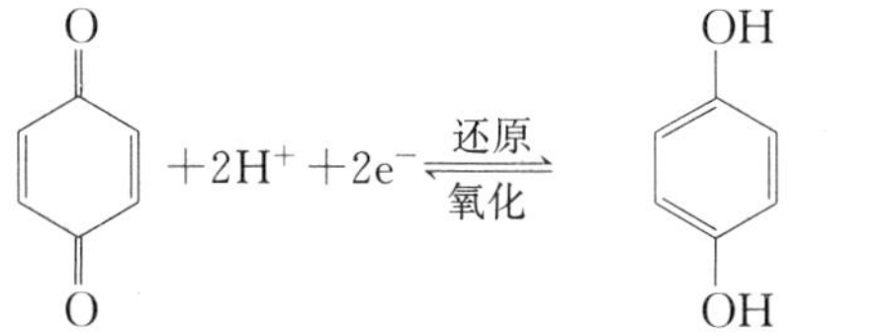

对苯醌　　对苯二酚(氢醌)

如果把黄色的对苯醌的乙醇溶液加到无色的对苯二酚溶液中，混合溶液变为红棕色，并有暗绿色醌氢醌晶体析出。

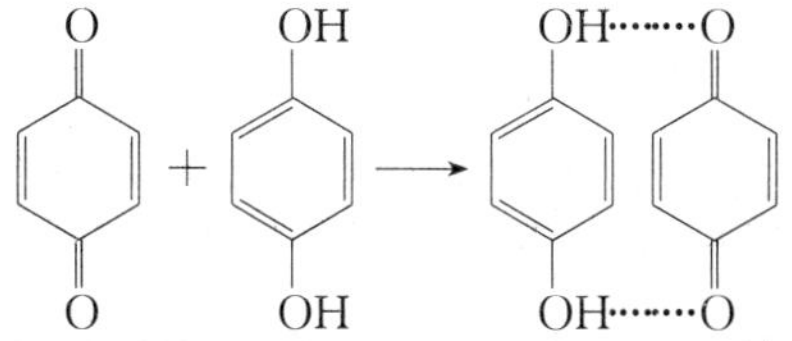

醌氢醌是等量的醌和氢醌生成的分子配合物，两者之间不仅通过氢键缔合，还通过富电子的氢醌（电子给体）与缺电子的醌（电子受体）之间的静电引力结合。这样的配合物称为电荷转移配合物（charge transfer complex）。

生物体内的氧化还原作用，常以脱氢或加氢的方式进行。这一过程中，某些物质在酶的作用下进行氢的传递，就是通过酚、醌氧化还原体系实现的。

蒽醌的主要用途是制造染料。据统计，蒽醌及其衍生物的染料有 400 多种，已形成一大类色谱俱全、性能良好的染料。

三、自然界的醌

生物体内存在的醌是多种多样的，有的起着不可缺少的作用。

1. 维生素 K 维生素 K 是一类能促进血液凝固的萘醌衍生物，现已发现有维生素 K_1 和维生素 K_2，存在于动物肝、蛋黄、苜蓿和其他绿色植物中。

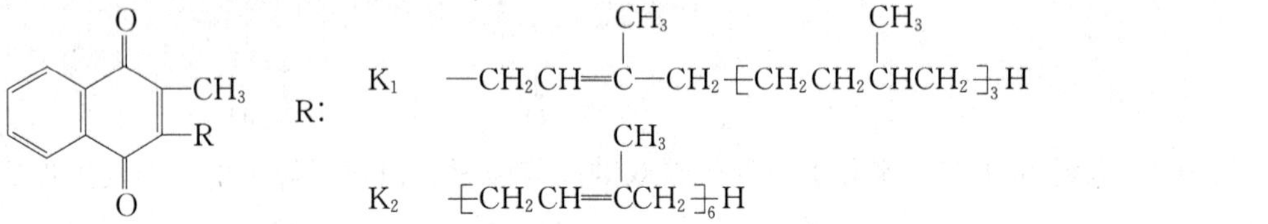
O
CH3
R
O
R:
K1
CH3
CH3
—CH2CH═C—CH2⁅CH2CH2CHCH2⁆3H
K2
CH3
⁅CH2CH═CCH2⁆6H

人和动物肠内的细菌能合成维生素 K。维生素 K 可用于预防手术后流血和新生儿出血，也可用于治疗阻塞性黄疸。

2. 泛醌 泛醌（辅酶 Q）为苯醌的衍生物，因在动植物体中广泛存在而得名。它是呼吸链中参与电子传递的一种辅酶。

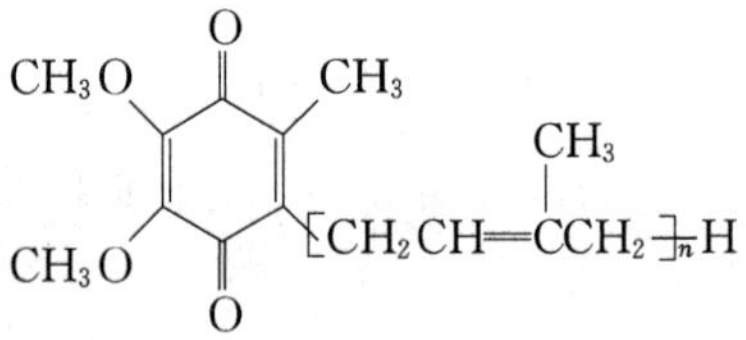
O
CH3O
CH3
CH3
CH3O
⁅CH2CH═CCH2⁆nH
O

辅酶 Q 有多种，不同的辅酶 Q 只是异戊二烯单位个数不同，n 有 6 或 10。辅酶 Q 在波长 270～290 nm 处有特殊吸收光谱，当还原为氢醌后，其特殊吸收光谱消失，用此特性可对辅酶 Q 的氧化-还原反应进行定量测定。

3. 茜红和大黄素 它们是蒽醌的衍生物。茜草中的茜红是最早被使用的天然染料之一。大黄素是广泛分布于霉菌、真菌、地衣、昆虫及花的色素。

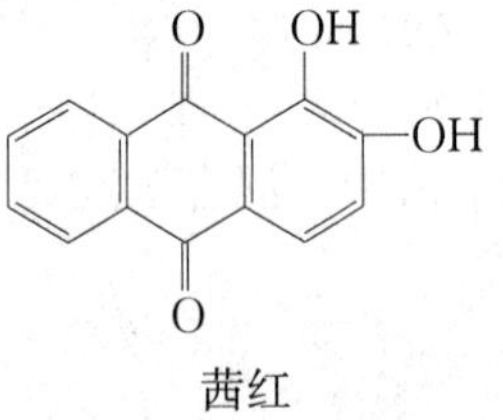
O
OH
OH
O

茜红

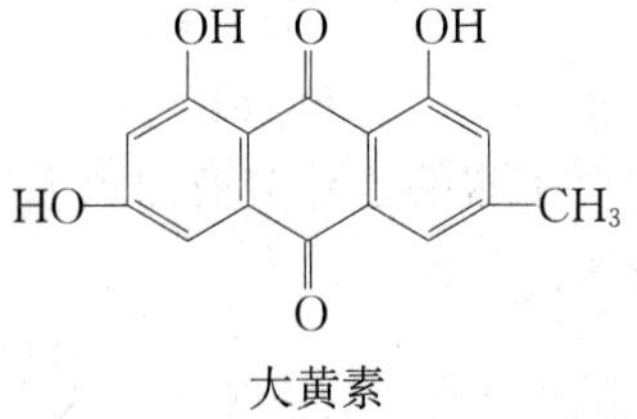
OH
O
OH
HO
CH3
O

大黄素

拓展阅读

肉桂醛的功能及其在食品中的应用

肉桂醛（cinnamaldehyde），又称桂醛、桂皮醛或 3-苯基-2-丙烯醛，是一种存在于桂皮油、玫瑰油、广藿香油等精油中的醛类有机化合物，分子式为 C_9H_8O，分子结构如下：

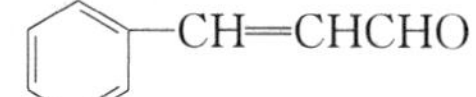

肉桂醛大量存在于植物体内，如肉桂、风信子、玫瑰和藿香等植物，是黏稠状液体，具有特殊的芳香气味。肉桂醛不仅具有很好的杀菌效果，而且能够有效地抑制微生物次级代谢产物的产生，并且对人体安全无毒无害，在医药、食品等行业有广泛应用，我国《食品安全国家标准　食品添加剂使用标准》（GB 2760—2014）中也将肉桂醛批准为可在食品中使用的天然防腐剂。

1. 肉桂醛的保鲜作用　微生物是破坏食物新鲜度的一个重要因素，水果和蔬菜等容易受细菌等微生物感染发生腐败变质。果蔬具有季节性、地域性和易腐性的特点，解决果蔬保鲜问题，不仅能够增加果蔬产业的经济效益，而且能保障人们日常生活必需食物的供应。

肉桂醛能够使细菌的细胞膜破裂，使细菌在细胞分裂时产生畸变和异常分裂，从而对细菌的正常生长和繁殖产生直接抑制作用，导致其外观形态发生明显变化。此外，肉桂醛还对细菌的内部细胞质产生一定的作用，使细菌的细胞膜和细胞壁分离，细胞溶解，细胞质浓缩和泄漏，肉桂醛能够与DNA发生相互作用，影响细菌DNA的正常合成，并且能够改变细菌内部离子（Ca^{2+}、K^+和H^+等）的平衡，最终使细菌发生解体和死亡。

肉桂醛作为一种绿色天然、安全高效的防腐抑菌剂，对大肠杆菌、沙门氏菌、金黄色葡萄球菌、肉毒杆菌、芽孢杆菌等均有很好的抑制作用，广泛应用于罐头杀菌、肉类防腐、水果保鲜以及抑菌型食品包装材料等。

2. 肉桂醛的调味作用　肉桂香气浓烈，入口先甜后辣，在复合调味品中常用作配香原料，是五香粉、十三香及卤肉料的主要香辛料成分之一。肉桂的主要呈味贡献是肉桂醛，肉桂醛具有较好的持香作用，沸点为250～252℃，相比于其他香料成分的沸点较高，香味更持久。在制作卤味食品过程中，肉桂醛可起到增香去腥的作用，并且是改善卤制品风味的一种重要香辛料成分。

肉桂醛可以用于休闲食品中，例如在薯片、糖果以及面筋制品中，适量添加肉桂醛不仅可以提高风味，改善品质，还可以替代山梨酸钾、丙酸钙等防腐剂。肉桂醛也能赋予果汁饮料、蛋糕点心和冰激凌独特的口感和风味，在食品中应用前景广阔。

肉桂醛还能用于牙膏和口香糖中，用于改善口腔异味。口腔中的微生物分解食物残渣，产生易挥发的成分，从而产生口臭。将肉桂醛添加于胶基口香糖中，可使口腔中的细菌减少50%，并且具有持久的香味。此外，也可以将肉桂醛制备成喷雾制剂，起到清除异味的作用。

3. 肉桂醛的生理功能　肉桂醛还有降血糖、降血脂的作用，可用于治疗Ⅱ型糖尿病，摄入肉桂醛可提高机体对葡萄糖和脂类的利用率，达到降血糖、降血脂的目的。研究显示Ⅱ型糖尿病患者服用肉桂醛后，其空腹血糖、甘油三酯、低密度脂蛋白含量等均明显降低。

肉桂醛可用于抗细胞纤维化的治疗，研究显示肉桂醛能抑制高糖引起的肾间质成纤维细胞的增殖肥大及细胞间质胶原蛋白的合成和分泌。部分研究显示肉桂醛可通过抑制胃蛋白酶对胃黏膜的侵蚀、提高胃黏膜血流速率来抵抗消化道溃疡；可温和刺激肠胃，促进唾液和胃液的分泌，增强消化功能，促进食欲，解除胃肠平滑肌痉挛，缓解肠道痉挛性疼痛。

虽然肉桂醛可用于肉类、糖果、口香糖、调味品等，但由于肉桂醛水溶性较差、挥发性强、香味浓烈，极易影响食品的原有风味，因而限制了其在食品保鲜防腐中的应用。但肉桂醛的一些衍生物具有肉桂醛的相似性质，如肉桂酸也有具有抑菌性，但香味较淡；肉桂醛微乳具有很好的抑菌效果，也能解决水溶性差的问题。所以肉桂醛的衍生物以及微乳等相关产品的进一步研究与开发能更好地扩大肉桂醛的应用范围。

本章小结

醛、酮均含有羰基官能团，羰基中碳原子与氧原子以双键结合，一个键为σ键，一个键为π键。由于羰基氧原子的电负性大于碳原子，碳氧双键的电子云偏向氧原子，所以羰基是极性基团。

醛、酮易发生亲核加成反应。其反应活性受电子效应和空间效应两种因素的影响。只有醛、脂肪族甲基酮和八个碳原子以下的环酮，可与氢氰酸、亚硫酸氢钠发生亲核加成反应，其他酮则难于反应。

醛、酮与亚硫酸氢钠的加成产物α-羟基磺酸钠溶于水，但不溶于过量的饱和亚硫酸氢钠溶液。加成产物用酸或碱处理又得到原来的醛、酮，因此常用此方法鉴别、分离、提纯醛、酮。

醛、酮与 HCN 和格氏试剂的加成，是有机合成中增长碳链的方法。其中与格氏试剂的加成是制备醇的方法之一；与甲醛加成得到伯醇，与其他醛加成得到仲醇，与酮加成得到叔醇。

醛、酮与氨的衍生物（羰基试剂）加成缩合时，大多数产物有特殊颜色或是结晶，常用于醛、酮的鉴定。加成产物在稀酸的作用下，可得到原来的醛、酮，因此，也可用于醛、酮的分离、提纯。

含α-H的醛、酮能进行卤代反应。乙醛、甲基酮、乙醇和具有α-甲基的仲醇都可发生碘仿反应，常用于鉴定。

含α-H的醛在稀碱催化下，能发生羟醛缩合反应。由于结构的原因，酮的缩合反应比醛困难得多。羟醛缩合反应是增长碳链的重要方法之一。

无α-H的醛在浓碱作用下，可发生歧化反应。如果用甲醛与另一种无α-H的醛反应，甲醛总是被氧化成甲酸，另一种醛被还原为醇。

用催化加氢的方法，可将醛、酮中的羰基还原为醇羟基，若分子中含有不饱和键同样亦被还原；但用硼氢化钠、氢化铝锂、异丙醇铝等专一性较强的还原剂时，只还原羰基，不还原分子中的不饱和键。可利用这些选择性还原剂，由不饱和醛、酮制备不饱和醇。用克莱门森还原法，或用伍尔夫-吉日聂尔-黄鸣龙还原法，醛、酮中的羰基直接还原为亚甲基。

托伦试剂、斐林试剂、本尼地试剂等弱氧化剂能将醛氧化为羧酸，而酮不被氧化。要注意的是斐林试剂不氧化芳香醛；本尼地试剂不氧化甲醛和芳香醛。若醛分子中含有不饱和键，同样不被这些弱氧化剂氧化。

醌是一类特殊的环状不饱和二酮，具有烯烃和羰基化合物的典型反应，能发生多种形式的加成反应，如双键的加成、羰基的加成、1,4-加成等。

习 题

1. 命名下列化合物：

(1) $(CH_3)_2CHCHO$　　(2) $H_3C-C_6H_4-CHO$（对位）　　(3) $CH_3CH_2\overset{O}{\overset{\|}{C}}CH(CH_3)_2$

(4) CH_3；O═(环)═O

(5) O；(苯环)—C—(苯环)

(6) (环己基)═N—OH

(7) CH_3　CH_3；C═C；H　C—CH═CH_2；O

(8) CH_3；O═(环)═O

(9) O；(苯环)—C—CH_2Br

(10) $\overset{O}{\overset{\|}{C}}$ ：$CH_3CCH_2CCH_3$（两个 C 上各有 ═O）

2. 写出下列化合物的结构式：

(1) 水合三氯乙醛　(2) 乙醛缩乙二醇　(3) 4-甲氧基苯甲醛

(4) 丙酮缩氨基脲　(5) 水合茚三酮　(6) 3-甲基环己酮

(7) 肉桂醛　(8) 乙基丙二醛

3. 写出下列反应的主要产物：

(1) $2CH_3CH_2CHO \xrightarrow{稀\ OH^-} ? \xrightarrow{\triangle} ?$

(2) (苯环)—CHO＋$CH_3CH_2CHO \xrightarrow{稀\ OH^-} ? \xrightarrow{\triangle} ?$

(3) (Br-苯环)—CHO ＋ $\underset{OH\ \ OH}{CH_2CH_2} \xrightarrow{干\ HCl} ?$

(4) (苯环)—$\overset{O}{\overset{\|}{C}}$—$CH_3$ ＋$CH_3CH_2MgCl \xrightarrow{干醚} ? \xrightarrow[H^+]{H_2O}$

(5) (CH_3-苯环)—$\overset{O}{\overset{\|}{C}}$—$CH_2CH_2CH_3 \xrightarrow[浓\ HCl]{Zn-Hg} ?$

(6) (苯环)—CH═CHCHO $\xrightarrow[Ni]{H_2} ?$

(7) CH_2═$CHCH_2CHO \xrightarrow{[Ag(NH_3)_2]^+} ?$

(8) (苯环)—CHO＋HCHO $\xrightarrow{浓\ OH^-} ?$

(9) $CH_3\overset{CH_3}{\underset{OH}{C}}—\underset{CH_3}{CHOH}$ ＋$I_2 \xrightarrow{OH^-} ?$

(10) (苯环)—CH═CHCHO $\xrightarrow{NaBH_4} ?$

(11) (环己基)═O $\xrightarrow[\triangle]{浓\ HNO_3} ?$

(12) $CH_3-\underset{OH}{CH}-\underset{CH_3}{CH}-CH_3 \xrightarrow[H^+]{K_2Cr_2O_7} ? \xrightarrow{HCN} ? \xrightarrow[H^+]{H_2O} ?$

4. 用简便的化学方法区别下列化合物：

(1) 甲醛、乙醛、苯甲醛　　(2) 异丙醇、丙酮、丙醇

(3) 苯乙酮、苯甲醛、环己酮、苯酚　　(4) 2-戊酮、3-戊酮、苯甲醛、苄醇

5. 将下面化合物按沸点高低顺序排列：

(1) $CH_3CH_2CH_2CHO$　(2) $CH_3CH_2OCH_2CH_3$　(3) $CH_3CH_2CH_2CH_2OH$

6. 比较下列化合物中羰基与氢氰酸加成反应的活性大小：

(1) 二苯甲酮、乙醛、一氯乙醛、三氯乙醛、苯乙酮

(2) 乙醛、三氯乙醛、丙酮、甲醛

(3) C_6H_5CHO、$ClCH_2CH_2CHO$、$CH_3\underset{Cl}{CH}CHO$、$C_6H_5\overset{O}{\overset{\|}{C}}C_6H_5$、$C_6H_5\overset{O}{\overset{\|}{C}}-CH_3$、

CH_3CH_2CHO

7. 下列化合物哪些能发生碘仿反应？哪些能与 2,4-二硝基苯肼反应生成黄色沉淀？哪些能发生银镜反应？

(1) 丁酮　(2) 异丙醇　(3) 正丁醇　(4) 3-戊酮

(5) $C_6H_5CH_2OH$　(6) $CH_3CH_2\underset{CH_3}{CH}CHO$　(7) $CH_3\underset{OH}{CH}CH_2CH_3$　(8) 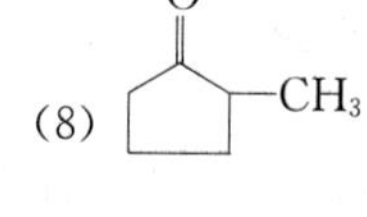

(9) $(CH_3)_3COH$　(10) $CH_3-\overset{O}{\overset{\|}{C}}CH_2-\overset{O}{\overset{\|}{C}}CH_3$　(11) $C_6H_5\overset{O}{\overset{\|}{C}}-CH_3$　(12) C_6H_5CHO

8. 用指定原料合成下列化合物：

(1) $CH_2{=}CHCH_3 \longrightarrow CH_3CH_2CH_2CH_2OH$

(2) $CH_3CH_2OH \longrightarrow CH_3CH_2CH_2CH_2OH$

(3) $CH_3CH_2{=}CHCHO \longrightarrow CH_3\underset{OH}{CH}-\underset{OH}{CH}CHO$

(4) $CH_3\overset{O}{\overset{\|}{C}}CH_3 \longrightarrow CH_2{=}\overset{CH_3}{\overset{|}{C}}COOCH_3$

(5) $CH_3CHO \longrightarrow CH_3\underset{OH}{CH}CH_2CH_2OH$

9. 化合物 A 的分子式为 $C_8H_{14}O$，既可使溴水褪色，又能与苯肼反应。A 被酸性高锰酸钾氧化后生成一分子丙酮和另一化合物 B。B 具有酸性，能发生卤仿反应，产物为丁二酸二钠。写出 A 和 B 的结构式。

10. 化合物 A 的分子式为 $C_9H_{10}O_2$，能溶于氢氧化钠溶液，既可与羟胺、氨基脲等反应，又能与 $FeCl_3$ 溶液发生显色反应，但不与托伦试剂作用。A 经 $LiAlH_4$ 还原生成化合物 B，分子式为 $C_9H_{12}O_2$。A 和 B 均能发生卤仿反应。将 A 用 Zn-Hg 齐在浓盐酸中还原生成化合物 C，分子式为 $C_9H_{12}O$。将 C 与 NaOH 溶液作用，而后与

碘甲烷共热，得到化合物D，分子式为 $C_{10}H_{14}O$。D用酸性 $KMnO_4$ 溶液氧化，最后得到对甲氧基苯甲酸。写出A、B、C和D的结构式。

11. 某化合物分子式为 $C_6H_{12}O$，能与羟胺作用生成肟，但不起银镜反应，在铂的催化下加氢得到一种醇。此醇经过脱水、臭氧化还原水解等反应后得到两种液体，其中之一能起银镜反应但不起碘仿反应，另一种能起碘仿反应但不能使斐林试剂还原。试写出该化合物的结构式。

自测题

自测题答案

第八章　羧酸、羧酸衍生物和取代羧酸

羧酸是一类含有羧基（—COOH）官能团的化合物，一元饱和脂肪羧酸的通式为 RCOOH（甲酸 HCOOH）。羧基中的羟基被其他原子或基团取代的产物称为羧酸衍生物（如酰卤、酸酐、酯和酰胺）；羧酸烃基上的氢原子被其他原子或基团取代的产物称为取代酸（如卤代酸、羟基酸、羰基酸和氨基酸）。

羧酸是许多有机化合物氧化的最终产物，常以盐和酯的形式广泛存在于自然界，许多羧酸在生物体的代谢过程中起着重要作用。

第一节　羧　　酸

一、羧酸的分类和命名

1. 羧酸的分类　根据分子中烃基的结构，可把羧酸分为脂肪羧酸、脂环羧酸和芳香羧酸；根据烃基的饱和程度把羧酸分为饱和羧酸和不饱和羧酸；根据分子中羧基的数目，又把羧酸分为一元羧酸、二元羧酸、多元羧酸等。例如：

一元羧酸：

- 脂肪羧酸　$CH_3CH_2CH_2COOH$　　$CH_3—CH═CH—COOH$
- 脂环羧酸　环己基—COOH　　环己烯基—COOH
- 芳香羧酸　苯基—COOH

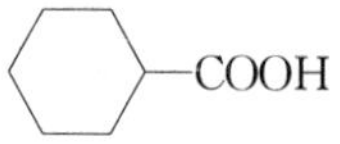

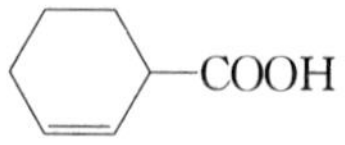

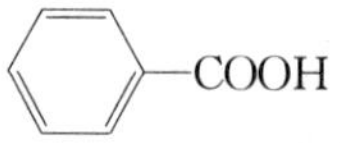

二元羧酸　HOOC—COOH　　（H）（HOOC）C═C（H）（COOH）　　邻苯二甲酸（苯环上两个 —COOH）

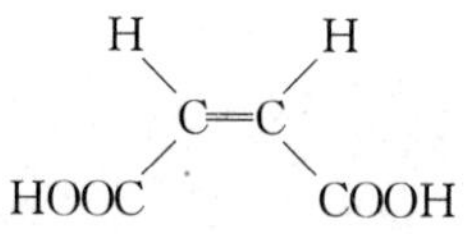

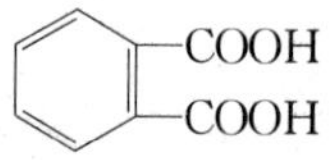

多元羧酸　CH_2COOH—CHCOOH—CH_2COOH

2. 羧酸的命名　羧酸的命名方法有俗名和系统命名两种。

俗名是根据羧酸的最初来源命名。在下面的举例中，括号中的名称即为该羧酸的俗名。

脂肪族一元饱和羧酸在系统命名时选择含有羧基的最长碳链作为主链，根据主链的碳原子数称为“某酸”。从含有羧基的一端编号，用阿拉伯数字或希腊字母（α，β，γ，δ，…）表示取代基的位置，将取代基的位次及名称写在主链名称之前。例如：

$CH_3-CH(CH_3)-CH_2-COOH$　　3-甲基丁酸或β-甲基丁酸

$CH_3-CH(CH_3)-CH(CH_3)-COOH$　　2,3-二甲基丁酸

脂肪族二元羧酸的系统命名是选择包含两个羧基的最长碳链作为主链，根据碳原子数称为“某二酸”，把取代基的位置和名称写在“某二酸”之前。例如：

$HOOC-COOH$　　乙二酸（草酸）

$HOOC-CH_2-COOH$　　丙二酸

$HOOC-CH_2-CH_2-COOH$　　丁二酸（琥珀酸）

$CH_3-CH(CH_2-COOH)-COOH$　　甲基丁二酸

不饱和脂肪羧酸的系统命名是选择含有重键和羧基的最长碳链作为主链，根据碳原子数称为“某烯酸”或“某炔酸”，把重键的位置写在“某”字之前。例如：

$CH_2=CHCOOH$　　丙烯酸

$CH_3-CH=CH-COOH$　　2-丁烯酸（巴豆酸）

芳香羧酸和脂环羧酸的系统命名一般把环作为取代基。例如：

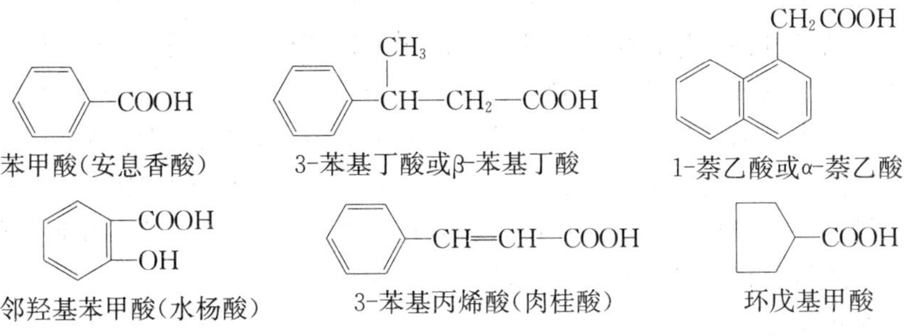

苯甲酸（安息香酸）　　3-苯基丁酸或β-苯基丁酸　　1-萘乙酸或α-萘乙酸

邻羟基苯甲酸（水杨酸）　　3-苯基丙烯酸（肉桂酸）　　环戊基甲酸

问题与思考 8-1　命名或写出下列化合物的结构式：

（1）（环己基）$-CH_2COOH$　　　（2）$CH_3-CH(COOH)-COOH$

（3）$CH_3-CH=CH-CH(CH_3)-COOH$　　　（4）（苯基）$-CH(CH_3)-COOH$

（5）β-萘乙酸　　　（6）2-甲基-2-丁烯酸

（7）对甲氧基苯甲酸（茴香酸）　　　（8）顺丁烯二酸

二、羧酸的物理性质

饱和一元羧酸中，室温下，甲酸、乙酸、丙酸具有强烈酸味和刺激性。$C_4\sim C_9$ 羧酸具有腐败恶臭气味，是油状液体，C_{10}以上的羧酸是蜡状固体。饱和二元脂肪羧酸和芳香族羧酸在室温

下是结晶状固体。

羧酸的沸点随分子质量的增大而逐渐升高，并且比分子质量相近的烷烃、卤代烃、醇、醛、酮的沸点高。例如：

	相对分子质量	沸点/℃
甲酸	46	100.7
乙醇	46	78.5
乙酸	60	117.9
丙醇	60	97.4

这是由于羧基是强极性基团，羧酸分子间的氢键（甲酸中氢键键能为 30 kJ · mol^{-1}）比醇羟基间的氢键（乙醇中氢键键能为 25 kJ · mol^{-1}）更强。分子质量较小的羧酸，如甲酸、乙酸，即使在气态时也以双分子缔合体的形式存在：

$$
\begin{array}{c}
\mathrm{O{\cdots}H{-}O} \\
CH_3{-}C \qquad\qquad C{-}CH_3 \\
\mathrm{O{-}H{\cdots}O}
\end{array}
$$

直链饱和一元羧酸的熔点随分子质量的增大而呈锯齿状变化，偶数碳原子的羧酸比相邻两个奇数碳原子的羧酸熔点都高，这是由于含偶数碳原子的羧酸碳链中，链端甲基和羧基分别在链的两端，而含奇数碳原子的羧酸碳链中，则在链的同一边，前者具有较高的对称性，在晶格中排列紧密，分子间作用力大，需要较高的温度才能将它们彼此分开，故熔点较高。

羧基是亲水基团，与水可以形成氢键，C_4 以下的一元羧酸可与水混溶。随着羧酸分子质量的增大，其疏水烃基的比例增大，在水中的溶解度迅速降低。C_{12} 以上的高级脂肪羧酸不溶于水，而易溶于乙醇、乙醚等有机溶剂。芳香族羧酸在水中的溶解度都很小。

常见羧酸的物理常数见表 8 - 1 和表 8 - 2。

表 8 - 1 常见一元羧酸的物理常数

名 称	熔点/℃	沸点/℃	pK_a（25 ℃）	相对密度 d_4^{20}	溶解度（100 g 水）/g
甲酸（蚁酸）	8.4	100.7	3.77	1.220 0	∞
乙酸（醋酸）	16.6	117.9	4.76	1.049 2	∞
丙酸（初油酸）	−20.8	141	4.88	0.993 0	∞
丁酸（酪酸）	−4.26	163.5	4.82	0.957 7	∞
戊酸（缬草酸）	−33.8	186.1	4.81	0.939 1	溶
己酸（羊油酸）	−2.0	205.0	4.85	0.927 4	溶
庚酸（毒水芹酸）	−7.5	223.0	4.89	0.920 0	微溶
辛酸（羊脂酸）	16.5	239.3	4.89	0.908 8	难溶
壬酸（天竺葵酸）	12.2	255.0	4.96	0.905 7	难溶
癸酸（羊蜡酸）	31.5	270.0		0.885 8_4^{40}	难溶

（续）

名　　称	熔点/℃	沸点/℃	pK_a（25 ℃）	相对密度 d_4^{20}	溶解度（100 g 水）/g
苯甲酸（安息香酸）	122.4	249.0	4.17	$1.265\,9_4^{15}$	溶
苯乙酸	77.0	265.5	4.31	1.091_4^{77}	溶
α-萘乙酸	133.0				难溶

表 8-2　常见二元羧酸的物理常数

名　　称	熔点/℃	溶解度（100 g 水）/g	电离常数（25 ℃）	
			pK_{a_1}	pK_{a_2}
乙二酸（草酸）	189.0（分解）	溶	1.46	4.40
丙二酸（缩苹果酸）	135.6（分解）	易溶	2.80	5.85
丁二酸（琥珀酸）	185.0	溶	4.21	5.64
戊二酸（胶酸）	99.0	易溶	4.34	5.41
己二酸（肥酸）	153.0	微溶	4.43	5.41
庚二酸（蒲桃酸）	106.0	溶	4.47	5.52
辛二酸（软木酸）	144.0	微溶	4.52	5.52
壬二酸（杜鹃花酸）	106.5	微溶	4.54	5.52
癸二酸（皮脂酸）	134.5	微溶	4.55	5.52
顺丁烯二酸（马来酸）	139.0	易溶	1.94	6.50
反丁烯二酸（延胡索酸）	302.0	微溶	3.02	4.50
邻苯二甲酸（酞酸）	211(>191 ℃脱水)	微溶	2.95	5.28
间苯二甲酸	348（升华）	难溶	3.62	4.60
对苯二甲酸	300（升华）	难溶	3.55	4.82

问题与思考 8-2　将下列化合物按沸点由高到低的顺序排列，并解释原因：

（1）正丁烷　（2）丙醛　（3）乙酸　（4）正丙醇　（5）丙酸

三、羧酸的化学性质

从羧酸的结构式可以看出羧基是由羰基和羟基相连而组成的，但羧酸的性质不是羰基和羟基性质的加和。例如，羧酸不与氢氰酸、亚硫酸氢钠、苯肼等亲核试剂加成，而羧酸的酸性又比醇的酸性强得多。因此羧酸中的羧基由于羰基和羟基的相互联系、相互影响而具有新的性质。

在羧酸分子中，羧基碳原子是 sp^2 杂化的，三个 sp^2 杂化轨道分别与两个氧原子和一个碳原子（或氢原子）以 σ 键相结合，这三个轨道在同一平面上，键角约为 120°。羧基碳上未参与杂化的 p 轨道与一个氧原子的 p 轨道形成 C═O 中的 π 键，而羧基中羟基氧原子上处于 p 轨道上的未共用电子对可与羧基中的 C═O 形成 p-π 共轭体系（图 8-1），从而使羟基氧原子上的电子向 C═O 转移，结果使 C═O 和 C—O 的键长趋于平均化。X 射线衍射测定结果表明：甲酸分子中

C═O的键长（0.123 nm）比醛、酮分子中C═O的键长（0.120 nm）略长，而C—O的键长（0.136 nm）比醇分子中C—O的键长（0.143 nm）稍短。

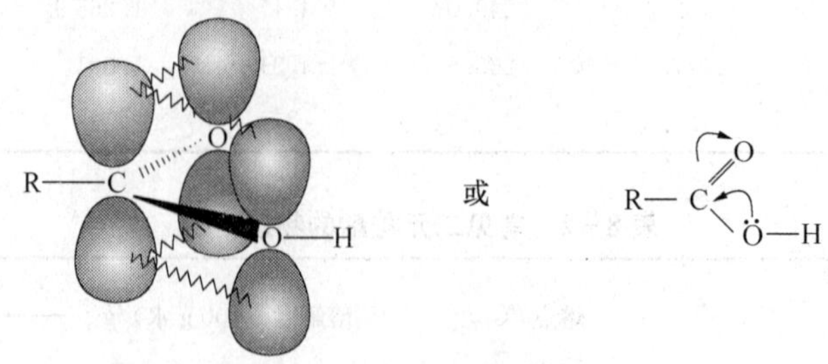

图 8-1　羧基上的 p-π 共轭示意图

羧基中 p-π 共轭效应的存在，使羟基中氧原子上的电子云密度降低，氧氢键极性增强，有利于氧氢键的断裂，使其呈现酸性；同时，羟基中氧原子上未共用电子对的偏移，使羧基碳原子上电子云密度比醛、酮中增高，不利于亲核试剂的进攻，所以羧酸的羧基不利于发生类似醛、酮那样典型的亲核加成反应。

另外，α-H 原子由于受到羧基吸电子效应的影响，其活性升高，容易发生取代反应；羧基的吸电子效应，使羧基与 α-C 原子间的价键容易断裂，能够发生脱羧反应。

根据羧酸的结构，它可发生的一些主要反应如下所示：

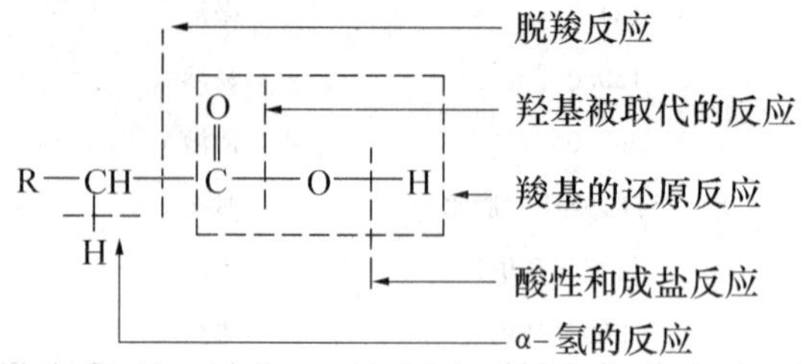

1. 酸性及取代基对酸性的影响

（1）酸性　羧酸具有酸性，在水溶液中能电离出 H^+：

$$R-\overset{O}{\overset{\|}{C}}-OH \rightleftharpoons R-\overset{O}{\overset{\|}{C}}-O^- + H^+$$

通常用电离平衡常数 K_a 或 pK_a 来表示羧酸酸性的强弱，K_a 值越大或 pK_a 值越小，其酸性越强。一元饱和羧酸的 pK_a 值一般在 4.7～4.9，其酸性比碳酸（pK_a＝6.38）强，但比其他无机酸弱。常见羧酸的 pK_a 值见表 8-1 和表 8-2。

羧酸酸性与羧酸电离产生的羧酸根负离子的结构有关。羧酸根负离子中的碳原子为 sp^2 杂化，碳原子的 p 轨道可与两个氧原子的 p 轨道侧面重叠形成一个四电子三中心的共轭体系，使羧酸根负离子的负电荷分散在两个电负性较强的氧原子上，降低了体系的能量，使羧酸根负离子趋于稳定。

$$R-C\begin{matrix}\nearrow O \\ \searrow O^-\end{matrix} \rightleftharpoons R-C\begin{matrix}\nearrow O^- \\ \searrow O\end{matrix}$$

X 射线衍射测定结果表明：甲酸根负离子中两个C—O的键长都是 0.127 nm。所以羧酸根负离子也可表示为：

$$\left[R-C\overset{O}{\underset{O}{\lessgtr}} \right]^-$$

由于存在 p－π 共轭效应，羧酸根负离子比较稳定，所以羧酸的酸性比同样含有羟基的醇和酚的酸性强。

羧酸能与碱反应生成盐和水，也能和活泼的金属作用放出氢气。

$$RCOOH + NaOH \longrightarrow RCOONa + H_2O$$

羧酸的酸性比碳酸强，所以羧酸可与碳酸钠或碳酸氢钠反应生成羧酸盐，同时放出 CO_2，用此反应可鉴定羧酸。

$$RCOOH + NaHCO_3 \longrightarrow RCOONa + CO_2\uparrow + H_2O$$

羧酸的碱金属盐或铵盐遇强酸（如 HCl）可析出原来的羧酸，这一反应经常用于羧酸的分离、提纯、鉴别。

$$RCOONa + HCl \longrightarrow RCOOH + NaCl$$

不溶于水的羧酸可以转变为可溶性的盐，然后制成溶液使用。如生产中使用的植物生长调节剂 α-萘乙酸、2,4-二氯苯氧乙酸（2,4－D）均可先与氢氧化钠反应生成可溶性的盐，然后再配制成所需的浓度使用。

问题与思考 8－3　用简便的方法分离下列混合物：苯甲酸、对甲基苯酚、苯甲醇。

（2）取代基对酸性的影响　影响羧酸酸性的因素很多，其中最重要的是羧酸烃基上所连基团的诱导效应。

一方面，当烃基上连有吸电子基团（如卤原子）时，由于吸电子效应使羧基中羟基氧原子上的电子云密度降低，O—H键的极性增强，因而较易电离出 H^+，其酸性增强；另一方面，由于吸电子效应使羧酸负离子的电荷更加分散，使其稳定性增加，从而使羧酸的酸性增强。总之，基团的吸电子能力越强，数目越多，距离羧基越近，产生的吸电子效应就越大，羧酸的酸性就越强。

$$R-\underset{\underset{X}{\downarrow}}{\overset{H}{\overset{|}{C}}} \leftarrow \overset{O}{\overset{\|}{C}} - \ddot{O} - H$$

吸电子基团的吸电子能力增强，酸性增强 ⟶

	$ICH_2—COOH$	$BrCH_2—COOH$	$ClCH_2—COOH$	$FCH_2—COOH$
pK_a	3.12	2.90	2.86	2.59

吸电子基团的数目增加，酸性增强 ⟶

	CH_3COOH	$ClCH_2COOH$	$Cl_2CHCOOH$	Cl_3CCOOH
pK_a	4.76	2.86	1.26	0.64

吸电子基团距离羧基越近，酸性越强 →

	$CH_3CH_2CH_2COOH$	$CH_2(Cl)CH_2CH_2COOH$	$CH_3CH(Cl)CH_2COOH$	$CH_3CH_2CH(Cl)COOH$
pK_a	4.82	4.52	4.06	2.86

当烃基上连有给电子基团时，由于给电子效应使羧基中羟基氧原子上的电子云密度升高，O—H键的极性减弱，因而较难电离出 H^+，其酸性减弱。总之，基团的给电子能力越强，数目越多，距离羧基越近，羧酸的酸性就越弱。

给电子基团的数目增加，酸性减弱 →

	HCOOH	CH_3COOH	CH_3CH_2COOH	$(CH_3)_3CCOOH$
pK_a	3.77	4.76	4.88	5.05

二元羧酸中，由于羧基是吸电子基团，两个羧基相互影响使一级电离常数比一元饱和羧酸大，这种影响随着两个羧基距离的增大而减弱。二元羧酸中，草酸的酸性最强。

芳香羧酸的酸性，除受到基团的诱导效应影响外，往往还受到共轭效应的影响。一般来说，当芳香羧酸对位或间位上有吸电子基团时，酸性增强；有给电子基团时，酸性减弱。例如：

对硝基苯甲酸 > 对氯苯甲酸 > 苯甲酸 > 对甲氧基苯甲酸

	COOH / NO_2	COOH / Cl	COOH	COOH / OCH_3
pK_a	3.40	3.97	4.17	4.47

芳香羧酸邻位上不论连有吸电子基团，还是连有给电子基团都使酸性增强（邻位效应）。

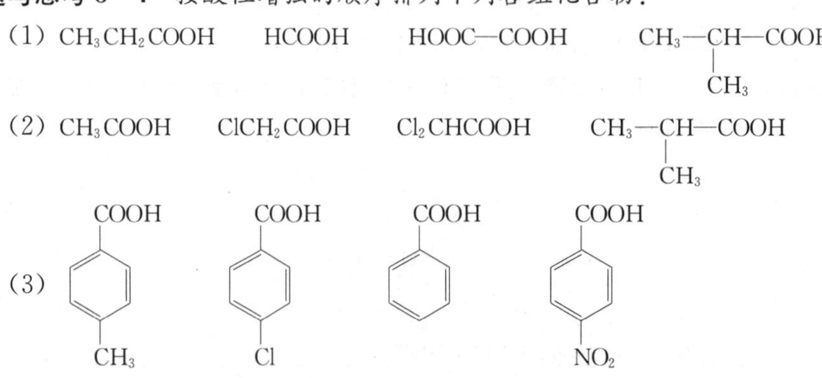

问题与思考 8－4 按酸性增强的顺序排列下列各组化合物：

（1）CH_3CH_2COOH　HCOOH　HOOC—COOH　$CH_3—CH(CH_3)—COOH$

（2）CH_3COOH　$ClCH_2COOH$　$Cl_2CHCOOH$　$CH_3—CH(CH_3)—COOH$

（3）对甲基苯甲酸（COOH / CH_3）　对氯苯甲酸（COOH / Cl）　苯甲酸（COOH）　对硝基苯甲酸（COOH / NO_2）

2. 羧酸衍生物的生成　羧基中羟基被其他原子或基团取代的产物称为羧酸衍生物。羧基中羟基被卤素（—X）、酰氧基（—OCOR）、烷氧基（—OR）、氨基（—NH_2）取代，则分别生成酰卤、酸酐、酯、酰胺。

（1）酰卤的生成　羧酸与三卤化磷、五卤化磷或亚硫酰氯等反应，羧基中的羟基可被卤素取代生成酰卤。

$$R-\overset{\overset{\displaystyle O}{\|}}{C}-OH+PCl_3\xrightarrow{\triangle}R-\overset{\overset{\displaystyle O}{\|}}{C}-Cl+H_3PO_3$$

$$R-\overset{\overset{\displaystyle O}{\|}}{C}-OH+PCl_5\xrightarrow{\triangle}R-\overset{\overset{\displaystyle O}{\|}}{C}-Cl+POCl_3+HCl\uparrow$$

$$R-\overset{\overset{\displaystyle O}{\|}}{C}-OH+SOCl_2\longrightarrow R-\overset{\overset{\displaystyle O}{\|}}{C}-Cl+SO_2\uparrow+HCl\uparrow$$

$SOCl_2$ 作卤化剂时，副产物都是气体，容易与酰氯分离。

（2）酸酐的生成　一元羧酸在脱水剂五氧化二磷或乙酸酐作用下，两分子羧酸受热脱去一分子水生成酸酐。

$$\begin{matrix}R-\overset{\overset{\displaystyle O}{\|}}{C}-OH\\ R-\underset{\underset{\displaystyle O}{\|}}{C}-OH\end{matrix}\xrightarrow[\triangle]{P_2O_5}\begin{matrix}R-\overset{\overset{\displaystyle O}{\|}}{C}\diagdown\\ \quad O\\ R-\underset{\underset{\displaystyle O}{\|}}{C}\diagup\end{matrix}+H_2O$$

$$\begin{matrix}R-\overset{\overset{\displaystyle O}{\|}}{C}-OH\\ R-\underset{\underset{\displaystyle O}{\|}}{C}-OH\end{matrix}+\begin{matrix}CH_3-\overset{\overset{\displaystyle O}{\|}}{C}\diagdown\\ \quad O\\ CH_3-\underset{\underset{\displaystyle O}{\|}}{C}\diagup\end{matrix}\longrightarrow\begin{matrix}R-\overset{\overset{\displaystyle O}{\|}}{C}\diagdown\\ \quad O\\ R-\underset{\underset{\displaystyle O}{\|}}{C}\diagup\end{matrix}+2CH_3COOH$$

某些二元羧酸分子内脱水生成内酐（一般生成五、六元环）。例如：

$$C_6H_4(COOH)_2\xrightarrow{\triangle}C_6H_4(CO)_2O+H_2O$$

邻苯二甲酸酐

（3）酯的生成　羧酸和醇在无机酸（常用浓 H_2SO_4）的催化下共热，失去一分子水生成酯。

$$R-\overset{\overset{\displaystyle O}{\|}}{C}-OH+HO-R'\overset{H^+}{\rightleftharpoons}R-\overset{\overset{\displaystyle O}{\|}}{C}-OR'+H_2O$$

羧酸与醇作用生成酯的反应称为酯化反应。酯化反应是可逆的，欲提高产率，必须增加某一反应物的用量或降低生成物的浓度，使平衡向生成酯的方向移动。

如用同位素 ^{18}O 标记的醇酯化，反应完成后，^{18}O 在酯分子中而不是在水分子中。这说明酯化反应生成的水，是醇羟基中的氢与羧基中的羟基结合而成的，即羧酸发生了酰氧键的断裂。例如：

$$CH_3-\overset{\overset{O}{\|}}{C}-\boxed{OH + H}-{}^{18}O\,C_2H_5 \rightleftharpoons CH_3-\overset{\overset{O}{\|}}{C}-{}^{18}O\,C_2H_5 + H_2O$$

酸催化下的酯化反应按如下历程进行：

$$R-\overset{\overset{O}{\|}}{C}-OH \xrightleftharpoons{H^+} R-\overset{\overset{^+OH}{\|}}{C}-OH \xrightleftharpoons{R'\ddot{O}H} R-\underset{\underset{H\overset{+}{O}R'}{|}}{\overset{\overset{OH}{|}}{C}}-OH \rightleftharpoons R-\underset{\underset{OR'}{|}}{\overset{\overset{:OH}{|}}{C}}-\overset{+}{O}H_2$$

$$\xrightleftharpoons{-H_2O} R-\overset{\overset{^+OH}{\|}}{C}-OR' \xrightleftharpoons{-H^+} R-\overset{\overset{O}{\|}}{C}-OR'$$

酸的催化作用在于质子先和羧基中的羰基氧原子结合形成 盐，使羧基碳原子的正电性增强，从而有利于弱的亲核试剂醇的进攻，然后失去一分子水，再失去质子，反应通过加成-消除过程，得到酯。

羧酸和醇的结构对酯化反应的速度影响很大。一般α－C原子上连有较多烃基或所连基团越大的羧酸和醇，由于空间位阻的影响，酯化反应速度减慢。不同结构的羧酸和醇进行酯化反应的活性顺序为：

$$RCH_2COOH > R_2CHCOOH > R_3CCOOH$$

$$CH_3OH > RCH_2OH > R_2CHOH > R_3COH$$

（4）酰胺的生成　羧酸与氨或碳酸铵反应，生成羧酸的铵盐，铵盐受热失水生成酰胺。

$$R-\overset{\overset{O}{\|}}{C}-OH + NH_3 \longrightarrow R-\overset{\overset{O}{\|}}{C}-ONH_4$$

$$R-\overset{\overset{O}{\|}}{C}-OH + (NH_4)_2CO_3 \longrightarrow R-\overset{\overset{O}{\|}}{C}-ONH_4 + CO_2\uparrow + H_2O$$

$$R-\overset{\overset{O}{\|}}{C}-ONH_4 \xrightarrow{\triangle} R-\overset{\overset{O}{\|}}{C}-NH_2 + H_2O$$

二元羧酸与氨共热脱水，可生成酰亚胺。例如：

$$C_6H_4(COOH)_2\ (\text{邻苯二甲酸}) + NH_3 \xrightarrow{\triangle} C_6H_4(CO)_2NH + 2H_2O$$

3. 脱羧反应　羧酸失去羧基的反应称为脱羧反应。一般脂肪酸难于脱羧，但在特殊条件下也可以发生脱羧反应。例如，无水醋酸钠和碱石灰混合加热，发生脱羧反应生成甲烷：

$$CH_3-\overset{\overset{O}{\|}}{C}-ONa + NaOH \xrightarrow[\triangle]{CaO} CH_4 + Na_2CO_3$$

这是实验室制备甲烷的方法。

一元羧酸的α－C原子上有强吸电子基时，羧酸变得不稳定，受热容易发生脱羧反应。例如：

$$Cl_3CCOOH \xrightarrow{\triangle} CHCl_3 + CO_2\uparrow$$

$$CH_3-\overset{\overset{\displaystyle O}{\|}}{C}-CH_2COOH \xrightarrow{\triangle} CH_3-\overset{\overset{\displaystyle O}{\|}}{C}-CH_3 + CO_2\uparrow$$

脱羧反应是生物体内重要的生物化学反应，呼吸作用所生成的二氧化碳就是羧酸脱羧的结果。生物体内的脱羧反应是在脱羧酶的作用下完成的：

$$CH_3COOH \xrightarrow{\text{脱羧酶}} CH_4 + CO_2\uparrow$$

4. 二元羧酸的受热分解反应　有些低级二元羧酸，由于羧基是吸电子基团，在两个羧基的相互影响下，受热也容易发生脱羧反应。如乙二酸和丙二酸加热，脱去二氧化碳，生成比原来羧酸少一个碳原子的一元羧酸：

$$HOOC-COOH \xrightarrow{\triangle} HCOOH + CO_2\uparrow$$

$$HOOC-CH_2-COOH \xrightarrow{\triangle} CH_3COOH + CO_2\uparrow$$

丁二酸及戊二酸加热至熔点以上不发生脱羧反应，而是分子内脱水生成稳定的内酐。

$$\begin{array}{l} CH_2\overset{\overset{\displaystyle O}{\|}}{C}-OH \\ | \\ CH_2\underset{\underset{\displaystyle O}{\|}}{C}-OH \end{array} \xrightarrow{\triangle} \begin{array}{l} CH_2\overset{\overset{\displaystyle O}{\|}}{C} \\ |\qquad\quad\;\; O \\ CH_2\underset{\underset{\displaystyle O}{\|}}{C} \end{array} + H_2O$$

$$H_2C\begin{array}{l} \diagup CH_2\overset{\overset{\displaystyle O}{\|}}{C}-OH \\ \diagdown CH_2\underset{\underset{\displaystyle O}{\|}}{C}-OH \end{array} \xrightarrow{\triangle} H_2C\begin{array}{l} \diagup CH_2\overset{\overset{\displaystyle O}{\|}}{C}\diagdown \\ \diagdown CH_2\underset{\underset{\displaystyle O}{\|}}{C}\diagup \end{array}O + H_2O$$

己二酸及庚二酸在氢氧化钡存在下加热，既脱羧又失水，生成环酮：

$$\begin{array}{l} CH_2-CH_2-COOH \\ | \\ CH_2-CH_2-COOH \end{array} \xrightarrow[\triangle]{Ba(OH)_2} \text{(环戊酮)}{=}O + CO_2\uparrow + H_2O$$

$$H_2C\begin{array}{l} \diagup CH_2CH_2COOH \\ \diagdown CH_2CH_2COOH \end{array} \xrightarrow[\triangle]{Ba(OH)_2} \text{(环己酮)}{=}O + CO_2\uparrow + H_2O$$

5. α－H 的卤代反应　羧基和羰基一样，能使 α－H 活化，但羧基的致活作用比羰基小得多，α－H 卤代要在碘、红磷或硫等催化剂存在下逐步地取代，生成 α－卤代羧酸。例如：

$$CH_3-COOH \xrightarrow[P]{Cl_2} \underset{\text{一氯乙酸}}{ClCH_2COOH} \xrightarrow[P]{Cl_2} \underset{\text{二氯乙酸}}{Cl_2CHCOOH} \xrightarrow[P]{Cl_2} \underset{\text{三氯乙酸}}{Cl_3CCOOH}$$

控制反应条件可使反应停留在一元取代阶段。

卤代羧酸是合成多种农药和药物的重要原料，有些卤代羧酸如 α,α－二氯丙酸或 α,α－二氯丁酸还是有效的除草剂。一氯乙酸与 2,4－二氯苯酚钠在碱性条件下反应，可制得 2,4－二氯苯氧乙酸（简称 2,4－D），它是一种有效的植物生长调节剂，高浓度时可防治禾谷类作物田中的双子叶杂草；低浓度时，对某些植物有刺激早熟、提高产量、防止落花落果、产生无籽果实等多种作用。

6. 还原反应 由于羧基中的羰基与羟基 p－π 共轭效应的影响，羧基失去了典型羰基的特性，所以羧基很难用催化氢化或一般的还原剂还原，只有特殊的强还原剂如 $LiAlH_4$ 能将其直接还原成伯醇。$LiAlH_4$ 是选择性的还原剂，不还原分子中的碳碳双键。例如：

$$CH_3-CH=CH-COOH \xrightarrow{LiAlH_4} CH_3-CH=CH-CH_2OH$$

问题与思考 8－5 完成下列反应式：

（1） $CH_3-CH(COOH)_2 \xrightarrow{\triangle}$

（2） $CH_3-CH(CH_2COOH)-CH_2CH_2COOH \xrightarrow[\triangle]{Ba(OH)_2}$

（3） $C_6H_5-CH_2-COOH \xrightarrow{?} C_6H_5-CH(Cl)-COOH \xrightarrow[H_2O]{NaOH}$?

（4） $C_6H_5-CH=CHCOOH \xrightarrow{LiAlH_4}$

四、个别化合物

1. 甲酸 甲酸最早由蒸馏赤蚁获得，故俗称蚁酸。甲酸存在于蜂类、某些蚁类及毛虫的分泌物中，也存在于松叶及某些果实中。甲酸是无色液体，沸点 100.7 ℃，具有强烈的腐蚀性和刺激性。甲酸的结构特殊，分子中的羧基与一个氢原子相连。它既具有羧基的结构，又有醛基的结构。

$$H-\overset{\overset{\displaystyle O}{\|}}{C}-OH$$

甲酸除具有羧酸的特性外，还具有醛的某些性质。如能发生银镜反应；可被高锰酸钾氧化；与浓硫酸在 60～80 ℃条件下共热，可以分解为水和一氧化碳，实验室中用此法制备纯净的一氧化碳。

$$HCOOH + 2[Ag(NH_3)_2]^+ + 4OH^- \longrightarrow 4NH_3 + CO_3^{2-} + 2Ag + 3H_2O$$

$$H-COOH \xrightarrow{KMnO_4} [HO-\overset{\overset{\displaystyle O}{\|}}{C}-OH] \longrightarrow CO_2\uparrow + H_2O$$

$$H-COOH \xrightarrow[\triangle]{H_2SO_4} CO\uparrow + H_2O$$

甲酸可用于染料工业和制革工业，甲酸具有杀菌能力，也可以作为消毒剂和防腐剂。

2. 乙酸　乙酸是食醋的主要成分，俗称醋酸，普通食醋中含醋酸 4%～8%。纯乙酸为无色、有刺激性气味、有腐蚀性的液体，沸点 117.9 ℃，熔点 16.6 ℃。当室温低于 16 ℃时，易凝结成冰状固体，所以常称为冰乙（醋）酸（含量在 98%以上）。

乙酸广泛存在于自然界中，常以盐或酯的形式存在于植物的果实和汁液内，并以乙酰辅酶 A 的形式参加糖和脂肪的代谢。

利用淀粉发酵所得的淡酒液（含 6%～9%），在酵母菌作用下发酵可产生醋酸，这种发酵法目前仍应用于食醋和醋酸的生产。现代工业以乙炔、乙烯为原料，用合成法大规模生产乙酸。

乙酸是染料、香料、制药、塑料工业中不可缺少的原料。

3. 过氧乙酸　过氧乙酸又称过氧醋酸，结构式为 $CH_3\overset{\overset{\displaystyle O}{\|}}{C}OOH$，为无色透明液体，有辛辣味，易挥发，有强刺激性和腐蚀性。能溶于水、醇、醚和硫酸。

过氧乙酸是一种杀菌剂，具有使用浓度低、消毒时间短、无残留毒性、－20～40 ℃下也能杀菌等优点，可防治真菌和细菌性腐烂。主要用于香蕉、柑橘、樱桃以及其他果实、蔬菜等采收后处理和农产品的容器消毒，也可用作鸡蛋消毒、室内消毒。工业上用它做各种纤维的漂白剂、高分子聚合物的引发剂及制备环氧化合物的试剂。

4. 乙二酸　乙二酸常以盐的形式存在于许多草本植物和藻类中，俗称草酸，在室温下为无色晶体，熔点 189.0 ℃（分解），易溶于水，能溶于乙醚。

乙二酸是二元羧酸中酸性最强的一个，它的钾、钠、铵盐易溶于水，但钙盐溶解度极小（$K_{sp}=2.6\times10^{-9}$），这一性质可用于钙离子的分析和测定。乙二酸还可以和许多金属离子形成配合物，且形成的配合物溶于水，因此能除去铁锈及衣物上的蓝墨水痕迹。

乙二酸受热可发生脱羧反应，在浓硫酸存在下加热可同时发生脱羧、脱水反应。乙二酸可以还原高锰酸钾，由于这一反应是定量进行的，乙二酸又极易精制提纯，所以被用作标定高锰酸钾的基准物质。

$$5\begin{array}{c}COOH\\|\\COOH\end{array}+2KMnO_4+3H_2SO_4\longrightarrow K_2SO_4+2MnSO_4+10CO_2\uparrow+8H_2O$$

乙二酸还用作媒染剂和麦草编织物的漂白剂。

5. 丁烯二酸　丁烯二酸有顺丁烯二酸（马来酸或失水苹果酸）和反丁烯二酸（延胡索酸或富马酸）两种异构体：

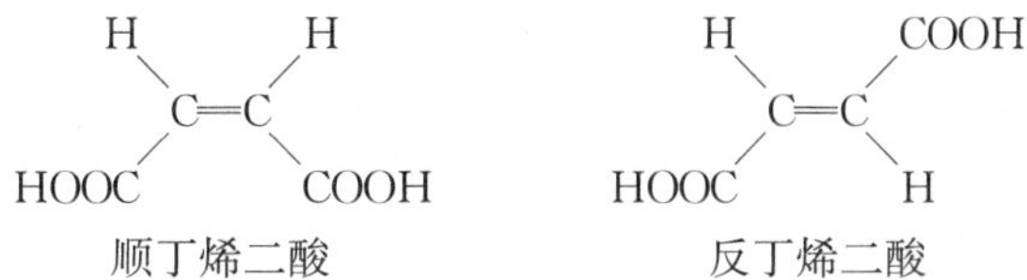

顺丁烯二酸　　反丁烯二酸

两者构型不同，物理性质和生理作用差异很大。顺丁烯二酸不存在于自然界中，熔点139.0 ℃，相对密度 1.590 0，易溶于水，在生物体内不能转化为糖，有一定的毒性。反丁烯二酸是糖代谢的重要中间产物，广泛分布于植物界，也分布于温血动物的肌肉中，熔点 302.0 ℃，难溶于水。

顺丁烯二酸和反丁烯二酸中两个羧基的相互位置不同，它们的化学性质也不尽相同，主要表现在：

（1）顺丁烯二酸中两个羧基在双键的同侧，空间距离比较近，相互间的影响比较大；反丁烯二酸中两个羧基在双键的两侧，空间距离比较远，相互间的影响比较小。所以，顺丁烯二酸的一级电离常数（$pK_{a_1}=1.94$）较反丁烯二酸的一级电离常数（$pK_{a_1}=3.02$）小。同样，顺丁烯二酸的二级电离常数（$pK_{a_2}=6.50$）较反丁烯二酸的二级电离常数（$pK_{a_2}=4.50$）大。

（2）顺丁烯二酸受热容易失水形成酸酐，反丁烯二酸则不能形成分子内的酸酐。当反丁烯二酸受到强热（>300 ℃）后，首先转化为顺丁烯二酸，然后生成顺丁烯二酸酐：

$$\underset{\text{反丁烯二酸}}{\text{H(HOOC)C=C(COOH)H}} \xrightarrow{300\ ℃} \text{HOOC(H)C=C(H)COOH} \xrightarrow[\triangle]{-H_2O} \text{顺丁烯二酸酐}$$

顺丁烯二酸酐是重要的化工原料，其肼类衍生物如马来酰肼（抑芽丹，MH）是一种重要的植物生长抑制剂。

6. 苯甲酸 苯甲酸俗名安息香酸。它与苄醇形成酯，存在于安息香胶内；以游离酸的形式存在于一些植物的叶和茎皮中。

苯甲酸是白色晶体，熔点 122.4 ℃，难溶于冷水，易溶于沸水、乙醇、氯仿、乙醚中。苯甲酸毒性较低，具有抑菌防霉的作用，其钠盐常用作食品和某些药物的防腐剂。苯甲酸的某些衍生物是农业上常用的除草剂及植物生长调节剂，如始花期在叶部施用 2,3,5-三碘苯甲酸，可使大豆和苹果增产，并能防止豆类倒伏。

7. α-萘乙酸 α-萘乙酸简称 NAA(naphthyl acetic acid)，白色晶体，熔点 133.0 ℃，难溶于水，易溶于乙醇、丙醇和丙酮。NAA 是一种常用的植物生长调节剂，低浓度时可以刺激植物生长，防止落花落果，并可广泛地用于大田作物的浸种处理，高浓度时则抑制植物生长，可用于杀除莠草和防止马铃薯贮存期间的发芽。NAA 一般以钠盐或钾盐的形式使用。

8. 丙烯酸 丙烯酸是简单的不饱和羧酸，熔点 13.5 ℃，可发生氧化和聚合反应，放久后本身自动聚合成固体物质。丙烯酸是非常重要的化工原料，用丙烯酸树脂生产的高级油漆色泽鲜艳、经久耐用，可用作汽车、电冰箱、洗衣机、医疗器械等的涂饰，也可用作建筑内外及门窗的涂料。另外，丙烯酸系列产品还有保鲜作用，可使水果、鸡蛋的保鲜期大大延长而对人体无害。丙烯酸可由丙烯腈在酸性条件下水解得到。

9. 丁二酸 丁二酸广泛存在于多种植物（如未成熟的葡萄、甜菜和大黄）及人和动物的组织（如人的血液和肌肉，牛的脑、脾、甲状腺等）中。最初由蒸馏琥珀得到，故俗称琥珀酸。

丁二酸为无色晶体，熔点 185.0 ℃，能溶于水，微溶于乙醇、乙醚和丙酮等有机溶剂。丁二酸是生物代谢过程的一种重要中间体，在有机合成中是制备醇酸树脂、染料、炸药、塑料增塑剂等的重要原料，在医药上有抗痉挛、祛痰及利尿的作用。

第二节 羧酸衍生物

羧酸衍生物主要有酰卤、酸酐、酯和酰胺，它们都是含有酰基的化合物。羧酸衍生物反应活性很高，可以转变成多种其他化合物，是十分重要的有机合成中间体。本节主要讨论酰卤、酸酐、酯的结构与性质，酰胺将在第九章中讨论。

一、羧酸衍生物的命名

酰卤根据酰基和卤原子来命名，称为“某酰卤”。例如：

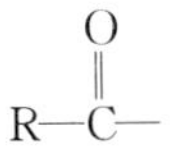

$R-\overset{O}{\overset{\|}{C}}-$　　$CH_3-\overset{O}{\overset{\|}{C}}-Cl$　　$CH_3-CH_2-\overset{O}{\overset{\|}{C}}-Br$　　$CH_3-C_6H_4-\overset{O}{\overset{\|}{C}}-Cl$

酰基 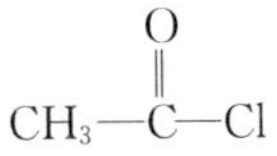　　乙酰氯 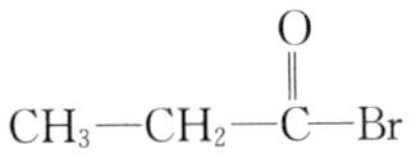　　丙酰溴 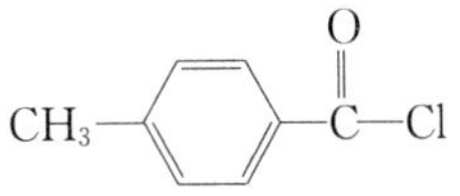　　对甲基苯甲酰氯

酸酐根据相应的羧酸命名。两个相同羧酸形成的酸酐为简单酸酐，称为“某酸酐”，简称“某酐”；两个不相同羧酸形成的酸酐为混合酸酐，称为“某酸某酸酐”，简称“某某酐”；二元羧酸分子内失去一分子水形成的酸酐为内酐，称为“某二酸酐”。例如：

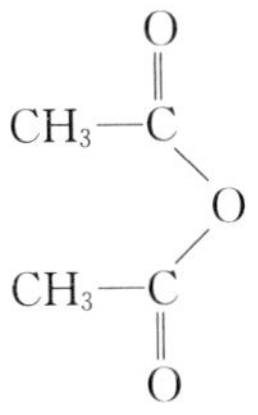

$CH_3-\overset{O}{\overset{\|}{C}}-O-\overset{O}{\overset{\|}{C}}-CH_3$　　$CH_3-\overset{O}{\overset{\|}{C}}-O-\overset{O}{\overset{\|}{C}}-CH_2-CH_3$　　$C_6H_4(CO)_2O$

乙(酸)酐 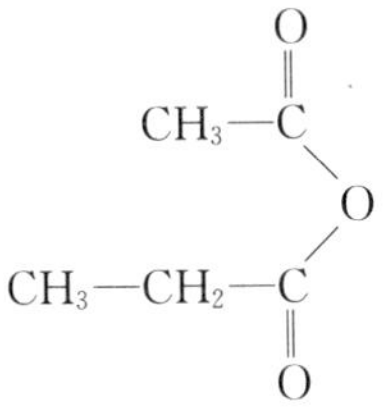　　乙(酸)丙(酸)酐 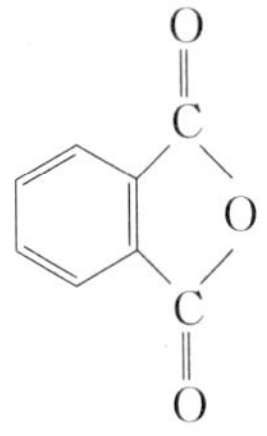　　邻苯二甲酸酐

酯根据形成它的羧酸和醇来命名，称为“某酸某酯”。例如：

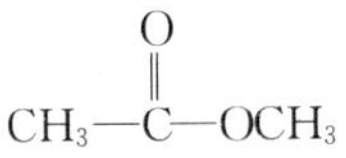

$CH_3-\overset{O}{\overset{\|}{C}}-OCH_3$　　$CH_3-\overset{O}{\overset{\|}{C}}-OC_2H_5$　　$H-\overset{O}{\overset{\|}{C}}-OC_2H_5$

乙酸甲酯 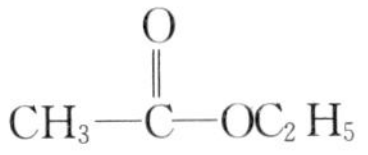　　乙酸乙酯 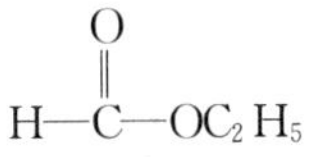　　甲酸乙酯

问题与思考 8-6　写出下列化合物的结构式：

(1) 丁二酸酐　　(2) 顺丁烯二酸酐

(3) 对溴苯甲酰氯　　(4) 苯甲酸苄酯

(5) 异丁酸甲酯　　(6) 苯乙酸异丙酯

二、羧酸衍生物的物理性质

室温下，低级的酰氯和酸酐都是无色且对黏膜有刺激性的液体，高级的酰氯和酸酐为白色固体，内酐也是固体。酰氯和酸酐的沸点比分子质量相近的羧酸低，这是因为它们的分子间不能通过氢键缔合。

室温下，大多数常见的酯都是液体，低级的酯具有花果香味。如乙酸异戊酯有香蕉香味（俗称香蕉水），正戊酸异戊酯有苹果香味，甲酸苯乙酯有野玫瑰香味，丁酸甲酯有菠萝香味等。许多花和水果的香味都与酯有关，因此酯多用于香料工业。

羧酸衍生物一般都难溶于水而易溶于乙醚、氯仿、丙酮、苯等有机溶剂。

一些常见羧酸衍生物的物理常数见表 8-3。

表 8-3　一些常见羧酸衍生物的物理常数

名　称	熔点/℃	沸点/℃	相对密度 d_4^{20}
乙酰氯	−112	50.9	1.105 1
苯甲酰氯	−1	197.2	1.212 0
乙酸酐	−73.1	139.6	1.082 0
丙酸酐	−45.0	168.4^{712}	1.011 0
丁二酸酐	119.6	261.0	1.234 0
顺丁烯二酸酐	60.0	199.0	0.934 0
邻苯二甲酸酐	131.6	295.1（升华）	$1.527\,0_4^4$
甲酸乙酯	−80.5	54.5	0.916 8
乙酸甲酯	−98.1	57	0.933 0
乙酸乙酯	−83.6	77.1	0.900 3
苯甲酸乙酯	−34.6	213	1.046 8
苯甲酸苄酯	21.0	324.0	$1.112\,1_4^{25}$

三、羧酸衍生物的化学性质

羧酸衍生物由于结构相似，因此化学性质也有相似之处，只是在反应活性上有较大的差异。化学反应的活性次序为：酰氯＞酸酐＞酯＞酰胺。

1. 水解反应　酰氯、酸酐、酯都可水解生成相应的羧酸。低级的酰卤遇水迅速反应，高级的酰卤由于在水中溶解度较小，水解反应速度较慢；多数酸酐由于不溶于水，在冷水中缓慢水解，在热水中迅速反应；酯的水解只有在酸或碱的催化下才能顺利进行。

$$\left.\begin{matrix} R-\overset{\overset{O}{\|}}{C}-Cl \\ R-\overset{\overset{O}{\|}}{C}-O-\overset{\overset{O}{\|}}{C}-R' \\ R-\overset{\overset{O}{\|}}{C}-OR' \end{matrix}\right. + H-OH \longrightarrow R-\overset{\overset{O}{\|}}{C}-OH + \left\{\begin{matrix} HCl \\ R'COOH \\ R'OH \end{matrix}\right.$$

酯的水解在理论上和生产上都有重要意义。酸催化下的水解是酯化反应的逆反应，水解不能进行完全。碱催化下的水解生成的羧酸可与碱生成盐，水解反应可以进行到底。酯的碱性水解反应也称为皂化反应。

$$R-\overset{\overset{O}{\|}}{C}-OR' + HOH \underset{}{\overset{H^+}{\rightleftharpoons}} R-\overset{\overset{O}{\|}}{C}-OH + R'OH$$

$$R-\overset{\overset{\displaystyle O}{\|}}{C}-OR' + HOH \xrightarrow{OH^-} R-\overset{\overset{\displaystyle O}{\|}}{C}-O^- + R'OH$$

2. 醇解反应　酰氯、酸酐、酯都能发生醇解反应，产物主要是酯。它们进行醇解反应的速度顺序与水解相同。

$$\left.\begin{array}{l} R-\overset{\overset{\displaystyle O}{\|}}{C}-Cl \\ R-\overset{\overset{\displaystyle O}{\|}}{C}-O-\overset{\overset{\displaystyle O}{\|}}{C}-R' \\ R-\overset{\overset{\displaystyle O}{\|}}{C}-OR' \end{array}\right. + H-OR'' \longrightarrow R-\overset{\overset{\displaystyle O}{\|}}{C}-OR'' + \left\{\begin{array}{l} HCl \\ R'COOH \\ R'OH \end{array}\right.$$

酯的醇解反应生成另一种醇和酯，也称为酯交换反应。酯交换反应不但需要酸催化，而且反应是可逆的。酯交换反应常用来制取高级醇的酯，因为结构复杂的高级醇一般难与羧酸直接酯化，往往是先制得低级醇的酯，再利用酯交换反应，即可得到所需要的高级醇的酯。生物体内也有类似的酯交换反应，例如：

$$\underset{\text{乙酰辅酶A}}{CH_3-\overset{\overset{\displaystyle O}{\|}}{C}-SCoA} + \underset{\text{胆碱}}{[HOCH_2CH_2\overset{+}{N}(CH_3)_3]\,OH^-} \longrightarrow \underset{\text{乙酰胆碱}}{CH_3-\overset{\overset{\displaystyle O}{\|}}{C}-O-CH_2CH_2\overset{+}{N}(CH_3)_3OH^-} + \underset{\text{辅酶A}}{HSCoA}$$

此反应是在相邻的神经细胞之间传导神经刺激的重要过程。

3. 氨解反应　酰氯、酸酐、酯可以发生氨解反应，产物是酰胺。由于氨本身是碱，所以氨解反应比水解反应更易进行。酰氯和酸酐与氨的反应都很剧烈，需要在冷却或稀释的条件下缓慢混合进行反应。

$$\left.\begin{array}{l} R-\overset{\overset{\displaystyle O}{\|}}{C}-Cl \\ R-\overset{\overset{\displaystyle O}{\|}}{C}-O-\overset{\overset{\displaystyle O}{\|}}{C}-R' \\ R-\overset{\overset{\displaystyle O}{\|}}{C}-OR' \end{array}\right. + H-NH_2 \longrightarrow R-\overset{\overset{\displaystyle O}{\|}}{C}-NH_2 + \left\{\begin{array}{l} HCl \\ R'COONH_4 \\ R'OH \end{array}\right.$$

羧酸衍生物的水解、醇解、氨解都属于亲核取代反应历程，可用下列通式表示：

$$R-\overset{\overset{\displaystyle O}{\|}}{C}-A + HNu \rightleftharpoons \left[R-\overset{\overset{\displaystyle O-H}{|}}{\underset{\underset{\displaystyle Nu}{|}}{C}}-A \right] \rightleftharpoons R-\overset{\overset{\displaystyle O}{\|}}{C}-Nu + HA$$

$$A = X, O-\overset{\overset{\displaystyle O}{\|}}{C}-R', OR';\ HNu = H_2O, ROH, NH_3$$

反应实际上是通过先加成再消除完成的。第一步由亲核试剂 HNu 进攻酰基碳原子，形成加成中间产物，第二步脱去一个小分子 HA，恢复碳氧双键，最后酰基取代了活泼氢和 Nu 结合得到取代产物。

显然，羰基碳原子的正电性越强，亲核试剂水、醇、氨等向羰基碳原子的进攻越容易，反应越快。酰氯分子中氯的强吸电子诱导效应和较弱的 p－π 共轭效应，使羰基碳的正电性加强，有利于亲核试剂的进攻，反应活性高。相反，酰胺分子中，氮的吸电子作用较弱，p－π 共轭效应较强，使羰基碳的正电性减弱而不利于亲核试剂的进攻，反应活性低。

另外，反应的难易程度也与离去基团 A 的碱性有关，A 的碱性越弱越容易离去。离去基团 A 的碱性强弱顺序为：$NH_2^- > RO^- > RCO_2^- > X^-$，即离去的难易顺序为：$NH_2^- < RO^- < RCO_2^- < X^-$。

综上所述，羧酸衍生物的活性次序为：酰氯＞酸酐＞酯＞酰胺。

酰氯和酸酐都是很好的酰基化试剂。

问题与思考 8－7　完成下列反应式：

（1）$CH_3CH_2COOC_2H_5 + (CH_3)_2CHCH_2CH_2OH \xrightarrow{H^+}$

（2）$CH_3-\overset{\overset{\displaystyle O}{\|}}{C}-Cl$ ＋ $C_6H_5-CH_2OH \longrightarrow$

（3）邻苯二甲酸酐（苯环并 $-\overset{\overset{\displaystyle O}{\|}}{C}-O-\overset{\overset{\displaystyle O}{\|}}{C}-$ 环）$+ NH_3 \xrightarrow{\triangle}$

---

4. 酯的还原反应　酯比羧酸容易被还原，还原的产物为醇。常用的还原剂是金属钠和乙醇，$LiAlH_4$ 是更有效的还原剂。

$$R-\overset{\overset{\displaystyle O}{\|}}{C}-OR' \xrightarrow[\triangle]{Na+C_2H_5OH} RCH_2OH + R'OH$$

$$CH_2{=}CH-CH{=}CH-COOC_2H_5 \xrightarrow{LiAlH_4} CH_2{=}CH-CH{=}CH-CH_2OH + C_2H_5OH$$

由于羧酸较难还原，所以经常把羧酸转变成酯后再还原。

5. 酯缩合反应　酯分子中的 α－H 原子由于受到酯基的影响变得较活泼，用醇钠等强碱处理时，两分子的酯脱去一分子醇生成 β－酮酸酯，这个反应称为克来森（Claisen）酯缩合反应。例如：

$$CH_3-\overset{\overset{\displaystyle O}{\|}}{C}-\boxed{OC_2H_5 + H}-CH_2-\overset{\overset{\displaystyle O}{\|}}{C}-OC_2H_5 \xrightleftharpoons{C_2H_5ONa} CH_3\overset{\overset{\displaystyle O}{\|}}{C}CH_2\overset{\overset{\displaystyle O}{\|}}{C}-OC_2H_5 + C_2H_5OH$$

乙酰乙酸乙酯

酯缩合反应历程类似于羟醛缩合反应。首先强碱夺取 α－H 原子形成碳负离子，碳负离子向另一分子酯的羰基进行亲核加成，再失去一个烷氧基负离子生成 β－酮酸酯：

$$C_2H_5O^- + H-CH_2-\overset{\overset{O}{\|}}{C}-OC_2H_5 \longrightarrow \overset{-}{C}H_2-\overset{\overset{O}{\|}}{C}-OC_2H_5 + C_2H_5OH$$

$$CH_3-\overset{\overset{O}{\|}}{C}-OC_2H_5 + \overset{-}{C}H_2-\overset{\overset{O}{\|}}{C}-OC_2H_5 \rightleftharpoons CH_3-\underset{\underset{OC_2H_5}{|}}{\overset{\overset{O^-}{|}}{C}}-CH_2-\overset{\overset{O}{\|}}{C}-OC_2H_5$$

$$\rightleftharpoons CH_3-\overset{\overset{O}{\|}}{C}-CH_2-\overset{\overset{O}{\|}}{C}-OC_2H_5 + C_2H_5O^-$$

生物体中长链脂肪酸以及一些其他化合物的生成就是由乙酰辅酶A通过一系列复杂的生化过程形成的。从化学角度来说，是通过类似于酯交换、酯缩合等反应逐渐将碳链加长的。

问题与思考 8-8　写出丙酸乙酯在乙醇钠存在下的酯缩合反应方程式。

四、个别化合物

丙二酸二乙酯　丙二酸二乙酯 $CH_2(COOC_2H_5)_2$ 为无色液体，有芳香气味，沸点 199.3℃，不溶于水，易溶于乙醇、乙醚等有机溶剂。丙二酸二乙酯是以一氯乙酸为原料，经过氰解、酯化后得到的二元羧酸酯：

$$\underset{\underset{Cl}{|}}{CH_2}COOH \xrightarrow[NaOH]{NaCN} \underset{\underset{CN}{|}}{CH_2}COOH \xrightarrow[H^+]{C_2H_5OH} CH_2\begin{matrix} \diagup COOC_2H_5 \\ \diagdown COOC_2H_5 \end{matrix}$$

丙二酸二乙酯分子中含有一个活泼亚甲基，因此在理论和合成上都有重要意义。丙二酸二乙酯在醇钠等强碱催化下，能产生一个碳负离子，它可以和卤代烃发生亲核取代反应，产物经水解和脱羧后生成羧酸。用这种方法可合成 RCH_2COOH 和 $RR'CHCOOH$ 型的羧酸，如用适当的二卤代烷作为烃化试剂，也可以合成脂环族羧酸。例如：

$$CH_2(COOC_2H_5)_2 + R-X \xrightarrow[C_2H_5OH]{C_2H_5ONa} RCH(COOC_2H_5)_2 \xrightarrow[(2)\ H^+,\ \triangle]{(1)\ NaOH} RCH_2COOH$$

$$CH_2(COOC_2H_5)_2 + R-X \xrightarrow[C_2H_5OH]{C_2H_5ONa} RCH(COOC_2H_5)_2 \xrightarrow[C_2H_5ONa]{R'-X}$$

$$RR'C(COOC_2H_5)_2 \xrightarrow[(2)\ H^+,\ \triangle]{(1)\ NaOH} RR'CHCOOH$$

$$CH_2(COOC_2H_5)_2 + BrCH_2CH_2CH_2Br \xrightarrow[C_2H_5OH]{C_2H_5ONa} \begin{matrix} CH_2-C(COOC_2H_5)_2 \\ | \quad\quad | \\ CH_2-CH_2 \end{matrix}$$

$$\xrightarrow[(2)\ H^+,\ \triangle]{(1)\ NaOH} \begin{matrix} CH_2-CH-COOH \\ | \quad\quad | \\ CH_2-CH_2 \end{matrix}$$

环丁基甲酸

第三节 取代酸

羧酸烃基上的氢原子被其他原子或基团取代的产物称为取代酸。常见的有羟基酸、羰基酸、卤代酸和氨基酸等。

本节重点讨论羟基酸和羰基酸的性质，氨基酸将在第十四章中讨论。

一、羟基酸

1. 羟基酸的分类和命名 羧酸烃基上的氢原子被羟基取代的化合物叫作羟基酸。羟基酸可分为醇酸和酚酸，前者羟基和羧基均连在脂肪链上，后者羟基和羧基连在芳环上。

醇酸可根据羟基与羧基的相对位置称为α-、β-、γ-、δ-羟基酸，羟基连在碳链末端时，称为ω-羟基酸。酚酸以芳香酸为母体，羟基作为取代基。

在生物科学中，羟基酸的命名一般以俗名（括号中的名称）为主，辅以系统命名。

$CH_3—CH(OH)—COOH$　2-羟基丙酸(乳酸)

$HO—CH(COOH)—CH(OH)—COOH$　2,3-二羟基丁二酸(酒石酸)

$HO—CH(COOH)—CH_2—COOH$　羟基丁二酸(苹果酸)

$HO—C(COOH)(CH_2—COOH)_2$　3-羟基-3-羧基戊二酸（柠檬酸）

o-$HO—C_6H_4—COOH$　邻羟基苯甲酸（水杨酸）

$3,4,5$-$(HO)_3C_6H_2—COOH$　3,4,5-三羟基苯甲酸（没食子酸）

2. 羟基酸的性质 羟基酸多为结晶固体或黏稠液体。由于分子中含有两个或两个以上能形成氢键的官能团，所以羟基酸一般能溶于水，水溶性大于相应的羧酸，疏水支链或碳环的存在使水溶性降低。羟基酸的熔点一般高于相应的羧酸。许多羟基酸具有手性碳原子，也具有旋光活性。

羟基酸除具有羧酸和醇（酚）的典型化学性质外，还具有两种官能团相互影响而表现出的特殊性质。

（1）酸性　醇酸含有羟基和羧基两种官能团，由于羟基具有吸电子效应并能生成氢键，醇酸的酸性较母体羧酸强。羟基离羧基越近，其酸性越强。例如，羟基乙酸的酸性比乙酸强，而2-羟基丙酸的酸性比3-羟基丙酸强：

	CH_3COOH	$CH_2(OH)COOH$	CH_3CH_2COOH	$CH_2(OH)CH_2COOH$	$CH_3CH(OH)COOH$
pK_a	4.76	3.83	4.88	4.51	3.87

酚酸的酸性与羟基在苯环上的位置有关。当羟基在羧基的对位时，羟基与苯环形成p-π共轭体系，尽管羟基具有吸电子诱导效应，但共轭效应相对强于诱导效应，总的效应使羧基电子云

密度增大，这不利于羧基中氢离子的电离，因此对位取代的酚酸酸性弱于母体羧酸；当羟基在羧基的间位时，羟基不能与羧基形成共轭体系，对羧基只表现出吸电子诱导效应，因此间位取代的酚酸酸性强于母体羧酸；当羟基在羧基的邻位时，羟基和羧基负离子形成分子内氢键，增强了羧基负离子的稳定性，有利于羧酸的电离，使酸性明显增强。羟基在苯环上不同位置的酚酸酸性顺序为：

邻位＞间位＞对位

问题与思考 8-9　比较下列羧酸的酸性：

（1）CH_3CH_2COOH　　CH_3COOH　　$HOCH_2COOH$

（2）间羟基苯甲酸（COOH 与 OH 处于间位）　邻羟基苯甲酸（COOH 与 OH 处于邻位）　对羟基苯甲酸（COOH 与 OH 处于对位）

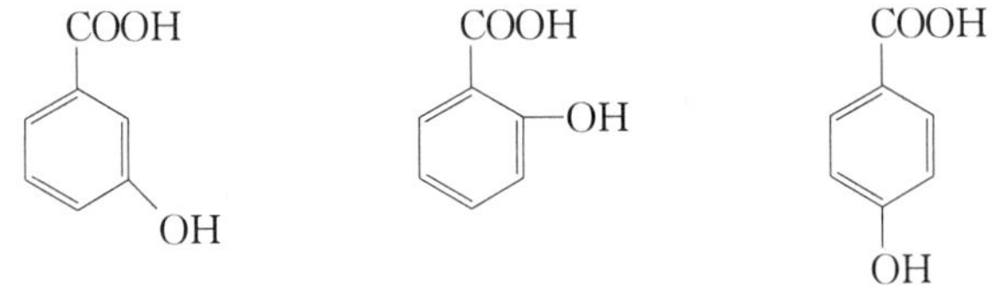

（2）醇酸的脱水反应　醇酸受热能发生脱水反应，羟基的位置不同，得到的产物也不同。α-醇酸受热一般发生分子间交叉脱水反应，生成交酯：

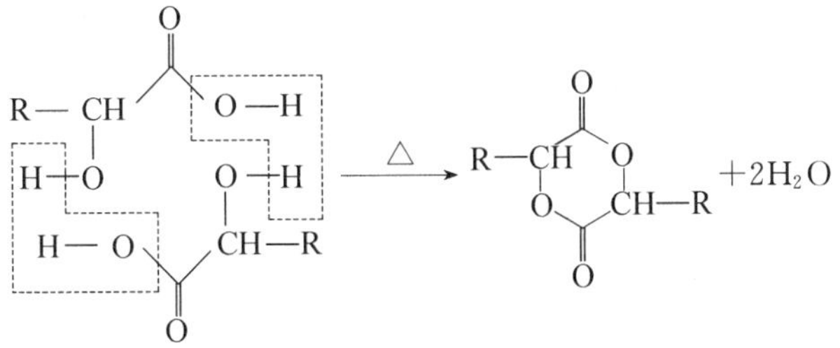

$$2\,R-\underset{OH}{CH}-COOH \xrightarrow{\triangle} \text{交酯（六元环二酯，环上两个 } CH-R\text{）} + 2H_2O$$

α-醇酸　　　　交酯

β-醇酸受热易发生分子内脱水，生成α,β-不饱和羧酸：

$$CH_3-\underset{\displaystyle OH}{CH}-CH_2-COOH \xrightarrow{\triangle} CH_3-CH=CH-COOH + H_2O$$

生物体内，某些β-醇酸在酶的作用下发生分子内脱水，生成不饱和羧酸。例如：

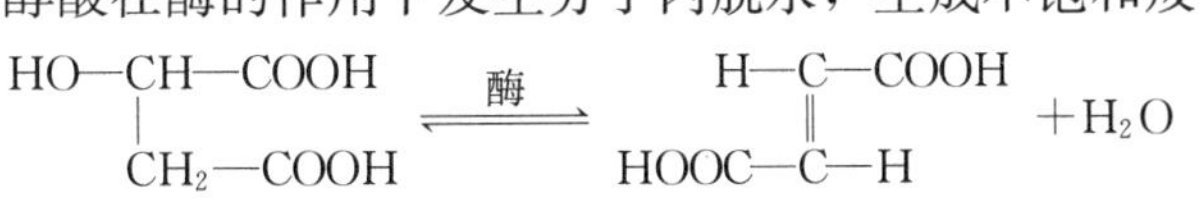

$$\begin{array}{l}HO-CH-COOH\\ \quad\;\; CH_2-COOH\end{array} \xrightleftharpoons{\text{酶}} \begin{array}{l}H-C-COOH\\ \quad\;\, \|\\ HOOC-C-H\end{array} + H_2O$$

苹果酸　　　　延胡索酸

γ-醇酸和δ-醇酸受热易发生分子内的酯化反应，生成内酯：

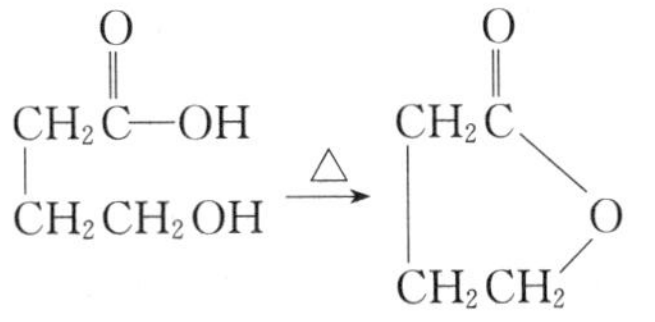

$$\begin{array}{l}CH_2\overset{O}{\overset{\|}{C}}-OH\\ CH_2CH_2OH\end{array} \xrightarrow{\triangle} \text{γ-丁内酯（}CH_2\overset{O}{\overset{\|}{C}}-O-CH_2CH_2\text{ 五元环）}$$

γ-丁醇酸　　　γ-丁内酯

（3）α-醇酸的分解反应　α-醇酸在稀硫酸的作用下，容易发生分解反应，生成醛和甲酸。例如：

$$CH_3-\underset{OH}{\underset{|}{CH}}-COOH \xrightarrow[\triangle]{稀 H_2SO_4} CH_3CHO + HCOOH$$

(4) α-醇酸的氧化反应　α-醇酸中的羟基受羧基的影响，比醇中的羟基更容易氧化。如乳酸在弱氧化剂条件下就能被氧化生成丙酮酸：

$$CH_3-\underset{OH}{\underset{|}{CH}}-COOH \xrightarrow{[Ag(NH_3)_2]^+} CH_3\underset{O}{\underset{\|}{C}}COOH$$

生物体内的多种醇酸在酶的催化下，也能发生类似的反应。例如：

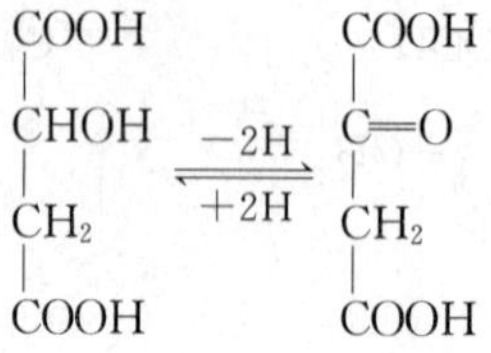

$$\begin{array}{c} COOH \\ | \\ CHOH \\ | \\ CH_2 \\ | \\ COOH \end{array} \underset{+2H}{\overset{-2H}{\rightleftharpoons}} \begin{array}{c} COOH \\ | \\ C{=}O \\ | \\ CH_2 \\ | \\ COOH \end{array}$$

苹果酸　　　　草酰乙酸

(5) 酚酸的脱羧反应　羟基在羧基的邻、对位的酚酸，受热易发生脱羧反应生成酚。例如：

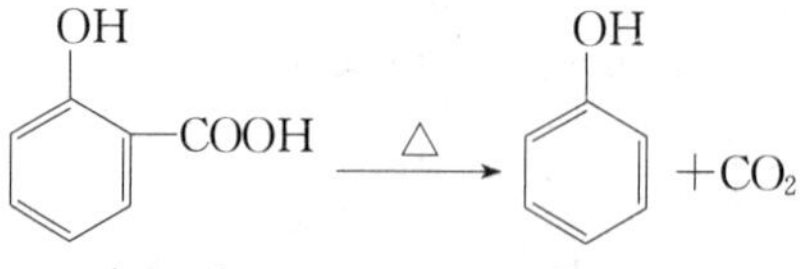

$$\text{(邻羟基苯甲酸)} \xrightarrow{\triangle} \text{(苯酚)} + CO_2$$

水杨酸　　　　苯酚

问题与思考 8-10　完成下列反应：

(1) $CH_3\underset{OH}{\underset{|}{CH}}CH_2CH_2COOH \xrightarrow{\triangle}$　　(2) $CH_3CH_2\underset{OH}{\underset{|}{CH}}CH_2COOH \xrightarrow{\triangle}$

(3) $CH_3\underset{OH}{\underset{|}{CH}}COOH \xrightarrow{[Ag(NH_3)_2]^+} ?$　　(4) $\underset{OH}{\underset{|}{CH_2}}COOH \xrightarrow{斐林试剂} ?$

(5) 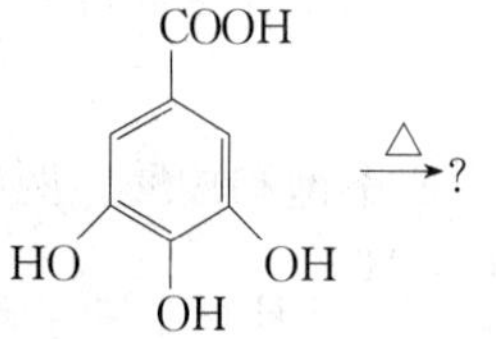 3,4,5-三羟基苯甲酸（苯环上 COOH，及 HO、OH、OH）$\xrightarrow{\triangle} ?$

---

3. 个别化合物

(1) 乳酸（α-羟基丙酸）

$$CH_3-\underset{OH}{\underset{|}{CH}}-COOH$$

α-羟基丙酸最初是从酸牛奶中得到的，故称为乳酸。乳酸广泛存在于自然界，许多水果中都含有乳酸。存在于人的血液和肌肉中的乳酸，是葡萄糖经缺氧代谢得到的氧化产物。牛奶中的乳糖受微生物的作用，发酵产生乳酸。

乳酸分子中有一个手性碳原子，有一对对映体。蔗糖发酵得到的乳酸是左旋体；肌肉中得到的乳酸是右旋体，为白色固体；酸牛奶中的乳酸是外消旋体，为无色液体。

乳酸的吸湿性很强，通常为浆状液体。水及能与水混溶的溶剂都能与乳酸混溶。乳酸易溶于苯，不溶于氯仿和油脂。乳酸不挥发，无气味，广泛用作食品工业的酸性调味剂。它的酸性很强，医药上用作防腐剂。乳酸的钙盐不溶于水，是医药上的补钙剂。

（2）酒石酸（2,3-二羟基丁二酸）

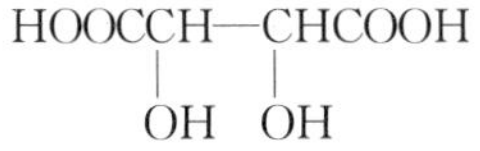

$$\begin{array}{l} \text{HOOCCH}-\text{CHCOOH} \\ \quad\quad\;\; | \quad\quad\; | \\ \quad\quad\; \text{OH} \quad \text{OH} \end{array}$$

酒石酸常以游离态或盐的形式存在于植物中，尤以葡萄中居多。酒石酸氢钾存在于葡萄汁内，此盐难溶于水和乙醇，在葡萄汁发酵酿酒过程中沉淀析出，称为“酒石”，酒石酸的名称由此得来。

酒石酸分子中有两个手性碳原子，有一对对映体和一个内消旋体，天然产生的酒石酸为右旋体。酒石酸是无色透明结晶或粉末，无臭，味酸，易溶于水，难溶于有机溶剂。

酒石酸可用于食品工业，酒石酸能与许多金属离子配合，可作金属表面的清洗剂和抛光剂。酒石酸钾钠用于配制斐林试剂，酒石酸锑钾俗称“吐酒石”，可用作催吐剂和治疗血吸虫病的药物。

（3）苹果酸（羟基丁二酸）

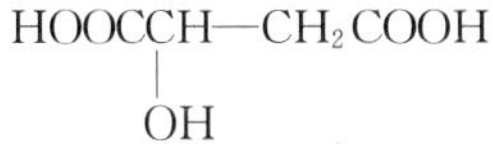

$$\begin{array}{l} \text{HOOCCH}-\text{CH}_2\text{COOH} \\ \quad\quad\;\; | \\ \quad\quad\; \text{OH} \end{array}$$

苹果酸因最初从苹果中得到而得名。它多存在于未成熟的果实中，也存在于一些植物的叶子中，是糖代谢的中间产物。苹果酸也是植物中最重要的有机酸之一。

苹果酸有两种旋光异构体，天然苹果酸是 S-（—）-苹果酸，为无色晶体，易溶于水和乙醇，工业上常用于制药和调味品。

（4）柠檬酸（3-羟基-3-羧基戊二酸）

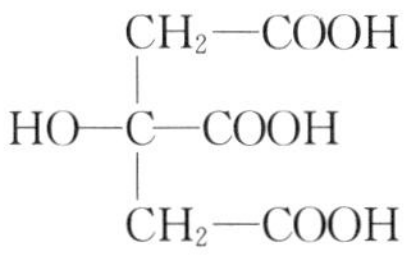

$$\begin{array}{rl} & \text{CH}_2-\text{COOH} \\ & | \\ \text{HO}- & \text{C}-\text{COOH} \\ & | \\ & \text{CH}_2-\text{COOH} \end{array}$$

柠檬酸又称枸橼酸，无色晶体，无水柠檬酸熔点为 141～142 ℃，易溶于水和乙醇。柠檬酸广泛存在于各种果实中，以柠檬和柑橘类的果实中含量较多。如未成熟的柠檬中含量可达 6%。另外，烟草中也含有大量的柠檬酸，是提取柠檬酸的重要原料。

将柠檬酸加热到 150 ℃，可发生分子内的脱水生成顺乌头酸，顺乌头酸加水又可生成柠檬酸和异柠檬酸两种异构体：

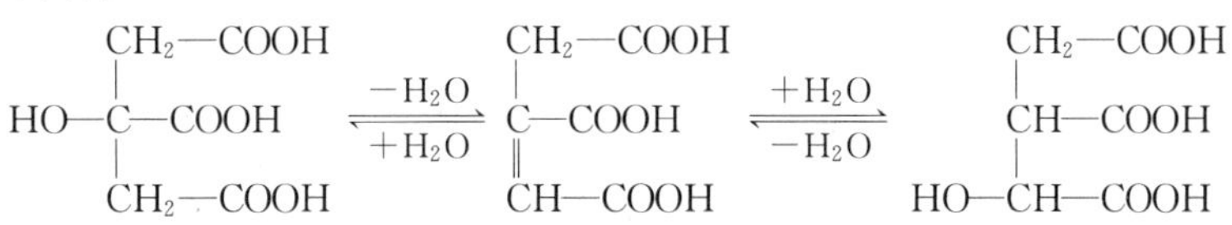

$$\begin{array}{rl} & \text{CH}_2-\text{COOH} \\ & | \\ \text{HO}- & \text{C}-\text{COOH} \\ & | \\ & \text{CH}_2-\text{COOH} \end{array} \underset{+\text{H}_2\text{O}}{\overset{-\text{H}_2\text{O}}{\rightleftharpoons}} \begin{array}{l} \text{CH}_2-\text{COOH} \\ | \\ \text{C}-\text{COOH} \\ \| \\ \text{CH}-\text{COOH} \end{array} \underset{-\text{H}_2\text{O}}{\overset{+\text{H}_2\text{O}}{\rightleftharpoons}} \begin{array}{rl} & \text{CH}_2-\text{COOH} \\ & | \\ & \text{CH}-\text{COOH} \\ & | \\ \text{HO}- & \text{CH}-\text{COOH} \end{array}$$

柠檬酸　　　　顺乌头酸　　　　异柠檬酸

上述相互转化过程是生物体内糖、脂肪及蛋白质代谢过程中的重要反应。柠檬酸是生物体内重要的代谢环节三羧酸循环的起始物质，它在顺乌头酸酶的催化作用下转化为顺乌头酸，并进一步转化为异柠檬酸。

柠檬酸具有强酸性，在食品工业中用作糖果及清凉饮料的调味品。在医药上也有多种用处，如钠盐用作血液抗凝剂，镁盐用作缓泻剂，柠檬酸铁铵用作补血剂，钙盐是补钙剂。

（5）水杨酸（邻羟基苯甲酸）

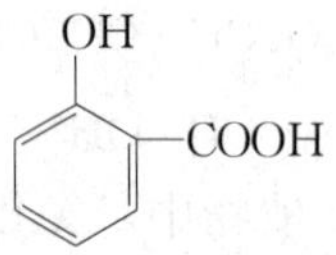

水杨酸又名柳酸，以柳树皮中含量最丰。纯品是无色针状晶体，易升华，熔点为 159.0 ℃，易溶于沸水、乙醇、乙醚、氯仿中。

水杨酸兼有酚和羧酸的性质，可与三氯化铁溶液显紫色；与 NaOH 反应，生成双钠盐；与 $NaHCO_3$ 反应，只有羧基被中和到钠盐；当加热到熔点以上，发生脱羧反应生成苯酚。

水杨酸及其衍生物有杀菌防腐、镇痛解热和抗风湿作用，乙酰水杨酸就是熟知的解热镇痛药阿司匹林。

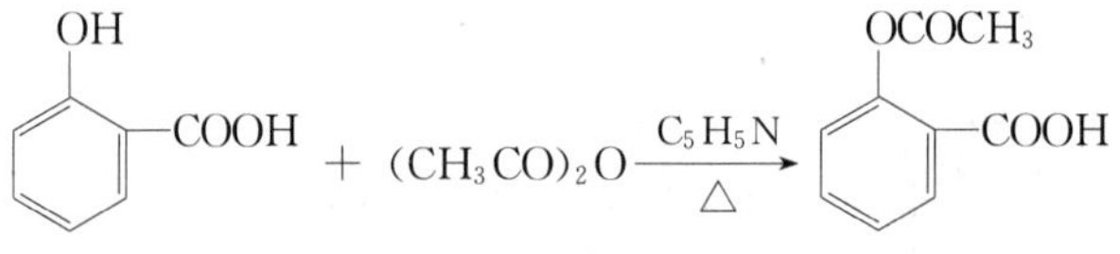

$$\text{水杨酸} + (CH_3CO)_2O \xrightarrow[\triangle]{C_5H_5N} \text{乙酰水杨酸}$$

水杨酸的酒精溶液可以治疗由霉菌引起的皮肤病，其钠盐可用作食品的防腐剂。水杨酸甲酯是冬青油的主要成分，有特殊的香味，可用作食用香精、防腐剂和治疗风湿病的外擦药。水杨酸苯酯是尿道消毒剂。

（6）五倍子酸和单宁

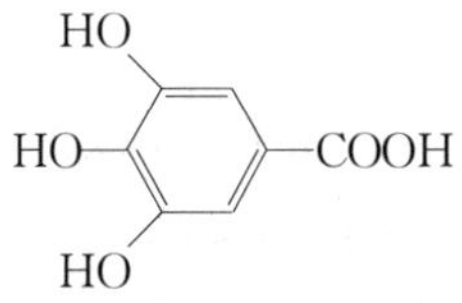

五倍子酸

五倍子酸又称没食子酸，其系统名称为 3,4,5 -三羟基苯甲酸。它是植物中分布最广的一种酚酸，常以游离态或结合成单宁存在于五倍子、茶叶和其他植物的皮或叶片中。

没食子酸为白色固体，在空气中氧化成棕色，其水溶液与三氯化铁反应生成蓝黑色沉淀。利用没食子酸的这种性质，工业上将其作为抗氧化剂和制造蓝墨水的原料。

没食子酸被加热到 200 ℃以上，会失去 CO_2，生成焦性没食子酸。焦性没食子酸是较强的还原剂，可用作照相显影剂。

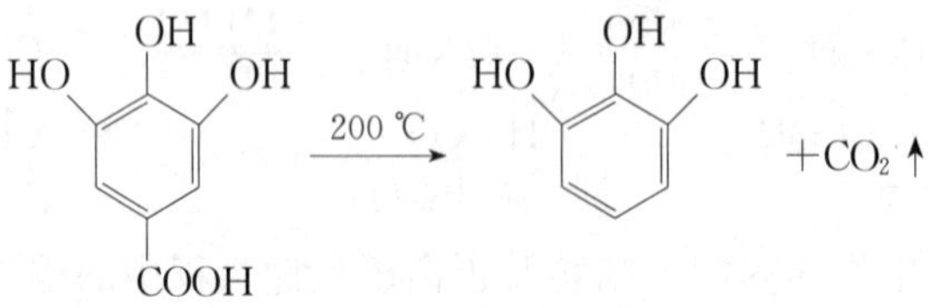

$$\text{没食子酸} \xrightarrow{200\ ℃} \text{焦性没食子酸} + CO_2\uparrow$$

单宁又称鞣质或鞣酸，是在植物界广泛分布的一种天然产物。中国单宁是一种典型的鞣质，它在五倍子中含量可高达58%～77%，其结构是由没食子酸与不同数目的葡萄糖以苷键和酯键连接的缩聚混合物。

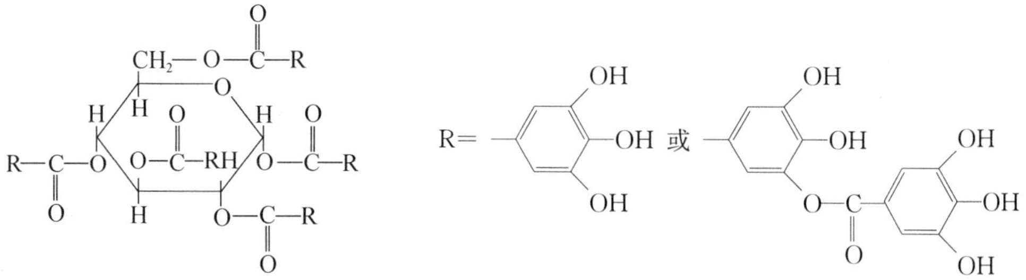

单宁

单宁是无定形粉末，有涩味，能和铁盐生成黑色或绿色沉淀，有还原性。单宁能沉淀生物碱和蛋白质，因此在医药中可用作止血药、收敛剂和生物碱中毒的解毒剂。单宁还具有鞣革的作用，在工业上用于鞣制皮革和媒染剂。

(7) 赤霉酸　赤霉酸（简称GA）是赤霉素中的有效成分。赤霉素是一类植物激素，具有多种生理功能。赤霉素最早从水稻恶苗菌的代谢产物中分离出来，也存在于高等植物中。到目前为止，已经证明赤霉素是一类结构相似的化合物的总称。由于其有效成分赤霉酸有多种光学异构体，按照其发现的先后顺序分别称为GA_1、GA_2、GA_3、GA_4、…在苹果栽培中所使用的普若马林（Puremaling）其主要成分为GA_3、GA_4。

赤霉酸为白色粉末，熔点233～235 ℃（分解）。易溶于甲醇、乙醇、异丙醇和丙酮，可溶于乙酸乙酯和石油醚，难溶于水。赤霉酸分子中具有羧基、醇羟基、碳碳双键，因此具有相应官能团的性质。此外，赤霉酸分子中还具有三元内酯环，在酸、碱催化下易水解失去生理活性，即使在中性溶液中也会缓慢水解而失效，因此应低温贮藏，随用随配，使用时不能和石灰硫黄合剂等碱性农药混用。

赤霉酸在农业生产中应用广泛，效果明显。它能刺激作物生长，打破休眠，促进种子和块茎发芽。能防止棉花落花落蕾、诱导作物开花，诱导番茄、葡萄等单性结实，产生无籽果实。在杂交水稻种植上施用，可使单产成倍增长。此外，在家禽、家畜的饲养上也收到明显的效果。

二、羰基酸

1. 羰基酸的分类和命名　羰基酸是分子中同时含有羰基和羧基的一类化合物。根据羰基的结构，羰基酸可分为醛酸和酮酸；按照羰基和羧基的相对位置，酮酸又可分为α-酮酸和β-酮酸。

羰基酸的系统命名，是选择包括羰基和羧基的最长碳链为主链，称为“某酮（醛）酸”。若是酮酸，需用阿拉伯数字或希腊字母标记羰基的位置（习惯上多用希腊字母）。也可用酰基命名，称为“某酰某酸”。例如：

$$\underset{\text{乙醛酸(甲酰甲酸)}}{HC(=O)COOH} \qquad \underset{\text{丙酮酸(乙酰甲酸)}}{CH_3C(=O)COOH} \qquad \underset{\beta\text{-丁酮酸(乙酰乙酸)}}{CH_3C(=O)CH_2COOH}$$

问题与思考 8-11 用系统命名法命名下列化合物：

(1) $CH_3CH_2C(=O)COOH$ (2) $CH_3C(=O)CH_2COOH$ (3) $HOOCCH_2C(=O)CH_2C(=O)CH_2COOH$

2. 羰基酸的化学性质

(1) 乙醛酸 乙醛酸是最简单的醛酸，存在于未成熟的水果和动物组织中，是无色糖浆状液体。由于羧基的吸电子效应，乙醛酸中的羰基能与一分子水结合生成水合乙醛酸。乙醛酸有醛和羧酸的性质，并能进行歧化反应，例如：

$$HC(=O)COOH \xrightarrow{[Ag(NH_3)_2]^+} HOOCCOOH + Ag\downarrow$$

$$HC(=O)COOH \xrightarrow[\triangle]{\text{浓 NaOH}} HOCH_2COONa + NaOOCCOONa$$

(2) α-酮酸 丙酮酸是最简单的酮酸，为无色液体，沸点 165 ℃，能与水互溶。羰基与羧基直接相连，使羰基与羧基碳原子间的电子云密度降低，此碳碳键容易断裂。α-酮酸与稀硫酸共热，发生脱羧反应生成醛；α-酮酸与浓硫酸共热，则生成乙酸。例如：

$$CH_3C(=O)COOH \xrightarrow[\triangle]{\text{稀 } H_2SO_4} CH_3CHO + CO_2\uparrow$$

$$CH_3C(=O)COOH \xrightarrow[\triangle]{\text{浓 } H_2SO_4} CH_3COOH + CO_2\uparrow$$

生物体内，丙酮酸在缺氧时，在酶的作用下发生脱羧反应生成乙醛，然后加氢还原为乙醇。水果开始腐烂或饲料开始发酵时，常有酒味，就是由此引起的。

酮和羧酸不易被氧化，但丙酮酸在脱羧的同时可被弱氧化剂如两价铁与过氧化氢氧化，生成二氧化碳和乙酸，例如：

$$CH_3C(=O)COOH \xrightarrow{Fe^{2+} + H_2O_2} CH_3COOH + CO_2\uparrow$$

(3) β-酮酸 β-酮酸比α-酮酸更易发生脱羧反应，在室温下放置就能慢慢脱羧生成酮。

$$CH_3C(=O)CH_2COOH \xrightarrow{\text{室温}} CH_3C(=O)CH_3 + CO_2\uparrow$$

β-丁酮酸存在于糖尿病患者的血液和尿中，因为β-丁酮酸的脱羧反应，所以可从患者的尿液中检测出丙酮。

3. 乙酰乙酸乙酯的性质 乙酰乙酸乙酯又叫β-丁酮酸乙酯，简称三乙，是稳定的化合物，在室温下为无色油状液体，有愉快香味，沸点180.4℃。微溶于水，易溶于乙醚、乙醇等有机溶剂。乙酰乙酸乙酯具有特殊的化学性质，能发生许多反应，在有机合成中是十分重要的物质，可由下列方法合成：

$$2CH_3COOC_2H_5 \xrightarrow{C_2H_5ONa} CH_3\overset{\overset{\large O}{\|}}{C}CH_2COOC_2H_5 + C_2H_5OH$$

（1）乙酰乙酸乙酯的互变异构现象　乙酰乙酸乙酯是β-酮酸酯，除具有酮和酯的典型反应外，还能发生一些特殊的反应。例如，能和氢氰酸、亚硫酸氢钠、苯肼、2,4-二硝基苯肼等发生加成或加成缩合反应，这是羰基的典型反应。此外，还能使溴水褪色，说明分子中含有不饱和键；能与金属钠反应放出氢气，生成钠盐，说明分子中含有醇羟基等活性氢；能与三氯化铁发生颜色反应，说明分子中有烯醇式结构存在。进一步研究表明，乙酰乙酸乙酯在室温下能形成酮式和烯醇式的互变平衡体系：

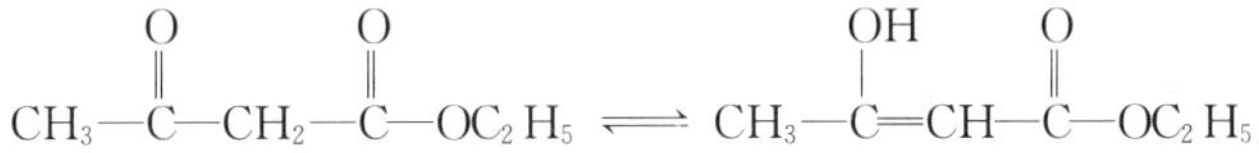

$$\underset{\text{酮式(92.5\%)}}{CH_3-\overset{\overset{\large O}{\|}}{C}-CH_2-\overset{\overset{\large O}{\|}}{C}-OC_2H_5} \rightleftharpoons \underset{\text{烯醇式(7.5\%)}}{CH_3-\overset{\overset{\large OH}{|}}{C}=CH-\overset{\overset{\large O}{\|}}{C}-OC_2H_5}$$

乙酰乙酸乙酯的酮式与烯醇式的互变平衡体系可通过下述试验得到证明：

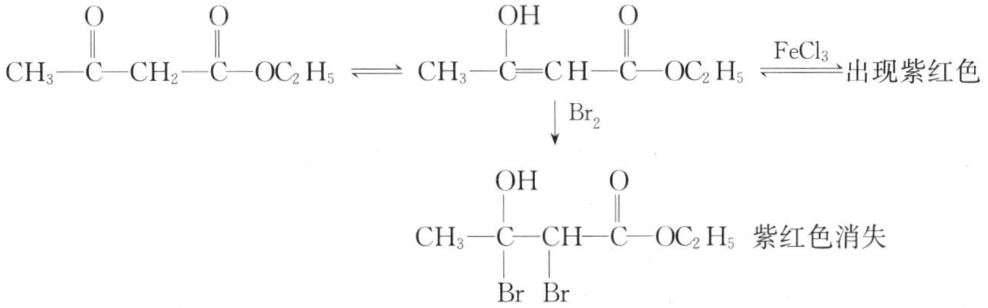

$$CH_3-\overset{\overset{\large O}{\|}}{C}-CH_2-\overset{\overset{\large O}{\|}}{C}-OC_2H_5 \rightleftharpoons CH_3-\overset{\overset{\large OH}{|}}{C}=CH-\overset{\overset{\large O}{\|}}{C}-OC_2H_5 \xrightleftharpoons{FeCl_3} \text{出现紫红色}$$

$$\downarrow Br_2$$

$$CH_3-\underset{\underset{\large Br}{|}}{\overset{\overset{\large OH}{|}}{C}}-\underset{\underset{\large Br}{|}}{CH}-\overset{\overset{\large O}{\|}}{C}-OC_2H_5 \quad \text{紫红色消失}$$

在溶液中滴加几滴三氯化铁，溶液出现紫红色，这是烯醇式结构与三氯化铁发生了颜色反应。当在此溶液中加入几滴溴水后，由于溴与烯醇式结构中的双键发生加成反应，烯醇式被破坏，紫红色消失。但经过一段时间后，紫红色又慢慢出现，说明酮式向烯醇式转化，又达到一个新的酮式-烯醇式平衡，增加的烯醇式与三氯化铁又发生颜色反应。

在上述互变平衡体系中，若不断加入溴水，酮式可以全部转变为烯醇式与溴水反应；反之，不断加入羰基试剂，则烯醇式可以全部转变为酮式与羰基试剂反应。乙酰乙酸乙酯的酮式与烯醇式不是孤立存在的，而是两种物质的平衡混合物。在室温下，酮式与烯醇式迅速互变，一般不能将二者分离。

一般烯醇式不稳定，而乙酰乙酸乙酯的烯醇式较稳定存在。其原因有三：

一是由于酮式中亚甲基上的氢原子同时受羰基和酯基的影响很活泼，很容易转移到羰基氧上形成烯醇式。

二是烯醇式中的双键的π键与酯基中的π键形成π-π共轭体系，使电子离域，降低了体系的能量。

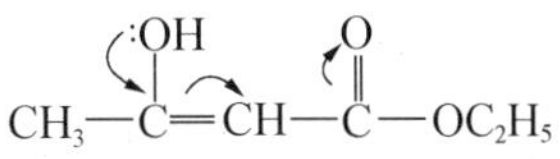

$$CH_3-\overset{\overset{\large \ddot{O}H}{|}}{C}=CH-\overset{\overset{\large O}{\|}}{C}-OC_2H_5$$

三是烯醇式通过分子内氢键的缔合形成了一个较稳定的六元环结构。

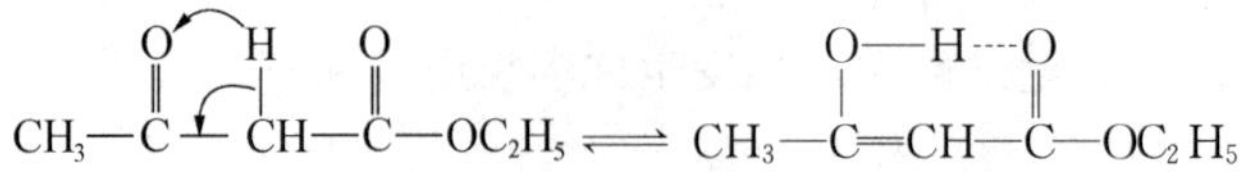

$$CH_3-\overset{\overset{O}{\|}}{C}-\overset{\overset{H}{|}}{C}H-\overset{\overset{O}{\|}}{C}-OC_2H_5 \rightleftharpoons CH_3-\overset{\overset{O-H}{|}}{C}=CH-\overset{\overset{\cdots O}{\|}}{C}-OC_2H_5$$

实际上，具有下列结构的有机化合物都可能产生互变异构现象：

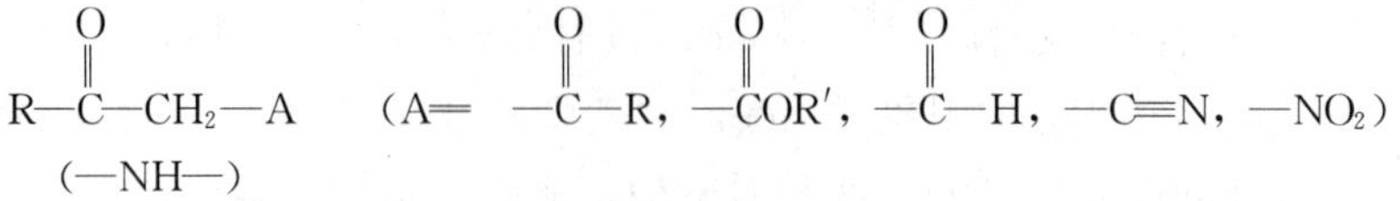

$$R-\overset{\overset{O}{\|}}{C}-\underset{(-NH-)}{CH_2}-A \quad (A= \ -\overset{\overset{O}{\|}}{C}-R,\ -\overset{\overset{O}{\|}}{C}OR',\ -\overset{\overset{O}{\|}}{C}-H,\ -C\equiv N,\ -NO_2)$$

问题与思考 8-12 写出下列化合物的烯醇式互变异构体：

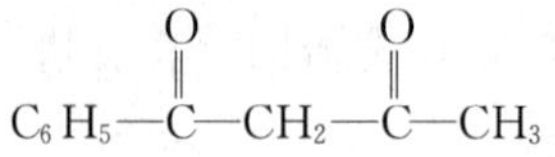

(1) 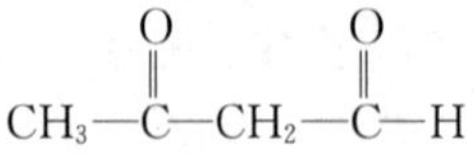 $CH_3-\overset{\overset{O}{\|}}{C}-CH_2-\overset{\overset{O}{\|}}{C}-H$　　(2) $C_6H_5-\overset{\overset{O}{\|}}{C}-CH_2-\overset{\overset{O}{\|}}{C}-CH_3$

(3) $CH_3-\overset{\overset{O}{\|}}{C}-\underset{\underset{CH_3}{|}}{CH}-\overset{\overset{O}{\|}}{C}-OC_2H_5$

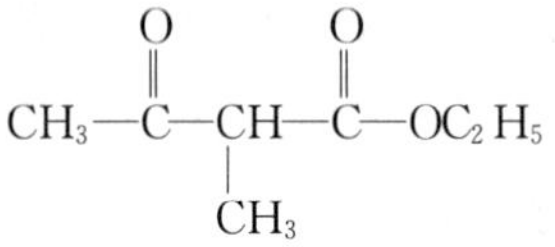

在生物体内物质的代谢过程中，酮式-烯醇式互变异构现象非常普遍。例如，酮式草酰乙酸在酶的作用下可以转化为烯醇式草酰乙酸：

$$\underset{\text{酮式草酰乙酸}}{HOOCCH_2\overset{\overset{O}{\|}}{C}COOH} \xrightleftharpoons{\text{酶}} \underset{\text{烯醇式草酰乙酸}}{HOOCCH=\overset{\overset{OH}{|}}{C}COOH}$$

(2) 乙酰乙酸乙酯的成酮分解和成酸分解　在乙酰乙酸乙酯分子中，由于受两个官能团的影响，亚甲基碳原子与相邻两个碳的碳碳键容易断裂，发生成酮分解和成酸分解。

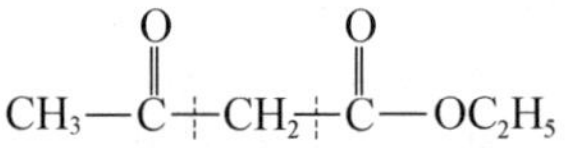

$$CH_3-\overset{\overset{O}{\|}}{C}\vdots CH_2\vdots\overset{\overset{O}{\|}}{C}-OC_2H_5$$

成酸分解　成酮分解

乙酰乙酸乙酯在稀碱条件下发生水解反应，酸化后生成乙酰乙酸，后者很不稳定，加热即发生脱羧生成丙酮，这个过程称为成酮分解：

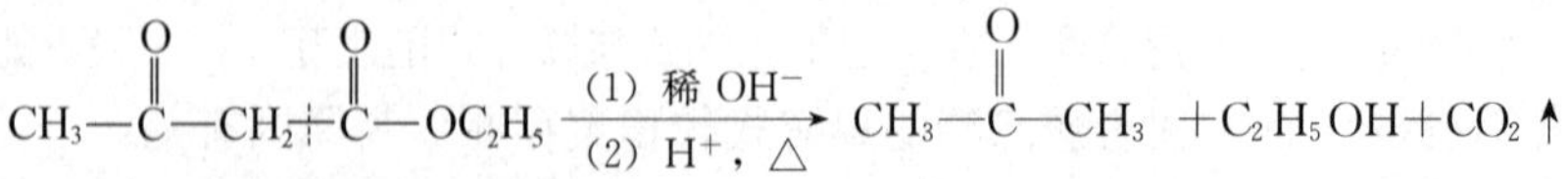

$$CH_3-\overset{\overset{O}{\|}}{C}-CH_2\vdots\overset{\overset{O}{\|}}{C}-OC_2H_5 \xrightarrow[\text{(2) } H^+,\ \triangle]{\text{(1) 稀 } OH^-} CH_3-\overset{\overset{O}{\|}}{C}-CH_3 + C_2H_5OH + CO_2\uparrow$$

乙酰乙酸乙酯在浓碱条件下加热，α 和 β-碳原子之间的价键发生断裂生成羧酸盐，酸化后得到两分子羧酸，这个过程称为成酸分解：

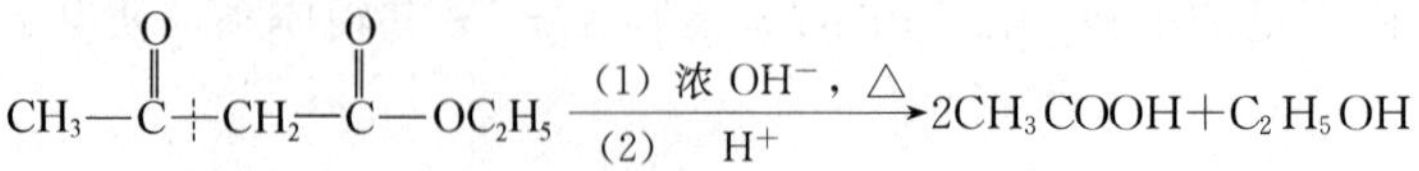

$$CH_3-\overset{\overset{O}{\|}}{C}\vdots CH_2-\overset{\overset{O}{\|}}{C}-OC_2H_5 \xrightarrow[\text{(2)}\quad H^+]{\text{(1) 浓 } OH^-,\ \triangle} 2CH_3COOH + C_2H_5OH$$

所有的 β-酮酸酯都可以进行以上两种分解反应。

(3) 乙酰乙酸乙酯在合成上的应用　乙酰乙酸乙酯分子中的 α-亚甲基上的氢原子较活泼，具有弱酸性，在醇钠作用下可以失去 α-H 形成碳负离子。

$$CH_3-\overset{O}{\overset{\|}{C}}-CH_2-\overset{O}{\overset{\|}{C}}-OC_2H_5 \xrightarrow{NaOC_2H_5} [CH_3-\overset{O}{\overset{\|}{C}}-\overset{-}{C}H-\overset{O}{\overset{\|}{C}}-OC_2H_5]\ Na^+$$

该碳负离子与卤代烃反应，然后进行成酮或成酸分解，可以制备甲基酮或一元羧酸：

$$[CH_3-\overset{O}{\overset{\|}{C}}-\overset{-}{C}H-\overset{O}{\overset{\|}{C}}-OC_2H_5]\ Na^+ \xrightarrow{RX} CH_3-\overset{O}{\overset{\|}{C}}-\overset{R}{\overset{|}{C}H}-\overset{O}{\overset{\|}{C}}-OC_2H_5$$

$$CH_3-\overset{O}{\overset{\|}{C}}-\overset{R}{\overset{|}{C}H}-\overset{O}{\overset{\|}{C}}-OC_2H_5 \begin{cases} \xrightarrow{\text{成酮分解}} CH_3-\overset{O}{\overset{\|}{C}}-CH_2R + C_2H_5OH + CO_2\uparrow \\ \xrightarrow{\text{成酸分解}} CH_3COOH + RCH_2COOH + C_2H_5OH \end{cases}$$

该碳负离子与α-卤代酮反应，可以制备1,4-二酮或γ-羰基酸；与卤代酸酯反应，可以制备羰基酸或二元羧酸；与酰卤反应可以制备1,3-二酮。

问题与思考 8-13　完成下列反应：

（1）$CH_3COCH_2COOC_2H_5 \xrightarrow[\text{(2) } H^+,\ \triangle]{\text{(1) 稀 } OH^-} ?$

（2）$CH_3COCH_2COOC_2H_5 \xrightarrow[\text{(2) } H^+]{\text{(1) 浓 } OH^-,\ \triangle} ?$

（3）$CH_3COCH_2COOC_2H_5 \xrightarrow[\text{(2) } CH_3COCl]{\text{(1) } C_2H_5ONa} ? \xrightarrow{\text{成酮分解}} ?$

（4）$CH_3CH_2COCH_2COOC_2H_5 \xrightarrow[\text{(2) } ClCH_2COOC_2H_5]{\text{(1) } C_2H_5ONa} ? \xrightarrow[\text{(2) } H^+]{\text{(1) 浓 } OH^-,\ \triangle} ?$

问题与思考 8-14　合成下列化合物：

（键线式）乙酰乙酸乙酯（O、O、OC_2H_5）→ 2-庚酮（O）

拓展阅读

三羧酸循环

三羧酸循环，也称为柠檬酸循环、TCA 循环、Krebs 循环。三羧酸循环是机体将糖或其他物质氧化而获得能量的最有效方式，是糖、脂、蛋白质，甚至核酸代谢、联络与转化的枢纽。该循环的第一步是由乙酰辅酶 A 与草酰乙酸缩合形成柠檬酸。乙酰辅酶 A 是糖类、脂类、氨基酸代谢的共同的中间产物，进入循环后会被分解最终生成 CO_2 并产生 H，H 将传递给辅酶Ⅰ——尼克酰胺腺嘌呤二核苷酸（NAD^+）和黄素腺嘌呤二核苷酸（FAD），使之成为 $NADH+H^+$ 和 $FADH_2$。$NADH+H^+$ 和 $FADH_2$ 携带 H 进入呼吸链，呼吸链将电子传递给 O_2 产生水，同时偶联氧化磷酸化产生 ATP，提供能量。

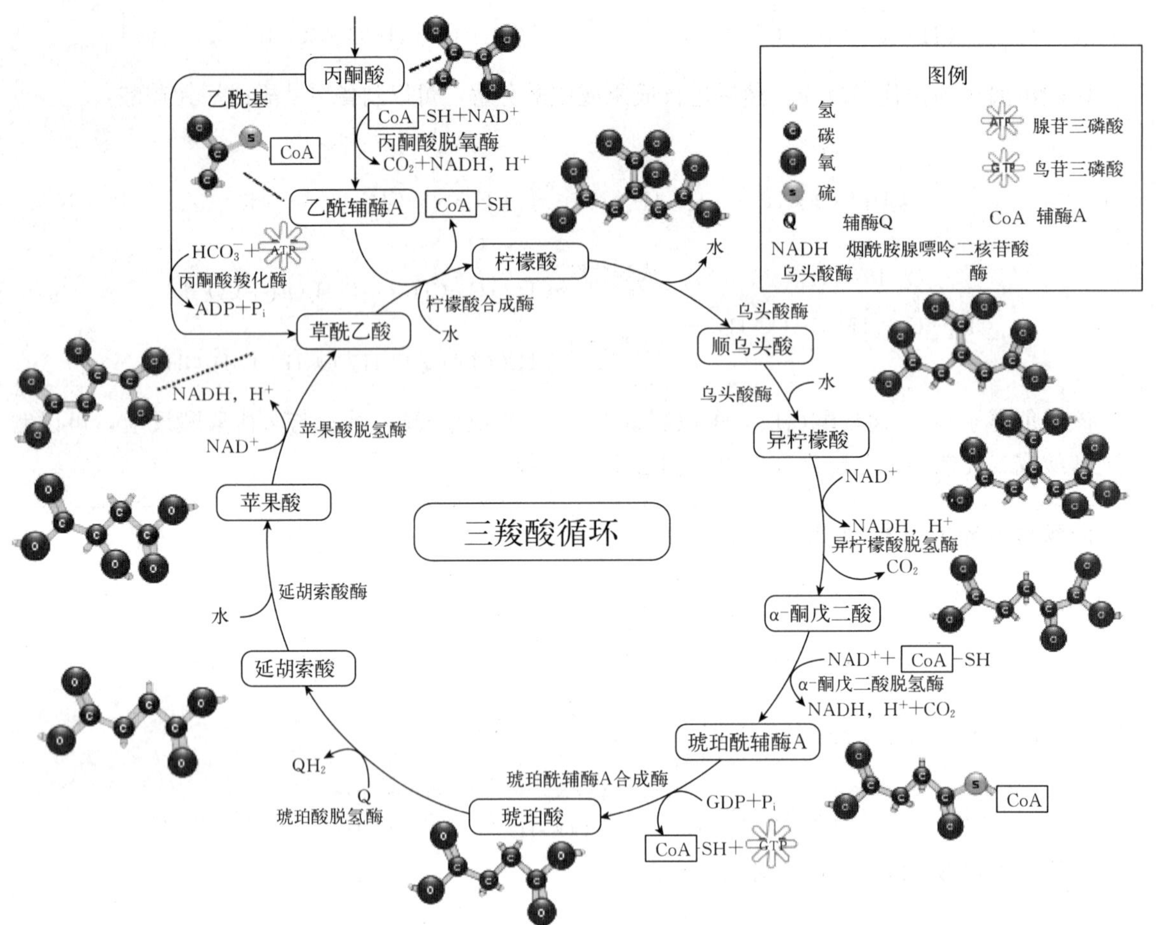

本 章 小 结

羧酸是有机酸，具有酸的一切通性。除甲酸是中强酸外，其他饱和一元羧酸都是弱酸，但比碳酸的酸性强，能与碳酸钠或碳酸氢钠反应生成羧酸盐，同时放出CO_2，常用于羧酸的鉴别。羧酸盐遇强酸（如HCl）可析出原来的羧酸，这一反应经常用于羧酸的分离、提纯。

当羧酸烃基上连有吸电子基团时，羧酸的酸性增强。基团的吸电子能力越强，数目越多，距离羧基越近，羧酸的酸性就越强；当烃基上连有给电子基团时，酸性减弱。基团的给电子能力越强，数目越多，距离羧基越近，羧酸的酸性就越弱。

根据羧酸的结构，它还可发生如下一些主要反应：脱羧反应、α-H的取代反应、羟基被取代的反应和羧基被还原的反应。

羧酸是氧化的最终产物，所以一般羧酸不易被氧化，但甲酸和乙二酸由于结构特殊，可以被氧化生成二氧化碳和水。羧酸也不易被还原，一般先生成酯，再用金属钠和乙醇或直接用氢化铝锂还原成相应的醇。

酰卤、酸酐、酯和酰胺是羧酸衍生物，它们可以发生水解、醇解和氨解反应，这些反应都属于亲核反应历程，反应的活性顺序为：

酰卤＞酸酐＞酯＞酰胺

羧酸及羧酸的衍生物在一定的条件下可发生相互转化：

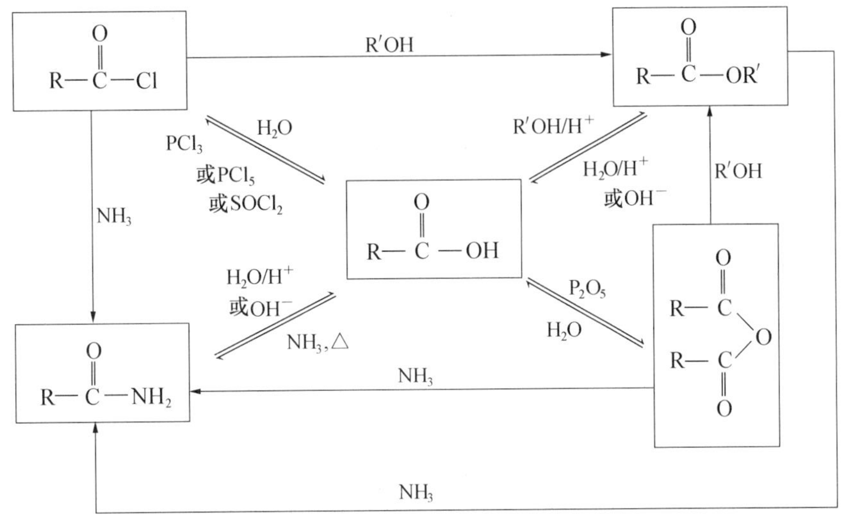

酯分子中的 α-H 由于受到酯羰基的影响变得较为活泼，用强碱（CH_3CH_2ONa）处理时可发生克来森（Claisen）酯缩合反应，生成β-羰基羧酸酯。在酸催化下，酯和过量醇可以发生酯交换反应。

醇酸具有醇和羧酸的典型反应性能，同时由于羧基和羟基的相互影响表现出某些特性，如受热分解、α-醇酸易被氧化等。脱水反应是醇酸的典型反应，脱水方式依据羟基和羧基的相对位置不同而异。

酚酸具有芳香羧酸和酚的典型反应性能，如能与三氯化铁溶液作用呈现颜色，与碱成盐，与醇或酸成酯，能发生脱羧反应等。

羰基酸除具有一般羧酸和醛、酮的典型性质外，还具有某些特性，如某些酮酸可被弱氧化剂氧化、脱羧及存在互变异构现象等。

乙酰乙酸乙酯分子中的亚甲基受相邻羰基和酯基的影响，变得很活泼，在室温下能形成酮式和烯醇式的互变平衡体系，乙酰乙酸乙酯除了具有酮和酯的典型反应外，还可以使溴水褪色，与 $FeCl_3$ 发生颜色反应。

具有下列结构的有机化合物都可能产生互变异构现象：

$$\underset{(—NH—)}{R—\overset{O}{\overset{\|}{C}}—CH_2—A} \quad (A= \ —\overset{O}{\overset{\|}{C}}—R,\ —\overset{O}{\overset{\|}{C}}OR',\ —\overset{O}{\overset{\|}{C}}—H,\ —C\equiv N,\ —NO_2)$$

在乙酰乙酸乙酯分子中，由于受两个官能团的影响，亚甲基碳原子与相邻两个碳原子间的碳碳键容易断裂，发生成酮分解和成酸分解。

$$CH_3—\overset{\overset{O}{\|}}{C}+CH_2+\overset{\overset{O}{\|}}{C}—OC_2H_5$$

成酸分解　成酮分解

乙酰乙酸乙酯分子中的α-亚甲基上的氢原子较活泼，在醇钠作用下可以失去α-H形成碳负离子。该碳负离子与卤代烃、α-卤代酮和卤代酸酯等反应，然后再进行成酮或成酸分解，可以制备不同结构的羧酸或酮。

习　题

1. 命名下列化合物：

(1) $CH_3CH_2\underset{}{\overset{\overset{Cl}{|}}{C}}HCOOH$　(2) $CH_3—\overset{\overset{O}{\|}}{C}—CH=CH—COOH$　(3) $H—\overset{\overset{O}{\|}}{C}—\overset{\overset{O}{\|}}{C}—OH$

(4) 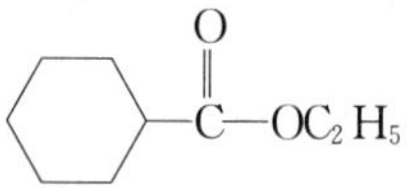 环己基$—\overset{\overset{O}{\|}}{C}—OC_2H_5$　(5) $H_3C—$(苯环，OCH_3)$—\overset{\overset{O}{\|}}{C}—Cl$　(6) 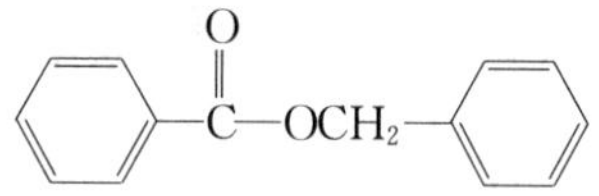 苯基$—\overset{\overset{O}{\|}}{C}—OCH_2—$苯基

(7) 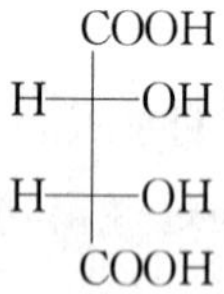 Fischer投影式：COOH / H—C—OH / H—C—OH / COOH　(8) 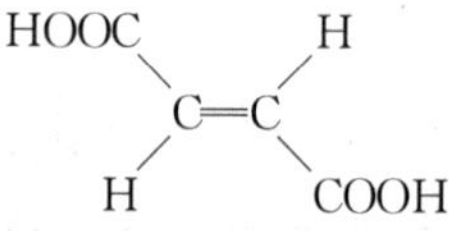 HOOC(H)C=C(H)COOH（反式）　(9) 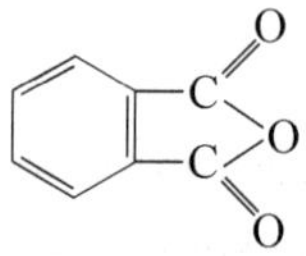 邻苯二甲酸酐

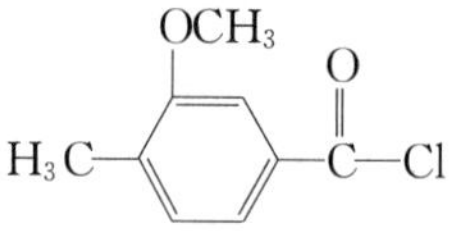

2. 写出下列化合物的结构式：

(1) 乙酰乙酸丙酯　(2) 甲基丁二酸酐　(3) 甲酸甲酯

(4) 2-氯丁酰溴　(5) (*E*)-2-甲基-2-丁烯酸　(6) 肉桂酸

(7) 草酰乙酸　(8) 苹果酸　(9) 丙酮酸

(10) 水杨酸　(11) α-萘乙酸　(12) 对甲基苯甲酰氯

3. 将下列化合物按酸性增强的顺序排列：

(1) 苯酚、乙酸、丙二酸、乙二酸

(2) $HCOOH$、NH_3、H_2O、H_2CO_3、CH_3COOH、C_6H_5OH、CH_3OH

(3) $CH_3CH_2CH_2COOH$、$CH_3\underset{\underset{Cl}{|}}{C}HCH_2COOH$、$CH_3CH_2\underset{\underset{Cl}{|}}{C}HCOOH$、

$\underset{\underset{Cl}{|}}{C}H_2CH_2CH_2COOH$、$CH_3CH_2\overset{\overset{Cl}{|}}{\underset{\underset{Cl}{|}}{C}}COOH$

(4) 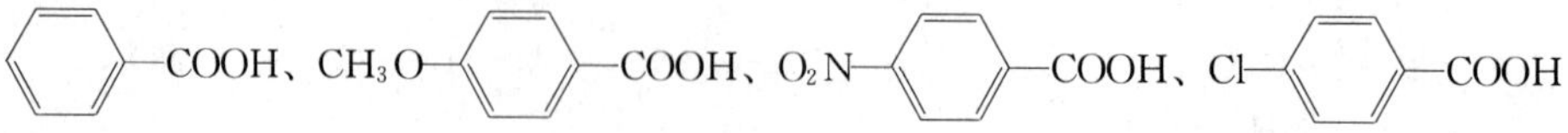 $C_6H_5—COOH$、$CH_3O—C_6H_4—COOH$、$O_2N—C_6H_4—COOH$、$Cl—C_6H_4—COOH$

4. 完成下列反应：

(1) $CH_2=CH_2 \xrightarrow{HBr} ? \xrightarrow{NaCN} ? \xrightarrow[\triangle]{H_3O^+} ? \xrightarrow{PCl_3} ? \xrightarrow{C_2H_5OH} ?$

(2) $CH_3CH_2CH(OH)COOH \xrightarrow{K_2Cr_2O_7/H^+} ? \xrightarrow{稀\ H_2SO_4} ? \xrightarrow{斐林试剂} ?$

(3) 苯甲醇$\xrightarrow{?}$氯化苄$\xrightarrow{?}$苯乙腈$\xrightarrow{?}$苯乙酸

(4) $CH_3(CH_2)_3OH \xrightarrow{?} CH_3(CH_2)_3Br \xrightarrow{?} CH_3(CH_2)_3MgBr \xrightarrow{?} CH_3(CH_2)_3COOH$

$\xrightarrow{?} CH_3(CH_2)_2CH(Br)COOH \xrightarrow[H_2O]{NaOH} ?$

(5) $CH_3COOH + C_2H_5OH \xrightarrow{浓\ H_2SO_4} ? \xrightarrow{C_2H_5ONa} ?$

(6) $CH_3CH(OH)CH_2COOH \xrightarrow{\triangle} ? \xrightarrow{LiAlH_4} ?$

(7) 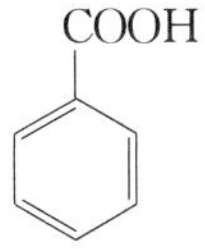 $C_6H_5COOH \xrightarrow{SOCl_2} ? \xrightarrow{NH_3} ?$

(8) $CH_3\overset{O}{\overset{\|}{C}}CH_2\overset{O}{\overset{\|}{C}}-OC_2H_5 \xrightarrow{C_2H_5ONa} ? \xrightarrow{CH_3CH_2Br} ? \xrightarrow[(2)\ H^+,\ \triangle]{(1)\ OH^-}$

5. 完成下列合成（无机试剂任选）：

(1) 由乙烯合成丙酮酸和丁二酸二乙酯

(2) 由乙炔合成丙烯酸乙酯

(3) 由苯合成对硝基苯甲酰氯

(4) 由环己酮合成α-羟基环己基甲酸

6. 用简便的化学方法鉴别下列各组化合物：

(1) 甲酸、乙酸、乙酸甲酯

(2) 邻羟基苯甲酸、邻羟基苯甲酸甲酯、邻甲氧基苯甲酸

(3) 丙酸、丙烯酸、乙酸乙酯

7. 用化学方法分离下列化合物：

苯甲酸、苯酚、甲苯

8. 下列化合物中，哪些能产生互变异构？写出其异构体的结构式：

$CH_3-\overset{O}{\overset{\|}{C}}-CH_2-\overset{O}{\overset{\|}{C}}-CH_3$　　$CH_3-\overset{OH}{\overset{|}{C}}=CH-\overset{O}{\overset{\|}{C}}-OC_2H_5$

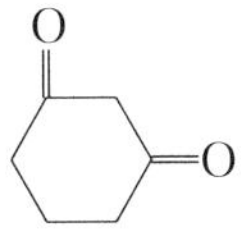

1,3-环己二酮　　$CH_3-\overset{OH}{\overset{|}{C}H}-CH_2-\overset{O}{\overset{\|}{C}}-OC_2H_5$　　CH_3-CH_2-CHO

9. 推导结构式。

(1) 分子式为 $C_3H_6O_2$ 的化合物，有三个异构体 A、B、C，其中 A 可和 $NaHCO_3$ 反应放出 CO_2，而 B 和 C 不可，B 和 C 可在 NaOH 的水溶液中水解，B 的水解产物的馏出液可发生碘仿反应。推测 A、B、C 的结构式。

(2) 某化合物 A，分子式为 $C_5H_6O_3$，可与乙醇作用得到互为异构体的化合物 B 和 C，B 和 C 分别与亚硫酰

氯（$SOCl_2$）作用后，再与乙醇反应，得到相同的化合物，推测 A、B、C 的结构式。

（3）某化合物 A，分子式为 $C_6H_8O_2$，能和 2,4-二硝基苯肼反应，能使溴的四氯化碳溶液褪色，但 A 不能和 $NaHCO_3$ 反应。A 与碘的 NaOH 溶液反应后生成 B，B 的分子式为 $C_4H_4O_4$，B 受热后可分子内失水生成分子式为 $C_4H_2O_3$ 的酸酐 C。推测 A、B 的构型式和 C 的结构式。

（4）某化合物 A，分子式为 $C_7H_6O_3$，能溶于 NaOH 和 $NaHCO_3$，A 与 $FeCl_3$ 作用有颜色反应，与 $(CH_3CO)_2O$ 作用后生成分子式为 $C_9H_8O_4$ 的化合物 B。A 与甲醇作用生成香料化合物 C，C 的分子式为 $C_8H_8O_3$，C 经硝化主要得到一种一元硝基化合物，推测 A、B、C 的结构式。

自测题

自测题答案

第九章　含氮和含磷有机化合物

分子中含有C—N键的化合物称为含氮有机化合物。含氮有机化合物的种类较多，例如硝基苯、胺、酰胺、苯肼、氨基酸、蛋白质和含氮的杂环化合物等都属于含氮有机化合物。

含磷有机化合物广泛存在于生物体内，它们有的是维持生命和生物体遗传不可缺少的物质。有机磷化合物在工业上应用相当广泛，例如磷酸三甲苯酯可作为增塑剂，亚磷酸三苯酯作为聚氯乙烯稳定剂等。在农业上，许多含磷有机化合物用作杀虫剂、杀菌剂和植物生长调节剂等，至今仍是一类极为重要的农药。

第一节　胺

胺类化合物可以看作是氨分子中的氢原子被烃基取代的衍生物，广泛存在于自然界中。胺类化合物和生命活动有密切的关系，许多激素、抗生素、生物碱及所有的蛋白质、核酸都是胺的复杂衍生物。

一、胺的分类和命名

1. 胺的分类　根据氮原子上所连烃基的数目，可把胺分为伯胺（一级胺）、仲胺（二级胺）、叔胺（三级胺）、季铵盐（四级铵盐）和季铵碱（四级铵碱）。例如：

RNH_2	R_2NH	R_3N	$R_4N^+X^-$	$R_4N^+OH^-$
伯胺	仲胺	叔胺	季铵盐	季铵碱

伯、仲、叔胺的分类方法与伯、仲、叔卤代烃和伯、仲、叔醇的分类方法是不同的。例如：

$$\begin{array}{c}CH_3\\|\\CH_3—C—CH_3\\|\\Cl\end{array}\qquad\begin{array}{c}CH_3\\|\\CH_3—C—CH_3\\|\\OH\end{array}\qquad\begin{array}{c}CH_3\\|\\CH_3—C—CH_3\\|\\NH_2\end{array}$$

叔卤代烃	叔醇	伯胺

根据分子中烃基的结构，可把胺分为脂肪胺和芳香胺。例如：

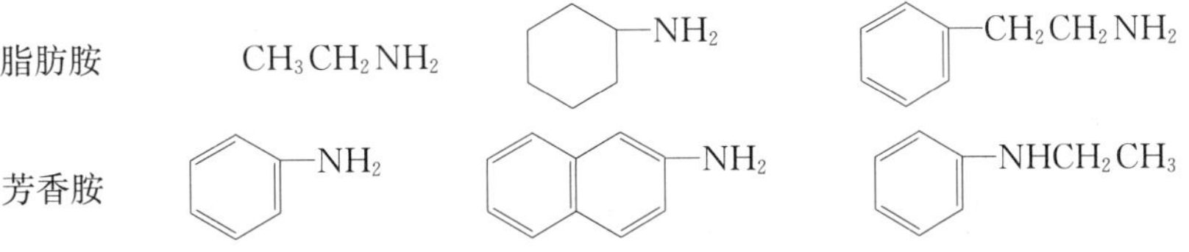

根据分子中氨基的数目，可把胺分为一元胺、二元胺和多元胺等。例如：

$C_6H_{11}NH_2$（环己胺） $H_2NCH_2CH_2NH_2$ 1,2,4-三氨基苯

一元胺 二元胺 多元胺

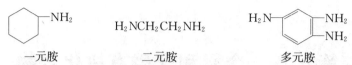

2. 胺的命名 结构简单的胺可以根据烃基的名称命名，即在烃基的名称后加上“胺”字。若氮原子上所连烃基相同，用二或三表明烃基的数目；若氮原子上所连烃基不同，则按基团的次序规则由小到大写出其名称，“基”字一般可省略。例如：

CH_3NH_2	CH_3NHCH_3	$(CH_3)_2NCH_2CH_3$	$H_2NCH_2CH_2NH_2$
甲胺	二甲胺	二甲基乙基胺	1,2-乙二胺

$H_2NCH_2CH_2CH_2CH_2NH_2$	$H_2NCH_2CH_2CH_2CH_2CH_2NH_2$	$H_2NCH_2CH_2CH_2CH_2CH_2CH_2NH_2$
1,4-丁二胺（腐胺）	1,5-戊二胺（尸胺）	1,6-己二胺

芳香胺的命名，一般把芳香胺定为母体，其他烃基为取代基。命名时应标出烃基的位置，连在氮上的烃基用“*N*-某基”来表示。例如：

$p\text{-}CH_3C_6H_4NH_2$ $C_6H_5NHCH_3$ $p\text{-}ClC_6H_4N(CH_3)CH_2CH_3$

对甲基苯胺 *N*-甲基苯胺 *N*-甲基-*N*-乙基对氯苯胺

复杂的胺则以烃为母体，氨基作为取代基来命名。例如：

$H_3C—CH(CH_3)CH_2CH(NH_2)CH_3$ $CH_3CH_2CH(CH_3)—CH(CH_3)—N(CH_3)_2$

2-甲基-4-氨基戊烷 3-甲基-2-(*N*,*N*-二甲氨基)戊烷

季铵盐或季铵碱可以看作铵的衍生物来命名。例如：

$(CH_3)_4N^+Cl^-$ $[(CH_3)_3N^+CH_2CH_3]OH^-$

氯化四甲铵 氢氧化三甲基乙基铵

问题与思考 9-1 命名下列化合物：

(1) $C_6H_5N(CH_3)_2$ (2) $C_6H_5CH_2\overset{+}{N}(CH_3)_3\overset{-}{I}$ (3) 7-氯-1-氨基萘（结构式：萘环 1 位 NH_2，7 位 Cl）

二、胺的物理性质

常温下，低级和中级脂肪胺为无色气体或液体，高级脂肪胺为固体，芳香胺为高沸点的液体或固体。低级胺具有氨的气味或鱼腥味，高级胺没有气味，芳香胺有特殊气味，并有较大的

毒性。

由于胺是极性化合物，除叔胺外，其他胺分子间可通过氢键缔合，因此胺的熔点和沸点比分子质量相近的非极性化合物高。但由于氮的电负性比氧小，所以胺形成的氢键弱于醇或羧酸形成的氢键，因而胺的熔点和沸点比分子质量相近的醇和羧酸低。

伯、仲、叔胺都能与水形成氢键，所以低级脂肪胺可溶于水。随着烃基在分子中的比例增大，溶解度迅速下降，所以中级胺、高级胺及芳香胺微溶或难溶于水。胺大都可溶于有机溶剂（表 9－1）。

表 9－1　胺的物理常数

名　称	熔点/℃	沸点/℃	溶解度（100 g 水）/g	pK_b
甲　胺	−93.5	−6.3	易溶	3.38
二甲胺	−93	7.4	易溶	3.27
三甲胺	−117.2	2.87	易溶	4.22
乙　胺	−81	16.6	∞	3.29
二乙胺	−48	56.3	易溶	3.06
三乙胺	−114.7	89.3	溶	3.25
正丙胺	−83	47.8	溶	3.29
正丁胺	−49.1	77.8	∞	3.23
苯　胺	−6.3	184.1	溶	9.38
N-甲基苯胺	−57	196.8	不溶	9.30
N,*N*-二甲基苯胺	2.45	194.2	微溶	8.93
邻甲基苯胺	−14.7	200.2	微溶	9.55
间甲基苯胺	−30.4	203.4	微溶	9.27
邻硝基苯胺	71.5	284	微溶	13.7
对硝基苯胺	148.5	331.7	不溶	13.0
二苯胺	54	302	不溶	13.1

三、胺的化学性质

氨基是胺类化合物的官能团，氨基中的氮原子为不等性 sp^3 杂化，其中一个杂化轨道上有一对未共用电子对，其余三个杂化轨道上各有一个电子。这样，氮原子可以和其他三个原子形成三个 σ 键，胺分子的构型是三角锥形，与氨的构型相似（图 9－1）。

与氨相似，氨基中的氮原子上含有一对未共用电子对，有与其他原子共享这对电子的倾向，

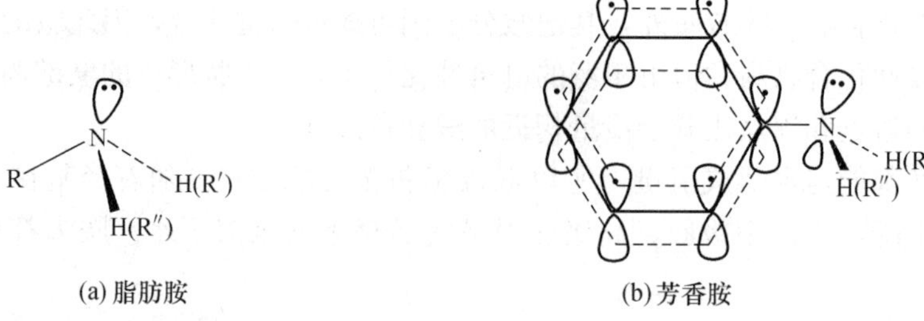

(a) 脂肪胺　　(b) 芳香胺

图 9 - 1　脂肪胺和芳香胺的结构

所以胺具有碱性和亲核性。在芳香胺中，由于未共用电子对与苯环 π 键发生部分重叠，使 N 原子的 sp^3 轨道的未成键电子对的 p 轨道性质增加，N 原子由 sp^3 杂化趋向于 sp^2 杂化。因此，这对未共用电子对与芳环的 π 电子可以形成 p - π 共轭体系，使芳香胺的碱性和亲核性都有明显的减弱。另外，芳香胺中的这种 p - π 共轭体系使芳环的电子云密度增大，因此芳香胺在芳环上容易发生亲电取代反应。

1. 碱性　氨基 N 原子上的未共用电子对能接受质子，因此胺显碱性。胺的碱性强弱用离解常数 K_b 或 pK_b 表示，K_b 越大或 pK_b 越小，碱性越强。胺可以和大多数酸反应生成盐。

$$RNH_2 + H_2O \longrightarrow R\overset{+}{N}H_3 + OH^-$$

$$RNH_2 + HCl \longrightarrow R\overset{+}{N}H_3Cl^-$$

在脂肪胺中，由于烷基的 +I 效应，氨基 N 原子上的电子云密度增加，接受质子的能力增强，所以脂肪胺的碱性大于氨。例如，下列物质气态时的碱性顺序为：

$$(CH_3)_3N > (CH_3)_2NH > CH_3NH_2 > NH_3$$

在芳香胺中，氨基 N 原子上的未共用电子对与芳环的大 π 键形成 p - π 共轭体系，使氨基 N 原子上的电子密度降低，接受质子的能力减弱，所以它的碱性比氨弱。例如：

	NH_3	>	$Ph{-}NH_2$	>	$Ph_2{-}NH$	>	$Ph_3{-}N$
pK_b	4.75		9.38		13.1		

取代苯胺的碱性强弱取决于取代基的性质，取代基为供电子基团时，使碱性增强；取代基为吸电子基团时，使碱性减弱。例如：

	NH_2（对位 OH）	>	NH_2（对位 CH_3）	>	NH_2	>	NH_2（对位 Cl）	>	NH_2（对位 NO_2）	>	NH_2（邻位 NO_2，对位 NO_2）
pK_b	8.50		8.92		9.38		10.02		13.0		13.82

胺的碱性强弱除与烃基的诱导效应和共轭效应有关外，还受到水的溶剂化效应、空间位阻效应等因素的影响。胺分子中，氮上连接的氢越多，溶剂化程度越大，铵正离子就越稳定，胺的碱性也越强；氮上取代的烃基越多，空间位阻越大，使质子不易与氮原子接近，胺的碱性也就越弱。

综合以上各种效应的作用结果，胺类化合物在溶液中的碱性强弱次序一般为：

脂肪族仲胺>脂肪族伯胺>脂肪族叔胺>氨>芳香族伯胺>芳香族仲胺>芳香族叔胺

由于胺是弱碱，与酸生成的铵盐遇强碱会释放出原来的胺。

$$R\overset{+}{N}H_3Cl^- + NaOH \longrightarrow RNH_2 + NaCl + H_2O$$

利用这一性质可进行胺的分离、提纯。如将不溶于水的胺溶于稀酸形成盐，经分离后，再用强碱将胺由铵盐中释放出来。

2. 烷基化反应　卤代烃可以与氨作用生成胺，胺作为亲核试剂又可以继续与卤代烃发生亲核取代反应，结果得到仲胺、叔胺，直至生成季铵盐。

$$NH_3 + RX \longrightarrow RNH_2 + HX$$

$$RNH_2 + RX \longrightarrow R_2NH + HX$$

$$R_2NH + RX \longrightarrow R_3N + HX$$

$$R_3N + RX \longrightarrow R_4N^+X^-$$

季铵盐是强酸强碱盐，不能与碱作用生成季铵碱。若将它的水溶液与氧化银作用，因生成卤化银沉淀，则可转变为季铵碱。

$$2R_4N^+X^- + Ag_2O \xrightarrow{H_2O} 2R_4\overset{+}{N}OH^- + 2AgX\downarrow$$

胺与卤代芳香烃在一般条件下不发生反应。

季铵碱的碱性与苛性碱相当，其性质也与苛性碱相似，具有很强的吸湿性，易溶于水，受热易分解。

3. 酰基化反应　伯胺和仲胺作为亲核试剂，可以与酰卤、酸酐和酯反应，生成酰胺。

$$RNH_2 + R'-\overset{O}{\overset{\|}{C}}-X \longrightarrow RNH-\overset{O}{\overset{\|}{C}}-R' + HX$$

$$R_2NH + R'-\overset{O}{\overset{\|}{C}}-X \longrightarrow R_2N-\overset{O}{\overset{\|}{C}}-R' + HX$$

（X═卤素、—OOCR、—OR）

叔胺的氮原子上没有氢原子，不能进行酰基化反应。

除甲酰胺外，其他酰胺在常温下大多是具有一定熔点的固体，它们在酸或碱的水溶液中加热易水解生成原来的胺。因此利用酰基化反应，不但可以分离、提纯胺，还可以通过测定酰胺的熔点来鉴定胺。

酰胺在酸或碱的作用下可水解除去酰基，因此在有机合成中常利用酰基化反应来保护氨基。例如，要对苯胺进行硝化时，为防止苯胺的氧化，可先对苯胺进行酰基化，把氨基“保护”起来再硝化，待苯环上导入硝基后，再水解除去酰基，可得到对硝基苯胺。

$$C_6H_5NH_2 + CH_3-\overset{O}{\overset{\|}{C}}-Cl \longrightarrow C_6H_5NHOCCH_3 \xrightarrow{HNO_3} p\text{-}O_2N-C_6H_4-NHOCCH_3 \xrightarrow[OH^-]{H_2O} p\text{-}O_2N-C_6H_4-NH_2$$

乙酰苯胺　　　对硝基乙酰苯胺　　　对硝基苯胺

问题与思考 9-2 完成下列反应：

(1) 苯胺（$C_6H_5NH_2$） + 乙酸酐（$(CH_3CO)_2O$） ⟶

(2) 2-萘胺（$C_{10}H_7NH_2$） + $[C_6H_5CO]_2O$ ⟶

4. 磺酰化反应 在氢氧化钠存在下，伯、仲胺能与苯磺酰氯或对甲苯磺酰氯反应生成磺酰胺。叔胺氮原子上无氢原子，不能发生磺酰化反应。磺酰化反应又称兴斯堡（Hinsberg）反应。

$$RNH_2 + ArSO_2Cl \longrightarrow ArSO_2NHR \xrightarrow{NaOH} [ArSO_2N^- R]\ Na^+ \text{（水溶性盐）}$$

$$R_2NH + ArSO_2Cl \longrightarrow ArSO_2NR_2 \quad \text{（不溶于强碱）}$$

$$R_3N + ArSO_2Cl \longrightarrow \text{不反应（在氢氧化钠溶液中分层）}$$

伯胺生成的磺酰胺中，氮原子上还有一个氢原子，由于受到磺酰基强吸电子诱导效应的影响而显酸性，可溶于氢氧化钠溶液生成盐。

仲胺生成的磺酰胺中，氮原子上没有氢原子，不能溶于氢氧化钠溶液而呈固体析出。

叔胺不发生磺酰化反应，也不溶于氢氧化钠溶液而出现分层现象。

因此，利用兴斯堡反应可以鉴别或分离伯、仲、叔胺。例如，将三种胺的混合物与对甲苯磺酰氯的碱性溶液反应后再进行蒸馏，因叔胺不反应，先被蒸出；将剩余液体过滤，固体为仲胺的磺酰胺，加酸水解后可得到仲胺；滤液酸化后，水解得到伯胺。

问题与思考 9-3 用兴斯堡反应鉴别下列各组化合物：

(1) $CH_3CH_2NH_2$、$CH_3CH_2NHCH_2CH_3$、$(CH_3CH_2)_3N$

(2) 对甲基苯胺、*N*-甲基苯胺

5. 与亚硝酸反应 不同的胺与亚硝酸反应，产物各不相同。由于亚硝酸不稳定，在反应中实际使用的是亚硝酸钠与盐酸的混合物。

$$NaNO_2 + HCl \longrightarrow HNO_2 + NaCl$$

(1) 伯胺的反应　脂肪族伯胺与亚硝酸反应，生成不稳定的脂肪族重氮盐，低温下会自动分解，产生氮气和碳正离子，生成的碳正离子可发生各种不同的反应，生成醇、烯烃、卤代烃等混合物，在合成上没有价值。但放出的氮气是定量的，可用于氨基的定量分析。

$$RNH_2 + NaNO_2 + HCl \longrightarrow \text{醇、烯烃、卤代烃等混合物} + N_2\uparrow$$

芳香族伯胺与亚硝酸在低温下反应，生成重氮盐。芳香族重氮盐在低温（5 ℃以下）和强酸水溶液中是稳定的，升高温度则分解成酚和氮气。

$$ArNH_2 + NaNO_2 + HCl \xrightarrow{0\sim5\ ℃} [ArN{\equiv}N]^+Cl^- \xrightarrow[\triangle]{H_2O} ArOH + N_2\uparrow$$

(2) 仲胺的反应　仲胺与亚硝酸反应，生成 *N*-亚硝基胺。*N*-亚硝基胺为不溶于水的黄色油状液体或固体。

$$R_2NH + HNO_2 \longrightarrow R_2N{-}NO$$
$$(Ar)_2NH + HNO_2 \longrightarrow (Ar)_2N{-}NO$$

N-亚硝基胺与稀酸共热，可分解为原来的胺，可用来鉴别或分离提纯仲胺。

$$R_2N{-}NO + HCl + H_2O \xrightarrow{\triangle} R_2\overset{+}{N}H_2Cl^- \xrightarrow{OH^-} R_2NH$$

N-亚硝基胺类是强致癌物质，食物中若有亚硝酸盐，它能与胃酸作用，产生亚硝酸，后者与体内一些具有仲胺结构的化合物作用，生成亚硝基胺，可能引发多种器官或组织的肿瘤而引起癌变。例如，在制作罐头和腌制食品时，如用亚硝酸钠作为防腐剂和保色剂，就有可能对人体产生危害。

（3）叔胺的反应　脂肪族叔胺因氮原子上没有氢，只能与亚硝酸形成不稳定的盐，此盐加碱处理又重新得到游离的叔胺。

$$R_3N + HNO_2 \longrightarrow R_3N \cdot HNO_2 \xrightarrow{OH^-} R_3N$$

芳香族叔胺与亚硝酸反应，在芳环上发生亲电取代反应导入亚硝基。例如：

$$C_6H_5{-}N(CH_3)_2 + HNO_2 \longrightarrow ON{-}C_6H_4{-}N(CH_3)_2$$

对亚硝基-*N*,*N*-二甲基苯胺(绿色晶体)

亚硝化的芳香族叔胺通常带有颜色，在不同介质中，其结构不同，颜色也不相同。

根据脂肪族和芳香族伯、仲、叔胺与亚硝酸反应的不同现象，可以鉴别伯、仲、叔胺。

问题与思考 9-4

（1）怎样提纯含有少量三乙胺的二乙胺？

（2）乙胺与亚硝酸完全反应生成的气体，在标准状态下为 22.4 mL，求乙胺的质量。

---

6. 芳香胺的取代反应　芳香胺中，氨基 N 原子上的未共用电子对与芳环的 π 电子形成 p-π 共轭体系，使芳环的电子云密度增大，因此芳香胺特别容易在芳环上发生亲电取代反应。例如，苯胺非常容易进行卤代反应，而且常生成多卤代产物：

$$C_6H_5NH_2 + Br_2\ (H_2O) \longrightarrow 2,4,6\text{-}Br_3C_6H_2NH_2 \quad \text{(白色沉淀)}$$

如先进行酰基化以降低氨基的致活作用，再进行卤代反应可得到一卤代产物。例如：

$$C_6H_5NH_2 \xrightarrow{CH_3COCl} C_6H_5NHCOCH_3 \xrightarrow{Br_2} p\text{-}Br{-}C_6H_4{-}NHCOCH_3 \xrightarrow[OH^-]{H_2O} p\text{-}Br{-}C_6H_4{-}NH_2$$

苯胺用浓硫酸磺化时，首先生成盐，在加热下失水生成对氨基苯磺酸。例如：

$$C_6H_5NH_2 \xrightarrow{H_2SO_4} C_6H_5\overset{+}{N}H_3\,HSO_4^- \xrightarrow{\triangle} p\text{-}H_2NC_6H_4SO_3H$$

7. 霍夫曼消除反应（烃基参与的反应） 季铵碱受热很容易分解，产物和烃基的结构有关。如果烃基没有β-氢原子，加热分解成叔胺和醇。例如：

$$(CH_3)_4N^+OH^- \xrightarrow{\triangle} (CH_3)_3N + CH_3OH$$

如果烃基含有β-氢原子，加热分解成烯烃、叔胺和水。例如：

$$(CH_3)_3N^+CH_2CH_3OH^- \xrightarrow{\triangle} CH_2{=}CH_2 + (CH_3)_3N + H_2O$$

$$C_6H_{11}\overset{+}{N}(CH_3)_3OH^- \xrightarrow{\triangle} \text{环己烯} + (CH_3)_3N + H_2O$$

如果有多个烃基含有β-氢原子，不同烃基消除β-氢原子生成烯烃的难易顺序为：

$$CH_3CH_2{-} > RCH_2CH_2{-} > R_2CHCH_2{-}$$

结果得到的主要产物是双键碳原子上连有较少烷基的烯烃，这个规则称为霍夫曼消除规则，与查依采夫规则正好相反。例如：

$$CH_3CH_2CH_2CH_2CH(CH_3)\overset{+}{N}(CH_3)_3OH^- \xrightarrow{\triangle} \underset{96\%\text{(霍夫曼烯烃)}}{CH_3CH_2CH_2CH_2CH{=}CH_2} + \underset{4\%\text{(查依采夫烯烃)}}{CH_3CH_2CH_2CH{=}CHCH_3} + (CH_3)_3N + H_2O$$

霍夫曼消除反应是通过E2机理进行的，β-H原子的酸性越强，越容易受OH^-进攻而发生消除。β-碳原子上连接的烷基增多，不但可降低β-H原子的酸性，而且可增大空间位阻，所以，有多种β-H原子可以消除时，OH^-优先进攻酸性大而位阻小的β-H原子，因此产物只能是取代基最少的烯烃，即霍夫曼烯烃。

霍夫曼消除规则适用于烷基，β-位有不饱和基团或芳环时不服从霍夫曼规则，而是优先形成具有共轭体系的烯烃。

$$C_6H_5CH_2CH_2\overset{+}{N}(CH_3)_2CH_2CH_3OH^- \xrightarrow{150\ ℃} C_6H_5CH{=}CH_2 + CH_3CH_2N(CH_3)_2 + H_2O$$

科学家小传：霍夫曼

霍夫曼（August Wilhelm von Hofmann，1818—1892），德国著名化学家，英国皇家学会会员，1868年创立德国化学会并任会长多年。

1836 年，霍夫曼进入吉森大学学习法律，后受到化学家 J. von 李比希的影响，改学化学，1841 年获博士学位。霍夫曼研究范围非常广，最初研究煤焦油化学，在英国期间解决了英国工业革命中面临的煤焦油副产品处理问题，开创了煤焦油染料工业。后来他合成了品红，从品红开始合成一系列紫色染料，称霍夫曼紫。

霍夫曼最先提出“氨型”的概念，成为后来“类型说”的基础，提出胺类是由氨衍生而来，他发现季铵碱加热至 100 ℃以上分解成烯烃、三级胺和水的反应，称为霍夫曼反应。他著有《有机分析手册》和《现代化学导论》等书。

问题与思考 9－5　完成下列反应：

(1) 1-甲基环己基（CH_3）$\overset{+}{N}(CH_3)_3\overset{-}{O}H \xrightarrow{\triangle}$?　　(2) N,N-二甲基哌啶鎓（$\overset{+}{N}$ 上连 CH_3、CH_3） $OH^- \xrightarrow{\triangle}$?

四、重氮化合物和偶氮化合物

重氮化合物和偶氮化合物分子中都含有—N_2—基团，该基团只有一端与烃基相连时叫作重氮化合物，两端都与烃基相连时叫作偶氮化合物。

$Ar\overset{+}{N}\equiv NCl^-$　　　　$ArN{=}NAr$

氯化重氮苯（重氮化合物）　　偶氮苯（偶氮化合物）

1. 重氮化合物　重氮盐是离子型化合物，具有盐的性质，易溶于水，不溶于一般有机溶剂。

重氮盐只在低温的溶液中才能稳定存在，干燥的重氮盐对热和震动都很敏感，易发生爆炸。制备时一般不从溶液中分离出来，直接进行下一步反应。重氮盐的化学性质很活泼，能发生多种反应。

（1）取代反应　重氮盐分子中的重氮基带有正电荷，是很强的吸电子基团，它使C—N键的极性增大容易断裂，能被—OH、—X、—CN、—H等多种基团取代并放出氮气。

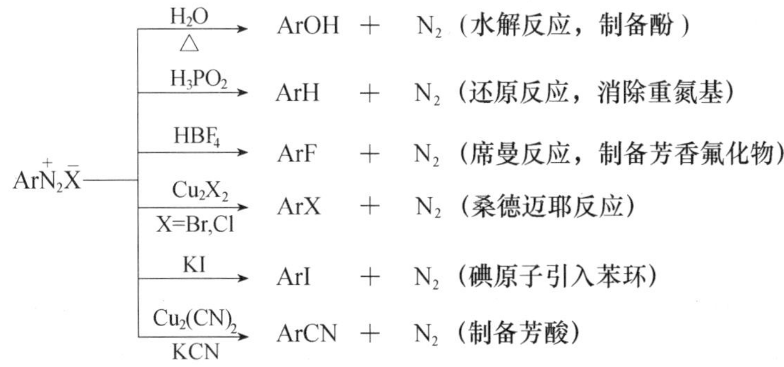

通过重氮化反应，可以制备一些不能用直接方法制备的化合物。例如：

$$C_6H_6 \xrightarrow[\text{浓 }H_2SO_4]{\text{浓 }HNO_3} C_6H_5NO_2 \xrightarrow[HCl]{Fe} C_6H_5NH_2 \xrightarrow[H_2O]{Br_2} \text{2,4,6-}Br_3C_6H_2NH_2$$

$$\xrightarrow[0\sim5\ ℃]{NaNO_2\text{-}HCl} \text{2,4,6-}Br_3C_6H_2\overset{+}{N_2}Cl^- \xrightarrow{H_3PO_2} \text{1,3,5-}Br_3C_6H_3$$

（2）偶联反应　重氮盐与芳香叔胺类或酚类化合物在弱碱性、中性或弱酸性溶液中发生偶联（偶合）反应，生成偶氮化合物。例如：

$$C_6H_5\overset{+}{N}\equiv N\overset{-}{Cl} + C_6H_5N(CH_3)_2 \xrightarrow{\text{弱 }H^+} C_6H_5N{=}N\text{-}C_6H_4\text{-}N(CH_3)_2$$

4-二甲氨基偶氮苯

$$C_6H_5\overset{+}{N}\equiv NCl^- + H_3C\text{-}C_6H_4\text{-}OH \xrightarrow{\text{弱 }OH^-} C_6H_5N{=}N\text{-}C_6H_3(OH)(CH_3)$$

5-甲基-2-羟基偶氮苯

芳香胺的重氮盐中，重氮基正离子与芳环是共轭体系，氮原子上的正电荷因离域而分散，故重氮正离子是弱亲电试剂，只能与芳香胺或酚这类活性较高的芳环发生亲电取代反应。由于电子效应和空间效应的影响，通常在氨基或羟基的对位取代，若对位被其他基团占据，则在邻位取代。

2. 偶氮化合物　偶氮化合物具有各种鲜艳的颜色，多数偶氮化合物可用作染料，称为偶氮染料，它们是染料中品种最多、应用最广的一类合成染料。

有的偶氮化合物在不同的 pH 介质中因结构的变化而呈现不同的颜色，可用作酸、碱指示剂。下面列举几种偶氮指示剂和偶氮染料的例子。

（1）甲基橙

$$(CH_3)_2N\text{-}C_6H_4\text{-}N{=}N\text{-}C_6H_4\text{-}SO_3Na \underset{OH^-}{\overset{H^+}{\rightleftharpoons}} (CH_3)_2\overset{+}{N}{=}C_6H_4{=}N\text{-}NH\text{-}C_6H_4\text{-}SO_3Na$$

pH>4.4　黄色　　　　pH<3.1　红色

甲基橙由对氨基苯磺酸的重氮盐与 N,N-二甲基苯胺进行偶联反应而制得。它是一种酸、碱指示剂，在中性或碱性介质中呈黄色，在酸性介质中呈红色，变色范围为 pH 3.1～4.4。

（2）刚果红

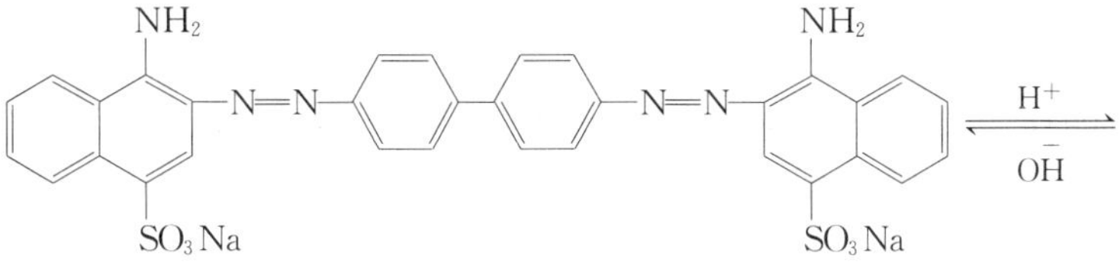

$pH>5.0$ 红色

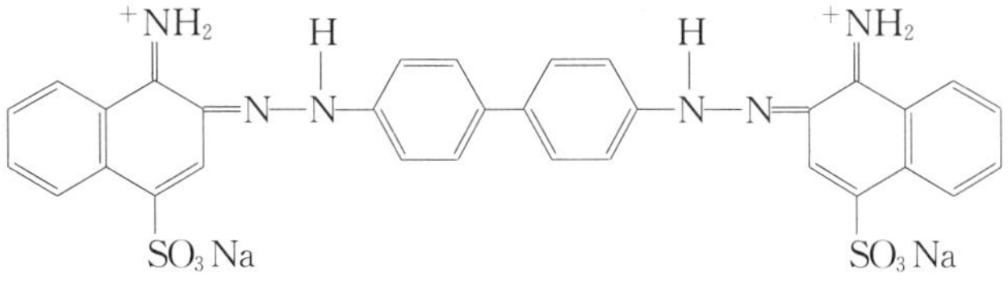

$pH<3.0$ 蓝色

刚果红又称直接大红或直接米红，是由4,4′-联苯二胺的双重氮盐与4-氨基-1-萘磺酸进行偶联反应而制得。它是一种可以直接使丝毛和棉纤维着色的红色染料，同时也是一种酸、碱指示剂，变色范围为pH 3.0～5.0。

（3）对位红

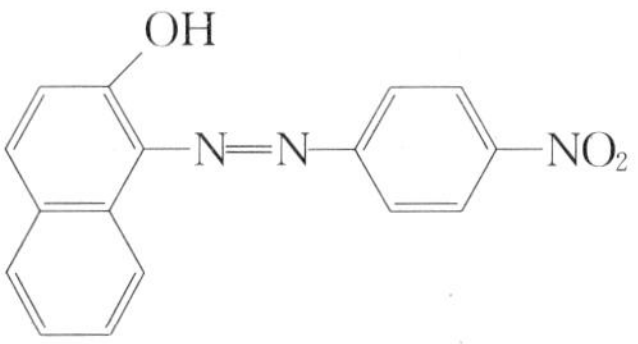

对位红是一种红色染料，是由对硝基苯胺的重氮盐与β-萘酚进行偶联反应而制得。

3. 有机化合物的颜色与结构的关系 自然光由不同波长的光组成，人眼能看到的是波长在400～800 nm之间的光，叫作可见光。在可见光区域内，不同波长的光显示不同的颜色。

有机化合物能否吸收可见光，与它的结构有密切的关系。

（1）分子中只有σ键的化合物，如饱和烃，由于σ电子结合较牢固，其跃迁所需的能量较高，因此吸收光的波长在远紫外区。由于不能吸收可见光，所以不显颜色。

（2）分子中含有π键的化合物，由于π电子跃迁所需的能量较低，因此吸收光的波长在紫外或可见光区。能使有机化合物在紫外及可见光区内（200～800 nm）有吸收的基团，称为生色团（生色基），例如：

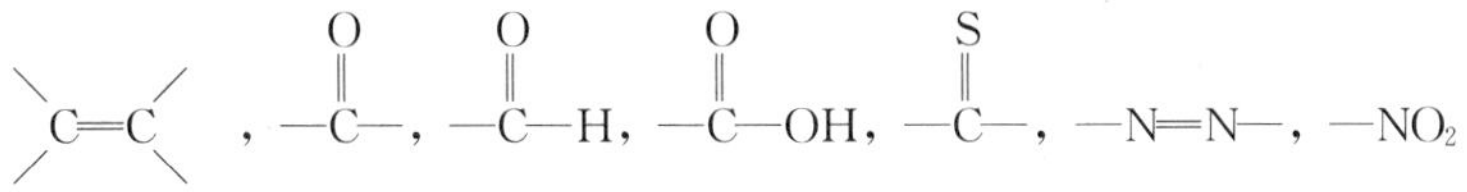

$$\gt C{=}C\lt,\ -\overset{O}{\overset{\|}{C}}-,\ -\overset{O}{\overset{\|}{C}}-H,\ -\overset{O}{\overset{\|}{C}}-OH,\ -\overset{S}{\overset{\|}{C}}-,\ -N{=}N-,\ -NO_2$$

分子中仅有一个生色基的物质，其吸收光的波长在200～400 nm，仍然是无色的。生色基的特点是都含有重键或共轭链，有机物共轭体系中引入生色基颜色加深。

生色基引入共轭体系时，参与共轭作用，使共轭体系中π电子流动性增加，结果使分子激发能降低，化合物吸收向长波方向移动导致颜色加深。如，苯是无色的，而硝基苯是淡黄色的。

（3）分子中有两个或多个生色基处于共轭时，由于共轭体系中的电子跃迁所需的能量比单独的生色基中的低，因此其吸收光的波长较长。共轭体系越长，其吸收峰对应的波长越长，当吸收光的波长移至可见光区内，该物质便有了颜色。例如下列化合物，当$n=1$时为无色，当$n=2$时为淡黄色，当$n=4$时为棕黄色，随着共轭体系的增长，颜色逐渐加深。

$$C_6H_5-(CH=CH)_n-C_6H_5$$

某些基团，如—OH，—OR，—NH_2，—NR_2，—SR，—Cl，—Br等，它们本身的吸收波长在远紫外区，不能吸收可见光，但将它们连接到共轭体系或生色基上时，可使分子吸收光的波长移向长波方向，使化合物的颜色加深，这些基团叫作助色团（助色基）。

从结构可看出，助色基的特点是都含有未共用电子对，助色基引入共轭体系，这些基团上的未共用电子对参与共轭体系，提高了整个分子中 π 电子的流动性，从而降低了分子的激发能，使物质吸收光的波长移向长波方向。例如：

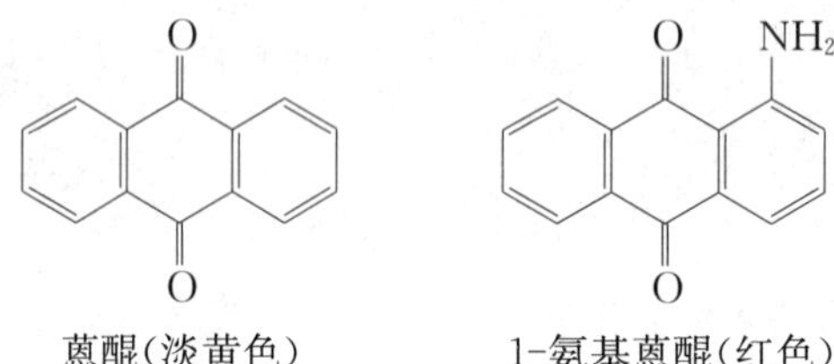

蒽醌(淡黄色)　　　1-氨基蒽醌(红色)

五、个别化合物

1. 苯胺　苯胺存在于煤焦油中，为无色有毒油状液体，沸点 184.1 ℃，有特殊气味，微溶于水，易溶于有机溶剂，在空气中易被氧化成醌类物质而呈黄、棕以至黑色，可通过蒸馏或成盐精制。苯胺是合成染料、药物、农药等的重要原料，可从硝基苯还原得到。

2. 乙二胺　乙二胺（$H_2NCH_2CH_2NH_2$）为无色黏稠状液体，沸点 117 ℃，有氨的气味，易溶于水和乙醇，不溶于乙醚和苯。乙二胺是合成药物、农药、乳化剂、离子交换树脂、黏合剂等的重要原料，可从二氯乙烷或乙醇胺与氨反应制得。

$$ClCH_2CH_2Cl+NH_3 \longrightarrow H_2NCH_2CH_2NH_2$$

$$H_2NCH_2CH_2OH+NH_3 \longrightarrow H_2NCH_2CH_2NH_2$$

乙二胺与氯乙酸作用，生成乙二胺四乙酸（EDTA），是分析化学常用的试剂。

3. 己二胺　己二胺（$H_2NCH_2CH_2CH_2CH_2CH_2CH_2NH_2$）为片状结晶，熔点 42 ℃，易溶于水、乙醇和苯。己二胺是合成尼龙- 66 的原料，可由 1,3 -丁二烯来制备。

$$CH_2=CHCH=CH_2 \xrightarrow{Cl_2} ClCH_2CH=CHCH_2Cl \xrightarrow{NaCN}$$

$$NCCH_2CH=CHCH_2CN \xrightarrow{[H]} H_2NCH_2(CH_2)_4CH_2NH_2$$

4. 胆胺和胆碱

$HOCH_2CH_2NH_2$　　　$HOCH_2CH_2N^+(CH_3)_3OH^-$

胆胺(2-氨基乙醇)　　　胆碱(氢氧化三甲基羟乙基铵)

它们常以结合状态存在于动植物体内，是磷脂类化合物的组成成分。胆胺是无色黏稠状液体，是脑磷脂的组成成分。胆碱是无色晶体，吸湿性强，是卵磷脂的组成成分。胆碱在动物生长过程中具有调节肝内脂肪代谢和运输的作用。

胆碱与乙酸在胆碱酶作用下形成的酯叫作乙酰胆碱，是生物体内神经传导的重要物质，在体内由胆碱酯酶催化其合成与分解。如果胆碱酯酶失去活性，乙酰胆碱的正常分解与合成将受到破坏，引起神经系统错乱，甚至死亡。许多有机磷农药能强烈抑制胆碱酯酶的作用，破坏神经的传导功能，致使昆虫死亡。

$$CH_3COOCH_2CH_2N^+(CH_3)_3OH^-$$ （乙酰胆碱）

氯化氯代胆碱的商品名为矮壮素（CCC），是白色柱状晶体，熔点 240～241 ℃，易溶于水，难溶于有机溶剂，是一种人工合成的植物生长调节剂。具有抑制植物细胞伸长的作用，使植株变矮、茎秆变粗、节间缩短、叶片变阔等，可用来防止小麦等农作物倒伏，减少棉花蕾铃脱落等。

$$ClCH_2CH_2N^+(CH_3)_3Cl^-$$

氯化氯代胆碱（氯化三甲基氯乙基铵）

5. 多巴和多巴胺　多巴胺是由多巴在多巴脱羧酶的作用下生成的。

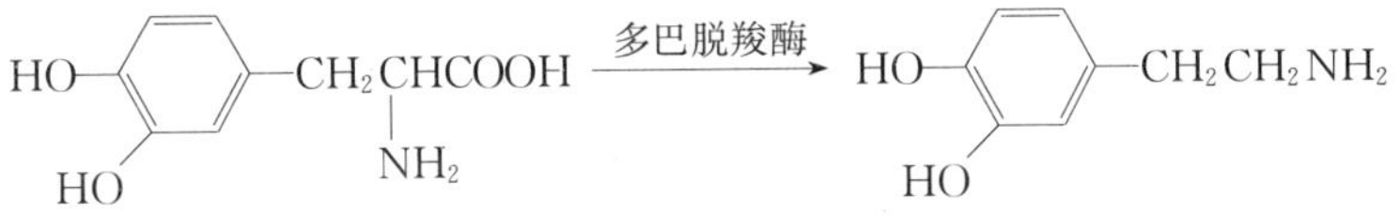

$$3,4\text{-}(HO)_2C_6H_3\text{—}CH_2CH(NH_2)COOH \xrightarrow{\text{多巴脱羧酶}} 3,4\text{-}(HO)_2C_6H_3\text{—}CH_2CH_2NH_2$$

多巴（3,4-二羟基苯丙氨酸）　　　多巴胺

多巴胺是很重要的中枢神经传导物质，缺少多巴胺易患帕金森综合征。多巴胺也是肾上腺素及去甲肾上腺素的前体。

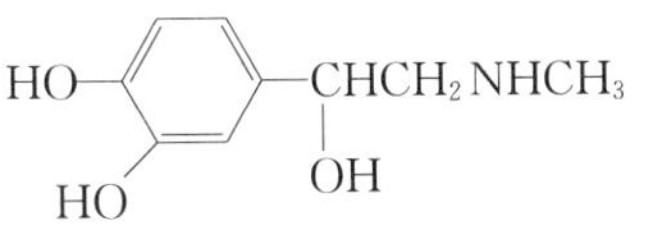

$$3,4\text{-}(HO)_2C_6H_3\text{—}CH(OH)CH_2NHCH_3$$

肾上腺素

$$3,4\text{-}(HO)_2C_6H_3\text{—}CH(OH)CH_2NH_2$$

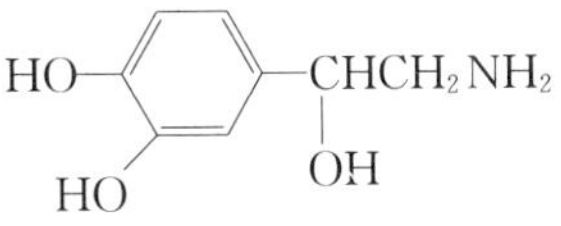

去甲肾上腺素

肾上腺素和去甲肾上腺素既属于神经递质，也属于内源性的生物胺，对神经活动起着重要的介导作用。肾上腺素主要用于治疗事故性心脏停搏和过敏性休克，去甲肾上腺素主要用于治疗休克时低血压。

第二节　酰　　胺

一、酰胺的结构和命名

在酰胺分子中，氨基氮原子上的未共用电子对与羰基形成 p－π 共轭体系，因此羰基与氨基间的C—N单键具有部分双键的性质，在常温下不能自由旋转，酰基的 C、N、O 以及与 C、N 直接相连的其他原子就处于同一平面上。酰胺的这种平面结构不仅影响着它的性质，对蛋白质的构象也有重要意义。

酰胺通常根据酰基来命名，称为“某酰胺”，连接在氮原子上的烃基用“*N*-某基”表示。例如：

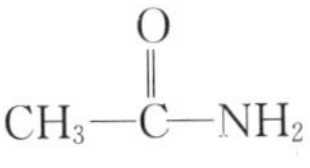

$$CH_3\text{—}\overset{O}{\overset{\|}{C}}\text{—}NH_2$$

乙酰胺

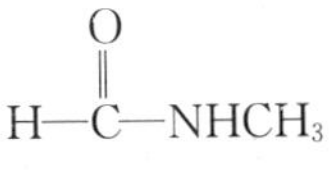

$$H\text{—}\overset{O}{\overset{\|}{C}}\text{—}NHCH_3$$

N-甲基甲酰胺

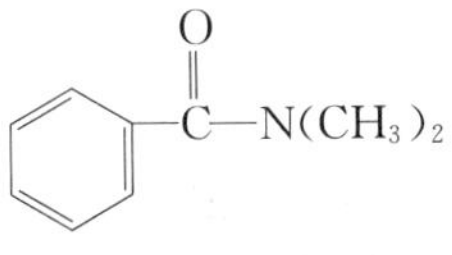

$$C_6H_5\text{—}\overset{O}{\overset{\|}{C}}\text{—}N(CH_3)_2$$

N,*N*-二甲基苯甲酰胺

$$H\text{—}\overset{O}{\overset{\|}{C}}\text{—}N(CH_3)_2$$

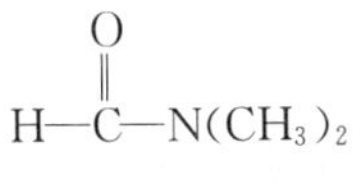

N,*N*-二甲基甲酰胺(DMF)

氨基上连接有两个酰基时，称为“某酰亚胺”。例如：

$$CH_3-\overset{O}{\overset{\|}{C}}-NH-\overset{O}{\overset{\|}{C}}-CH_3$$

二乙酰亚胺

邻苯二甲酰亚胺

二、酰胺的物理性质

酰胺分子之间可通过氢键缔合，熔点和沸点较高，除甲酰胺外都是结晶固体。氨基上有烃基取代时，分子间的缔合程度减小，熔点和沸点降低。由于酰胺可与水形成氢键，所以低级酰胺易溶于水，随着分子质量的增大，在水中的溶解度逐渐降低（表 9-2）。液态的酰胺是有机物和无机物的良好溶剂，最常用的是 N,N-二甲基甲酰胺（DMF）。

表 9-2　酰胺的物理常数

名　称	熔点/℃	沸点/℃	相对密度 d_4^{20}
甲酰胺	2.6	195	1.133
乙酰胺	82.3	221.2	1.159
丙酰胺	81.3	213	1.042
丁酰胺	114.8	216	1.032
苯甲酰胺	132.5	290	1.341
乙酰苯胺	114.3	304	1.211

三、酰胺的化学性质

1. 酸碱性　酰胺分子中，氨基 N 原子上的未共用电子对与羰基形成 p-π 共轭体系，使 N 原子上的电子云密度降低，减弱了氨基接受质子的能力，因此酰胺是近乎中性的化合物。

$$R-\overset{O}{\overset{\|}{C}}-\ddot{N}H_2$$

在酰亚胺分子中，由于两个酰基的吸电子诱导效应，N 原子上 H 原子的酸性明显增强，能与强碱生成盐。例如：

$$\text{邻苯二甲酰亚胺(NH)} + KOH \longrightarrow \text{邻苯二甲酰亚胺}\overset{-}{N}\overset{+}{K} + H_2O$$

2. 水解反应　酰胺是羧酸的衍生物，能发生与酰卤、酸酐和酯相似的反应。由于受到共轭效应和离去基团等因素的影响，酰胺的反应活性低于其他羧酸的衍生物。酰胺的水解反应必须在强酸或强碱催化下，需长时间回流才能进行。

$$R-\overset{O}{\overset{\|}{C}}-NH_2 + H_2O \xrightarrow{H^+} R-\overset{O}{\overset{\|}{C}}-OH + NH_4^+$$

$$R-\overset{O}{\overset{\|}{C}}-NH_2 + H_2O \xrightarrow{OH^-} R-\overset{O}{\overset{\|}{C}}-O^- + NH_3\uparrow$$

3. 与亚硝酸反应　与伯胺相同，未取代的酰胺（即有伯氨基的酰胺，也称为伯酰胺）与亚硝酸反应，生成羧酸并放出氮气。

$$RCONH_2 + HNO_2 \longrightarrow RCOOH + N_2\uparrow + H_2O$$

4. 霍夫曼降解反应　酰胺与次卤酸盐的碱性溶液作用，脱去羰基，生成比原酰胺少一个碳原子的伯胺，该反应称为酰胺的霍夫曼降解（重排）反应，是制备伯胺的方法之一。

$$RCONH_2 \xrightarrow[NaOH]{Br_2} R-NH_2 + NaBr + Na_2CO_3$$

一般认为反应机理是，氨基首先被溴取代生成 N-溴代酰胺，在强碱作用下脱去溴化氢生成不稳定的酰基氮烯中间体，并立即重排成为异氰酸酯，经水解脱去二氧化碳生成伯胺。

$$RCONH_2 \xrightarrow{Br_2} R-\overset{O}{\overset{\|}{C}}-N(Br)(H) \xrightarrow{OH^-} R-\overset{O}{\overset{\|}{C}}-\ddot{N}: \xrightarrow{重排} O=C=N-R \longrightarrow R-NH_2 + CO_2\uparrow$$

问题与思考 9-6　完成下列合成：

（1）以丙腈为原料合成乙胺。

（2）以苯甲酸为原料合成苯胺。

四、碳酸的衍生物

在结构上，可将碳酸看成是羟基甲酸，也可看成是共有一个羰基的二元酸。碳酸中的羟基被其他原子或基团取代的化合物，称为碳酸的衍生物，碳酸衍生物的性质与羧酸衍生物极为相似。

1. 光气（$COCl_2$）　光气相当于碳酸的酰氯，极易水解：

$$Cl-\overset{O}{\overset{\|}{C}}-Cl + H_2O \longrightarrow CO_2\uparrow + 2HCl$$

光气经醇解则生成氯甲酸酯或碳酸酯。

$$\underset{光气}{Cl-\overset{O}{\overset{\|}{C}}-Cl} + ROH \longrightarrow \underset{氯甲酸酯}{Cl-\overset{O}{\overset{\|}{C}}-OR} \xrightarrow{ROH} \underset{碳酸酯}{RO-\overset{O}{\overset{\|}{C}}-OR}$$

光气是一种活泼试剂，用作有机合成的原料，因毒性很强，现代化学工业正在寻找替代品。

2. 氨基甲酸酯　从结构上可看作是碳酸分子中的两个羟基被氨（胺）基和烷氧基取代后的化合物。

$$\underset{碳酸}{HO-\overset{O}{\overset{\|}{C}}-OH} \qquad \underset{氨基甲酸酯}{H_2N-\overset{O}{\overset{\|}{C}}-OR} \qquad \underset{N\text{-}烃基氨基甲酸酯}{RNH-\overset{O}{\overset{\|}{C}}-OR}$$

氨基甲酸酯是一类高效低毒的新型农药，可用作杀虫剂、杀菌剂和除草剂，总称有机氮农药。例如：

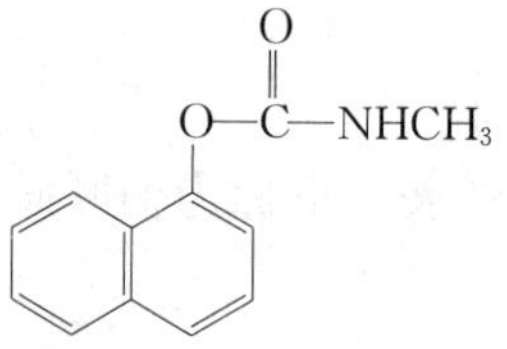

西维因
（N-甲基氨基甲酸-1-萘酯）

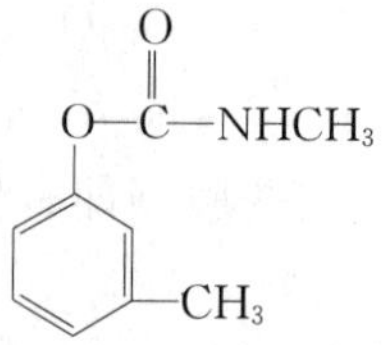

速灭威
（N-甲基氨基甲酸间甲苯酯）

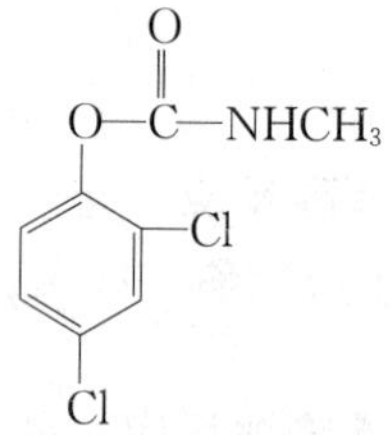

灭草灵
（N-甲基氨基甲酸-2,4-二氯苯酯）

3. 尿素 光气经氨解即得尿素（碳酸二酰胺）。

$$Cl-\overset{O}{\overset{\|}{C}}-Cl + NH_3 \longrightarrow NH_2-\overset{O}{\overset{\|}{C}}-NH_2$$

尿素也称脲，因最早（1773 年）从尿中获得，故称尿素。它是哺乳动物体内蛋白质代谢的最终产物，成人每日排泄的尿中约含 30 g 尿素。尿素是白色结晶，熔点 135.0 ℃，易溶于水和乙醇。它除可用作肥料外，也是有机合成的重要原料，用于合成药物、农药、塑料等。

工业上用二氧化碳和氨气在高温高压下合成尿素。

$$CO_2 + NH_3 \xrightarrow[\text{高压}]{180 \sim 200\ ℃} NH_2-\overset{O}{\overset{\|}{C}}-NH_2$$

尿素的主要性质如下：

（1）碱性 尿素是碳酸的二酰胺，由于含两个氨基而显碱性，但因共轭效应的影响碱性很弱，不能用石蕊试纸检验。尿素能与硝酸、草酸生成不溶性的盐。

$$NH_2-\overset{O}{\overset{\|}{C}}-NH_2 + HNO_3 \longrightarrow NH_2-\overset{O}{\overset{\|}{C}}-NH_2 \cdot HNO_3 \downarrow$$

$$2NH_2-\overset{O}{\overset{\|}{C}}-NH_2 + HOOC-COOH \longrightarrow 2CO(NH_2)_2 \cdot (COOH)_2 \downarrow$$

常利用这一性质由尿液中分离尿素。

（2）水解反应 与酰胺相同，尿素可在酸或碱的溶液中水解。此外，尿素还可在尿素酶的作用下水解。

$$NH_2-\overset{O}{\overset{\|}{C}}-NH_2 + H_2O \begin{cases} \xrightarrow{H^+} NH_4^+ + CO_2\uparrow \\ \xrightarrow{OH^-} NH_3\uparrow + CO_3^{2-} \\ \xrightarrow{\text{尿素酶}} NH_3\uparrow + CO_2\uparrow \end{cases}$$

植物及许多微生物中都含有尿素酶。

（3）与亚硝酸反应 与其他伯酰胺一样，尿素也能与亚硝酸作用放出氮气。

$$NH_2-\overset{\overset{\Large O}{\|}}{C}-NH_2 + 2HNO_2 \longrightarrow CO_2\uparrow + 3H_2O + N_2\uparrow$$

该反应是定量完成的，通过测定氮气的量，可求得尿素的含量。

（4）二缩脲反应　将尿素缓慢加热至熔点以上时，两分子尿素间失去一分子氨，缩合生成二缩脲。

$$NH_2-\overset{\overset{\Large O}{\|}}{C}-NH_2 + NH_2-\overset{\overset{\Large O}{\|}}{C}-NH_2 \xrightarrow{150\sim160\ ℃} \underset{\text{二缩脲}}{NH_2-\overset{\overset{\Large O}{\|}}{C}-NH-\overset{\overset{\Large O}{\|}}{C}-NH_2} + NH_3\uparrow$$

二缩脲为无色针状结晶，熔点160℃，难溶于水。在碱性溶液中能与稀的硫酸铜溶液产生紫红色，叫作二缩脲反应。凡分子中含有两个或两个以上酰胺键（—CONH—）的化合物，如多肽、蛋白质等，都能发生二缩脲反应。

4. 胍　胍可看作尿素分子中的氧原子被亚氨基（—NH—）取代的化合物。

$$H_2N-\overset{\overset{\Large NH}{\|}}{C}-NH_2$$

胍是很强的碱，其碱性与苛性碱相似，能吸收空气中的二氧化碳和水分。胍水解则生成尿素和氨。

$$H_2N-\overset{\overset{\Large NH}{\|}}{C}-NH_2 + H_2O \longrightarrow H_2N-\overset{\overset{\Large O}{\|}}{C}-NH_2 + NH_3\uparrow$$

一些天然物质，如链霉素、精氨酸的分子中都含有胍基。胍的许多衍生物可用作药物，如磺胺胍（S. G）、吗啉双胍（ABOB）等。

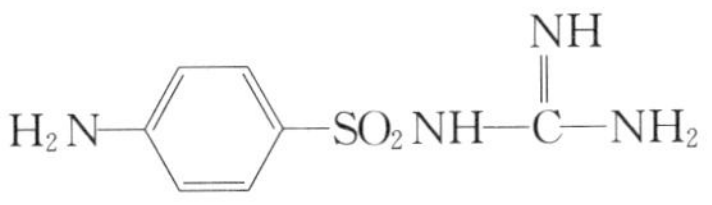

磺胺胍(S. G) 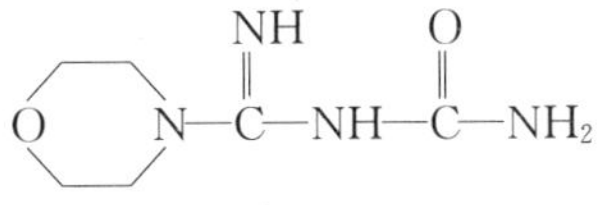　　吗啉双胍(ABOB)

S. G是常用的肠道消炎药，ABOB是治疗病毒性感冒的有效药物。

五、苯磺酰胺

苯磺酰卤与 NH_3 或 RNH_2、R_2NH 作用可生成苯磺酰胺。

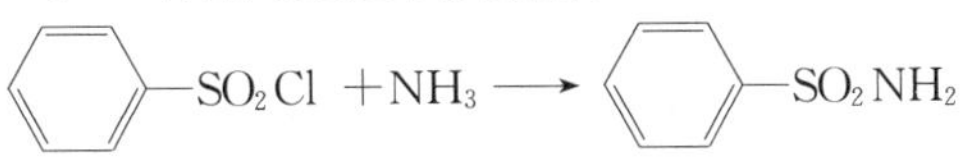

$$C_6H_5-SO_2Cl + NH_3 \longrightarrow C_6H_5-SO_2NH_2$$

对氨基苯磺酰胺简称磺胺，是20世纪30年代发展起来的一类抗菌药物，也是人类用于预防及治疗细菌感染的第一类化学合成药物，在青霉素问世之前是使用最广泛的抗生素。由于它的副作用较大，现在主要供外用，或做其他磺胺类药物的原料。

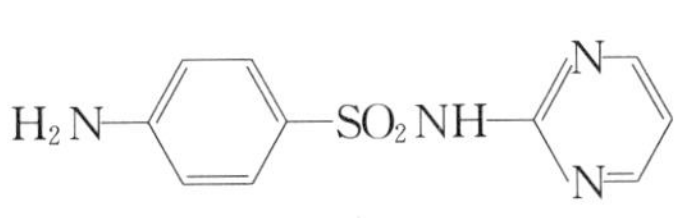

磺胺嘧啶(SD) 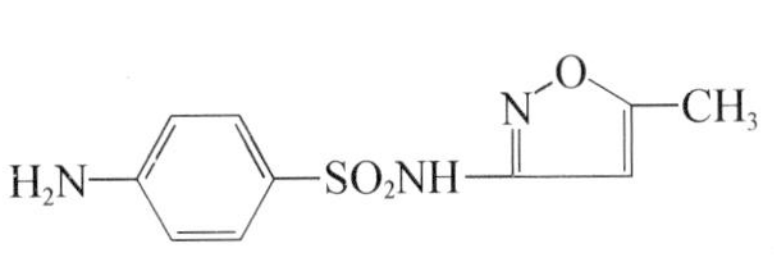　　磺胺噁唑(SMZ)(新诺明)

磺胺类药物具有抗菌谱广，性质稳定，口服吸收良好等优点，是一类治疗细菌性感染的重要药物。

所有磺胺类药物都具有对氨基苯磺酰胺的基本骨架，它们的抗菌作用是由于对氨基苯磺酰胺干扰了细菌生长所必需的叶酸的合成。因为细菌需要对氨基苯甲酸合成叶酸，而对氨基苯磺酰胺在分子的大小、形状以及某些性质上与对氨基苯甲酸十分相似，细菌无法识别，当被细菌吸收后，叶酸的合成受阻，使细菌因缺乏叶酸而停止生长。

第三节 其他含氮有机化合物

一、硝基化合物

硝基化合物是指分子中含有硝基（$—NO_2$）的化合物，可以看作是烃分子中的氢原子被硝基取代后得到的化合物，常用 RNO_2 或 $ArNO_2$ 表示。

1. 硝基化合物的结构和命名 硝基是个强吸电子基团，因此硝基化合物都有较高的偶极矩。硝基甲烷键长测定的结果表明，硝基中的氮原子和两个氧原子之间的距离相同。根据杂化轨道理论，硝基中的氮原子是 sp^2 杂化的，它以三个 sp^2 杂化轨道与两个氧原子和一个碳原子形成三个共平面的 σ 键，未参与杂化的一对 p 电子所处的 p 轨道与每个氧原子的一个 p 轨道形成一个共轭 π 键体系。

硝基化合物的命名与卤代烃相似，通常硝基作为取代基。例如：

$CH_3—NO_2$ 硝基甲烷

$CH_3CH(NO_2)CH_3$ 2-硝基丙烷

$HOOC—C_6H_4—NO_2$ 对硝基苯甲酸

2,4,6,-三硝基苯酚(苦味酸)

2,4,6-三硝基甲苯(TNT)

1,3,5-三硝基苯(TNB)

2. 硝基化合物的性质 硝基化合物分子具有较强的极性，分子间吸引力大，因此硝基化合物的熔点、沸点比相应的卤代烃高，多为高沸点的液体或固体。多硝基化合物具有爆炸性。液态的硝基化合物是许多有机物的优良溶剂，但硝基化合物有毒，它的蒸气能透过皮肤被机体吸收而使人中毒，应尽量避免使用硝基化合物做溶剂。

（1）还原反应 硝基容易被还原，尤其是直接连在芳环上的硝基，还原产物随还原介质的不同而有所不同。硝基苯在酸性条件下，可用铁等金属还原为芳香族伯胺。

$$C_6H_5—NO_2 \xrightarrow[\text{酸性介质}]{Fe+HCl} C_6H_5—NH_2$$

$$C_6H_5—NO_2 \xrightarrow[\text{中性介质}]{Zn+NH_4Cl} C_6H_5—NH—OH$$

$$2\,C_6H_5—NO_2 \xrightarrow[\text{碱性介质}]{Zn+NaOH} C_6H_5—NH—NH—C_6H_5$$

氢化偶氮苯

用催化氢化的方法也可还原硝基化合物。

$$R—NO_2 + H_2 \xrightarrow{Ni} R—NH_2$$

（2）酸性　脂肪族硝基化合物中，硝基的α-碳原子上有氢原子时具有酸性，能产生互变异构现象。

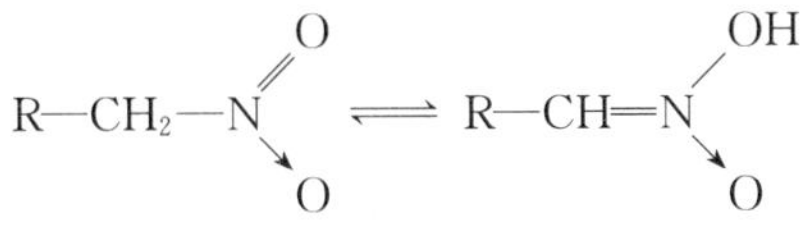

$$R—CH_2—N(=O)\rightarrow O \rightleftharpoons R—CH=N(OH)\rightarrow O$$

硝基式　　　　　　酸式

	CH_3NO_2	$CH_3CH_2NO_2$	$(CH_3)_2CHNO_2$
pK_a	10.2	8.5	7.8

平衡体系中，酸式含量较低，平衡主要偏向硝基式一方。加碱可使平衡向右移动，使全部转变为酸式的盐而溶解。例如：

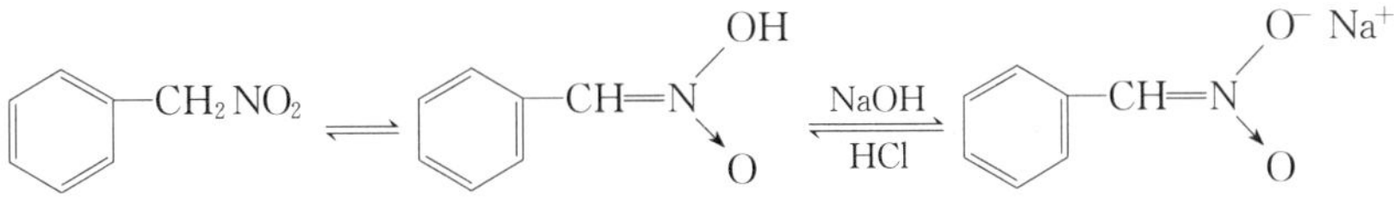

$$C_6H_5—CH_2NO_2 \rightleftharpoons C_6H_5—CH=N(OH)\rightarrow O \underset{HCl}{\overset{NaOH}{\rightleftharpoons}} C_6H_5—CH=N(O^-\ Na^+)\rightarrow O$$

问题与思考 9-7　写出化合物 $CH_3CH_2NO_2$ 和 $(CH_3)_2CHNO_2$ 的互变异构平衡体。

（3）硝基对苯环邻、对位基团的影响　硝基苯中，硝基的邻位或对位上的某些取代基常显示出特殊的活性。

氯苯是稳定的化合物，通常条件下要使氯苯与氢氧化钠作用转变为苯酚很困难。但在氯原子的邻位或对位上有硝基时，使卤原子的活性增大，容易被羟基取代。例如：

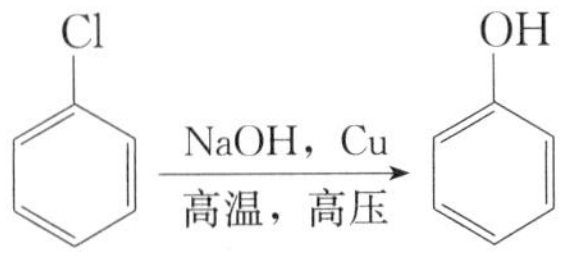

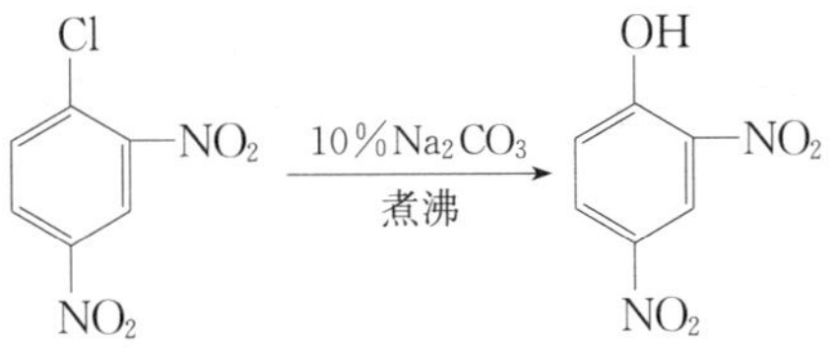

$$C_6H_5Cl \xrightarrow[\text{高温，高压}]{NaOH，Cu} C_6H_5OH$$

$$\text{2,4-}(NO_2)_2C_6H_3Cl \xrightarrow[\text{煮沸}]{10\%Na_2CO_3} \text{2,4-}(NO_2)_2C_6H_3OH$$

这是由于硝基的吸电子共轭效应使苯环上的电子云密度降低，特别是使硝基的邻位或对位碳原子上的电子云密度大大降低，有利于亲核试剂进攻，使氯原子容易被取代，硝基越多，卤原子的活性越强。

同样，硝基影响苯环上的羟基或羧基，特别是处于邻位或对位的羟基或羧基上的氢原子质子化倾向增强，即酸性增强。例如：

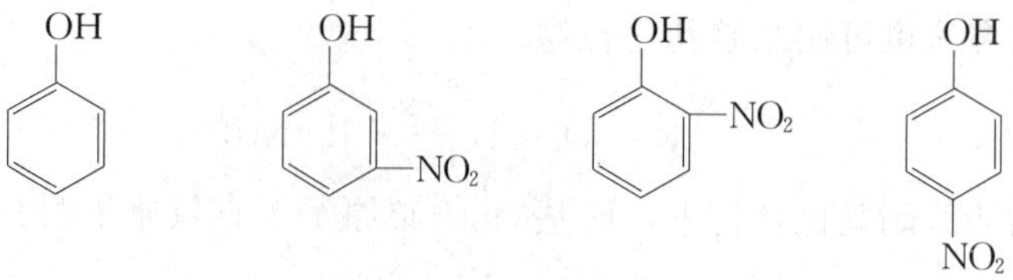

	OH	OH $-NO_2$ (间位)	OH $-NO_2$ (邻位)	OH NO_2 (对位)
pK_a	10.00	8.30	7.21	7.16

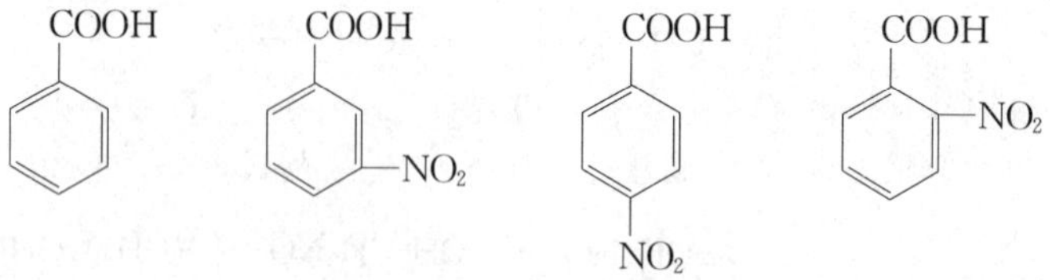

	COOH	COOH $-NO_2$ (间位)	COOH NO_2 (对位)	COOH $-NO_2$ (邻位)
pK_a	4.17	3.49	3.40	2.21

二、腈

腈可以看作是氢氰酸分子中的氢原子被烃基取代的产物。低级腈是无色液体，高级腈是固体。纯净的腈无毒，但往往混有异腈而有毒。

腈水解生成羧酸，腈的名称是根据水解生成的羧酸命名的。例如：

$$\underset{\text{乙腈}}{CH_3CN} + H_2O \xrightarrow[\triangle]{H^+} \underset{\text{乙酸}}{CH_3COOH} + NH_4^+$$

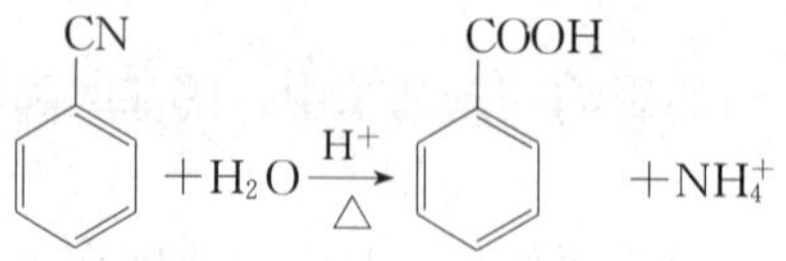

$$\underset{\text{苯甲腈}}{C_6H_5CN} + H_2O \xrightarrow[\triangle]{H^+} \underset{\text{苯甲酸}}{C_6H_5COOH} + NH_4^+$$

腈可用催化氢化或化学还原的方法还原为伯胺。例如：

$$CH_3CH_2CN + H_2 \xrightarrow{Ni} CH_3CH_2CH_2NH_2$$

$$CH_3CH_2CN \xrightarrow{Na+HOC_2H_5} CH_3CH_2CH_2NH_2$$

腈是重要的工业原料，己二腈是合成尼龙-66的原料，乙腈可作为溶剂。

第四节　含磷有机化合物

含磷有机化合物种类很多，许多是生物体内的重要组成成分，有些化合物如核酸、磷脂等是维持生命活动和生物体遗传不可缺少的物质。

农业上，许多含磷有机化合物用作杀虫剂、杀菌剂和植物生长调节剂等，是一类极为重要的农药。在有机合成中，许多是非常重要的试剂。

一、含磷有机化合物的主要类型

1. 膦类　膦是指分子中含有C—P键的有机化合物。氮磷是同一主族元素，相应于氨的磷化合物称为磷化氢或膦。根据磷原子上所连烃基的数目，膦可分为伯膦、仲膦、叔膦和季鏻盐等。例如：

PH_3	RPH_2	R_2PH	R_3P	$R_4P^+X^-$
磷化氢	伯膦	仲膦	叔膦	季鏻盐

2. 亚膦酸类

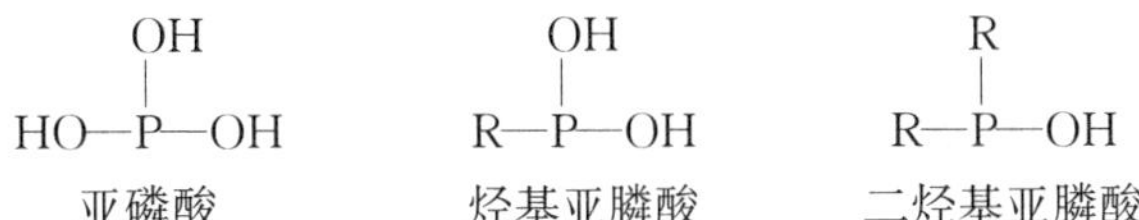

亚磷酸　　烃基亚膦酸　　二烃基亚膦酸

3. 膦酸类

磷酸　　烃基膦酸　　二烃基次膦酸　　三烃基氧化膦

4. 磷酸酯类

$R{-}O{-}P(=O)(OH){-}OH$　　$RO{-}P(=O)(OR){-}OH$　　$RO{-}P(=O)(OR){-}OR$

磷酸一烃基酯　　磷酸二烃基酯　　磷酸三烃基酯

5. 硫代磷酸及其酯类

$HO{-}P(=S)(OH){-}OH$　　$RO{-}P(=S)(OR){-}OR$　　$HO{-}P(=S)(OH){-}SH$　　$RO{-}P(=S)(OR){-}SR$

硫代磷酸　　硫代磷酸酯　　二硫代磷酸　　二硫代磷酸酯

二、含磷有机农药简介

20 世纪 30 年代后就发现了有机磷化合物的生理效应和杀虫性能。有机磷（膦）酸酯类农药通常用商品名称。它们的系统命名是以磷（膦）酸酯或硫代磷酸酯为母体，氧原子或硫原子上的烃基用“*O*-某基”或“*S*-某基”表示。

1. 乙烯利

$(HO)_2P(=O){-}CH_2CH_2Cl$

2-氯乙基膦酸

乙烯利属膦酸类植物生长调节剂。纯品为无色针状结晶，熔点 75 ℃，易溶于水及乙醇。商品乙烯利通常是带有棕色的液体。乙烯利可用于催熟水果，在 pH>4 时会缓慢水解，释放出乙烯。

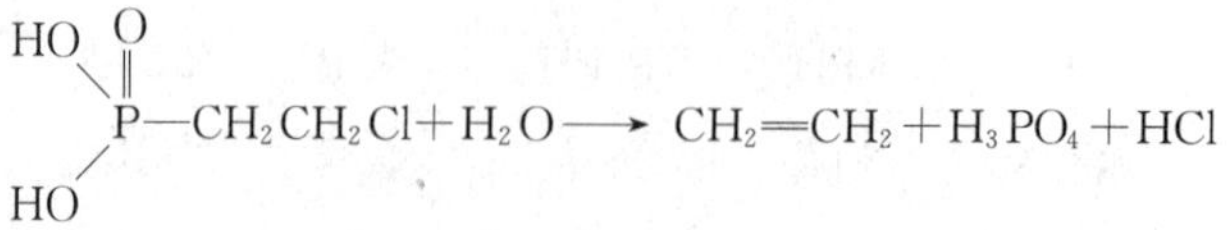

$$(HO)_2P(=O)-CH_2CH_2Cl+H_2O \longrightarrow CH_2=CH_2+H_3PO_4+HCl$$

乙烯利易被植物吸收。由于一般植物细胞 pH 在 4 以上，所以在植物体内，乙烯利逐渐分解放出乙烯，促进果实成熟。乙烯利还有促进种子发芽、调节植物生长的作用。

2. 敌百虫

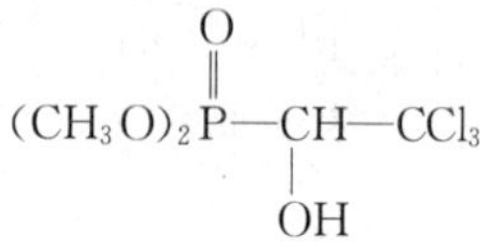

$$(CH_3O)_2P(=O)-CH(OH)-CCl_3$$

O,*O*-二甲基-(1-羟基-2,2,2-三氯乙基)膦酸酯

敌百虫属膦酸酯类杀虫剂，为无色晶体，熔点 81 ℃，易溶于水和多数有机溶剂。敌百虫对昆虫有胃毒和触杀作用，常用于防治鳞翅目、双翅目、鞘翅目等害虫。敌百虫对哺乳动物的毒性较小，也可用于防治家畜体内外的寄生虫，或用作灭蝇剂。

3. 敌敌畏

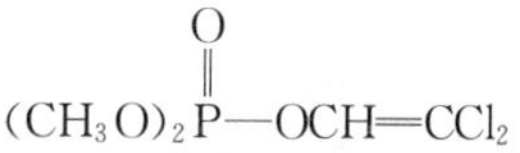

$$(CH_3O)_2P(=O)-OCH=CCl_2$$

O,*O*-二甲基-*O*-(2,2-二氯乙烯基)磷酸酯

敌敌畏属磷酸酯类杀虫剂，为无色液体，易挥发，微溶于水。敌敌畏有胃毒、触杀和熏蒸作用，杀虫范围广，作用快，主要用于防治刺吸口器害虫和潜叶害虫。敌敌畏的杀虫效果较敌百虫好，但对人、畜的毒性较大，不适宜于家庭卫生和兽医杀虫。

4. 对硫磷（1605）

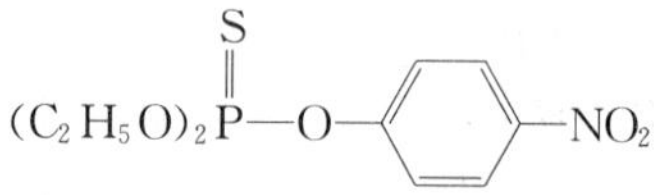

$$(C_2H_5O)_2P(=S)-O-C_6H_4-NO_2$$

O,*O*-二乙基-*O*-(对硝基苯基)硫代磷酸酯

1944 年，德国化学家希拉台尔发现了第一个杀虫对硫磷，又称为 1605，属硫代磷酸酯类杀虫剂，为浅黄色油状液体，工业品有类似大蒜的臭味，难溶于水，易溶于有机溶剂。对硫磷是一种剧毒农药，有优良的杀虫性能，但对人、畜和鱼类的毒性也很大。

5. 乐果

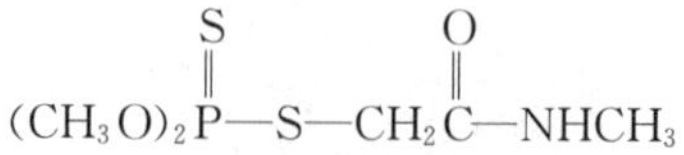

$$(CH_3O)_2P(=S)-S-CH_2C(=O)-NHCH_3$$

O,*O*-二甲基-*S*-(甲氨基甲酰甲基)二硫代磷酸酯

乐果属于二硫代磷酸酯类杀虫剂，为白色晶体，熔点 51～52 ℃，溶于水和多种有机溶剂。乐果有内吸性，能被植物的根、茎、叶吸收并传导到整个植株。乐果对昆虫毒性很高，而对温血动物毒性很低。

拓展阅读

偶氮染料

偶氮染料是指偶氮基两端连接芳基的一类有机化合物，是非常重要的一类染料。根据染料分子中所含偶氮基的个数可分为单偶氮染料、双偶氮染料和多偶氮染料，市售大多是单偶氮和双偶氮染料。目前，世界各国生产的染料品种多达5 000余种，年产量近100万t。偶氮染料有黄、橙、红、紫、深蓝、黑等各种颜色品种，色谱齐全，但以浅色（黄-红色）为主，绿色品种较少。浅色品种比较鲜艳，尤其是大红色，而深色品种鲜艳度较差。

偶氮染料品种齐，数量多，用途广。不仅可用于各种纤维纺织品的染色，还可以用于颜料、油墨、食品、皮革等行业。

近些年，有关芳香胺偶氮染料的致癌性备受关注。某些染料可从纺织品中转移到人的皮肤上，在细菌的生物催化作用下，粘在皮肤上的染料可能发生反应，并释放出致癌的芳香胺，这些致癌物透过皮肤扩散到人体内，经过人体的新陈代谢作用使DNA发生结构与功能的变化，从而诱发癌症或引起过敏。许多国家相继提出禁止生产和出口使用芳香偶氮染料染色的纺织品、皮革制品等，这一举措对全世界染料制造行业及人们的日常生活造成了巨大影响。为此，国内外许多公司都开始致力于禁用染料的替代品的研究和产业化工作。一方面大量开发联苯胺型中间体的代用品，以及邻苯甲胺或邻氨基苯甲醚的代用品，另一方面寻找经济可行的工业化路线，以生产出对人体无害的染料中间体及性能优良的染料以满足市场需求。

本章小结

胺可以看作是氨分子中的氢原子被烃基取代的衍生物。根据氨分子中的氢被烃基取代的数目，可将胺分为伯胺、仲胺和叔胺。氮原子与四个烃基相连的化合物称为季铵类化合物。

胺与氨相似，氮原子上的未共用电子对可以接受质子，因此胺具有碱性，可以与酸成盐。由于胺的碱性较弱，在其盐中加入强碱可使胺重新游离出来，利用此性质，可用作胺的分离和提纯。不同类型胺的碱性不同，从电子效应、空间效应以及溶剂化效应综合考虑，不同类型胺在溶液中的碱性大小顺序为：

脂肪仲胺＞脂肪伯胺＞脂肪叔胺＞氨＞芳香伯胺＞芳香仲胺＞芳香叔胺

卤代烃与氨作用生成胺，胺可以继续与卤代烃发生亲核取代反应生成仲胺、叔胺和季铵盐。季铵盐不能直接与氢氧化钠反应生成季铵碱，但可以与湿的氧化银作用生成季铵碱。伯胺和仲胺可以与酰卤或酸酐发生酰基化反应，叔胺氮原子上无氢原子，不能发生酰基化反应。酰胺在酸性或碱性条件下水解可得到原来的胺，因此在有机合成中常利用酰基化反应来保护氨基。伯胺和仲胺可以发生磺酰化反应，叔胺的氮原子上无氢原子，不发生磺酰化反应，该反应可用来分离、提纯和鉴定不同类型的胺。

胺还可以与亚硝酸反应。芳香伯胺与亚硝酸发生重氮化反应，通过重氮盐可以合成一系列芳香族化合物。重氮盐也可以与酚类及芳香叔胺发生偶合反应，制备偶氮化合物。

酰胺是羧酸的衍生物。酰胺分子中氮原子上的电子密度由于 p－π 共轭效应而降低，因此酰胺一般呈中性。与酯相似，酰胺能进行水解反应和醇解反应，也能与亚硝酸反应放出氮气。酰胺的霍夫曼降解反应可用来制备比原来的酰胺少一个碳原子的伯胺。尿素是碳酸的二酰胺，其碱性大于酰胺，可以发生水解、亚硝化和二缩脲反应。

硝基化合物难溶于水或不溶于水，味苦，有毒，多硝基化合物易爆炸，是无色或淡黄色的液体或固体。在铁粉和盐酸的作用下，硝基苯被还原为苯胺。硝基对苯环上的取代基有明显影响。硝基苯的亲电取代反应比苯困难，亲核取代反应比苯容易。硝基使苯环上的羧基或羟基的酸性增强。

有机磷农药就其基本结构看，大致有膦酸、膦酸酯、磷酸酯及硫代磷酸酯等类型。

习 题

1. 命名下列化合物：

(1) $CH_3CH_2NH_2$　　(2) $CH_3CH(NH_2)CH_3$

(3) $(CH_3)_2NCH_2CH_3$　　(4) $C_6H_5{-}N(CH_3)_2$

(5) $[(CH_3)_3NC_6H_5]^+OH^-$　　(6) $(CH_3CH_2)_2N{-}NO$

(7) $CH_3CON(CH_3)_2$　　(8) $H_2NCOOC_2H_5$

(9) $H_3C{-}C_6H_4{-}N_2^+Cl^-$　　(10) $C_6H_5{-}N_2{-}C_6H_4{-}N(CH_3)_2$

2. 写出下列化合物的结构式：

(1) *N*-甲基-*N*-乙基苯胺　　(2) *N*,*N*-二甲基甲酰胺　　(3) 胆碱

(4) 胆胺　　(5) 二缩脲　　(6) 仲丁胺

3. 下列各组化合物按碱性强弱顺序排列：

(1) 对甲氧基苯胺、苯胺、对硝基苯胺

(2) 丙胺、甲乙胺、苯甲酰胺

(3) 氢氧化四甲铵、邻苯二甲酰亚胺、尿素

4. 鉴别下列各组化合物：

(1) 异丙胺、二乙胺、三甲胺

(2) 苯胺、硝基苯、硝基苄

(3) 苯胺、环己胺、*N*-甲基苯胺

5. 完成下列反应式：

(1) $CH_2{=}CHCH_2Br+NaCN\longrightarrow ?\xrightarrow[H_2O]{H^+}?$

(2) $(CH_3)_3N+CH_3CH_2I\longrightarrow ?\xrightarrow[\triangle]{AgOH}?$

(3) $CH_3CH_2NH_2+CH_3COCl\longrightarrow ?$

(4) $[(CH_3)_3N^+CH_2CH_3]\ OH^-\xrightarrow{\triangle}?$

(5) $CH_3CH(NH_2){-}CONH_2+HNO_2\xrightarrow{\triangle}?$

(6) $CH_3CH_2NHCH_2CH_3+(CH_3CO)_2O \longrightarrow ?$

(7) $C_6H_5\text{—}COCl+NH_3 \longrightarrow ? \xrightarrow[\triangle]{Br_2/NaOH} ? \xrightarrow[0\sim5\ ℃]{NaNO_2/HCl} ? \xrightarrow[\text{弱 }OH^-]{C_6H_5\text{—}OH} ?$

(8) $C_6H_6 \xrightarrow[H_2SO_4]{HNO_3} ? \xrightarrow{Fe/HCl} ? \xrightarrow[NaOH]{C_6H_5\text{—}SO_2Cl} ?$

6. 由指定原料合成下列化合物（无机试剂可任取）：

（1）由苯合成间三溴苯

（2）由甲苯合成对氨基苯甲酸

（3）由苯合成 4-羟基-4′-氯偶氮苯

（4）由苯胺合成对硝基苯甲酰氯

7. 试分离苯胺、硝基苯、苯酚、苯甲酸的混合物。

8. 某化合物 A 分子式为 $C_7H_7NO_2$，无碱性，还原后得到 B，化学名称为对甲苯胺。低温下 B 与亚硝酸钠的盐酸溶液作用得到 C，分子式为 $C_7H_7N_2Cl$。C 在弱碱性条件下与苯酚作用得到分子式为 $C_{13}H_{12}ON_2$ 的化合物 D。试推测 A、B、C 和 D 的结构。

9. 分子式为 $C_7H_7NO_2$ 的化合物 A、B、C、D，它们都含有苯环，为 1,4-衍生物。A 能溶于酸和碱；B 能溶于酸而不溶于碱；C 能溶于碱而不溶于酸；D 不溶于酸也不溶于碱。推测 A、B、C 和 D 的可能结构式。

10. 分子式为 $C_6H_{13}N$ 的化合物 A，能溶于盐酸溶液，并可与 HNO_2 反应放出 N_2，生成物为 B($C_6H_{12}O$)。B 与浓 H_2SO_4 共热得产物 C，C 的分子式为 C_6H_{10}。C 能被 $KMnO_4$ 溶液氧化，生成化合物 D($C_6H_{10}O_3$)。D 和 NaOI 作用生成碘仿和戊二酸。试推导出 A、B、C、D 的结构式，并用反应式表示推断过程。

自测题

自测题答案

第十章　有机合成

第一节　有机合成的任务和意义

有机合成是指利用化学反应将单质、无机物或有机物制备成新的有机化合物的过程。其任务是利用已有的原料，制备新的、更复杂、更有实际价值的有机化合物，为国民经济的各个领域和人们日常生活提供丰富多彩的有机产品。

有机合成是有机化学的重要组成部分，它在有机化学的发展史上起着重要的作用。对有机化学的理论研究、反应机理的探讨和有机反应的验证，都需要通过有机合成提供大量具有各种特殊性能的有机分子做试剂。

1828 年德国化学家伍勒（Wöhler）由无机物氰酸铵制得了有机物尿素，这是首次由无机物人工合成有机物，从而揭开了有机合成的帷幕。在 Wöhler 的启发下，人们又陆续由无机物合成了许许多多的有机物。可以说，从尿素的合成开始，迄今 190 多年来，有机合成取得了日新月异的发展，新的有机化合物的不断合成，新的有机合成反应和合成技术的不断问世，给有机合成增添了更为充实的内容。

20 世纪有机合成逆分析法的建立，使有机合成进入了又一个新时期，赤霉素、前列腺素等 100 多种复杂的天然产物相继被人工合成。可以说，如今我们不仅能够合成自然界中已存在的物质，而且还能够根据理论研究和实际应用的需要，合成自然界中不存在的物质。

目前，有机合成产品已成为农业生产和日常生活不可缺少的主要部分。如农业生产及农副产品加工中使用的多种杀虫剂、杀菌剂、除草剂、植物生长调节剂、土壤改良剂、防腐保鲜剂和食品添加剂等多数为有机合成的。

据统计，至今自然界中已知的物质约有 2 200 万种，绝大多数为有机化合物，而有机化合物中有一半以上是有机合成产品。

近年来，电化合成、光化合成、辐射合成、催化合成和仿生合成等，均已成为十分活跃的研究领域。现代物理方法，如红外光谱、紫外光谱、核磁共振谱、质谱和 X 射线技术等的应用，极大地提高了有机化合物结构的鉴定效率，有利地促进了有机合成的发展。

电子计算机应用于有机合成程序的设计十分引人注目，很多有机合成的程序设计已实现计算机化。

随着人类社会进入 21 世纪，社会的可持续发展及其所涉及的生态、环境、资源、经济等方面的问题日益成为人们关注的焦点，就化学而言，绿色合成已成为有机合成的新的目标和方向。对于有机合成，重要的不仅在于合成什么功能的分子，而且更在于怎么合成才能减少乃至消除化学品及合成过程中对环境及人类产生的副作用。总之，要充分考虑到合成的有效性、经济性、实用性和环境友好等问题。

展望未来，任重道远。一方面，随着人类社会的不断发展，人们永无止境的物质需求使得有机合成学科的发展永无止境；另一方面，目前有机合成距绿色合成还有很大的差距。这就需要我们有机化学工作者必须不懈地拼搏、奋斗与创新。

我国拥有丰富的天然资源，如煤、石油、天然气、农副产品等，为有机合成的发展提供了可靠的物质基础。

综观有机合成的发展，我们不仅为今天的成就而自豪，更应为未来的发展而努力，可以充满信心地预期，迎来的必将是有机合成发展的新时期。

第二节　设计有机合成路线的基本原则

合成一种有机化合物往往有多种路线，例如丙酮可由丙烯的催化氧化或丙烯的水合、氧化来制备：

$$CH_3CH{=}CH_2+\frac{1}{2}O_2 \xrightarrow{PdCl_2-CuCl_2} CH_3COCH_3$$

$$CH_3CH{=}CH_2 \xrightarrow[H_3PO_4]{H_2O} CH_3\underset{}{\overset{OH}{\overset{|}{C}}}HCH_3 \xrightarrow[H_2SO_4]{K_2Cr_2O_7} CH_3COCH_3$$

也可由丙炔水合来制取：

$$CH_3C{\equiv}CH+H_2O \xrightarrow[H_2SO_4]{HgSO_4} CH_3COCH_3$$

工业上常用异丙苯氧化法制备：

$$C_6H_5CH(CH_3)_2 \xrightarrow{O_2} C_6H_5C(CH_3)_2{-}O{-}OH \xrightarrow{H^+} CH_3COCH_3+C_6H_5OH$$

一种有机化合物的合成，究竟选择哪一种合成路线是一个较复杂的问题，既要考虑原料的来源、产率的高低，还要考虑生产条件的难易、产品的用途、产品的纯度以及成本的高低等因素。一般来说，一条适宜的合成路线应符合以下原则：

1. 收率高　反应收率的高低是衡量一条合成路线优劣的主要标准，由于有机化合物分子结构的复杂性，导致反应往往不局限在某一特定的部位，在发生主反应的同时伴随某些副反应，使主产物收率降低。因此，在选择合成路线时，应尽可能地选择较少副反应的合成路线以提高反应的收率。

2. 合成路线短　反应收率与反应步骤是密切相关的。例如，一个具有十步反应的合成，如果每步收率为70%，最后总收率仅为2.8%，如果这个合成仅有三步，每步收率也为70%，最后总收率则为34.3%。另外，合成路线的增长不仅造成操作步骤更加繁杂，合成周期拖长，而且增加能耗，由此可知，选择较短的合成路线是非常重要的。

3. 原料丰富易得　原料的选择应立足于国内，资源丰富，价格低廉，尽可能无毒或低毒。

一般情况下，结构简单的化合物容易获得，常被用作有机原料，如：含5个碳原子以下的单官能团化合物；简单的一元取代苯；含偶数碳原子的直链羧酸及其甲酯或乙酯；含6个碳原子以下的直链二元羧酸及其甲酯或乙酯。

4. 力求采用易于实现的反应条件 尽可能选择温和的反应条件，如室温或略高于室温，常压或略高于常压，易操作、安全，并对设备无特殊的苛刻要求。

5. 能耗低 应尽可能选择低能耗的合成路线，低的能源消耗已成为化工生产中一项重要的经济指标，它从另一个侧面反映出生产的先进性与现代化程度。

总之，对于一个化合物，可能有几条合成路线，哪种路线最优越，既要考虑原料的来源，又要考虑合成步骤的多少、实验条件的难易以及合成的收率。因此，一条合理的合成路线需要综合衡量各方面的因素才能确定。

第三节 有机合成路线的设计

有机分子合成路线的设计主要包括三个方面的问题：碳架的建立，官能团的转化，立体化学的选择性和控制。

设计复杂有机分子的合成路线时，首先对整个分子的结构特征和理化性质进行考察，这样可简化合成问题，避免不必要的弯路，在此基础上再采用逆合成分析法来寻找合理的合成路线。

一、逆合成分析法

过去对有机合成路线的设计，由于缺乏基本思路，只能大体上依据目标分子的特征，找出相应的反应尝试地设计合成路线。这种缺乏明确思路，凭经验和想象的方式对于简单分子的合成设计是可行的，但是对于比较复杂的分子，将如何进行设计呢？为了从思路上解决复杂分子的合成路线设计问题，E. J. Corey 提出了推导合成路线的直观方法“逆合成分析法”。

“逆合成分析法”也称“逆推法”，是指在设计合成路线时，采取从产物开始一步一步向回推出合成目标分子的各种路线和可能的起始原料，从中选出合理的合成路线和原料。回推过程中，通常采用“切断”的手段，将复杂目标分子的结构逐渐简化。在逆合成分析法中，常用的几个术语如下：

目标分子：待合成的分子（也称靶分子），常用“TM”表示。

切断：将分子中某部位的化学键进行切割断裂，切断符号用虚线“┆”表示。

转换：也称变换，表示回推时由一种结构转换成另一种结构的过程，用“⇒”表示。

合成子：通过切断而产生的一些并非实际存在的概念性的分子片段，通常为正离子或负离子。

等价物：也称等价试剂，与合成子相对应的起合成作用的试剂。

例如，将目标分子苄基丙二酸二乙酯进行切断：

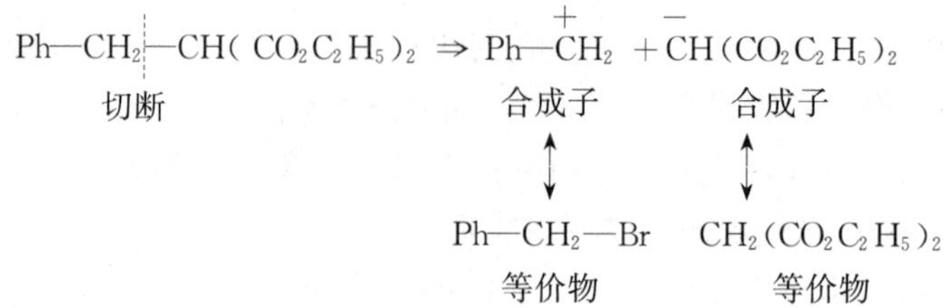

切断后产生的$Ph—CH_2^+$和$^-CH(CO_2C_2H_5)_2$为合成子，$Ph—CH_2Br$和$CH_2(CO_2C_2H_5)_2$分别是合成子$Ph—CH_2^+$和$^-CH(CO_2C_2H_5)_2$的等价物。苄基丙二酸二乙酯是由两个等价物反应而得到的：

$$Ph—CH_2—Br+CH_2(CO_2C_2H_5)_2 \xrightarrow[-HBr]{C_2H_5ONa} Ph—CH_2—CH(CO_2C_2H_5)_2$$

由上例可知，逆合成分析法设计合成路线包括三个基本步骤：

(1) 根据分子结构特点对某一化学键切断，产生合成子；

(2) 找出合成子的等价物；

(3) 写出合成路线及各步的反应条件。

采用逆合成分析法将分子切断成合成子时，切断的方式不是任意的，应遵循以下原则：

1. 应具有合理的合成子　分子切断部位的选择是否合适，对合成的成败起着决定性的作用。当然，有的分子有一个以上合适的切断部位，但多数情况下是某一切断更为优越，因此，应选择出最合理的切断部位。

例如，设计合成苄基丙二酸二乙酯时，设想其在如下两个部位切断：

$$Ph \overset{(2)}{\vdots} —CH_2 \overset{(1)}{\vdots} —CH(CO_2C_2H_5)_2$$

(1) 切断方式形成的合成子$PhCH_2^+$和$^-CH(CO_2C_2H_5)_2$比 (2) 切断方式形成的合成子Ph^+和$^-CH_2CH(CO_2C_2H_5)_2$稳定得多，并且 (1) 切断方式形成的合成子等价物$PhCH_2Br$和$CH_2(CO_2C_2H_5)_2$更为合理。因此，应选择按 (1) 切断方式设计合成路线。

2. 应具有较短的合成路线

例如：设计合成2-环己基-2-丙醇

将目标分子按 (1) 和 (2) 两种方式切断：

$$C_6H_{11} \overset{(2)}{\vdots} C(CH_3)(OH) \overset{(1)}{\vdots} CH_3 \overset{(1)}{\Longrightarrow} C_6H_{11}—\underset{\underset{O}{\|}}{C}—CH_3+CH_3MgBr$$

$$\Downarrow(2) \qquad\qquad\qquad \Downarrow$$

$$C_6H_{11}—MgBr+\ CH_3\underset{\underset{O}{\|}}{C}CH_3 \qquad C_6H_{11} \vdots \underset{\underset{OH}{|}}{CH}—CH_3$$

$$\Downarrow$$

$$C_6H_{11}—MgBr+CH_3CHO$$

显然，(2) 切断方式得到的合成路线较短，因此，(2) 切断方式更为合理。

3. 形成的合成等价物应易得到

例如：设计合成 $C_2H_5—\underset{}{\overset{\overset{C_2H_5}{|}}{C}H}—\underset{\underset{C_2H_5}{|}}{N}—C_2H_5$

目标分子为叔胺，可按如下两种方式切断：

$$C_2H_5-\underset{\underset{C_2H_5}{|}}{\overset{\overset{C_2H_5}{|}}{CH}}\overset{(1)}{\vdots}-N\overset{(2)}{\vdots}-C_2H_5 \xRightarrow{(1)} C_2H_5-\overset{\overset{C_2H_5}{|}}{CH}-I+H\underset{\underset{C_2H_5}{|}}{N}-C_2H_5$$

$$\Downarrow(2)$$

$$C_2H_5-\overset{\overset{C_2H_5}{|}}{CH}-\underset{\underset{C_2H_5}{|}}{NH}\ +I-C_2H_5$$

(1) 切断方式中，所得两种原料均为不超过 5 个碳原子的单官能团化合物，容易得到。而 (2) 切断方式中，其一原料有 7 个碳原子，较难得到。所以，(1) 切断方式更为合理。

总之，选择正确的切断方式是非常重要的，“切”是为了“合”，只有切得正确，才能合理地合成。

下面以实际例子介绍逆合成分析法设计合成路线的方法，为讨论方便，一般切断后的片断直接写成合成子的等价物。

例 1：由少于四个碳原子的烃合成 2-丁醇。

由题意知 2-丁醇应是由一个碳原子和三个碳原子的化合物或两个具有两个碳原子的化合物作用得到。

醇的制法主要有：①卤代烷的水解；②烯烃的水合；③醛、酮、羧酸、羧酸酯的还原；④Grignard试剂与醛、酮的反应。但前三种制法不涉及碳链的变化，只有最后一种制法符合题意，由逆推法将分子切断可推出 2-丁醇有两种合成途径：

$$CH_3CH_2CHO+CH_3MgX \xLeftarrow{(1)} CH_3\overset{(1)}{\vdots}\underset{\underset{OH}{|}}{CH}\overset{(2)}{\vdots}CH_2CH_3 \xRightarrow{(2)} CH_3CH_2MgX+CH_3CHO$$

途径 (1)：$CH_3CH_2CHO \Rightarrow CH_3CH_2CH_2OH \Rightarrow CH_3CH_2CH_2X \Rightarrow CH_3CH{=}CH_2$；$CH_3MgX \Rightarrow CH_3X \Rightarrow CH_4$

途径 (2)：$CH_3CH_2MgX \Rightarrow CH_3CH_2X \Rightarrow CH_2{=}CH_2$；$CH_3CHO \Rightarrow CH{\equiv}CH$

途径 (2) 路线短，为合理的途径，合成路线为：

$$CH{\equiv}CH \xrightarrow[Hg^{2+},\ H_2SO_4]{H_2O} CH_3CHO$$

$$CH_2{=}CH_2 \xrightarrow{HX} CH_3CH_2X \xrightarrow[\text{醚}]{Mg} CH_3CH_2MgX$$

$$\longrightarrow \xrightarrow[H^+]{H_2O} CH_3\underset{\underset{OH}{|}}{CH}CH_2CH_3$$

例 2：由三个碳以下（包括三个碳）的烯烃为原料合成 2-甲基-2-乙氧基丁烷。

目标分子是一个混合醚，可由卤代烃和醇钠反应制备，有两种途径：

$$CH_3CH_2\overset{CH_3}{\underset{CH_3}{C}}-Br+CH_3CH_2ONa \overset{(2)}{\Longleftarrow} CH_3CH_2\overset{H_3C}{\underset{H_3C}{C}}\overset{(2)}{\vdots}O\overset{(1)}{\vdots}CH_2CH_3 \overset{(1)}{\Longrightarrow} CH_3CH_2\overset{CH_3}{\underset{CH_3}{C}}-ONa+CH_3CH_2Br$$

途径（2）中，由于乙醇钠是强碱，叔卤代烷与乙醇钠作用，易发生消除反应生成烯烃，难以得到目标化合物，所以选择途径（1）合成较为合理。

再用逆推法将途径（1）中的卤代烃和醇钠一步一步回推至三个碳或三个碳以下的烯烃：

$$CH_3CH_2\overset{CH_3}{\underset{CH_3}{C}}-ONa \Longrightarrow CH_3CH_2\vdots\overset{CH_3}{\underset{CH_3}{C}}-OH \Longrightarrow CH_3CH_2MgBr+CH_3\overset{O}{\overset{\|}{C}}CH_3$$

$$CH_3CH_2MgBr \Downarrow CH_3CH_2Br \Downarrow CH_2=CH_2$$

$$CH_3\overset{O}{\overset{\|}{C}}CH_3 \Downarrow CH_3\overset{OH}{\overset{|}{C}}HCH_3 \Downarrow CH_3CH=CH_2$$

由此推得该合成的起始原料是乙烯和丙烯，合理的合成路线为：

$$CH_2=CH_2 \xrightarrow{HBr} CH_3CH_2Br \xrightarrow{Mg} CH_3CH_2MgBr$$

$$CH_3CH=CH_2 \xrightarrow{H_2O,\ H^+} CH_3\overset{OH}{\overset{|}{C}}HCH_3 \xrightarrow{KMnO_4,\ H^+} CH_3\overset{O}{\overset{\|}{C}}CH_3$$

$$CH_3\overset{O}{\overset{\|}{C}}CH_3 \xrightarrow{CH_3CH_2MgBr} \xrightarrow{H_2O} \xrightarrow{Na} CH_3CH_2-\overset{CH_3}{\underset{CH_3}{C}}-ONa \xrightarrow{CH_3CH_2Br} CH_3CH_2-\overset{CH_3}{\underset{CH_3}{C}}-O-CH_2CH_3$$

问题与思考 10-1　试设计合成 2-苯基-2-丁醇。

问题与思考 10-2　试设计由乙醇合成 3-甲基-2-戊烯。

二、碳架的建立

设计合成路线时，如何建立目标分子的碳架是最重要的，因为有机化合物的骨架是碳架，官能团是依附在碳架上的，碳架不建立，官能团就没有了依托。

碳架的建立涉及新的碳碳键的形成即碳链增长和旧的碳碳键的断裂即碳链缩短的问题。因此，要正确建立目标分子的碳架，就要熟练地掌握碳链变化的基本反应。

1. 常见碳链增长的反应

（1）炔化物的烃化

$$RC\equiv CNa+R'X \longrightarrow RC\equiv C-R'+NaX$$

（2）傅氏反应

$$C_6H_6 + CH_3CH_2Cl \xrightarrow{\text{无水 } AlCl_3} C_6H_5-CH_2CH_3$$（三碳以上生成异构化产物）

$$C_6H_6 + R-\overset{O}{\overset{\|}{C}}-Cl \xrightarrow{\text{无水 } AlCl_3} C_6H_5-\overset{O}{\overset{\|}{C}}-R$$

（3）卤代烃与氰化钠的反应

$$RX + NaCN \longrightarrow RCN \xrightarrow[H^+]{H_2O} RCOOH$$（增一碳）

（4）羰基与 HCN 的加成

$$>C=O + HCN \longrightarrow >C(OH)(CN) \xrightarrow[H^+]{H_2O} >C(OH)(COOH)$$（增一碳）

（5）格氏试剂法

$$RMgX \xrightarrow[\text{② } H_2O/H^+]{\text{① } CO_2} RCOOH$$（增一碳）

$$RMgX \xrightarrow[\text{② } H_2O/H^+]{\text{① 环氧乙烷}} RCH_2CH_2OH$$（增两碳）

$$RMgX \xrightarrow[\text{② } H_2O/H^+]{\text{① } >C=O} R-\underset{|}{\overset{|}{C}}-OH$$（制备伯、仲、叔醇）

（6）羟醛缩合

$$RCH_2CHO \xrightarrow{\text{稀 } OH^-} RCH_2\underset{OH}{\underset{|}{CH}}-\underset{R}{\underset{|}{C}}HCHO \xrightarrow{\triangle} RCH_2CH=\underset{R}{\underset{|}{C}}CHO + H_2O$$

（7）酯缩合

$$2RCH_2COOC_2H_5 \xrightarrow{C_2H_5ONa} RCH_2\overset{O}{\overset{\|}{C}}-\underset{R}{\underset{|}{C}}HCOOC_2H_5 + C_2H_5OH$$

（8）乙酰乙酸乙酯法

$$CH_3\overset{O}{\overset{\|}{C}}CH_2COOC_2H_5 \xrightarrow[\text{② } RX]{\text{① } C_2H_5ONa} CH_3\overset{O}{\overset{\|}{C}}\underset{R}{\underset{|}{C}}HCOOC_2H_5 \begin{cases} \xrightarrow{\text{成酮分解}} CH_3\overset{O}{\overset{\|}{C}}CH_2R \\ \xrightarrow{\text{成酸分解}} RCH_2COOH + CH_3COOH \end{cases}$$

取代后的乙酰乙酸乙酯进行酮式分解或酸式分解分别得到酮或羧酸。

（9）丙二酸二乙酯法

$$CH_2(COOC_2H_5)_2 \xrightarrow[\text{② } RX]{\text{① } C_2H_5ONa} RCH(COOC_2H_5)_2 \xrightarrow[\text{② } H^+, \triangle]{\text{① } OH^-} RCH_2COOH$$

(10) 重氮盐与 CuCN、KCN 反应

$$ArN_2^+Cl^- + CuCN \xrightarrow{KCN} ArCN \xrightarrow{H_2O} ArCOOH$$

2. 缩短碳链的反应

(1) 烃的氧化

$$RCH{=}CH_2 \xrightarrow[H^+]{KMnO_4} RCOOH + CO_2\uparrow$$

$$RC{\equiv}CR' \xrightarrow[H^+]{KMnO_4} RCOOH + R'COOH$$

$$C_6H_5{-}CH_2CH_3 \xrightarrow[H^+]{KMnO_4} C_6H_5{-}COOH$$

$$RCH{=}CR'R'' \xrightarrow[\text{② } Zn/H_2O]{\text{① } O_3} RCHO + R'R''C{=}O$$

(2) 卤仿反应

$$CH_3\overset{\overset{O}{\|}}{C}{-}R(H) \xrightarrow[OH^-]{I_2} CHI_3\downarrow + R(H)COO^-$$

$$CH_3\underset{\underset{OH}{|}}{CH}{-}R(H) \xrightarrow[OH^-]{I_2} CHI_3\downarrow + R(H)COO^-$$

(3) 霍夫曼降解反应

$$R\overset{\overset{O}{\|}}{C}{-}NH_2 \xrightarrow{NaOH+Br_2} RNH_2 + CO_3^{2-}$$

(4) 脱羧反应

$$CH_3COONa + NaOH \xrightarrow[\triangle]{CaO} CH_4 + Na_2CO_3$$

$$HOOCCOOH \xrightarrow{\triangle} HCOOH + CO_2\uparrow$$

$$CH_2(COOH)_2 \xrightarrow{\triangle} CH_3COOH + CO_2\uparrow$$

$$HOOC(CH_2)_4COOH \xrightarrow{\triangle} \text{环戊酮}({=}O) + CO_2\uparrow$$

$$HOOC(CH_2)_5COOH \xrightarrow{\triangle} \text{环己酮}({=}O) + CO_2\uparrow$$

$$R\overset{\overset{O}{\|}}{C}CH_2COOH \xrightarrow{\triangle} R\overset{\overset{O}{\|}}{C}CH_3 + CO_2\uparrow$$

三、官能团的转化

虽然碳架的建立是设计合成路线的核心，但官能团的转化也是非常重要的，因为碳碳键的形

成或断裂反应必须通过官能团或官能团的影响才能发生，而且形成碳架后往往还要通过官能团的转化才能得到目标分子的结构。

例如：由乙烯合成丙酸乙酯

根据逆推法可知，目标分子是由乙醇和丙酸通过酯化反应而得到：

$$CH_3CH_2COOCH_2CH_3 \Longrightarrow CH_3CH_2COOH + CH_3CH_2OH$$

而乙醇和丙酸是通过原料乙烯发生官能团的转化而来的，如乙烯水合可得到乙醇；乙烯与 HBr 加成得到溴乙烷，溴乙烷与 NaCN 作用后再经过水解可得到丙酸：

$$CH_2{=}CH_2 \xrightarrow[H^+]{H_2O} CH_3CH_2OH$$

$$CH_2{=}CH_2 \xrightarrow{HBr} CH_3CH_2Br \xrightarrow{NaCN} CH_3CH_2CN \xrightarrow[H^+]{H_2O} CH_3CH_2COOH$$

由此可见，熟练掌握各类官能团的相互转化，在有机合成中是非常重要的。现将常见官能团的相互转化反应归纳如下：

1. 通过取代反应完成的官能团转化

$R{-}X$ $(X{=}Cl, Br, I)$：

$$R{-}X \xrightarrow{H_2O/OH^-} R{-}OH$$

$$R{-}X \xrightarrow{KCN} R{-}CN$$

$$R{-}X \xrightarrow{NH_3} R{-}NH_2$$

$$R{-}X \xrightarrow{R'ONa} R'{-}O{-}R$$

$$R{-}OH \xrightarrow[H^+]{HX} R{-}X\ (X{=}Cl,\ Br,\ I)$$

$$R{-}\overset{O}{\overset{\|}{C}}{-}OH \underset{H_2O}{\overset{PCl_3\text{ 或 }SOCl_2}{\rightleftharpoons}} R{-}\overset{O}{\overset{\|}{C}}{-}Cl$$

$$R{-}\overset{O}{\overset{\|}{C}}{-}OH \underset{H_2O/H^+\text{ 或 }OH^-,\ \triangle}{\overset{NH_3,\ \triangle}{\rightleftharpoons}} R{-}\overset{O}{\overset{\|}{C}}{-}NH_2$$

$$R{-}\overset{O}{\overset{\|}{C}}{-}OH \underset{H_2O}{\overset{P_2O_5}{\rightleftharpoons}} R{-}\overset{O}{\overset{\|}{C}}{-}O{-}\overset{O}{\overset{\|}{C}}{-}R$$

$$R{-}\overset{O}{\overset{\|}{C}}{-}OH \underset{H_2O/H^+\text{ 或 }OH^-,}{\overset{HOR'/H^+,\ \triangle}{\rightleftharpoons}} R{-}\overset{O}{\overset{\|}{C}}{-}OR'$$

$$ArN_2^+X^- \xrightarrow[\triangle]{H_2O} ArOH + N_2\uparrow$$

$$ArN_2^+X^- \xrightarrow{HBF_4} ArF + N_2\uparrow$$

$$ArN_2^+X^- \xrightarrow[(X{=}Cl,Br)]{Cu_2X_2} ArX + N_2\uparrow$$

$$ArN_2^+X^- \xrightarrow{KI} ArI + N_2\uparrow$$

$$ArN_2^+X^- \xrightarrow[KCN]{CuCN} ArCN + N_2\uparrow$$

$$ArN_2^+X^- \xrightarrow{H_3PO_2} ArH + N_2\uparrow$$

2. 通过还原反应完成的官能团转化

$$R—C\equiv C—R' \xrightarrow[\text{Pd，BaSO}_4\text{-喹啉}]{H_2} R—\underset{H}{\underset{|}{C}}=\underset{H}{\underset{|}{C}}—R' \xrightarrow[Ni]{H_2} R—CH_2—CH_2—R'$$

$$R—\overset{O}{\overset{\|}{C}}—R'(H) \xrightarrow[Ni]{H_2} R—\overset{OH}{\overset{|}{C}H}—R'(H)$$（还原剂也可使用 $LiAlH_4$、$NaBH_4$ 等）

$$(Ar)R—NO_2 \xrightarrow[Pd-C]{H_2} (Ar)R—NH_2$$（还原剂也可使用 Fe+HCl、$LiAlH_4$ 等）

$$R—CN \xrightarrow[Pd-C]{H_2} R—CH_2NH_2$$

$$R—\overset{O}{\overset{\|}{C}}—OR' \xrightarrow{LiAlH_4} R—CH_2OH + R'—OH$$

$$R—\overset{O}{\overset{\|}{C}}—NH_2 \xrightarrow{LiAlH_4} R—CH_2NH_2$$

$$\left.\begin{array}{l} R—\overset{O}{\overset{\|}{C}}—Cl \\ R—\overset{O}{\overset{\|}{C}}—OH \end{array}\right] \xrightarrow{LiAlH_4} RCH_2OH$$

3. 通过加成反应完成的官能团转化

$$R—CH=CH—R' \begin{cases} \xrightarrow{X_2} R—\underset{X}{\underset{|}{C}H}—\underset{X}{\underset{|}{C}H}—R' \\ \xrightarrow{H_2O，H^+} R—\underset{H}{\underset{|}{C}H}—\underset{OH}{\underset{|}{C}H}—R' \\ \xrightarrow{HX} R—\underset{H}{\underset{|}{C}H}—\underset{X}{\underset{|}{C}H}—R' \\ \xrightarrow{HOX} R—\underset{X}{\underset{|}{C}H}—\underset{OH}{\underset{|}{C}H}—R' \end{cases}$$

（不对称烯烃的加成反应方向遵循马氏规则）（适用于后三个反应）

$$R—C\equiv CH \begin{cases} \xrightarrow{X_2} R—\underset{X}{\underset{|}{C}}=\underset{X}{\underset{|}{C}H} \xrightarrow{X_2} R—\overset{X}{\underset{X}{\overset{|}{\underset{|}{C}}}}—\overset{X}{\underset{X}{\overset{|}{\underset{|}{C}H}}} \\ \xrightarrow[HgSO_4，H_2SO_4]{H_2O} R—\underset{O}{\underset{\|}{C}}—CH_3 \\ \xrightarrow{HX} R—\underset{X}{\underset{|}{C}}=CH_2 \xrightarrow{HX} R—\overset{X}{\underset{X}{\overset{|}{\underset{|}{C}}}}—CH_3 \end{cases}$$

$$R-\overset{\overset{O}{\|}}{C}-H \begin{cases} \xrightarrow{NaHSO_3} R-\overset{\overset{OH}{|}}{C}H-SO_3Na \\ \xrightarrow[\text{干 } HCl]{2R'OH} R-CH\begin{matrix} OR' \\ OR' \end{matrix} \end{cases}$$

4. 通过氧化反应完成的官能团转化

$$RCHO \xrightarrow{[O]} RCOOH$$

$$RCH_2OH \xrightarrow[\text{吡啶}]{CrO_3} RCHO \xrightarrow{KMnO_4} RCOOH$$

$$R-\overset{\overset{OH}{|}}{C}H-R' \xrightarrow{[O]} R-\overset{\overset{O}{\|}}{C}-R'$$

5. 通过消除反应完成的官能团转化

$$\rangle CH-\underset{\underset{X}{|}}{C}\langle \xrightarrow[\triangle]{NaOH-C_2H_5OH} \rangle C=C\langle \quad (X=Cl,\ Br,\ I)$$

$$\rangle CH-\underset{\underset{OH}{|}}{C}\langle \xrightarrow[\triangle]{\text{浓 } H_2SO_4} \rangle C=C\langle$$

问题与思考 10-3 *以丙醇为原料合成2-羟基丁酸。*

四、官能团的引入

在有机合成过程中，有时需要在碳架上引入新的官能团，在烷烃分子中直接引入官能团比较困难，但某些类有机化合物在原有官能团的邻近引入官能团却是比较容易的。例如：

$$RCH_2CH=CH_2 \xrightarrow[\text{高温}]{Br_2} R\underset{\underset{Br}{|}}{C}HCH=CH_2$$

$$RCH_2COOH \xrightarrow[P]{Cl_2} R\underset{\underset{Cl}{|}}{C}HCOOH$$

$$C_6H_5CH_3 \begin{cases} \xrightarrow[h\nu]{Cl_2} C_6H_5CH_2Cl \\ \xrightarrow[H^+]{KMnO_4} C_6H_5COOH \end{cases}$$

$$C_6H_6 \xrightarrow[FeCl_3]{X_2} C_6H_5\text{—}X \quad (X=Cl,\ Br)$$

$$C_6H_6 \xrightarrow[\text{浓 } H_2SO_4]{\text{浓 } HNO_3} C_6H_5\text{—}NO_2$$

$$C_6H_6 \xrightarrow{\text{浓 } H_2SO_4} C_6H_5\text{—}SO_3H$$

$$C_6H_6 \xrightarrow[\text{无水 } AlCl_3]{RCOCl} C_6H_5\text{—}\overset{\overset{\large O}{\|}}{C}\text{—}R$$

问题与思考 10－4　以苯及一个碳的有机原料合成对硝基氯化苄。

五、官能团的除去

在有机合成过程中，有时需要除去某些官能团，不同官能团除去的方法不同。一些常见官能团的除去方法如下：

1. 除去—SO_3H

$$C_6H_5\text{—}SO_3H \xrightarrow[\triangle]{H_2O/H^+} C_6H_6$$

2. 除去 C═O

$$Ar\text{—}\overset{\overset{\large O}{\|}}{C}\text{—}H(R) \xrightarrow[\text{浓 } HCl]{Zn-Hg} ArCH_3(ArCH_2R)$$

3. 除去卤原子　先将卤代物与金属镁反应生成格氏试剂，再水解即可：

$$RCH_2Br \xrightarrow{Mg} RCH_2MgBr \xrightarrow{H_2O} RCH_3$$

4. 除去—COOH　可先将羧酸转化为卤代物，再按除去卤原子的方法即可：

$$RCOOH \xrightarrow{LiAlH_4} RCH_2OH \xrightarrow{HBr} RCH_2Br \xrightarrow{Mg} RCH_2MgBr \xrightarrow{H_2O} RCH_3$$

5. 除去—OH　可先将醇转化为卤代物，再按除去卤原子的方法即可。也可将醇经过分子内脱水，再催化加氢将羟基除去：

$$R\text{—}CH_2\text{—}\underset{\underset{\large OH}{|}}{CH}\text{—}R' \xrightarrow[\triangle]{H_2SO_4} R\text{—}CH{=}CH\text{—}R' \xrightarrow[Ni]{H_2} R\text{—}CH_2\text{—}CH_2\text{—}R'$$

6. 除去碳碳双键和碳碳叁键　用催化加氢方法即可：

$$R\text{—}CH{=}CH\text{—}R' \xrightarrow[Ni]{H_2} R\text{—}CH_2\text{—}CH_2\text{—}R'$$

$$R\text{—}C{\equiv}C\text{—}R' \xrightarrow[Ni]{2H_2} R\text{—}CH_2\text{—}CH_2\text{—}R'$$

7. 除去重氮基

$$Ar\overset{+}{N}_2X^- \xrightarrow[\triangle]{C_2H_5OH 或 H_3PO_2} ArH$$

8. 除去—NO_2、—NH_2 可先将硝基或氨基转化为重氮基，再用除去重氮基的方法即可：

$$Ar—NO_2 \xrightarrow{Fe-HCl} Ar—NH_2 \xrightarrow[0\sim5\ ℃]{NaNO_2-HCl} Ar—\overset{+}{N}_2\overset{-}{Cl} \xrightarrow{H_3PO_2} ArH$$

问题与思考 10-5 由苯及四个碳的有机物为原料合成 3-丁基苯胺。

六、官能团的保护

官能团的保护是有机合成中常用的方法。当原料或中间产物分子中含有多个官能团时，加入某种试剂几个官能团都可能发生反应，但我们不希望某官能团反应，就需要采用特定的试剂将其保护起来，待反应完成后，再去掉保护基使其复原，这一方法称为官能团的保护。

例如，完成下列转变：

$$HOCH_2CH_2CHO \longrightarrow HOOCCH_2CHO$$

显然，直接氧化得不到目标产物。为避免醛基的氧化，先用缩醛化反应把醛基保护起来再氧化，然后水解使醛基复原。合成路线如下：

$$HOCH_2CH_2CHO \xrightarrow[干\ HCl]{HOCH_2CH_2OH} HOCH_2CH_2CH\begin{matrix} O—CH_2 \\ | \\ O—CH_2 \end{matrix} \xrightarrow{KMnO_4} HOOCCH_2CH\begin{matrix} O—CH_2 \\ | \\ O—CH_2 \end{matrix} \xrightarrow{H_2O,\ H^+} HOOCCH_2CHO$$

一种理想的保护基应当具备的条件：易与被保护的基团反应，在保护阶段时不受反应条件的影响，易于除去。

常见官能团的保护方法（←表示相应的去保护方法）如下：

1. 羰基可用生成缩醛（酮）的方法

$$\begin{matrix} R \\ \diagdown \\ C{=}O \\ \diagup \\ H \\ (R') \end{matrix} \underset{H_2O,\ H^+}{\overset{C_2H_5OH(或\ HOCH_2CH_2OH),\ H^+}{\rightleftharpoons}} \begin{matrix} R \quad OC_2H_5 \\ C \\ H \quad OC_2H_5 \\ (R') \end{matrix} \quad \left(或 \begin{matrix} R \quad O \\ C \quad \Big) \\ H \quad O \\ (R') \end{matrix}\right)$$

2. 羟基可用生成酯或醚的方法

$$ROH \underset{H_2O}{\overset{(CH_3CO)_2O(或\ CH_3COCl),\ 吡啶}{\rightleftharpoons}} RO\overset{O}{\overset{\|}{C}}CH_3$$

$$ROH \underset{H_2/Pd\text{或}HBr}{\overset{C_6H_5CH_2Br,\ NaOH/THF}{\rightleftharpoons}} ROCH_2C_6H_5$$

$$\begin{matrix} | \\ —C—OH \\ | \\ —C—OH \\ | \end{matrix} \underset{H_2O,\ H^+}{\overset{CH_3\overset{O}{\overset{\|}{C}}CH_3\ ,\ \text{干}HCl}{\rightleftharpoons}} \begin{matrix} | & & & CH_3 \\ —C—O & & / & \\ | & \diagdown & C & \\ —C—O & / & \diagdown & \\ | & & & CH_3 \end{matrix}$$

$$ArOH \underset{HI}{\overset{CH_3I\text{或}(CH_3)_2SO_4}{\rightleftharpoons}} ArOCH_3$$

3. 氨基一般用生成酰胺的方法

$$\underset{(Ar)}{R}—NH_2 \underset{H_2O,\ H^+}{\overset{(CH_3CO)_2O\text{或}RCOCl}{\rightleftharpoons}} \underset{(Ar)}{R}—NH—\overset{O}{\overset{\|}{C}}—\underset{(R)}{CH_3}$$

4. 羧基用转化成酯的方法

$$—COOH+ROH \underset{H_2O,\ H^+}{\overset{H^+}{\rightleftharpoons}} —COOR$$

问题与思考 10-6　以α-硝基萘为原料合成4-硝基-1-萘胺。

问题与思考 10-7　将3-戊烯-2-酮转化为2-戊酮。

问题与思考 10-8　完成下列转化：

$$HOOC(CH_2)_7—\underset{OH}{\underset{|}{CH}}—\underset{OH}{\underset{|}{CH}}—(CH_2)_5CH_2OH \longrightarrow HOOC(CH_2)_7—\underset{OH}{\underset{|}{CH}}—\underset{OH}{\underset{|}{CH}}—(CH_2)_5COOH$$

七、基团的占位和导向的应用

在有机合成设计中，除了要考虑碳架的形成，官能团的引入、转化、除去和保护外，还要考虑某些特定的合成方法技巧的应用，如基团的“占位”和“导向”。

1. 基团的占位　在有机合成中欲阻止某一位置引入基团，往往需要先将该位置封闭起来。其方法是：反应前，先用一特定基团将该位置占据，待反应完成后再将此基团除去，这一方法称为基团的占位（也称为封闭特定位置法）。

例如：以氯苯为原料合成2,6-二硝基氯苯

目标分子式为（1-氯-2,6-二硝基苯：苯环上Cl两侧邻位各连NO_2，O_2N—、—NO_2），若直接由氯苯和混酸作用，氯苯的对位也会被硝化，为了不使对位硝化，可先将氯苯磺化，在对位引入—SO_3H后，再进行硝化，最后把磺酸基除去。

合成路线如下：

Cl　$\xrightarrow{\text{浓 } H_2SO_4}$　Cl, $-SO_3H$　+　Cl, SO_3H

Cl, SO_3H　$\xrightarrow[\triangle]{\text{浓 } HNO_3\text{，浓 } H_2SO_4}$　O_2N, Cl, NO_2, SO_3H　$\xrightarrow[\triangle]{H_2O\text{，}H^+}$　O_2N, Cl, NO_2

问题与思考 10-9　以甲苯为原料制备邻氯甲苯时，若直接氯代，往往生成邻氯甲苯和对氯甲苯的混合物。由于邻氯甲苯和对氯甲苯沸点相近，分离二者非常困难。请你帮助设计一条合理的合成路线。

2. 基团的导向　导向反应在有机合成中也经常用到，如合成芳香族化合物时，有时仅靠定位基定位效应不能合成目标化合物，此时可先在芳环上引入一个合适基团，使某一位置活化或钝化，引导反应按所期望的位置发生，待反应完成后，再将该基团除去，这一方法称为基团的导向。

例如：以苯为原料合成 1,3,5-三溴苯

溴是邻、对位定位基，若由苯直接溴代不可能得到目标产物，但如果在苯环上先引入一个氨基，氨基是强的邻、对位定位基，使邻对位高度活化，此时再溴代，在它的邻位和对位同时引入三个溴原子，得到 2,4,6-三溴苯胺，最后通过重氮化反应把 $-NH_2$ 除去，即可得到 1,3,5-三溴苯。合成路线如下：

苯 + 浓 HNO_3 $\xrightarrow{\text{浓 } H_2SO_4}$ NO_2 $\xrightarrow{Fe-HCl}$ NH_2 $\xrightarrow{Br_2-H_2O}$ NH_2, Br, Br, Br

$\xrightarrow[0\sim5\ ℃]{NaNO_2+HCl}$ $N_2^+Cl^-$, Br, Br, Br $\xrightarrow{H_3PO_2}$ Br, Br, Br

在上述反应中，氨基起到导向作用，称作导向基。氨基的导向是由它对邻、对位的活化作用而产生的，这种导向称作活化导向。有时基团的导向是由基团的钝化作用而产生的，把此种导向称作钝化导向。

例如：完成下列制备

NH_2, HO, Cl　$\longrightarrow$　NH_2, HO, HO_3S, Cl

若由 2 -氨基- 4 -氯苯酚直接磺化，由于—NH_2的定位能力强于—OH，—SO_3H主要进入—NH_2的邻、对位而不是—OH的邻位。若要得到目标产物，需先将氨基进行乙酰化以降低其定位能力（乙酰氨基的定位能力弱于—OH），然后再磺化，此时—SO_3H进入—OH的邻位，然后水解除去乙酰基。合成路线如下：

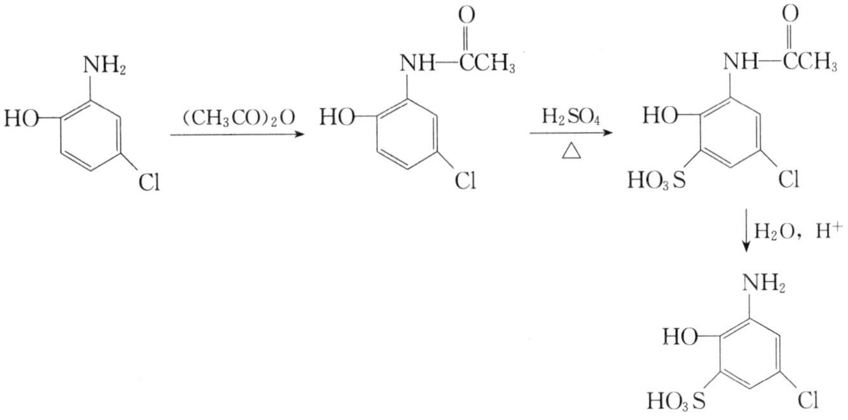

(2-氨基-4-氯苯酚，HO、NH_2、Cl) $\xrightarrow{(CH_3CO)_2O}$ (HO、NH—C(=O)CH_3、Cl) $\xrightarrow[\triangle]{H_2SO_4}$ (HO、NH—C(=O)CH_3、HO_3S、Cl) $\xrightarrow{H_2O,\ H^+}$ (HO、NH_2、HO_3S、Cl)

问题与思考 10 - 10 由苯胺合成对溴苯胺。

问题与思考 10 - 11 完成下列转化：

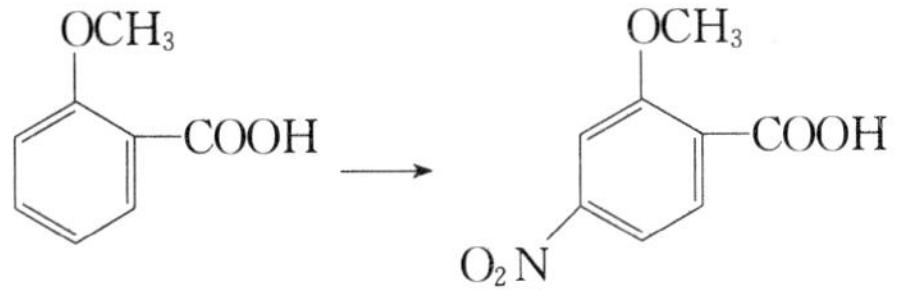

(邻甲氧基苯甲酸：OCH_3、COOH) ⟶ (OCH_3、COOH、O_2N)

问题与思考 10 - 12 完成下列转化：

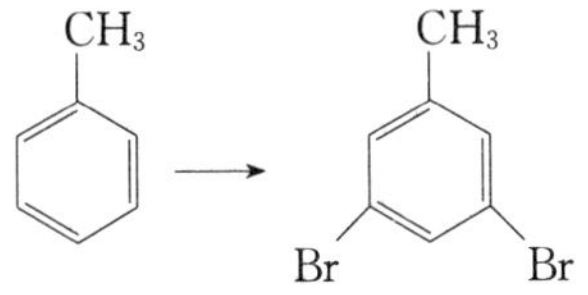

(甲苯：CH_3) ⟶ (CH_3、Br、Br)

八、选择性反应的应用

所谓选择性反应的应用，是指在有机合成中，通过控制反应条件或根据官能团的活性差异及试剂的活性差异，使反应发生在所希望的分子的某一部位上。例如，不对称烯烃与 HBr 加成得到马氏产物，但当有过氧化物存在时则得到反马氏规则产物：

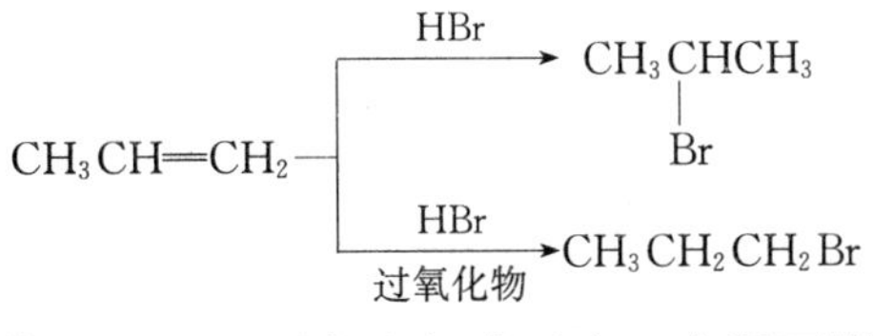

$$CH_3CH{=}CH_2 \xrightarrow{HBr} CH_3CHBrCH_3$$

$$CH_3CH{=}CH_2 \xrightarrow[\text{过氧化物}]{HBr} CH_3CH_2CH_2Br$$

烯烃与卤素（Cl_2、Br_2）作用，室温下发生加成反应，高温下则发生 α - H 卤代：

$$CH_3CH{=}CH_2 \begin{cases} \xrightarrow{Cl_2} CH_3\underset{Cl}{CH}\underset{Cl}{CH_2} \\ \xrightarrow[500\ ℃]{Cl_2} \underset{Cl}{CH_2}CH{=}CH_2 \end{cases}$$

烯炔类化合物，催化加氢时优先发生在叁键上，但亲电加成时却优先发生在双键上：

$$CH_2{=}CH{-}CH_2{-}C{\equiv}CH \begin{cases} \xrightarrow[Pd]{1\ mol\ H_2} CH_2{=}CH{-}CH_2{-}CH{=}CH_2 \\ \xrightarrow{1\ mol\ Br_2} \underset{Br}{CH_2}{-}\underset{Br}{CH}{-}CH_2{-}C{\equiv}CH \end{cases}$$

烷基苯与卤素作用，在铁粉催化下，苯环上发生取代反应，而在光照条件下则发生侧链 α-氢卤代：

$$C_6H_5CH_3 \begin{cases} \xrightarrow[Fe]{Cl_2} o\text{-}ClC_6H_4CH_3 + p\text{-}ClC_6H_4CH_3 \\ \xrightarrow[h\nu]{Cl_2} C_6H_5CH_2Cl \end{cases}$$

烯（炔）醛（酮）与 $NaBH_4$ 或 $LiAlH_4$ 作用，仅羰基被还原，而催化加氢，羰基和碳碳双键、碳碳叁键均被还原：

$$CH_2{=}CH{-}\overset{O}{\overset{\|}{C}}{-}H \begin{cases} \xrightarrow[\text{或 } LiAlH_4]{NaBH_4} CH_2{=}CH{-}CH_2OH \\ \xrightarrow[Ni]{H_2} CH_3CH_2CH_2OH \end{cases}$$

不饱和羧酸及其酯与 $LiAlH_4$ 作用，仅羧基或酯基被还原；一般催化加氢不能还原羧基、酯基：

$$CH_2{=}CH{-}COOH \begin{cases} \xrightarrow{LiAlH_4} CH_2{=}CH{-}CH_2OH \\ \xrightarrow{H_2/Ni} CH_3{-}CH_2{-}COOH \end{cases}$$

羰基酸及其酯与 $NaBH_4$ 作用，仅羰基被还原，$NaBH_4$ 还原能力比 $LiAlH_4$ 弱，一般只迅速把醛酮还原成醇：

$$CH_3\overset{O}{\overset{\|}{C}}COOH \xrightarrow{NaBH_4} CH_3\overset{OH}{\overset{|}{C}H}COOH$$

问题与思考 10-13 以乙炔为原料合成 2-丁烯-1-醇。

九、立体构型的控制

当欲合成的目标分子有一种以上的立体异构体时，根据有机反应的立体选择性，设计一条合理的合成路线，控制只生成或主要生成预期的立体异构体。因立体异构体的分离相当繁杂，所以对立体异构体的合成，必须利用立体选择性反应，以消除或减少分离、提纯的困难。

现将已学过的立体选择性反应归纳如下：

1. 卤代烷的 S_N2 反应（构型翻转）

Nu⁻ ＋ R, R′, R″—C—X ⟶ Nu—C(R, R′, R″) ＋ X⁻

2. 卤代烷的 E2 反应（反式消除）

(H, R′, R, H, H, Br 取代环己烷) $\xrightarrow[\triangle]{NaOH/ROH}$ (R, R′ 取代环己烯)

3. 炔烃加氢

R—C≡C—R′ $\xrightarrow[\text{顺式加成}]{H_2，Pd/BaSO_4}$ (R)(H)C═C(R′)(H)

R—C≡C—R′ $\xrightarrow[\text{反式加成}]{Na/液\ NH_3}$ (R)(H)C═C(H)(R′)

4. 碱性条件下 $KMnO_4$ 氧化烯烃（生成顺式邻二醇）

环己烯 $\xrightarrow{KMnO_4/OH^-}$ HO　OH（顺式环己二醇）

5. 烯烃与卤素的加成（反式加成）

环己烯 $\xrightarrow{Br_2}$ H　Br／Br　H（反式二溴环己烷）

第四节　工业合成

有机合成通过实验室合成和工业合成来实现，工业合成和实验室合成二者相互关联，但又有所不同。基本反应原理一般是相同的，所采用的单元反应和单元操作也大致相同，但规模和具体要求有着较大的差别。如工业合成有其特殊指标要求，因而实验室的合成方案照搬到工业合成中是不行的。实验室合成中被否定的合成路线，有的在工业生产上却有较大的生产价值；反之，有的在实验室合成中认为是十分可取的合成路线，在工业生产中却难以实现。这是因为工业生产上除了考虑单元反应和单元操作外，还必须考虑整个生产过程中的要求，如设备、操作、物料平衡和能量平衡等。另外，工业合成还要考虑生态环境问题，"三废"处理以及副产物如何回收、利用等问题。连续化生产是工业合成设计中的一项非常重要的内容，它是提高生产效益的保证。但实验室合成不考虑操作的连续性，一般为间歇式操作，这也是实验室合成方法不能沿用到工业合成中的另一原因。在实验室合成中几乎不成问题的过滤、洗涤、干燥、粉碎等一系列单元操作，在工业生产上有时却遇到很大的困难。

实验室合成与工业合成的另一区别是，实验室合成主要用于科学研究，一般不考虑成本问题。主要用来合成一些特殊的、新的化合物，探索一些新的合成方法或新的反应及其机理。实验室合成规模小，原料和产品的量都较少，但纯度一般要求较高，多数情况不计成本。而工业合成规模大，主要考虑到经济效益，降低成本是最重要的。

实验室合成原理大多数具有普遍的意义，但并不都适合于工业生产。实验室合成是根据有机化学反应、有机合成的基本规律和实验室反复实验的结果，是工业合成的基础。在此基础上，经过筛选、改进才能形成适合工业生产的合成路线。

有机合成工业按其任务不同一般分为基本有机合成工业和精细有机合成工业两大类，前者的基本任务是，将廉价的天然资源（如煤、石油、天然气等）及其初步加工品和副产品加工成基本有机化工原料。合成一般采取连续性生产，规模大。后者的基本任务是，合成染料、医药、农药、香料，以及各种溶剂、添加剂、试剂等精细化工产品。产品数量小，品种多，质量要求较高，合成操作复杂、细致，多采用间歇式生产。

拓展阅读

布 洛 芬

布洛芬又名异丁苯丙酸，为非甾体类消炎镇痛药。其消炎、镇痛、解热作用效果良好，不良反应较小，目前已在世界上广泛应用，成为全球最畅销的非处方药物之一，和阿司匹林、对乙酰氨基酚并列为解热镇痛药三大支柱产品。布洛芬是由 Stewart Adams 博士（后来成为教授并荣获不列颠帝国勋章）和其领导的团队——科研专家 Colin Burrows、化学家 John Nicholson 博士共同研发的。最初研究的目的是发明一种"超级阿司匹林"，从而获得一种与阿司匹林疗效相当但严重不良反应更少的治疗类风湿关节炎的替代药物。1964 年布洛芬成为最有发展前途的阿司匹林替代药物。

布洛芬可用于缓解类风湿关节炎、骨关节炎、脊柱关节病、痛风性关节炎、风湿性关节炎等各种慢性关节炎的急性发作期或持续性的关节肿痛症状，可治疗非关节性的各种软组织风湿性疼痛，如肩痛、腱鞘炎、滑囊炎、肌痛及运动后损伤性疼痛等；对于诸如手术后、创伤后、劳损后、原发性痛经、牙痛、头痛等急性的轻、中度疼痛也有很好的缓解效果，并且对成人和儿童的发热有解热作用。目前比较经典的合成路线如下所示：

$$(CH_3)_2CHCH_2C_6H_5 \xrightarrow[AlCl_3]{CH_3COCl} (CH_3)_2CHCH_2C_6H_4COCH_3 \xrightarrow[EtONa]{ClCH_2COOC_2H_5} (CH_3)_2CHCH_2C_6H_4\text{-}C(CH_3)(O)CH\text{-}COOC_2H_5$$

$$\xrightarrow[(2)HCl]{(1)NaOH} (CH_3)_2CHCH_2-C_6H_4-CH(CH_3)CHO \xrightarrow[(2)H^+]{(1)AgNO_3,\ OH^-} (CH_3)_2CHCH_2-C_6H_4-CH(CH_3)COOH$$

本章小结

有机合成是指利用化学反应将单质、无机物或有机物制备成新的有机化合物的过程。其任务是利用已有的原料，制备新的、更复杂、更有实际价值的有机化合物。

有机化合物合成路线的选择，既要考虑原料的来源、产率的高低，还要考虑生产条件的难易、产品的用途、产品的纯度以及成本的高低等因素。一般来说，一条适宜的合成路线应具备：收率高，合成路线短，原料丰富易得，反应条件易于实现且易操作、安全，能耗低。

设计合成路线时通常采用“逆合成分析法”。逆合成分析法将分子切断的原则是：应具有合理的合成子，具有较短的合成路线，相应的合成等价物容易得到。

有机分子合成路线的设计内容主要包括：碳架的建立，官能团的转化，立体化学的选择性和控制。碳架的建立是设计合成路线的核心，其涉及新的碳碳键的形成和旧的碳碳键的断裂反应。官能团的引入和转化也是非常重要的，因为碳碳键的形成或断裂反应必须通过官能团或官能团的影响才能发生，而且形成碳架后往往还要通过官能团的转化（包括官能团的引入、除去或替代）才能得到目标分子的结构。

官能团的保护是有机合成中常用的方法，一种理想的保护基应具备的条件：易与被保护的基团反应，在保护阶段不受反应条件的影响，容易除去。

在有机合成过程中，有时需要除去某些官能团，有时需要利用基团占位和导向。基团的占位和导向是有机合成中经常采用的重要手段。

选择性反应在有机合成中经常用到，使之仅生成或主要生成某一预期的产物，以消除或减少分离、提纯的困难，提高收率。

工业合成和实验室合成二者相互关联，但又有所区别。二者基本反应原理一般是相同的，所采用的单元反应和单元操作也大致相同，但规模和具体要求有着较大的差异，因此实验室合成方案不能照搬到工业生产上。

习　题

1. 将下列目标分子切断成合理的合成子，并写出相应的等价物。

（1）　$Ph-CH_2-C\equiv CH$

（2）　$Ph-\overset{\displaystyle OH}{\overset{|}{C}H}-R$

2. 用逆合成分析法设计合成下列化合物：

（1）以三个或三个碳以下的烃为原料合成 2-戊炔

（2）由两个或两个碳以下的有机原料合成 3 -戊醇

（3）设计由六个或六个碳以下的有机原料合成

CH_3 —O—CH_2CH_3（环己基）

（4）由甲苯及六个碳（包括六个）以下的有机原料合成

CH_3—C(=O)—CH_2CH_2—C_6H_5

3. 完成下列合成：

（1）苯 ⟶ Br、Cl（间位）苯

（2）$CH_3CH_2CH{=}CH_2$ ⟶ COOH（环己烯）

（3）CH_3CHO ⟶ $CH_3CH{=}CHCH_2OH$

（4）$CH_2{=}CH{-}CHO$ ⟶ CH_3CH_2CHO

（5）NH_2、CH_3（间位）苯 ⟶ NH_2、COOH（间位）苯

（6）苯 ⟶ C_6H_5—N=N—C_6H_4—OH

（7）CH_3 苯 ⟶ Cl、CH_3、Cl 苯

（8）Cl 苯 ⟶ Cl、NO_2（间位）苯

第三部分

天然有机化合物

前两部分我们讨论了有机化合物的母体——烃及烃的衍生物的结构与性质，掌握了有机化学的基本原理，并懂得了如何把基本原理用于理解简单有机化合物的结构与性质。在此基础上，第三部分我们将讨论与生命现象有关的多官能团化合物——天然有机化合物。

近年来，生物学的发展已进入了分子水平，也就是说有机化学研究的不仅是生命的产物，而且研究生命本身。例如，构成动植物支撑组织的物质是蛋白质与纤维素；维持人类和动物生命的物质是碳水化合物、油脂和蛋白质等；参与生命体内蛋白质的合成，决定生物体的繁殖、遗传及变异的物质是核酸……因此，要研究生命科学，探究生命现象的本质，就必须研究天然有机化合物的分子结构、性质及其变化规律。

第十一章　油脂和类脂化合物

油脂和类脂化合物总称为脂类化合物，它们作为能量的贮存形式及生物膜的主要成分广泛存在于生物体中。在生物体内，它们不仅是重要的组成物质，而且具有重要的生理功能，是维持生物体生命活动不可缺少的物质。油脂通常是指牛油、猪油、菜油、花生油、茶油等动植物油，它们大都不溶于水而易溶于非极性或弱极性的有机溶剂中。类脂化合物通常是指磷脂、蜡和甾体化合物等。虽然它们在化学组成和结构上有较大差别，但由于这些物质在物态及物理性质方面与油脂类似，因此把它们称为类脂化合物。

第一节　油　　脂

一、油脂的存在和生理作用

油脂是动植物体内重要的贮藏物质之一，普遍存在于高等动物的脂肪组织及植物的根、茎、叶、花、果实和种子之中。在室温下呈液态的称为油，如菜油、豆油等；在室温下呈固态的称为脂肪，如猪油、牛油等。

植物油脂大部分存在于果实的种子中，根、茎、叶中含量较少。部分油料作物的种子含油量见表 11－1。

表 11-1 几种主要油料作物种子的含油量

作物名称	含油量/%	作物名称	含油量/%
大豆	12～25	棉子	50～61
花生	40～61	油茶	30～35
油菜	33～47	油桐	40～69
芝麻	50～61	椰子	65～70

在人和动物体内，油脂主要存在于皮下组织和网膜组织中。油脂在人体内，一般不超过10%～20%。

油脂在生物体中有重要的生理功能。对高等动物和人而言，它是三大营养物质之一，是生物体进行生命活动所需能量的主要来源。人体摄取油脂后，转化成贮藏脂肪和内脏的组织脂肪。在动物体内，1 g 油脂在生物氧化的过程中可产生 38.9 kJ 的热量，比糖类（17.6 kJ）和蛋白质（16.7 kJ）高得多。油脂可以为高等动物提供正常生长发育所需要的脂肪酸，特别是自身不能合成的必需脂肪酸（如亚油酸、亚麻酸）。油脂又是油溶性维生素（如维生素 A、维生素 D、维生素 E、维生素 K）的吸收媒介，当机体摄取油脂时，同时摄取到一定量的脂溶性维生素（如鱼肝油就含有丰富的维生素 A 和维生素 D)，这对调节和促进脂溶性维生素的吸收具有重要的作用。此外，油脂在机体内还可构成柔软组织，有保护身体避免遭受外部撞击和内部摩擦的作用。油脂还可防止体内的热量过分外散，保持体温，调节体内水分的蒸发。贮存在植物种子和果实中的油脂，在种子发芽时可转化为营养物质供芽生长。

二、油脂的组成和结构

从化学结构来看，油脂是酯类化合物，是高级脂肪酸与甘油所形成的高级脂肪酸甘油三酯：

$$\begin{array}{l}CH_2-O-\overset{\overset{\displaystyle O}{\|}}{C}-R\\ |\\ CH-O-\overset{\overset{\displaystyle O}{\|}}{C}-R'\\ |\\ CH_2-O-\overset{\overset{\displaystyle O}{\|}}{C}-R''\end{array}$$

组成油脂的高级脂肪酸的种类很多，绝大多数都是含偶数碳原子的直链羧酸，这些高级脂肪酸有饱和的，也有不饱和的。组成油脂的脂肪酸常使用俗名。油脂中常见的脂肪酸见表 11-2。

表 11-2 油脂中常见的高级脂肪酸

俗名	系统命名	结 构 式	熔点/℃
月桂酸	十二酸	$CH_3(CH_2)_{10}COOH$	44.0
肉豆蔻酸	十四酸	$CH_3(CH_2)_{12}COOH$	58.0
软脂酸	十六酸	$CH_3(CH_2)_{14}COOH$	63.0

（续）

俗名	系统命名	结 构 式	熔点/℃
硬脂酸	十八酸	$CH_3(CH_2)_{16}COOH$	72.0
花生酸	二十酸	$CH_3(CH_2)_{18}COOH$	77.0
油酸	顺-Δ^9-十八碳烯酸	$CH_3(CH_2)_7CH{=}CH(CH_2)_7COOH$	16.3
亚油酸	顺,顺-$\Delta^{9,12}$-十八碳二烯酸	$CH_3(CH_2)_4CH{=}CHCH_2CH{=}CH(CH_2)_7COOH$	−5.0
亚麻酸	顺,顺,顺-$\Delta^{9,12,15}$-十八碳三烯酸	$CH_3(CH_2CH{=}CH)_3(CH_2)_7COOH$	−11.3
桐酸	顺,反,反-$\Delta^{9,11,13}$-十八碳三烯酸	$CH_3(CH_2)_3(CH{=}CH)_3(CH_2)_7COOH$	49.0
蓖麻油酸	顺-12-羟基-Δ^9-十八碳烯酸	$CH_3(CH_2)_5CH(OH)CH_2CH{=}CH(CH_2)_7COOH$	7.7
花生四烯酸	顺,顺,顺,顺-$\Delta^{5,8,11,14}$-二十碳四烯酸	$CH_3(CH_2)_4(CH{=}CHCH_2)_4(CH_2)_2COOH$	−49.5
芥酸	顺-Δ^{13}-二十二碳烯酸	$CH_3(CH_2)_7CH{=}CH(CH_2)_{11}COOH$	33.5

组成油脂的饱和脂肪酸中，分布最广的是软脂酸、月桂酸、肉豆蔻酸和硬脂酸。其中软脂酸几乎在所有的油脂中都存在，月桂酸在椰子油中含量可高达50%，硬脂酸在动物脂肪中含量较高，奶油中含有丁酸、己酸等低级脂肪酸，它们在其他油脂中是很少见的。

组成油脂的不饱和脂肪酸以油酸和亚油酸分布最广，含量也最丰富。不饱和脂肪酸的分子中都含有一个或多个碳碳双键，碳碳双键的构型绝大多数是 Z-构型（在此为顺式）。此外，个别的还带有羟基，例如：

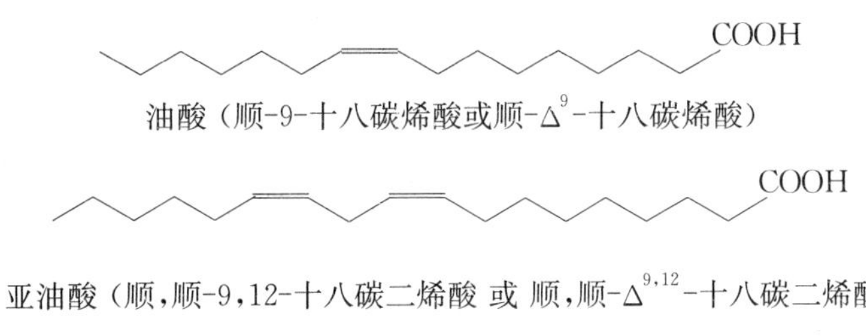

油酸（顺-9-十八碳烯酸或顺-Δ^9-十八碳烯酸）

亚油酸（顺,顺-9,12-十八碳二烯酸 或 顺,顺-$\Delta^{9,12}$-十八碳二烯酸）

OH　　COOH

蓖麻油酸（顺-12-羟基-9-十八碳烯酸或顺-12-羟基-Δ^9-十八碳烯酸）

在用数字编号时，常采用在希腊字母 Δ 的右上角标上数字来标明碳碳双键的位次。

组成油脂的三个脂肪酸可以是相同的，也可以不同。如果三个脂肪酸是相同的，则称为简单甘油酯，如：

$$\begin{array}{l} CH_2-O-\overset{\overset{\displaystyle O}{\|}}{C}-(CH_2)_{16}CH_3 \\ | \\ CH-O-\overset{\overset{\displaystyle O}{\|}}{C}-(CH_2)_{16}CH_3 \\ | \\ CH_2-O-\overset{\overset{\displaystyle O}{\|}}{C}-(CH_2)_{16}CH_3 \end{array}$$

三硬脂酸甘油酯

如果三个脂肪酸不完全相同，则称为混合甘油酯，如：

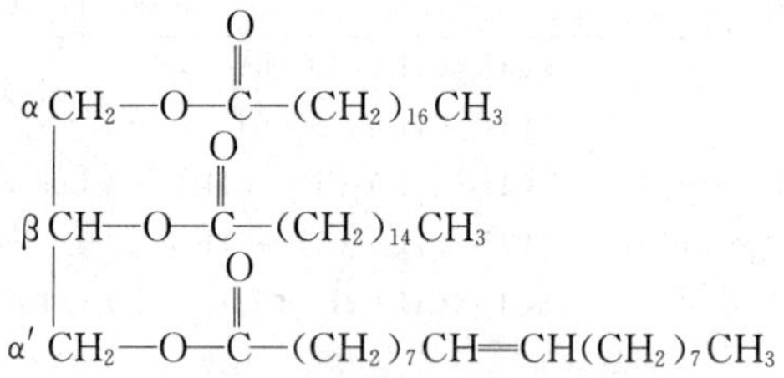

$$
\begin{array}{l}
\alpha\,CH_2-O-\overset{\overset{\displaystyle O}{\|}}{C}-(CH_2)_{16}CH_3 \\
\quad | \\
\beta\,CH-O-\overset{\overset{\displaystyle O}{\|}}{C}-(CH_2)_{14}CH_3 \\
\quad | \\
\alpha'\,CH_2-O-\overset{\overset{\displaystyle O}{\|}}{C}-(CH_2)_7CH=CH(CH_2)_7CH_3
\end{array}
$$

α-硬脂酸-β-软脂酸-α′-油酸甘油酯

天然油脂中的甘油酯，绝大多数是混合甘油酯。天然油脂中除主要含高级脂肪酸甘油三酯外，还含有少量的高级脂肪酸、醇、维生素、色素等。

问题与思考 11-1 写出由软脂酸、油酸和亚油酸三种高级脂肪酸组成的甘油酯的可能结构式，并正确命名。

三、油脂的性质

1. 物理性质 纯净的油脂是无色、无味的物质。天然油脂因含有脂溶性色素和其他杂质而有一定的色泽和气味。由于油脂是混合物，所以油脂没有固定的熔点和沸点，但有一定的凝固温度范围，如猪油为 36～46 ℃，花生油则为 28～32 ℃。

不饱和脂肪酸分子的碳碳双键大多为顺式构型，致使整个分子占有较大体积，分子不能紧密排列，分子间的吸引力较小。因此，从油脂的脂肪酸组成来看，不饱和脂肪酸含量较高的油脂，其熔点往往较低，室温下常为液体；而含饱和脂肪酸较多的油脂在室温下往往呈固态或半固态。各种油脂都有比较固定的折射率，可用来鉴定油脂的纯度。

油脂比水轻，植物油脂的相对密度一般在 0.9～0.95，而动物油脂常在 0.86 左右。油脂不溶于水，易溶于乙醚、石油醚、氯仿、丙酮、苯和四氯化碳等有机溶剂。

2. 化学性质 由于油脂的主要成分是高级脂肪酸甘油三酯，而且具有不同程度的不饱和性，所以油脂可以发生水解、加成、氧化、聚合等反应。

（1）水解反应 油脂在酸、碱、酶作用下水解成甘油和高级脂肪酸，在酸性条件下的水解反应是可逆的。

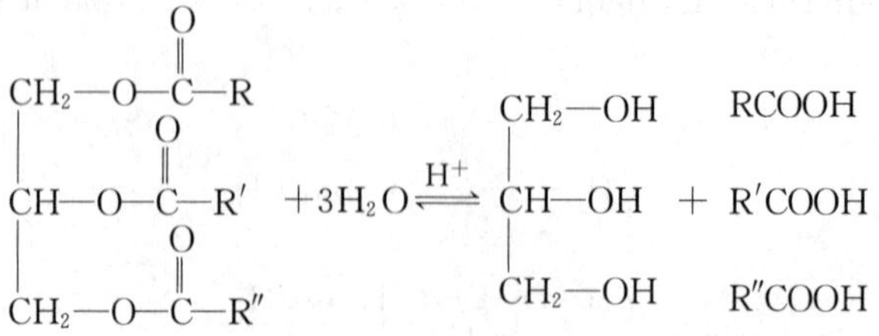

$$
\begin{array}{l}
CH_2-O-\overset{\overset{\displaystyle O}{\|}}{C}-R \\
| \\
CH-O-\overset{\overset{\displaystyle O}{\|}}{C}-R' \\
| \\
CH_2-O-\overset{\overset{\displaystyle O}{\|}}{C}-R''
\end{array}
+3H_2O \overset{H^+}{\rightleftharpoons}
\begin{array}{l}
CH_2-OH \\
| \\
CH-OH \\
| \\
CH_2-OH
\end{array}
+
\begin{array}{l}
RCOOH \\
\\
R'COOH \\
\\
R''COOH
\end{array}
$$

在碱的催化下，由于能使脂肪酸生成盐，所以油脂的水解能进行彻底，反应是不可逆的。

$$\begin{array}{l} CH_2-O-\overset{\displaystyle O}{\overset{\|}{C}}-R \\ | \\ CH-O-\overset{\displaystyle O}{\overset{\|}{C}}-R' \\ | \\ CH_2-O-\overset{\displaystyle O}{\overset{\|}{C}}-R'' \end{array} + 3\,KOH \longrightarrow \begin{array}{l} CH_2-OH \\ | \\ CH-OH \\ | \\ CH_2-OH \end{array} + \begin{array}{l} RCOOK \\ \\ R'COOK \\ \\ R''COOK \end{array}$$

油脂用氢氧化钠或氢氧化钾水解，生成的高级脂肪酸钠盐或钾盐是肥皂的主要成分，因此将油脂在碱性溶液中的水解反应称为皂化反应。

1 g 油脂完全皂化所需氢氧化钾的质量（以毫克计）称为皂化值。各种油脂都有一定的皂化值。由皂化值可以检验油脂的纯度，还可以算出油脂的平均分子质量。皂化值越大，油脂的平均分子质量越小。

$$\text{平均分子质量}=3\times56\times1\,000/\text{皂化值}$$

（2）加成反应　油脂中的不饱和脂肪酸的双键具有烯烃的性质，与氢及卤素能起加成反应。如在催化剂（Ni、Pt、Pd）作用下，油脂中的不饱和脂肪酸能加氢转化成饱和脂肪酸。

$$\begin{array}{l} CH_2-O-\overset{\displaystyle O}{\overset{\|}{C}}-(CH_2)_7-CH{=}CH-(CH_2)_7CH_3 \\ | \\ CH-O-\overset{\displaystyle O}{\overset{\|}{C}}-(CH_2)_7-CH{=}CH-(CH_2)_7CH_3 \\ | \\ CH_2-O-\overset{\displaystyle O}{\overset{\|}{C}}-(CH_2)_7-CH{=}CH-(CH_2)_7CH_3 \end{array} \xrightarrow[Ni]{3H_2} \begin{array}{l} CH_2-O-\overset{\displaystyle O}{\overset{\|}{C}}-(CH_2)_{16}CH_3 \\ | \\ CH-O-\overset{\displaystyle O}{\overset{\|}{C}}-(CH_2)_{16}CH_3 \\ | \\ CH_2-O-\overset{\displaystyle O}{\overset{\|}{C}}-(CH_2)_{16}CH_3 \end{array}$$

利用这个原理，可将液体的植物油转化为固体脂肪。

不饱和脂肪酸与碘发生加成反应，常用来测定不饱和脂肪酸的不饱和度。每 100 g 油脂所能吸收的碘的质量（以克计）称为碘值。碘值大表示油脂中不饱和脂肪酸的含量高。由于碘的加成速度较慢，常采用氯化碘（ICl）或溴化碘（IBr）代替碘，以提高加成速度。反应完毕，根据卤化碘的量换算成碘，即得碘值。

（3）酸败作用　油脂长期贮存，由于受到光、热、空气中的氧气和微生物的作用，会逐渐产生一种令人不愉快的气味，其酸度也明显增大，这种现象称为油脂的酸败作用。油脂酸败的化学过程比较复杂，引起酸败的原因主要有两方面：一是由于油脂组成中的不饱和脂肪酸的碳碳双键被空气中的氧所氧化，生成分子质量较低的醛和羧酸等复杂混合物，光和热可加速这一反应的进行；二是由于微生物的作用，在温度较高、湿度较大和通风不良的环境中，微生物易于繁殖，它们分泌的酶使油脂发生水解，产生脂肪酸并发生进一步的作用。油脂酸败所产生的不愉快气味主要来自上述过程中产生的低级醛和羧酸。

油脂的酸败会降低油脂的食用价值。种子中的油脂发生酸败会严重影响种子的发芽率。

油脂中游离脂肪酸的含量常用酸值来表示，中和 1g 油脂中游离脂肪酸所需氢氧化钾的质量（以毫克计）叫作酸值。酸值是衡量油脂品质的主要参数之一。一般酸值大于 6 的油脂不宜食用。

为了防止油脂酸败，应将油脂保存在密闭容器里，并置于阴凉、干燥和避光处，或者加入少量抗氧化剂，如维生素 E、芝麻酚等。

（4）干化作用　某些油在空气中放置，能逐渐形成一层干燥而有韧性的膜，这种现象叫作油脂的干化作用。

干化作用的化学本质还不十分清楚，一般认为与油脂的不饱和度及由氧引起的聚合有关，尤其是油脂中含有共轭多烯烃结构的不饱和脂肪酸，干化作用更显著。如桐油、亚麻油都具有干化作用，但桐油的干化作用更快一些，而且薄膜坚韧经久耐用，就是因为桐油分子中的桐酸含有三个共轭双键。

由于干化作用与油脂分子中所含的双键有关，碘值的大小直接反映出分子中所含双键数目的多少，因而干化作用与油脂碘值有一定的联系。具有干化作用的油叫干性油（碘值在 130 以上，如桐油），没有干化作用的油叫非干性油（碘值在 100 以下，如花生油、猪油），介于二者之间的油叫半干性油（碘值在 100～130，如棉子油）。

问题与思考 11 - 2　油脂的干性、碘值与结构有什么关系？

第二节　生物柴油

随着石油资源的日益枯竭和人们环保意识的提高，发展绿色可再生能源以摆脱对石油的过分依赖成为世界各国竞相开发的重点产业。生物柴油是清洁的可再生能源，它是以大豆和油菜籽等油料作物、油棕和黄连木等油料林木果实、工程微藻等油料水生植物以及动物油脂、废食用油等为原料制成的液体燃料，是优质的石油柴油代用品。目前生物柴油主要采用化学法或生物酶法生产，即用动物和植物油脂与甲醇或乙醇等低碳醇在酸、碱催化剂或酶催化下经过酯交换反应，生成相应的高级脂肪酸甲酯或乙酯，再经洗涤干燥即得生物柴油。

生物柴油具有可再生、清洁和安全三大优势。由于生物柴油燃烧时排放的二氧化碳远低于该植物生长过程中所吸收的二氧化碳，从而改善由于二氧化碳的排放而导致的全球变暖这一有害于人类的重大环境问题；生物柴油燃烧时不排放二氧化硫，排出的有害气体比石油柴油减少 70%左右；生物柴油中不含对环境造成污染的芳香化合物，因而废气对人体损害也低于柴油；与普通柴油相比，使用生物柴油可降低 90%的空气毒性；由于生物柴油含氧高，燃烧时排烟少，排放的一氧化碳比普通柴油减少约 10%，不含硫、铅、卤素等有害物质，黑烟、碳氢化物、微粒子排放量少，因而生物柴油是一种真正的绿色柴油。生物柴油能与石油柴油混合使用，可用于任何柴油引擎；在所有替代燃油中，生物柴油的热值最高，介于 1 号柴油和 2 号柴油之间；生物柴油的燃点是柴油的两倍，因此使用、处理、运输和贮藏都极其安全。此外，生物柴油十六烷值较高，抗爆性能优于石油柴油；具有较高的运动黏度，在不影响燃油雾化的情况下，更容易在汽缸内壁形成一层油膜，从而提高运动机件的润滑性，降低机件磨损；既可作为添加剂促进燃烧效果，其本身也可作为燃料，具有双重效果；不含石蜡，低温流动性好，适用范围广。

目前汽车柴油化已成为汽车工业的一个发展方向。我国是一个石油净进口国，石油贮量又很有限，而且我国又是油菜等油料作物的生产大国，因此大力发展生物柴油对我国来说有很强的迫切性和可行性。发展生物柴油产业可促进我国农村和国家经济社会发展，走出一条由农林产品向工业品转化的富农强农之路，对于农业结构调整、增加农民收入、能源安全和生态环境综合治理有十分重大的战略意义。

第三节　类脂化合物

一、蜡

蜡广泛存在于动、植物中，其主要成分是高级脂肪酸和高级饱和一元醇形成的酯。天然蜡还含有少量游离高级脂肪酸、高级醇和烷烃等。组成蜡的脂肪酸和醇都是直链的和含十六个碳原子以上的，且含偶数个碳原子。常见的酸是软脂酸和二十六酸；常见的醇是十六醇、二十六醇和三十醇。

蜡在常温下是固体，难溶于水，易溶于乙醚、苯、氯仿等有机溶剂，比油脂硬而脆，化学性质稳定，不易酸败，不易皂化，在空气中不易氧化变质，不易被微生物侵蚀。在动物体内不能消化吸收，因而不能像油脂那样作为人和动物的养料。

根据蜡的不同来源，常分为植物蜡和动物蜡两类。植物蜡的熔点较动物蜡高。

植物蜡多呈一薄层覆盖在植物的茎、叶、树干和果实的表面，植物的细胞也存在着蜡质。植物表层蜡的主要作用是防止水分入侵、微生物侵袭及减少植物体内水分蒸发。试验证明，若将果皮表面蜡除去，果实很快就会腐败。

动物蜡覆盖在昆虫的表皮上，具有防止体内水分蒸发和外界水分入侵的功能。昆虫表皮的蜡层一旦遭受破坏，就会因失水而死亡。

鉴于植物及昆虫的体表都覆盖有一蜡层，因此施用农药时必须加入某些表面活性剂，以利药物能在植物及昆虫体表更好展开，并充分发挥药效。

现将几种重要的蜡介绍如下。

棕榈蜡是一种植物蜡，是棕榈科植物叶面上分泌的物质，其主要成分是二十六酸二十六酯（$C_{25}H_{51}COOC_{26}H_{53}$）和二十六酸三十酯（$C_{25}H_{51}COOC_{30}H_{61}$），呈黄绿色，熔点 85～90 ℃。

动物蜡多存在于动物分泌腺中，也存在于体表。我国四川等地特产的虫蜡（又名白蜡），是寄生在女贞树及水蜡树上的白蜡虫的分泌物，主要成分是二十六酸二十六酯。蜂蜡是工蜂腹部的蜡腺分泌物，是建造蜂窝的主要物质，其主要成分是十六酸三十酯。鲸蜡是从抹香鲸脑中取得的，主要成分是十六酸十六酯。

在工业上，蜡一般用作上光剂、鞋油、蜡纸、防水剂、绝缘材料、药膏的基质等。

值得注意的是，蜡和石蜡不能混淆，石蜡是石油中得到的直链烷烃（含有 26～30 个碳原子）的混合物，它们的物态、物性相近，而化学成分完全不同。

问题与思考 11－3　填空：菜油属______类物质，白蜡属______类物质，石蜡属______类物质。

二、磷脂

磷脂是指含磷酸的类脂化合物，广泛存在于植物种子，动物的脑、卵、肝和微生物体中。根据磷脂的组成和结构，可将它分为磷酸甘油酯和神经磷脂两类。磷酸甘油酯的种类很多，最重要的有卵磷脂和脑磷脂。

1. 卵磷脂和脑磷脂 卵磷脂是由甘油的两个羟基与高级脂肪酸结合，另一个羟基与磷酸结合，磷酸又通过酯键与胆碱结合而成的。

按磷酸与甘油羟基的结合位置，卵磷脂可分为α－型和β-型。当磷酸与甘油中的伯醇羟基相结合时，称为α-卵磷脂；若与甘油中的仲醇羟基相结合时，称为β-卵磷脂。卵磷脂分子内含有手性碳原子，又有D-型和L-型之分。自然界中存在的卵磷脂是L－α-卵磷脂。

```
                               O
                               ‖
      O      CH2—O—C—R
      ‖        |
R′—C—O—CH        O
               |        ‖                      +
             CH2—O—P—OCH2CH2N(CH3)3OH⁻
                        |
                        OH
```

L-α-卵磷脂

```
                               O
                               ‖
      O      CH2—O—C—R
      ‖        |
R′—C—O—CH        O
               |        ‖                      +
             CH2—O—P—OCH2CH2N(CH3)3
                        |
                        O⁻
```

L-α-卵磷脂内盐

卵磷脂分子中，磷酸部分还有一个可离解的氢，而胆碱为碱性基团，因此可以形成内盐。

卵磷脂在酸、碱或酶催化下可以发生水解，生成一分子甘油、两分子高级脂肪酸、一分子磷酸和一分子胆碱。

卵磷脂存在于动、植物组织器官中，因卵黄中高达8%～10%而得名。它是吸水性很强的白色蜡状固体。由于分子内不饱和脂肪酸易被空气氧化，因此在空气中颜色逐渐变黄，久则变褐色。卵磷脂能溶于乙醚和乙醇，但不能溶于丙酮。

脑磷脂结构与卵磷脂类似，主要区别在于脑磷脂的磷酸与胆胺成酯。脑磷脂也有α-和β-异构体，自然界存在的是L－α-脑磷脂。

脑磷脂存在于动、植物体组织和器官中，以动物脑中含量最多，故名脑磷脂。它亦是吸水性很强的白色蜡状固体，在空气中易被氧化变为棕褐色。能溶于乙醚，但不溶于乙醇和丙酮。在酸、碱或酶作用下完全水解，也能形成内盐。

```
                               O
                               ‖
      O      CH2—O—C—R
      ‖        |
R′—C—O—CH        O
               |        ‖                +
             CH2—O—P—OCH2CH2NH3
                        |
                        O⁻
```

L－α-脑磷脂

问题与思考 11－4 写出卵磷脂、脑磷脂彻底水解的反应方程式。

2. 神经磷脂 神经磷脂简称鞘磷脂，存在于脑、神经组织和红细胞膜中。它是由磷酸、胆碱、脂肪酸和鞘氨醇组成的。

$$\begin{array}{ccc} CH_3(CH_2)_{12} & & H \\ & C & \\ & \| & \\ & C & \\ H & & CHOH \\ & & | \\ & & CHNH_2 \\ & & | \\ & & CH_2OH \end{array}$$

鞘氨醇

$$\begin{array}{l} CH_3(CH_2)_{12}\text{—}CH\text{=}CH\text{—}CHOH \\ \qquad\qquad\qquad\qquad\quad | \\ \qquad\qquad\qquad\qquad CHNH\text{—}\overset{O}{\overset{\|}{C}}\text{—}(CH_2)_{22}CH_3 \\ \qquad\qquad\qquad\qquad\quad | \\ \qquad\qquad\qquad\qquad CH_2\text{—}O\text{—}\underset{\underset{O}{\|}}{\overset{O^-}{\overset{|}{P}}}\text{—}OCH_2CH_2\overset{+}{N}(CH_3)_3 \end{array}$$

鞘磷脂

磷脂分子内同时存在疏水基（脂肪烃基）和亲水基（偶极离子），因此它是良好的乳化剂，在细胞膜中起着重要的生理作用。磷脂可溶于水及某些有机溶剂，但不溶于丙酮，利用此性质可把它与其他脂分开。

第四节　肥皂和表面活性剂

一、肥皂的组成及乳化作用

油脂皂化后得到的高级脂肪酸钠盐就是肥皂。

高级脂肪酸钠盐从结构上看，一部分是羧酸盐离子，具有极性，是亲水基；另一部分是链状的烃基，非极性的，是疏水基。在水溶液中，这些链状的烃基由于范德华力互相靠近聚成一团，似球状。球状物表面被有极性的羧酸根负离子所占据，这种球状物称为胶束，如图11-1所示。

在油水两相中，胶束的烃基部分可溶入油中，羧酸根负离子部分伸在油滴外面而溶入水中，这样油就可以被肥皂分子包围起来，分散而悬浮于水中，形成一种乳液。这种现象叫乳化作用，具有乳化作用的物质称为乳化剂。

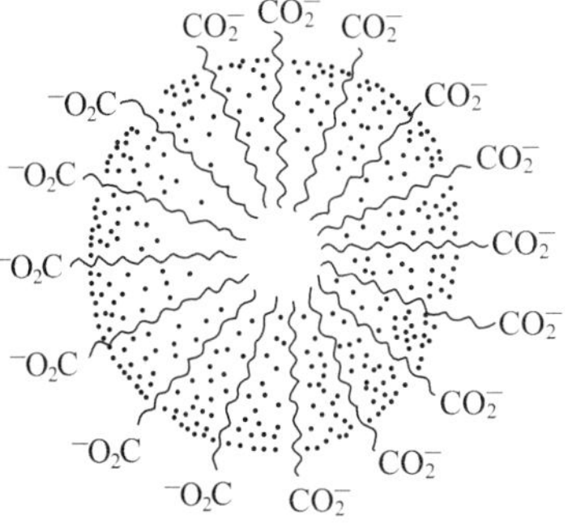

图11-1　胶束示意图

肥皂是一种弱酸盐，遇酸后游离出高级脂肪酸而失去乳化功能。因此肥皂不能在酸性溶液中使用。肥皂也不能在硬水中使用，因为在含有 Ca^{2+}、Mg^{2+} 的硬水中，肥皂转化为不溶性的高级脂肪酸钙盐或镁盐，从而失去乳化能力。因此肥皂的应用有一定限制，同时制造肥皂还要消耗大量天然油脂，近年来已经广泛采用合成表面活性剂。

二、表面活性剂

表面活性剂是指能够降低液体表面张力的物质，其分子结构特点在于既含亲水基又含疏水基。肥皂就是一种表面活性剂。表面活性剂按用途可分为乳化剂、润湿剂、起泡剂、洗涤剂、分散剂等；按离子类型可分为阴离子型表面活性剂、阳离子型表面活性剂和非离子型表面活性剂。

1. 阳离子型表面活性剂 这一类表面活性剂在水中可以生成带有疏水基的阳离子，常用的主要是季铵盐，例如：

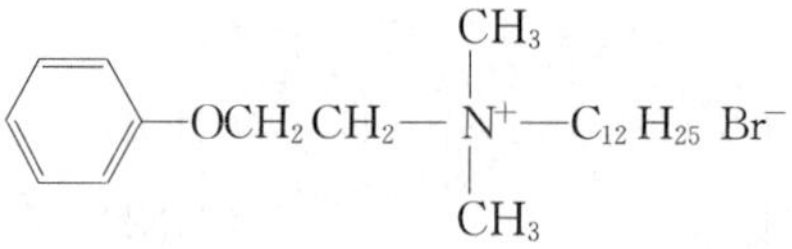

$$C_6H_5-OCH_2CH_2-\overset{\displaystyle CH_3}{\underset{\displaystyle CH_3}{\overset{|}{\underset{|}{N^+}}}}-C_{12}H_{25}\ Br^-$$

溴化二甲基-苯氧乙基-十二烷基铵(杜灭芬)

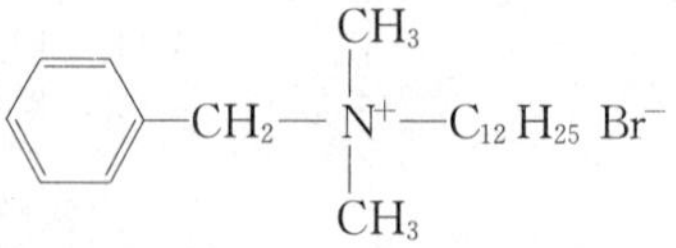

$$C_6H_5-CH_2-\overset{\displaystyle CH_3}{\underset{\displaystyle CH_3}{\overset{|}{\underset{|}{N^+}}}}-C_{12}H_{25}\ Br^-$$

溴化二甲基-苄基-十二烷基铵(新洁尔灭)

它们除了作乳化剂外，还有较强的杀菌作用，所以常用作消毒剂。例如，新洁尔灭用于外科手术时皮肤和器械的消毒，杜灭芬用于预防和治疗口腔炎、咽炎等。

2. 阴离子型表面活性剂 这一类表面活性剂在水中可以生成带有疏水基的阴离子。肥皂实际上就是一种阴离子表面活性剂。我们日常生活中使用的许多合成洗涤剂也属此类，例如：

$RSO_3^-Na^+$ 烷基磺酸钠

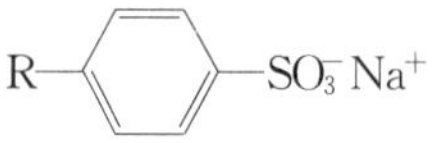

$R-C_6H_4-SO_3^-Na^+$ 烷基苯磺酸钠

$CH_3(CH_2)_{10}CH_2-OSO_3^-Na^+$ 十二烷基硫酸钠

它们在水中都能生成带有疏水基的阴离子，可用作发泡剂、润湿剂、洗涤剂，也可用作牙膏、化妆品、洗头水和洗衣粉等的原料。由于它们都是强酸强碱盐，其钙盐和镁盐在水中溶解度较大，所以可以在酸性溶液或硬水中使用。

3. 非离子型表面活性剂 这一类表面活性剂在水中不能生成离子，它的亲水基主要是羟基和多个醚键，例如：

$R-C_6H_4-O\!+\!CH_2CH_2-O\!+_nH$ 聚氧乙烯烷基酚醚（$n=6\sim12$，$R=C_8\sim C_{10}$）

$(HOCH_2)_3CCH_2OOCC_{17}H_{35}$ 硬脂酸季戊四醇酯

前者带醚键，后者带多个羟基。它们极易与水混溶，常用作洗涤剂和乳化剂。此外，它们不电离，所以不会和硬水中的 Ca^{2+} 、Mg^{2+} 形成不溶性盐而失去乳化能力。

问题与思考 11－5 为什么肥皂不宜在酸性溶液中或硬水中使用，而洗衣粉可以？

第五节 甾体化合物

甾体化合物亦称为类固醇，广泛存在于动植物体内，并在动植物生命活动中起着重要的调节作用，是一类重要的天然类脂化合物。

一、甾体化合物的结构

从化学结构上看，甾体化合物分子中都含有氢化程度不同的环戊烷并多氢菲结构，该结构是甾体化合物的母核，四个环常用 A、B、C、D 分别表示，环上的碳原子按如下顺序编号：

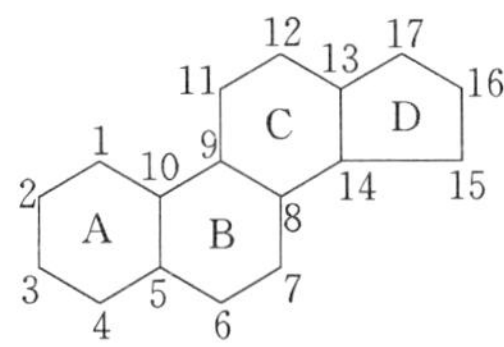

环戊烷并多氢菲（甾环）

甾体化合物除都具有环戊烷并多氢菲母核外，几乎所有此类化合物在 C_{10} 和 C_{13} 处都有一个甲基，叫角甲基，在 C_{17} 上还有一些不同的取代基。

甾体化合物都含有四个环，它们两两之间都可以在顺位或反位相稠合。存在于自然界的甾体化合物，环 B 与环 C 都是反式稠合的，环 C 与环 D 也是反式稠合的，环 A 和环 B 可以是顺式或反式相稠合。若 A、B 环反式稠合则称作异系，顺式稠合则称作正系。

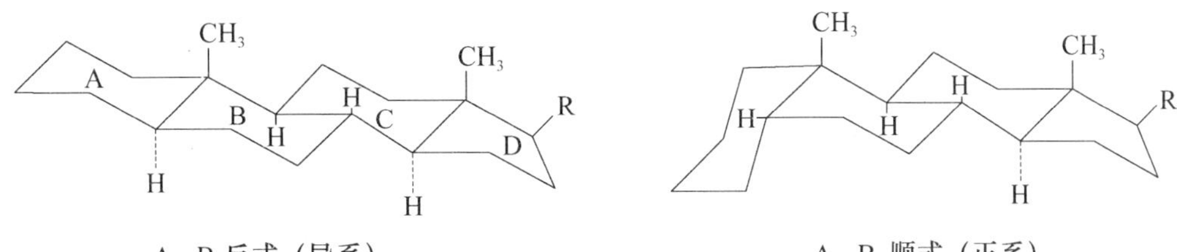

A、B 反式（异系）　　　　A、B 顺式（正系）

如果用平面结构式表示，以 A、B 环之间的角甲基作为标准，把它安排在环平面的前面，并用楔形线与环相连。凡是与这个甲基在环平面同一边的，都用楔形线与环相连，不在同一边的取代基则用虚线与环相连。如：

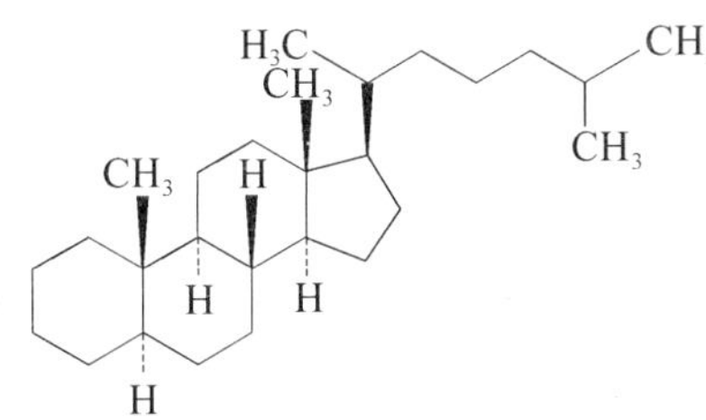

胆甾烷（异系）

二、重要的甾体化合物

1. 胆甾醇　胆甾醇是脊椎动物细胞的重要组分，在脑和神经组织中特别多。人体内发现的胆石，几乎全都由胆甾醇构成，故俗称胆固醇。

胆甾醇是无色蜡状固体，不溶于水，易溶于有机溶剂。结构中含有双键，能与氢和碘加成。它在氯仿溶液中与乙酸酐和硫酸作用生成蓝绿色，颜色深浅与胆甾醇的浓度成正比，因此可用比色法来测定胆甾醇的含量。所有其他不饱和甾醇都有此反应。在人体中，如胆固醇代谢发生障碍，血液中的胆固醇就会增加，这是引起动脉硬化的原因之一。

胆甾醇在酶催化下氧化成 7-脱氢胆甾醇，它的 B 环中有共轭双键。7-脱氢胆甾醇存在于皮肤组织中，在日光照射下发生化学反应，转化为维生素 D_3。

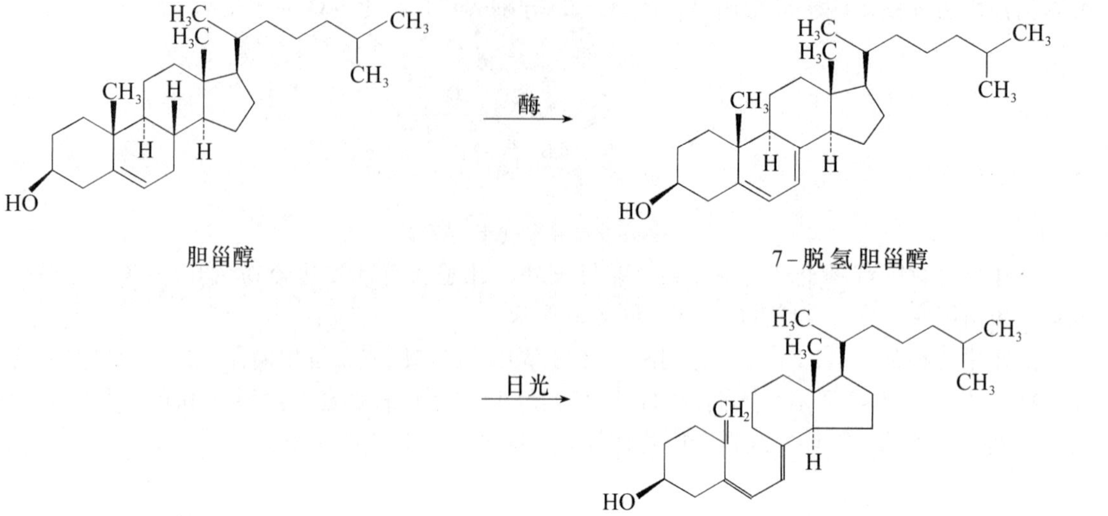

胆甾醇 —酶→ 7-脱氢胆甾醇 —日光→ 维生素D_3

维生素D_3是小肠吸收Ca^{2+}的关键化合物。体内维生素D_3的浓度太低会引起Ca^{2+}缺乏，不足以维持骨骼的正常生长而产生软骨病。

2. 麦角甾醇 麦角甾醇存在于酵母、麦角之中，是一种重要的植物甾醇。在紫外线照射下，通过一系列中间产物，最后生成维生素D_2。

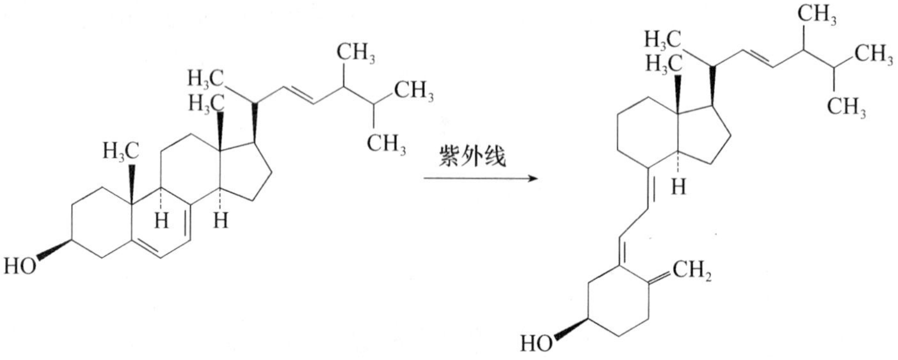

麦角甾醇 —紫外线→ 维生素D_2

维生素D_2同维生素D_3一样，也能抗软骨病。因此，可将麦角甾醇用紫外线照射后加到牛奶或其他食品中，以保证儿童能得到足够的维生素D。

3. 甾体激素 激素是动物体内分泌的物质，它能控制生长、营养、性机能。其中具有甾体结构的激素称为甾体激素。性激素是重要的甾体激素之一，它是人和动物性腺的分泌物，分为雄性激素和雌性激素两种。

睾酮是睾丸分泌的一种雄性激素，其主要功用是促进男性器官的形成及副性器官的发育。雌二醇为卵巢分泌物，对雌性第二性征的发育起主要作用。孕甾酮是卵巢排卵后形成的黄体分泌物，故称黄体酮，它的生理作用是抑制排卵，并使受精卵在子宫里发育，促进乳腺发育，医药上用于防止流产等。

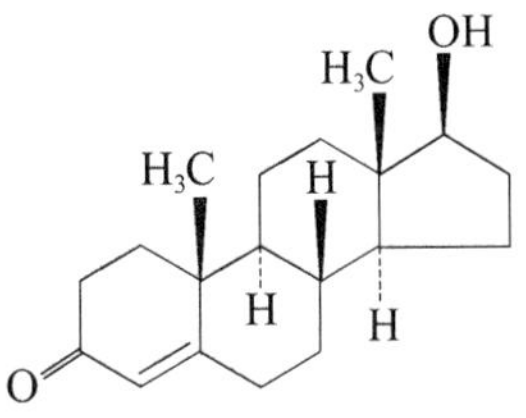

睾酮 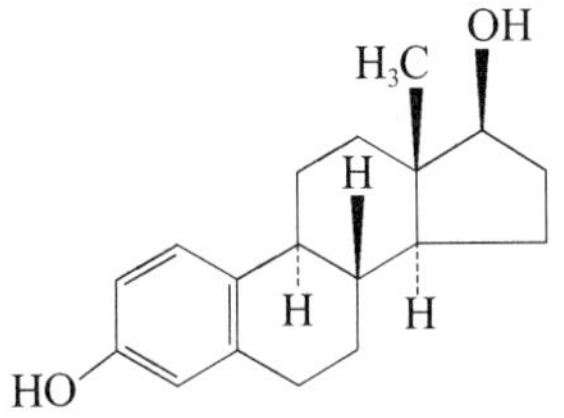　　雌二醇 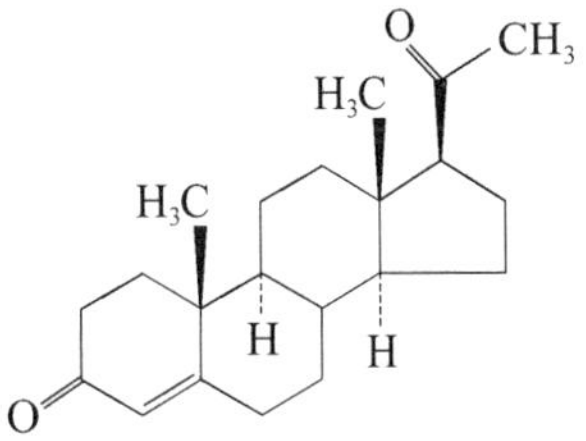　　孕甾酮

4. 昆虫蜕皮激素　昆虫蜕皮激素是由昆虫的前胸腺分泌出来的一种激素，它可以控制昆虫蜕皮。昆虫的一生要经历多次蜕变和变态，这些蜕变和变态是由蜕皮激素和保幼激素协调控制的，其可控制昆虫的发育与变态，在昆虫生理上十分重要。

昆虫蜕皮激素不但可以从昆虫中得到，而且从甲壳动物，甚至从植物中也得到了数十种具有同样生理活性的物质。人工也合成了许多与昆虫蜕皮激素有类似结构和功能的化合物。例如：

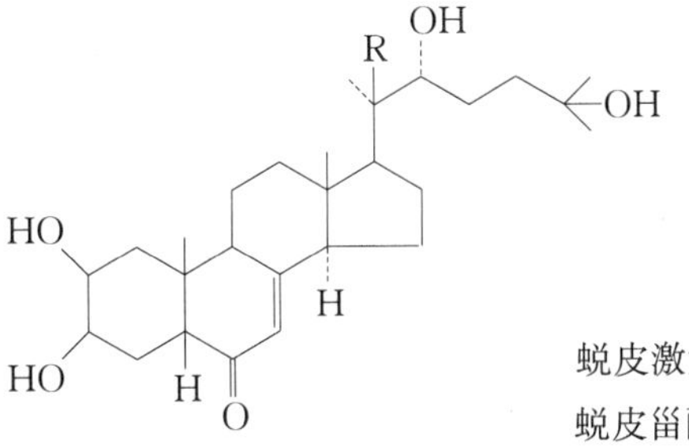

蜕皮激素：R= H

蜕皮甾酮：R= OH

蜕皮激素对害虫的防治作用大致可分为两种：一种作用是通过施用蜕皮激素使昆虫体内激素平衡失调，产生生理障碍或发育不全而死亡；另一种作用是蜕皮激素使害虫不能正常发育，以达到控制害虫生长的目的。

在家蚕的饲料中加入适量的蜕皮激素，可以促进上簇和结茧整齐，达到增产的目的。

拓展阅读

植物油脂在润滑油基础油中的应用

据统计，世界能量产出的约 1/3 被用于克服摩擦阻力。润滑油能够减少机械设备接触面间的摩擦和磨损，延长设备使用寿命，减少因摩擦而损耗的大量能源。然而，传统的矿物润滑油由于难以降解，严重地威胁了自然环境，随着环保要求的越来越严格，发展新型可降解润滑材料来替代传统矿物来源的产品越来越受到大家重视。其中植物油脂以其来源广、成本低以及生物可降解性能优异的优点得到了众多研究者的青睐。

植物油的主要成分是高级脂肪酸的甘油酯，其来源广泛，具有低成本、优异的润滑性能、高黏温指数、可生物降解等优点，早在公元前 1650 年，橄榄油、菜籽油、蓖麻油和棕榈油等植物油已经被简单用作润滑剂。但是由于植物油在使用过程中也存在易氧化的缺点，导致在贮存和使用过程中很容易腐败而产生酸性物质，进而腐蚀金属表面。为此，可采用生物、化学改性方法对植物油进行改性，提高其氧化稳定性从而拓展其在润滑油基础油中的应用。例如，通过转基因技术可得到油酸含量高的葵花油，明显改善葵花油的氧化稳定性，而且减磨抗磨性能可与矿物油比肩；将大豆油选择性氢化，得到的改性大豆油氧化稳定性和黏度都有所提高，符合绿色润滑油基础油的工况要求。

我国每年润滑油用量巨大，同时我国又是植物油生产大国，加紧研制动植物油基绿色润滑油意义重大。今后的研究工作应体现在以下几方面：研究动植物油的改性方法，通过改性改善植物油的氧化稳定性和动物油的低温流动性；开发改性所需的高效稳定的催化剂。

本章小结

油脂和类脂广泛存在于生物体中，是维持生命活动不可缺少的物质。

油脂包括油和脂肪。常温下呈液态的称为油，呈固态或半固态的称为脂肪。油脂是高级脂肪酸的甘油酯，三个高级脂肪酸相同的为简单甘油酯，三个高级脂肪酸不相同的为混合甘油酯。一般油脂为混合物，因此无恒定的熔点和沸点，只有熔点范围。

组成油脂的高级脂肪酸分为饱和酸与不饱和酸两大类，大多数是含偶数碳原子的直链化合物，以软脂酸、硬脂酸、油酸、亚油酸存在较为普遍。天然不饱和脂肪酸中的双键绝大多数是顺式构型。

在酸、碱或酶的作用下，油脂可以水解生成甘油和高级脂肪酸。油脂的碱性水解反应叫皂化反应。使 1 g 油脂完全皂化所需的氢氧化钾的质量（以毫克计）称为该油脂的皂化值。皂化值越大，油脂的平均分子质量越小。

含不饱和脂肪酸的油脂分子中的碳碳双键可以和碘、氢等进行加成。100 g 油脂能吸收的碘的质量（以克计）称为该油脂的碘值。碘值大，说明该油脂中不饱和酸的含量高。碘值大于 130 者称干性油。

油脂在空气中放置过久便会产生难闻的气味，这种变化叫作酸败。酸败的油脂中游离脂肪酸的含量升高。中和 1 g 油脂中游离脂肪酸所消耗的氢氧化钾的质量（以毫克计）称为该油脂的酸值。酸值大于 6 时，油脂不能食用。

类脂化合物通常指蜡、磷脂和甾族化合物等。

蜡是高级脂肪酸的高级一元醇酯。主要有虫蜡（$C_{25}H_{31}COOC_{26}H_{53}$）、蜂蜡（$C_{15}H_{31}COOC_{30}H_{61}$）、鲸蜡（$C_{15}H_{31}COOC_{16}H_{33}$）等。蜡的性质较稳定，一般很难水解。

磷脂的母体结构是磷脂酸，自然界常见的是 L-α-磷脂酸。磷脂主要有脑磷脂和卵磷脂，它们分别由胆胺、胆碱与 L-α-磷脂酸成酯而得。在酸、碱存在下，脑磷脂和卵磷脂可完全水解生成甘油、脂肪酸、磷酸、胆胺或胆碱。

甾体化合物的分子中都含有一个环戊烷并多氢菲的母环。绝大多数甾体化合物在 C_{10} 和 C_{13} 处各连有一个甲基，叫作角甲基。不同的甾体化合物在 C_{17} 上连有不同的取代基。

凡能改变（通常是降低）液体表面张力或两相间界面张力的物质称为表面活性剂。从分子结构上看，表面活性剂分子中同时含有亲油性的烃基和亲水性的基团。表面活性剂分为离子型和非离子型表面活性剂，离子型表面活性剂又有阴离子型和阳离子型两类。

肥皂的主要成分为高级脂肪酸的钠盐或钾盐，肥皂属阴离子表面活性剂。肥皂是弱酸盐，遇强酸后游离出高级脂肪酸而失去乳化剂的效能，故肥皂不能在酸性溶液中使用；另外，高级脂肪酸的钙盐和镁盐不溶于水，因此肥皂也不能在硬水中使用。

习　题

1. 写出下列化合物的结构：

（1）三乙酸甘油酯　　（2）硬脂酸

（3）亚油酸　　（4）顺,顺,顺,顺-$\Delta^{5,8,11,14}$-二十碳四烯酸

2. 完成下列反应方程式：

（1）

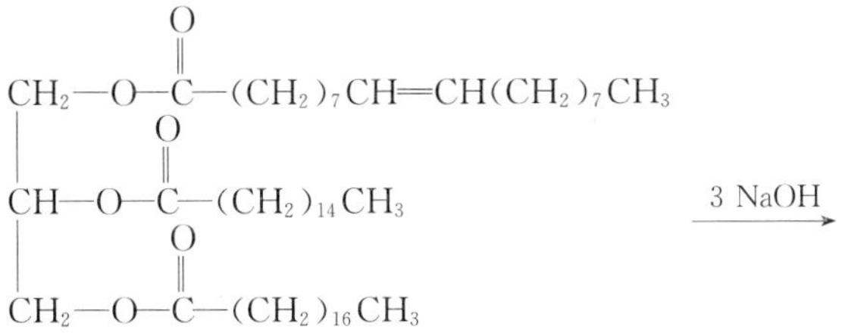

$$\begin{array}{l} CH_2-O-\overset{O}{\overset{\|}{C}}-(CH_2)_7CH=CH(CH_2)_7CH_3 \\ | \\ CH-O-\overset{O}{\overset{\|}{C}}-(CH_2)_{14}CH_3 \\ | \\ CH_2-O-\overset{O}{\overset{\|}{C}}-(CH_2)_{16}CH_3 \end{array} \xrightarrow{3\ NaOH}$$

（2）

$$\begin{array}{l} CH_2-O-\overset{O}{\overset{\|}{C}}-(CH_2)_7CH=CH(CH_2)_7CH_3 \\ | \\ CH-O-\overset{O}{\overset{\|}{C}}-(CH_2)_{14}CH_3 \\ | \\ CH_2-O-\overset{O}{\overset{\|}{C}}-(CH_2)_{16}CH_3 \end{array} \xrightarrow[Ni]{H_2}$$

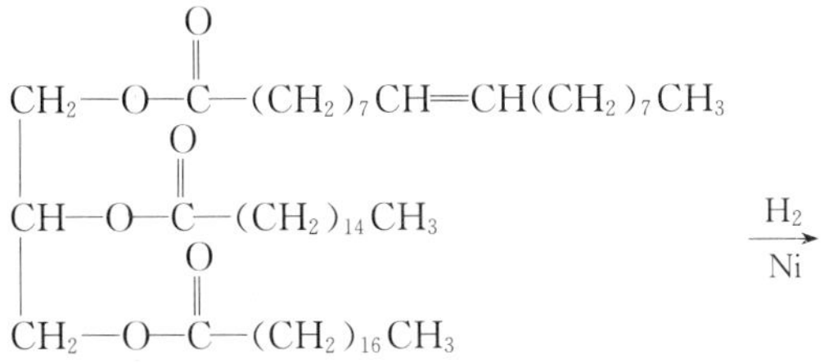

（3）

$$\begin{array}{l} CH_2-O-\overset{O}{\overset{\|}{C}}-R \\ | \\ CH-O-\overset{O}{\overset{\|}{C}}-R' \\ | \\ CH_2-O-\overset{O}{\overset{\|}{P}}-OCH_2CH_2N^+(CH_3)_3 \\ \qquad\qquad\ \ \underset{O^-}{|} \end{array} \xrightarrow{\text{彻底水解}}$$

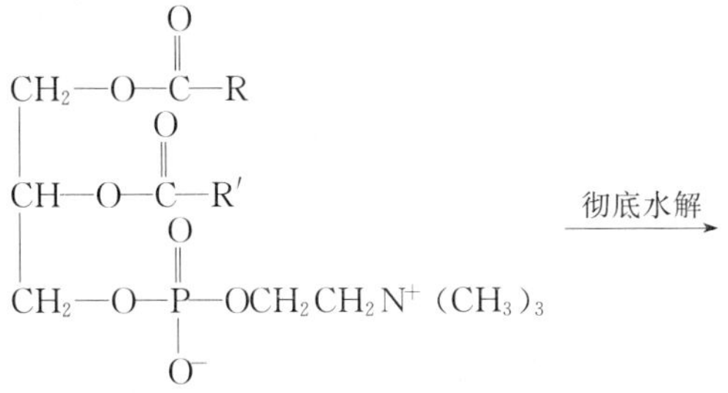

3. 用化学方法鉴别下列化合物：

（1）三硬脂酸甘油酯和三油酸甘油酯　　（2）蜡和石蜡

4. 2 g 油脂完全皂化，消耗 0.5 mol·mL^{-1} KOH 15 mL，试计算该油脂的皂化值。

5. 表面活性剂往往具有怎样的结构特点？为什么能去油污？

6. 某化合物 A 的分子式为 $C_{53}H_{100}O_6$，有旋光性，能被水解生成甘油和一分子脂肪酸 B 及两分子脂肪酸 C。B 能使溴的四氯化碳溶液褪色，经氧化剂氧化可得壬酸和 1,9-壬二酸。C 不发生上述反应。试推测 A、B、C 的结构式，并写出有关反应式。

第十二章　杂环化合物和生物碱

杂环化合物和生物碱广泛存在于自然界中，在动植物体内起着重要的生理作用。本章介绍杂环化合物的分类、命名、结构特点、性质及重要的杂环化合物。了解生物碱的一般性质、提取方法和重要的生物碱。

第一节　杂环化合物

环状有机化合物中，构成环的原子除碳原子外还含有其他原子，这种环状化合物就叫作杂环化合物。组成杂环的原子，除碳原子以外的都叫作杂原子。常见的杂原子有氧、硫、氮等。前面学习过的环醚、内酯、内酐和内酰胺等都含有杂原子，但它们容易开环，性质上又与开链化合物相似，所以不把它们放在杂环化合物中讨论。本章中涉及的主要是具有芳香性的杂环化合物，这类化合物的环由于构成一个环闭的共轭体系而相当稳定。

杂环化合物种类繁多，在自然界中分布很广。具有生物活性的天然杂环化合物对生物体的生长、发育、遗传和衰亡过程都起着关键性的作用。例如：在动、植物体内起着重要生理作用的血红素、叶绿素、核酸的碱基、中草药的有效成分——生物碱等都是含氮杂环化合物。一部分维生素、抗生素、植物色素、许多人工合成的药物及合成染料也含有杂环。

杂环化合物的应用范围极其广泛，涉及医药、农药、染料、生物膜材料、超导材料、分子器件、贮能材料等，尤其在生物界，杂环化合物几乎随处可见。

一、杂环化合物的分类和命名

为了研究方便，根据杂环母体中所含环的数目，将杂环化合物分为单杂环和稠杂环两大类。最常见的单杂环有五元环和六元环。稠杂环有芳环并杂环和杂环并杂环两种。另外，可根据单杂环中杂原子的数目不同分为含一个杂原子的单杂环、含两个杂原子的单杂环等。

杂环化合物的命名在我国有两种方法：一种是译音命名法，另一种是系统命名法。

译音法是根据 IUPAC 推荐的通用名，按外文名称的译音来命名，并用带“口”旁的同音汉字来表示环状化合物。例如：

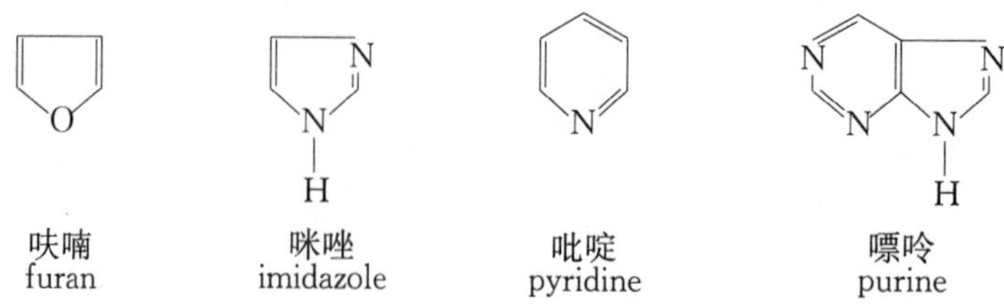

杂环上有取代基时，以杂环为母体，将环编号以注明取代基的位次，编号一般从杂原子开始。含有两个或两个以上相同杂原子的单杂环编号时，把连有氢原子的杂原子编为 1，并使其余杂原子的位次尽可能小；如果环上有多个不同杂原子，按氧、硫、氮的顺序编号。例如：

2,5-二甲基呋喃　　4-甲基咪唑　　4,5-二甲基噻唑

当只有 1 个杂原子时，也可用希腊字母编号，靠近杂原子的第一个位置是 α-位，其次为 β-位、γ-位等。例如：

α-呋喃甲醛　　γ-甲基吡啶

当环上连有不同取代基时，编号根据次序规则及最低系列原则。结构复杂的杂环化合物是将杂环当作取代基来命名。例如：

2-甲基-5-乙基呋喃　　4-吡啶甲酸　　5-硝基-2-呋喃甲醛　　2-乙酰基吡咯

稠杂环的编号一般和稠环芳烃相同，但有少数稠杂环有特殊的编号顺序。例如：

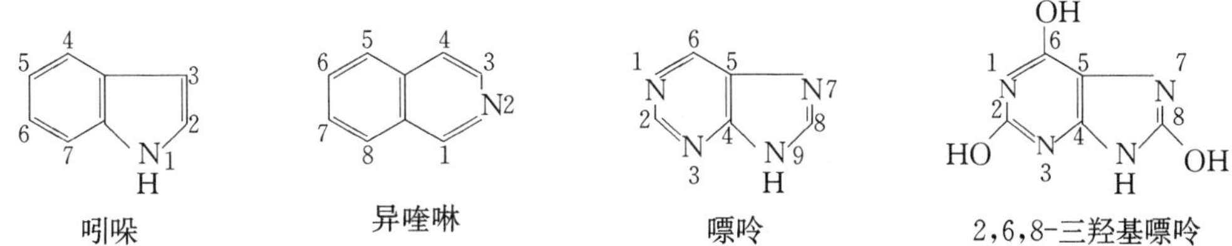

吲哚　　异喹啉　　嘌呤　　2,6,8-三羟基嘌呤

系统命名法是根据相应的碳环为母体而命名，把杂环化合物看作相应碳环中的碳原子被杂原子取代后的产物。命名时，化学介词为“杂”字，称为“某杂某”。例如，五元杂环相应的碳环为 ，定名为“茂”，则 称为氧杂茂。茂中的“戊”表示五元环，草头表示具有芳香性。系统命名法能反映出化合物的结构特点。

两种命名方法虽然并用，但译音法在文献中更为普遍。常见的杂环化合物的结构、分类和名称见表 12-1。

表 12-1　杂环化合物的结构、分类和命名

分类		碳环母核	重要的杂环					
单杂环	五元杂环	茂	呋喃 (furan) 氧杂茂	噻吩 (thiophene) 硫杂茂	吡咯 (pyrrole) 氮杂茂	吡唑 (pyrazole) 1,2-二氮杂茂	咪唑 (imidazole) 1,3-二氮杂茂	噻唑 (thiazole) 1,3-硫氮杂茂
	六元杂环	芑 苯	吡喃 (pyran) 氧杂芑	吡啶 (pyridine) 氮杂苯	哒嗪 (pyridazine) 1,2-二氮杂苯	嘧啶 (pyrimidine) 1,3-二氮杂苯	吡嗪 (pyrazine) 1,4-二氮杂苯	
稠杂环		茚	吲哚 (indole) 氮杂茚	嘌呤 (purine) 1,3,7,9-四氮杂茚				
		萘	喹啉 (quinoline) 氮杂萘	异喹啉 (isoquinoline) 异氮杂萘	蝶呤 (pterin) 1,3,5,8-四氮杂萘			

问题与思考 12-1　命名下列化合物或写出结构。

(1)　COOH　N

(2)　CH_2OH　O

(3) 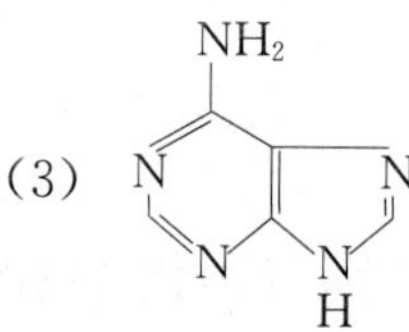

(4) 3-硝基吡啶　　(5) 4-甲基吡啶　　(6) α-呋喃甲醛

二、杂环化合物的结构

1. 呋喃、噻吩、吡咯　五元杂环化合物中最重要的是呋喃、噻吩、吡咯及它们的衍生物。

从这三种杂环化合物的结构式上看，它们似乎应具有共轭二烯烃的性质，但实验表明，它们的许多化学性质类似于苯，不具有典型二烯烃的加成反应，而易发生取代反应。

近代物理方法证明：组成呋喃、噻吩、吡咯环的 5 个原子共处在一个平面上，成环的 4 个碳原子和 1 个杂原子都是 sp^2 杂化。环上每个碳原子的 p 轨道中有 1 个电子，杂原子的 p 轨道中有 2 个 p 电子。5 个原子彼此间以 sp^2 杂化轨道“头碰头”重叠形成 σ 键。4 个碳原子和 1 个杂原子未杂化的 p 轨道都垂直于环的平面，p 轨道彼此平行，“肩并肩”重叠形成 1 个由 5 个原子所属的 6 个 π 电子组成的闭合共轭体系，如图 12－1 所示。由于 π 电子数符合休克尔（Hückel）规则，因此呋喃、噻吩、吡咯表现出与苯相似的芳香性。

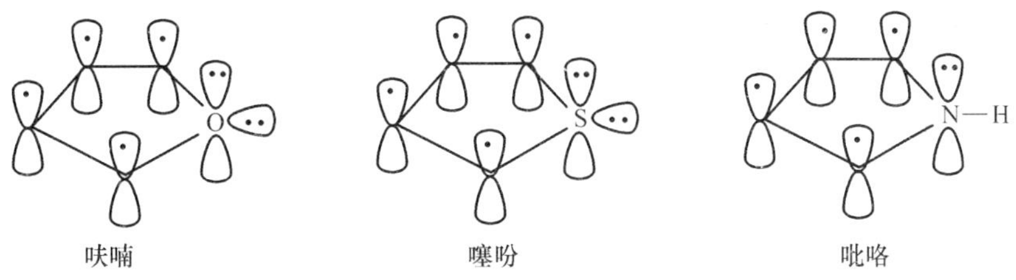

图 12－1　呋喃、噻吩、吡咯的结构

在呋喃、噻吩、吡咯分子中，由于杂原子的未共用电子对参与了共轭体系（6 个 π 电子分布在由 5 个原子组成的分子轨道中），环上碳原子的电子云密度增加，因此环中碳原子的电子云密度相对地大于苯中碳原子的电子云密度，所以此类杂环称为富电子芳杂环或多 π 电子芳杂环。

杂原子氧、硫、氮的电负性比碳原子大，使环上电子云密度分布不像苯环那样均匀，所以呋喃、噻吩、吡咯分子中各原子间的键长并不完全相等，因此芳香性比苯差。由于杂原子的电负性强弱顺序是：氧＞氮＞硫，所以芳香性强弱顺序如下：苯＞噻吩＞吡咯＞呋喃。

2. 吡啶　六元杂环化合物中最重要的是吡啶。吡啶的分子结构从形式上看与苯十分相似，可以看作是苯分子中的一个 CH 基团被 N 原子取代后的产物。根据杂化轨道理论，吡啶分子中 5 个碳原子和 1 个氮原子都是经过 sp^2 杂化而成键的，像苯分子一样，分子中所有原子都处在同一平面上。与吡咯不同的是，氮原子的三个未成对电子，两个处于 sp^2 轨道中，与相邻碳原子形成 σ 键，另一个处在 p 轨道中，与 5 个碳原子的 p 轨道平行，侧面重叠形成一个闭合的共轭体系。氮原子尚有一对未共用电子对，处在 sp^2 杂化轨道中与环共平面，如图 12－2 所示。吡啶符合休克尔规则，具有芳香性。

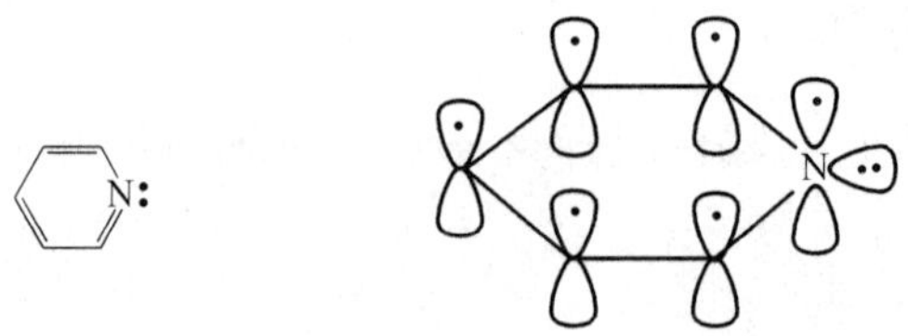

图 12-2 吡啶的结构

在吡啶分子中，由于氮原子的电负性比碳大，表现出吸电子诱导效应，使吡啶环上碳原子的电子云密度相对降低，因此环中碳原子的电子云密度相对地小于苯中碳原子的电子云密度，所以此类杂环称为缺电子芳杂环或缺 π 电子芳杂环。

富电子芳杂环与缺电子芳杂环在化学性质上有较明显的差异。

三、杂环化合物的化学性质

呋喃、噻吩、吡咯都是富电子芳杂环，环上电子云密度分布不像苯那样均匀，因此，它们的芳香性不如苯，有时表现出共轭二烯烃的性质。由于杂原子的电负性不同，它们表现的芳香性程度也不相同。吡啶是缺电子芳杂环，其芳香性也不如苯典型。

1. 亲电取代反应 富电子芳杂环和缺电子芳杂环均能发生亲电取代反应。但是，富电子芳杂环的亲电取代反应主要发生在电子云密度更为集中的 α-位上，而且比苯容易；缺电子芳杂环如吡啶的亲电取代反应主要发生在电子云密度相对较高的 β-位上，而且比苯困难。吡啶不易发生亲电取代，而易发生亲核取代，主要进入 α-位，其反应与硝基苯类似。

（1）卤代反应 呋喃、噻吩、吡咯比苯活泼，一般不需催化剂就可直接卤代。

$$\text{呋喃} + Br_2 \xrightarrow[\text{室温}]{1,4\text{-二氧六环}} \text{α-溴代呋喃} + HBr$$

α-溴代呋喃

$$\text{噻吩} + Br_2 \xrightarrow{HAc} \text{α-溴代噻吩} + HBr$$

α-溴代噻吩

吡咯极易卤代，例如与碘-碘化钾溶液作用，生成的不是一元取代产物，而是四碘吡咯。

$$\text{吡咯} + 4I_2 \xrightarrow{KI} \text{2,3,4,5-四碘吡咯} + 4HI$$

2,3,4,5-四碘吡咯

吡啶的卤代反应比苯难，不但需要催化剂，而且要在较高温度下进行。

$$\text{吡啶} + Br_2 \xrightarrow[300\ ℃]{\text{浓 } H_2SO_4} \text{β-溴代吡啶} + HBr$$

β-溴代吡啶

（2）硝化反应 在强酸作用下，呋喃与吡咯很容易开环形成聚合物，因此不能像苯那样用一般的方法进行硝化。五元杂环的硝化，一般用比较温和的非质子硝化剂——乙酰基硝酸酯（CH_3COONO_2）和在低温度下进行，硝基主要进入α-位。例如：

$$\text{吡咯} + CH_3COONO_2 \xrightarrow[5\ ℃]{(CH_3CO)_2O} \text{2-硝基吡咯} + CH_3COOH$$

吡啶的硝化反应需在浓酸和高温下才能进行，硝基主要进β-位。

$$\text{吡啶} + HNO_3 \xrightarrow[300\ ℃]{\text{浓 } H_2SO_4} \text{3-硝基吡啶} + H_2O$$

（3）磺化反应 呋喃、吡咯对酸很敏感，强酸能使它们开环聚合，因此常用温和的非质子磺化试剂，如用吡啶与三氧化硫的加合物作为磺化剂进行反应。

$$\text{呋喃} + C_5H_5N^+{-}SO_3^- \xrightarrow[\text{室温 } 3\ d]{C_2H_4Cl_2} \text{呋喃-2-}SO_3H + \text{吡啶}$$

α-呋喃磺酸

噻吩对酸比较稳定，室温下可与浓硫酸发生磺化反应。

$$\text{噻吩} + H_2SO_4 \xrightarrow{25\ ℃} \text{噻吩-2-}SO_3H + H_2O$$

α-噻吩磺酸

从煤焦油中得到的苯通常含有少量噻吩，由于两者的沸点相差不大，不易用分馏的方法进行分离。但由于噻吩比苯容易磺化，因此可在室温下用浓硫酸洗去苯中含的少量噻吩。

吡啶在硫酸汞催化和加热的条件下才能发生磺化反应。

$$\text{吡啶} + H_2SO_4 \xrightarrow[>200\ ℃]{HgSO_4} \text{吡啶-3-}SO_3H + H_2O$$

β-吡啶磺酸

（4）傅-克反应 傅氏酰基化反应常采用较温和的催化剂如 $SnCl_4$、BF_3 等，对活性较大的吡咯可不用催化剂，直接用酸酐酰化。吡啶一般不进行傅氏酰基化反应。

$$\text{噻吩} + (CH_3CO)_2O \xrightarrow{SnCl_4} \text{噻吩-2-}COCH_3 + CH_3COOH$$

α-乙酰基噻吩

吡啶是缺电子芳杂环，N 原子使环上电子云密度降低，不易发生亲电取代反应。在一定条件下有利于亲核试剂（如 NH_2^-、OH^-、R^-）的进攻而发生亲核取代反应，取代基主要进入电子云密度较低的α-位。例如：

$$\text{吡啶} + NaNH_2 \xrightarrow{\triangle} \text{2-}NH_2\text{-吡啶}$$

2. 加成反应 呋喃、噻吩、吡咯均可进行催化加氢反应，产物是失去芳香性的饱和杂环化合物。呋喃、吡咯可用一般催化剂还原。噻吩中的硫能使催化剂中毒，不能用催化氢化的方法还原，需使用特殊催化剂。吡啶比苯易还原，如金属钠和乙醇就可使其氢化。

呋喃 $+2H_2 \xrightarrow{Ni}$ 四氢呋喃

噻吩 $+2H_2 \xrightarrow{MoS_2}$ 四氢噻吩

吡啶 $\xrightarrow{Na+C_2H_5OH}$ 六氢吡啶

喹啉催化加氢，氢加在杂环上，说明杂环比苯环易被还原。

喹啉 $+2H_2 \xrightarrow{Pt}$ 四氢喹啉

呋喃的芳香性最弱，显示出共轭双烯的性质，与顺丁烯二酸酐能发生双烯合成反应（狄尔斯-阿尔德反应），产率较高。

呋喃 + 顺丁烯二酸酐 $\xrightarrow{25\ ℃}$ 加成产物

3. 氧化反应 呋喃和吡咯对氧化剂很敏感，在空气中就能被氧化，环被破坏。噻吩相对要稳定些。吡啶对氧化剂相当稳定，比苯还难氧化。例如，吡啶的烃基衍生物在强氧化剂作用下只发生侧链氧化，生成吡啶甲酸，而不是苯甲酸。

4-苯基吡啶 $\xrightarrow[\triangle]{KMnO_4}$ 吡啶-4-COOH

γ-吡啶甲酸

3-乙基吡啶（$-CH_2CH_3$） $\xrightarrow[\triangle]{HNO_3}$ 吡啶-3-COOH

β-吡啶甲酸

喹啉 $\xrightarrow[\triangle]{HNO_3}$ 吡啶-2,3-(COOH)$_2$

α,β-吡啶二甲酸

问题与思考 12-2 如何除去苯中混有的少量噻吩？

问题与思考 12-3 完成下列反应方程式：

(1) 吡啶 $+HNO_3 \xrightarrow[300\ ℃]{浓\ H_2SO_4}$ (2) 3-甲基吡啶（$-CH_3$） $\xrightarrow[H_2SO_4]{KMnO_4}$

4. 吡咯和吡啶的酸碱性　含氮化合物的碱性强弱主要取决于氮原子上未共用电子对与 H^+ 的结合能力。在吡咯分子中，由于氮原子上的未共用电子对参与环的共轭体系，使氮原子上电子云密度降低，吸引 H^+ 的能力减弱。另一方面，由于这种 p－π 共轭效应使与氮原子相连的氢原子有离解成 H^+ 的可能，所以吡咯不但不显碱性，反而呈弱酸性，可与碱金属、氢氧化钾或氢氧化钠作用生成盐。

$$\text{吡咯(N–H)} + KOH \xrightarrow{\triangle} \text{吡咯钾}(\bar{N}\ K^+) + H_2O$$

吡啶氮原子上的未共用电子对不参与环共轭体系，能与 H^+ 结合成盐，所以吡啶显弱碱性，比苯胺碱性强，但比脂肪胺及氨的碱性弱得多。

$$\text{吡啶} + HCl \longrightarrow \text{吡啶鎓}(\overset{+}{N}\text{–H})\ Cl^-$$

问题与思考 12－4　将下列化合物按碱性强弱的顺序排列：

（1）吡啶　（2）六氢吡啶　（3）吡咯

四、与生物有关的杂环化合物及其衍生物

1. 呋喃及其衍生物　呋喃存在于松木焦油中，是具有和氯仿相似气味的无色易挥发液体，沸点 31.4 ℃，不溶于水，易溶于乙醇、乙醚等有机溶剂。呋喃可作为有机合成原料。呋喃蒸气遇到用盐酸浸湿的松木片显绿色，可用来检验呋喃的存在。

α－呋喃甲醛是呋喃的重要衍生物，它最早是由米糠与稀酸共热制得的，又称糠醛。糠醛的原料来源丰富，通常利用含有多聚戊糖的农副产品废料，如米糠、玉米芯、花生壳、棉籽壳、甘蔗渣等同稀硫酸或稀盐酸加热脱水制得。

$$\underset{\text{多聚戊糖}}{(C_5H_8O_4)_n} + nH_2O \xrightarrow[\triangle]{\text{稀 }H^+} n\ \underset{\text{戊醛糖}}{\text{HO–CH–CH–OH, H–CH, C–H, HO, HO, O, CHO}} \xrightarrow[3nH_2O]{\text{稀 }H^+} n\ \underset{\text{糠醛}}{\text{呋喃环–CHO}}$$

纯净的糠醛是无色有特殊气味的液体，暴露于空气中被氧化聚合为黄色、棕色以至黑褐色，熔点－38.7 ℃，沸点 161.7 ℃，易溶于乙醇、乙醚等有机溶剂。糠醛与苯胺醋酸盐溶液作用呈鲜红色，可用于检验糠醛的存在，同时也是鉴别戊糖常用的方法。

糠醛是不含 α－H 的醛，其化学性质与苯甲醛相似，能发生康尼查罗反应及一些芳香醛的缩合反应，生成许多有用的化合物。因此，糠醛是有机合成的重要原料，它可以代替甲醛与苯酚缩合成酚醛树脂，也可用来合成药物、农药等。

2. 吡咯及其衍生物 吡咯存在于骨焦油中，是无色液体，沸点 131.0 ℃，难溶于水，易溶于乙醇、乙醚、苯等有机溶剂。在空气中易被氧化逐渐变成褐色，并产生树脂状聚合物。吡咯蒸气遇到浓盐酸浸过的松木片显红色，可用来检验吡咯的存在。

吡咯的衍生物广泛存在于自然界中，最重要的是卟啉化合物，例如叶绿素、血红素、维生素 B_{12} 等。这类化合物有一个共同的结构，都具有卟吩环（也叫卟啉环）。卟吩环是由 4 个吡咯环和 4 个次甲基（ —CH═ ）交替相连而形成的环状共轭体系，同样具有芳香性。

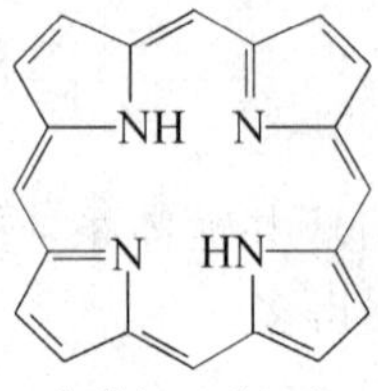

卟吩(porphine)

叶绿素、血红素、维生素 B_{12} 都是含卟啉环的化合物，称为卟啉化合物。卟吩环呈平面型，在 4 个吡咯环中间的空隙里能以共价键及配位键与不同的金属结合。在叶绿素中结合的是 Mg^{2+}，在血红素中结合的是 Fe^{2+}，在维生素 B_{12} 中结合的是 Co^{2+}。同时，在 4 个吡咯环的 β-位上各连有不同的取代基。

叶绿素与蛋白质结合存在于植物的绿色叶子和茎中，是植物进行光合作用所必需的催化剂。植物进行光合作用时，叶绿素吸收太阳能并转化为化学能，同时合成糖类化合物。叶绿素是由叶绿素 a 和叶绿素 b 组成的混合物。a 为蓝黑色晶体，b 为黄绿色粉末，二者比例约为 3∶1，它们的区别在于环上的 R 基团不同：R 是—CH_3 为叶绿素 a，R 是—CHO 为叶绿素 b。

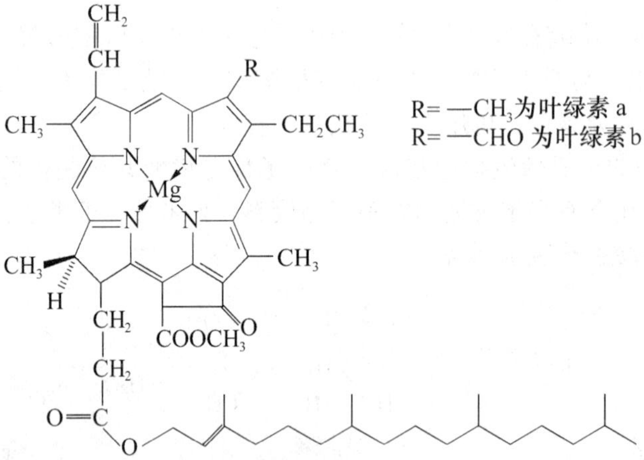

R= —CH_3为叶绿素 a
R= —CHO 为叶绿素 b

叶绿素分子结构

血红素存在于哺乳动物的红细胞中，它与蛋白质结合成血红蛋白。血红蛋白的功能是输送氧气，供组织进行新陈代谢。一氧化碳使人中毒是因为它与血红蛋白的铁形成牢固的配合物，从而阻止了血红蛋白与氧的结合。用盐酸水解血红蛋白，则得到氯化血红素。

维生素 B_{12} 也是含有卟吩环结构的天然产物之一，又名钴胺素。维生素 B_{12} 有很强的生血作用，是造血过程中的生物催化剂，因此，只要几微克就能对恶性贫血患者产生良好的疗效。

血红素分子结构　　　　维生素 B_{12} 分子结构

3. 吡啶及其衍生物 吡啶存在于骨焦油和煤焦油中，是具有特殊臭味的无色液体，沸点115.5 ℃，可与水、乙醇、乙醚等以任意比例混溶，本身也是良好的溶剂。

吡啶的衍生物广泛存在于自然界中，并且大都具有强烈的生理活性，其中维生素 PP、维生素 B_6、雷米封等是吡啶的重要衍生物。

维生素 PP 是 B 族维生素之一，它参与生物氧化还原过程，能促进新陈代谢，降低血中胆固醇含量，存在于肉类、肝、肾、乳汁、花生、米糠和酵母中。人体缺乏维生素 PP 能引起糙皮病，口舌糜烂、皮肤红疹等症。维生素 PP 包括 β-吡啶甲酸（俗称烟酸）和 β-吡啶甲酰胺（俗称烟酰胺），二者生理作用相同，都是白色晶体，对酸、碱、热比较稳定。

β-吡啶甲酸(烟酸或尼克酸)　　β-吡啶甲酰胺(烟酰胺或尼克酰胺)

维生素 B_6 又名吡哆素，包括吡哆醇、吡哆醛和吡哆胺。

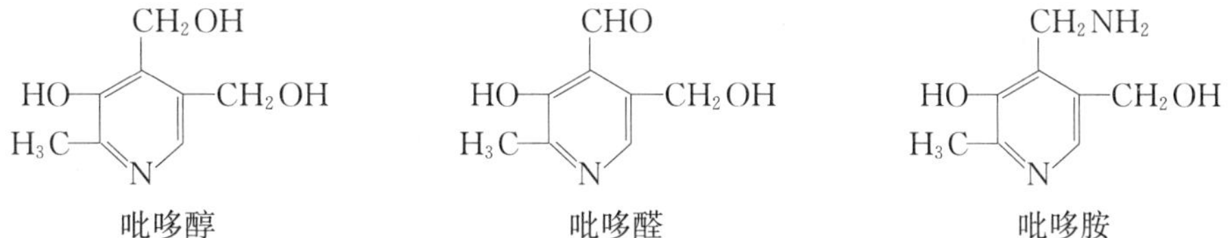

吡哆醇　　吡哆醛　　吡哆胺

维生素 B_6 为白色晶体，易溶于水和乙醇中，耐热，对酸稳定，但易被光破坏。广泛存在于鱼、肉、蔬菜、谷物及蛋类中，是维持蛋白质新陈代谢不可缺少的维生素。

γ-吡啶甲酸又称异烟酸，它的酰肼是一种良好的医治结核病的药物，又叫"雷米封"。

γ-吡啶甲酸(异烟酸)　　γ-吡啶甲酰肼(异烟酰肼或雷米封)

4. 吲哚及其衍生物 吲哚是吡咯环和苯环稠合而成的杂环化合物，存在于煤焦油中。蛋白质腐败时产生吲哚和β-甲基吲哚残留于粪便中，是粪便臭气的成分。但纯吲哚在浓度极小时有令人愉快的香气，在香料工业中用来制造茉莉花型香精，可用作化妆品的香料。吲哚为白色晶体，熔点 52.5 ℃，沸点 254 ℃，溶于热水、乙醇、乙醚。吲哚和吡咯相似，有弱酸性，松木片反应呈红色。

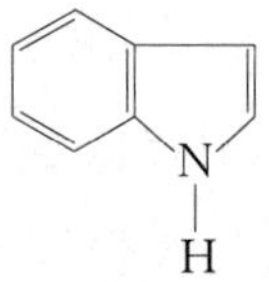

CH_3 CH_2COOH

N N N
H H H

吲哚 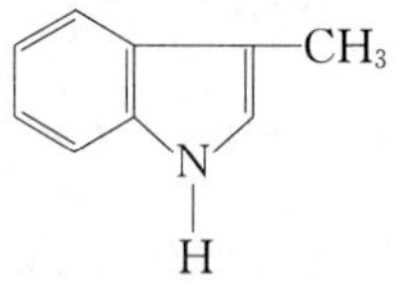　　β-甲基吲哚 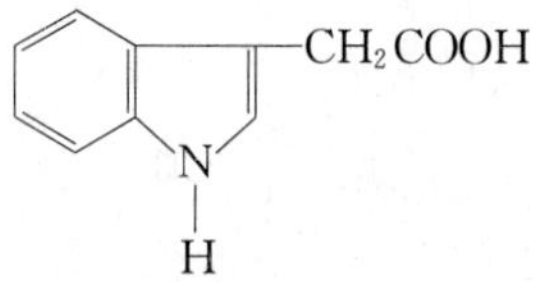　　β-吲哚乙酸

β-吲哚乙酸（IAA）是最早发现的植物内源性激素之一，它能刺激植物细胞生长和分生组织的活动，抑制侧芽和分枝的发育，促进切条基部新根的生长。β-吲哚乙酸存在于酵母和高等植物生长点以及人畜的尿液内，为无色晶体，熔点 165.0 ℃，微溶于水，易溶于醇、醚等有机溶剂，在中性或酸性溶液中不稳定，但其钾、钠、铵盐水溶液较稳定，故一般使用其钠盐。农业上用于植物插条生根和促进果实成熟。

5. 苯并吡喃及其衍生物 苯并吡喃是苯和吡喃环稠合而成的杂环化合物。许多天然色素都是它的衍生物，如花色素和黄酮色素等。各种花色素都含有 2-苯基苯并吡喃的基本骨架。

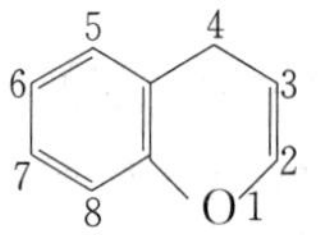

5 4 6 3 2 7 8 O1

苯并吡喃 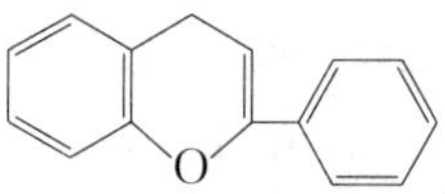　　2-苯基苯并吡喃

花色素是苯并吡喃的重要衍生物之一，它在植物体内常与糖结合成苷存在于花或果实中，这种苷叫作花色苷。它们导致植物的花、果实呈现出各种颜色。将花色苷用盐酸水解得到糖和花色素的锌盐，这种锌盐有以下三种，均为有色物质：

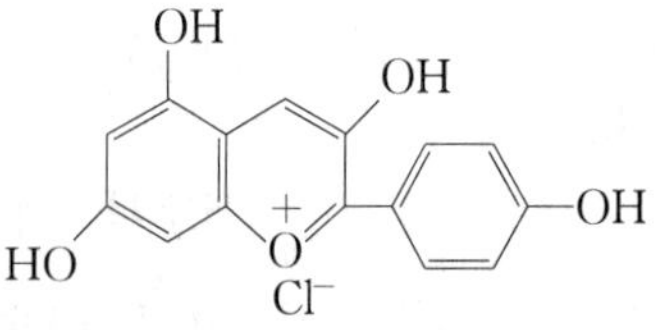

OH OH OH HO $\overset{+}{O}$ Cl^-

氯化天竺葵素

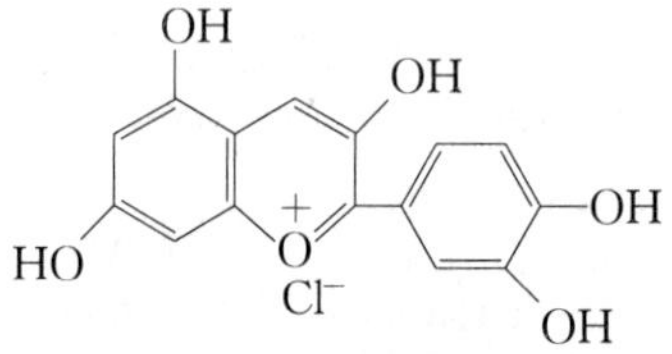

OH OH OH HO $\overset{+}{O}$ Cl^- OH

氯化青芙蓉素

OH OH OH HO $\overset{+}{O}$ OH Cl^- OH

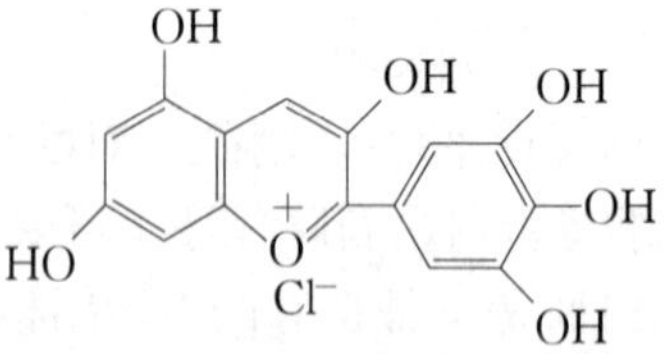

氯化飞燕草素

各种花色苷在不同 pH 溶液中显示不同的颜色。同一种花色苷在不同植物中也显示出不同颜色。例如，在玉蜀黍的穗中的青芙蓉素苷显紫色，而在玫瑰花中的青芙蓉素苷显红色。这是由于它们在不同 pH 的介质中结构发生变化的缘故。青芙蓉素二葡萄糖苷在不同 pH 时结构和颜色的变化如下：

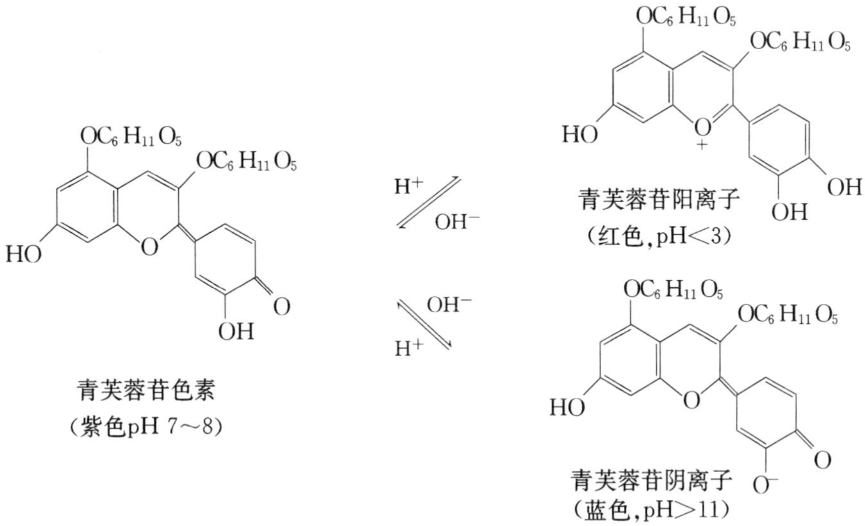

$OC_6H_{11}O_5$　$OC_6H_{11}O_5$　HO　O　O　OH

青芙蓉苷色素
（紫色pH 7～8）

H^+ ⇌ OH^-

$OC_6H_{11}O_5$　$OC_6H_{11}O_5$　HO　O^+　OH　OH

青芙蓉苷阳离子
（红色，pH<3）

OH^- ⇌ H^+

$OC_6H_{11}O_5$　$OC_6H_{11}O_5$　HO　O　O　O^-

青芙蓉苷阴离子
（蓝色，pH>11）

苯并γ-吡喃酮又称色酮，2-苯基苯并γ-吡喃酮称为黄酮，黄酮的多羟基衍生物广泛存在于植物的根、茎、叶、花的黄色或棕色素中，统称为黄酮色素。例如，存在于茶树等植物中的槲皮素以及存在于木樨草中的木樨草黄素等都是黄酮色素。

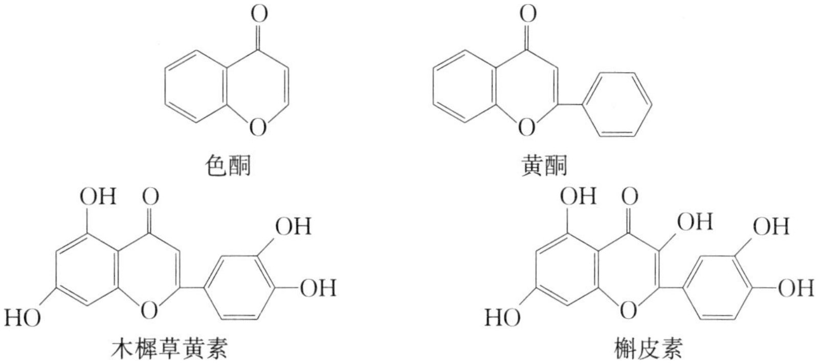

色酮　　黄酮

木樨草黄素　　槲皮素

6. 嘧啶及其衍生物　嘧啶是含两个氮原子的六元杂环。它是无色晶体，熔点22.0℃，沸点123.5℃，易溶于水，具有弱碱性，可与强酸成盐，其碱性比吡啶弱。这是由于嘧啶分子中氮原子相当于一个硝基的吸电子效应，能使另一个氮原子上的电子云密度降低，结合质子的能力减弱，所以碱性降低。

嘧啶很少存在于自然界中，其衍生物在自然界中普遍存在。例如核酸和维生素 B_1 中都含有嘧啶环。组成核酸的重要碱基：胞嘧啶（cytosine，简写C）、尿嘧啶（uracil，简写U）、胸腺嘧啶（thymine，简写T）都是嘧啶的衍生物，它们都存在烯醇式和酮式的互变异构体。

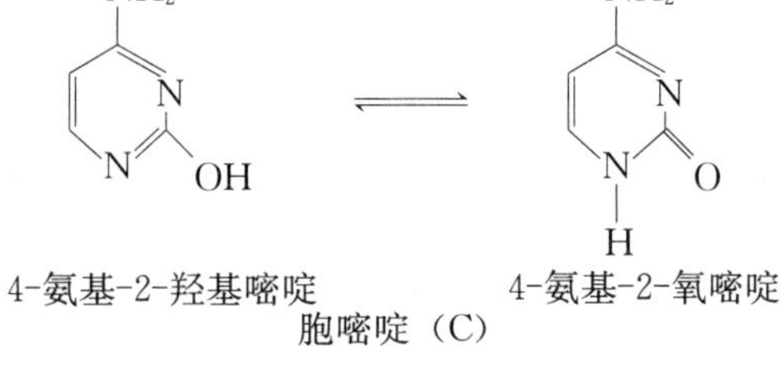

NH_2　N　N　OH　⇌　NH_2　N　N　O　H

4-氨基-2-羟基嘧啶　　4-氨基-2-氧嘧啶
胞嘧啶（C）

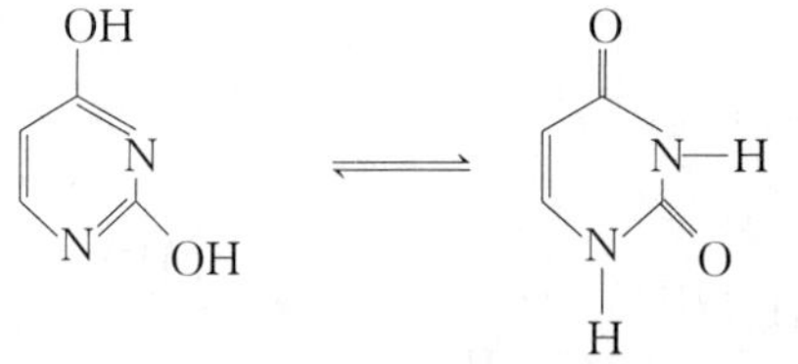

2,4-二羟基嘧啶　　2,4-二氧嘧啶

尿嘧啶（U）

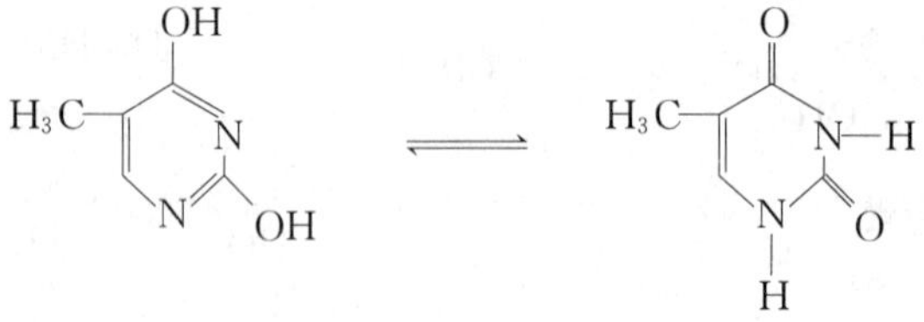

5-甲基-2,4-二羟基嘧啶　　5-甲基-2,4-二氧嘧啶

胸腺嘧啶（T）

在生物体中哪一种异构体占优势，取决于体系的 pH。在生物体中，嘧啶碱主要以酮式异构体存在。

7. 嘌呤及其衍生物　嘌呤可以看作是一个嘧啶环和一个咪唑环稠合而成的稠杂环化合物。嘌呤也有互变异构体，但在生物体内多以（Ⅱ）式存在。

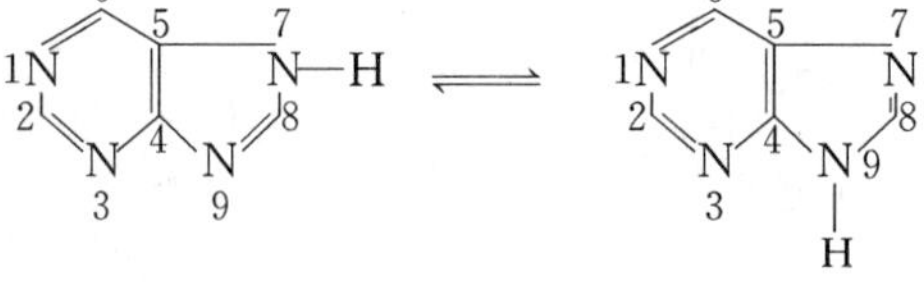

7-氢嘌呤　　9-氢嘌呤

（Ⅰ）　　（Ⅱ）

嘌呤为无色晶体，熔点 216.0 ℃，易溶于水，能与酸或碱生成盐，但其水溶液呈中性。

嘌呤本身在自然界中尚未发现，但它的氨基及羟基衍生物广泛存在于动、植物体中。存在于生物体内组成核酸的嘌呤碱基有：腺嘌呤（adenine，简写 A）和鸟嘌呤（guanine，简写 G），是嘌呤的重要衍生物。它们都存在互变异构体，在生物体内，主要以右边异构体的形式存在。

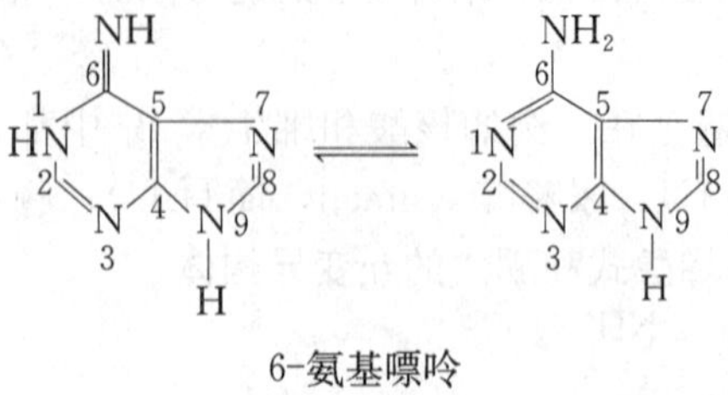

6-氨基嘌呤

腺嘌呤(A)

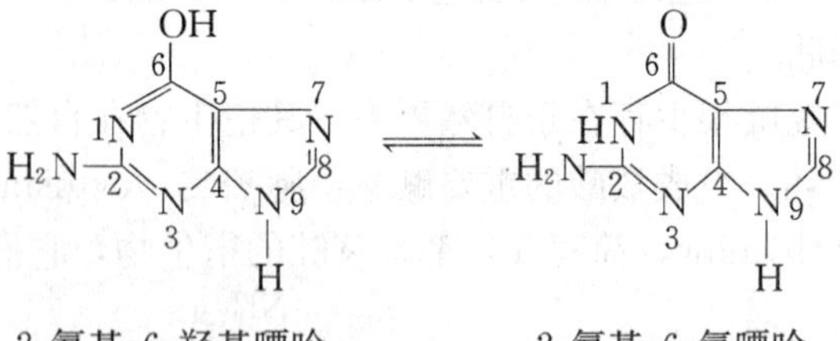

2-氨基-6-羟基嘌呤　　2-氨基-6-氧嘌呤

鸟嘌呤(G)

细胞分裂素是分子内含有嘌呤环的一类植物激素。细胞分裂素能促进植物细胞分裂，能扩大和诱导细胞分化，以及促进种子发芽。它们常分布于植物的幼嫩组织中，例如，玉米素最早是从未成熟的玉米中得到的。人们常用细胞分裂素来促进植物发芽、生长和防衰保绿，以及延长蔬菜

的贮藏时间和防止果树生理性落果等。

8. 蝶呤及其衍生物　蝶呤是由嘧啶环和吡嗪环稠合而成的，维生素 B_2 和叶酸属于蝶呤的衍生物。

维生素 B_2 又名核黄素，结构式如下：

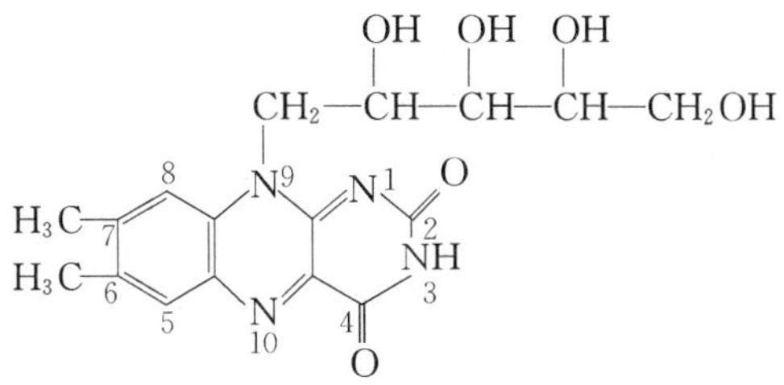

维生素 B_2 是生物体内氧化还原过程中传递氢的物质。这是因为在环上的第 1、10 位氮原子与活泼的双键相连，能接受氢而被还原成无色产物，还原产物又很容易再脱氢，因此具有可逆的氧化还原特性。

维生素 B_2 在自然界中分布很广，青菜、黄豆、小麦及牛乳、蛋黄、酵母等中含量较多。体内缺乏维生素 B_2，易患口腔炎、角膜炎、结膜炎等症。

叶酸是 B 族维生素之一，结构式如下：

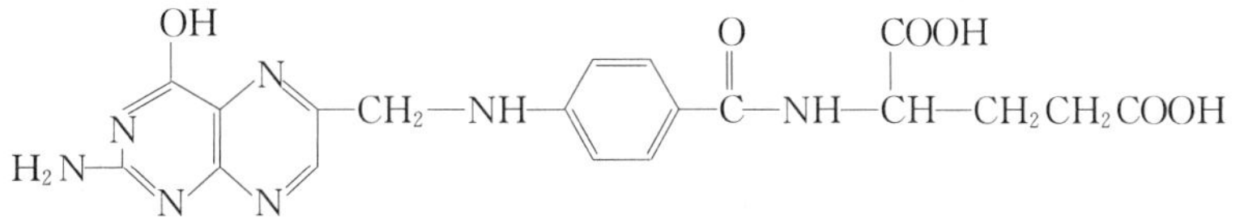

叶酸最初是由肝中分离出来的，后来发现绿叶中含量十分丰富，因此命名为叶酸。叶酸广泛存在于蔬菜、肾、酵母等中，能参与体内嘌呤及嘧啶环的生物合成。体内缺乏叶酸时，血红细胞的发育与成熟受到影响，造成恶性贫血症。

第二节　生 物 碱

生物碱是一类存在于植物体内（偶尔在动物体内发现），对人和动物有强烈生理作用的含氮碱性有机化合物。

生物碱的发现始于 19 世纪初叶，最早发现的是吗啡（1803 年），随后不断报道了各种生物碱的发现，例如奎宁（1820 年）、颠茄碱（1831 年）、古柯碱（1860 年）、麻黄碱（1887 年）。19 世纪兴起了对生物碱的研究和结构测定，它对杂环化学、立体化学和合成新药物提供了大量的资料和新的研究方法。

一、生物碱的存在及提取方法

1. 生物碱的存在　到目前为止，人们已经从植物体中分离出的生物碱有数千种。

生物碱广泛存在于植物界中，一般双子叶植物中含生物碱较多，如在罂粟科、毛茛科、豆科等植物中含量较丰富，但并非双子叶植物中都含有生物碱。有些单子叶植物中也含有生物碱。一种植物中往往有多种生物碱，例如，在罂粟里就含有约 20 种不同的生物碱。同一科的植物所含的生物碱的结构通常是相似的。生物碱在植物体内常与某些有机酸或无机酸结合成盐的形式存在。植物中与生物碱结合的酸常有草酸、乙酸、苹果酸、柠檬酸、琥珀酸、硫酸、磷酸等，也有少数生物碱以游离碱、糖苷、酰胺或酯的形式存在。

生物碱对植物本身的作用目前尚不清楚，但对人具有强烈的生理作用。很多生物碱是很有价值的药物，如当归、贝母、甘草、麻黄、黄连等许多中草药的有效成分都是生物碱。我国使用中草药医治疾病的历史已有数千年之久，积累了非常丰富的经验。我国中草药的研究越来越受到重视，生物碱的研究取得了显著的成果。这对于开发我国的自然资源和提高人民的健康水平起着十分重要的作用。

2. 生物碱的提取方法 由于生物碱的结构中都含有氮原子，而氮原子上有一对未共用电子，对质子有一定吸引力，所以呈碱性，能与酸结合成盐。生物碱的盐遇强碱仍可变为生物碱。

游离生物碱本身难溶于水，易溶于有机溶剂，而生物碱的盐易溶于水而难溶于有机溶剂，所以可以利用这些性质从植物体中提取、精制生物碱。从植物中提取生物碱的方法一般有两种：

（1）稀酸提取法 通常将含生物碱的植物切碎，用稀酸（0.5%～1%硫酸或盐酸）浸泡或加热回流，所得生物碱盐的水溶液通过阳离子交换树脂柱，生物碱的阳离子与离子交换树脂的阴离子结合留在交换树脂上，然后用氢氧化钠溶液洗脱出生物碱，再用有机溶剂提取，浓缩提取液即得到生物碱结晶。

（2）有机溶剂提取法 将含有生物碱的植物干燥切碎或磨成细粉，与碱液（稀氨水、Na_2CO_3 等）搅拌研磨，使生物碱游离析出，再用有机溶剂浸泡，使生物碱溶于有机溶剂，将提取液进行浓缩蒸馏回收有机溶剂，冷却后得生物碱结晶。有时也可把有机溶剂提取液再用稀酸处理，使生物碱成为盐而溶于水，浓缩盐的水溶液后，再加入碱液使生物碱游离析出，然后用有机溶剂提取、浓缩，即可得生物碱结晶。

因同一种植物中含有多种生物碱，所以上述方法提取的往往是多种生物碱的混合物，需进一步分离和精制，以获得较纯的成分。

二、生物碱的一般性质

生物碱的种类很多，并且结构差异很大，因此它们的生理作用也不相同。由于它们都是含氮的有机化合物，所以有很多相似的性质。

大多数生物碱是无色晶体，只有少数是液体，味苦，难溶于水，易溶于有机溶剂。生物碱分子中含有手性碳原子，具有旋光性，其左旋体和右旋体的生理活性差别很大。自然界中存在的一般是左旋体。

生物碱在中性或酸性溶液中能与许多试剂生成沉淀或发生颜色反应，这些试剂叫作生物碱试剂，用于检验、分离生物碱。生物碱试剂可分两类：

1. 沉淀试剂 它们大多是复盐、杂多酸和某些有机酸，例如，碘-碘化钾、碘化汞钾、磷钼酸、硅钨酸、氯化汞、苦味酸和鞣酸等。不同生物碱能与不同的沉淀试剂作用呈不同颜色的沉淀，如某些生物碱与碘-碘化钾溶液生成棕红色沉淀；与磷钼酸试剂生成黄褐色或蓝色沉淀；与硅钨酸试剂或鞣酸作用生成白色沉淀；与苦味酸试剂或碘化汞钾试剂作用生成黄色沉淀等。

2. 显色试剂　它们大多是氧化剂或脱水剂，例如，高锰酸钾、重铬酸钾、浓硝酸、浓硫酸、钒酸铵或甲醛的浓硫酸溶液等。它们能与不同的生物碱反应产生不同的颜色，如重铬酸钾的浓硫酸溶液使吗啡显绿色；浓硫酸使秋水仙碱显黄色；钒酸铵的浓硫酸溶液使莨菪碱显红色，使吗啡显棕色，而使奎宁显淡橙色。

这些显色剂在色谱分析上常作为生物碱的鉴定试剂。

三、重要的生物碱举例

目前已知的生物碱有数千种，按照它们分子结构的不同，一般将生物碱分为若干类，如有机胺类、吡咯类、吡啶类、颠茄类、喹啉类、吲哚类、嘌呤类、萜类和甾体类等。这里仅选几种有代表性的生物碱做简单介绍。

1. 烟碱　又称尼古丁，是烟草中所含十二种生物碱中最多的一种。它由一个吡啶环与一个四氢吡咯环组成，属于吡啶类生物碱，常以苹果酸盐及柠檬酸盐的形式存在于烟草中。其结构式为：

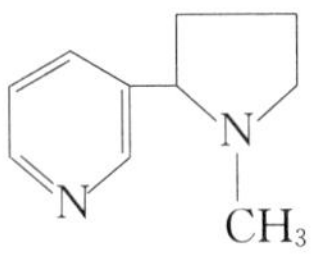

纯的烟碱是无色油状液体，沸点 245.5 ℃，有苦辣味，易溶于水和乙醇。自然界中的烟碱是左旋体，它在空气中易氧化变色。烟碱的毒性很大，少量烟碱对中枢神经有兴奋作用，能增高血压；大量烟碱能抑制中枢神经系统，使心脏停搏，以至死亡。烟草生物碱是有效的农业杀虫剂，能杀灭蚜虫、蓟马、木虱等。烟碱常以卷烟的下脚料和废弃品为原料提取得到。

我国烟草中烟碱的含量为 1%～4%。

2. 麻黄碱　又名麻黄素，存在于麻黄中。麻黄碱是少数几个不含杂环的生物碱，是一种仲胺。麻黄碱分子中含有两个手性碳原子（C^*），所以应有四个旋光异构体：左旋麻黄碱、右旋麻黄碱、左旋伪麻黄碱和右旋伪麻黄碱。但在麻黄中只有左旋麻黄碱和左旋伪麻黄碱存在，其中左旋麻黄碱的生理作用较强。其结构式如下：

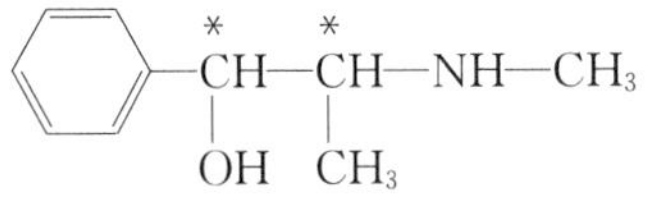

$$C_6H_5-\overset{*}{C}H(OH)-\overset{*}{C}H(CH_3)-NH-CH_3$$

左旋麻黄碱为无色晶体，熔点 40.0 ℃，沸点 225.0 ℃，易溶于水，可溶于乙醇、乙醚、氯仿等有机溶剂。它是一种仲胺，碱性较强。

麻黄是我国特产，使用已有数千年。明代李时珍的《本草纲目》中记载，主治伤寒、头痛、止咳、除寒气等。它具有兴奋交感神经、收缩血管、增高血压和扩张支气管等功能。因此，现临床上用作止咳、平喘和防止血压下降的药物。

3. 茶碱、可可碱和咖啡碱　它们存在于可可豆、茶叶及咖啡中，属于嘌呤类生物碱，是黄嘌呤的甲基衍生物，其结构式为：

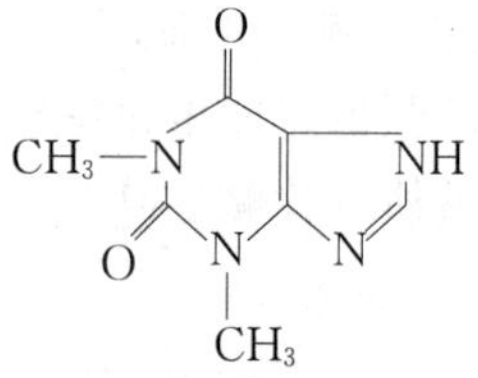

茶碱
（1,3-二甲基黄嘌呤）

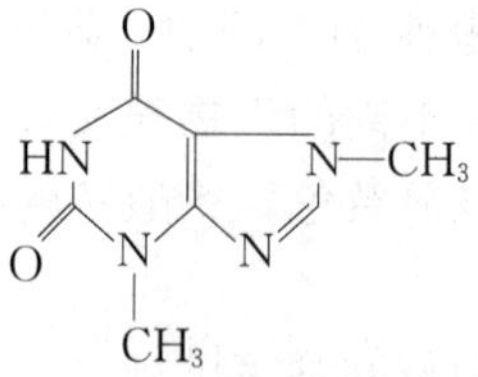

可可碱
（3,7-二甲基黄嘌呤）

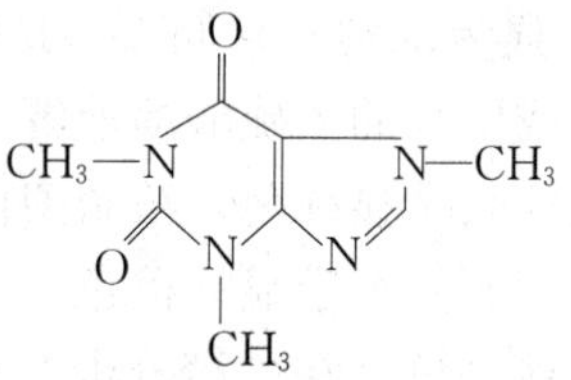

咖啡碱
（1,3,7-三甲基黄嘌呤）

茶碱是白色晶体，熔点 272.0 ℃，易溶于热水，难溶于冷水，显弱碱性。它有较强的利尿作用和松弛平滑肌的作用。

可可碱是白色晶体，熔点 357.0 ℃，微溶于水或乙醇，有很弱的碱性。能抑制胃小管再吸收和具有利尿作用。

咖啡碱又叫咖啡因。它是白色针状晶体，熔点 238.0 ℃，味苦，易溶于热水，显弱碱性。它的利尿作用不如前两者，但它有兴奋中枢神经和止痛作用。因此，咖啡及茶叶一直被人们当作饮料。

4. 吗啡碱 罂粟科植物鸦片中含有 20 多种生物碱，其中含量最高的是吗啡碱。它的分子中含有一个异喹啉环。吗啡是 1803 年被提纯的第一个生物碱，直至 1952 年才确定它的结构式，并由全合成所证实：

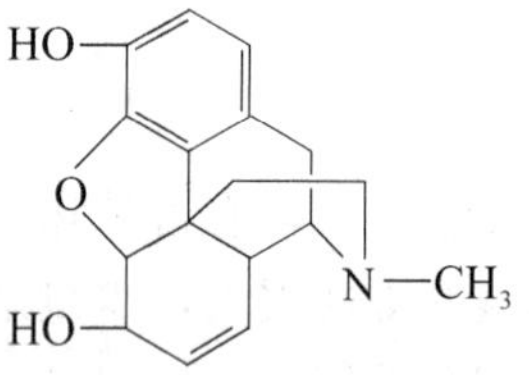

吗啡为白色晶体，熔点 254.0 ℃，味苦，微溶于水。吗啡环是不稳定的，在空气中能缓慢氧化。它对中枢神经有麻醉作用和较强的镇痛作用，在医药上应用广泛，可作为镇痛药和安眠药。由于它的成瘾性，使用时须小心谨慎，必须严格控制使用。

5. 秋水仙碱 秋水仙碱存在于秋水仙植物的球茎和种子中，是一种不含杂环的生物碱，它是环庚三烯酮的衍生物，分子中含有两个稠合的七碳环，氮在侧链上成酰胺结构，其结构式为：

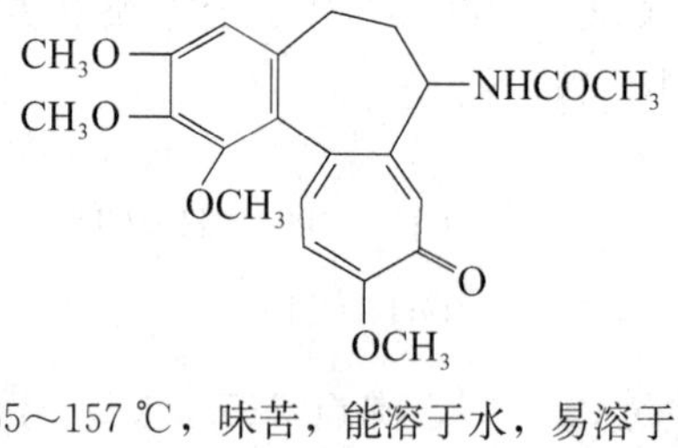

秋水仙碱是浅黄色结晶，熔点 155～157 ℃，味苦，能溶于水，易溶于乙醇和氯仿。具有旋光性。它的分子中，氮原子以酰胺的形式存在，所以它的水溶液呈中性。它对细胞分裂有较强的抑制作用，能抑制癌细胞的增长，在临床上用于治疗乳腺癌和皮肤癌等。在植物组织培养上，它是人工诱发染色体加倍的有效化学药剂。

6. 金鸡纳碱 金鸡纳碱又叫奎宁，属喹啉的衍生物。存在于金鸡纳树皮中，其结构式为：

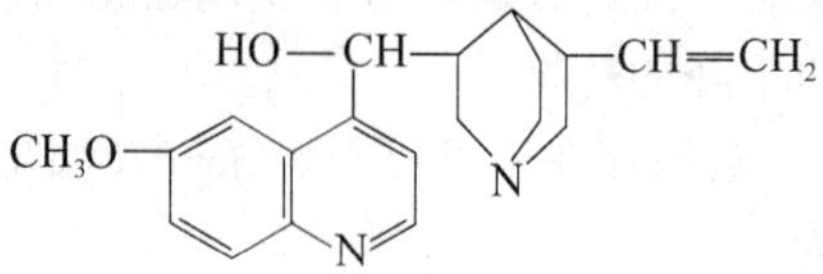

金鸡纳碱为无色晶体，熔点177 ℃，微溶于水，易于乙醇、乙醚等有机溶剂。金鸡纳碱具有退热作用，是有效的抗疟疾药物，但有引起耳聋的副作用。

7. 喜树碱　喜树碱存在于我国西南和中南地区的喜树中。自然界中存在的是右旋体，其结构式为：

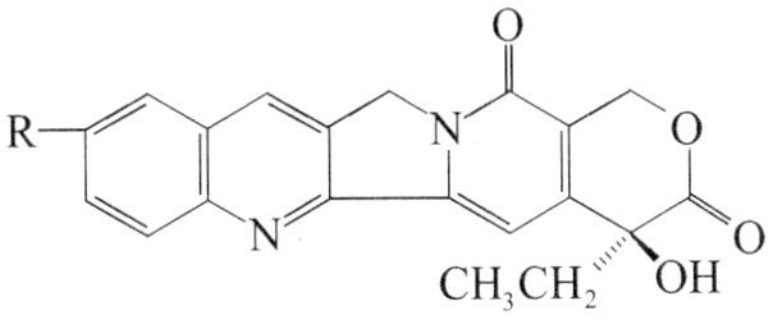

R =—H　　喜树碱Ⅰ
R =—OH　　羟基喜树碱Ⅱ
R =—OCH_3　　甲氧基喜树碱Ⅲ

喜树碱是淡黄色针尖状晶体，在紫外光照射下显蓝色荧光，熔点264～267 ℃，不溶于水，溶于氯仿、甲醇、乙醇中。喜树碱对胃癌、肠癌等疗效较好，对白血病也有一定疗效。因毒性大，使用时要慎重。

拓展阅读

叶酸与人体健康

叶酸，为抗贫血药，是一种水溶性B族维生素类药物。用于各种原因引起的叶酸缺乏及叶酸缺乏所致的巨幼细胞贫血；妊娠期、哺乳期妇女预防给药；慢性溶血性贫血所致的叶酸缺乏。

叶酸又名喋酰谷氨酸。在自然界中有几种存在形式，其母体化合物是由喋啶、对氨基苯甲酸和谷氨酸三种分子结合而成。

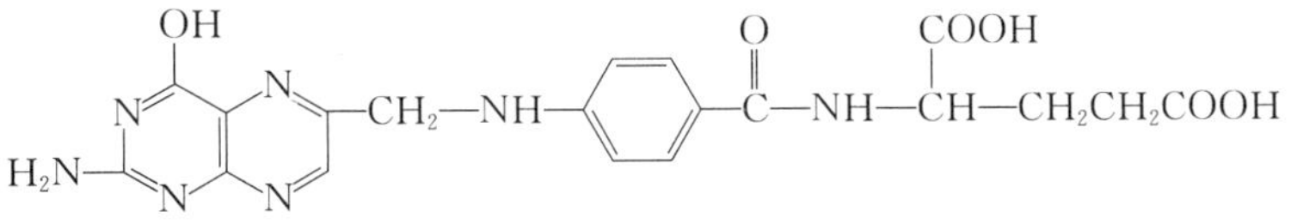

叶酸最初由肝中分离出来，后来发现植物的绿叶中含量十分丰富，故命名为叶酸。它广泛存在于肉类、鲜果、蔬菜等中，对正常红细胞形成有促进作用。在茶树物质代谢中，参与甲基的传送。也参与体内氨基酸及核酸合成，并与维生素B_{12}共同促进红细胞的生成。用于各种巨幼细胞贫血，尤其适用于孕妇及婴儿巨幼细胞贫血。巨幼细胞贫血是由于缺乏叶酸或维生素B_{12}而引起的脱氧核糖核酸合成障碍而导致的一种贫血。正常发育的胎儿要求母体内有大量的叶酸储备，如果在临产或产后早期叶酸储备耗尽，则会导致胎儿和母亲巨幼细胞贫血。补充叶酸后，可迅速恢复和治愈。

本 章 小 结

杂环化合物和生物碱广泛存在于自然界中，在动植物体内起着重要的生理作用。本章主要介绍了杂环化合物的分类、命名、结构、性质及重要的杂环化合物；生物碱的存在、性质、提取方法及重要的生物碱。

杂环化合物是成环原子中含有除碳原子以外的氧、硫、氮等杂原子的环状有机化合物。多数杂环化合物结构中具有环状闭合的共轭体系，符合休克尔规则，具有芳香性。杂环化合物通常以译音法命名，其化学性质主要有亲电取代反应（卤代、硝化、磺化、傅氏反应）、加成反应、氧化反应等。

杂环化合物有富电子芳杂环和缺电子芳杂环两大类。富电子芳杂环化合物，如呋喃、噻吩、吡咯等较苯易发生亲电取代反应，取代基主要进入 α-位；缺电子芳杂环化合物，如吡啶发生亲电取代反应比苯难，取代基主要进入 β-位。

吡咯环是富电子芳杂环，易被氧化剂氧化，且对酸不稳定。吡啶环是缺电子芳杂环，对氧化剂稳定，比苯环更难被氧化。杂环化合物的芳香性比苯差，因此发生加成反应一般比苯容易。

吡咯环中氮原子的未共用电子对参与环的共轭，因此吡咯环不显碱性而显弱酸性；吡啶环中氮原子上的未共用电子对未参与环的共轭，因此易接受质子而显弱碱性。

杂环化合物是有机化合物中数量最多的一类化合物，与人类生存密切相关，重要代表物有：

糠醛是呋喃衍生物，易发生氧化、还原、歧化和聚合反应。

叶绿素和血红素、维生素 B_{12} 是吡咯的衍生物，分子中都含有卟吩环，属卟啉化合物。

维生素 PP、维生素 B_6、雷米封是吡啶的衍生物，参与生物体氧化还原过程和促进组织新陈代谢。

尿嘧啶、胞嘧啶、胸腺嘧啶、腺嘌呤、鸟嘌呤是嘧啶及嘌呤的衍生物，它们都存在酮式-烯醇式互变异构。

生物碱是一类对人和动物有强烈生理作用的碱性物质，大多数是含氮杂环的衍生物，在生物体内以有机酸或无机酸盐的形式存在。

多数生物碱难溶于水而易溶于有机溶剂，而生物碱与酸结合成盐后则易溶于水而难溶于有机溶剂，根据这一特性可分离和提纯生物碱。

习 题

1. 命名下列化合物：

(1) 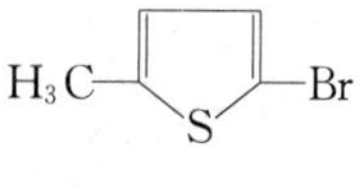 H_3C—(噻吩环)—Br

(2) 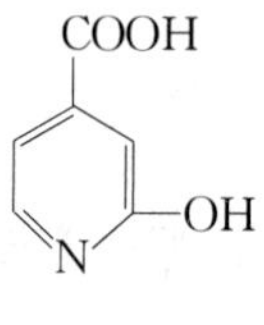 (吡啶环) COOH, OH

(3) 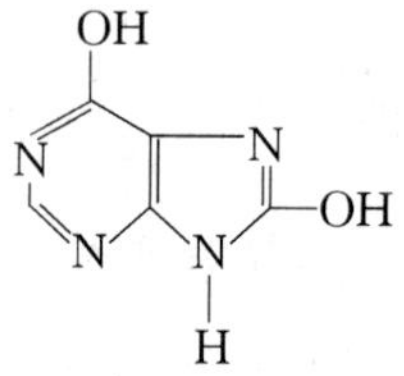 (嘌呤环) OH, N, N, N, N—H, OH

(4) 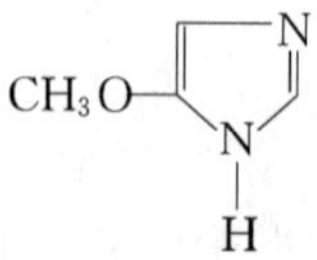 CH_3O—(咪唑环) N, N—H

(5) 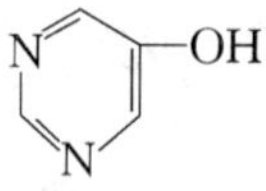 (嘧啶环) N, N, OH

(6) 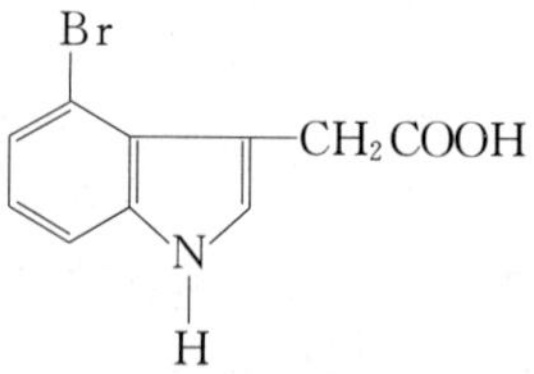 (吲哚环) Br, CH_2COOH, N—H

(7) 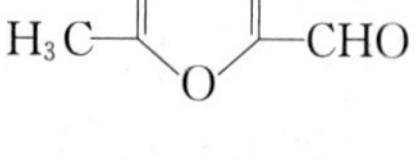 H_3C—(呋喃环)—CHO

(8) 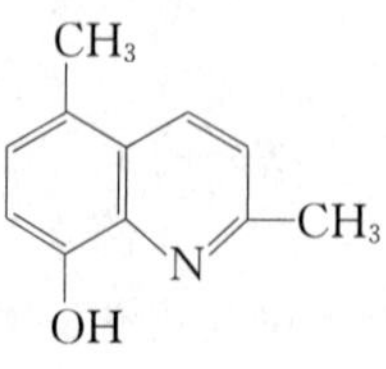 (喹啉环) CH_3, CH_3, N, OH

2. 写出下列化合物的结构式：

(1) 2,3-二甲基呋喃　　(2) 2,5-二溴吡咯　　(3) 3-甲基糠醛

(4) 5-甲基噻唑　　(5) 烟碱　　(6) 喹啉

3. 下列化合物中哪些具有芳香性？

(1) 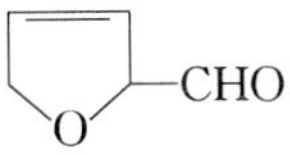 O —CHO　　(2) CH_3 N —$CONH_2$ 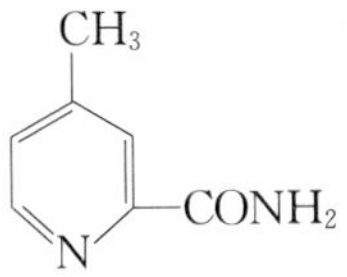　　(3) 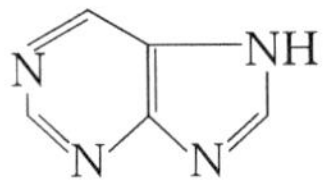 N NH N N

(4) 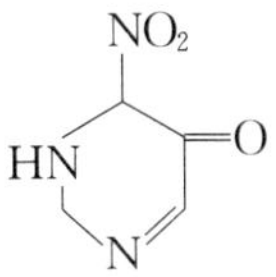 NO_2 HN =O N　　(5) 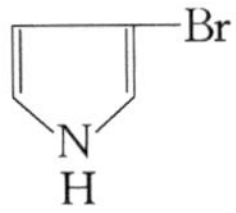 —Br N H　　(6) 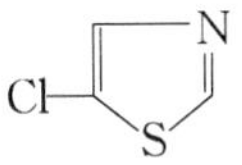 Cl— N S

4. 完成下列反应：

(1) 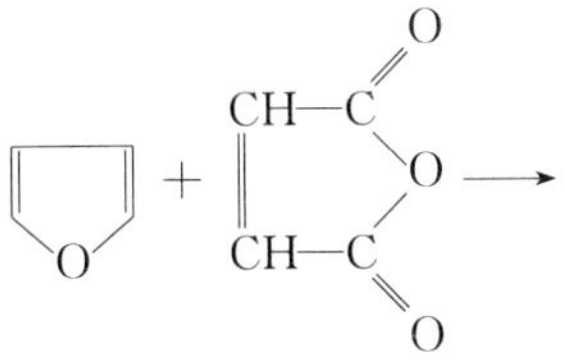 O ＋ CH—C(=O) O CH—C(=O) ⟶　　(2) 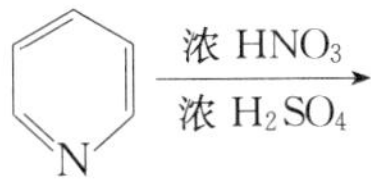 N $\xrightarrow[\text{浓 } H_2SO_4]{\text{浓 } HNO_3}$

(3) O —CHO $\xrightarrow{\text{浓 NaOH}}$　　(4) N ＋$NaNH_2$ $\xrightarrow{\triangle}$

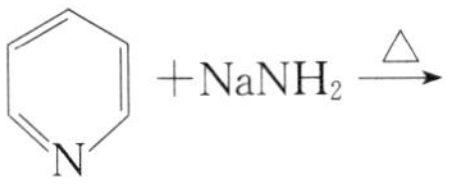

(5)  S $\xrightarrow[HAc]{Br_2}$　　(6) 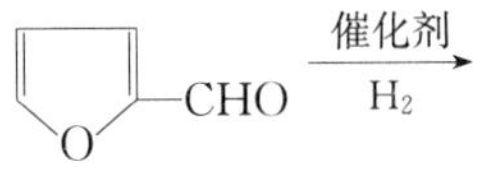 O —CHO $\xrightarrow[H_2]{\text{催化剂}}$

(7) 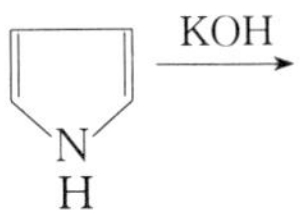 N H $\xrightarrow{KOH}$　　(8) 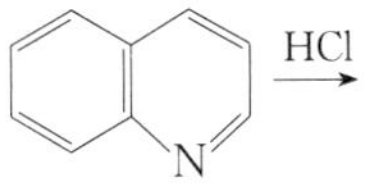 N $\xrightarrow{HCl}$

(9) 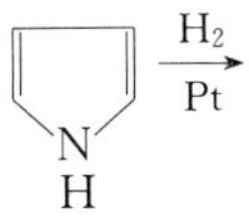 N H $\xrightarrow[Pt]{H_2}$　　(10) 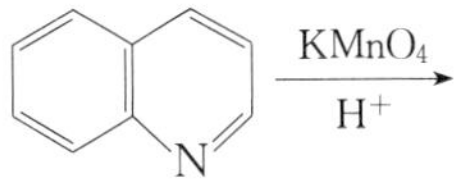 N $\xrightarrow[H^+]{KMnO_4}$

5. 解释下列问题：

(1) 为什么呋喃、噻吩及吡咯比苯易进行亲电取代？而吡啶却比苯难发生亲电取代？

(2) 吡喃和吡喃的γ-碳正离子是否具有芳香性？为什么？

6. 将下列化合物按碱性强弱排序：

(1) 吡啶、吡咯、六氢吡啶、苯胺

(2) 甲胺、苯胺、四氢吡咯、氨

(3) 吡啶、苯胺、环已胺、γ-甲基吡啶

7. 如何用化学方法除去下列混合物中的杂质？

(1) 苯中混有少量噻吩　　(2) 甲苯中混有少量吡啶

8. 完成下列转化：

(1) γ-甲基吡啶⟶γ-苯甲酰基吡啶

（2）糠醛 ⟶ $\text{(2-呋喃基)}-\underset{\text{OH}}{\text{CH}}-\overset{\text{O}}{\overset{\|}{\text{C}}}-\text{O}-\text{C}_2\text{H}_5$

9. 推断结构式：

某甲基喹啉经高锰酸钾氧化后可得三元酸，这种羧酸在脱水剂作用下发生分子内脱水能生成两种酸酐，试推测甲基喹啉的结构式。

10. 写一份关于烟草的化学成分及吸烟的危害的报告。

自测题

自测题答案

第十三章　碳水化合物

碳水化合物也称糖，是自然界存在最广泛的一类有机物。它们是动、植物体的重要成分，又是人和动物的主要食物来源。绿色植物光合作用的主要产物就是碳水化合物，在植物中的含量可达干重的80%。植物种子中的淀粉，根茎、叶中的纤维素，甘蔗和甜菜根部所含的蔗糖，水果中的葡萄糖和果糖都是碳水化合物。动物的肝和肌肉内的糖原，血液中的血糖，软骨和结缔组织中的黏多糖也是碳水化合物。

碳水化合物由碳、氢、氧三种元素组成。人们最初发现这类化合物，除碳原子外，氢与氧原子数目之比与水相同，可用通式 $C_m(H_2O)_n$ 表示，形式上像碳和水的化合物，故称碳水化合物。如葡萄糖、果糖等的分子式为 $C_6H_{12}O_6$，蔗糖的分子式为 $C_{12}H_{22}O_{11}$ 等。但后来发现，有些有机物在结构和性质上与碳水化合物十分相似，但组成不符合 $C_m(H_2O)_n$ 的通式，如鼠李糖（$C_6H_{12}O_5$）、脱氧核糖（$C_5H_{10}O_4$）等；而有些化合物如乙酸（$C_2H_4O_2$）、乳酸（$C_3H_6O_3$）等，分子组成虽然符合上述通式，但其结构和性质与碳水化合物相差甚远。可见碳水化合物这一名称是不确切的，但因沿用已久，故至今仍在使用。从分子结构的特点来看，碳水化合物是一类多羟基醛或多羟基酮以及能够水解生成多羟基醛或多羟基酮的有机化合物。碳水化合物按其结构特征可分为三类：

1. 单糖　不能水解的多羟基醛或多羟基酮，是最简单的碳水化合物。如葡萄糖、半乳糖、甘露糖、果糖、山梨糖等。

2. 低聚糖　也称为寡糖，能水解产生2～10个单糖分子的化合物。根据水解后生成的单糖数目，又可分为二糖、三糖、四糖等。其中最重要的是二糖，如蔗糖、麦芽糖、纤维二糖、乳糖等。

3. 多糖　水解产生10个以上单糖分子的化合物。如淀粉、纤维素、糖原等。

第一节　单　　糖

按照分子中的羰基，可将单糖分为醛糖和酮糖两类；按照分子中所含碳原子的数目，又可将单糖分为丙糖、丁糖、戊糖和己糖等。这两种分类方法常结合使用。例如，核糖是戊醛糖，果糖是己酮糖等。在碳水化合物的命名中，以俗名最为常用。自然界中的单糖以戊醛糖、己醛糖和己酮糖分布最为普遍。例如，戊醛糖中的核糖和阿拉伯糖，己醛糖中的葡萄糖和半乳糖，己酮糖中的果糖和山梨糖，都是自然界存在的重要单糖。

一、单糖的构型

最简单的单糖是丙醛糖和丙酮糖，除丙酮糖外，所有的单糖分子中都含有一个或多个手性碳原子，因此都有旋光异构体。如己醛糖分子中有四个手性碳原子，有 $2^4=16$ 个旋光异构体，葡萄糖是其中的一种；己酮糖分子中有三个手性碳原子，有 $2^3=8$ 个旋光异构体，果糖是其中的一种。

单糖构型通常采用D/L构型标记法标记，即以甘油醛为标准，通过逐步增长碳链的方法来确定。凡由D-(+)-甘油醛经过逐步增长碳链的反应转变而成的醛糖，其构型为D-构型；由L-(—)-甘油醛经过逐步增长碳链的反应转变成的醛糖，其构型为L-构型。例如，从D-甘油醛出发，经与HCN加成、水解、内酯化、再还原，可得两种D-构型的丁醛糖。

在D-(+)-甘油醛与HCN的加成过程中，CN^- 可以从羰基所在平面的两侧进攻羰基碳原子，从而派生出两个构型相反的新手性碳原子。由于原来甘油醛中手性碳原子的构型在整个转化过程中保持不变，因此两种丁醛糖仍为D-构型，分别称为D-(—)-赤藓糖和D-(—)-苏阿糖。

CHO / H—OH / CH_2OH $\xrightarrow{HCN}$

→ CN / H—OH / H—OH / CH_2OH $\xrightarrow{①水解 ②内酯化 ③还原}$ CHO / H—OH / H—OH / CH_2OH　D-(—)-赤藓糖

→ CN / HO—H / H—OH / CH_2OH $\xrightarrow{①水解 ②内酯化 ③还原}$ CHO / HO—H / H—OH / CH_2OH　D-(—)-苏阿糖

同样，可以导出四种D-型戊醛糖、八种D-型己醛糖。

为简便起见，在构型式中可以省去手性碳原子上的氢原子，并以半短线“-”表示手性碳原子上的羟基，用一竖线表示碳链。自然界存在的单糖绝大部分是D-构型。图13-1列出了由D-(+)-甘油醛导出的D-型醛糖，其中最重要的是D-(—)-赤藓糖、D-(—)-核糖、D-(—)-阿拉伯糖、D-(+)-木糖、D-(+)-葡萄糖、D-(+)-甘露糖和D-(+)-半乳糖。

从L-甘油醛出发，也可导出L-构型的醛糖，它们与D-构型的醛糖互为对映体。例如，D-(+)-葡萄糖与L-(—)-葡萄糖是对映体，它们的旋光度相同，旋光方向相反。

CHO　　　CHO

CH_2OH　　　CH_2OH

D-(+)-葡萄糖　　L-(—)-葡萄糖

在自然界中，也发现一些D-型酮糖，它们的结构一般在2位上具有酮羰基，比相同碳数的醛糖少一个手性碳原子，所以异构体的数目也相应减少。例如，存在于甘蔗、蜂蜜中的D-果糖为六碳酮糖。

CH_2OH / C=O / HO—H / H—OH / H—OH / CH_2OH

D-果糖

单糖的构型通过与甘油醛对比来确定。单糖分子中虽然可能有多个手性碳原子，但决定其构型

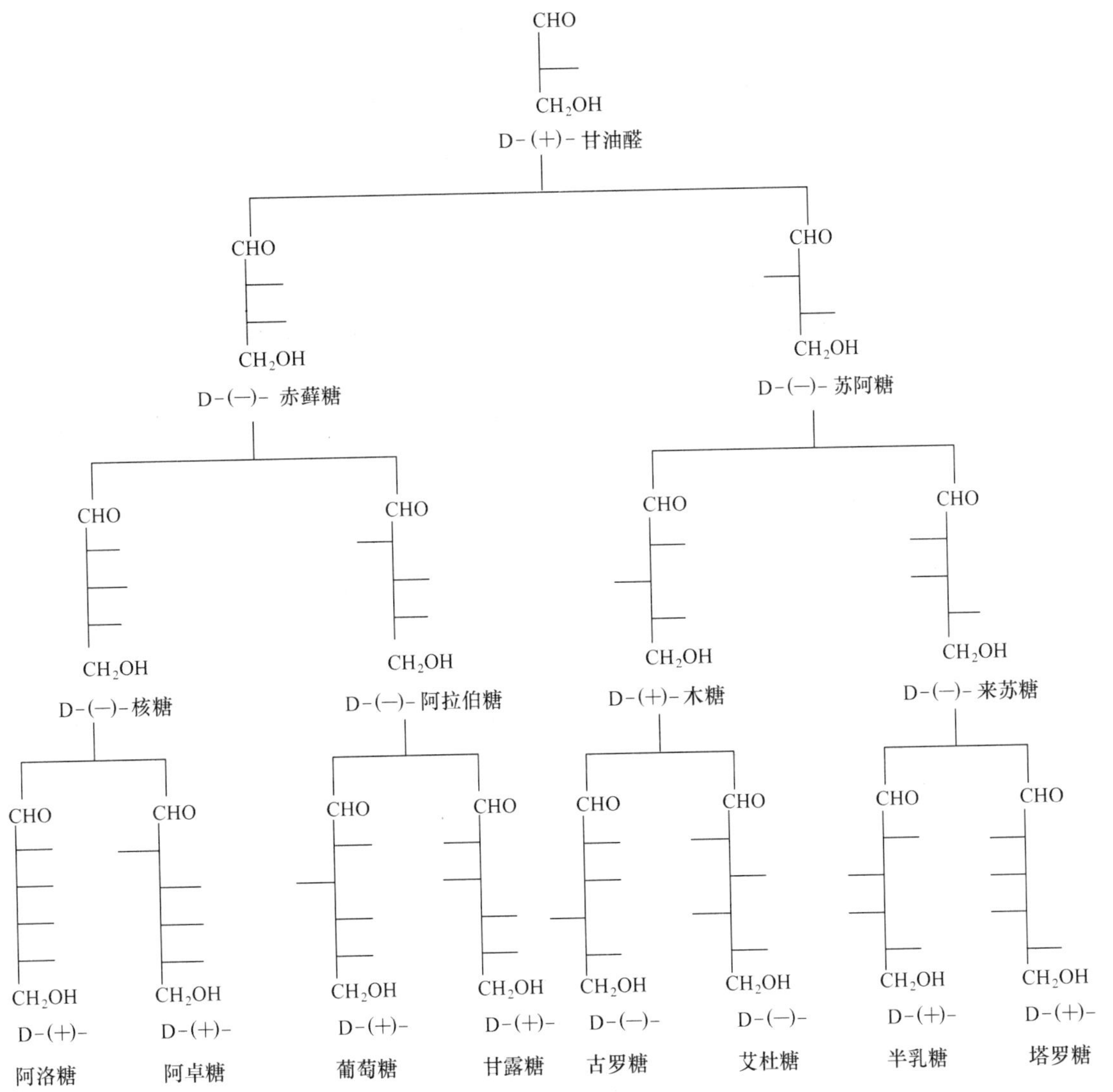

CHO
CH_2OH
D-(+)-甘油醛

CHO
CH_2OH
D-(-)-赤藓糖

CHO
CH_2OH
D-(-)-苏阿糖

CHO
CH_2OH
D-(-)-核糖

CHO
CH_2OH
D-(-)-阿拉伯糖

CHO
CH_2OH
D-(+)-木糖

CHO
CH_2OH
D-(-)-来苏糖

CHO
CH_2OH
D-(+)-阿洛糖

CHO
CH_2OH
D-(+)-阿卓糖

CHO
CH_2OH
D-(+)-葡萄糖

CHO
CH_2OH
D-(+)-甘露糖

CHO
CH_2OH
D-(-)-古罗糖

CHO
CH_2OH
D-(-)-艾杜糖

CHO
CH_2OH
D-(+)-半乳糖

CHO
CH_2OH
D-(+)-塔罗糖

图 13-1　醛单糖的D-构型异构体

的仅是距羰基最远的手性碳原子。即单糖分子中距羰基最远的手性碳原子与D-(+)-甘油醛的手性碳原子构型相同时，称为D-构型；与L-(-)-甘油醛构型相同时，称为L-构型。例如，下面各糖括出的碳原子的构型与D-(+)-甘油醛的手性碳原子的构型相同，因此都是D-构型糖。

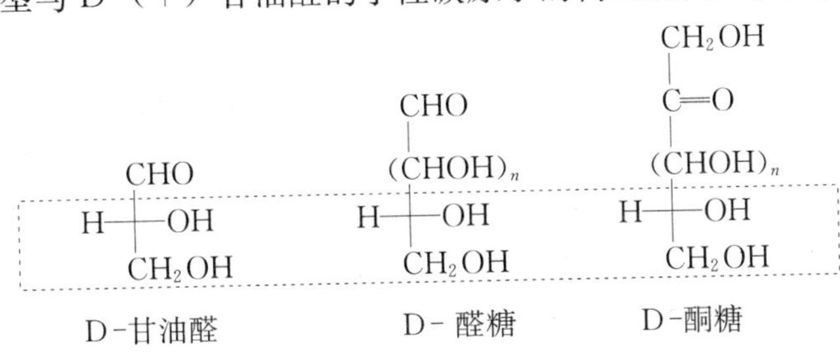

问题与思考 13-1 试回答：

（1）D-己酮糖有几个旋光异构体？分别写出它们的 Fischer 投影式。

（2）单糖分子中决定 D/L 构型的手性碳原子是哪一个？

二、单糖的环状结构

1. 单糖的变旋现象和氧环式结构 人们在研究单糖的实验中发现，D-葡萄糖能以两种结晶存在，一种是从酒精溶液中析出的结晶，熔点为 146 ℃，新配制的水溶液的比旋光度为 +112.2°；另一种是从吡啶中析出的结晶，熔点为 150 ℃，新配制的水溶液的比旋光度为 +18.7°。将其中任何一种结晶溶于水后，其比旋光度都会不断改变，最终变成 +52.7°，并保持恒定。像这种比旋光度自动发生变化（增加或减小）的现象称为变旋现象。另外，从葡萄糖的链状结构看，其具有醛基，能与 HCN 和羰基试剂等发生类似醛的反应，但在通常条件下却不与亚硫酸氢钠起加成反应；在干燥的 HCl 存在下，葡萄糖只能与一分子醇发生反应生成稳定的缩醛。这些事实无法从开链式结构得到圆满的解释。

醛与醇能发生加成反应，生成半缩醛。D-葡萄糖分子中，同时含有醛基和羟基，因此能发生分子内的加成反应，生成环状半缩醛。实验证明，D-(+)-葡萄糖主要是 C_5 上的羟基与醛基作用，生成六元环的半缩醛（称氧环式）。

对比开链式和氧环式可以看出，氧环式比开链式多一个手性碳原子，所以有两种异构体存在。两个环状结构的葡萄糖是一对非对映异构体，它们的区别仅在于 C_1 的构型不同。C_1 上新形成的羟基（也称半缩醛羟基或苷羟基）与决定单糖构型的羟基处于同侧的，称为 α-型；反之，称为 β-型。

α-D-(+)-葡萄糖	⇌	D-(+)-葡萄糖	⇌	β-D-(+)-葡萄糖
37%		0.01%		63%
$[\alpha]_D^{20}=+112.2°$		平衡值 $[\alpha]_D^{20}=+52.7°$		$[\alpha]_D^{20}=+18.7°$

由此可见，产生变旋现象的原因是 α-型或 β-型的 D-葡萄糖溶于水后，通过开链式相互转变，最后 α-型、β-型和开链式三种形式达到动态平衡。平衡时的比旋光度为 +52.7°。由于平衡混合物中开链式含量仅占 0.01%，因此不能与饱和 $NaHSO_3$ 发生加成反应。葡萄糖主要以环状半缩醛形式存在，所以只能与一分子甲醇反应生成缩醛。其他单糖，如核糖、脱氧核糖、果糖、甘露糖和半乳糖等也都是以环状结构存在，都具有变旋现象。

D-果糖在自然界的化合态中为五元环结构，而在结晶中则为六元环结构，因此，果糖在水溶液中能以五种形式存在。

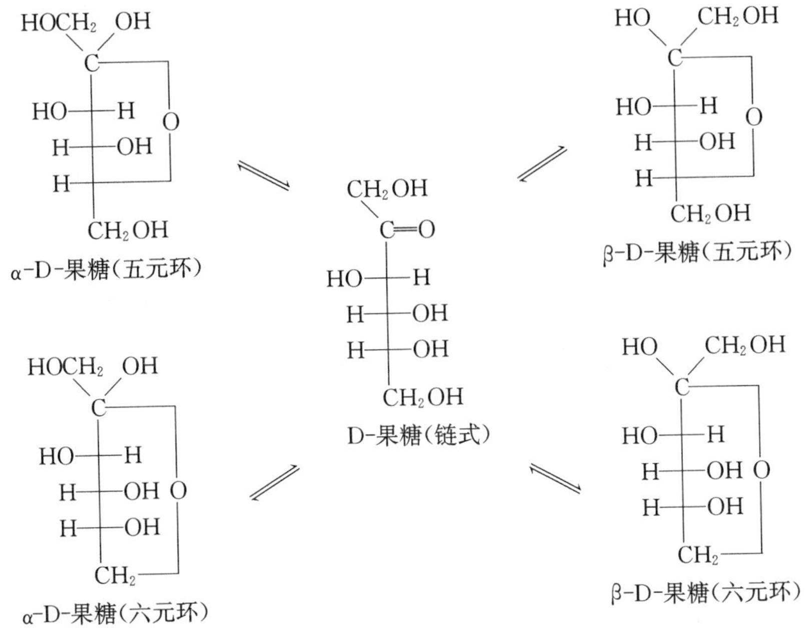

α-D-果糖（五元环）

β-D-果糖（五元环）

D-果糖（链式）

α-D-果糖（六元环）

β-D-果糖（六元环）

单糖主要以五元、六元环存在。六元环糖与杂环化合物中的吡喃（ 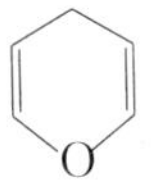　）相当，具有这种结构的糖称为吡喃糖；五元环糖与杂环化合物中的呋喃（ 　）相当，具有这种结构的糖称为呋喃糖。所以α-D-(-)-果糖（五元环）应称为α-D-(-)-呋喃果糖。

问题与思考 13-2　为什么大部分单糖会有变旋现象？

问题与思考 13-3　果糖在水溶液中可能有哪几种形式存在？

2. 哈武斯（Haworth）透视式　前面给出的氧环式的环状结构投影式不能反映各个基团的相对空间关系。为了更接近其真实，并形象地表达单糖的氧环结构，一般采用 Haworth 透视式来表示单糖的半缩醛环状结构。现以 D-葡萄糖为例，说明由链式书写 Haworth 式的步骤：首先将碳链右倒水平放置（Ⅰ），然后将羟甲基一端从左面向后弯曲成类似六边形（Ⅱ），为了有利于形成环状半缩醛，将 C_5 按箭头所示绕 C_4—C_5 键轴旋转 120°成（Ⅲ）。此时，C_5 上的羟基与羰基加成生成半缩醛环状结构，若新产生的半缩醛羟基与 C_5 上的羟甲基处在环的异侧（Ⅳ），即为α-D-吡喃葡萄糖；反之，新形成的半缩醛羟基与 C_5 上的羟甲基处在环的同侧（Ⅴ），则为β-D-吡喃葡萄糖。

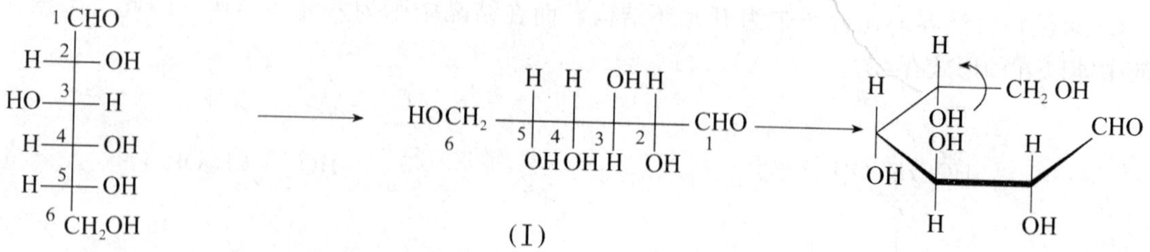

(Ⅰ)

(Ⅱ)

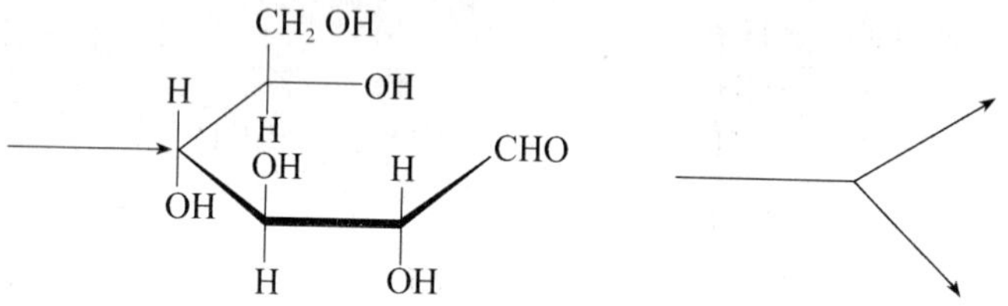

(Ⅲ)

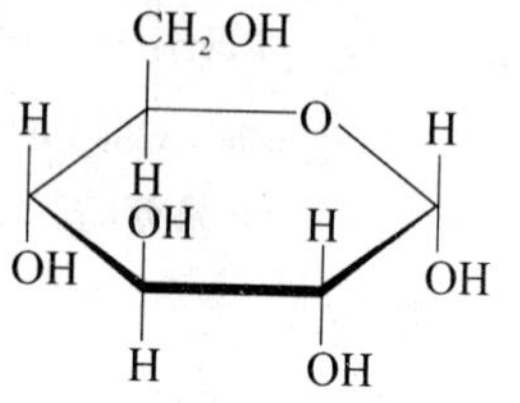

(Ⅳ) α-D-吡喃葡萄糖

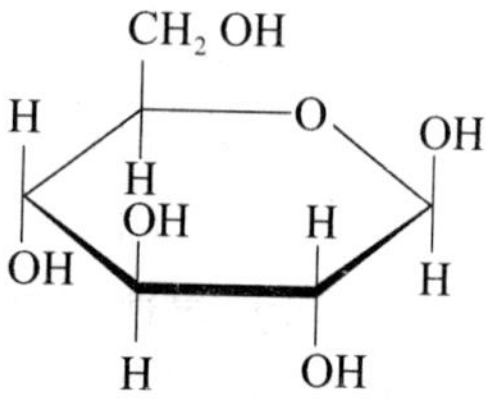

(Ⅴ) β-D-吡喃葡萄糖

D-(—)-果糖的四种 Haworth 式如下：

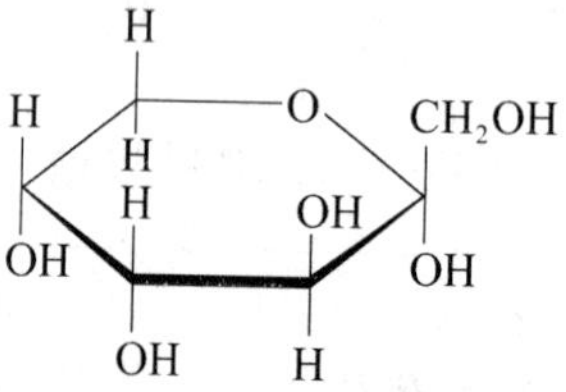

α-D-(—)-吡喃果糖

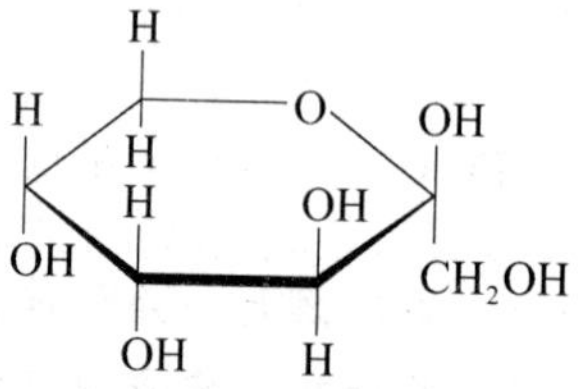

β-D-(—)-吡喃果糖

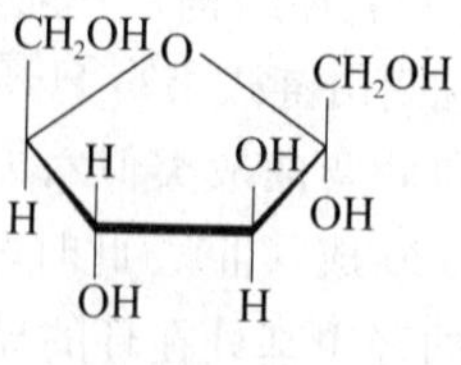

α-D-(—)-呋喃果糖

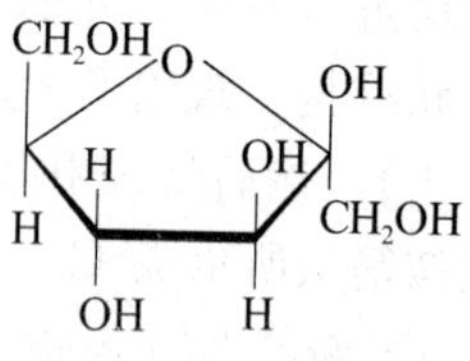

β-D-(—)-呋喃果糖

其他几种常见单糖的哈武斯式如下：

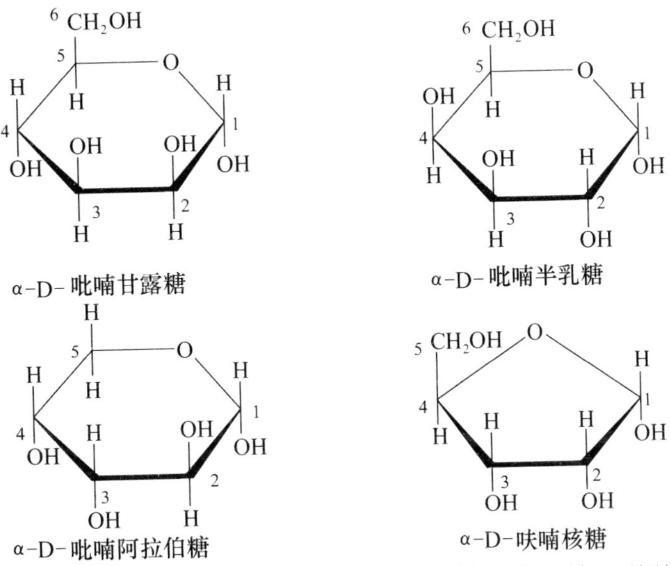

α-D-吡喃甘露糖　α-D-吡喃半乳糖

α-D-吡喃阿拉伯糖　α-D-呋喃核糖

有时为了书写方便，一般可将单糖的环平面在纸面上旋转或翻转。现以 α-D-(+)-吡喃葡萄糖为例加以说明。

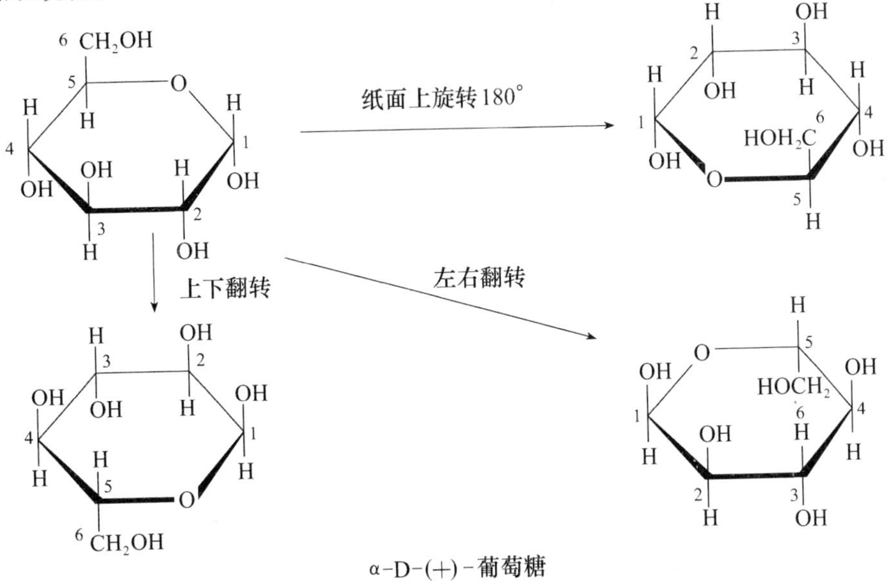

α-D-(+)-葡萄糖

在单糖的 Haworth 式中，如何确定单糖的构型呢？确定 D/L-构型要看环上碳原子的位次排列方式。如果是按顺时针方式排列，编号最大手性碳上的羟甲基在环平面上方的为 D-构型；反之，羟甲基在环平面下方的为 L-构型。如果是按逆时针方式排列，则与上述判别恰好相反。确定 α、β-型是根据半缩醛羟基与编号最大手性碳上的羟甲基的相对位置。如果半缩醛羟基与编号最大手性碳上的羟甲基在环的异侧为 α-型；反之，半缩醛羟基与羟甲基在环的同侧为 β-型。编号最大手性碳上无羟甲基时，则与其上的氢比较，半缩醛羟基与编号最大手性碳上的氢在环的异侧为α-型；反之，为β-型。

科学家小传：哈武斯

哈武斯（Walter N. Haworth，1883—1950），英国化学家，主要致力于研究糖的结构和维生素C，1929年出版《糖的构成》。因首先合成维生素C而获得1937年诺贝尔化学奖。1912年哈武斯在圣安德鲁斯大学与化学家J. 欧文和T. 珀迪共同研究糖类化合物。他们发现糖的碳原子不是直线排列而是环状排列，此结构被称为哈武斯结构式。1925年哈武斯任伯明翰大学化学系主任。此后，他转而研究维生素C，并发现其结构与单糖相似。1934年他和英国化学家E. 赫斯特成功地合成了维生素C，这是人工合成的第一种维生素。这一研究成果不仅丰富了有机化学的研究内容，而且由此开始了医药用维生素C（即抗坏血酸）的工业生产。

问题与思考 13-4 写出下列各种单糖的 Haworth 式：

1. β-D-呋喃核糖　　2. α-D-吡喃半乳糖

问题与思考 13-5 试确定下列单糖的D/L构型和α-型或β-型。

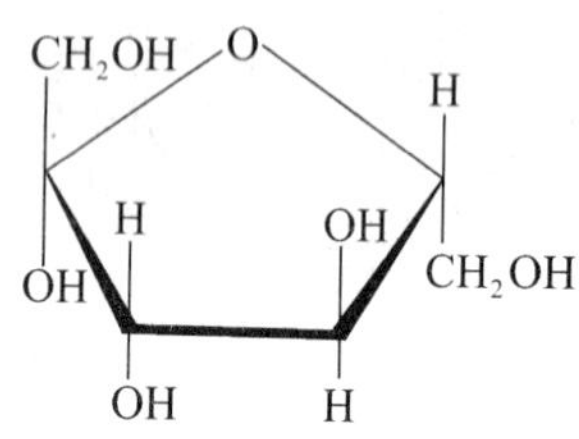

3. 单糖的构象　近代X射线分析等技术对单糖的研究证明，以五元环形式存在的单糖，如果糖、核糖等，分子中成环碳原子和氧原子基本共处于一个平面内。而以六元环形式存在的单糖，如葡萄糖、半乳糖和阿拉伯糖等，分子中成环的碳原子和氧原子不在同一个平面。上述吡喃糖的Haworth式不能真实地反映环状半缩醛的立体结构。吡喃糖中的六元环与环己烷相似，椅式构象占绝对优势。在椅式构象中，又以环上碳原子所连较大基团连接在平伏键上比连接在直立键上更稳定。下面是几种单糖的椅式构象：

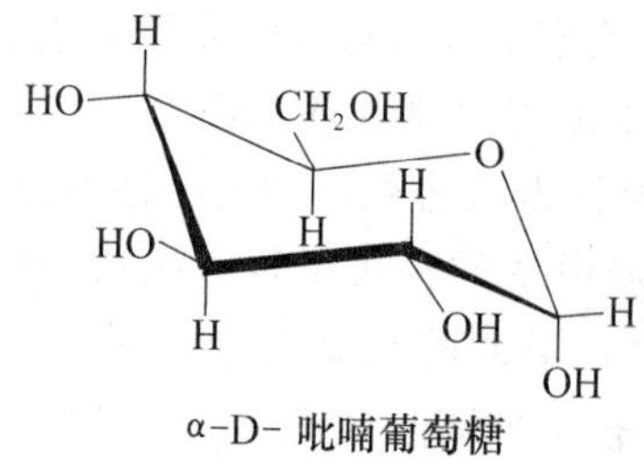

α-D-吡喃葡萄糖

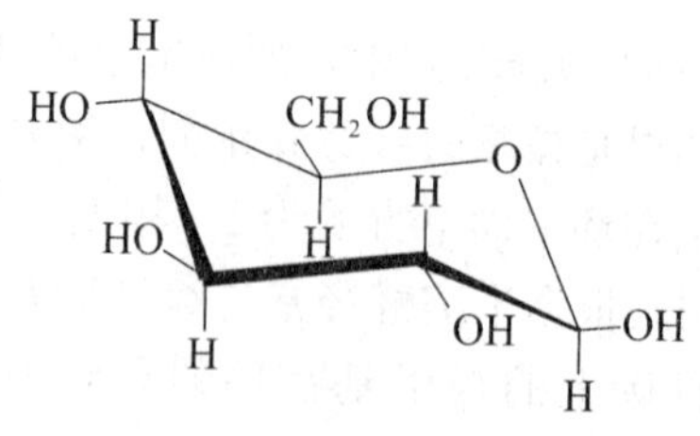

β-D-吡喃葡萄糖

β-D-吡喃甘露糖　　β-D-吡喃半乳糖

由上述构象式可以看出，在β-D-吡喃葡萄糖中，环上所有与碳原子连接的羟基和羟甲基都处于平伏键上，而在α-D-吡喃葡萄糖中，半缩醛羟基处于直立键上，其余羟基和羟甲基处于平伏键上。因此β-D-吡喃葡萄糖比α-D-吡喃葡萄糖稳定。所以在D-葡萄糖的变旋平衡混合物中，β-型异构体（63%）所占的比例大于α-型异构体（37%）。

问题与思考 13-6　写出α-D-吡喃核糖和β-D-吡喃核糖的构象式，并指出何者稳定。

三、单糖的物理性质

单糖都是无色晶体，因分子中含有多个羟基，所以易溶于水，并能形成过饱和溶液的糖浆。单糖可溶于乙醇和吡啶，难溶于乙醚、丙酮、苯等有机溶剂。除丙酮糖外，所有单糖都具有旋光性，且存在变旋现象。

单糖都有甜味，但相对甜度不同，一般以蔗糖的甜度为100，葡萄糖的甜度为74，果糖的甜度为173。果糖是已知单糖和二糖中甜度最大的糖。一些常见糖的物理常数列于表13-1。

表13-1　糖的重要物理常数

名称	糖脎熔点/℃	比旋光度 $[\alpha]_D^{20}$		
		α-型	β-型	平衡混合物
D-阿拉伯糖	160	−54	−175	−108
D-核糖	160	—	—	−25
D-木糖	163	+92	−20	+18.6
D-葡萄糖	210	+112.2	+18.7	+52.7
D-甘露糖	210	+29.3	−17	+14.2
D-半乳糖	186	+150.7	+52.8	+80.2
D-果糖	210	−21	−133	−92.3
麦芽糖	206	+46.8	+111.7	+130.4
乳糖	200	+92.6	+34	+52.3
纤维二糖	208	+72	+14.2	+36.4
蔗糖	—	—	—	+66.5
转化糖*	—	—	—	−19.8

* 由蔗糖水解生成的D-葡萄糖和D-果糖的混合物称为转化糖。

四、单糖的化学性质

单糖是多羟基醛或多羟基酮，因此除具有醇和醛、酮的特征性质外，还具有因分子中各基团的相互影响而产生的一些特殊性质。此外，单糖在水溶液中是以链式和氧环式平衡混合物的形式存在的，因此单糖的反应有的以环状结构进行，有的则以开链结构进行。

1. 差向异构化 D-葡萄糖分子中 C_2 上的 α-H 同时受羰基和羟基的影响很活泼，用稀碱处理可以互变为烯二醇中间体。烯二醇很不稳定，在其转变到醛酮结构时 C_1 羟基上的氢原子转回 C_2 时有两种可能：若按（a）途径加到 C_2 上，则仍然得到 D-葡萄糖；若按（b）途径加到 C_2 上，则得到 D-甘露糖；同样，按（c）途径 C_2 羟基上的氢原子转移到 C_1 上，则得到 D-果糖。

用稀碱处理 D-甘露糖或 D-果糖，也得到上述互变平衡混合物。生物体代谢过程中，在异构酶的作用下，常会发生葡萄糖与果糖的互相转化。

D-葡萄糖 $\underset{(a)}{\overset{OH^-}{\rightleftharpoons}}$ 烯二醇中间体 $\underset{OH^-}{\overset{(b)}{\rightleftharpoons}}$ D-甘露糖；烯二醇中间体 $\underset{OH^-}{\overset{(c)}{\rightleftharpoons}}$ D-果糖

D-葡萄糖　　烯二醇中间体　　D-甘露糖　　D-果糖

在含有多个手性碳原子的旋光异构体中，若只有一个手性碳原子的构型不同，其他碳原子的构型都完全相同，这样的旋光异构体称为差向异构体。如 D-葡萄糖和 D-甘露糖，它们仅第二个碳原子的构型相反，叫作 2-差向异构体。差向异构体间的互相转化称为差向异构化。

2. 氧化反应 单糖可被多种氧化剂氧化，所用氧化剂的种类及介质的酸碱性不同，氧化产物也不同。

（1）酸性介质中的氧化反应

① 溴水氧化：醛糖能被溴水氧化生成糖酸。酮糖不被溴水氧化，可由此区别醛糖与酮糖。

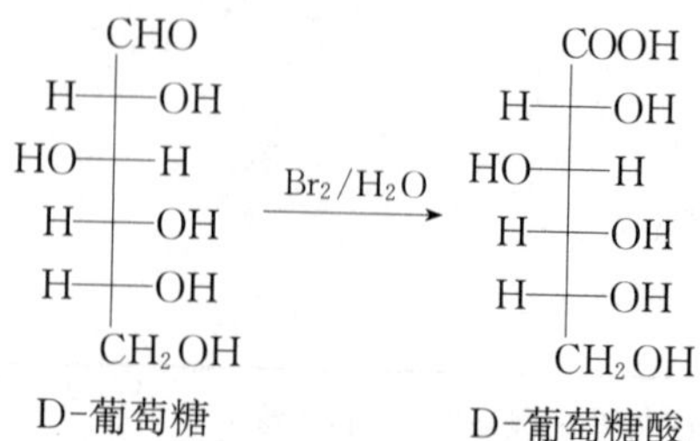

② 硝酸氧化：醛糖在硝酸作用下生成糖二酸。例如，D-葡萄糖被氧化为D-葡萄糖二酸，D-赤藓糖被氧化为内消旋酒石酸。根据氧化产物的结构和性质，可以确定醛糖的结构。

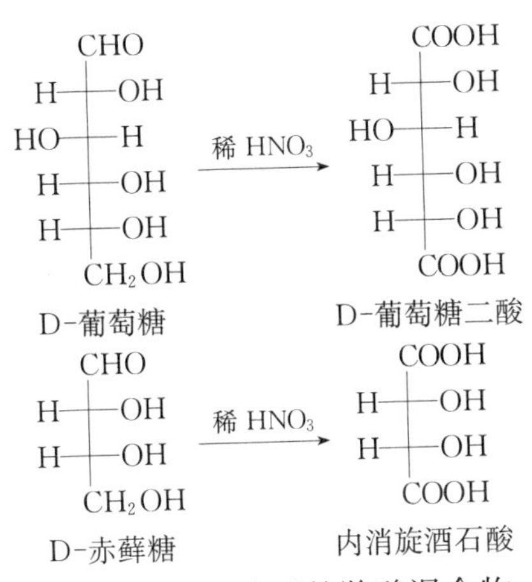

酮糖与强氧化剂作用，碳链断裂，生成小分子的羧酸混合物。

（2）碱性介质中的氧化反应　醛能被弱氧化剂氧化，醛糖也具有醛基，同样能被弱氧化剂氧化。酮一般不被弱氧化剂氧化，但酮糖（例如果糖）在弱碱性介质中能发生差向异构化转变为醛糖，因此也能被弱氧化剂氧化。醛糖和酮糖，能被托伦试剂、斐林试剂和本尼地试剂所氧化，分别产生银镜或氧化亚铜的砖红色沉淀。通常，把这些糖称为还原性糖。这些反应常用作糖的鉴别和定量测定，例如与本尼地试剂的反应常用来测定果蔬、血液和尿中还原性糖的含量。

（3）生物体内的氧化反应　在生物体内的代谢过程中，有些醛糖在酶作用下发生羟甲基的氧化反应，生成糖醛酸。例如，葡萄糖和半乳糖被氧化时，分别生成葡萄糖醛酸和半乳糖醛酸。

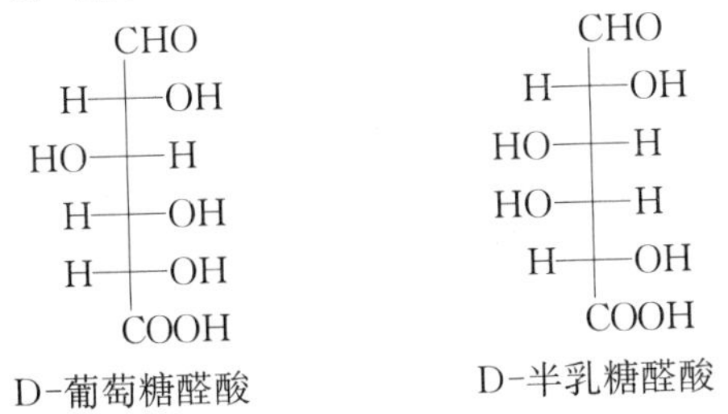

对于动物体来说，葡萄糖醛酸是很重要的，因为许多有毒物质是以葡萄糖醛酸苷的形式从尿中排泄出体外的，故有保肝和解毒作用。另外，糖醛酸是果胶质、半纤维素和黏多糖的重要组成成分，在土壤微生物的作用下，生成的多糖醛酸类物质是天然土壤结构的改良剂。

问题与思考 13-7　下列糖分别用稀硝酸氧化，其产物有无旋光性？

（1）D-葡萄糖　（2）D-核糖　（3）D-半乳糖

3. 还原反应　与醛和酮的羰基相似，糖分子中的羰基也可被还原成羟基。实验室中常用的还原剂有硼氢化钠等，工业上则采用催化加氢，催化剂为镍、铂等。例如D-葡萄糖还原为山梨醇，D-甘露糖还原生成甘露醇，果糖在还原过程中由于C_2转化为手性碳原子，故得到山梨醇和甘露醇的混合物。

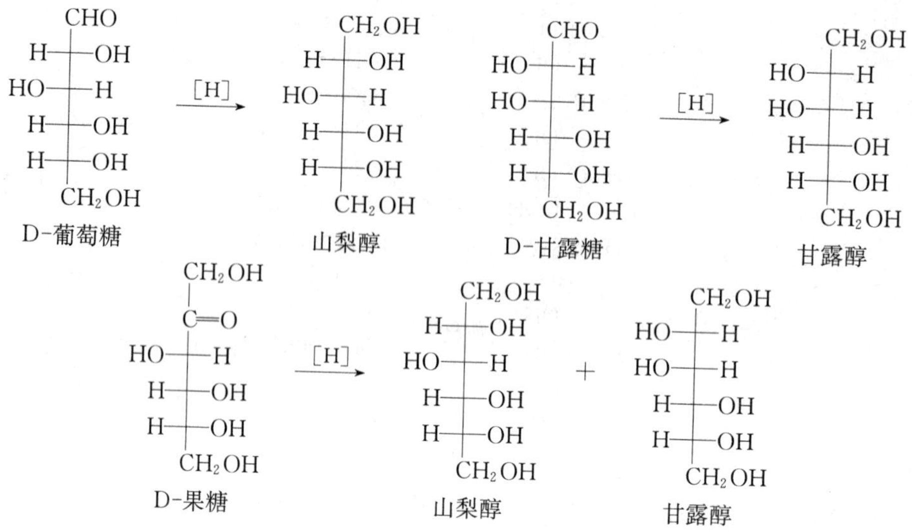
D-葡萄糖
山梨醇
D-甘露糖
甘露醇
D-果糖
山梨醇
甘露醇

山梨醇和甘露醇广泛存在于植物体内，桃、李、苹果、梨等果实中含有大量的山梨醇；而柿子、胡萝卜、洋葱等植物中含有甘露醇。山梨醇可用作细菌的培养基及合成维生素C的原料。

4. 成脎反应 单糖具有羰基，与苯肼作用首先生成糖苯腙。当苯肼过量时，则继续反应生成难溶于水的黄色结晶，称为糖脎。一般认为成脎反应分三步完成：首先单糖和一分子苯肼生成糖苯腙；然后糖苯腙的α-羟基被过量的苯肼氧化为羰基；最后与第三分子苯肼作用生成糖脎。

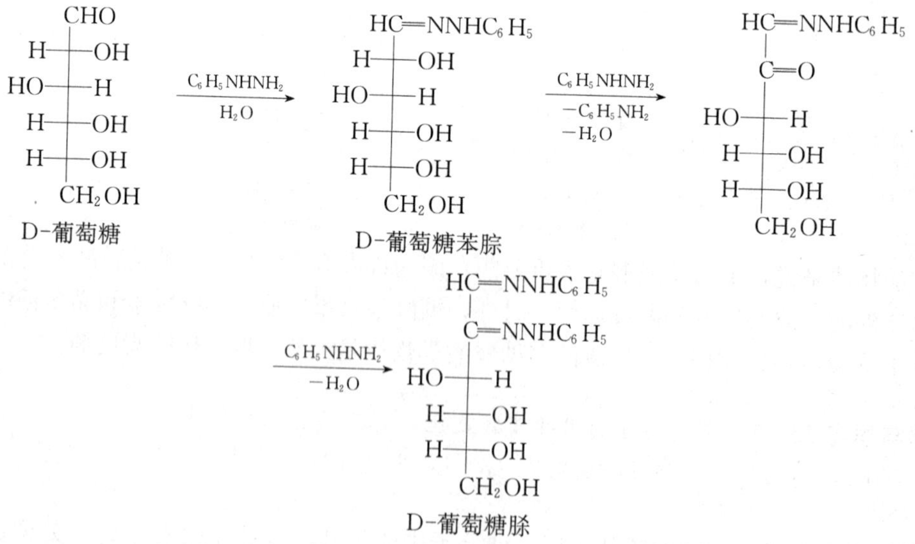
D-葡萄糖
D-葡萄糖苯腙
D-葡萄糖脎

糖脎分子可以通过氢键形成螯环化合物，阻止了C_3上羟基被继续氧化而终止反应。

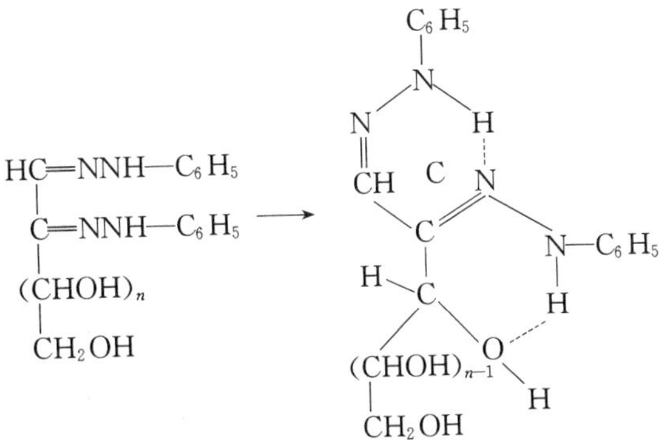

糖脎　　糖脎的螯合物

由上述可知，糖脎的生成只发生在 C_1 和 C_2 上，因此，除 C_1、C_2 外，其他手性碳原子构型相同的糖，都能形成相同的糖脎。例如 D-葡萄糖、D-甘露糖和 D-果糖与过量的苯肼反应生成相同的糖脎。

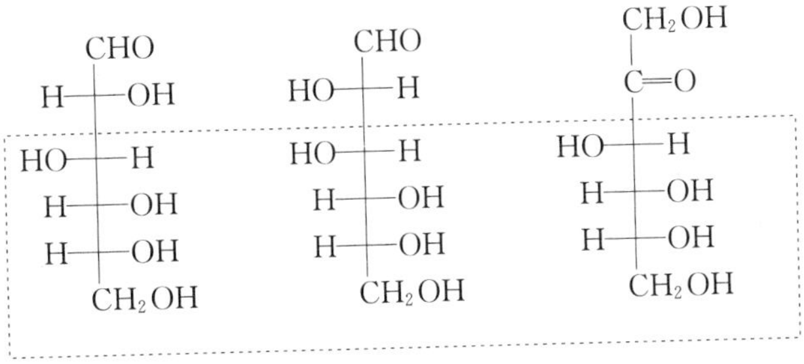

D-葡萄糖　　D-甘露糖　　D-果糖

不同的糖脎其结晶形状、熔点和成脎所需的时间都不相同，因此可用于糖的鉴定。

成脎反应并非局限于单糖，凡具有 α-羟基的醛或酮都能发生成脎反应。

问题与思考 13-8　某 D-酮糖与 D-核糖和 D-阿拉伯糖同过量苯肼反应生成相同的糖脎，写出该 D-酮糖的构型式。

5. 糖苷的生成　单糖的环式结构中含有活泼的半缩醛羟基，它能与醇或酚等含羟基的化合物脱水形成缩醛型物质，称为糖苷，也称为配糖体，其糖的部分叫作糖基，非糖的部分叫作配基。例如，α-D-葡萄糖在干燥氯化氢催化下，与无水甲醇作用生成甲基-α-D-葡萄糖苷；而 β-D-葡萄糖在同样条件下形成甲基-β-D-葡萄糖苷。

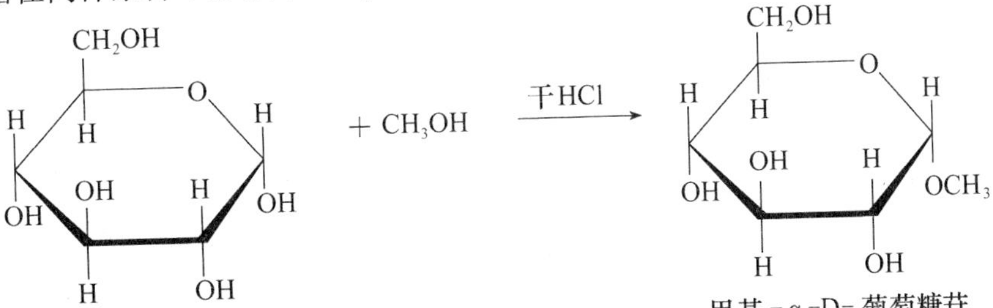

α-D-葡萄糖 $+ CH_3OH \xrightarrow{干HCl}$ 甲基-α-D-葡萄糖苷

α－D－葡萄糖和β－D－葡萄糖通过开链式可以相互转变，形成糖苷后，分子中已无半缩醛羟基，不能再转变成开链式，故不能再相互转变。糖苷是一种缩醛（或缩酮），所以比较稳定，不易被氧化，不与苯肼、托伦试剂、斐林试剂等作用，也无变旋现象。糖苷对碱稳定，但在稀酸或酶作用下，可水解成原来的糖和醇。

糖苷广泛存在于自然界，植物的根、茎、叶、花和种子中含量较多。低聚糖和多糖也都是糖苷存在的一种形式。

6. 成酯和成醚反应 单糖分子中的羟基既能与酸反应生成酯，又能在碱性介质中与甲基化试剂，如碘甲烷或硫酸二甲酯作用生成醚。

（1）酯化反应 在生物体内，α－D－葡萄糖在酶的催化下与磷酸发生酯化反应，生成1－磷酸－α－D－葡萄糖和1,6－二磷酸－α－D－葡萄糖。

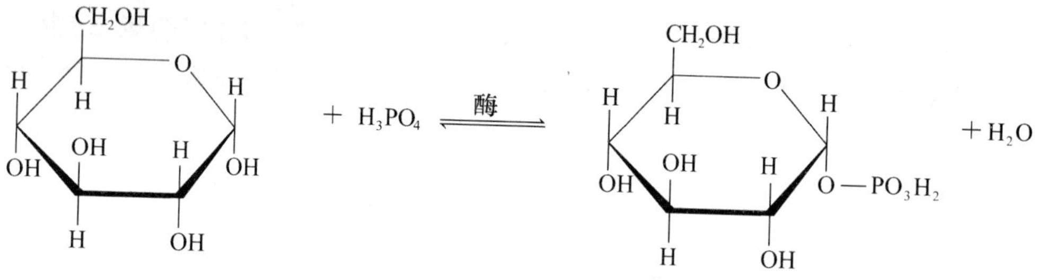

1－磷酸－α－D－葡萄糖

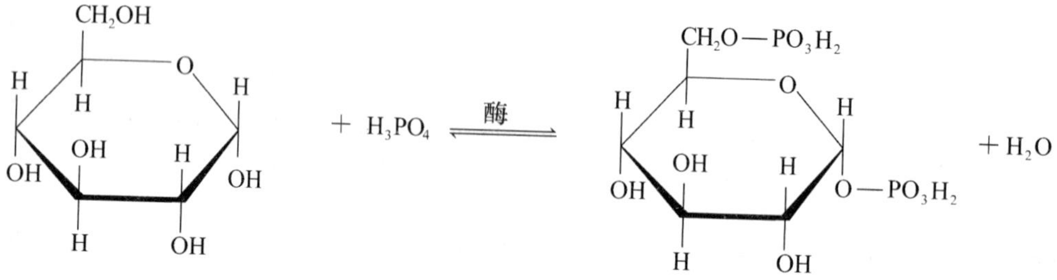

1,6－二磷酸－α－D－葡萄糖

单糖的磷酸酯是生物体糖代谢过程中的重要中间产物。作物施磷肥就是为了有充足的磷去完成体内磷酸酯的合成。若作物缺磷，磷酸酯的合成便出现障碍，作物的光合作用和呼吸作用也不能顺利进行。

在实验室中，用乙酰氯或乙酸酐与葡萄糖作用，可以得到葡萄糖五乙酸酯。

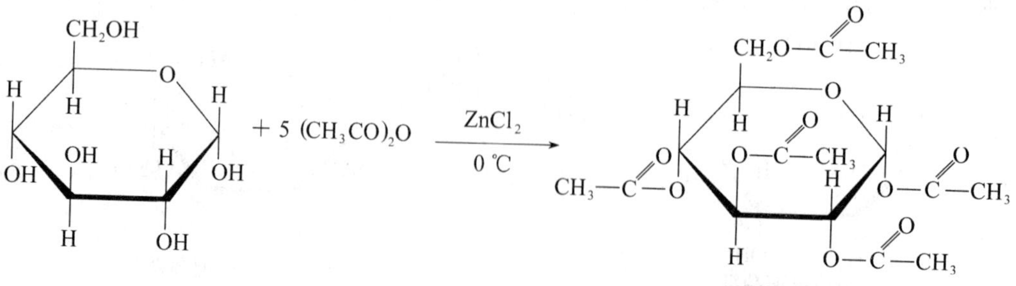

α－D－葡萄糖五乙酸酯

（2）成醚反应　由于单糖分子在碱性介质中直接甲基化会发生副反应，所以一般先将单糖分子中的半缩醛羟基通过成苷保护起来，然后再进行成醚反应。

产物分子中的五个甲氧基以 C_1 上的为最活泼，在稀酸中可发生水解，生成 2,3,4,6-四甲氧基-D-葡萄糖。

甲基-α-D-葡萄糖苷　　甲基-2,3,4,6-四甲氧基-α-D-葡萄糖苷　　2,3,4,6-四甲氧基-α-D-葡萄糖

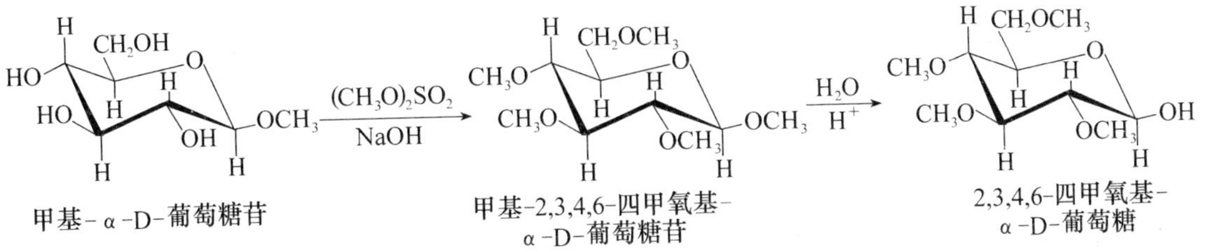

7. 显色反应　在浓酸（浓硫酸或浓盐酸）作用下，单糖发生分子内脱水形成糠醛或糠醛的衍生物。例如，戊糖脱水生成糠醛，己糖脱水生成 5-羟甲基糠醛。

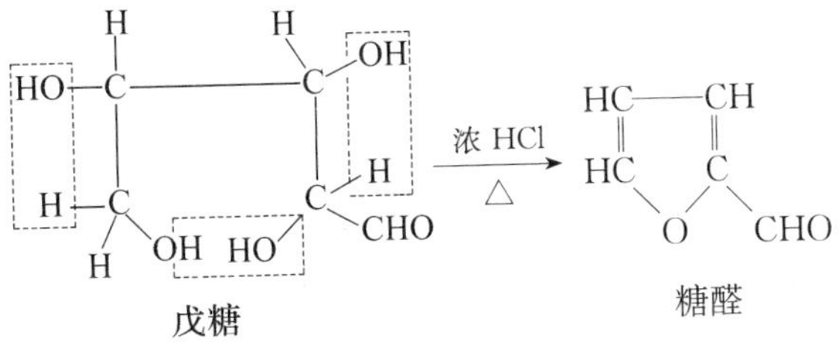

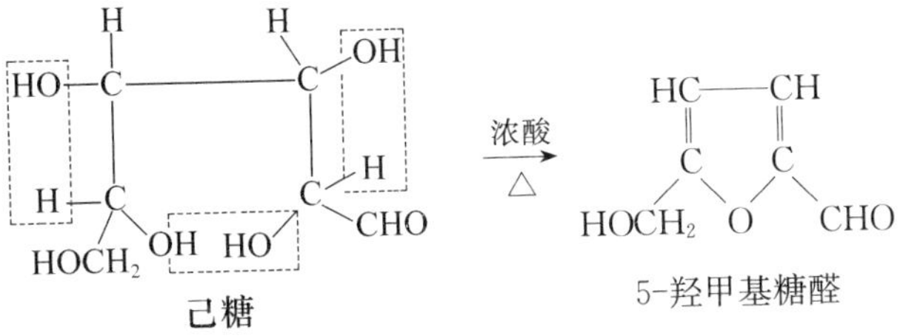

戊糖　　糠醛

己糖　　5-羟甲基糠醛

糠醛及其衍生物可与酚类、蒽酮、芳胺等缩合生成不同的有色物质。尽管这些有色物质的结构尚未搞清楚，但由于反应灵敏，实验现象清楚，故常用于糖类化合物的鉴别。

（1）莫力许（Molish）反应　莫力许反应又称 α-萘酚反应。在糖的水溶液中加入 α-萘酚的酒精溶液，然后沿着试管壁小心地加入浓硫酸，不要振动试管，则在两层液面间形成紫色环。所有糖（包括低聚糖和多糖）均能发生莫力许反应，因此是鉴别糖最常用的方法之一。

（2）西列凡诺夫（Селиванов）反应　酮糖在浓 HCl 存在下与间苯二酚反应，很快生成红色物质。而醛糖在同样条件下 2 min 内不显色，由此可以区别醛糖和酮糖。

（3）皮阿耳（Bial）反应　戊糖在浓 HCl 存在下与 5-甲基间苯二酚反应，生成绿色的物质。该反应是用来区别戊糖和己糖的方法。

（4）狄斯克（Discke）反应　脱氧核糖在乙酸和硫酸混合液中与二苯胺共热，可生成蓝色的物质。其他糖类在同样条件下不显蓝色。因此，该反应是用于鉴别脱氧戊糖的方法。

问题与思考 13-9 用化学方法区别下列各组物质：

（1）丙酮、丙醛、甘露糖和果糖

（2）葡萄糖、果糖、核糖和脱氧核糖

五、重要单糖和单糖的衍生物

1. 几种重要的单糖

（1）D-核糖和 D-2-脱氧核糖 它们都是生物细胞内极为重要的戊醛糖，常与磷酸和某些杂环化合物结合而存在于核蛋白中，是核糖核酸（RNA）和脱氧核糖核酸（DNA）的重要组成部分。它们的开链式和哈武斯式互变平衡体系如下所示：

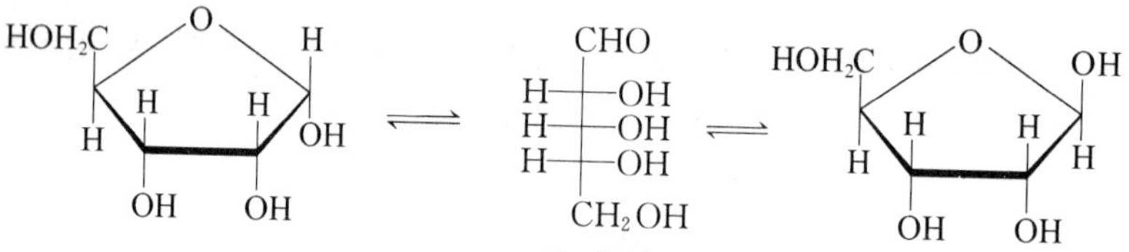

α-D-核糖 ⇌ D-核糖 ⇌ β-D-核糖

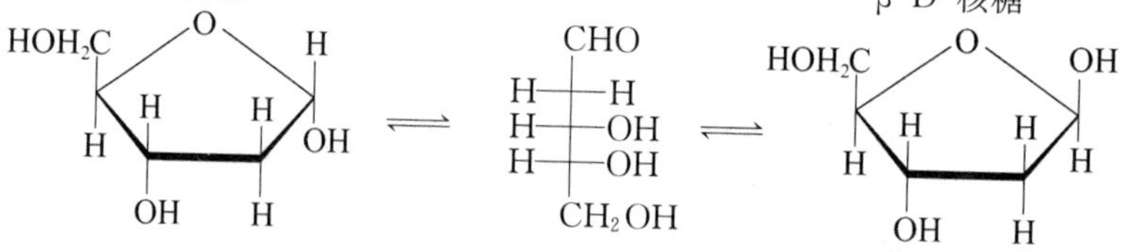

α-D-2-脱氧核糖 ⇌ D-2-脱氧核糖 ⇌ β-D-2-脱氧核糖

（2）D-葡萄糖 D-葡萄糖是自然界分布最广的己醛糖。它以游离状态或结合状态存在于葡萄（熟葡萄中含20%～30%）等甜水果和蜂蜜中，人类和动物的血液中也有葡萄糖。它是植物光合作用的产物之一。葡萄糖常以双糖、多糖或糖苷等形式存在于生物体内。

葡萄糖为无色结晶，熔点 146 ℃，有甜味，微溶于醇和丙酮，不溶于乙醚和烃类等有机物。自然界的葡萄糖是右旋的（$[\alpha]_D^{20}=+52.7°$），故又称为右旋糖。

葡萄糖是人体新陈代谢不可缺少的营养物质。在医药上可用作营养剂，具有强心、利尿和解毒等作用。在食品工业上用于制糖浆、糖果等。在印染及制革工业上用作还原剂。

（3）D-果糖 D-果糖以游离的形式大量存在于水果和蜂蜜中，是蔗糖和葡萄粉的组成成分。它是自然界存在的最甜的糖，工业上常用酸或酶水解制得。天然的果糖是左旋的（$[\alpha]_D^{20}=-92.3°$），故又称为左旋糖。果糖是无色结晶，熔点 102 ℃（分解），易溶于水，可溶于乙醇和乙醚中，并能与氢氧化钙形成难溶于水的配合物 $C_6H_{12}O_6 \cdot Ca(OH)_2 \cdot H_2O$。

（4）D-半乳糖 它是低聚糖如乳糖、棉子糖的组成成分，也是组成脑髓的重要物质之一，并以多糖的形式存在于许多植物的种子或树胶中。半乳糖的衍生物也广泛分布于自然界，如半乳糖醛酸是植物黏液的主要组成成分。

D-半乳糖是无色结晶，熔点 167 ℃，能溶于水和乙醇，它是右旋糖（$[\alpha]_D^{20}=+80.2°$）。主要用于有机合成及医药工业。

2. 天然糖苷　糖苷广泛存在于自然界，主要存在于植物的根、茎、叶、花和种子中。很多中医药的有效成分是糖苷类化合物。例如，松针内的水杨苷，香子兰植物中的香兰素-β-D-葡萄糖苷，苦杏仁中的苦杏仁苷（扁桃苷）等。

（1）水杨苷　它是由β-D-葡萄糖和水杨醇形成的苷。

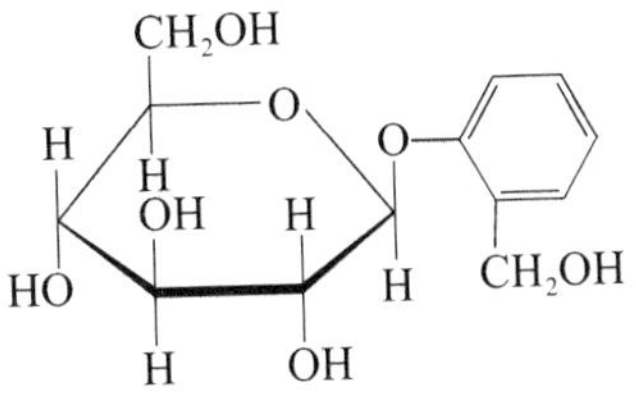

水杨苷

（2）香兰素-β-D-葡萄糖苷　它是由香兰素（4-羟基-3-甲氧基苯甲醛）和β-D-葡萄糖形成的糖苷。香兰素可作为食品香料和增香剂。

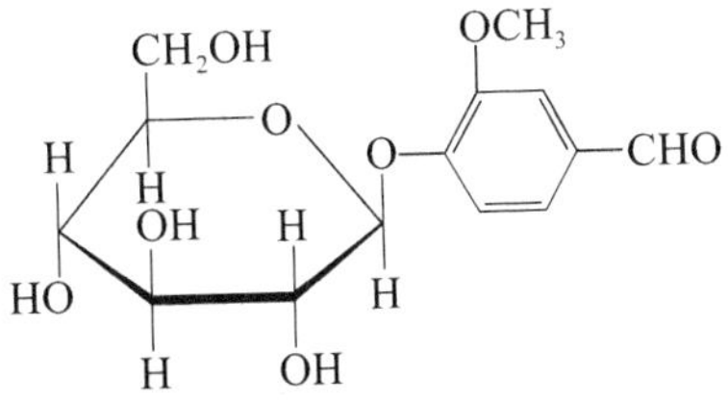

香兰素-β-D-葡萄糖苷

（3）苦杏仁苷　它是由两分子β-D-葡萄糖以1,6-糖苷键结合形成龙胆二糖，再与苦杏仁腈形成糖苷。

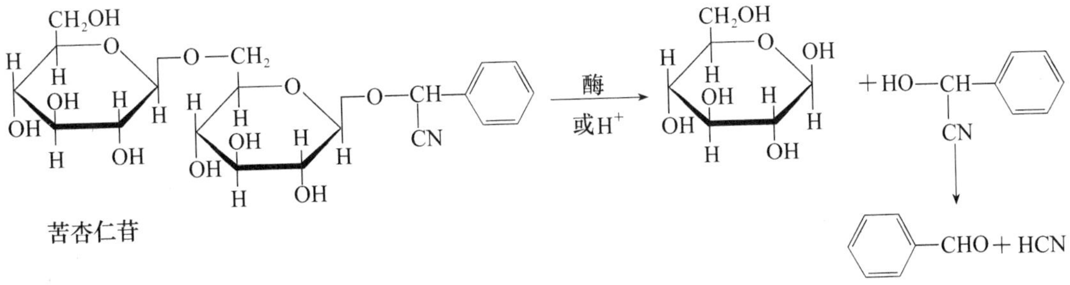

苦杏仁苷

糖苷是无色无臭的晶体，味苦，能溶于水和乙醇，难溶于乙醚。有旋光性，天然的糖苷一般为左旋。在酶或稀酸作用下，可水解成原来的糖和醇（或醇的衍生物）。苦杏仁之所以有毒，是因为苦杏仁苷在体内被酶水解后，放出氢氰酸的缘故。

3. 氨基糖　自然界存在的氨基糖主要是氨基己糖。多数天然氨基糖是己糖分子中C_2上的羟基被氨基取代的产物。例如，2-氨基-D-葡萄糖和2-氨基-D-半乳糖。它们是很多糖和蛋白质的组成成分，广泛存在于自然界，具有重要的生理作用。例如，2-乙酰氨基-D-葡萄糖是甲壳质的组成单位。甲壳质存在于虾、蟹和某些昆虫的甲壳中，其天然产量仅次于纤维素，其用途尚在开发之中。

2-氨基-β-D-葡萄糖　　2-氨基-β-D-半乳糖　　2-乙酰氨基-β-D-半乳糖

4. 维生素C　维生素C广泛存在于新鲜瓜果和蔬菜中，以柑橘、柠檬、番茄中含量较多。人体缺乏维生素C会导致坏血病，故它又称为抗坏血酸。维生素C不属于糖类，但它是由葡萄糖制备的，在结构上可看成是不饱和糖酸的内酯，所以常将维生素C当作单糖的衍生物。

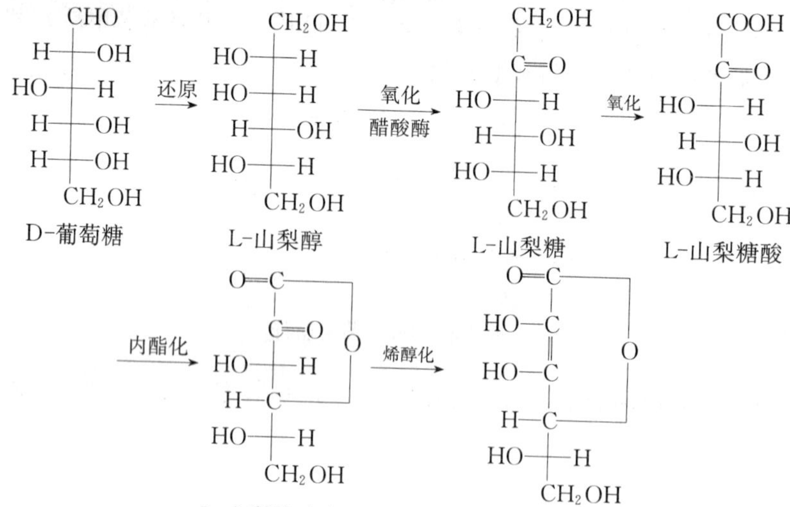

D-葡萄糖　L-山梨醇　L-山梨糖　L-山梨糖酸

L-山梨糖酸内酯　维生素C(L-抗坏血酸)

维生素C为无色结晶，溶于水，为L-构型，比旋光度 $[\alpha]_D^{20}=+21°$。由于分子中烯醇式羟基上的氢较易离解，所以呈酸性。维生素C极易被氧化为去氢抗坏血酸，所以它又是一种较强的还原剂，可用作食品的抗氧化剂。

去氢抗坏血酸还原时，又重新变为抗坏血酸，所以维生素C在动物体内的生物氧化过程中具有传递电子和氢的作用。

L-抗坏血酸 $\underset{[H]}{\overset{[O]}{\rightleftharpoons}}$ L-去氢抗坏血酸

第二节　双　　糖

双糖是最重要的低聚糖，可以看成是一个单糖分子中的半缩醛羟基与另一个单糖分子中的醇羟基或半缩醛羟基之间脱水的缩合物。自然界存在的双糖可分为还原性双糖和非还原性双糖两类。

一、还原性双糖

还原性双糖是由一分子单糖的半缩醛羟基与另一分子单糖的醇羟基脱水而成的。因分子中仍保留有一个半缩醛羟基，故具有一般单糖的性质：在水溶液中有变旋现象；在稀碱作用下可发生差向异构化；具有还原性；可与过量苯肼反应生成糖脎。还原性双糖都是白色结晶，溶于水，有甜味，具有旋光活性。重要的还原性双糖有麦芽糖、纤维二糖和乳糖。

1. 麦芽糖　麦芽糖是由一分子 α－D－葡萄糖的半缩醛羟基与另一分子 D－葡萄糖 C_4 上的醇羟基脱水后，通过 α－1,4－苷键连接而成的。

麦芽糖属于 α－糖苷，能被麦芽糖酶水解，也能被酸水解。它是组成淀粉的基本单元，在淀粉酶或唾液酶的作用下，淀粉水解得到麦芽糖，所以麦芽糖是生物体内淀粉水解的中间产物。麦芽糖继续水解产生 D－葡萄糖。

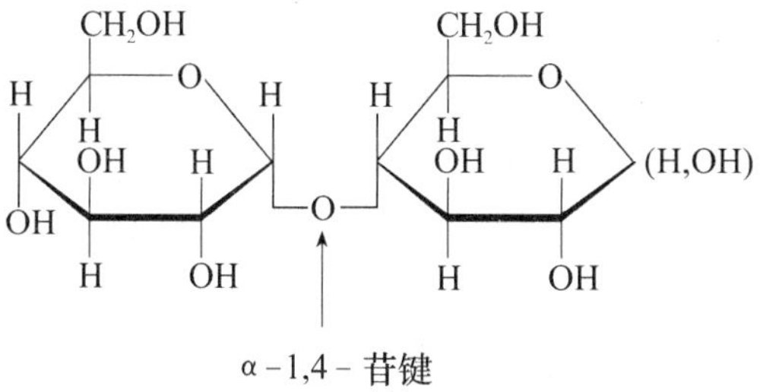

α-1,4-苷键

D-麦芽糖

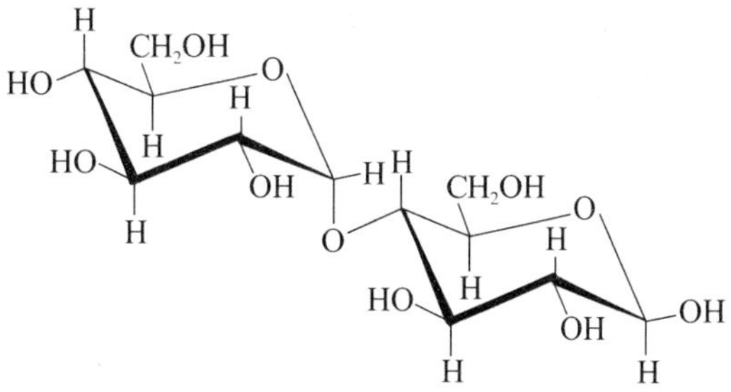

β-D-麦芽糖

2. 纤维二糖　纤维二糖是由一分子 β－D－葡萄糖的半缩醛羟基与另一分子 D－葡萄糖 C_4 上的醇羟基脱水后，通过 β－1,4－苷键连接而成。

β-1,4-苷键

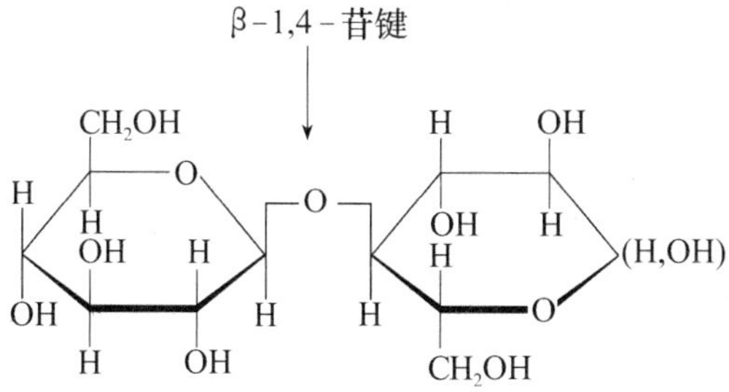

D-纤维二糖

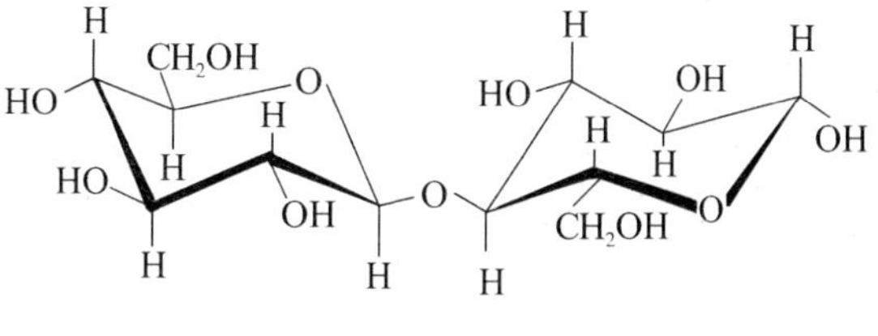

β-D-纤维二糖

纤维二糖属 β－糖苷，能被苦杏仁酶或纤维二糖酶水解，也可被酸水解成 D－葡萄糖。纤维二糖是纤维素的基本单位，自然界游离的纤维二糖并不存在，可由纤维素部分水解得到。

3. 乳糖　是由一分子 β－D－半乳糖的半缩醛羟基与另一分子 D－葡萄糖 C_4 上的醇羟基脱水后，通过 β－1,4－苷键连接而成。

乳糖属于 β－糖苷，它能被酸、苦杏仁酶和乳糖酶水解。乳糖存在于人和哺乳动物的乳汁中，人乳中含乳糖为 5%～8%，牛、羊乳中含乳糖为 4%～5%。乳糖是牛乳制干酪时所得的副产品，它是双糖中溶解性较小的、没有吸湿性的一个，主要用于食品工业和医药工业。

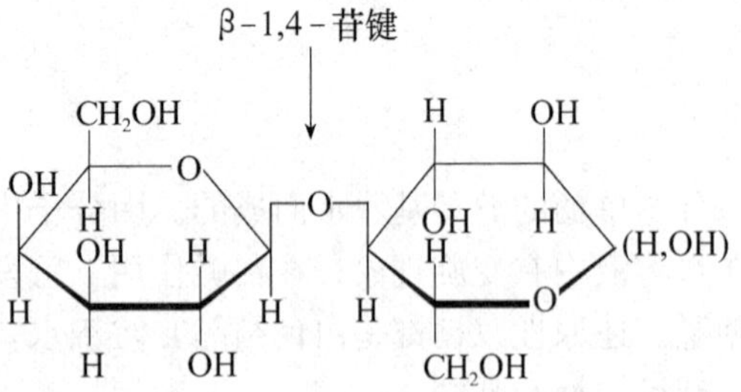

β-1,4-苷键

D-乳糖

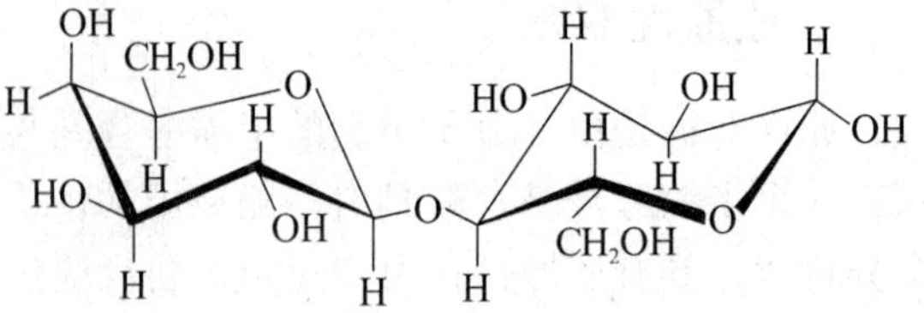

β-D-乳糖

二、非还原性双糖

非还原性双糖是由两分子单糖的半缩醛羟基脱水形成的。因分子中不具有半缩醛羟基，故无还原性，无变旋现象，不能成脎，但它们都能被酸或酶水解生成两分子单糖。非还原性双糖都是易溶于水的白色结晶，具有旋光活性。

1. 蔗糖 蔗糖是由一分子α-D-葡萄糖和一分子β-D-果糖两者的半缩醛羟基脱水后，通过α-1-β-2-苷键连接而成的双糖。它既是α-糖苷，也是β-糖苷。

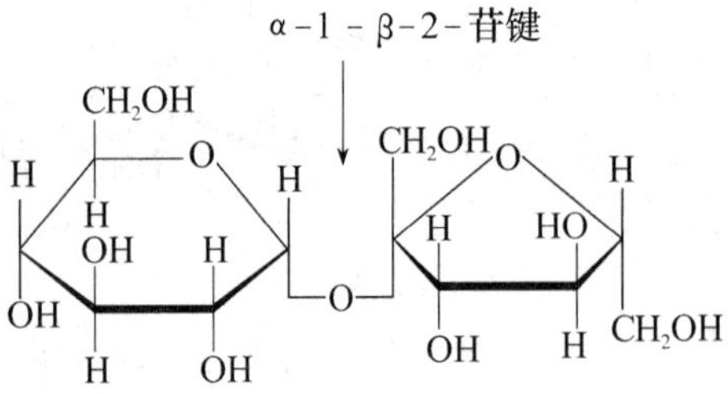

α-1-β-2-苷键

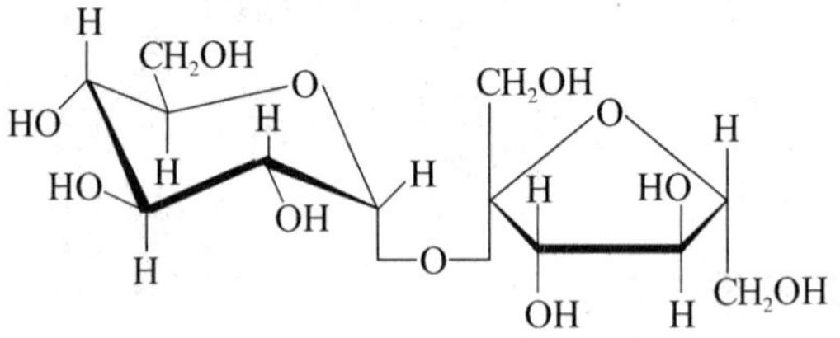

蔗糖

蔗糖是自然界中分布最广的、甜度仅次于果糖的重要的非还原性双糖。它存在于植物的根、茎、叶、种子及果实中，以甘蔗（19%～20%）和甜菜（12%～19%）中含量最多。蔗糖是右旋糖，水解后生成等量的D-葡萄糖和D-果糖的左旋混合物。由于水解使旋光方向发生改变，故一般把蔗糖的水解产物称为转化糖。蜂蜜的主要成分就是转化糖（$[\alpha]_D^{20}=-19.8°$）。

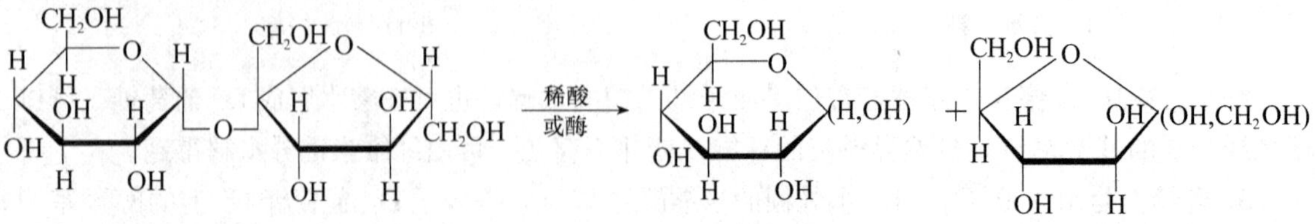

稀酸或酶

蔗糖 $[\alpha]_D^{20}=+66.5°$

D-葡萄糖 $[\alpha]_D^{20}=+52.7°$

D-果糖 $[\alpha]_D^{20}=-92.3°$

2. 海藻糖　海藻糖又称为酵母糖，它是由两分子 α－D－葡萄糖的半缩醛羟基脱水后，通过 α－1,1－苷键连接而成的。比旋光度 $[\alpha]_D^{20}=+178°$。

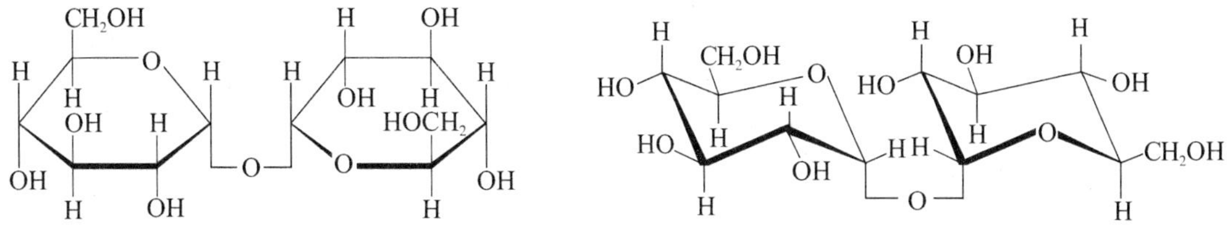

海藻糖

海藻糖存在于海藻类、细菌、真菌、酵母及昆虫的血液中，是各种昆虫血液中的主要血糖。

问题与思考 13－10　α－异麦芽糖是由两分子 α－D－葡萄糖通过 α－1,6－苷键连接而成，试写出它的哈武斯式，并指出它是还原性双糖还是非还原性双糖。

第三节　多　　糖

多糖是由几百到几千个单糖或单糖的衍生物分子通过 α－或 β－苷键连接起来的高分子化合物。多糖广泛存在于自然界，按其水解产物分为两类：一类称为均多糖，其水解产物只有一种单糖，如淀粉、纤维素、糖原等；另一类称为杂多糖，其水解产物为一种以上的单糖或单糖衍生物，如半纤维素、果胶质、黏多糖等。淀粉和糖原分别为植物和动物的贮藏养分，纤维素和果胶质等则构成植物体的支撑组织。

多糖与单糖、双糖在性质上有较大的差异。多糖一般没有甜味，大多数多糖难溶于水。多糖没有变旋现象，没有还原性，也不能成脎。

一、淀粉和糖原

淀粉和糖原分别为植物体和动物体内的多糖。都是由 D－葡萄糖通过 α－苷键缩聚而成的天然高分子化合物。

1. 淀粉　淀粉广泛存在于植物界，是植物光合作用的产物，是植物贮存的营养物质之一，也是人类粮食的主要成分。淀粉主要存在于植物的种子、块根和块茎中。例如，稻米含62%～80%，小麦含 57%～75%，玉米含 65%～72%，甘薯含 25%～35%，马铃薯含 12%～20%。

（1）淀粉的结构　淀粉为白色无定形粉末，由直链淀粉和支链淀粉两部分组成，二者在淀粉中的比例随植物品种不同而异，一般直链淀粉占 10%～30%，支链淀粉占 70%～90%。

直链淀粉是由 200～980 个 α－D－葡萄糖以 α－1,4－苷键连接而成的链状化合物，但其结构并非直线型的。由于分子内的氢键作用，其链卷曲盘旋成螺旋状，每圈螺旋一般含有六个葡萄糖单位（图 13－2）。

支链淀粉含有 1 000 个以上 α－D－葡萄糖单位，其结构特点与直链淀粉不同。葡萄糖分子之

直链淀粉的结构

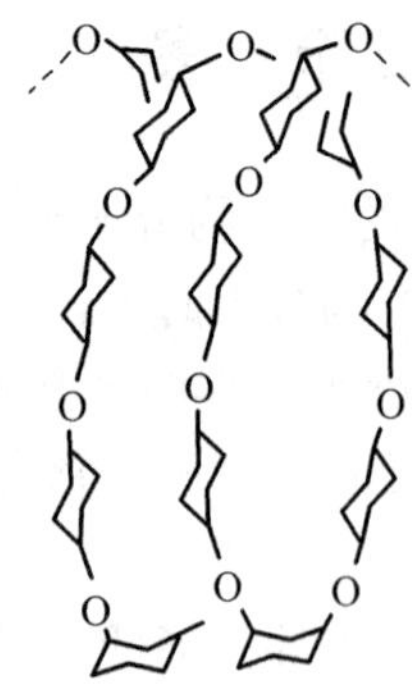

图 13-2　直链淀粉的螺旋结构示意图

间除了以 α-1,4-苷键连接成直链外，还有 α-1,6-苷键相连而引出的支链。每隔 20～25 个葡萄糖单位有一个分支，纵横关联，构成树枝状结构（图 13-3）。

（2）淀粉的理化性质　在淀粉分子中，尽管末端葡萄糖单元保留有半缩醛羟基，但相对于整个分子而言，它们所占的比例极少，所以淀粉不具有还原性，不能成脎，无旋光性，也无变旋现象。

直链淀粉和支链淀粉在结构上的不同，导致它们在性质上也有一定的差异。直链淀粉能溶于热水，在淀粉酶作用下可水解得到麦芽糖。它遇碘呈深蓝色，常用于检验淀粉的存在。淀粉与碘的作用一般认为是碘分子钻入淀粉的螺旋结构中，并借助范德华力与淀粉形成一种蓝色的包结物。当加热时，分子运动加剧，致使氢键断裂，包结物解体，蓝色消失；冷却后又恢复包结物结构，深蓝色重新出现。

支链淀粉不溶于水，热水中则溶胀而成糊状。它在淀粉酶催化水解时，只有外围的支链可以水解为麦芽糖。由于分子中直链与支链间以 α-1,6-苷键相连，所以在它的部分水解产物中还有

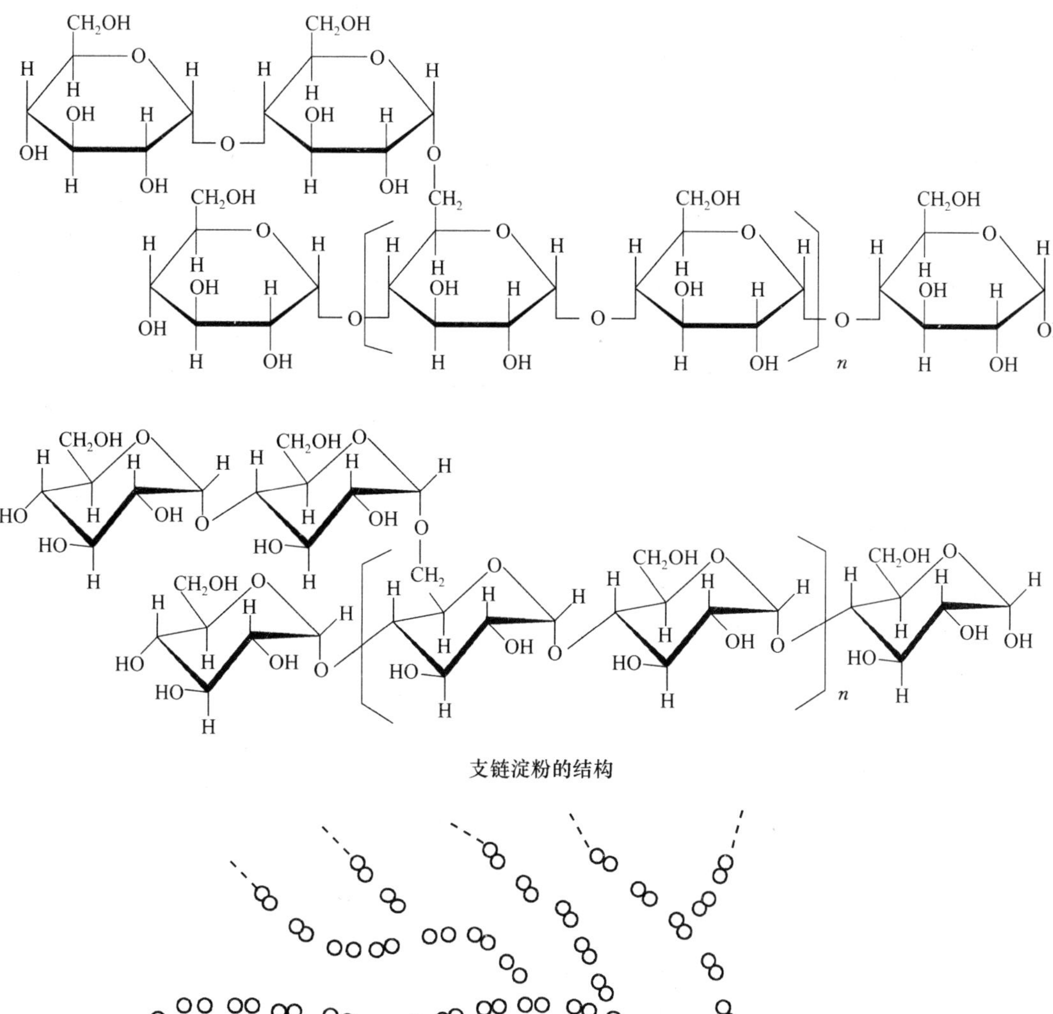

支链淀粉的结构

图 13-3　支链淀粉结构示意图（每一小圆点代表一个葡萄糖单位）

异麦芽糖。支链淀粉遇碘呈现紫色。

淀粉在酸或酶的催化下可以逐步水解，生成与碘呈现不同颜色的糊精、麦芽糖，最后水解为D-葡萄糖。

水解产物：淀粉→蓝糊精→红糊精→无色糊精→麦芽糖→葡萄糖

与碘显色：蓝　　蓝紫　　红　　碘色　　碘色　　碘色

糊精能溶于冷水，其水溶液有黏性，可作为黏合剂及纸张、布匹等的上胶剂。无色糊精具有还原性。

问题与思考 13-11 在直链淀粉和支链淀粉中，单糖之间的连接方式有何异同？二者水解时各得到哪些二糖？

问题与思考 13-12 用化学方法鉴别麦芽糖、淀粉和蔗糖。

2. 糖原 糖原主要存在于动物的肝和肌肉中，也称为动物淀粉。它是由 D-葡萄糖通过 α-1,4-苷键和 α-1,6-苷键连接而成的多糖，其结构类似于支链淀粉，但比支链淀粉的分支更多、更短，平均每隔 3～4 个葡萄糖单位就有一个分支。

糖原为白色粉末，能溶于水而糊化，不溶于乙醇及其他有机溶剂，遇碘显红色。糖原也可以被酸或酶水解。

糖原在动物体内具有调节血液中葡萄糖含量的功能。当血液中葡萄糖含量较高时，它就结合成糖原贮存在肝中；当血液中葡萄糖含量较低时，糖原则分解为葡萄糖，以维持血液中血糖的正常含量。

二、纤维素

纤维素是自然界分布最广的多糖，它是植物的支撑组织和细胞壁的主要组成成分。在自然界中，棉花的纤维素含量高达 90%以上，木材中约含 50%，稻草、麦秆和玉米秆中含 30%～40%。

1. 纤维素的分子结构 纤维素分子是由成千上万个 β-D-葡萄糖以 β-1,4-苷键连接而成的线型分子。纤维素的分子结构如下所示：

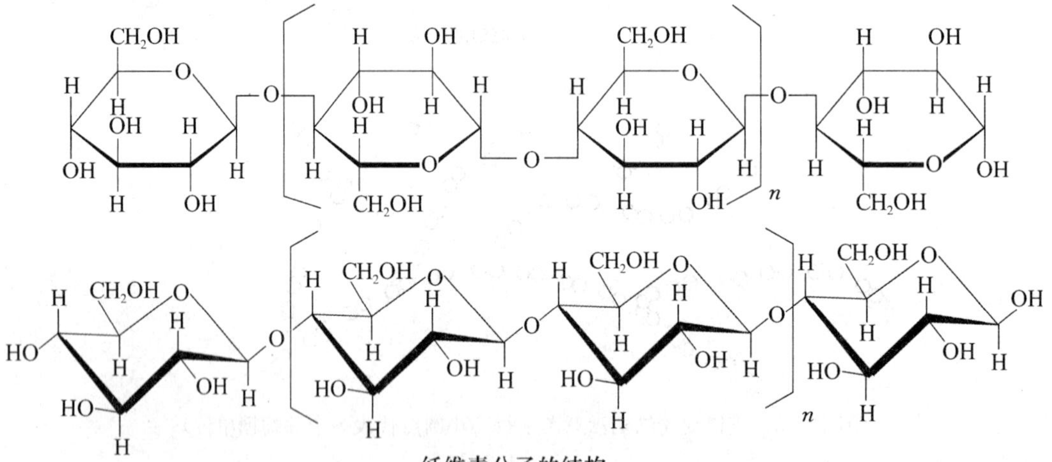

纤维素分子的结构

与直链淀粉不同，纤维素分子不卷曲成螺旋状，而是纤维素链间借助于分子间氢键形成纤维素胶束（图 13-4）。这些胶束再扭曲缠绕形成像绳索一样的结构，使纤维素具有良好的机械强度和化学稳定性。

2. 纤维素的理化性质 纤维素是白色纤维状固体，不具有还原性，不溶于水和有机溶剂，但能吸水膨胀。这是由于在水中，水分子能进入胶束内的纤维素分子之间，并通过氢键将纤维素分子接连而不分散，仅是膨胀（图 13-5）。

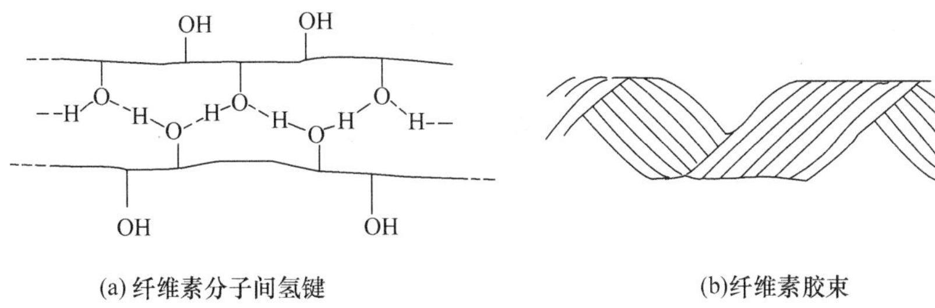

(a) 纤维素分子间氢键　　(b)纤维素胶束

图 13－4　纤维素链间分子间氢键及形成的纤维素胶束

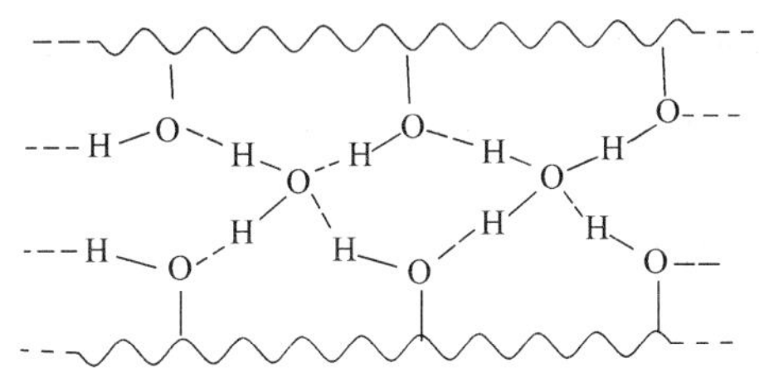

图 13－5　吸水纤维素的分子间氢键

淀粉酶或人体内的酶（如唾液酶）只能水解 α－1,4－苷键而不水解 β－1,4－苷键。纤维素与淀粉一样由葡萄糖构成，但不能被唾液酶水解而作为人的营养物质。草食动物（如牛、马、羊等）的消化道中存在着可以水解 β－1,4－苷键的酶或微生物，所以它们可以消化纤维素而取得营养。土壤中也存在能分解纤维素的微生物，能将一些枯枝败叶分解为腐殖质，从而增强土壤肥力。纤维素也能被酸水解，但水解比淀粉困难，一般要求在浓酸或稀酸加压下进行。水解过程中可得纤维二糖，最终水解产物是 D－葡萄糖。

纤维素能溶于氢氧化铜的氨溶液、氯化锌的盐酸溶液、氢氧化钠和二硫化碳等溶液中，形成黏稠状溶液。利用其溶解性，可以制造人造丝和人造棉等。此外，纤维素可用来制造各种纺织品、纸张、玻璃纸、无烟火药、火棉胶、赛璐珞等，也可作为人类食品的添加剂。

问题与思考 13－13　纤维素遇碘液能否显色？纤维素水解会得到哪种双糖？最终水解产物是什么？

拓展阅读

糖与血型物质

在 ABO 式血型系统中，人的血型分为 O、A、B、AB 型四种。血型实质上是由不同的红细胞表面抗原即红细胞质膜上的鞘糖脂决定的。血型免疫活性特异性的分子基础是由糖链的糖基组成的。1960 年，A. Watkins 研究证明了 ABO 抗原是糖类化合物，并测定了其结构。A、B、O 三种血型抗原的糖链结构基本相同，差别很小，只是糖链末端的糖基有所不同。A 型血的糖链末端为 *N*－乙酰半乳糖胺，B 型血为半乳糖，AB 型血两种糖基都有，O 型血则缺少这两种糖基。

2007 年 4 月，一个国际研究小组宣布可以将 A 型、B 型以及 AB 型血转化为 O 型。这就是通过利用特定的糖苷酶从红细胞中除去血型抗原实现的。

本 章 小 结

碳水化合物是一类多羟基醛或多羟基酮及其缩合物的总称，可分为单糖、低聚糖和多糖。碳水化合物的命名常用俗名。

在结构上，除丙酮糖外，单糖分子中含有手性碳原子，具有旋光性，也具有构型异构现象。构型的表示通常采用 D/L 标记法。由于单糖分子中可能含有多个手性碳原子，标记分子的构型时，是以距羰基最远的手性碳原子构型来决定整个分子的构型。自然界存在的单糖大多数是 D-型糖。单糖具有链式结构和氧环式结构，除三碳糖和四碳酮糖外，单糖都具有变旋现象。需要掌握重要单糖和双糖的哈武斯透视式与构象式的写法。

单糖除具有醇和醛、酮的特征性质外，还具有因分子中各基团的相互影响而产生的一些特殊性质。

D-葡萄糖分子中 C_2上的 α-H 同时受羰基和羟基的影响很活泼，用稀碱处理可以通过烯二醇转变到 D-甘露糖或 D-果糖。同样，用稀碱处理 D-甘露糖或 D-果糖，也可得到上述互变平衡混合物。D-葡萄糖和 D-甘露糖仅第二个碳原子的构型相反，其他碳原子的构型相同，叫作差向异构体。差向异构体间的互相转化称为差向异构化。

单糖可被多种氧化剂氧化，所用氧化剂的种类及介质的酸碱性不同，其氧化产物也不同。例如，醛糖能被溴水氧化生成糖酸，酮糖不被溴水氧化，故可由此区别醛糖与酮糖；醛糖在硝酸作用下生成糖二酸，酮糖与强氧化剂作用发生碳链断裂生成小分子的羧酸混合物；醛糖和酮糖能被托伦试剂、斐林试剂和本尼地试剂所氧化，分别产生银镜或氧化亚铜的砖红色沉淀；在生物体内的代谢过程中，有些醛糖在酶作用下发生羟甲基的氧化反应，生成糖醛酸。

与醛和酮的羰基相似，糖分子中的羰基也可被还原成羟基；单糖与过量苯肼反应能生成难溶于水的黄色结晶——糖脎；单糖的氧环式结构中含有半缩醛羟基，它能与醇或酚等含羟基的化合物脱水生成糖苷；单糖分子中的羟基，既能与酸反应生成酯，又能在碱性介质中与甲基化试剂作用生成醚。

在浓酸作用下，单糖发生分子内脱水形成糠醛或糠醛的衍生物。糠醛及其衍生物可与酚类、蒽酮、芳胺等缩合生成不同的有色物质，常用作糖类化合物的鉴别。

双糖是由两分子单糖失水，通过糖苷键连接而成。双糖分子中存在半缩醛羟基者为还原性双糖，如麦芽糖、纤维二糖、乳糖等，其性质与单糖相同。双糖分子中不存在半缩醛羟基，则为非还原性双糖，如蔗糖、海藻糖等，其性质与糖苷相同，即无变旋现象，无还原性，不能形成糖脎。在酸或酶的作用下，双糖都能水解为两分子单糖。

多糖是由许多单糖单元以糖苷键相连而成的高聚物，最重要的是淀粉和纤维素。直链淀粉由 α-D-葡萄糖以 α-1,4-糖苷键相连而成。支链淀粉中，约隔 20 个由 α-1,4-糖苷键相连接的葡萄糖单位，就有一个由 α-1,6-糖苷键接出的支链。纤维素由 β-D-葡萄糖以 β-1,4-糖苷键相连而成。

多糖无还原性，不能成脎，也无变旋现象。多糖能在酸或酶作用下水解，如淀粉和纤维素的最终水解产物是D-葡萄糖。此外，直链淀粉遇碘呈现蓝色，支链淀粉遇碘产生紫红色。

习　　题

1. 填空

(1) 对于单糖构型的书面表示通常有__________种，它们分别是__________、__________和__________，并以__________更为接近单糖的真实结构。

(2) D-葡萄糖在水溶液中主要是以__________和__________的平衡混合物存在，且以__________为最稳定，因为其中的羟基都处在椅式构象的__________。

(3) 单糖的差向异构化是在__________作用下通过__________中间结构得以实现的。

(4) 还原性双糖在结构上的共同点是__________。

(5) 直链淀粉是由许多个__________通过__________相连而成的缩聚物；纤维素则是由许多个________通过__________相连而成的缩聚物。

2. 画出下列化合物的哈武斯式：

(1) α-D-核糖　　(2) β-D-呋喃果糖　　(3) 甲基-β-D-吡喃半乳糖苷

(4) β-D-2-脱氧核糖

3. 指明下列各哈武斯式所能代表的化合物是α-型，还是β-型。

(1)

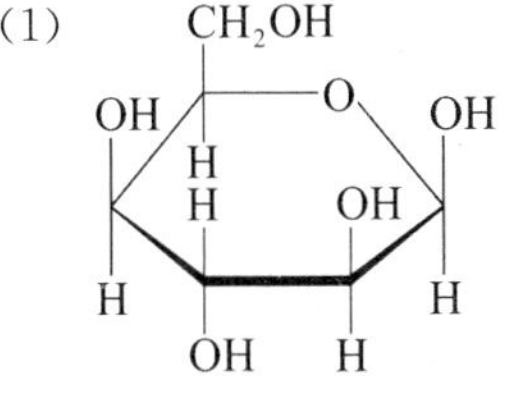

(2)

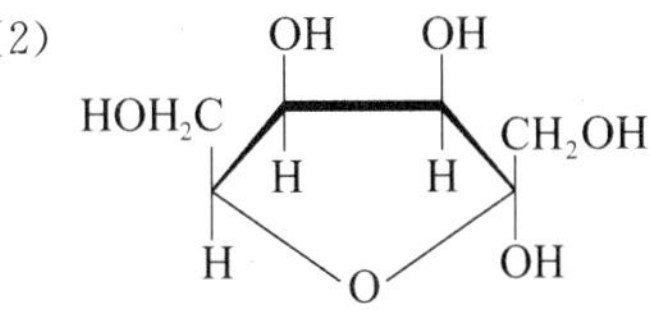

(3)

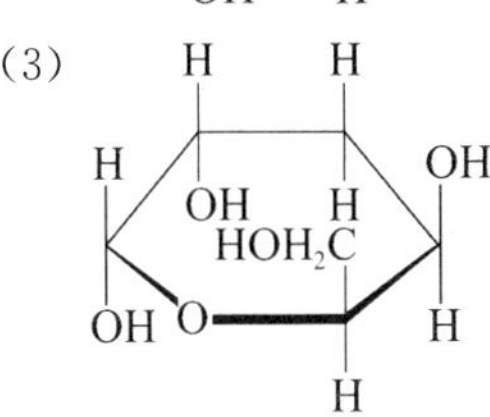

(4)

4. 画出下列化合物的构象式。

(1) β-D-吡喃葡萄糖的优势构象　　(2) β-甲基-D-甘露糖苷的优势构象

5. 下列单糖中哪些能被 HNO_3 氧化生成内消旋糖二酸？

(1)

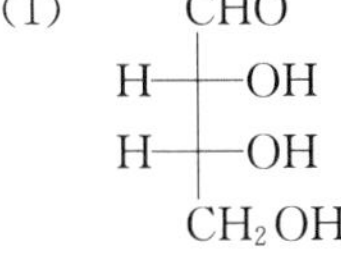

(2)

CHO
H—OH
OH—H
CH_2OH

(3)

CHO
H—OH
H—OH
H—OH
CH_2OH

(4)

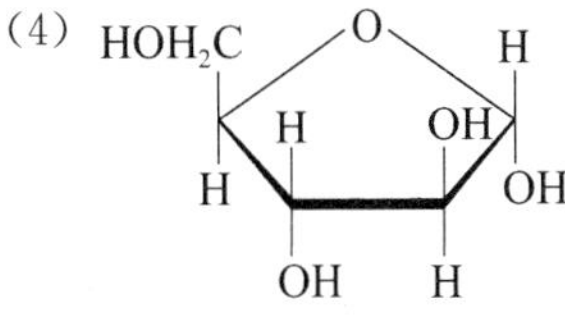

6. 下列化合物各属哪类化合物？请说明：

(1) 能否还原斐林试剂；

(2) 有无变旋现象；

(3) 有无水解作用；

（4）水解产物有无还原性、变旋现象或酸性？

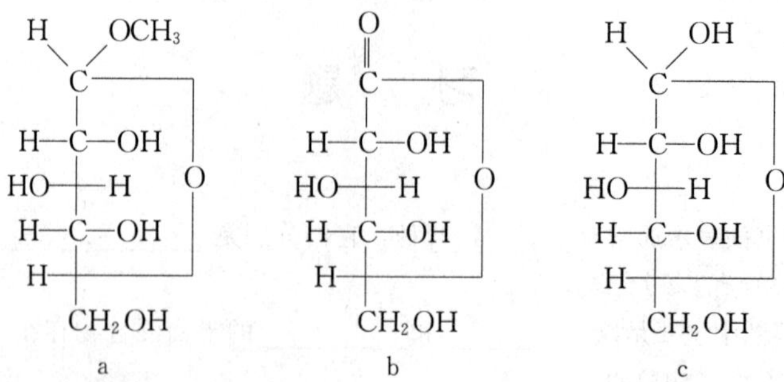

a　　b　　c

7. 下列哪组物质能形成相同的糖脎？

（1）葡萄糖、甘露糖、半乳糖　（2）果糖、核糖、甘露糖　（3）葡萄糖、果糖、甘露糖

8. 写出下列反应的主要产物：

（1）

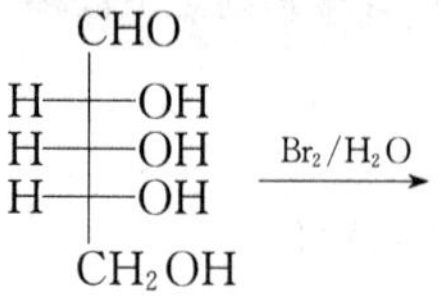

CHO
H—OH
H—OH
H—OH
CH_2OH
$\xrightarrow{Br_2/H_2O}$

（2）

CH_2OH
C═O
H—OH
CH_2OH
$\xrightarrow{H_2NOH}$

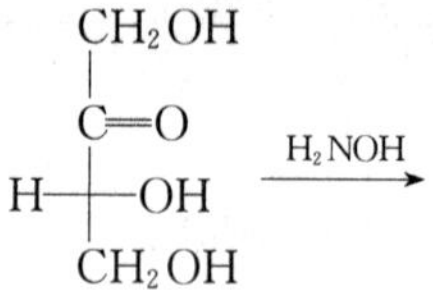

（3）

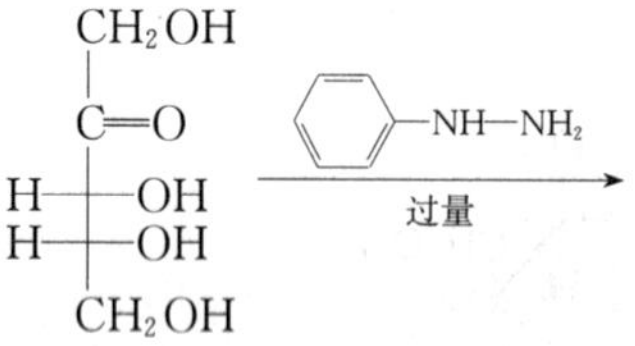

CH_2OH
C═O
H—OH
H—OH
CH_2OH
$\xrightarrow[\text{过量}]{C_6H_5—NH—NH_2}$

（4）

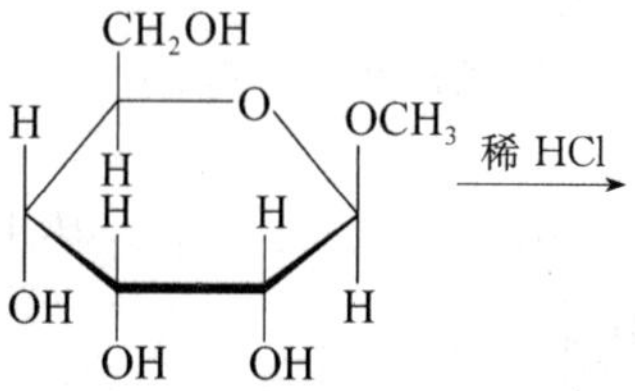

CH_2OH，O，OCH_3，H，H，H，H，OH，H，OH，OH
$\xrightarrow{\text{稀 HCl}}$

（5）

CH_2OH，OH，O，OCH_3，H，H，H，H，H，OH，H
$\xrightarrow[ZnCl_2]{(CH_3CO)_2O}$

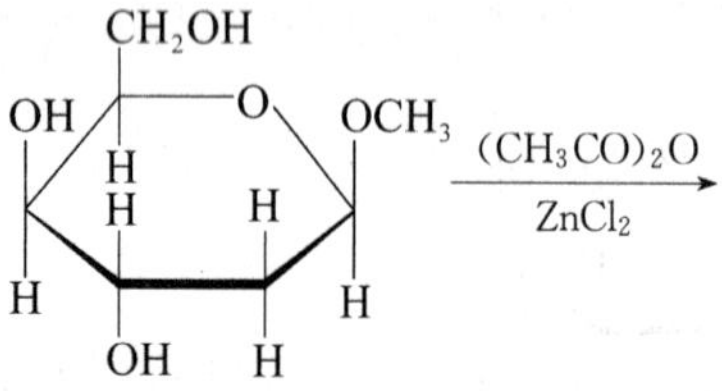

9. 支链淀粉的部分水解产物中含有一种异麦芽糖的双糖，其结构如下：

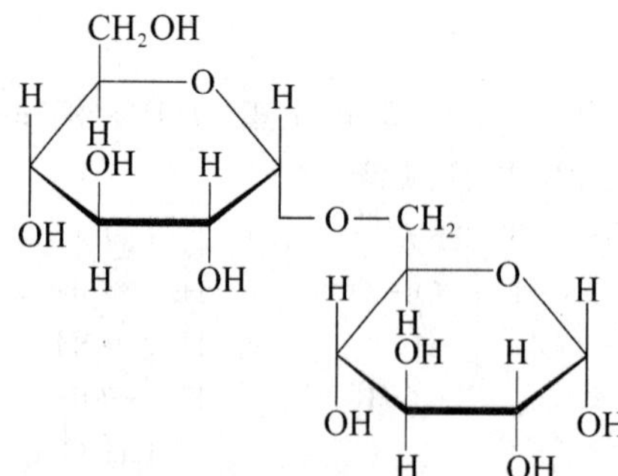

（1）异麦芽糖与麦芽糖在结构上有何异同？

（2）异麦芽糖是否具有变旋现象？

（3）异麦芽糖可能具有哪些化学性质？

10. 用化学方法区别下列各组化合物：

(1) 葡萄糖、果糖、蔗糖、淀粉

(2) 麦芽糖、淀粉、纤维素

11. 有两个具有旋光性的D-丁醛糖A和B，与苯肼作用生成相同的糖脎。用稀硝酸氧化，A的氧化产物有旋光活性，B生成内消旋酒石酸。试推测A和B的结构。

12. 某D-型己糖A能使溴水褪色，经稀硝酸氧化得一旋光二酸B，与A具有相同糖脎的另一己糖C也能使溴水褪色，经稀硝酸氧化则得到不旋光的二酸D。将A降解为戊醛糖E后再经硝酸氧化，得到无旋光的二酸F。试推测A、B、C、D、E和F的结构。

自测题

自测题答案

第十四章　氨基酸、蛋白质和核酸

蛋白质和核酸都是生命现象的物质基础，是参与生物体内各种生物变化最重要的组分。蛋白质存在于一切细胞中，是构成人体和动植物的基本材料，肌肉、毛发、皮肤、指甲、血清、血红蛋白、神经、激素、酶等都是由不同蛋白质组成的。蛋白质在有机体中承担着多种生理功能，它们可供给肌体营养、输送氧气、防御疾病、控制代谢过程、传递遗传信息、负责机械运动等。而核酸分子所携带的遗传信息，在生物的个体发育、生长、繁殖和遗传变异等生命过程中起着极为重要的作用。

人们通过长期的实验发现：蛋白质被酸、碱或蛋白酶催化水解，最终均产生 α-氨基酸。因此，我们要了解蛋白质的组成、结构和性质，就必须首先讨论 α-氨基酸。

第一节　氨 基 酸

氨基酸是羧酸分子中烃基上的氢原子被氨基（$—NH_2$）取代后的衍生物。目前发现的天然氨基酸约有 500 种，构成蛋白质的氨基酸有 30 余种，其中常见的有 20 余种，人们把这些氨基酸称为蛋白氨基酸。其他不参与蛋白质组成的氨基酸称为非蛋白氨基酸。

一、α-氨基酸的构型、分类和命名

构成蛋白质的 20 余种常见氨基酸中除脯氨酸外，都是 α-氨基酸，其结构可用通式表示：

$$\underset{\displaystyle NH_2}{\overset{}{RCHCOOH}}$$

这些 α-氨基酸中除甘氨酸外，都含有手性碳原子，有旋光性。氨基酸的构型通常采用 D/L 标记法，一般都是 L-型的（某些细菌代谢中产生极少量 D-氨基酸）。

$$\begin{array}{c} COOH \\ H_2N\!-\!\!\!+\!\!\!-\!H \\ R \end{array}$$

L-氨基酸

氨基酸的构型也可用 R/S 标记法表示。

根据 α-氨基酸通式中 R— 基团的碳架结构不同，α-氨基酸可分为脂肪族氨基酸、芳香族氨基酸和杂环族氨基酸；根据 R— 基团的极性不同，α-氨基酸又可分为非极性氨基酸和极性氨基酸；根据 α-氨基酸分子中氨基（$—NH_2$）和羧基（—COOH）的数目不同，α-氨基酸还可分为中性氨基酸（羧基和氨基数目相等）、酸性氨基酸（羧基数目大于氨基数目）、碱性氨基酸（氨基数目多于羧基数目）。

氨基酸命名通常根据其来源或性质等采用俗名，例如氨基乙酸因具有甜味称为甘氨酸，丝氨酸最早来源于蚕丝而得名。在使用中为了方便起见，常用英文名称缩写符号（通常为前三个字母）或用中文代号表示。例如甘氨酸可用 Gly 或 G 或“甘”字来表示其名称。氨基酸的系统命名法与其他取代羧酸的命名相同，即以羧酸为母体命名。

组成蛋白质的氨基酸中，有 8 种氨基酸是动物自身不能合成的，必须从食物中获取，缺乏时会引起疾病，它们被称为必需氨基酸。常见氨基酸的分类、名称、缩写及结构式见表 14－1。

表 14－1　蛋白质中常见氨基酸

分　类	俗　名	缩写符号	中文代号	系统命名	结　构　式
中性氨基酸	甘氨酸	Gly	甘	氨基乙酸	$H-CH(NH_2)-COOH$
	丙氨酸	Ala	丙	2－氨基丙酸	$CH_3-CH(NH_2)-COOH$
	丝氨酸	Ser	丝	2－氨基－3－羟基丙酸	$HO-CH_2-CH(NH_2)-COOH$
	半胱氨酸	Cys	半	2－氨基－3－巯基丙酸	$HS-CH_2-CH(NH_2)-COOH$
	缬氨酸*	Val	缬	3－甲基－2－氨基丁酸	$(CH_3)_2CH-CH(NH_2)-COOH$
	苏氨酸*	Thr	苏	2－氨基－3－羟基丁酸	$HO-CH(CH_3)-CH(NH_2)-COOH$
	蛋氨酸*（甲硫氨酸）	Met	蛋	2－氨基－4－甲硫基丁酸	$CH_3-S-CH_2-CH_2-CH(NH_2)-COOH$
	亮氨酸*	Leu	亮	4－甲基－2－氨基戊酸	$(CH_3)_2CH-CH_2-CH(NH_2)-COOH$
	异亮氨酸*	Ile	异亮	3－甲基－2－氨基戊酸	$CH_3-CH_2-CH(CH_3)-CH(NH_2)-COOH$
	胱氨酸	Cys-Cys	胱	双－3－硫代－2－氨基丙酸	$S-CH_2CH(NH_2)COOH$ $S-CH_2CH(NH_2)COOH$（两 S 相连）
	苯丙氨酸*	Phe	苯丙	3－苯基－2－氨基丙酸	$C_6H_5-CH_2CH(NH_2)COOH$
	酪氨酸	Tyr	酪	2－氨基－3－(对羟苯基)丙酸	$HO-C_6H_4-CH_2CH(NH_2)COOH$
	脯氨酸	Pro	脯	吡咯啶－2－甲酸	吡咯啶环（N—H）2 位连 $-COOH$

（续）

分 类	俗 名	缩写符号	中文代号	系统命名	结 构 式
中性氨基酸	羟脯氨酸	Hyp	羟脯	4-羟基吡咯啶-2-甲酸	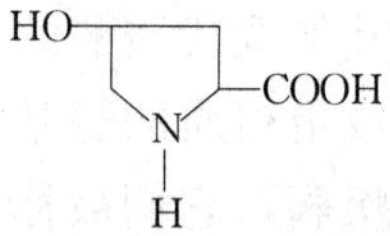 HO—(吡咯啶环，N—H)—COOH
	色氨酸*	Try	色	2-氨基-3-(β-吲哚)丙酸	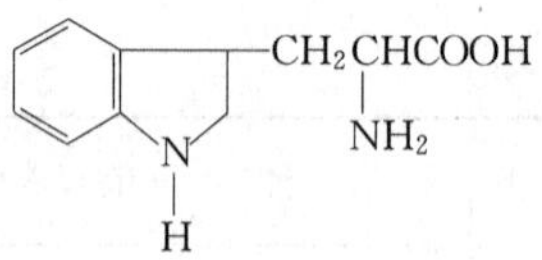 (吲哚环，N—H)—$CH_2CH(NH_2)COOH$
	天冬酰胺	Asn	天酰	2-氨基-3-(氨基甲酰基)丙酸	$H_2N-C(=O)-CH_2-CH(NH_2)-COOH$
	谷氨酰胺	Gln	谷酰	2-氨基-4-(氨基甲酰基)丁酸	$H_2N-C(=O)-CH_2-CH_2-CH(NH_2)-COOH$
酸性氨基酸	天冬氨酸	Asp	天冬	2-氨基丁二酸	$HOOC-CH_2-CH(NH_2)-COOH$
	谷氨酸	Glu	谷	2-氨基戊二酸	$HOOC-CH_2-CH_2-CH(NH_2)-COOH$
碱性氨基酸	精氨酸	Arg	精	2-氨基-5-胍基戊酸	$H_2N-C(=NH)-NH-(CH_2)_3CH(NH_2)-COOH$
	赖氨酸*	Lys	赖	2,6-二氨基己酸	$H_2N-CH_2-(CH_2)_3-CH(NH_2)-COOH$
	组氨酸	His	组	2-氨基-3-(5′-咪唑) 丙酸	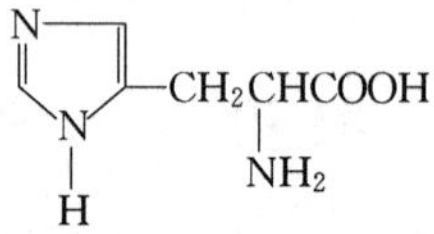 (咪唑环，N—H)—$CH_2CH(NH_2)COOH$

表中标有“*”者为必需氨基酸。

问题与思考 14-1 写出 L-半胱氨酸、L-苯丙氨酸、L-色氨酸的 Fischer 投影式，并用 R/S 标记它们的构型。

二、α-氨基酸的物理性质

α-氨基酸一般为无色晶体，熔点比相应的羧酸或胺类高，一般为 200～300 ℃（许多氨基酸在接近熔点时分解）。除甘氨酸外，其他的α-氨基酸都有旋光性。绝大多数氨基酸易溶于水，而不溶于有机溶剂。常见氨基酸的物理常数见表 14-2。

表 14－2　常见氨基酸的物理常数及等电点

氨基酸	熔（分解）点/℃	溶解度（100 g 水）/g	比旋光度 $[\alpha]_D^{25}$	等电点
甘氨酸	262	易溶		5.97
丙氨酸	297	溶	+1.8	6.02
缬氨酸	298	溶	+5.6	5.97
亮氨酸	293～295	微溶	−10.8	5.98
异亮氨酸	280～281	溶	+11.3	6.02
丝氨酸	228	易溶	−6.8	5.68
苏氨酸	229～230	溶	−28.3	6.53
天冬氨酸	269～271	微溶	+5.0	2.97
天冬酰胺	234.5	溶	−5.4	5.41
谷氨酸	213	微溶	+12.0	3.22
谷氨酰胺	185～186	溶	+6.1	5.65
精氨酸	244	溶	+12.5	10.76
赖氨酸	224～225	易溶	+14.6	9.74
组氨酸	287	溶	−39.7	7.59
半胱氨酸	240	易溶	−16.5	5.02
甲硫氨酸	283	溶	−8.2	5.75
苯丙氨酸	283～284	溶	−35.1	5.48
酪氨酸	342～344	难溶	−10.6	5.66
色氨酸	290～292	微溶	−31.5	5.89
脯氨酸	222	易溶	−85.0	6.30
羟脯氨酸	274	易溶	−75.2	5.83

三、α-氨基酸的化学性质

氨基酸分子中既含有氨基又含有羧基，因此它具有羧酸和胺类化合物的性质；同时，由于氨基与羧基间的相互影响及分子中R—基团的某些特殊结构，又显示出一些特殊的性质。

1. 氨基酸的两性性质和等电点　氨基酸分子中同时含有羧基（—COOH）和氨基（$—NH_2$），因此具有酸、碱两重性，不仅能与强碱或强酸反应生成盐，而且还可在分子内形成内盐。

$$\underset{\displaystyle NH_2}{\underset{|}{\mathrm{RCH}}}\overset{\displaystyle O}{\overset{\|}{\mathrm{C}}}\mathrm{OH} \rightleftharpoons \underset{\displaystyle {}^{+}NH_3}{\underset{|}{\mathrm{RCH}}}\overset{\displaystyle O}{\overset{\|}{\mathrm{C}}}\mathrm{O^-}$$

内盐(偶极离子)

氨基酸内盐分子是既带有正电荷又带有负电荷的离子，称为两性离子或偶极离子。固体氨基酸主要以偶极离子形式存在，静电引力大，具有很高的熔点，可溶于水而难溶于有机溶剂。

氨基酸分子是偶极离子，在酸性溶液中它的羧基负离子可接受质子，发生碱式电离带正电荷；而在碱性溶液中铵根正离子给出质子，发生酸式电离带负电荷。偶极离子加酸和加碱时引起的变化，可用下式表示：

$$\underset{\substack{正离子\\ pH<pI}}{\underset{\overset{|}{^{+}NH_3}}{RCH\overset{\overset{O}{\|}}{C}OH}} \underset{H^+}{\overset{OH^-}{\rightleftharpoons}} \underset{\substack{偶极离子\\ pI}}{\underset{\overset{|}{^{+}NH_3}}{RCH\overset{\overset{O}{\|}}{C}O^-}} \underset{H^+}{\overset{OH^-}{\rightleftharpoons}} \underset{\substack{负离子\\ pH>pI}}{\underset{\overset{|}{NH_2}}{RCH\overset{\overset{O}{\|}}{C}O^-}}$$

因此，在不同的 pH 中，氨基酸能以正离子、负离子及偶极离子三种不同形式存在。如果把氨基酸溶液置于电场中，它的正离子会向负极移动，负离子则会向正极移动。带电离子在电场中的运动称为电泳。当调节溶液的 pH，使氨基酸以偶极离子形式存在时，它在电场中既不向负极移动，也不向正极移动，此时溶液的 pH 称为该氨基酸的等电点，通常用符号 pI 表示。当调节溶液的 pH 大于某氨基酸的等电点时，该氨基酸主要以负离子形式存在，在电场中移向正极；当调节溶液的 pH 小于某氨基酸的等电点时，该氨基酸主要以正离子形式存在，在电场中移向负极。

应当指出，等电点并不是中性点，在等电点时，氨基酸的 pH 并不等于 7。对于中性氨基酸，由于羧基电离度略大于氨基，因此需要加入适当的酸抑制羧基的电离，促使氨基电离，使氨基酸主要以偶极离子的形式存在。所以中性氨基酸的等电点都小于 7，一般在 5～6.3。酸性氨基酸的羧基多于氨基，必须加入较多的酸才能达到其等电点，因此酸性氨基酸的等电点一般在2.8～3.2。要使碱性氨基酸达到其等电点，必须加入适量碱，因此碱性氨基酸的等电点都大于 7，一般在 7.6～10.8。见表 14 - 2。

问题与思考 14 - 2　想一想，酸性氨基酸的水溶液 $pH<7$，那么中性氨基酸的水溶液 $pH=7$ 吗？为什么？

问题与思考 14 - 3　丙氨酸在 pH＝2，6，9 的水溶液中主要以何种形式存在？在电场中向哪一极移动？

氨基酸在等电点时溶解度最小，最容易沉淀，因此可以通过调节溶液 pH 达到等电点来分离氨基酸混合物；也可以利用在同一 pH 的溶液中，各种氨基酸所带净电荷不同，它们在电场中移动的状况不同和对离子交换剂的吸附作用不同的特点，通过电泳法或离子交换层析法从混合物中分离各种氨基酸。

2. 氨基酸中氨基的反应

（1）与亚硝酸反应　大多数氨基酸中含有伯氨基，可以定量与亚硝酸反应，生成 α-羟基酸，并放出氮气。

$$R-\underset{\underset{NH_2}{|}}{CH}-COOH+HNO_2 \longrightarrow R-\underset{\underset{OH}{|}}{CH}-COOH+H_2O+N_2\uparrow$$

该反应定量进行，从释放出的氮气的体积可计算分子中伯氨基的含量。这个方法称为范斯莱克（Van Slyke）氨基测定法，可用于氨基酸的定量和蛋白质水解程度的测定。

（2）与甲醛反应　氨基酸分子中的氨基能作为亲核试剂进攻甲醛的羰基，生成 N,N-二羟甲基氨基酸。

$$R-\underset{\substack{|\\NH_2}}{CH}-COOH + 2HCHO \longrightarrow R-\underset{\substack{|\\HOH_2C-N-CH_2OH}}{CH}-COOH$$

在 N,N-二羟甲基氨基酸中，由于羟基的吸电子诱导效应，降低了氨基氮原子的电子云密度，削弱了氮原子结合质子的能力，使氨基的碱性削弱或消失，这样就可以用标准碱液来滴定氨基酸，用于氨基酸含量的测定。这种方法称为氨基酸的甲醛滴定法。

在生物体内，氨基酸分子中的氨基在某些酶的催化下，可与醛酮反应生成弱碱性的希夫碱，它是植物体内合成生物碱及生物体内酶促转氨基反应的中间产物。

$$R'CHO + H_2N-\underset{\substack{|\\R}}{CH}-COOH \longrightarrow \underset{\text{希夫碱}}{R'CH=N-\underset{\substack{|\\R}}{CH}-COOH}$$

（3）与2,4-二硝基氟苯反应　氨基酸能与2,4-二硝基氟苯（DNFB）反应生成 N-(2,4-二硝基苯基)氨基酸，简称 N-DNP-氨基酸。这个化合物显黄色，可用于氨基酸的比色测定。英国科学家桑格尔（Sanger）首先用这个反应来标记多肽或蛋白质的N端氨基酸，再将肽链水解，经层析检测，就可识别多肽或蛋白质的N端氨基酸。

$$O_2N-C_6H_3(NO_2)-F + H_2N-\underset{\substack{|\\R}}{CH}COOH \xrightarrow{\text{弱碱}} \underset{N\text{-DNP-氨基酸(黄色)}}{O_2N-C_6H_3(NO_2)-NH-\underset{\substack{|\\R}}{CH}COOH} + HF$$

（4）氧化脱氨反应　氨基酸分子的氨基可以被双氧水或高锰酸钾等氧化剂氧化，先生成α-亚氨基酸，然后进一步水解，脱去氨基生成α-酮酸。

$$R-\underset{\substack{|\\NH_2}}{CH}-COOH \xrightarrow{[O]} \underset{\alpha\text{-亚氨基酸}}{R-\underset{\substack{\|\\NH}}{C}-COOH} \xrightarrow{H_2O} \underset{\alpha\text{-羟基-}\alpha\text{-氨基酸}}{R-\overset{\substack{OH\\|}}{\underset{\substack{|\\NH_2}}{C}}-COOH} \xrightarrow{-NH_3} R-\overset{\substack{O\\\|}}{C}-COOH$$

生物体内在酶催化下，氨基酸也可发生氧化脱氨反应，这是生物体内蛋白质分解代谢的重要反应之一。

3. 氨基酸中羧基的反应

（1）与醇反应　氨基酸在无水乙醇中通入干燥氯化氢，加热回流时生成氨基酸酯。

$$R-\underset{\substack{|\\NH_2}}{CH}\overset{\substack{O\\\|}}{C}-OH + CH_3CH_2OH \xrightarrow{\text{干 HCl}} R-\underset{\substack{|\\NH_2}}{CH}\overset{\substack{O\\\|}}{C}-OCH_2CH_3 + H_2O$$

α-氨基酸酯在醇溶液中又可与氨反应，生成氨基酸酰胺。

$$R-\underset{\substack{|\\NH_2}}{CH}\overset{\substack{O\\\|}}{C}-OCH_2CH_3 + NH_3 \longrightarrow R-\underset{\substack{|\\NH_2}}{CH}\overset{\substack{O\\\|}}{C}-NH_2 + CH_3CH_2OH$$

这是生物体内以谷氨酰胺和天冬酰胺形式贮存氮素的一种主要方式。

(2) 脱羧反应　将氨基酸缓缓加热或在高沸点溶剂中回流，氨基酸可以发生脱羧反应生成胺。生物体内的脱羧酶也能催化氨基酸的脱羧反应，这是蛋白质腐败发臭的主要原因。例如赖氨酸脱羧生成1,5-戊二胺（尸胺）。

$$H_2N-CH_2(CH_2)_3-\underset{\displaystyle NH_2}{\underset{|}{CH}}-COOH \xrightarrow{\triangle} H_2N-(CH_2)_5-NH_2$$

戊二胺(尸胺)

4. 氨基酸中氨基和羧基共同参与的反应

(1) 与水合茚三酮的反应　α-氨基酸与水合茚三酮的弱酸性溶液共热，一般认为先发生氧化脱氨、脱羧，生成氨和还原型茚三酮，产物再与水合茚三酮进一步反应，生成蓝紫色物质。这个反应非常灵敏，可用于氨基酸的定性及定量测定。

$$+\ H_2N-\underset{\displaystyle R}{\underset{|}{CH}}-COOH \longrightarrow \quad + R-CHO + CO_2 + NH_3$$

还原型茚三酮

$$+ NH_3 + \quad \longrightarrow \quad + 3H_2O$$

蓝紫色

凡是有游离氨基的氨基酸都可和水合茚三酮试剂发生显色反应，多肽和蛋白质也有此反应，脯氨酸和羟脯氨酸与水合茚三酮反应时，生成黄色化合物。

(2) 与金属离子形成配合物　某些氨基酸与某些金属离子能形成结晶型化合物，可以用来分离和鉴别某些氨基酸。例如二分子氨基酸与铜离子能形成深紫色配合物结晶：

$$2R-\underset{\displaystyle NH_2}{\underset{|}{CH}}-COOH + Cu^{2+} \longrightarrow \quad + 2H^+$$

(3) 脱羧失氨作用　氨基酸在酶的作用下，同时脱去羧基和氨基得到醇。

$$(CH_3)_2CH-CH_2-\underset{\displaystyle NH_2}{\underset{|}{CH}}-COOH + H_2O \xrightarrow{酶} (CH_3)_2CH-CH_2-CH_2OH + CO_2 + NH_3$$

工业上发酵制取乙醇时，杂醇就是这样产生的。

问题与思考 14-4　写出丙氨酸与亚硝酸、甲醛、甲醇的反应式。

问题与思考 14-5　用化学方法鉴别下列化合物：α-丙氨酸、丙胺

5. 氨基酸的受热分解反应　α-氨基酸受热时发生分子间脱水生成交酰胺；γ-或δ-氨基酸受热时发生分子内脱水生成内酰胺；β-氨基酸受热时不发生脱水反应，而是失氨生成不饱和酸。

$$R\underset{NH_2}{CH}COOH + HOOC\overset{NH_2}{CH}R \xrightarrow{\triangle} \text{(cyclo-[NH–CHR–CO–NH–CHR–CO])} + 2H_2O$$

α-氨基酸　　　交酰胺

$$R\underset{NH_2}{CH}CH_2COOH \xrightarrow{\triangle} RCH{=}CHCOOH + NH_3\uparrow$$

β-氨基酸　　　α,β-不饱和酸

$$R\underset{NH_2}{CH}CH_2CH_2COOH \xrightarrow{\triangle} \text{(RCH–CH}_2\text{–CH}_2\text{–C(=O)–NH, ring)} + H_2O$$

γ-氨基酸　　　内酰胺

第二节　蛋 白 质

蛋白质是由多种α-氨基酸组成的一类天然高分子化合物，分子质量一般可由数万到几百万，有的分子质量甚至可达几千万，但元素组成却比较简单，主要含有碳、氢、氮、氧、硫，有些蛋白质还有磷、铁、镁、碘、铜、锌等。一般蛋白质的元素组成见表14-3。

表14-3　蛋白质中各种元素的平均含量

元　素	C	H	O	N	S	P	Fe
平均含量（按干物质计）/%	50～55	6.0～7.0	19～24	15～17	0.0～0.4	0.0～0.8	0.0～0.4

各种蛋白质的含氮量很接近，平均为16%，即每克氮相当于6.25 g蛋白质，生物体中的氮元素，绝大部分都是以蛋白质形式存在，因此，常用定氮法先测出农副产品样品的含氮量，然后计算成蛋白质的近似含量，称为粗蛋白含量。

$$W_{粗蛋白} = W_{氮} \times 6.25$$

一、蛋白质的分类

蛋白质种类繁多，结构复杂，目前只能根据蛋白质的形状、溶解性及化学组成粗略分类。蛋白质根据其形状可分为球状蛋白质（如卵清蛋白）和纤维蛋白质（如角蛋白）；根据化学组成又可分简单蛋白质和结合蛋白质。

1. 简单蛋白质 仅由氨基酸组成的蛋白质称为简单蛋白质。简单蛋白质根据溶解性差异可分为七类（表 14－4）。

表 14－4 简单蛋白质的分类

分 类	溶 解 性	举 例	存 在
清蛋白	溶于水和稀中性盐液，不溶于饱和硫酸铵溶液	血清蛋白、乳清蛋白、卵清蛋白、豆清蛋白、麦清蛋白	动植物体中
球蛋白	不溶于水但溶于稀中性盐溶液，不溶于 1/2 饱和度硫酸铵溶液	血清球蛋白、植物种子球蛋白	动植物体中
组蛋白	溶于水及稀酸，不溶于稀氨水	小牛胸腺组蛋白	动物体中
精蛋白	溶于水及稀酸，不溶于稀氨水	鱼精蛋白	动物体中
谷蛋白	不溶于水、中性盐及乙醇溶液，溶于稀酸及稀碱	米谷蛋白、麦谷蛋白	谷物种子
醇溶谷蛋白	不溶于水及无水乙醇，但溶于 70%～80%乙醇	玉米醇溶蛋白、麦溶蛋白	谷物种子
硬蛋白	不溶于水、盐、稀酸、稀碱	角蛋白、弹性蛋白、胶原蛋白	动物毛发、角、爪等组织

2. 结合蛋白质 由简单蛋白质与非蛋白质成分（称为辅基）结合而成的复杂蛋白质，称为结合蛋白质。结合蛋白质又可根据辅基不同进行分类（表 14－5）。

表 14－5 结合蛋白质的分类

分 类	辅 基	举 例	存 在
核蛋白	核酸	脱氧核糖核酸蛋白、核糖体、烟草花叶病毒	构成细胞质、细胞核
糖蛋白	糖类	卵清蛋白、γ－球蛋白、血清黏蛋白	动物细胞
脂蛋白	脂肪及类脂	低密度脂蛋白、高密度脂蛋白	动植物细胞
磷蛋白	磷酸	酪蛋白、卵黄蛋白、胃蛋白酶	动植物细胞及体液
色蛋白	色素	血红蛋白、肌红蛋白、叶绿素蛋白	动植物细胞及体液
金属蛋白	金属离子	固氮酶、铁氧还蛋白、SOD	动植物细胞

二、蛋白质的结构

蛋白质分子是由 α-氨基酸经首尾相连形成的多肽链，肽链在三维空间具有特定的复杂而精细的结构。这种结构不仅决定蛋白质的理化性质，而且是生物学功能的基础。蛋白质的结构通常分为一级结构、二级结构、三级结构和四级结构四种层次，蛋白质的二级、三级、四级结构又统称为蛋白质的空间结构或高级结构。

1. 蛋白质的一级结构——多肽链　天然蛋白质是由 α-氨基酸组成的。α-氨基酸分子间通过氨基和羧基的脱水，可以组成以酰胺键 $[-\overset{\overset{\displaystyle O}{\|}}{C}-NH-]$ 相互连接起来的化合物，称为肽（peptide）。在蛋白质化学中，酰胺键也叫肽键。由两个 α-氨基酸缩合形成的肽称为二肽，由三个 α-氨基酸缩合形成的肽称为三肽，由多个 α-氨基酸缩合形成的肽称为多肽。

由两个不相同的 α-氨基酸分子间脱水形成的二肽，可能有两种不同的结构。例如：

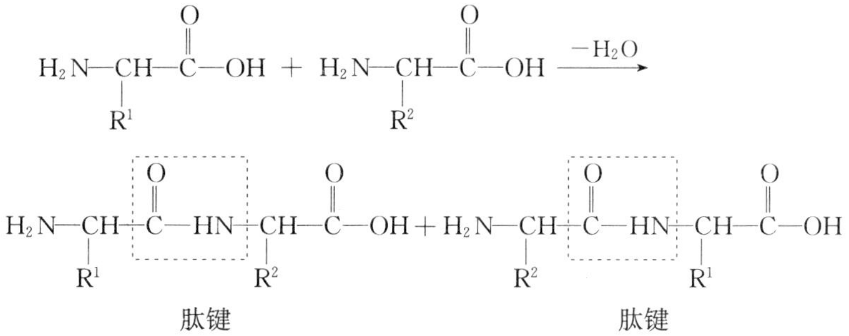

$$H_2N-\underset{\underset{\displaystyle R^1}{|}}{CH}-\overset{\overset{\displaystyle O}{\|}}{C}-OH + H_2N-\underset{\underset{\displaystyle R^2}{|}}{CH}-\overset{\overset{\displaystyle O}{\|}}{C}-OH \xrightarrow{-H_2O}$$

$$H_2N-\underset{\underset{\displaystyle R^1}{|}}{CH}-\boxed{\overset{\overset{\displaystyle O}{\|}}{C}-HN}-\underset{\underset{\displaystyle R^2}{|}}{CH}-\overset{\overset{\displaystyle O}{\|}}{C}-OH + H_2N-\underset{\underset{\displaystyle R^2}{|}}{CH}-\boxed{\overset{\overset{\displaystyle O}{\|}}{C}-HN}-\underset{\underset{\displaystyle R^1}{|}}{CH}-\overset{\overset{\displaystyle O}{\|}}{C}-OH$$

肽键　　　　　　肽键

随着组成肽的不同，α-氨基酸分子数目的增加，在理论上，肽的不同结构数目明显增加。

在肽的分子中，肽链两端仍含有游离的氨基或羧基。肽链一端含有游离的氨基称为 N 端；另一端含有游离羧基称为 C 端。一般把 N 端写在左边，C 端写在右边。例如：

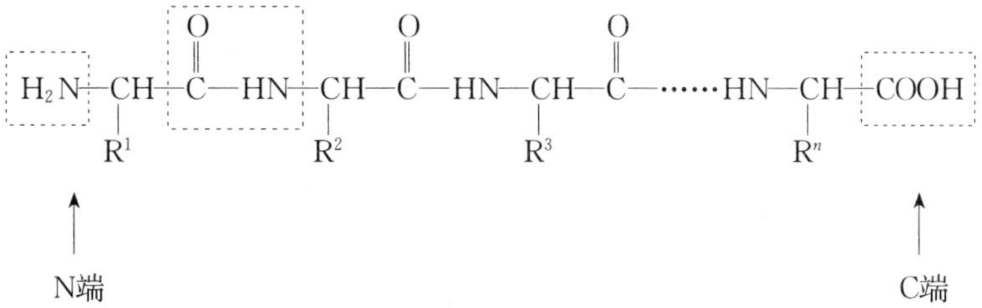

$$\boxed{H_2N}-\underset{\underset{\displaystyle R^1}{|}}{CH}-\boxed{\overset{\overset{\displaystyle O}{\|}}{C}-HN}-\underset{\underset{\displaystyle R^2}{|}}{CH}-\overset{\overset{\displaystyle O}{\|}}{C}-HN-\underset{\underset{\displaystyle R^3}{|}}{CH}-\overset{\overset{\displaystyle O}{\|}}{C}\cdots\cdots HN-\underset{\underset{\displaystyle R^n}{|}}{CH}-\boxed{COOH}$$

N端　　　　　　C端

肽的命名是以 C 端氨基酸作为母体称为某氨酸，肽链中其他氨基酸名称中的“酸”字改为“酰”字，称为“某氨酰”，并从 N 端开始依次写在母体名称之前，两者之间通常用“-”连接，例如：

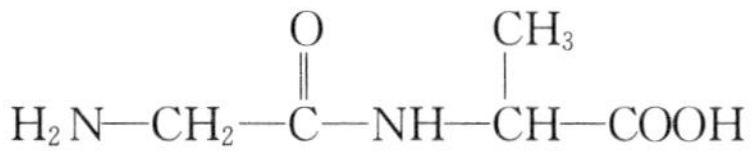

$$H_2N-CH_2-\overset{\overset{\displaystyle O}{\|}}{C}-NH-\overset{\overset{\displaystyle CH_3}{|}}{CH}-COOH$$

甘氨酰-丙氨酸（甘-丙肽，Gly-Ala）

肽链通常用简称表示，即按从 N 端到 C 端的顺序，将组成肽链的各种氨基酸的英文或中文简称写到一起，简称间通常用“-”连接，并在 C 端氨基酸简称后加“肽”字。例如：

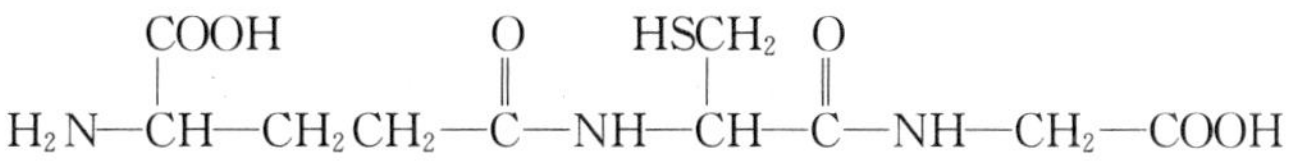

$$H_2N-\overset{\overset{\displaystyle COOH}{|}}{CH}-CH_2CH_2-\overset{\overset{\displaystyle O}{\|}}{C}-NH-\overset{\overset{\displaystyle HSCH_2}{|}}{CH}-\overset{\overset{\displaystyle O}{\|}}{C}-NH-CH_2-COOH$$

γ-谷氨酰-半胱氨酰-甘氨酸（谷-胱-甘肽，Glu-Cys-Gly，GSH）

问题与思考 14-6 （1）写出丙氨酰-甘氨酸的结构式及中、英文简称。

（2）丙-甘肽在 pH=2 及 7 的溶液中分别以哪种离子形式存在？

生物体内存在许多游离多肽，它们都具有特殊的生理功能。谷-胱-甘肽分子中含有一个易被氧化的巯基（—SH），称为还原型谷-胱-甘肽（常用 GSH 表示），两分子 GSH 间可通过巯基氧化成二硫键而连接，形成氧化型谷-胱-甘肽（常用 GS-SG 表示）。

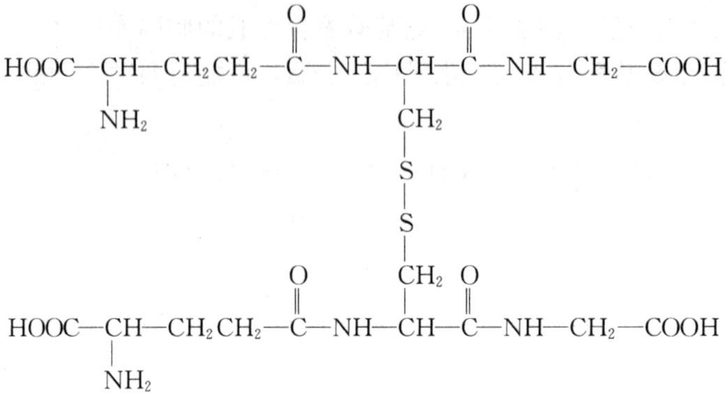

```
                            O                 O
                            ‖                 ‖
HOOC—CH—CH2CH2—C—NH—CH—C—NH—CH2—COOH
          |                       |
         NH2                     CH2
                                  |
                                  S
                                  |
                                  S
                                  |
                            O    CH2  O
                            ‖     |   ‖
HOOC—CH—CH2CH2—C—NH—CH—C—NH—CH2—COOH
          |
         NH2
```

氧化型谷-胱-甘肽(GS-SG)

在一定条件下，GS-SG 亦可还原为 GSH。因此，谷-胱-甘肽在生物体内的氧化还原反应中起着重要作用。

生物体中的许多激素也是多肽，例如存在于垂体后叶腺中的催产素和增压素都是由 8 个氨基酸组成的肽类激素，催产素具有促进子宫肌肉收缩的作用，增压素能增高血压。它们的肽链氨基酸的排列顺序分别为：

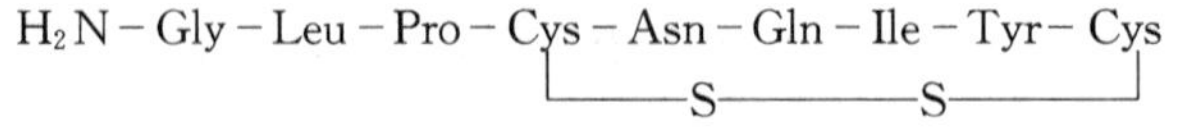

```
H2N-Gly-Leu-Pro-Cys-Asn-Gln-Ile-Tyr-Cys
                 └─────S──────S─────┘
```

牛催产素

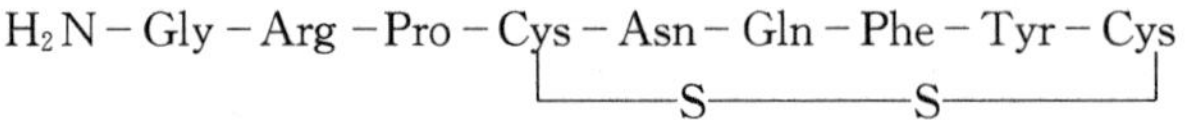

```
H2N-Gly-Arg-Pro-Cys-Asn-Gln-Phe-Tyr-Cys
                 └─────S──────S─────┘
```

增血压素

胰岛素是一个由 51 个氨基酸组成的多肽，具有控制体内碳水化合物代谢的功能。牛胰岛素的 α-氨基酸的顺序为：

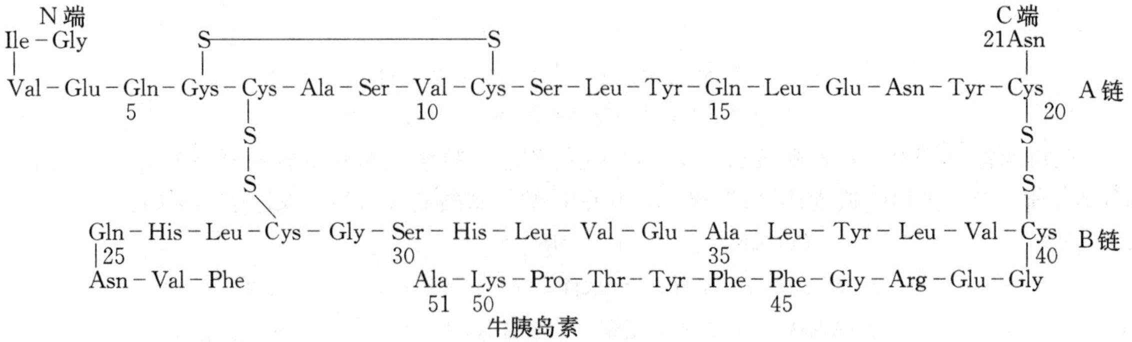

```
  N端                                                                  C端
Ile-Gly          S──────────────S                                    21Asn
 |               |              |                                      |
Val-Glu-Gln-Gys-Cys-Ala-Ser-Val-Cys-Ser-Leu-Tyr-Gln-Leu-Glu-Asn-Tyr-Cys   A链
         5           |      10                  15                     | 20
                     S                                                 S
                     |                                                 |
                     S                                                 S
                      \                                                |
     Gln-His-Leu-Cys-Gly-Ser-His-Leu-Val-Glu-Ala-Leu-Tyr-Leu-Val-Cys   B链
     |25                  30                  35                   |40
     Asn-Val-Phe          Ala-Lys-Pro-Thr-Tyr-Phe-Phe-Gly-Arg-Glu-Gly
                          51  50                  45
```

牛胰岛素

牛胰岛素是由A链（21肽）和B链（30肽）通过两个—S—S—键连接形成的，A链中还有一个二硫键。人胰岛素与牛胰岛素极相似，仅是B链C端氨基酸不同，人的为苏氨酸（Thr），而牛的为丙氨酸（Ala）。

多肽链是蛋白质分子的基本结构，多肽与蛋白质的界限，普遍认为分子质量小于1万的为多肽，大于1万的为蛋白质。多肽链中的氨基酸的连接顺序称为蛋白质的一级结构，它不仅决定着蛋白质的高级结构，而且对它的生理功能也起着决定性作用。例如最早被认识的一种分子病——镰刀状细胞贫血病，就是由血红蛋白中多肽链上个别氨基酸异常引起的（多肽链N端的第6个氨基酸残基的谷氨酸被缬氨酸所代替）。

问题与思考14-7　写出下列多肽的结构式：

（1）甘-苯丙-谷肽　（2）亮氨酰-丝氨酰-半胱氨酸　（3）Ala-Gly-Cys

---

2. 蛋白质分子的构象　多肽中的肽键实质上是一种酰胺键，酰胺键中氮原子上的孤对电子与酰基形成p-π共轭体系，使C—N键具有一定程度的双键性质。X射线衍射证明，肽链中酰胺部分在一个平面上（肽链中的这种平面称为肽平面或酰胺平面），与羰基及氨基相连的两个基团处于反式位置；酰胺C—N键长（0.132 nm）比一般的C—N单键键长（0.147 nm）短，这些都表明酰胺C—N键具有部分双键的性质。因此，肽键中的C—N键的自由旋转受到阻碍，但与肽键中氮和碳原子相连接的两个基团可以自由旋转（即相邻肽平面可以旋转），因此表现出不同的构象（图14-1）。

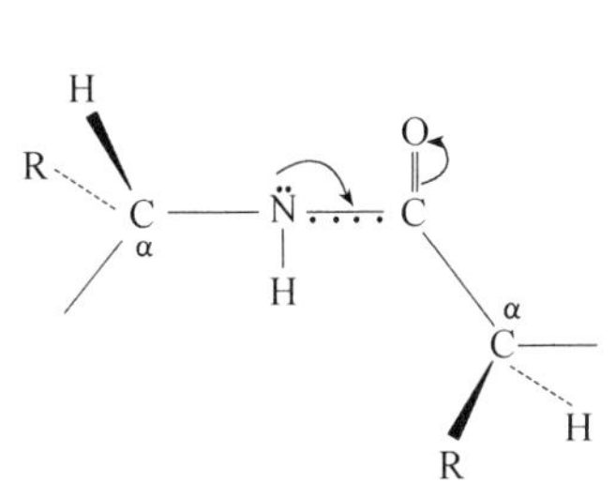

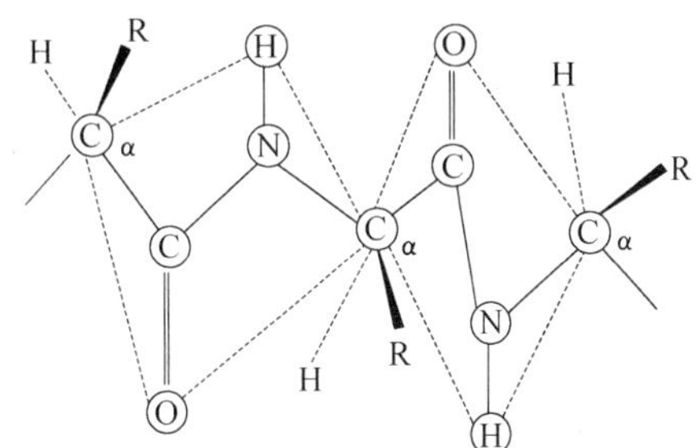

图14-1　酰胺平面示意图

蛋白质分子中多肽链再通过氢键等各种副键以一定方式盘旋、折叠，形成蛋白质分子特有的稳定空间构象。蛋白质的构象一般用二级结构、三级结构和四级结构表示。

（1）蛋白质的二级结构　蛋白质分子的二级结构是指多肽链借助分子内氢键形成有规则的空间构象。它只关系到蛋白质分子主链原子局部的排布，而不涉及侧链的构象及其他肽段的关系。目前认为蛋白质都有二级结构，例如纤维蛋白（存在于毛发等中）的二级结构主要是α-螺旋。

蛋白质分子中的一条肽链，通过一个酰胺键中的酰基氧原子与相隔不远的另一个酰胺键中的氨基氢原子形成氢键而绕成螺旋状的空间构象，称为α-螺旋。

α-螺旋是蛋白质中最常见的二级结构，具有如下特征：多肽主链围绕同一中心轴以螺旋方式伸展，平均 3.6 个氨基酸残基构成一个螺旋圈（18 个氨基酸残基盘绕 5 圈），递升 0.54 nm，每个残基沿轴上升 0.15 nm。每个氨基酸残基的N—H与前面相隔三个氨基酸残基的C═O形成氢键，这些氢键的方向大致与螺旋轴平行。氢键是维持 α-螺旋稳定结构的作用力。天然蛋白质的 α-螺旋绝大多数是右手螺旋（图 14-2）。

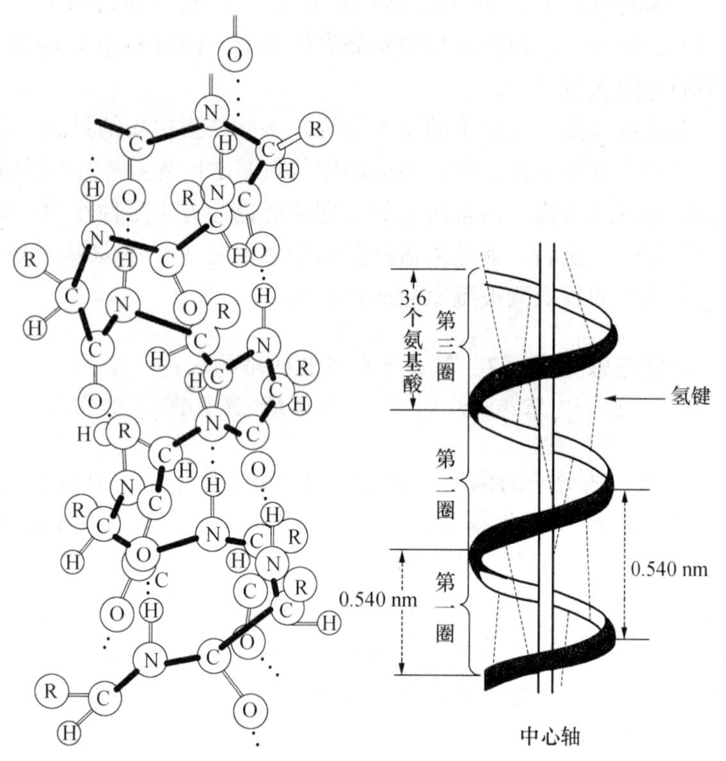

图 14-2　右手 α-螺旋示意图

β-折叠是蛋白质的另一种常见的二级结构，它是由两条或多条几乎完全伸展的肽链按同向或反向聚集而成，相邻多肽主链上的—NH 和C═O之间形成氢键而成的一种多肽构象。β-折叠中氢键与多肽链伸展方向接近垂直，氨基酸残基的侧链基团分别交替地位于折叠面上下，且与片层相互垂直。β-折叠中反平行的构象比较稳定。例如丝心蛋白（存在于蚕丝等中）的二级结构就是典型的β-折叠。见图 14-3 和图 14-4。

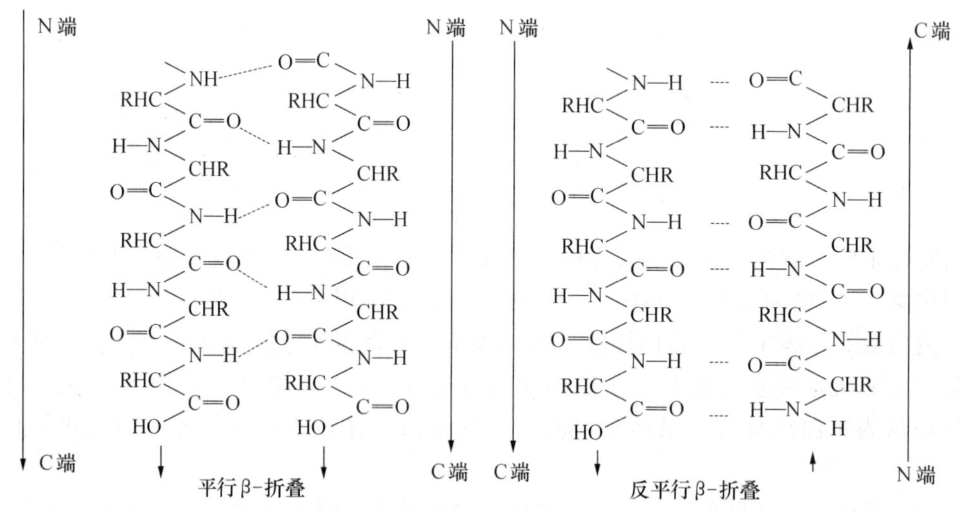

图 14-3　β-折叠结构示意图

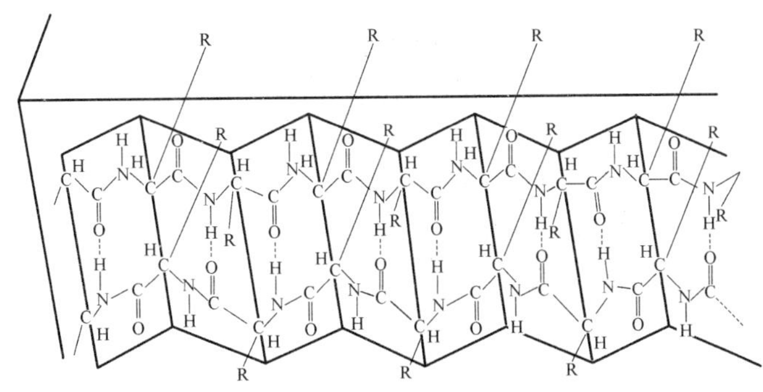

图 14-4　蛋白质反平行的β-折叠

另外，在球状蛋白中还发现一种二级结构为β-转角。它是肽链形成180°回折，弯曲处的第一个氨基酸残基C═O与第四个氨基酸残基的NH之间形成氢键的构象。

（2）蛋白质的三级结构和四级结构　蛋白质的三级结构是由具有二级结构的多肽链通过相隔较远的氨基酸以氢键、范德华力、疏水相互作用、盐键和二硫键等各种副键（或称次级键）（图14-5）和分子内的相互作用形成盘旋折叠的最稳定的空间构象。因此，肽链氨基酸的顺序（一级结构）决定了蛋白质的三级结构。例如，肌红蛋白是由一条由153个氨基酸残基组成，形成具有α-螺旋二级结构的肽链，然后通过链内的作用力（副键）盘旋和折叠形成一个不对称的近似球状的结构（图14-6）。

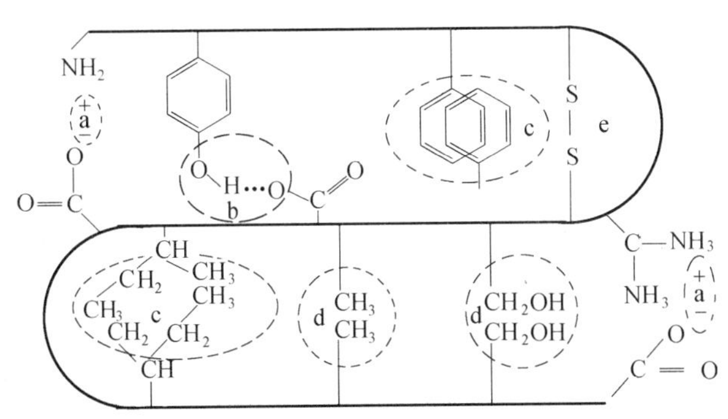

图 14-5　维持蛋白质三级结构的各种作用力

a. 盐键　b. 氢键　c. 疏水相互作用　d. 范德华力　e. 二硫键

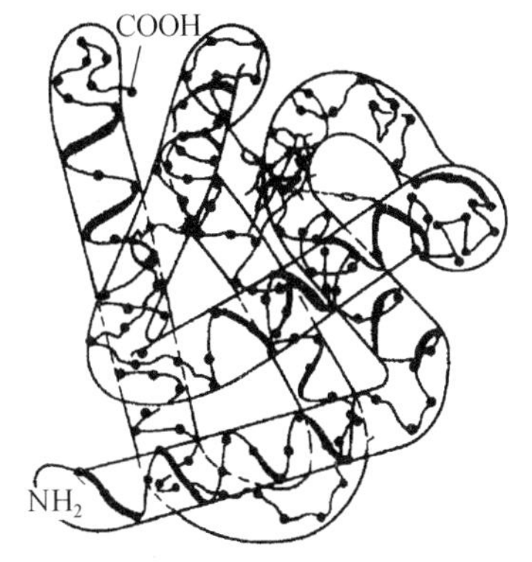

图 14-6　肌红蛋白的三级结构图

很多蛋白质是以具有三级结构的亚基彼此通过非共价键缔合在一起，这样的聚集体称为蛋白质的四级结构。亚基是组成蛋白质分子的最小共价单位，一般只含有一条具有三级结构的多肽链，但有的亚基是由两条或多条多肽链组成，链间以二硫键相连接。在四级结构中，亚基可以相同，也可以不相同。例如血红蛋白即是由$\alpha_2\beta_2$四个亚基组成，其中每个α亚基（实质上是一条多肽链）由141个氨基酸残基组成，而每个β亚基由146个氨基酸残基组成（图14-7）。虽然两者的一级结构相差较大，但三级结构均类似于肌红蛋白。

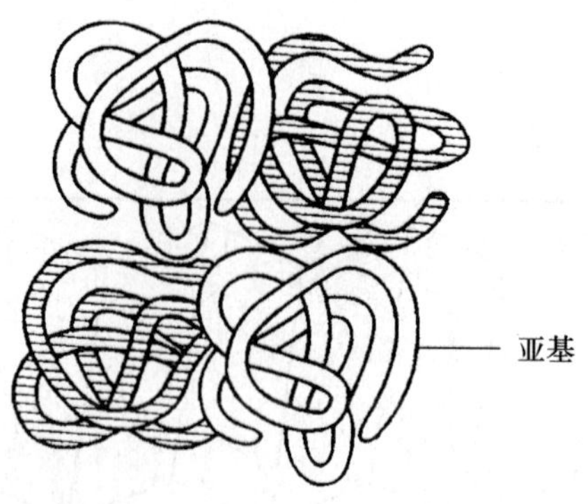

图 14-7　血红蛋白的四级结构示意图

必须指出，所有蛋白质都具有一级、二级、三级结构，但并不是所有的蛋白质都具有四级结构。例如，溶菌酶、肌红蛋白等无四级结构。

问题与思考 14-8　为什么说蛋白质的一级结构决定它的高级结构？

三、蛋白质的理化性质

1. 蛋白质的两性和等电点　蛋白质多肽链的 N 端有氨基，C 端有羧基，其侧链上也常含有碱性基团和酸性基团。因此，蛋白质与氨基酸相似，也具有两性性质和等电点。蛋白质溶液在某一 pH 时，其分子所带的正、负电荷相等，即成为净电荷为零的偶极离子，此时溶液的 pH 称为该蛋白质的等电点（pI）。蛋白质在不同的 pH 溶液中，以不同的形式存在，其平衡体系如下：

$$\mathrm{Pr}\begin{matrix}\diagup NH_2\\ \diagdown COOH\end{matrix} \rightleftharpoons \mathrm{Pr}\begin{matrix}\diagup NH_3^+\\ \diagdown COO^-\end{matrix}$$

$$\underset{\substack{\text{阴离子}\\ pH>pI}}{\mathrm{Pr}\begin{matrix}\diagup NH_2\\ \diagdown COO^-\end{matrix}} \underset{OH^-}{\overset{H^+}{\rightleftharpoons}} \underset{\substack{\text{两性离子}\\ \text{等电点(pI)}}}{\mathrm{Pr}\begin{matrix}\diagup NH_3^+\\ \diagdown COO^-\end{matrix}} \underset{OH^-}{\overset{H^+}{\rightleftharpoons}} \underset{\substack{\text{阳离子}\\ pH<pI}}{\mathrm{Pr}\begin{matrix}\diagup NH_3^+\\ \diagdown COOH\end{matrix}}$$

式中 $H_2N—Pr—COOH$ 表示蛋白质分子，羧基代表分子中所有的酸性基团，氨基代表所有的碱性基团，Pr 代表其他部分。不同的蛋白质具有不同的等电点（表 14-6）。

表 14-6　几种蛋白质的等电点

蛋白质	pI	蛋白质	pI	蛋白质	pI
胃蛋白酶	2.5	麻仁球蛋白	5.5	马肌红蛋白	7.0
乳酪蛋白	4.6	玉米醇溶蛋白	6.2	麦麸蛋白	7.1
鸡卵清蛋白	4.9	麦胶蛋白	6.5	核糖核酸酶	9.4
胰岛素	5.3	血红蛋白	6.7	细胞色素 C	10.8

蛋白质在等电点时，溶解度最小，导电性、黏度和渗透压等也最低。利用这些性质可以分离、纯化蛋白质。也可通过调节蛋白质溶液的 pH，使其颗粒带上某种净电荷，利用电泳分离或纯化蛋白质。

由于蛋白质具有两性，所以在生物组织中它们不仅对外来酸、碱具有一定的抵抗能力，而且能对生物体内代谢所产生的酸、碱性物质起缓冲作用，使生物组织液维持在一定 pH 范围，这在生理上有着重要的意义。

问题与思考 14-9　胰岛素在 pH=2，5，9 的溶液中会以什么离子形式存在?

2. 蛋白质的胶体性质　蛋白质是大分子化合物，其分子大小一般在 1～100 nm，在胶体分散相质点范围，所以蛋白质分散在水中，其水溶液具有胶体溶液的一般特性。例如具有丁铎尔（Tyndall）现象，布朗（Brown）运动，不能透过半透膜以及较强的吸附作用等。

蛋白质能够形成稳定的亲水胶体溶液，主要有两方面的原因。

（1）形成保护性水化膜　蛋白质分子表面有许多诸如羧基、氨基、亚氨基、羟基、羰基、巯基等极性的亲水基团，能与水分子形成氢键而发生水化作用，在蛋白质表面形成一层水化膜，使蛋白质粒子不易聚集而沉降。

（2）粒子带有同性电荷　蛋白质在非等电点 pH 的溶液中，粒子表面会带有同性电荷，相互产生排斥作用，使蛋白质粒子不易聚沉。

3. 蛋白质的沉淀　蛋白质溶液的稳定性是有条件的、相对的。如果改变这种相对稳定的条件，例如除去蛋白质外层的水化膜或者电荷，蛋白质分子就会凝集而沉淀。蛋白质的沉淀分为可逆沉淀和不可逆沉淀。

（1）可逆沉淀　可逆沉淀是指蛋白质分子的内部结构仅发生了微小改变或基本保持不变，仍然保持原有的生理活性。只要消除了沉淀的因素，已沉淀的蛋白质又会重新溶解。

盐析就是一种可逆沉淀蛋白质的方法。在蛋白质溶液中，加入足量的中性盐类，从而使蛋白质发生沉淀的现象，称为蛋白质的盐析。一方面，盐类在水中离解形成离子，其水化能力比蛋白质强，破坏了蛋白质表面的水化膜；另一方面，盐类离子所带的电荷也会中和或削弱蛋白质粒子表面所带的电荷，两者均使蛋白质的胶体溶液稳定性降低，进而相互凝聚沉降。盐析常用的盐有硫酸铵、硫酸钠、氯化钠等。不同的蛋白质盐析时，所需盐的浓度不同，因此可用控制盐浓度的方法分离溶液中不同的蛋白质，称为分段盐析。例如鸡蛋清可用不同浓度的硫酸铵溶液分段沉淀析出球蛋白和卵蛋白。

盐析一般不会破坏蛋白质的结构，当加水或透析时，沉淀又能重新溶解，并保留原有的构象和性质。所以盐析作用是可逆沉淀。

（2）不可逆沉淀　蛋白质在沉淀时，空间构象发生了很大的变化或被破坏，失去了原有的生物活性，即使消除了沉淀因素也不能重新溶解，称为不可逆沉淀。不可逆沉淀的方法有：

① 水溶性有机溶剂沉淀法：向蛋白质中加入适量的水溶性有机溶剂如乙醇、丙酮等，由于它们对水的亲和力大于蛋白质，使蛋白质粒子脱去水化膜而沉淀。这种作用在短时间和低温时，沉淀是可逆的，但若时间较长和温度较高，则为不可逆沉淀。

② 化学试剂沉淀法：重金属盐如 Hg^{2+}、Pb^{2+}、Cu^{2+}、Ag^{+} 等重金属阳离子能与蛋白质阴离子结合产生不可逆沉淀。例如：

$$\mathrm{Pr}\begin{matrix}\diagup NH_2\\ \diagdown COO^-\end{matrix} + Pb^{2+} \longrightarrow \left[\mathrm{Pr}\begin{matrix}\diagup NH_2^+\\ \diagdown COO^-\end{matrix}\right]_2 Pb^{2+}\downarrow$$

③ 生物碱试剂沉淀法：苦味酸、三氯乙酸、鞣酸、磷钨酸、磷钼酸等生物碱沉淀剂，能与蛋白质阳离子结合，使蛋白质产生不可逆沉淀。例如：

$$\mathrm{Pr}\begin{matrix}\diagup NH_3^+\\ \diagdown COOH\end{matrix} + Cl_3C-\overset{\overset{\displaystyle O}{\|}}{C}-O^- \longrightarrow \left[\mathrm{Pr}\begin{matrix}\diagup NH_3^+\\ \diagdown COOH\end{matrix}\right]{}^-O-\overset{\overset{\displaystyle O}{\|}}{C}-CCl_3\downarrow$$

此外，强酸或强碱以及加热、紫外线或 X 射线照射等物理因素，都可导致蛋白质的某些副键被破坏，引起构象发生很大改变，使疏水基外露，引起蛋白质沉淀，从而失去生物活性。这些沉淀也是不可逆的。

4. 蛋白质的变性 由于物理或化学因素的影响，蛋白质分子的内部结构发生变化，导致理化性质改变，生理活性丧失，称为蛋白质的变性。变性后的蛋白质称为变性蛋白质。

引起蛋白质变性的因素很多，物理因素有加热、高压、剧烈振荡、超声波、紫外线或 X 射线照射等。化学因素有强酸、强碱、重金属离子、生物碱试剂和有机溶剂等。蛋白质的变性一方面是维持具有复杂而精细空间结构的蛋白质的副键被破坏，原有的空间结构被改变，疏水基外露；另一方面，蛋白质分子中的某些活泼基团如$-NH_2$、$-COOH$、$-OH$等与化学试剂发生了反应。

蛋白质的变性分为可逆变性和不可逆变性，若仅改变了蛋白质的三级结构，可能只引起可逆变性；若破坏了二级结构，则会引起不可逆变性。但是，蛋白质的变性不会引起它的一级结构改变。蛋白质变性一般产生不可逆沉淀，但蛋白质的沉淀不一定变性（如蛋白质的盐析）；反之，变性也不一定沉淀，例如有时蛋白质受强酸或强碱的作用变性后，常由于带同性电荷而不会产生沉淀现象。然而不可逆沉淀一定会使蛋白质变性。

变性蛋白质与天然蛋白质有明显的差异，主要表现在如下几个方面：

（1）物理性质的改变　蛋白质变性后，多肽链松散伸展，导致黏度增大；侧链疏水基外露，导致溶解度降低而沉淀等。

（2）化学性质的改变　蛋白质变性后结构松散，生物化学性质改变，易被酶水解；侧链上的某些基团外露，易发生化学反应。

（3）生理活性的丧失　蛋白质变性后失去原有的生物活性，例如，酶变性后失去催化功能；激素变性后失去相应的生理调节功能；血红蛋白变性后失去输送氧的功能等。

蛋白质的变性作用对工农业生产、科学研究都具有十分广泛的意义。例如通常采用加热，紫外线照射，利用酒精、杀菌剂等杀菌消毒，其结果就是使细菌体内的蛋白质变性。菌种、生物制剂的失效，种子失去发芽能力等均与蛋白质的变性有关。

5. 水解作用 蛋白质在酸、碱或酶的作用下可以发生水解作用，水解的实质是肽键的断裂。但酸、碱催化的蛋白质水解会造成某些氨基酸的分解，例如酸性水解会引起色氨酸等的分解，碱性水解会引起半胱氨酸等分解。

蛋白质水解经过一系列中间产物后，最终生成α-氨基酸。其水解过程如下：

蛋白质→蛋白际→蛋白胨→多肽→二肽→α-氨基酸

蛋白质的水解反应，对研究蛋白质及其在生物体中的代谢都具有十分重要的意义。

问题与思考 14-10　有一个三肽水解后得到甘氨酸、丙氨酸、亮氨酸、丙氨酰亮氨酸、甘氨酰丙氨酸，写出这个三肽的结构式。

6. 蛋白质的颜色反应　氨基酸、肽、蛋白质可与许多化学试剂反应，显出一定的颜色，常用于它们的定性及定量分析。例如，茚三酮反应是检验α-氨基酸、多肽、蛋白质最通用的反应之一。二缩脲反应中多肽或蛋白质的肽键越多，颜色越深。这两个反应可用于蛋白质的定性和定量测定，也可用于检测蛋白质的水解程度。蛋白质的重要颜色反应见表 14-7。

表 14-7　蛋白质的重要颜色反应

反应名称	试　剂	现　象	反应基团	使用范围
茚三酮反应	水合茚三酮试剂	蓝紫	游离氨基	氨基酸、蛋白质、多肽
二缩脲反应	稀碱、稀硫酸铜溶液	粉红～蓝紫	两个以上肽键	多肽、蛋白质
黄蛋白反应	浓硝酸、加热、稀 NaOH	黄～橙黄	苯基	含苯基结构的多肽及蛋白质
米隆反应	米隆试剂*、加热	白～肉红	酚基	含酚基的多肽及蛋白质
乙醛酸反应	乙醛酸试剂、浓硫酸	紫色环	吲哚基	含吲哚基的多肽及蛋白质

*　米隆试剂是硝酸汞、亚硝酸汞、硝酸、亚硝酸的混合溶液。

问题与思考 14-11　用化学方法区别下列物质：

(1) 蛋白质水溶液　(2) α-氨基酸　(3) 淀粉

第三节　核　　酸

核酸是贮存、复制及表达生物遗传信息的生物高分子化合物。任何有机体包括病毒、细菌、植物和动物，都毫无例外地包含有核酸。核酸占细胞干重的 5%～15%。

核酸根据其功能可分为核糖核酸（RNA）和脱氧核糖核酸（DNA）两类。所有生物细胞都含有这两类核酸。RNA 主要存在于细胞质中，控制生物体内蛋白质的合成；DNA 主要存在于细胞核中，决定生物体的繁殖、遗传和变异。根据所含核酸的不同，病毒可分为 DNA 病毒和 RNA 病毒。

核酸化学是分子生物学和分子遗传学的基础。DNA 双螺旋结构模型的提出和基因重组技术的应用，极大地推动了分子生物学研究和分子遗传学的发展。我国于 1981 年全合成了酵母丙氨酸-tRNA，标志着我国在核酸研究中已达到世界先进水平。

一、核酸的组成

核酸由 C、H、N、O、P 五种元素构成，其中 P 的含量变化不大，平均含量为 9.5%，每克磷相当于 10.5 g 的核酸。因此通过测定磷的含量可计算出核酸的大致含量。

$$W_{粗核酸}=W_p\times 10.5$$

核酸是一种线型多聚核苷酸，在酸、碱或酶的作用下可逐步水解。首先生成核苷酸，核苷酸继续水解后得到核苷和磷酸，核苷又继续水解生成戊糖、含氮碱化合物。

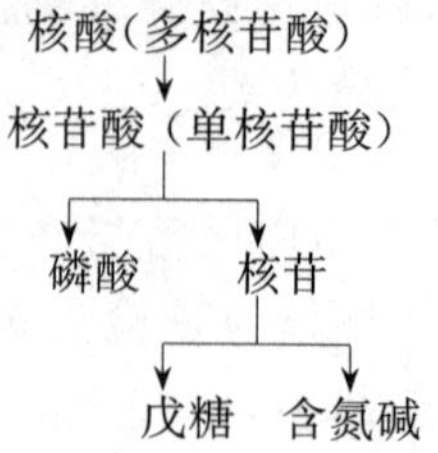

核酸(多核苷酸)
↓
核苷酸（单核苷酸）
↓ ↓
磷酸 核苷
↓ ↓
戊糖 含氮碱

核酸中戊糖有 D-核糖（D-ribose）和 D-2-脱氧核糖（D-2-deoxyribose），故核酸又被分为核糖核酸和脱氧核糖核酸两类。

核酸中的碱基可分为嘌呤碱和嘧啶碱两类，核糖核酸和脱氧核糖核酸的碱基组成不同（表 14-8），差别在于 DNA 中为胸腺嘧啶，而 RNA 中为尿嘧啶。

表 14-8 RNA 和 DNA 在化学组成上的异同

类 别		RNA	DNA
戊 糖		β-D-核糖	β-D-2-脱氧核糖
含氮碱基	嘧啶碱	尿嘧啶、胞嘧啶	胸腺嘧啶、胞嘧啶
	嘌呤碱	腺嘌呤、鸟嘌呤	腺嘌呤、鸟嘌呤
磷 酸		H_3PO_4	H_3PO_4

二、核苷酸——核酸的基本结构单元

核苷酸作为核酸的基本结构单元，是由核苷和磷酸结合而成的酯类化合物。

1. 核苷 核苷是由 D-核糖或 D-2-脱氧核糖 C_1 位上的 β-羟基与嘧啶碱的 1 位氮上或嘌呤碱 9 位氮上的氢原子脱水而成的氮糖苷。下图是以腺苷和脱氧胞苷为例的两种核苷的结构，其他核苷只要换作相应的碱基即可。

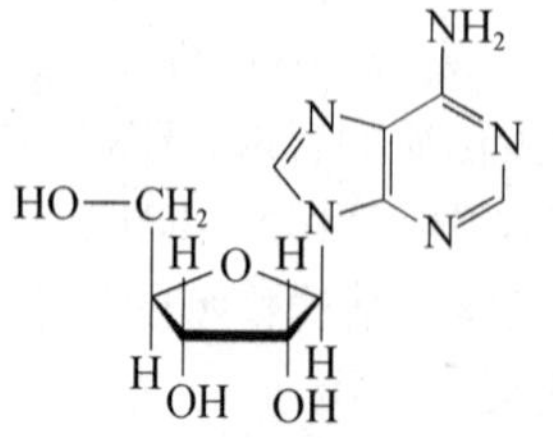

腺嘌呤核苷(腺苷)

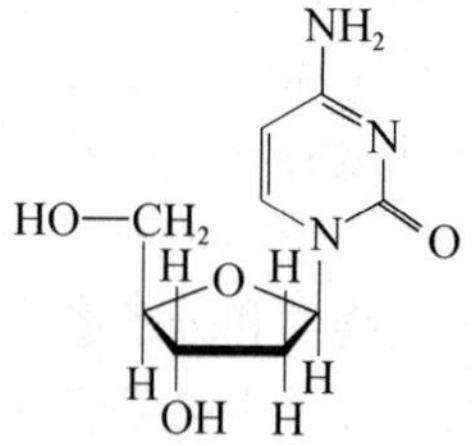

胞嘧啶脱氧核苷(脱氧胞苷)

为了区别碱基和糖中原子的位置，戊糖中碳原子编号用带撇的数码 1′、2′、3′、4′、5′表示。它们的名称与缩写见表 14-9。

表 14-9　核苷的名称及缩写

RNA 中的核糖核苷		DNA 中的脱氧核糖核苷	
名　称	缩　写	名　称	缩　写
腺嘌呤核苷	A（腺苷）	腺嘌呤脱氧核苷	dA（脱氧腺苷）
鸟嘌呤核苷	G（鸟苷）	鸟嘌呤脱氧核苷	dG（脱氧鸟苷）
胞嘧啶核苷	C（胞苷）	胞嘧啶脱氧核苷	dC（脱氧胞苷）
尿嘧啶核苷	U（尿苷）	胸腺嘧啶脱氧核苷	dT（脱氧胸苷）

2.（单）核苷酸　（单）核苷酸是由一分子磷酸、一分子糖和一分子有机碱缩合而成，即由核苷中戊糖上的 C_5' 或 C_2'、C_3' 位上的羟基与磷酸脱水而成的酯。

单核苷酸的命名有两种方法：①作为酸来命名，即 n'-某核苷酸（n=2、3 或 5）；②作为核苷的磷酸酯，可命名为某苷-n'-磷酸（n=2、3 或 5）。例如：

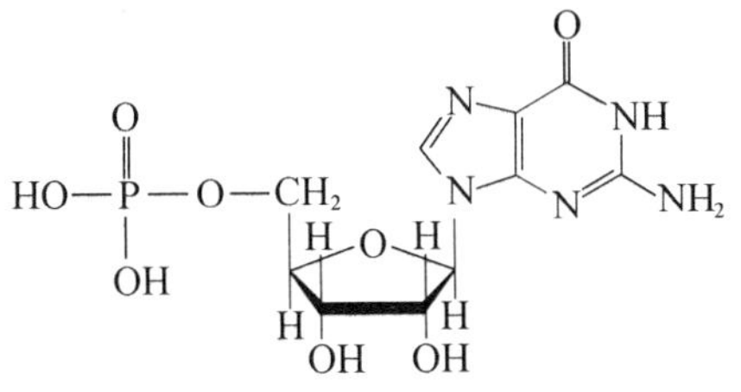

5′-鸟苷酸或鸟苷-5′-磷酸 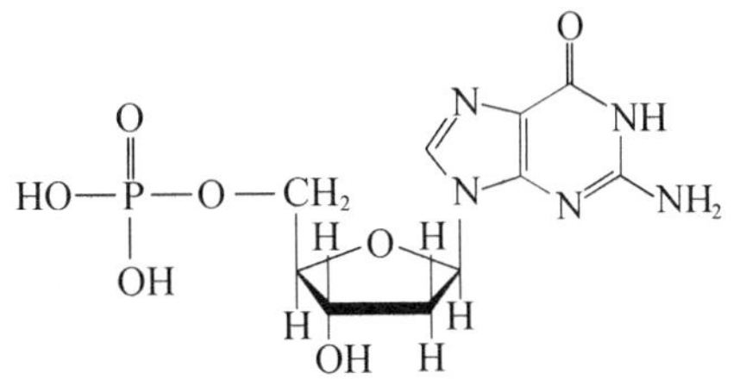　　　5′-脱氧鸟苷酸或脱氧鸟苷-5′-磷酸

含有脱氧核苷的核苷酸中只有糖的 $C_{3'}$ 和 $C_{5'}$ 上有游离羟基可被磷酸酯化，所以 DNA 在适当条件下水解时，产物包括两种磷酸衍生物。在 RNA 中，糖中的 $C_{2'}$、$C_{3'}$、$C_{5'}$ 上的羟基都可以被磷酸酯化，其核苷酸因磷酸位置的不同而存在三种位置异构体。

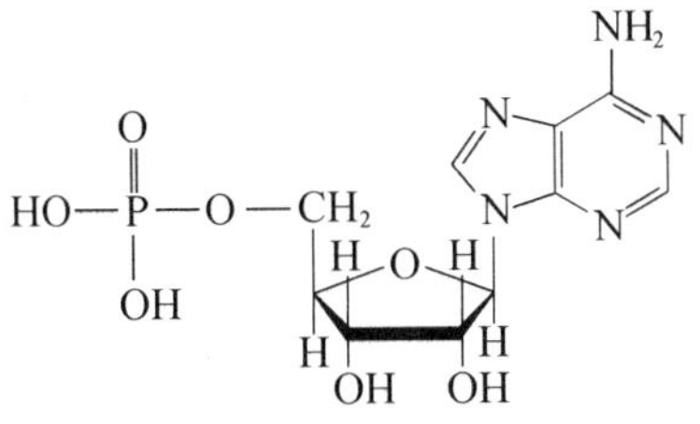

5′-腺苷酸 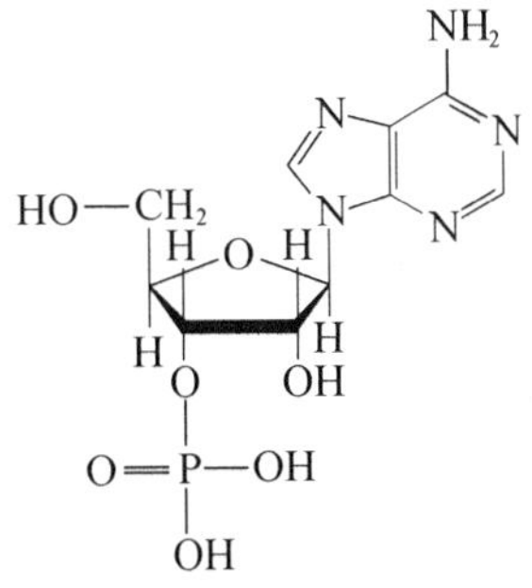　　　3′-腺苷酸

RNA 与 DNA 中的 5′-单核苷酸的名称及其缩写见表 14-10。

表 14-10　RNA 和 DNA 中的 5′-单核苷酸的名称

RNA		DNA	
名　称	缩　写	名　称	缩　写
5′-腺苷酸	5′-AMP	5′-脱氧腺苷酸	5′-dAMP
5′-鸟苷酸	5′-GMP	5′-脱氧鸟苷酸	5′-dGMP
5′-胞苷酸	5′-CMP	5′-脱氧胞苷酸	5′-dCMP
5′-尿苷酸	5′-UMP	5′-脱氧胸苷酸	5′-dTMP

3. 多磷酸腺苷酸 生物体内常含有游离的5′-核苷磷酸，而且还存在$C_{5'}$上形成的多磷酸核苷酸。例如，5′-腺苷磷酸（5′-AMP）、5′-腺苷二磷酸（5′-ADP）和5′-腺苷三磷酸（5′-ATP）。

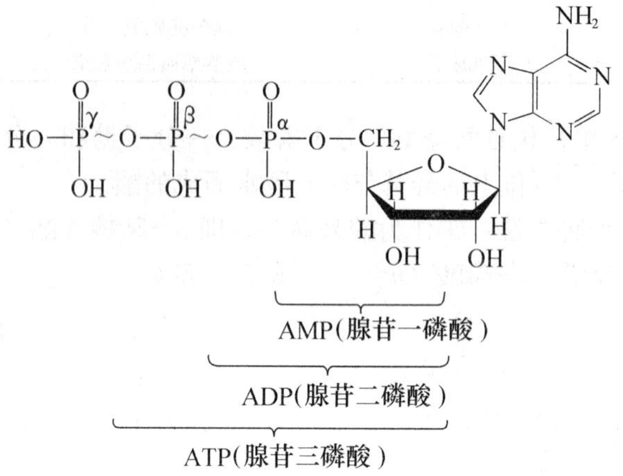

AMP(腺苷一磷酸)

ADP(腺苷二磷酸)

ATP(腺苷三磷酸)

腺苷二磷酸和腺苷三磷酸是生物体内重要的高能磷酸化合物，磷酸与磷酸之间的酸酐键水解断裂时产生较大的能量（30.5 $kJ \cdot mol^{-1}$），因此这个酸酐键称为“高能磷酸酐键”，常用“～”表示。ATP和ADP可视为生物的贮能仓库，当细胞中的糖氧化时，将释放出的能量贮存在ATP的高能磷酸酐键中；ATP水解时，又释放出能量为细胞进行生物化学变化提供能量。

问题与思考 14-12 写出下列物质的结构式：腺苷、5′-dCMP、3′-鸟苷酸

三、核酸的结构

1. 核酸的一级结构 核酸是由许多（单）核苷酸所组成的多核苷酸大分子。RNA的分子质量一般在10^4～10^6，而DNA在10^6～10^9。核苷酸的顺序组成了核酸的一级结构，即指组成核酸的各种单核苷酸按照一定比例和一定的顺序，通过磷酸二酯键连接而成的核苷酸长链。无论是RNA还是DNA，都是由一个单核苷酸中戊糖的$C_{5'}$上的磷酸与另一个单核苷酸中戊糖的$C_{3'}$上羟基之间，通过3′,5′-磷酸二酯键连接而成的长链化合物。核酸中RNA主要由AMP、GMP、CMP和UMP四种单核苷酸结合而成。DNA主要由dAMP、dGMP、dCMP和dTMP四种单核苷酸结合而成。RNA中一级结构片段的多核苷酸链见图14-8。

在使用中，多核苷酸的主链习惯用简式表示。用竖线表示戊糖，$C_{1'}$位与碱基（A、G、C、T、U等表示）相连，竖线中下部斜画线表示连接在戊糖$C_{3'}$和$C_{5'}$位之间的磷酸酯键，P表示磷酸酯基。RNA和DNA的一级结构简式见图14-9。

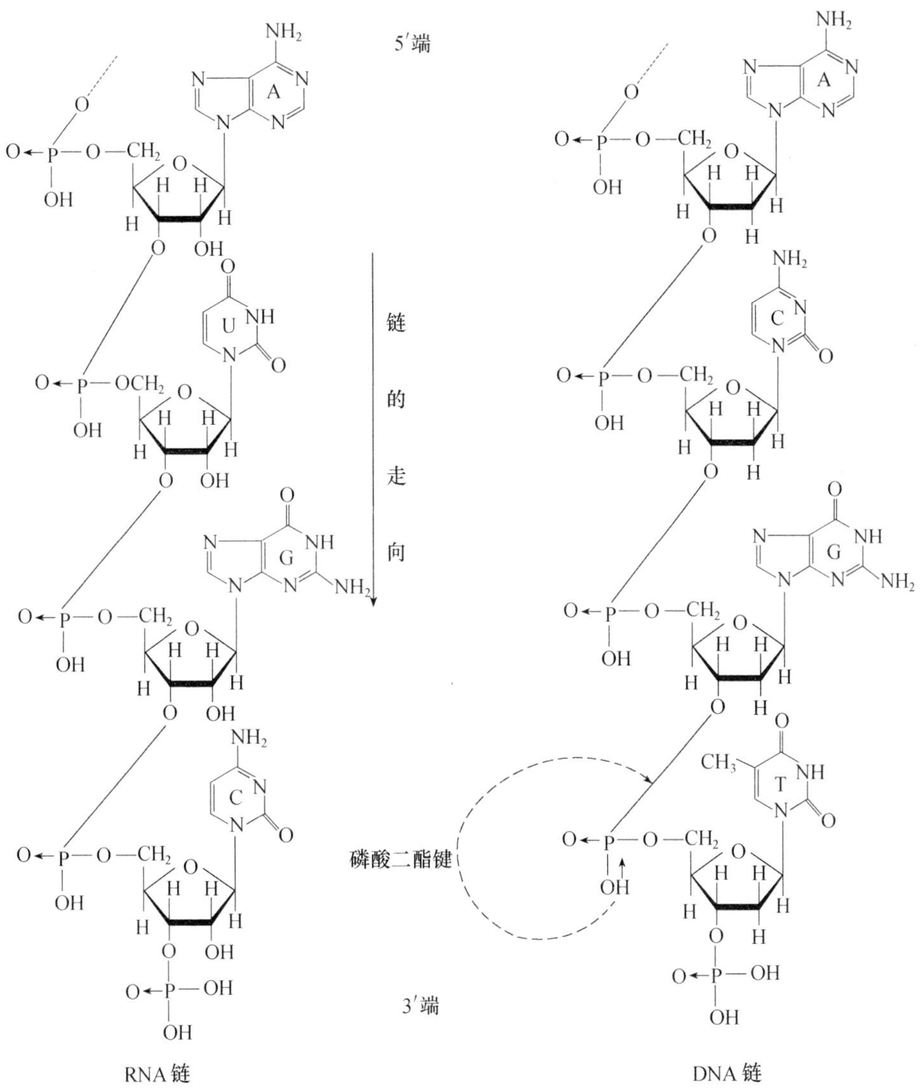

图 14－8　RNA 与 DNA 的一级结构片段

RNA片段结构　　　　DNA片段结构

图 14－9　RNA 与 DNA 一级结构片段简式示意图

问题与思考 14-13 DNA彻底水解后可能含有下列哪些小分子？

D-核糖，D-2-脱氧核糖，腺嘌呤，鸟嘌呤，胞嘧啶，尿嘧啶，脱氧尿苷，脱氧胸腺苷，磷酸。

2. DNA的双螺旋结构 1953年瓦特生（Waston）和克利格（Crick）通过对DNA分子的X衍射的研究和碱基性质的分析，提出了DNA的二级结构为双螺旋结构，被认为是20世纪自然科学的重大突破之一。DNA双螺旋结构（图14-10）的要点是：

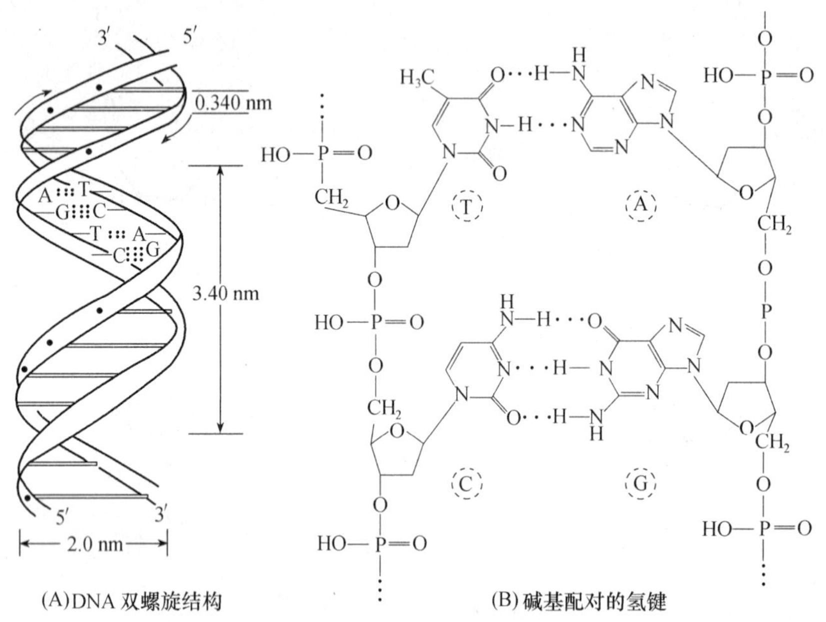

图14-10 DNA分子双螺旋结构及碱基配对示意图

（1）DNA分子由两条走向相反的多核苷酸链组成，绕同一中心轴相互平行盘旋成双螺旋体结构。两条链均为右手螺旋，即DNA主链走向为右手双螺旋体。

（2）碱基的环为平面结构，处于螺旋内侧，并与中心轴垂直。磷酸与2-脱氧核糖处于螺旋外侧，彼此通过3′或5′-磷酸二酯键相连，糖环平面与中心轴平行。

（3）两个相邻碱基对之间的距离（碱基堆积距离）为0.34 nm。螺旋每旋一圈包含10个单核苷酸，即每旋转一周的高度（螺距）为3.4 nm。螺旋直径为2 nm。

（4）两条核苷酸链之间的碱基以特定的方式配对并形成氢键连接在一起。配对的碱基处于同一平面上，与上下的碱基平面堆积在一起，成对碱基之间的纵向作用力叫作碱基堆积力，它也是使两条核苷酸链结合并维持双螺旋空间结构的重要作用力。

DNA两条链之间碱基配对的规则是：一条链上的嘌呤碱基与另一条链上的嘧啶碱基配对。一方面，螺旋圈的直径恰好能容纳一个嘌呤碱和一个嘧啶碱配对。如两个嘌呤碱互相配对，则体积太大无法容纳；如两个嘧啶碱互相配对，则由于两链之间距离太远，不能形成氢键。另一方面，若以A-T、G-C配对可形成五个氢键，而以A-C、G-T配对只能形成四个氢键。氢键的数目越多，越有利于双螺旋结构的稳定性，因此在DNA双螺旋结构中，只有A与T之间或G与C之间才能配对。在DNA双螺旋结构中，这种A-T或C-G配对，并以氢键相连接的规律，称为碱基配对规则或碱基互补规则（图14-10）。

由于碱基配对的互补性，所以一条螺旋的单核苷酸的次序（即碱基次序）决定了另一条链的单核苷酸的碱基次序。这决定了 DNA 复制的特殊规律及在遗传学中具有重要意义。

RNA 的空间结构与 DNA 不同，RNA 一般由一条回折的多核苷酸链构成，具有间隔着的双股螺旋与单股螺旋体结构部分，它是靠嘌呤碱与嘧啶碱之间的氢键保持相对稳定的结构，碱基互补规则是 A－U、C－G。

四、核酸的性质

1. 物理性质　DNA 为白色纤维状物质，RNA 为白色粉状物质。它们都微溶于水，水溶液显酸性，具有一定的黏度及胶体溶液的性质。它们可溶于稀碱和中性盐溶液，易溶于 2－甲氧基乙醇，难溶于乙醇、乙醚等溶剂。核酸在 260 nm 左右有最大吸收，可利用紫外分光光度法进行定量测定。

2. 核酸的水解　核酸是核苷通过磷酸二酯键连接而成的高分子化合物，在酸、碱或酶的作用下都能水解。在酸性条件下，由于糖苷键对酸不稳定，核酸水解生成碱基、戊糖、磷酸及单核苷酸的混合物。在碱性条件下，可得单核苷酸或核苷（DNA 较 RNA 稳定）。酶催化的水解比较温和，可有选择性地断裂某些键。

3. 核酸的变性　在外来因素的影响下，核酸分子的空间结构被破坏，导致部分或全部生物活性丧失的现象，称为核酸的变性。变性过程中核苷酸之间的共价键（一级结构）不变，但碱基之间的氢键断裂。例如，DNA 的稀盐酸溶液加热到 80～100 ℃时，它的双螺旋结构解体，两条链分开，形成无规则的线团。核酸变性后理化性质随之改变：黏度降低，比旋光度下降，260 nm 区域紫外吸收值上升等。能够引起核酸变性的因素很多，例如，加热、加入酸或碱、加入乙醇或丙酮等有机溶剂以及加入尿素、酰胺等化学试剂都能引起核酸变性。

4. 颜色反应　核酸的颜色反应主要是由核酸中的磷酸及戊糖所致。

核酸在强酸中加热水解有磷酸生成，能与钼酸铵（在有还原剂如抗坏血酸等存在时）作用，生成蓝色的钼蓝，在 660 nm 处有最大吸收。这是分光光度法通过测定磷的含量，粗略推算核酸含量的依据。

RNA 与盐酸共热，水解生成的戊糖转变成糠醛，在三氯化铁催化下，与苔黑酚（即 5－甲基－1,3－苯二酚）反应生成绿色物质，产物在 670 nm 处有最大吸收。DNA 在酸性溶液中水解得到脱氧核糖并转变为 ω－羟基－γ－酮戊酸，与二苯胺共热，生成蓝色化合物，在 595 nm 处有最大吸收。因此，可用分光光度法定量测定 RNA 和 DNA。

拓展阅读

人工合成牛胰岛素——探索生命奥秘的起点

1965 年，我国科学家首次合成了具有生物活力的蛋白质——结晶牛胰岛素，这是世界上第一个人工合成的蛋白质，被认为是人类在认识生命、探索生命奥秘的征程中迈出的关键性的一步，该成果获得 1982 年中国自然科学一等奖。

牛胰岛素是牛胰脏中胰岛 β－细胞所分泌的一种调节糖代谢的蛋白质激素，是一条由 21 个氨基酸组成的 A 链（含有一对二硫键）和另一条由 30 个氨基酸组成的 B 链，通过两对二硫键连接而成的一个双链分子的多肽，具有抗炎、抗动脉硬化、抗血小板聚集、治疗骨质增生、治疗精神疾病等作用。

蛋白质研究一直被喻为破解生命之谜的关节点。1953年美国的维格纳奥德（V. du Vigneand，1901—1974）合成了第一个天然多肽激素——催产素（由9个氨基酸组成）而获得了1955年度的诺贝尔化学奖；1955年英国的桑格（F. Sanger，1918—）完成了胰岛素的全部测序工作而获得了1958年度的诺贝尔化学奖；1955—1965年，在世界范围内共有10个研究小组进行胰岛素的人工合成。在这种背景下，1958年6月，由中国科学院上海生物化学研究所提出、后联合中国科学院上海有机化学研究所和北京大学，于1959年1月正式启动了胰岛素的人工合成研究，在历经6年9个月的联合攻关的艰辛工作之后，1965年9月17日，中国科学院上海生物化学研究所、上海有机化学研究所和北京大学化学系的科学家成功获得了人工合成的牛胰岛素结晶。这是一项伟大的胜利，不仅开创了人工合成蛋白质的新纪元，对中国随后的人工合成酵母丙氨酸转移核糖核酸等生物大分子研究也起了积极的推动作用，还证明了中国可在尖端科研领域与西方发达国家一决高下，极大地增强了民族自豪感。

合成胰岛素的研究过程大致如下：①天然胰岛素A、B链拆合关键的研究；②氨基酸原料和多肽合成试剂的生产；③多肽的合成；④胰岛素构象的研究，并从胰岛素酶解产物中分离纯化天然肽段，以期用作化学合成或酶促合成更大肽段的原料；⑤肽链的酶促合成和转肽反应的研究。

在人类认识生命的历史上，胰岛素的人工合成，是继由无机物合成第一种有机物尿素之后而出现的第二次飞跃。

本 章 小 结

本章主要介绍：氨基酸的结构及化学性质，肽的结构，蛋白质的一级、二级结构及理化性质；RNA及DNA的组成，核酸、核苷酸、脱氧核苷酸的结构。

天然氨基酸一般都是α-氨基酸，其构型是L-型。氨基酸是两性电解质，既可以与酸成盐，也可以与碱成盐。当调节溶液的pH，使氨基酸主要以偶极离子形式存在时，它在电场中既不向阴极移动，也不向阳极移动，此时溶液的pH称为该氨基酸的等电点，通常用符号pI表示。在pH＜pI时，氨基酸以正离子形式存在；在pH＞pI时，氨基酸以负离子形式存在；在pH＝pI时，氨基酸以偶极离子形式存在。α-氨基酸都能与茚三酮发生颜色反应，可用于氨基酸的定性及定量分析。

氨基酸是含有氨基及羧基的双官能团化合物。一方面，表现出与氨基相关的性质，例如，与亚硝酸及甲醛反应，可用于氨基酸的定量分析。另一方面，氨基酸分子中含有羧基，既可脱羧生成胺类物质，又可与醇反应生成酯类物质。

氨基酸分子间缩合脱水可形成多聚酰胺，称为多肽。多肽是蛋白质的结构基础。

蛋白质是由α-氨基酸组成的高分子化合物，蛋白质水解后得到α-氨基酸。因此，蛋白质与α-氨基酸具有某些相似的性质，例如，蛋白质与氨基酸一样，不同的蛋白质其等电点不同；能与茚三酮发生颜色反应，后者可用于蛋白质的定性及定量分析。

蛋白质是具有一级结构、二级结构、三级结构、四级结构的高分子化合物。蛋白质具有胶体性质，沉淀作用和变性作用。一旦蛋白质的高级结构被破坏，就会产生变性或不可逆沉淀，生理活性降低。蛋白质还具有与氨基酸不同的颜色反应，如缩二脲反应等。

核酸是另一类高分子化合物，分为 RNA 和 DNA。核酸从化学组成上来说，是线型多聚核苷酸，其基本结构单位是核苷酸。核苷酸又由含氮碱基、戊糖及磷酸组成。RNA 与 DNA 的碱基中都含有胞嘧啶，腺嘌呤和鸟嘌呤，不同的是 RNA 中还含有尿嘧啶，DNA 则含有胸腺嘧啶。两者所含戊糖也不同，RNA 中含有核糖，而 DNA 中的则为 2-脱氧核糖。核酸也具有高级结构，DNA 的典型二级结构是右旋双螺旋结构。DNA 的双螺旋结构在自身复制及遗传变异中具有重要的意义。

习　题

1. 写出下列物质的结构式，并用 R/S 法标记氨基酸的构型：

(1) L-谷氨酸　(2) L-半胱氨酸　(3) L-赖氨酸　(4) 甘-丙肽　(5) 丙-甘-半胱-苯丙肽

(6) γ-谷氨酰-半胱氨酰-甘氨酸　(7) 鸟嘌呤　(8) 腺嘌呤脱氧核苷

2. 丙氨酸、谷氨酸、精氨酸、甘氨酸混合液的 pH 为 6.00，将此混合液置于电场中，试判断它们各自向电极移动的情况。

3. 赖氨酸是含两个氨基一个羧基的氨基酸，试写出其在强酸性水溶液中和强碱性水溶液中存在的主要形式，并估计其等电点的 pH。

4. 写出在下列溶液中各氨基酸的主要存在形式：

(1) 甘氨酸在 pH=6 的溶液中　(2) 谷氨酸在 pH=7 的溶液中

(3) 赖氨酸在 pH=5 的溶液中　(4) 丙氨酸在 pH=6 的溶液中

5. 有一个八肽，经末端分析知 N 端和 C 端均为亮氨酸，缓慢水解此八肽得到如下一系列二肽、三肽：精-苯丙-甘、脯-亮、苯丙-甘、丝-脯-亮、苯丙-甘-丝、亮-丙-精、甘-丝、精-苯丙。试推断此八肽中氨基酸残基的排列顺序。

6. 写出丙氨酸与下列试剂作用的反应式：

(1) NaOH　(2) HCHO　(3) $(CH_3CH_2CO)_2O$　(4) HCl　(5) HNO_2　(6) CH_3OH

7. 写出下列反应的主要产物：

(1) $H_2N\underset{\underset{\displaystyle CH_3}{|}}{C}HCOOH + H_2N\underset{\underset{\displaystyle CH_3}{|}}{C}HCOOH \xrightarrow{-H_2O} ? \xrightarrow{HNO_2} ?$

(2) 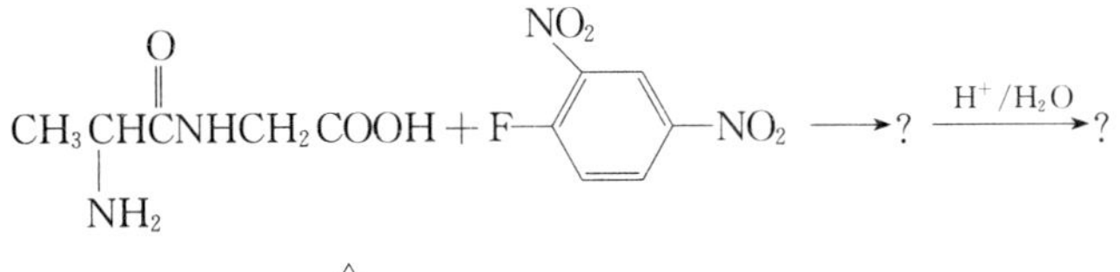 $CH_3\underset{\underset{\displaystyle NH_2}{|}}{C}H\overset{\overset{\displaystyle O}{\|}}{C}NHCH_2COOH + F—C_6H_3(NO_2)_2$（2,4-二硝基氟苯：F 与苯环相连，苯环邻位和对位各有一个 NO_2）$\longrightarrow ? \xrightarrow{H^+/H_2O} ?$

(3) $2H_2N\underset{\underset{\displaystyle CH_3}{|}}{C}HCOOH \xrightarrow{\triangle}$

(4) $H_2N—CH_2—\overset{\overset{\displaystyle O}{\|}}{C}—HN—\underset{\underset{\displaystyle CH_3}{|}}{CH}—\overset{\overset{\displaystyle O}{\|}}{C}—HN—CH_2—\overset{\overset{\displaystyle O}{\|}}{C}—OH \xrightarrow{\text{彻底水解}}$

8. 用化学方法区别下列各组化合物：

(1) 丙氨酸、乳酸、谷-胱-甘肽　(2) 亮氨酸、淀粉、蛋白质

9. 完成下列转化：

(1) 正戊醇→α-氨基戊酸　　(2) 丙二酸，甲苯→苯丙氨酸

(3) 乙烯→天冬氨酸

10. 以甘氨酸、丙氨酸、苯丙氨酸组成的三肽中，氨基酸有几种可能的排列形式？写出它们的结构。

11. 某氨基酸能完全溶于 pH=7 的纯水中，而所得氨基酸的溶液 pH=6，该氨基酸的等电点在什么范围内？是大于 6，还是等于 6？

12. 化合物 A 的分子式为 $C_5H_{11}O_2N$，具有旋光性，用稀碱处理发生水解后生成 B 和 C。B 也有旋光性，既溶于酸又溶于碱，并能与亚硝酸作用放出氮气；C 无旋光性，但能发生碘仿反应。试推断 A 的结构。

13. 某化合物 A 的分子式为 $C_7H_{13}O_4N_3$，在甲醛存在下，1 mol A 能消耗 1 mol 氢氧化钠，A 与亚硝酸反应放出 1 mol 氮气并生成 B ($C_7H_{12}O_5N_2$)；B 与氢氧化钠溶液煮沸后得到一分子乳酸钠和两分子甘氨酸钠。试给出 A、B 的结构式和各步的反应式。

自测题

自测题答案

第四部分

有机化合物的波谱知识

有机化合物分子结构的鉴定是研究有机化学的重要组成部分。在波谱学发展之前，主要通过化学方法来鉴定有机化合物的结构，例如鸦片中吗啡碱的结构鉴定，从1805年开始，直到1952年才彻底完成。20世纪50年代以来，由于波谱学的发展，有机化合物的结构分析带来了质的飞跃。尤其是波谱方法具有微量、快速、准确等特点，已经成为检测、表征有机化合物不可缺少的重要手段。

有机化学中应用最广泛的波谱手段是紫外-可见光谱（UV）、红外吸收光谱（IR）、核磁共振谱（NMR）以及质谱（MS）。紫外-可见光谱又称为电子吸收光谱，它主要通过不同电子在分子中不同轨道的跃迁来研究有机物分子的结构和其他性质。红外吸收光谱包括分子的转动光谱和振动光谱，它主要是通过有机化合物分子中基团的振动能级的跃迁解析有机化合物的结构信息。核磁共振波谱是利用有机化合物在强磁场中^{1}H或^{13}C的核能级跃迁研究有机分子中氢原子与碳原子的连接方式（氢谱）或碳原子之间的连接方式（碳谱）。质谱是有机化合物分子经高能粒子轰击而形成分子离子和碎片离子，在电场和磁场的作用下形成的图谱，可以确定有机分子的相对分子质量及探讨有机分子碎裂的机理。现在，核磁共振以及质谱等波谱方法又有了新的发展。例如，核磁共振谱已由过去只能检测氢质子和碳原子的氢谱和碳谱发展为可检测^{16}P的磷谱，核磁数据记录由一维谱图发展为二维谱图；质谱也从过去只能检测小分子发展为可以检测蛋白质等大分子。对于农林院校的学生来说，掌握一定的有机波谱知识，是适应新的形势和素质教育必不可少的。它对于提高学生的综合素质具有重要意义。由于篇幅有限，本书对有关波谱知识只能进行简单介绍，更进一步的了解请阅读有关专著或仪器分析书籍。

电磁波的覆盖范围很广，不同电磁波所具有的能量不同。依照波长大小排列，可将电磁波分为若干个区域：

电 磁 波 谱

区　域	波长 λ	原子或分子的跃迁
γ射线	0.01～10 pm	核裂变
X射线	0.01～10 nm	内层电子
远紫外	10～200 nm	中层电子
近紫外	200～400 nm	外层（价）电子

（续）

区　　域	波长 λ	原子或分子的跃迁
可见	400～750 nm	外层（价）电子
近红外	0.75～2.5 μm	分子振动与转动
中红外	2.5～25 μm	分子振动与转动
远红外	25～1 000 μm	分子转动
微波	1～100 mm	电子自旋共振谱
无线电波	0.1 ～1 000 m	核磁共振

注：波长与频率的关系为 $E=h\nu=hc/\lambda$，则波数为波长的倒数。

当有机化合物分子受到电磁波照射时，分子可以对一定波段的电磁波选择吸收，由此可以得到相应的吸收光谱。这是因为有机物分子处于不同的运动状态，当分子吸收电磁辐射后受到激发，从能量较低的运动状态（低能级）跃迁到能量较高的运动状态（高能级）。

根据量子力学理论，物质在吸收能量后，能级的跃迁是量子化的，跃迁所吸收的能量符合下列关系式：

$$\Delta E = E_{高} - E_{低} = h\nu$$

式中：ν 为频率；h 为普朗克（Planck）常量。

由上面的关系式可知，能级跃迁时所吸收光的频率与两能级间的差值有关。差值越大，吸收光的频率越高，则波长越短。

吸收光谱需要用特殊的仪器来检测和记录。用于获得物质对电磁波选择吸收光谱的仪器叫作光谱仪。通常，光谱仪主要由四部分组成，即光源、样品室、单色器和检测器。

从上面的表中可以看到，用不同波长的光或电磁波照射原子或分子，会引起原子或分子内部发生不同类型的跃迁。

第十五章　紫外和红外吸收光谱

紫外-可见吸收光谱和红外吸收光谱在有机化合物的结构鉴定以及性质研究方面有着重要作用。紫外-可见光谱主要用于研究含共轭结构的有机化合物。红外光谱适用范围比较广，每种化合物均有特征的红外吸收，由有机化合物的红外光谱可得到丰富的信息。有机化合物的红外光谱通常含有很多的吸收峰，官能团的吸收显示了化合物中存在的官能团，而指纹区的吸收则对化合物结构确定提供了可靠的依据。

第一节　紫外与可见吸收光谱（UV）

紫外光的波长范围在 10～400 nm，其中 10～200 nm 一段称为远紫外区，200～400 nm 一段称为近紫外区，400～750 nm 一段称为可见光区。由于波长很短的紫外光（10～200 nm）会被空气中的氧和二氧化碳所吸收，因此研究远紫外区的吸收光谱很困难。常见的紫外吸收光谱都是近紫外区的。

一、紫外光谱的表示方法

物质对光的吸收遵循朗伯-比尔（Lamber - Beer）定律。可用下列数学式表示：

$$A = \lg \frac{I_0}{I} = \varepsilon \cdot c \cdot l$$

式中：I_0 和 I 分别表示入射光和透射光强度；$\lg \frac{I_0}{I}$ 为吸光度 A；c 为样品浓度（$mol \cdot L^{-1}$）；l 为光程，一般为石英比色皿的厚度，即样品液层的厚度（cm）；ε 为光被吸收的比例系数，当采用物质的量浓度时，ε 为摩尔吸光系数（$L \cdot mol^{-1} \cdot cm^{-1}$），它与吸收物质的性质及入射光的波长有关。

朗伯-比尔定律适用于可见光、紫外光和红外光，适用于溶液、气体和均质固体。

紫外-可见分光光度计可自动扫描波长，通过记录仪可得到以波长 λ（nm）为横坐标，吸光度（A）为纵坐标的紫外-可见光谱图。紫外-可见光谱图也可以以波长为横坐标，摩尔吸光系数 ε 或其对数为纵坐标绘图（图 15 - 1）。

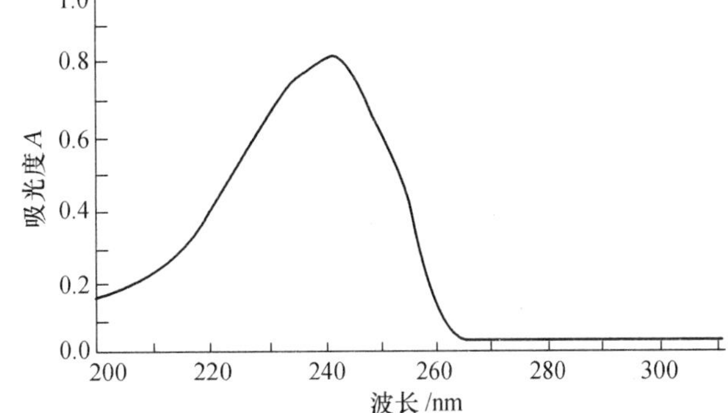

图 15 - 1　2,5 -二甲基- 2,4 -己二烯的紫外-可见光谱图（溶剂：甲醇）

紫外-可见光谱图提供的最重要的信息，是物质的最大吸收波长 λ_{max} 和在此波长下摩尔吸光系数 ε_{max}。由于物质的结构不同，其 λ_{max} 和 ε_{max} 也不相同，这是鉴别化合物的基本依据。另外，它还受温度，特别是溶剂的影响而改变，所以在作光谱图或查阅文献时，应注明或特别注意测定时所用的溶剂。

二、紫外光谱与分子结构的关系

1. 电子跃迁的类型　由共价键理论可知，有机化合物中有 σ 电子和 π 电子，有时还存在未成键的 n 电子。当受到紫外光或可见光照射时，电子会通过吸收光能从低能态的成键轨道或非键轨道向反键轨道发生跃迁。电子跃迁主要有以下几种类型：$\sigma \rightarrow \sigma^*$、$\pi \rightarrow \pi^*$、$n \rightarrow \sigma^*$、$n \rightarrow \pi^*$ 跃迁。各种跃迁所需的能量不同，它们的能量顺序为：$\Delta E_{(\sigma \rightarrow \sigma^*)} > \Delta E_{(n \rightarrow \sigma^*)} \geqslant \Delta E_{(\pi \rightarrow \pi^*)} > \Delta E_{(n \rightarrow \pi^*)}$。因此，在有机化合物中最易发生的跃迁是 $n \rightarrow \pi^*$ 和 $\pi \rightarrow \pi^*$ 跃迁（图 15 - 2）。

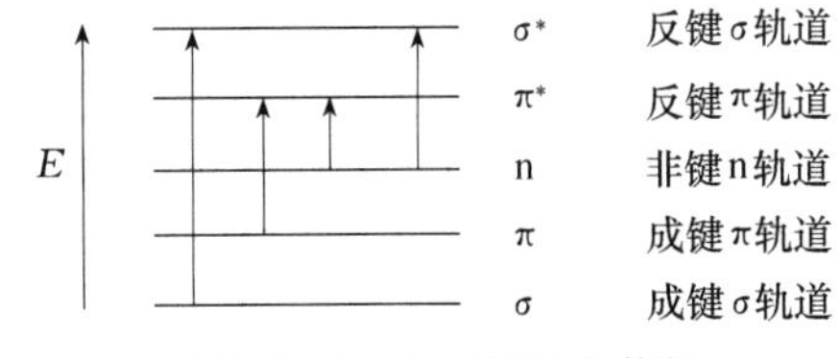

图 15 - 2　电子跃迁的能级

2. 紫外吸收光谱与分子结构的关系

（1）饱和有机化合物　饱和碳氢化合物中只含有 σ 成键轨道和 σ* 反键轨道，因此这类化合物的电子只发生 σ→σ* 跃迁。由于能级差很大，紫外吸收的波长很短，属于远紫外区，如甲烷、乙烷的最大吸收波长分别为 125 nm、135 nm，不能用一般的紫外分光光度计进行测定，即使能测定，其吸收波长值也难以提供较好的结构信息。

含杂原子的饱和化合物中，杂原子有孤电子对，所以这类化合物有 n→σ* 跃迁，但大多数情况下它们在近紫外区无明显吸收。我们把这样的饱和基团叫作助色团。

饱和有机化合物是紫外测定的良好溶剂。

（2）不饱和有机化合物　这里指的是含非共轭烯基和炔基的化合物，以及含不饱和杂原子的化合物。前者含有 π 电子，可以发生 π→π* 跃迁，其紫外吸收波长较 σ→σ* 长；后者含有 π 电子和孤电子对，其 σ→σ*、π→π* 属远紫外吸收，n→σ* 亦常属于远紫外吸收，不宜检测，但 n→π* 跃迁的吸收波长在紫外区，可以检测。我们将这些产生紫外吸收的不饱和基团叫作生色团。表 15－1 列出了常见生色团的特征吸收峰。

表 15－1　常见生色团的特征吸收峰

生色团	化合物	跃迁	$\lambda_{max/nm}$	ε_{max}/(L·mol^{-1}·cm^{-1})	溶剂
>C=C<	乙烯	π－π*	162	15 000	气态
—C≡C—	乙炔	π－π*	173	6 000	气态
—C(—)=O	丙酮	π－π*	188	900	己烷
		n－π*	279	14.8	己烷
	丙醛	n－π*	292	21	异辛烷
—COOH	乙酸	n－π*	204	41	醇
—COOR	乙酸乙酯	n－π*	204	60	水
—$CONH_2$	乙酰胺	n－π*	295	160	甲醇
>C=C—C=C<	1,3-丁二烯	π－π*	217	21 000	己烷
>C=C—CHO	丙烯醛	π－π*	210	25 500	水
		n－π*	315	13.8	醇

当助色团连接到生色团上时，会使生色团的吸收波长变长或吸收强度增加（或二者皆有），见表 15－2。

表 15－2　助色团R—在C_6H_5—R中对吸收峰的影响

取代基 R	化合物	λ_{max}/nm	ε_{max}/(L·mol^{-1}·cm^{-1})	溶剂
H	苯	254	204	己烷
Cl	氯苯	261	225	乙醇
OH	苯酚	270	1 450	水
NH_2	苯胺	280	1 430	水

（3）含有共轭体系的有机化合物　由于共轭体系的存在，π电子更易于发生$\pi\rightarrow\pi^*$跃迁，其紫外吸收所需的能量降低，因此吸收波长向长波方向移动（称为长移或红移）。一般共轭体系越长，其最大吸收越移向长波方向，甚至移到可见光部分。随着吸收移向长波方向，吸收强度也增大，见表 15－3。

表 15－3　共轭多烯化合物的特征吸收

化合物	共轭双键数	λ_{max}/nm	ε_{max}/(L·mol^{-1}·cm^{-1})	颜色
乙烯	1	162	15 000	无色
丁二烯	2	217	21 000	无色
己三烯	3	258	35 000	无色
癸五烯	5	335	118 000	淡黄
α-羟基-β-胡萝卜素	8	415	210 000	橙色
反式番茄色素	11	470	185 000	红色

问题与思考 15－1　指出下列化合物中价电子跃迁能量最低的是什么跃迁：

（1）$CH_3CH{=}CH_2$　（2）C_6H_5—OH（苯酚）　（3）$CH_3CH{=}CHCHO$

问题与思考 15－2　比较下列化合物紫外最大吸收波长的大小顺序：

（1）$CH_3CH{=}CH_2$　（2）$CH_2{=}CH—CH{=}CH_2$

（3）$CH_2{=}CH—CH{=}CH—CH{=}CH_2$

三、紫外光谱在有机化合物结构鉴定中的应用

紫外光谱图是用于有机分析的几种谱图之一。它提供的主要信息是有关化合物的共轭体系或某些羰基等存在的信息。下面将某些常见官能团的紫外吸收粗略归纳如下：

（1）化合物在 220～800 nm 内无紫外吸收，说明该化合物是脂肪烃、脂环烃或它们的简单衍生物（氯化物、醇、醚、羧酸等），或者甚至可能是非共轭的烯烃。

（2）220～250 nm 内显示强的吸收，表明存在两个共轭的不饱和键（共轭二烯烃或 α,β-不饱和醛、酮）。如 1,1′-联二环己烯的紫外-可见光谱如图 15-3 所示。

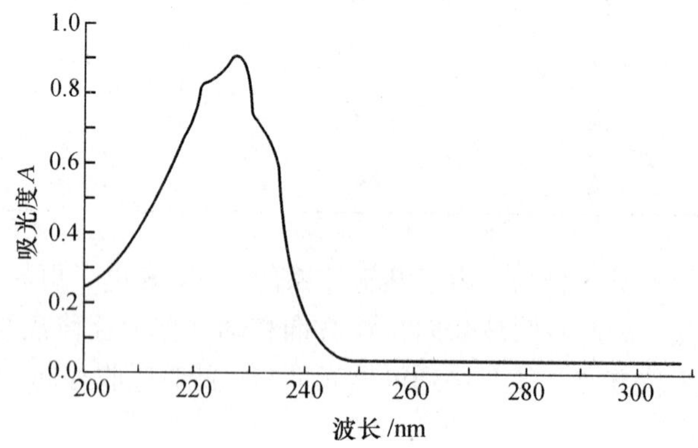

图 15-3　1,1′-联二环己烯的紫外-可见光谱图（溶剂：甲醇）

（3）250～290 nm 内显示中等强度的吸收，且常常显示出不同程度的精细结构，说明有苯环存在。

（4）290～350 nm 内显示中、低强度的吸收，说明有羰基或共轭羰基存在。

（5）300 nm 以上的高强度吸收，表明该化合物有较大的共轭体系。若高强度吸收具有明显的精细结构，说明有稠环或稠环杂芳烃及其衍生物存在。

以上归纳仅是分析的起点，具体分析还要考虑介质的影响。当溶剂的极性增强时，对于 $\pi \rightarrow \pi^*$ 跃迁，吸收带常会发生红移，而对 $n \rightarrow \pi^*$ 跃迁，最大吸收波长变短（称为短移或蓝移）。因此，一般应尽量采用合适的低极性溶剂，以减少溶剂效应的影响，见表 15-4。

表 15-4　常见溶剂紫外-可见光的最小吸收波长

溶　剂	λ/nm	溶　剂	λ/nm
丙酮	335	乙酸乙酯	205
乙腈	190	庚烷	195
苯	285	己烷	195
二硫化碳	380	甲醇	205
四氯化碳	265	戊烷	200
氯仿	245	异丙醇	205
环己烷	210	吡啶	305
二氯甲烷	230	四氢呋喃	230
乙醚	210	甲苯	285
1,4-二氧六环	215	2,2,4-三甲基戊烷	210
乙醇	205	二甲苯	290

问题与思考 15－3　某化合物可能是下列两种结构之一，如何用紫外－可见光谱进行判断？

（1）$C_6H_5-CH_2CH=CH-CH=CH_2$　　（2）$C_6H_5-CH=CH-CH=CHCH_3$

第二节　红外吸收光谱（IR）

红外光波段通常可分为近红外、中红外和远红外三部分（表 15－5）。用波长为 0.75～1 000 μm的电磁波（又称红外线的连续光）照射样品，会引起样品分子的振动、转动能级的跃迁，在跃迁中吸收了那些与分子振动、转动能级差相当的光子，由此形成了红外吸收曲线，这就是红外吸收光谱。

表 15－5　红外光波段的划分

波段名称	波长/μm	波数/cm^{-1}
近红外	0.75～2.5	13 300～4 000
中红外	2.5～25	4 000～400
远红外	25～1 000	400～10

常用红外光波段范围为中红外光，波长范围为 2.5 μm～25 μm（即波数为 4 000～400 cm^{-1}）。在这一红外区域，各种有机化合物分子中的官能团、化学键都有特征的吸收峰，由此可以进行定性分析，也可以根据某化合物特征吸收的吸光度大小，对有机化合物进行定量分析。

一、分子振动与红外吸收光谱

1. 分子振动类型　按照经典力学的观点，双原子分子仅有一种振动模式，而多原子分子则有多种振动方式。对于多原子分子而言，振动可分为两大类：

（1）伸缩振动　沿着键轴方向伸、缩的振动称为伸缩振动，常用符号 ν 表示，它的吸收频率相对在高波数区域。伸缩振动按其振动方向，又可分为对称伸缩和反对称伸缩，分别记为 ν_s 和 ν_{as}（图 15－4）。

（2）弯曲振动　弯曲振动又称为变形振动，它是指原子在垂直于化学键的方向进行的振动，它的吸收频率相对在低波数区域。弯曲振动分为面内弯曲和面外弯曲两种振动方式。面内弯曲振动又分为剪切振动（记为 δ_s）和面内摇摆（记为 ρ），面外弯曲振动又分为面外摇摆（记为 ω）和扭曲振动（记为 τ）（图 15－4）。

分子中，不同原子在不同键上的不同振动，都有特定的能级和能级差，要吸收相应能量的光量子，因而在光谱图上就会有相应的吸收峰。

2. 红外光谱的表示方法　常见的红外光谱图是以波长 λ（μm）或波数 σ（cm^{-1}）为横坐标，透射率 T（%）或吸光度 A 为纵坐标。透射率 T（%）指通过样品的光强度 I 占原入射光强度 I_0 的百分数。

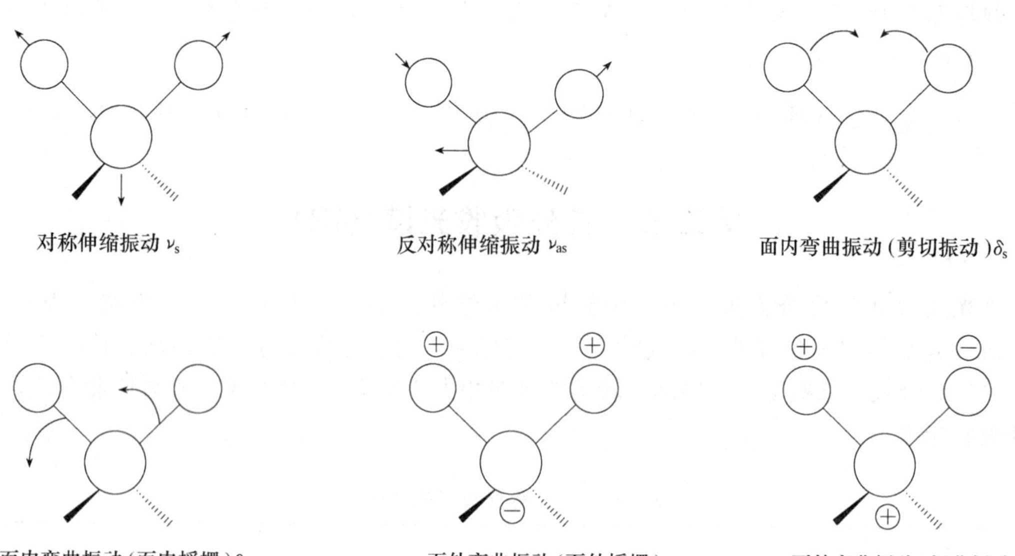

图 15-4　分子振动类型

$$T = I/I_0 \times 100\%$$

如果样品在某一特定波长无吸收，透射率为 100%，如果在某一特定波长有吸收，则减小透射率，这样在图谱中就会出现一个吸收峰。吸光度 A 为辐射光吸收的量度，可用下式表示：

$$A = \lg I_0/I = \lg(1/T)$$

因此，吸收强度越大，吸光度 A 就越大，而透射率就越小。吸收强度的强弱还常定性地用 vs（很强）、s（强）、m（中）、w（弱）、v（可变）等符号表示。图谱中吸收峰的形状也各不相同，一般分为宽峰、尖峰、肩峰和双峰等类型。

图 15-5 是正庚烷的红外光谱图。在 2 930～2 800 cm^{-1}、1 460 cm^{-1}、1 380 cm^{-1} 处出现三个高度不同的吸收峰。

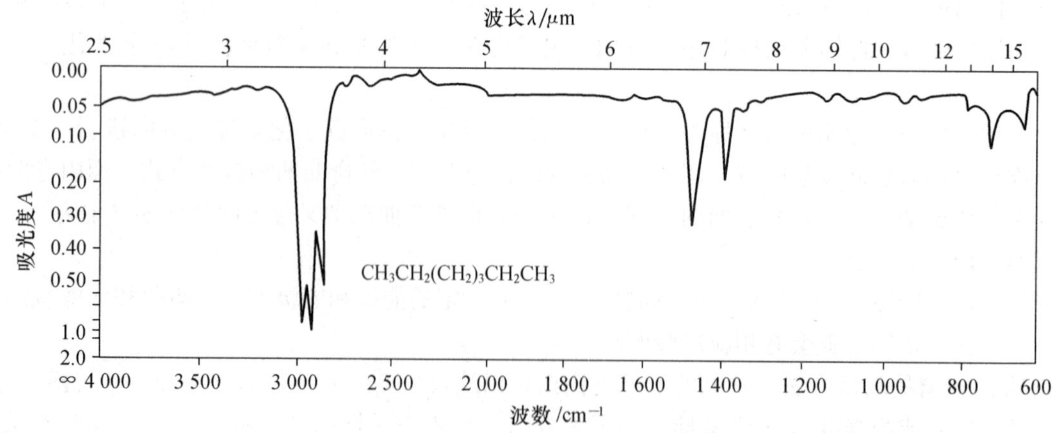

图 15-5　正庚烷的红外光谱图

二、红外吸收光谱与分子结构的关系

1、特征区（又称官能团区）　指 4 000～1 500 cm^{-1}（2.5～6.7 μm）的区域，主要为伸缩振动吸收，它是官能团的特征峰出现较多的部分。所谓特征吸收是某种类型的化学键吸收红外光独立产生的吸收峰，峰出现的位置受分子其他部分的影响较小。双键、叁键、苯环、羰基、硝基、羟基等基团的特征峰都在这个区域。因此，对红外光谱首先应察看这一区域内有无预期的官能团的特征吸收峰。

2. 指纹区　指 1 500～400 cm^{-1}（6.7～25 μm）的区域，这一区域的吸收峰是多原子体系的单键伸缩振动和弯曲振动所造成的，受分子的整体结构影响较大。各化合物在这一区域内的吸收峰出现的位置、形状和强度都不相同，如同人的指纹一样，具有很强的特殊对应性，在认证有机化合物方面准确度较高，故称为指纹区。其中低频区（909～650 cm^{-1}）对于确认芳香族化合物及其取代情况非常有效，芳香族和杂环芳香族化合物在这一区域有强的吸收带，反之，则可推出该化合物为非芳香结构。

表 15－6 列出了各类基团在不同红外频率区的特征吸收。

表 15－6　各类基团在不同频率区的特征吸收

键　　型	化　合　物	特征吸收峰吸收频率/cm^{-1}	吸收强度
C—H	烷烃（伸缩）	2 800～3 100	强
C═C—H	烯烃、芳烃（伸缩）	3 000～3 100	中
C≡C—H	炔烃（伸缩）	3 200～3 500	强、尖
C═C	烯烃（伸缩）	1 600～1 680	不定
	芳烃	1 400～1 600	弱～中强
C≡C	炔（伸缩）	2 050～2 260	不定
C—O	醇、醚	980～1 250	强
	羧酸	1 350～1 440	弱～强
		1 210～1 320	强
	酯	1 035～1 300	强
C═O	醛（伸缩）	1 690～1 740	强
	酮（伸缩）	1 550～1 730	强
	酸、酯（伸缩）	1 710～1 780	强
N—H	伯胺（伸缩）	3 200～3 600	中
	仲胺（伸缩）	3 100～3 500	中
O—H	醇、酚（伸缩）	3 400～3 700	不定（尖）
	醇、酚（氢键缔合）	3 200～3 400	强、宽
	醇、酚、酸（弯曲）	1 000～1 450	强
	酸（氢键缔合）	2 500～3 300	不定（宽）

（续）

键 型	化 合 物	特征吸收峰吸收频率/cm^{-1}	吸收强度
—R	一取代苯（弯曲）	770 和 690～710	强
R′, —R	邻二取代苯（弯曲）	735～770	强
R′, —R	间二取代苯（弯曲）	725～770 和 760～810	强
R′— —R	对二取代苯（弯曲）	800～860	强

三、红外吸收光谱在有机化合物结构鉴定中的应用

1. 确定官能团的存在及化合物的类型 红外光谱在化合物鉴定中有着重要的作用。通过红外光谱图中的主要特征峰可以确定化合物中所含的官能团，借此来鉴别化合物的类型。如某化合物的图谱中只含有饱和C—H特征峰，则该化合物为烷烃化合物，如有═C—H和C═C双键或叁键等不饱和键的特征峰，就属于烯类或炔类。

例 1：未知物分子式为 C_8H_{16}，其红外光谱图如图 15-6 所示，试推测其结构。

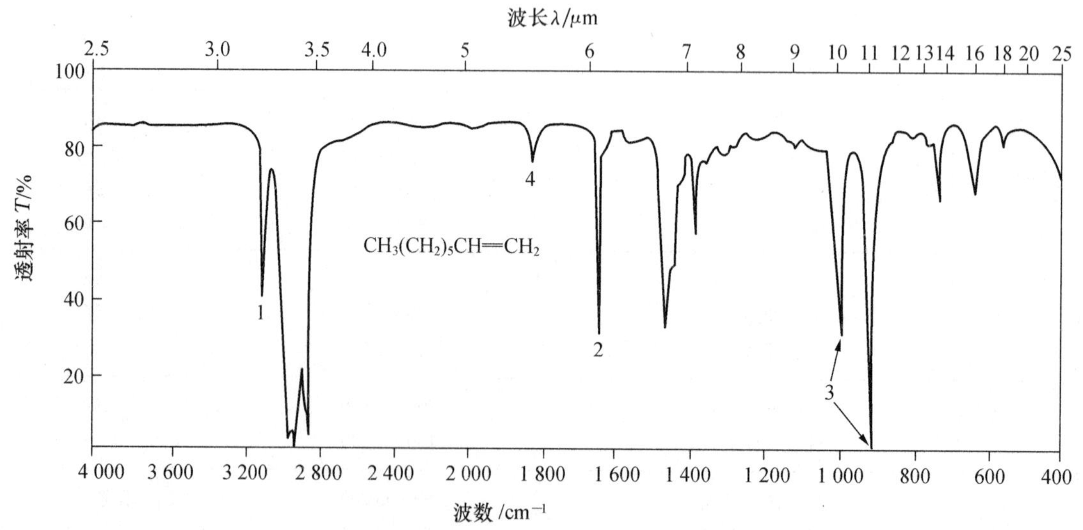

图 15-6 未知物 C_8H_{16} 红外谱图

解：由分子式可计算出化合物的不饱和度为 1，即该化合物为不饱和烯烃或为环状化合物。

由谱图可知，3 079 cm^{-1}处有吸收峰，这说明存在与不饱和碳相连的氢，因此该化合物应为烯烃。在 1 642 cm^{-1}处还有C═C伸缩振动吸收，更进一步证明该化合物中存在烯基。910 cm^{-1}、993 cm^{-1}处的C—H弯曲振动说明该化合物有末端乙烯基。从 2 928 cm^{-1}、1 462 cm^{-1}的较强吸收及1 379 cm^{-1}的较弱吸收可知，该化合物中的 CH_2 多于 CH_3。

综上可知，未知物为直链末端烯烃，即 1-辛烯。

例 2：某化合物的分子式为 C_3H_4O，其红外光谱图如图 15-7 所示，试推测其结构。

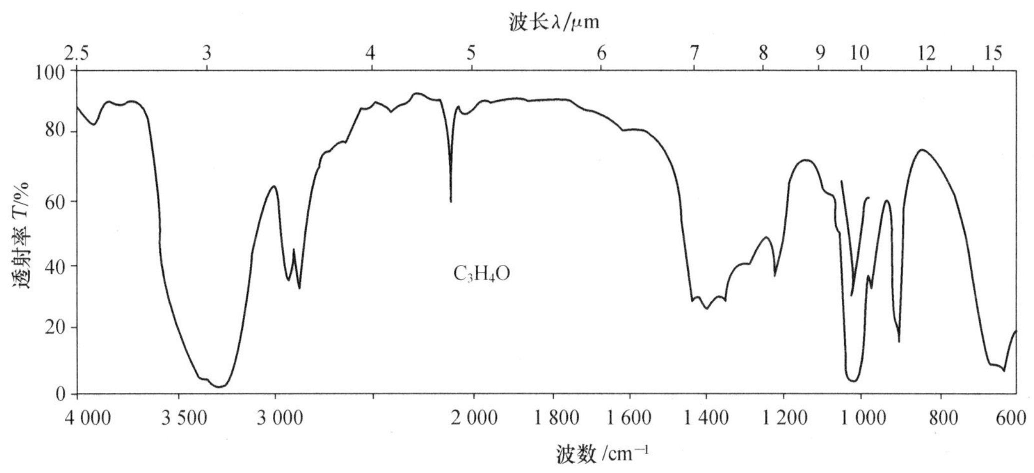

图 15-7　化合物 C_3H_4O 红外光谱图

解：由分子式 C_3H_4O 可知，不饱和度 $n=2$，该化合物可能含有碳碳叁键。图 15-7 中～3 300 cm^{-1}有一宽的吸收峰，说明羟基存在。1 040 cm^{-1} C—O是伸缩振动吸收，所以化合物为醇。在 2 110 cm^{-1}的峰为C≡C键的特征吸收峰。从分子式可知，该化合物为 2-丙炔醇，结构式为CH≡C—CH_2OH。

例 3：某化合物的分子式为 C_7H_8O，其红外光谱图如图 15-8 所示，试推测其结构。

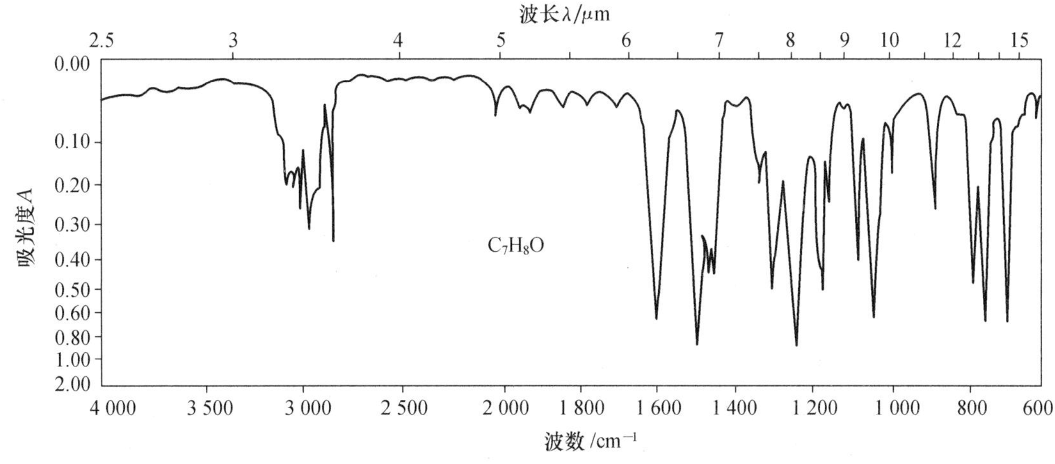

图 15-8　化合物 C_7H_8O 红外光谱图

解：由分子式 C_7H_8O 可知，不饱和度 $n=4$，该化合物可能含有苯环。该化合物分子式只有一个氧原子，在 3 620～3 200 cm^{-1}无吸收，说明不含羟基。在～1 700 cm^{-1}无强吸收，说明化合物不是羰基化合物，故化合物可能是醚。根据 3 000 cm^{-1}以上，1 600、1 500 和 700 cm^{-1}吸收峰判定该化合物是一取代物。在 1 250 cm^{-1}和 1 040 cm^{-1}的C—O伸缩振动吸收体现了芳香醚的特性。因此，该化合物是苯甲醚（—OCH_3）。

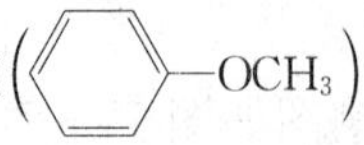

问题与思考 15－4 指出下列化合物的红外特征吸收的波数范围：

（1）HCHO （2）$CH_2═CH_2$ （3） 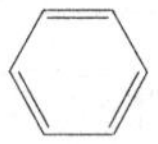 （4）CH_3OH （5）CH_3NH_2

问题与思考 15－5 根据下列化合物的红外光谱吸收带的分布，写出它们的结构式：

（1）C_5H_8：3 300，2 900，2 100，1 470，1 375 cm^{-1}

（2）C_7H_6O：2 720，1 760，1 580，740，690 cm^{-1}

2. 利用标准谱图鉴定有机化合物 最常见的红外标准谱图为萨特勒（Sadtler）红外谱图集和 DMS（documentation of molecular spectroscopy）卡片。

萨特勒红外谱图集是美国费城 Sadtler 研究实验室从 1947 年开始编制的一套标准谱图，这套谱图分为两部分：标准光谱图和商业光谱图。其中标准光谱图指化合物纯度在 98%以上的化合物的光谱图，红外光谱部分包括棱镜（prism）和光栅（grating）两种红外光谱图。另外，萨特勒谱图还包括紫外、拉曼、核磁氢谱、核磁碳谱图。

萨特勒谱图具有多种索引，检索非常方便，其中索引分为：化合物索引（按英文名称字母顺序排列）、分子式索引、化学分类索引、谱图顺序号索引（按收集谱图的顺序号排列）和波长索引。表 15－7 以分子式索引简要说明萨特勒红外谱图集的使用方法。

表 15－7 Sadtler 红外谱图集的分子式索引表

Name	C	H	Br	Cl	F	I	O	P	S	Si	M	prism	grating	…
……	…	…	…	…	…	…	…	…	…	…	…	…	…	…
butyric acid, 2－hydroxy-	4	8					3					17 506	36 898	…
……	…	…	…	…	…	…	…	…	…	…	…	…	…	…

第 1 栏是有机化合物的分类，2～12 栏是化合物中所含元素的数目，13～14 栏是化合物分别在棱镜和光栅两种红外谱图中的编号，15～17 栏分别为该化合物的标准紫外、核磁氢谱及碳谱的编号。

例 4：通过 Sadtler 标准谱图查阅 2－羟基丁酸的红外光谱图。

解：首先写出 2－羟基丁酸的分子式 $C_4H_8O_3$，再根据分子式查阅萨特勒红外标准谱图分子式索引。查阅时，从 2～12 栏中找出符合该化合物的各元素原子的数目，C：4，H：8，O：3，然后查找该化合物的名称“BUTYRIC ACID，2－HYDROXY－”，由此即可查到其所对应的红外光谱图的编号“17506”（棱镜）和“36898”（光栅）。根据其编号即可找到如图 15－9 所示的红外光谱图。

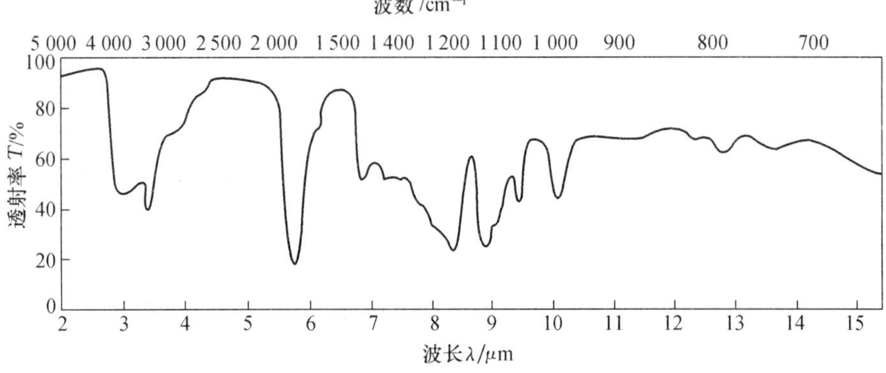

图 15－9　2－羟基丁酸的红外光谱图（光栅）

通过红外光谱，还可以鉴别光学异构体，区分几何（顺、反）异构体、构象异构体和互变异构体，鉴别样品的纯度和指导分离操作，以及研究化学反应中的一些问题。在化学反应过程中，可直接用反应液或粗品进行检测，根据原料和产物特征峰的波长情况，对反应进程、反应速率、反应时间与收率的关系等问题及时作出判断。

本章小结

紫外吸收光谱（UV）是由分子中价电子运动能级的跃迁（同时伴随有振动和转动能级跃迁）引起的吸收光谱，也称为电子（或电子振动、转动）光谱。它广泛应用于有机化合物的定性、定量分析，特别是对具有共轭体系的化合物的鉴定。要了解常见生色团的特征吸收峰的最大吸收波长 λ_{max}和在此波长下摩尔吸光系数 ε_{max}及紫外吸收光谱与分子结构的关系。

红外光谱（IR）是物质分子吸收红外光后分子的振动能级（同时伴随转动能级）发生跃迁，即分子中原子间位置的变化所产生的分子吸收光谱，也称为分子振动（或振动-转动）光谱。它可以用来推断未知化合物的结构，检验化合物的纯度及测定化合物的含量等。要了解重要官能团的红外光谱特征吸收频率及红外光谱与分子结构的关系。

习　题

1. 电子有哪些跃迁形式？在紫外光谱中，一般观察到的跃迁是哪几种？

2. 指出苯、苯甲醛和 β－苯基丙烯醛的 λ_{max}大小顺序。

3. 从下列不饱和化合物的 λ_{max}数值判断：(1) 这些化合物结构和 λ_{max}之间有什么规律？(2) 为什么丙烯醛有两个 λ_{max}，而其他烯烃只有一个？

化合物	乙烯	1,4－戊二烯	1,3－丁二烯	丙烯醛	1,3,5－己三烯
λ_{max}/nm	175	179	217	218 315	273

4. 指出下列红外光谱数据（单位为 cm^{-1}）可能存在的官能团。

(1) 3 010，～965 (s)　　(2) 3 300，2 150，630　　(3) 3 350（宽），1 050

(4) 1 720 (s)，但无 2 720，2 820　　(5) 1 720 (s)，2 720，2 820

5. 根据下列化合物的 IR 谱吸收带的分布，写出它们的结构式：

(1) C_5H_8：3 300，2 900，2 100，1 470，1 375 cm^{-1}

(2) C_7H_6O：2 720，1 760，1 580，740，690 cm^{-1}

6. 化合物 C_8H_6 的 IR 图谱如图 15－10 所示，它能使 Br_2/CCl_4 褪色，并能与银氨溶液反应生成沉淀，试推测化合物的结构。

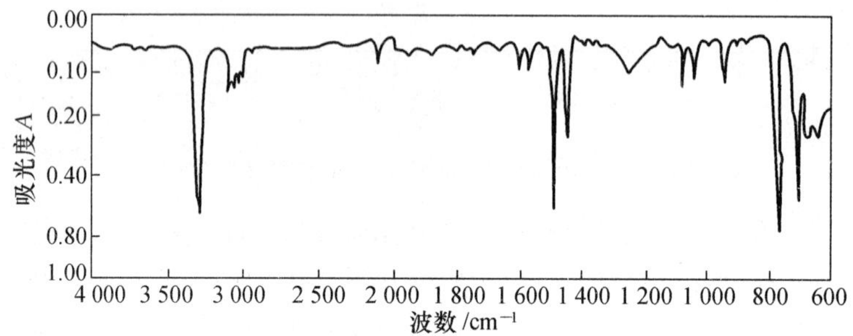

图 15－10　C_8H_6 的红外光谱图

自测题　　自测题答案

第十六章 核磁共振谱和质谱

核磁共振谱和质谱是近年来普遍使用的仪器分析技术，广泛应用于有机化合物分子结构的确定。核磁共振具有操作方便，分析快速，能准确测定有机分子的骨架结构等优点。质谱是用来测定有机化合物的精确相对分子质量和确定分子式以及分子结构的重要工具，它的灵敏度高，只需几微克样品就能够提供相对分子质量和分子结构的信息。质谱与色谱联用，已成为一种用途很广的化合物结构的定性和定量分析方法。

第一节 核磁共振谱（NMR）

一、核磁共振的基本原理

核磁共振是由原子核的自旋运动引起的。核磁共振谱是原子序数或质量数为奇数的原子核，吸收兆周数量级的电磁波而产生的核自旋跃迁所得到的吸收光谱。目前研究最多、应用最广的是^{1}H和^{13}C的核磁共振谱。

质子的自旋磁矩（μ）方向是混乱的（图 16－1）。当自旋核处于磁场强度为 H_0 的外加磁场中时，它的取向分为两种，一种与外磁场方向相同，另一种相反（图 16－2）。与外磁场取向相同的自旋能量较低，逆向排列的自旋能量较高，两种取向能量差为 ΔE，可用下式表示：

$$\Delta E = \gamma \frac{h}{2\pi} H_0 \tag{16-1}$$

式中：h 为普朗克常量；γ 为磁旋比，对于质子来说，$\gamma=2.375\times10^{8}\ \mathrm{rad\cdot s^{-1}\cdot T^{-1}}$；$H_0$ 为外加磁场强度。

上式表明，核由自旋的低能态向高能态跃迁时所需的能量 ΔE 与外加磁场强度（H_0）成正比，外加磁场越强，它们的能量差越大（图 16－3）。

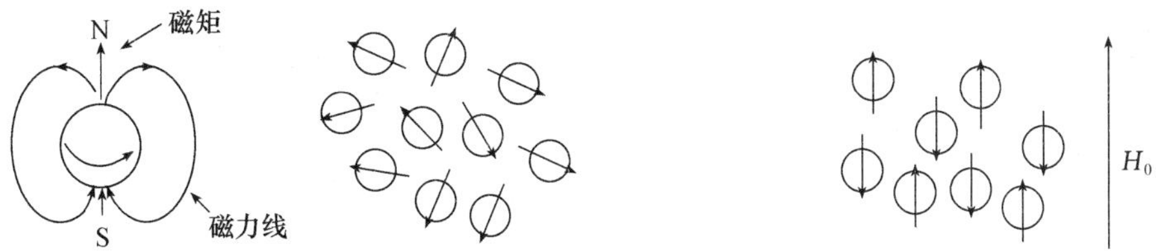

图 16－1 质子的自旋磁矩方向

图 16－2 质子在外加磁场中的自旋磁矩方向

核要从低能态跃迁到高能态，必须吸收 ΔE 的能量。处于外磁场中的自旋核接受一定频率的电磁波辐射，当辐射的能量 $h\nu_0$ 恰好等于 ΔE 时，处于低能态的自旋核吸收电磁辐射能量跃迁到高能态，这种现象称为核磁共振。

$$\Delta E = h\nu_0 \qquad (16-2)$$

式（16－1）和式（16－2）表明，发生共振的电磁波频率与外加磁场的强度成正比。因此可采用两种方法产生共振吸收：一种是固定磁场强度，改变电磁波频率（扫频）；另一种是固定电磁波频率，改变磁场强度（扫场），目前应用较多。许多仪器同时具有这两种扫描方式。

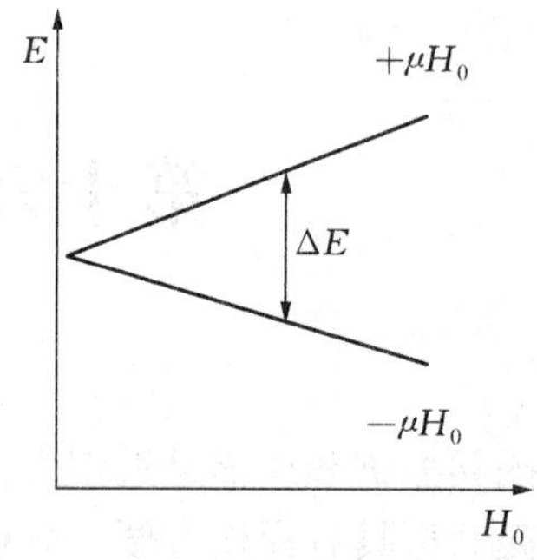

图 16－3　质子在外加磁场 H_0 中，两个自旋能级和 H_0 的关系

二、化学位移

根据核磁共振条件，在固定的磁场强度下，使分子中所有质子发生共振吸收的频率应该都是一样的。其实不然，氢原子在分子中所处的化学环境不同，发生共振吸收的频率也有所差异。在分子中，氢原子核被价电子包围，在外加磁场作用下，这些电子可产生诱导电子流，从而产生一个感应磁场。若感应磁场与外加磁场方向相反，氢核受到的实际有效磁场的影响要比外加磁场强度小，这种作用称为屏蔽作用；若感应磁场与外加磁场方向相同，氢核受到的实际有效磁场的影响要比外加磁场强度大，这种作用称为去屏蔽作用。与一个不受任何影响的孤立氢核相比，如果外加电磁辐射频率不变，则受到屏蔽作用的氢需要增高磁场强度才能发生共振，屏蔽作用使氢核的共振吸收移向高场。相反，受到去屏蔽作用的氢则在较低的磁场强度发生共振，去屏蔽作用使氢核的共振吸收移向低场。这种由于屏蔽或者去屏蔽作用而使氢核的共振吸收向高场或低场的移动叫作化学位移，常以 δ 表示。大多数氢原子的 δ 值在 0～10。

化学位移的变化为十万分之几，因此精确测量化学位移的绝对值十分困难，故在实际测量中，化学位移采用相对数值来表示，即选用四甲基硅［$(CH_3)_4Si$，TMS］为标准物质，这是因为 TMS 分子中的十二个氢是等同的，只有一个吸收峰，而且硅的电负性比碳小，它的质子受到较大的屏蔽，抗磁感应磁场比一般有机化合物大，所以它的共振吸收峰一般出现在高场，而大部分有机分子中的氢的共振吸收都将出现在它的低场。把 TMS 的化学位移定为 0.0，则其他有机分子中的氢的 δ 值都将大于零。测定时可把标准物与样品放在一起，这种方法称为内标法；也可将标准物用毛细管封闭后，放入样品中进行测定，称为外标法。

由于感应磁场与外磁场强度成正比，所以屏蔽作用引起的化学位移也与外磁场强度成正比。为了在表示化学位移时其数值不受测量仪器的影响，可将相对的频率差数除以核磁共振仪所用的频率：

$$\delta = \frac{\nu_{样品} - \nu_{标}}{\nu_{仪器}} \times 10^6 = \frac{\Delta\nu}{\nu_{仪器}} \times 10^6 \quad (扫频) \qquad (16-3)$$

或

$$\delta = \frac{H_{标} - H_{样品}}{H_{仪器}} \times 10^6 = \frac{\Delta H}{H_{仪器}} \times 10^6 \quad (扫场)$$

式中：$\nu_{样品}$（或 $H_{样品}$），$\nu_{标}$（或 $H_{标}$）分别为样品和标准物 TMS 中氢核的共振频率（或共振磁场强度），$\nu_{仪器}$（或 $H_{仪器}$）为核磁共振仪所用的频率（或磁场强度）。

诱导效应对质子的化学位移有很大影响。因为较强电负性基团的吸电子诱导作用使原子周围的电子云密度减小，使屏蔽效应减小，氢核的共振吸收移向低场，δ 值增大。化学位移也随吸电子基团数目的增多而增大，例如三氯甲烷、二氯甲烷、一氯甲烷质子的化学位移值分别为 7.27、5.30、3.05。取代基的诱导效应沿碳链的传递依次减弱，故 α、β、γ-氢的化学位移依次减小，例如一溴丙烷 α、β、γ-氢的化学位移依次为 3.03、1.69、1.25。

影响氢核化学位移的另一因素是各向异性效应。氢核与某一基团在空间的相互关系对氢核 δ 值的影响，称为各向异性效应。例如苯环上的质子共振吸收一般出现在低场，化学位移约为 7.26，这是由苯环 π 电子屏蔽作用的各向异性效应引起。如图 16－4 所示，在外加磁场的影响下，苯环的 π 电子产生环电流，同时形成一个感应磁场。该磁场方向与外加磁场方向在环内相反（抗磁的），该区域为屏蔽区，以“＋”表示；而该磁场方向与外加磁场方向在环外相同（顺磁的），该区域为去屏蔽区，以“－”表示。苯环平面上的氢原子处在去屏蔽区，所以苯环上质子的共振吸收出现在低场。不仅是苯，所有具有 $4n+2$ 个电子的环状共轭体系都有强烈的环电流效应，若氢核在该环的上下方，则受到强烈的屏蔽作用。羰基、碳碳双键等也有这种效应（图 16－5）。

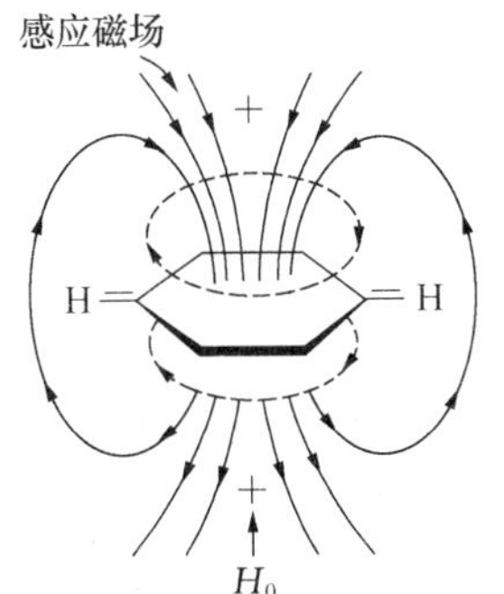

图 16－4　苯环各向异性效应

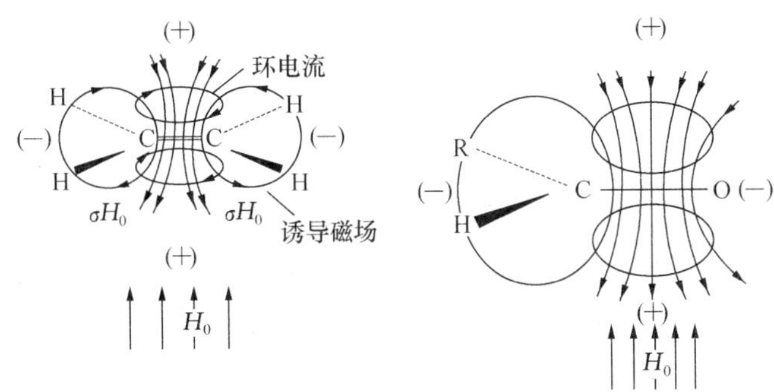

图 16－5　碳碳双键、羰基各向异性效应

此外，范德华效应、氢键及溶剂效应对化学位移也有影响。常见不同类型氢原子的化学位移值列于表 16－1 中。

表 16－1　常见不同类型氢原子的化学位移值

基　团	δ 值	基　团	δ 值
$(CH_3)_4Si$	0.00	$-\overset{\vert}{\underset{\vert}{C}}-CH_2-\overset{\vert}{\underset{\vert}{C}}-$	1.3±0.1
CH_2-CH_2 与 CH_2 成三元环（环丙烷）	0.22	$C-\overset{C}{\underset{C}{C}}-H$	1.5±0.1
CH_4	0.23	$R-NH_2$	0.6～0.4
$-\overset{\vert}{\underset{\vert}{C}}-CH_3$	1.1±0.1	$=C-CH_3$	1.75±0.15

（续）

基　团	δ值	基　团	δ值
$\equiv C—CH_3$	1.80±0.15	$=CHR$	7.4±1.0
$Ar—CH_3$	2.35±0.15	$Ar—H$	
$\equiv CH$	1.8±0.1	$ArO—H$	4.5～9.0
$X—CH_3$	3.5±1.2	$RCONH_2$	8.0±0.1
$O—CH_3$	3.6±0.3	$RCHO$	9.8±0.3
$RO—H$	0.5～5.5	$RCOOH$	11.6±0.9
$=CH_2$	4.5～7.5	RSO_3H	11.9+0.3

问题与思考 16－1　比较下列化合物各质子的化学位移值的大小：

（1）$\overset{a}{CH_3}\overset{b}{CH_2}Cl$　（2）$\overset{b}{H}—C_6H_4—\overset{a}{CH_3}$（对位）　（3）$(H_3C)(\overset{a}{H})C=C(\overset{b}{CH_3})(CH_2\overset{c}{CH_3})$

三、自旋偶合和自旋裂分

在 $CH_2BrCHBr_2$ 分子中有两类不同的氢，用低分辨率和高分辨率核磁共振仪测定，可得到不同的核磁共振谱图。低分辨率核磁共振仪得到的谱图有两个单峰，而高分辨率核磁共振仪得到的谱图有两组峰，一为二重峰，另一为三重峰，如图 16－6 所示。

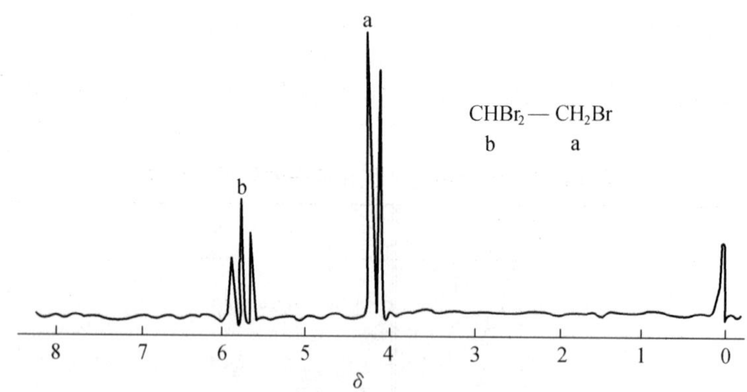

图 16－6　$CH_2BrCHBr_2$ 分子的核磁共振谱图

这是因为在分子中不仅核外电子会对质子的共振产生影响，邻近质子之间也有相互作用。氢原子 a 的吸收峰分裂成两个峰，氢原子 b 的吸收峰分裂成三个峰。这种峰的分裂现象是由氢核受到邻近碳原子上氢核自旋产生的磁场作用引起的，这种相互作用叫作自旋偶合。由自旋偶合使吸收峰发生分裂的现象叫作自旋裂分。在每组氢中，两裂分峰间的频率差可以从谱图上测量出来，这种频率差叫作偶合常数，用 J 表示（单位：Hz）。

每一个氢核的自旋都有两种取向，不同取向对外加磁场强度的影响可以是稍微加强或稍微减弱，使氢核的吸收峰裂分。当氢核受到的有效磁场作用比外加磁场略大时，吸收峰稍向低场裂分出峰（左移）；反之，则稍向高场裂分出峰（右移）。但并不是所有相邻碳上的氢都有裂分现象，只有化学环境不同的相邻碳原子上的氢核才有裂分现象。例如 $BrCH_2CH_2Br$ 就没有裂分现象，在 NMR 谱图中只出现一个单峰。

$\overset{a}{C}H_2Br\overset{b}{C}HBr_2$ 分子中有两种氢。其中 H_a 核只受到一个 H_b 核的偶合，而 H_b 核的自旋磁场方向与外磁场方向有两种组合方式（方向相同或相反），故 H_a 核的吸收峰裂分为两个强度相等的双峰。H_b 核受到两个 H_a 核的偶合，而两个 H_a 核的自旋磁场方向与外磁场方向有四种组合方式，其中有两种组合方式是相同的（图 16－7），故 H_b 核的吸收峰裂分为三重峰，它们的相对强度为 1∶2∶1。

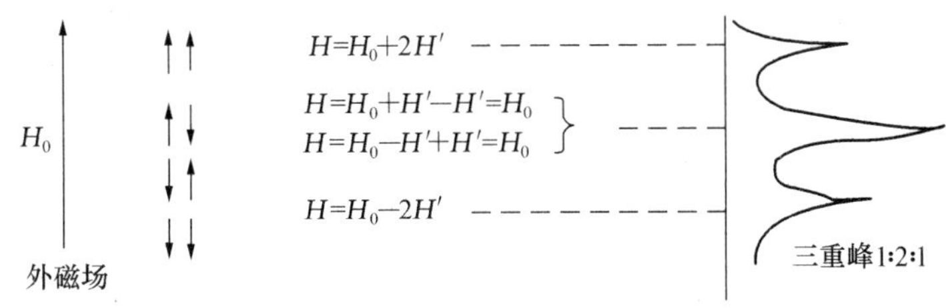

图 16－7　两个 H_a 核的自旋磁场方向与外磁场方向的四种组合方式

依此类推，三个相同类型的氢核有 8（2^3）种自旋组合方式，可以使相邻氢核给出四重峰，其相对强度为 1∶3∶3∶1。

由此可得出自旋偶合与自旋裂分的规律如下：

（1）若相邻碳原子上有 n 个氢原子，则裂分峰数为 $n+1$，称为 $n+1$ 规律。

（2）自旋偶合只发生在相邻碳原子上化学环境不同的氢核之间。具有相同化学环境的氢核之间不发生自旋偶合。

（3）各峰的相对强度为二项式 $(a+b)^n$ 的展开式各项系数之比，即

n	峰面积比	峰的总数
0	1	1
1	1∶1	2
2	1∶2∶1	3
3	1∶3∶3∶1	4
4	1∶4∶6∶4∶1	5
5	1∶5∶10∶10∶5∶1	6
6	1∶6∶15∶20∶15∶6∶1	7

四、核磁共振谱在有机化合物结构鉴定中的应用

核磁共振谱可以给出有机分子中不同环境氢核的信息。根据谱图中各峰的化学位移值、峰的分裂情况及峰面积比，可判定氢原子的种类及数量，从而推导出分子的可能结构。

例 1：图 16－8 为 1-硝基丙烷的核磁共振谱图。

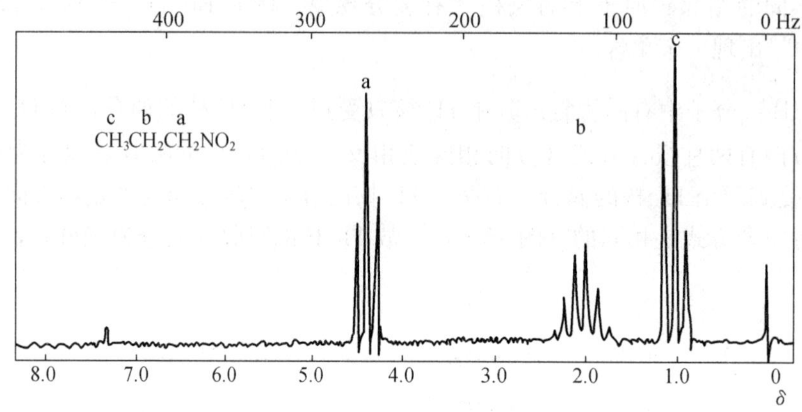

图 16－8　1-硝基丙烷的核磁共振谱图

由图 16－8 可知该化合物有三类氢，由于吸电子的硝基的影响，a、b、c 质子的化学位移分别为 4.5(H_a)、2.0(H_b)、1.0(H_c)。质子 a、c 分别受到相邻 2 个氢核偶合而裂分为三重峰，质子 b 受到相邻 5 个氢核偶合而裂分为（3＋1)×(2＋1)＝12 重峰。

例 2：图 16－9 为乙醇的核磁共振谱图。可以预料，羟基上的氢应该被分裂为三重峰。但实际上，一般乙醇羟基的氢只是一个单峰。

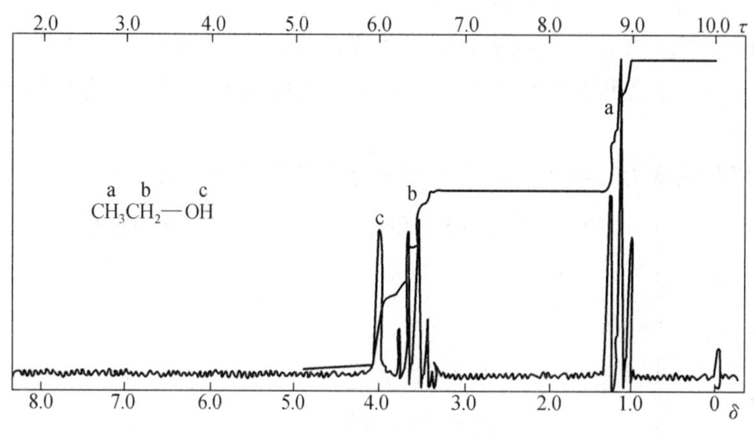

图 16－9　乙醇的核磁共振谱图

上述情况普遍存在于醇、胺及羧酸中，即羟基、氨基及羧基中的氢在核磁共振谱图中通常只呈现单峰，且其 δ 值随测定样品的浓度及测定的温度而不同。

问题与思考 16-2　某化合物的分子式为 $C_9H_{12}O$，图 16-10 是它的核磁共振氢谱图，试写出它的结构式。

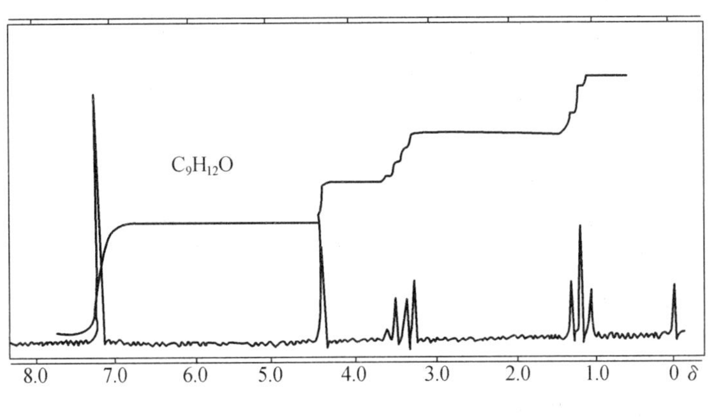

图 16-10　$C_9H_{12}O$ 的核磁共振氢谱图

第二节　质谱（MS）

一、基本原理及表示方法

在质谱仪中，有机气态分子 M 受高能电子束的轰击，失去一个电子产生正离子（分子离子峰，$M^{\dot{+}}$），继续断裂则生成各种碎片，其中带正电荷的碎片称为碎片离子。将这些碎片离子加速引入磁场，由于离子的质量与电荷比（简称质荷比）不同，在磁场中运行的轨道偏转也不同，从而达到分离的目的。质谱仪获取这些离子，并按其质荷比记录在得到的谱图中。由于记录的是正离子碎片的质量，因此称为质谱。

质谱仪由离子源、磁分析器、离子收集检测器三部分组成，见图 16-11。

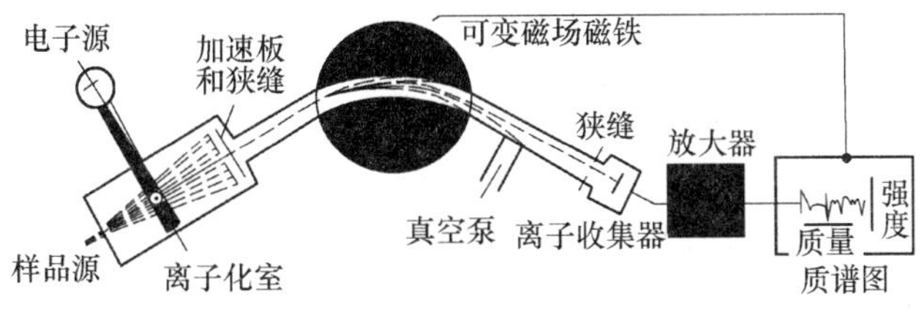

图 16-11　质谱仪示意图

质谱仪进行分析时，汽化的待测样品在高度真空下通过离子室，受高能电子轰击产生分子离子和各种碎片离子，在电场中加速后通过磁场。在磁场的作用下，离子前进的轨道被弯曲成弧形。弯曲程度与离子的质荷比有关，质荷比越大，弯曲程度越小。出口是一个很窄的狭缝，在一定磁场强度下只能让一种质荷比的离子通过。改变磁场强度可使各种质荷比的离子依次通过，经放大器和自动记录器得到质谱图。样品在进入离子室前必须汽化，故不易汽化或汽化时会分解的有机物进行质谱分析时就有困难。

在质谱图中，每一种质荷比的离子给出一个峰，称为离子峰（M^+ 峰）。离子峰用线条表示，线条的高度表示各离子的丰度。质谱图中横坐标为质荷比（m/z），纵坐标为离子的相对丰度即相对强度。由于离子的电荷一般为 1，故质谱的横坐标实际上为离子质量。相对丰度即将图中峰值最强的峰定为基峰（标准峰），其值定为 100，其余峰的强度用和基峰的相对值来表示（图16－12）。

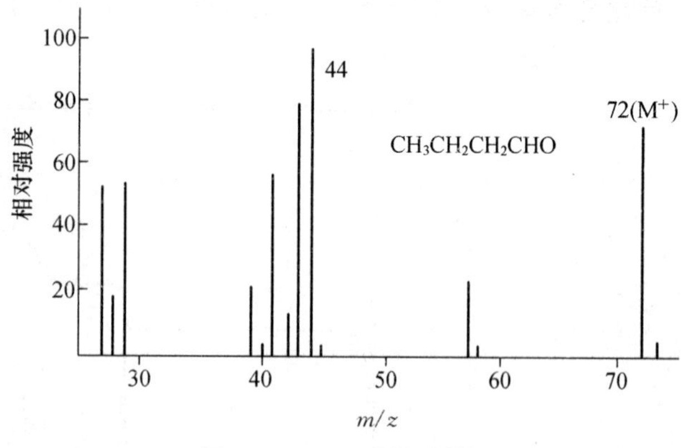

图 16－12　丁醛的质谱图

二、质谱在有机化学中的应用

在解析质谱图时，首先要找出分子离子峰（$M^{\ddagger}$ 峰），它的质荷比就是化合物准确的相对分子质量。判断分子离子峰的方法是：在质谱图中必须是最高质量的离子峰（同位素峰除外）；必须是一个奇电子离子；符合氮规则，即只含有 C、H、O、N 的化合物中，不含氮原子或含有偶数个氮原子的，其相对分子质量为偶数，反之为奇数；分子离子峰能失去合理的中性碎片。此外，有的化合物的分子离子峰很小，甚至根本看不到；有的化合物如醚、氰化物等，M＋1 峰的强度大于 M^+ 峰；有的化合物如醛、醇等，M－1 峰的强度大于 M^+ 峰。因此可以根据这些规律来正确判断分子离子峰。

峰的相对强度直接与分子离子的稳定性有关。通常，分子离子在最弱或较弱的键处断裂成碎片，给出特征离子峰，从而可辨认出分子中一些结构单元。碎片离子的元素组成通常表明分子中存在的一些较稳定的基团。故解析谱图时一般找强度比较高、能辨认的离子峰。

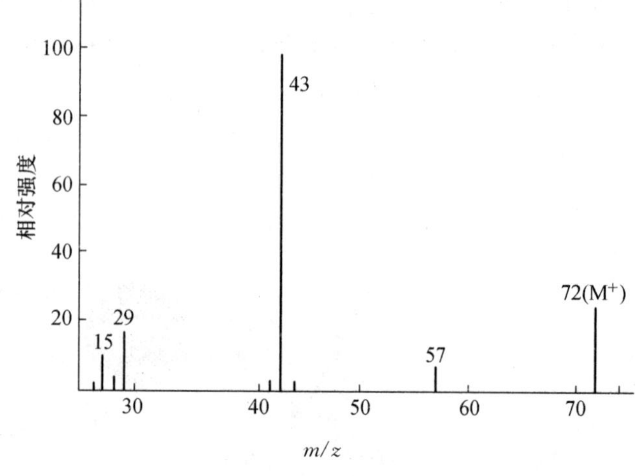

图 16－13　丁酮的质谱图

例如，丁酮的质谱图如图 16－13 所示，图中的峰 m/z 分别为 72、57、43、29、15，其中 72 可能为分子离子峰，则它的相对分子质量为 72。根据酮的裂分规律：

$$[C_2H_5 \overset{②}{\vdots} \overset{O}{\overset{\|}{C}} \overset{①}{\vdots} CH_3]^{\ddagger} \longrightarrow \begin{cases} \xrightarrow{①} CH_3\cdot + \underset{(M-15),\ m/z\ \ 57}{[C_2H_5C{\equiv}O]^+} \xrightarrow{-CO} \underset{(M-15-28),\ m/z\ \ 29}{[C_2H_5]^+} \\ \xrightarrow{②} \underset{(M-29),\ m/z\ \ 43}{(C_2H_5)\cdot + [CH_3C{\equiv}O]^+} \xrightarrow{-CO} \underset{(M-29-28),\ m/z\ \ 15}{CH_3^+} \end{cases}$$

酮分子离子容易进行α-分解，生成氧鎓离子，进而再失去中性分子CO生成新的正离子。由此，我们可以推断该化合物为丁酮。

对于有机化合物的结构鉴定，常需要将紫外光谱、红外光谱、核磁共振谱及质谱等技术联合应用，才能使分析更为准确可靠，而且效率更高。四大谱的应用已成为现代有机分析中的先进实验手段。

问题与思考 16-3　分子离子峰与碎片离子峰有何区别？

本章小结

本章主要介绍了核磁共振谱和质谱的基本原理及表示方法。介绍了屏蔽作用与去屏蔽作用，分析了诱导效应与各相异性效应对化学位移的影响及自旋偶合与自旋裂分。简介了核磁共振谱和质谱的解析及其在有机结构分析中的应用。

习　题

1. 利用表16-1初步确定下列化合物中H的化学位移值：

   (1) $(CH_3)_2C{=}C(CH_3)_2$　(2) $(CH_3)_2C{=}O$　(3) 苯　(4) $O{=}CH{-}CH{=}O$

2. 给出下列各化合物中氢原子的种类：

   (1) CH_3CH_3　(2) $CH_3CH_2CH_3$　(3) $(CH_3)_2CHCH_2CH_3$　(4) $H_2C{=}CH_2$

   (5) $CH_3CH{=}CH_2$　(6) $C_6H_5NO_2$　(7) $C_6H_5CH_3$

3. 下列分子中有几类等价氢原子？

   (1) $CH_3CHClCH_2CH_3$　(2) p-$CH_3CH_2C_6H_4CH_2CH_3$　(3) $Br_2CHCH_2CH_2CH_2Br$

4. 由低分辨率NMR得到的δ值为7.1，2.2，1.5和0.9，(1) 推断化合物C_9H_{12}的结构，(2) 给出该化合物各信号的相对峰面积。

5. 分子式为C_7H_8O的化合物，其NMR信号为$\delta=7.3$，4.4，3.7，相对峰面积为7∶2.9∶1.4，给出该化合物的结构式。

6. $CH_3OCH_2CH_2OCH_3$的^1H-NMR图谱中给出化学位移为3.4和3.2，相对峰面积为2∶3，这些数值是否和所给结构相符？

7. 写出化合物$C_{10}H_{12}O$的结构，其质谱图给出如下m/z值：15、43、57、91、105、148。

8. 化合物C_3H_6O包含一个$C{=}O$，如何用NMR判断这一化合物是醛还是酮？

期末考试模拟试题及答案

期末考试
模拟试题

期末考试模拟
试题答案

参 考 文 献

傅建熙，2018. 有机化学——结构和性质相关分析与功能［M］. 4 版 . 北京：高等教育出版社 .
高鸿宾，1997. 实用有机化合物辞典［M］. 北京：高等教育出版社 .
胡宏纹，2013. 有机化学（上、下册）［M］. 4 版 . 北京：高等教育出版社 .
李贵深，李宗澧，2005. 有机化学学习与解题指导［M］. 北京：中国农业出版社 .
李贵深，李宗澧，2008. 有机化学［M］. 2 版 . 北京：中国农业出版社 .
李艳梅，赵圣印，王兰英，2016. 有机化学［M］. 2 版 . 北京：科学出版社 .
林晓辉，朱焰，姜洪丽，2019. 有机化学概论［M］. 北京：化学工业出版社 .
宁永成，2002. 有机化合物结构鉴定与有机波谱学［M］. 2 版 . 北京：科学出版社 .
汪小兰，2017. 有机化学［M］. 5 版 . 北京：高等教育出版社 .
王微宏，罗一鸣，2020. 有机化学［M］. 2 版 . 北京：化学工业出版社 .
邢其毅，裴伟伟，徐瑞秋，等 . 基础有机化学（上、下册）［M］. 3 版 . 北京：北京大学出版社 .
杨红，章维华，2018. 有机化学［M］. 4 版 . 北京：中国农业出版社 .
赵建庄，田孟魁，2003. 有机化学［M］. 北京：高等教育出版社 .
赵温涛，郑艳，王光伟，等，2019. 有机化学［M］. 6 版 . 北京：高等教育出版社 .
曾昭琼，2004. 有机化学（上、下册）［M］. 4 版 . 北京：高等教育出版社 .
迈克尔 B 史密斯，2018. March 高等有机化学——反应、机理与结构［M］. 7 版 . 李艳梅，黄志平，译 . 北京：化学工业出版社 .
莫里森 R T，博伊德 R N，1992. 有机化学（上、下册）［M］. 2 版 . 复旦大学化学系有机化学教研室，译 . 北京：科学出版社 .
E Pretsch，P Bühlmann，C Affolterz，2002. 波谱数据表——有机化合物的结构解析 . 荣国斌，译 . 上海：华东理工大学出版社 .

图书在版编目（CIP）数据

有机化学 / 王春，陈燕勤主编 . —3 版 . —北京：中国农业出版社，2021.1（2024.12 重印）

普通高等教育农业农村部“十三五”规划教材　全国高等农林院校“十三五”规划教材

ISBN 978 - 7 - 109 - 27711 - 3

Ⅰ. ①有…　Ⅱ. ①王…　②陈…　Ⅲ. ①有机化学－高等学校－教材　Ⅳ. ①O62

中国版本图书馆 CIP 数据核字（2021）第 001531 号

中国农业出版社出版

地址：北京市朝阳区麦子店街 18 号楼

邮编：100125

责任编辑：曾丹霞

版式设计：杜　然　　责任校对：周丽芳

印刷：北京通州皇家印刷厂

版次：2003 年 12 月第 1 版　　2021 年 1 月第 3 版

印次：2024 年 12 月第 3 版北京第 3 次印刷

发行：新华书店北京发行所

开本：820mm×1080mm　1/16

印张：26

字数：615 千字

定价：54.50 元
